普通高等教育化学类专业规划教材

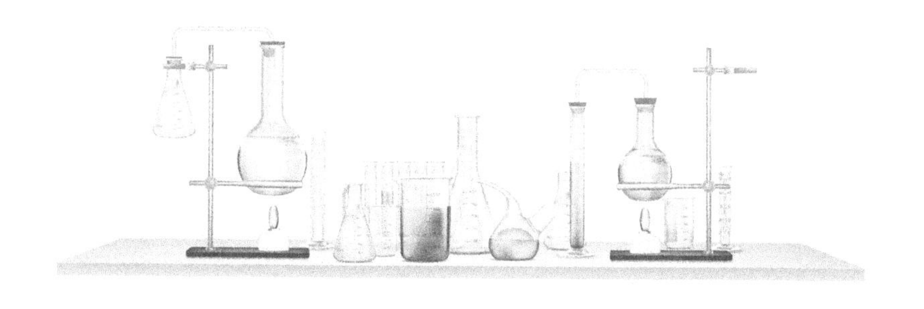

# 基础化学实验

JICHU HUAXUE SHIYAN

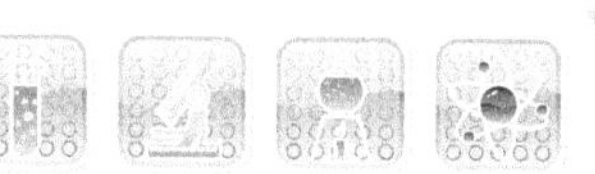

关金涛　主编　　末本美　周晓荣　副主编

化学工业出版社

·北京·

## 内容简介

本教材以科学性、系统性为基础，将传统的无机化学实验、分析化学实验、有机化学实验、物理化学实验、仪器分析实验等基础化学实验内容进行了有机融合，强调先进性、实用性、内容衔接性和整体优化性。全书精选了130个实验项目，内容包括：大学化学实验基础知识、化学实验基本技术、基本技能操作实验、物质的基本性质及分析、物质的制备及表征、基本物理量和化学参数的测定、研究创新型实验等7章。本教材可作为高等普通工科院校化学、化工、材料、制药、生物、环境、食品、水产及动物科学等专业的化学实验教材，也可供其他相关专业及相关化学实验人员参考和选用。

**图书在版编目（CIP）数据**

基础化学实验/关金涛主编. —北京：化学工业出版社，2021.11（2025.1重印）

普通高等教育化学类专业规划教材

ISBN 978-7-122-39691-4

Ⅰ.①基… Ⅱ.①关… Ⅲ.①化学实验-高等学校-教材 Ⅳ.①O6-3

中国版本图书馆CIP数据核字（2021）第156620号

---

责任编辑：甘九林　徐一丹　杨　菁　　装帧设计：张　辉

责任校对：赵懿桐

---

出版发行：化学工业出版社（北京市东城区青年湖南街13号　邮政编码100011）

印　　装：北京科印技术咨询服务有限公司数码印刷分部

787mm×1092mm　1/16　印张26½　字数693千字　2025年1月北京第1版第5次印刷

---

购书咨询：010-64518888　　售后服务：010-64518899

网　　址：http://www.cip.com.cn

凡购买本书，如有缺损质量问题，本社销售中心负责调换。

---

定　　价：82.00元

# 前言

化学是一门以实验为基础的学科，基础化学实验是化学教学中必不可少的重要环节之一。通过化学实验，一方面可以印证书本理论知识，使所学知识点具体化，使理论和实际紧密联系起来，使得书本知识理解得以巩固和加深；另一方面可以培养学生基本化学实验操作和方法，培养学生科学思维能力，提高学生的动手能力，为学生在专业知识领域学习打下良好的基础。

《基础化学实验》是根据化学应用型创新人才要求，结合武汉轻工大学化学与环境工程学院基础化学课部多年的教学经验和成果编写而成的。本教材以科学性、系统性为基础，将传统的无机化学实验、分析化学实验、有机化学实验、物理化学实验、仪器分析实验等基础化学实验内容进行了有机融合，强调先进性、实用性、内容衔接性和整体优化性。

全书精选了130个实验项目，内容包括：大学化学实验基础知识、化学实验基本技术、基本技能操作实验、物质的基本性质及分析、物质的制备及表征、基本物理量和化学参数的测定和研究创新型实验等部分。全书实验可分为基本实验、综合性实验和设计性实验三个层次，由浅入深、由简到繁、循序渐进，既能满足“夯实基础、规范操作”，又能实现“提升素质、培养能力”的总体教学目标。

关金涛负责本书主编、统稿，并编写第3～4章、第5章实验76～87和附录，未本美负责编写第5章实验51～75，周晓荣负责编写第6章实验88～106，李胜兰负责编写第6章实验107～120，丁佩佩负责编写第1、7章，王洋和寇慧芝共同负责编写第2章。在本教材的编写过程中还得到了陈红梅和其他同事的大力支持和帮助，大家提出了许多宝贵的建议，在此表示由衷的感谢。

由于编者水平有限，书中疏漏和不妥之处在所难免，衷心希望各位专家和使用本书的师生予以批评指正，在此我们致以最诚挚的谢意。

**编　者**

**2021年6月**

# 目 录

## 第1章 大学化学实验基础知识

## 第 4 章 物质的基本性质及分析

## 第 5 章　物质的制备及表征

## 第 6 章　基本物理量和化学参数的测定

## 第 7 章　研究创新型实验

## 附　录



## 参考文献

第 1 章

# 大学化学实验基础知识

## 第一节　大学化学实验课程的目的和要求

### 一、目的

化学是一门以实验为基础的学科，大学化学实验是化学课程的重要组成部分，是学习化学的一个必需的重要环节，是高等院校应用化学、化学工程与工艺、材料化学、制药工程、生物工程、环境工程、轻工、食品等专业学生必修的、重要的专业课程或专业基础课程。

为了更好地实现创新人才的培养目标，大学化学实验突破了原四大化学实验分科设课的界限，使之融合为一体，按照制备、结构、性能的基本关系和化学实验技能培养的需要重新组织实验课教学。该课程以内含基本原理、基本方法和基本技术的化学实验作为素质教育的媒介，通过实验教学过程达到以下目的。

a. 以“基本实验-综合性实验-设计性实验”三层次的实验教学，模拟化学知识的产生与发展的基本过程，为化学理论的应用打下基础，培养学生以化学实验为工具获取新知识的能力。

b. 培养学生的科学精神、创新思维意识和创新能力。

c. 经过严格的实验训练后，学生具有一定的分析和解决较复杂问题的能力，收集和处理化学信息的能力，用文字和图表表达实验结果的能力以及团结协作精神。

### 二、要求

为了达到以上的课程教学目的，大学化学实验课程提出如下具体要求。

a. 实验前必须做好预习。学生应认真阅读实验教材和参考资料，弄清实验的目的和要求、基本原理、实验内容、操作步骤以及注意事项。

b. 认真独立地完成实验。学生要做到认真操作、细心观察、积极思考、如实记录。对于设计性实验审题要准确，仔细查阅文献资料，实验方案要合理可靠，以达到预期的目的。

c. 认真及时完成实验报告。完成实验报告是对所学知识进行归纳和提高的过程，也是培养严谨的科学态度，实事求是精神的重要措施。实验报告要求书写整洁，结论明确，文字简练，图表规范。

## 第二节　大学化学实验课程的学习方法

要达到化学实验课程的目的和要求，不仅要有正确的学习态度，还要有正确的学习方法。

### 一、预习

实验课要求学生既动手做实验，又要动脑筋思考问题，因此实验前必须要做好预习。对实验的各个过程心中有数，才能使实验顺利进行，达到预期的效果。预习时应做到：认真阅读实验教材、参考教材和资料中的有关内容；明确实验目的和基本原理；掌握实验的预备知识、实验关键，了解实验内容、步骤、操作过程和注意事项；写出简明扼要的预习报告后，方能进行实验。

### 二、实验过程

我们现在虽然不是化学家，但应学习他们那种为解决一个化学问题而进行实验研究时的科学、严谨的态度，养成做化学实验的良好习惯。实验时应做到：

a. 认真操作，细心观察现象，并及时地、如实地做好详细记录；

b. 如果发现实验现象和理论不符合，应首先尊重实验事实，认真分析和检查其原因，并可以做对照实验、空白实验或自行设计实验来核对，必要时应多次重复做验证，从中得到有益的结论；

c. 实验过程中应勤于思考，仔细分析，力争自己解决问题，遇到难以解决的疑难问题时，可请教师指点；

d. 在实验过程中保持安静，遵守规则，注意安全，整洁节约。

设计新实验和做规定以外的实验时，应先经指导教师允许。实验完毕后洗净仪器，整理药品及实验台。

### 三、独立撰写实验报告

实验报告是总结实验进行的情况、分析实验中出现的问题和整理归纳实验结果必不可少的基本环节，是把感性认识提高到理性思维阶段的必要一步。实验报告也反映出每个学生的实验水平，是实验评分的重要依据。同时实验者必须严肃、认真、如实地写好实验报告。

实验报告的内容应包括实验项目、实验目的、实验原理、实验步骤、实验现象和数据记录（表达实验现象要正确、全面，数据记录要规范、完整，决不允许主观臆造，弄虚作假）、实验结果（对实验结果的可靠程度与合理性进行评价，并解释所观察到的实验现象；若有数据计算与作图，务必将所依据的公式和主要数据表达清楚，图表应规范）、问题与讨论（针对本实验中遇到的疑难问题，提出自己的见解或体会；也可以对实验方法、检测手段、合成路线、实验内容等提出自己的意见，从而训练创新思维和创新能力）。

## 第三节　实验数据处理

### 一、测量误差与表示方法

化学实验中经常使用仪器对一些物理量进行测量，常见的测量方法可归纳为直接测量（如温度计测定反应温度，量筒量出某液体体积等）和间接测量（如平衡常数测定、滴定分析等）两类。实验证明，由于实验方法、实验仪器、实验条件和操作人员之间差异的局限，任何测量都无法得到绝对准确的结果，或者说，存在某种程度上的不可靠性。这种测量结果与“真实值”之间的差距就是误差。

在实验过程中，一方面要有目的地拟订实验方案，选择一定精度的仪器和适当的方法；另一方面，必须在处理实验数据时，了解误差产生的原因，科学地分析并寻求被研究变量间的规律，以获得可靠的测量结果。为了减少误差，评价实验结果的准确性，需了解准确度与精密度的概念。

(1) 准确度和误差

准确度是指某一测量值或某一组测量值的平均值与“真实值”接近的程度，一般以误差来表征。误差越小，说明测量结果的准确度越高。

严格说来，“真实值”是无法测知的。在实际工作中，常用专门机构提供的数据，如公认的手册上的数据作为真实值。

误差又分为绝对误差和相对误差。绝对误差是实验测量值与真实值的差值，一般用 $E$ 表示。

$$绝对误差(E)=测量值-真实值$$

绝对误差只能显示误差变化的范围，不能确切地表示测量的准确度。

相对误差是绝对误差与真实值的比值，表示绝对误差在真实值中所占的比例，常用百分数表示：

$$相对误差=\frac{绝对误差}{真实值}\times 100\%$$

（2）精密度和偏差

精密度是指在相同条件下，几次平行测量结果相互接近的程度。精密度的高低一般用偏差来衡量，有绝对偏差和相对偏差之分。单次测量结果与多次测量结果平均值之间的差值称为绝对偏差，即

$$绝对偏差=单次测量值-多次测量结果的平均值$$

绝对偏差与多次测量结果的平均值之比为相对偏差，即

$$相对偏差=\frac{绝对偏差}{多次测定结果的平均值}\times 100\%$$

精密度是在无法求得准确度时，从重现性角度来表达实验结果的量。偏差越大，表示测量结果的精密度越低。显然，测量结果的精密度高，准确度不一定高；测量结果的精密度低，其准确度一定不会高。因此，要求准确度高，精密度也一定要高，精密度是保证准确度的先决条件。

（3）误差的分类

误差按其产生的原因可分为系统误差（可测误差）和偶然误差（随机误差）。

系统误差是由某种固定原因造成的，如测定方法不够完善、仪器不够精确、试剂不够纯或操作者本人的因素等造成。这种误差的大小、正负有一定规律，重复测量时会重复出现，无法相互抵消，但可被认知并设法进行校正。

偶然误差是一些难以控制的偶然因素造成的，产生的直接原因往往难于发现和控制，例如，测量过程中压力、温度及仪器中某些活动部件的微小变化，机械振动及磁场的干扰等。因此，产生的偶然误差时大时小，时正时负，但其完全服从统计规律，可以采取多次测量，取平均值的办法来减小和消除。

## 二、有效数字与计算规则

记录实验结果时，如何做到既合理又能反映实验误差的大小，这就需要了解有效数字的概念。

（1）有效数字

有效数字是指在科学实验中实际能测量到的数字。在有效数字中，除最后一位数是“可疑数字”（也是有效的）外，其余各位数字都是准确的。

有效数字与数学上的数字含义不同，它不仅表示数量的大小，还表示测量结果的可靠程度，以及所用仪器的精密度。例如，某物质在只可称量至 0.1g 的托盘天平上称得质量为 3.6g，有效数字为两位，称量的绝对误差为±0.1g，相对误差为±3%；若用可称量至 0.0001g 的天平称量，称得质量为 3.6015g，此时，其有效数字为 5 位，绝对误差为±0.0001g，相对误差为±0.003%：说明所用天平的精密度差别很大。

所以，记录数据时不能随便写，有效数字的位数必须与测量方法和仪器的精密度相一致，不得随意增加或减少。否则就会夸大了误差，降低了精密度。例如，将称得的质量 3.6015g 记为 3.61g，则相对误差扩大为 0.3%。

有效数字的位数，举例说明如下：0.03、$3\times 10^4$ 为 1 位；36、0.0060 为 2 位；0.0382、

$1.98\times10^{-12}$ 为 3 位；0.1000，10.89%为 4 位；1.0008，32537 为 5 位。

可以看出，“0”在数字中间或末位是有效数字，而在数字前仅起定位作用，不是有效数字。对于很小或很大的数字，采用指数法表示更为合理，而“$10^n$”不包括在有效数字中。

对数值有效数字的位数仅由小数部分的位数决定，首数（整数部分）只起定位作用，不是有效数字。运算时，对数小数部分的有效数字位数应与相应真数的有效数字位数相同。

（2）运算规则

a. 加减运算　进行加减运算时，先以小数点后位数最少的数据为基准，将其他数据按“四舍六入五留双”的原则修约多余数字后，再相加减。如

$$\begin{array}{r} 0.0124 \\ 13.65 \\ +)\ 27.0879 \\ \hline \end{array} \xrightarrow[\text{进行修约}]{\text{以 13.65 为基准}} \begin{array}{r} 0.01 \\ 13.65 \\ +)\ 27.09 \\ \hline 40.75 \end{array}$$

b. 乘除运算　进行乘除运算时，同样先以有效数字位数最少的数据为基准进行修约，再乘除。注意 10 的方次不影响有效数字的位数。如 $0.07826\times12.0\div6.782$ 以 12.0 为基准修约后为 $0.0783\times12.0\div6.78=0.138$。

运算过程中，若遇到常数（如 π、e、$R$ 及手册上查到的常数等），可按需要取适当的位数；一些乘除因子（如 $\frac{1}{2}$、$\sqrt{2}$ 等）应视为有足够多的有效数字，不必修约，直接进行计算即可。

## 三、实验数据的处理

取得实验数据后，应进行整理、归纳，并以简明的方法表达实验结果，通常有列表法、图解法和解析法（方程式法）三种，可根据具体情况选择使用。以下只介绍前两种方法。

（1）列表法

将一组实验数据中的自变量和因变量的数值，按一定形式和顺序一一对应列成表格，这种表达方式称为列表法。此法简单、直观、不引入处理误差。实验的原始数据一般采用列表法记录。列表时应注意以下事项。

a. 数据表应包括表的序号、名称、实验条件说明及数据来源。

b. 表格中每一变量占一行。每一横行或纵行应标明名称和单位，并尽可能用符号表示，如 $V$（mL）、$p$（kPa）、$t$（℃）等。每行中的数据应尽量化为最简单的形式，一般为纯数。

c. 数据应以规律地递增或递减的顺序排列，最好等间隔。数据的有效数字位数应取舍适当，位数和小数点一一对齐，数值为零时应记为“0”，空缺时应记作“—”。

（2）图解法

作图法可以形象、直观地显示各个数据连续变化的规律性，以及如极大、极小、转折点等特征，进而求得内插值、外推值、切线的斜率以及掌握周期性变化等。

为了能将实验数据正确地用图形表示出来，需注意以下作图要点。

a. 图纸和坐标　坐标纸常用的是直角坐标纸，有时也用半对数坐标纸或全对数坐标纸。通常以横坐标表示自变量，纵坐标表示因变量，坐标轴应注明该轴代表变量的名称及单位，如 $T$（K）、$c$（$mol\cdot L^{-1}$）等。选择合理的比例尺，使各数值的精度与实验测量的精度相当。坐标分度应便于从图上读出任一点的坐标值，且能表示测量的有效数字，每格所代替的值以 1、2、5、10 等为好，切忌采用 3、7、9 或小数，坐标起点可以不为 0。

b. 点和线的绘制　将实验测得的数据绘于图上成为点，可用○、×、△、□等符号表示，一张图上若有数组不同的测量值，应以不同符号表示，并且加以注明。用直尺或曲线尺

将各点连成光滑的线，一般不必要求通过图上所有的点，应力求使各点均匀地分布在线的两侧，确切地说，应使各点与曲线距离的平方和为最小。若作直线求斜率，应尽量使直线与坐标轴的夹角成45°。

每图应有简明的标题，并注明取得数据的主要实验条件及实验日期。

随着计算机应用的普及，可利用各种绘图软件作图，作图时也应遵循上述原则。

## 第四节　化学实验室规则和事故处理

为确保实验顺利进行和实验室安全，进入实验室的操作人员必须知道并遵守实验室工作规则和安全守则，懂得常见事故的简单处理。

### 一、实验室工作规则

a. 在实验室操作的人员必须遵守纪律，保持肃静，集中思想，认真操作，仔细观察，积极思考，如实记录。

b. 爱护公共财物，正确使用实验仪器、设备。若损坏了仪器、设备，要向教师报告，填写报损单后按规定手续到实验室换取新仪器。

c. 精密仪器应严格按照操作规程操作使用，发现仪器有故障应立即停止使用，并及时向教师报告。

d. 药品应按规定的量取用，已取出的试剂不能再放回原试剂瓶中，以免带入杂质。取用药品的用具应保持清洁、干燥，以保证试剂的纯净或浓度。取用药品后应立即盖上瓶盖，以免放错瓶塞，污染药品。

e. 实验前要检查所需仪器是否齐全，有无破损，以便及时补齐、更换。实验中要保证器皿清洁，保持实验台面清洁整齐，实验后仪器、药品放回原处。

f. 废弃的固体无毒试剂、纸、玻璃碴、火柴梗等应倒入废品篮内；废液倒入指定的废液回收桶，不得倒入水槽流入下水道；有毒固体废弃试剂、废液由实验室统一处理；未反应完的金属洗净后回收。

g. 实验结束后由学生轮流打扫实验室，检查水、电、气安全，关好门窗。

h. 实验室一切物品不得私自带出至室外。

### 二、实验室安全守则

化学实验中使用水、电、气和易燃、易爆、有毒或腐蚀性的药品，存在着不安全因素，如果使用不当会给公共财产和个人造成危害。凡在实验室操作的人员必须重视安全问题，严格遵守实验室安全守则，努力提高安全操作的自觉性，绝不可以麻痹大意，以免事故的发生。

a. 易燃的试剂如乙醚、乙醇、丙酮、苯等，使用时应远离火源，用完后立即塞紧瓶塞。

b. 酒精灯要用火柴点燃，添加酒精时要先熄灭火焰，待稍冷后再加，熄灭酒精灯应用灯帽罩住。加热、浓缩液体时试管口要朝向无人处并防止液体冲出容器。

c. 产生有刺激性气味和有毒气体的实验要在通风橱中进行，嗅气体的气味时只能用手轻轻地扇动空气，使少量气体进入鼻孔。

d. 使用有毒试剂如铬盐、钡盐、砷化物、汞及其化合物、氰化物等，要严格防止进入口内和伤口内，废液严禁排入下水道。

e. 浓酸、碱液不能溅到皮肤或衣物上，尤其是不能溅入眼里。稀释它们的溶液时应将浓溶液倒入稀释剂中，并不断搅拌，尤其是浓硫酸的稀释，绝不可将水倒入浓硫酸中。

f. 湿手不要接触电器插头，人体不能与导电物体直接接触。实验完毕要拔下电器插头。

g. 禁止随意混合各种化学试剂，以免发生意外事故。

h. 严禁在实验室内饮食、吸烟，不得把食物或餐饮用具带进实验室，实验后要洗净双手。

## 三、常见事故的简单处理

因各种原因而发生事故后，千万不要慌张，应冷静沉着，立即采取有效措施处理事故。

(1) 起火处理

小火用湿布、石棉布或沙子覆盖起火物品；大火应使用灭火器，而且需根据不同的着火情况，选用不同的灭火器，必要时应报火警（119）。常用的处理方法如下。

a. 油类、有机溶剂着火：切勿用水灭火。小火用沙子或干粉覆盖灭火，大火用二氧化碳灭火器灭火，亦可以用干粉灭火器灭火。

b. 精密仪器、电器设备着火：切断电源，小火可用石棉布或湿布覆盖灭火，大火用二氧化碳灭火器灭火，亦可以用干粉灭火器。

c. 活泼金属着火：可用干燥的细沙覆盖灭火。

d. 纤维材质着火：小火用水降温灭火，大火用泡沫灭火器灭火。

e. 衣服着火：应迅速脱下衣服或用石棉覆盖着火处或卧地打滚。

(2) 触电处理

首先应拉开电闸切断电源，或尽快用绝缘物（干燥的木棒、竹竿等）将触电者与电源隔开，必要时再进行人工呼吸。

(3) 割伤处理

先将伤口中的异物取出，不要用水洗伤口，伤势较轻者可涂以紫药水（或红汞、碘酒）；伤势较重者先用酒精清洗消毒，再用纱布按住伤口，压迫止血，立即送医院治疗。

(4) 烫伤处理

被火、高温物体或开水烫伤后，不要用冷水冲洗或浸泡，若伤处皮肤未破可涂擦碳酸氢钠（调成糊状敷于伤处），也可以用10%的高锰酸钾溶液或者苦味酸溶液洗灼伤处，涂上凡士林或烫伤膏。

(5) 酸、碱腐蚀处理

首先用大量清水冲洗，然后，酸腐蚀用饱和碳酸氢钠溶液（或稀氨水、肥皂水）冲洗，碱腐蚀用1%柠檬酸或硼酸溶液冲洗，再用清水冲洗，涂上凡士林。若手被氢氟酸腐蚀，应用水冲洗后再以稀的碳酸氢钠溶液冲洗，然后浸泡在冰冷的饱和硫酸镁溶液中半小时，最后再敷以20%硫酸镁、18%甘油、1.2%盐酸普鲁卡因和水配成的药膏。若酸、碱溅入眼内，应立即用大量清水冲洗（可用自来水），然后再用稀的碳酸氢钠溶液或硼酸饱和溶液冲洗，最后滴入蓖麻油。

(6) 吸入刺激性或有毒气体处理

吸入 $Br_2$、$Cl_2$ 或 HCl 气体时，可吸入少量酒精和乙醚的混合蒸气，使之解毒。吸入 $H_2S$ 或 CO 气体而感到不适者，应立即到室外呼吸新鲜空气。

(7) 毒物进入口内处理

将5～10mL稀硫酸铜溶液加入一杯温开水中，内服，然后用手指伸入咽喉部，促使呕吐，再立即送医院治疗，伤势严重者立即送医院诊治。

## 四、化学实验室“三废”处理

化学实验是化学工业的一个缩影，在化学实验教学过程中经常要使用或制备一些有毒有害的化学品。由此产生的废液、废气及固体废物，虽然每次量不多，但若处置不当，日积月累将影响师生的身体健康，也会对周边环境产生污染。因此，倡导绿色化学思想与可持续发展观念并渗透和落实到每一个实验中，是实现化学实验绿色化的重要保证。在实验教学过程中应按绿色化学的要求，尽可能不用剧毒化学品，若涉及危险性较大和对环境有污染的实验，可用仿真实验代替；要大力推广微型化学实验，对实验所得产物和副产物要回收，提倡前一个实验的产物作为后面实验的反应物，合理利用产物。

本教材是按一级学科安排的实验体系，这为从材料选择、综合利用到循环利用提供了更大的空间，因而更有利于实验教学“绿色化”的实施。

(1) 有害废气的处理

有毒气产生的实验应在封闭的通风橱内进行，并配备吸收装置。实验完毕后吸收液倒入专用的废液收集桶内。常用的废气吸收方法有溶液吸收法和固体吸收法。

a. 溶液吸收法　溶液吸收法即用适当的液体吸收剂处理气体混合物，除去其中有害气体的方法。常用的液体吸收剂有水、碱性溶液、酸性溶液、氧化剂溶液和有机溶液，它们可用于净化含有 $SO_2$、$NO_x$、HF、$SiF_4$、HCl、$NH_3$、汞蒸气、酸雾、沥青烟和各种有机物组分蒸气的废气。

b. 固体吸收法　固体吸收法是使废气与固体吸收剂接触，废气中的污染物吸附在固体表面从而被分离出来。此法主要用于净化废气中低浓度的污染物质，常用的吸附剂及处理的吸附质见表 1-1。

**表 1-1　常用吸附剂及处理的吸附质**

| 固体吸附剂 | 处理物质 |
|---|---|
| 活性炭 | 苯、甲苯、二甲苯、丙酮、乙醇、乙醚、乙醛、汽油、乙酸乙酯、苯乙烯、氯乙烯、恶臭物、$H_2S$、$Cl_2$、CO、$CO_2$、$SO_2$、$NO_x$、$CS_2$、$CCl_4$、$CHCl_3$、$CH_2Cl_2$ |
| 浸渍活性炭 | 烯烃、胺、酸雾、硫醇、$SO_2$、$Cl_2$、$H_2S$、HF、HCl、$NH_3$、Hg、HCHO、CO、$CO_2$ |
| 活性氧化铝 | $H_2O$、$H_2S$、$SO_2$、HF |
| 浸渍活性氧化铝 | 酸雾、Hg、HCl、HCHO |
| 硅胶 | $H_2O$、$NO_x$、$SO_2$、$C_2H_2$ |
| 分子筛 | $NO_2$、$H_2O$、$CO_2$、$CS_2$、$SO_2$、$H_2S$、$NH_3$、$C_mH_n$、$CCl_4$ |
| 焦炭粉粒 | 沥青烟 |
| 白云石粉 | 沥青烟 |
| 蚯蚓类 | 恶臭类物质 |

(2) 废液的处理

化学实验产生的废液种类繁多，成分复杂，应根据其性质，加以回收利用，如有机类实验废液应尽量回收溶剂。回收的溶剂在对实验结果没有影响的情况下可反复使用。对无机类废液及含有重金属离子的废液可采取中和法、萃取法、化学沉淀法、氧化还原法等处理方法。有机废液与无机废液应分别装入指定的废液桶内，集中由有资质的专业环保公司处理。

(3) 固体废物的处理

实验过程中产生的各种固体废物和空试剂瓶应分类收集，有毒有害的废物不得混入生活垃圾中倒掉，应交由有资质的专业环保公司处理。

## 第五节　实验室用水的规格、制备及检验方法

在化学实验室中，根据目的和要求的不同，对水的纯度要求也不同。对于一般的分析实验工作，采用蒸馏水或去离子水即可，而对于超纯物质分析，则要求纯度较高的高纯水。

## 一、化学实验室用水的规格

我国国家标准《分析实验室用水规格和试验方法》（GB/T 6682—2008）适用于化学分析和无机痕量分析等。实验用水分成三个等级：一级、二级和三级水。表1-2列出了各级分析实验室用水的规格。

表1-2 分析实验室用水的级别及主要指标

| 指标名称 | | 一级水 | 二级水 | 三级水 |
|---|---|---|---|---|
| 外观 | | 无色透明液体 | | |
| pH范围(25℃) | | — | — | 5.0～7.5 |
| 电导率(25℃)/(mS/m) | ≤ | 0.01 | 0.01 | 0.50 |
| 可氧化物质(以(O)计)/(mg/L) | < | — | 0.08 | 0.40 |
| 吸光度(254nm,1cm光程) | ≤ | 0.001 | 0.01 | — |
| 蒸发残渣(105℃±2℃)/(mg/L) | ≤ | — | 1.0 | 2.0 |
| 可溶性硅(以($SiO_2$)计)/(mg/L) | < | 0.01 | 0.02 | — |

## 二、纯水的制备

（1）蒸馏法制纯水

将自来水（或天然水）蒸发成水蒸气，再通过冷凝器将水蒸气冷凝下来，所得到的水就叫作蒸馏水。使用的蒸馏器由玻璃、铜、石英等材料制成，蒸馏水中仍含有一些杂质，主要来自冷凝装置的锈蚀及可溶性气体的溶解。为消除蒸馏水中的杂质，可在蒸馏水中加入少量高锰酸钾和氢氧化钡，在石英蒸馏器中进行二次蒸馏，收集中段的重蒸馏水（二次蒸馏水），保存重蒸馏水应该用塑料容器而不能用玻璃容器，以免玻璃中所含钠盐及其他杂质慢慢溶解于水而使水的纯度降低。

（2）离子交换法制纯水

用离子交换法制取的纯水也叫“去离子水”。去离子水的纯度很高，制备去离子水时，通常使用强酸性阳离子交换树脂和强碱性阴离子交换树脂，并预先将它们分别处理成H型和OH型。交换过程通常是在离子交换柱中进行的。此法的优点是容易制得大量的纯水，成本低，除去离子的能力强。缺点是不能除去非电物质、胶体物质、非离子化的有机物质和溶解的空气等，另外，树脂本身也会溶解出少量有机物。但去离子水对于一般的化学实验是完全能够满足需要的。因此，离子交换法是目前化学实验室中最常用的制纯水方法。

（3）电渗析法制纯水

电渗析法制纯水是利用离子交换膜的选择性和透过性，在外加直流电场的作用下，使一部分水中的离子透过离子交换膜迁移到另一部分水中，造成一部分水淡化，另一部分水浓缩，收集淡水即为所需要的纯化水。此法的优点是仅消耗少量电能，不像离子交换法需消耗酸碱及产生废液，因此无二次污染。缺点是耗水量较大，只能除去水中的电解质，且对弱电解质去除效率低，因此这种方法不适于单独制取纯水，需与反渗透或离子交换法联用。此法制得的水适用于要求不高的分析工作。

（4）反渗透法制纯水

水渗透时，通过半透膜从低浓度流向高浓度的一边。如果使用一个高压泵对高浓度溶液提供比渗透压差大的压力，水分子将被迫通过半透膜到低浓度一边，这一步骤称为反渗透。反渗透膜能去除无机盐、有机物（分子量＞500）、细菌、病毒、悬浊物（粒径＞0.1μm）等，产出水的电阻率较原水的电阻率升高近10倍。反渗透膜常用的有乙酸纤维素膜、聚酰胺膜和聚砜膜等，膜的孔径为$1.0\times10^{-4}\sim1.0\times10^{-3}\mu m$。反渗透的动力依赖于压力差，去除杂质的能力由膜的性能好坏和进出水比例决定，进出水的比例一般控制为10∶6或

10∶7，这样杂质的去除率在95%～99.7%之间。反渗透法处理的纯水主要用于超纯水系统的供水、微生物培养基制备用水、实验室器皿的最后冲洗以及各种仪器供水。

## 三、纯水的检验方法

（1）一般检验方法

为方便起见，化学实验室用的纯水可采用电导率法和化学方法检验。离子交换法制得的纯水可用电导率测定仪监测水的电导率，根据电导率确定何时需要再生交换柱。注意，在取样后要立即测定，以避免空气中二氧化碳溶于水中使电导率增大。化学检验方法见表1-3。

**表1-3　实验室用水的化学检验方法**

| 测定项目 | 检验方法及条件 | 指示剂 | 现象 | 结论 |
|---|---|---|---|---|
| 阳离子 | 取水样10mL于试管中，加2～3滴氨水缓冲液使pH=10 | 2～3滴铬黑T指示剂 | 蓝色 | 无$Ca^{2+}$、$Mg^{2+}$等阳离子 |
| | | | 紫红色 | 含阳离子 |
| 氯离子 | 取水样10mL于试管中，加入数滴经硝酸酸化后的硝酸银溶液 | — | 白色混浊 | 有氯离子 |
| | | | 无色透明 | 无氯离子 |
| pH值 | 取水样10mL | 2滴甲基红pH指示剂 | 不显红色 | 符合要求 |
| | 取水样10mL | 5滴溴麝香草酚蓝pH指示剂 | 不显蓝色 | 符合要求 |

（2）标准方法

a. pH的测定　量取100mL水样，用pH计测定pH值。

b. 电导率　用电导率测定仪测定电导率。测定一、二级水时，配备电极常数为0.01～0.1$cm^{-1}$的“在线”电导池，使用温度自动补偿。测定三级水时，配备电极常数0.1～1$cm^{-1}$的电导池。

c. 吸光度　将水样分别注入1cm和2cm的比色皿中，于紫外-可见分光光度计上254nm处，以1cm比色皿中$H_2O$为参比，测定2cm比色皿中$H_2O$的吸光度。

d. 可氧化物质　将100mL二级水或100mL三级水注入烧杯中，然后加入10.0mL 1mol·$L^{-1}$的$H_2SO_4$溶液和新配制的1.0mL 0.002mol·$L^{-1}$的$KMnO_4$溶液，盖上表面皿，将其煮沸并保持5min。与置于另一相同容器中不加试剂的等体积水样做比较。此时溶液呈现淡红色应不完全褪尽。

e. 蒸发残渣　量取1000mL二级水（500mL三级水），分几次加入旋转蒸发仪的500mL蒸馏瓶中，于水浴上减压蒸发至剩约50mL时转移到已于（105±2)℃烘干至质量恒定的玻璃蒸发皿中，用5～10mL水样分2～3次冲洗蒸馏瓶，洗液合并入蒸发皿，于水浴上蒸干，并在（105±2)℃的电烘箱中干燥至质量恒定。残渣质量不得大于1.0mg。

f. 可溶性硅　量取520mL一级水（270mL二级水），注入铂皿中，在防尘条件下煮沸蒸发至约20mL，加1.0mL钼酸铵溶液，摇匀后放置5min，加入1.0mL草酸溶液，摇匀后再放置1min后，加入1.0mL对甲氨基酚硫酸盐溶液，摇匀后转移至25mL比色管中，定容。于60℃水浴中保温10min，目视比色，溶液所呈蓝色不得深于0.5mL 0.01mg·$mL^{-1}$ $SiO_2$标准溶液用水稀释至20mL并经同样方法处理的标准溶液。

## 四、纯水的合理使用

在定量分析化学实验中，一般使用三级水，有时需将三级水加热煮沸后使用，特殊情况下也需使用二级水。仪器分析实验中一般使用二级水，有的实验可用三级水，有的实验则需使用一级水。

# 第六节　化学实验室常用玻璃仪器

化学实验室中经常使用玻璃仪器，这是由于玻璃具有很高的化学稳定性、热稳定性，有很好的透明度及良好的绝缘性能和一定的机械强度，另一方面，玻璃原料来源方便，并可以用多种方法按需求制成各种不同的产品，还可以通过改变玻璃化学组成制出适应各种不同要求的玻璃仪器。

## 一、常用玻璃仪器介绍

常用玻璃仪器见图 1-1。

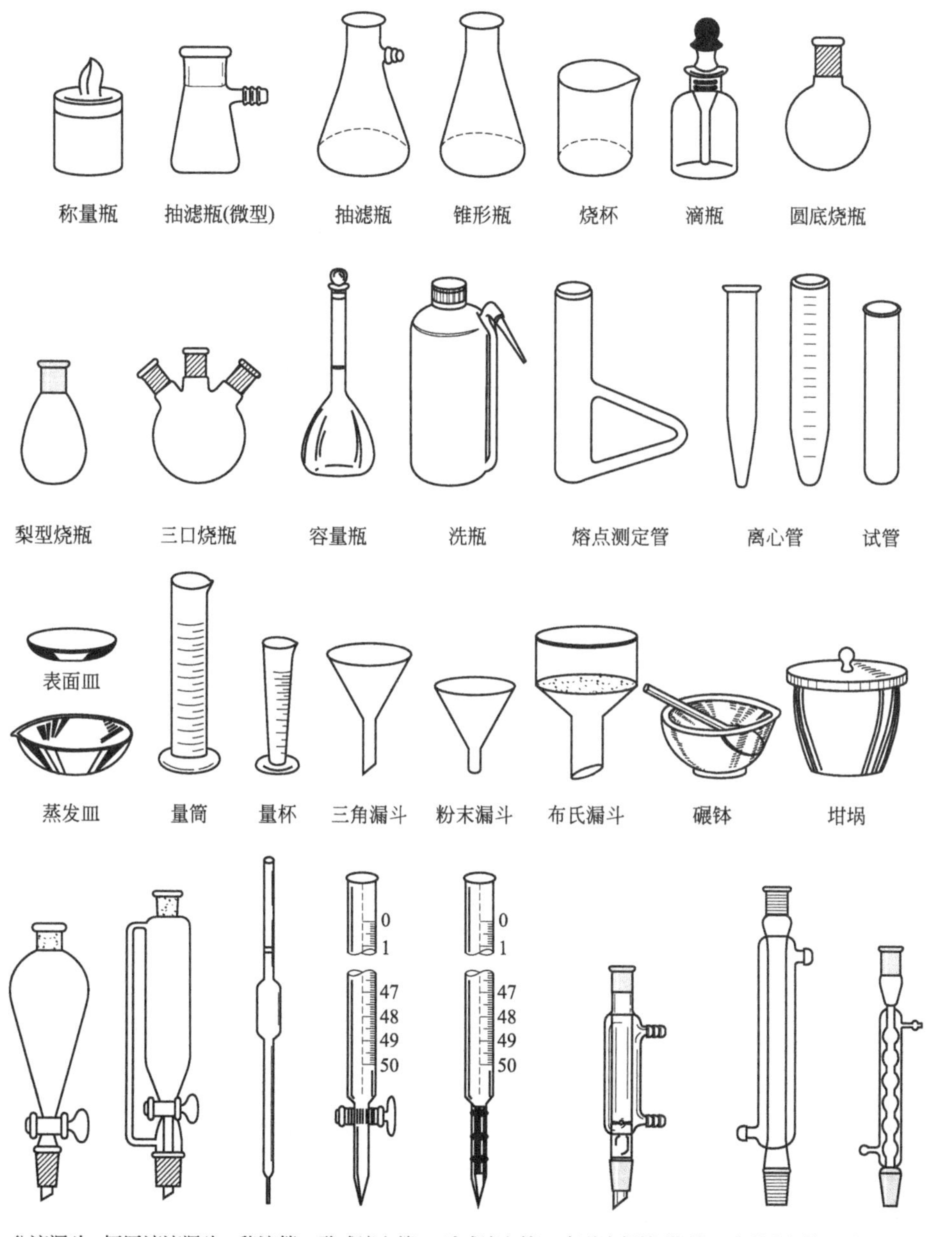


图 1-1

图 1-1　常用玻璃仪器

## 二、使用磨口玻璃仪器的注意事项

a. 组装仪器之前，磨口接头部分应用洗涤剂清洗干净，再用纸巾或布擦干，以防止磨口对接不紧密，导致漏气。洗涤时，应避免使用去污粉等固体摩擦粉，以免损坏磨口。

b. 组装仪器时，应将各部分分别夹好，排列整齐，角度及高度调整适当后，再进行组装，以免磨口连接处受力不均衡而折断。

c. 仪器使用后，应尽快清洗并分开放置。否则，容易造成磨口接头的黏结，难以拆开。对于带活塞、塞子的磨口仪器，活塞、塞子不能随意调换，应垫上纸片配套保存。

d. 常压下使用磨口仪器，一般不涂润滑剂，以免玷污反应物或产物。但是，当反应中有强碱存在时，则应在磨口处涂抹润滑剂，以防止磨口连接处受碱腐蚀而黏结。

e. 如玻璃磨口接头黏结难以拆开时，可用木棒或实验桌边缘轻轻敲击接头处，使其松开（不可强力敲击，以免敲碎受伤）。

## 三、玻璃仪器的洗涤

化学实验室经常用各种玻璃仪器和瓷器，这些仪器干净与否，直接影响到实验结果的准确性，所以仪器应保证干净。

（1）玻璃仪器中污物的处理方法

洗涤仪器的方法有很多，应根据实验的要求、污物的性质和玷污程度来选择。一般来说，附着在仪器上的污物既有可溶性物质，也有尘土和其他不溶性物质，还有有机物质和油污等。针对这些情况，要“对症下药”，选用适当的洗涤剂来洗涤。常见污物处理方法见表1-4。

**表 1-4　常见污物处理方法**

| 污物 | 处理方法 |
| --- | --- |
| 可溶于水的污物、灰尘等 | 用自来水清洗 |
| 不溶于水的污物 | 用去污粉、肥皂、合成洗涤剂清洗 |
| 氧化性污物(如 $MnO_2$、铁锈等) | 用浓盐酸、草酸洗液清洗 |
| 油污、有机物 | 用碱性洗液($Na_2CO_3$、NaOH 等)、有机溶剂、铬酸洗液、碱性高锰酸钾洗液等清洗 |
| 残留的 $Na_2SO_4$、$NaHSO_4$ 固体 | 用沸水使其溶解后趁热倒掉 |
| 高锰酸钾污垢 | 用酸性草酸溶液清洗 |
| 黏附的硫磺 | 用煮沸的石灰水清洗 |
| 瓷研钵内的污迹 | 用少量食盐在研钵内研磨后倒出，再用水洗 |
| 被有机物染色的比色皿 | 用体积比为 1：2 的盐酸-酒精溶液清洗 |
| 银迹、铜迹 | 用硝酸洗液清洗 |
| 碘迹 | 用 KI 溶液浸泡，温热的稀 NaOH 或 $Na_2S_2O_3$ 溶液清洗 |

（2）玻璃仪器洗涤方法

a. 刷洗　用自来水和长柄毛刷，除去仪器上的尘土、不溶性物质和可溶性物质。用去污粉或肥皂、合成洗涤剂刷洗，除去油垢和有机物质，最后再用自来水清洗。有时去污粉的微小离子会黏附在玻璃器皿壁上，不易被水冲走，此时可用2%盐酸摇洗一次，再用自来水清洗。若油垢和有机物质仍洗不干净，可用热的碱液刷洗。但滴定管、移液管等量器，不宜用强碱性的洗涤剂，以免玻璃受腐蚀而影响容积的准确性。

b. 用洗液洗　坩埚、称量瓶、洗瓶、容量瓶、移液管、滴定管等宜用合适的洗液洗涤，必要时把洗液先加热，并浸泡一段时间。

c. 去离子水荡洗　刷洗或洗涤剂洗过后，再用水连续淋洗数次，最后用去离子水或蒸馏水荡洗 2～3 次，以除去由自来水带入的钙、镁、钠、铁、氯等离子。洗涤方法一般是用洗瓶向器内壁挤入少量水，同时转动器皿或变换洗瓶水流方向，使水能充分淋洗内壁，每次用水量不需太多，以少量多次为原则。

## 四、玻璃仪器的干燥

在化学实验中，往往需要用干燥的仪器，因此在仪器洗净后，还应进行干燥。事先把仪器干燥好，就可以避免临用时干燥耽误时间。下面介绍几种简单的仪器干燥方法。

(1) 晾干

在化学实验中，应尽量采用晾干法于实验前使仪器干燥。仪器洗净后，先尽量倒净其中的水滴，然后晾干。例如，烧杯可倒置于柜子内；蒸馏烧瓶、锥形瓶和量筒等可倒套在试管架的小木桩上；冷凝管可用夹子夹住，竖放在柜子里。放置1～2天即可晾干。

应该有计划地利用实验中的零星时间，把下次实验需用的仪器洗净并晾干，这样在做下一个实验时，就可以节省很多时间。

(2) 在烘箱中烘干

一般用带鼓风机的电烘箱对玻璃仪器进行干燥，烘箱温度保持在100～120℃，鼓风可以加速仪器的干燥。仪器放入前要尽量倒尽其中的水，仪器放入时口应朝上。若仪器口朝下，烘干的仪器虽可无水渍，但由于仪器内流出来的水珠会滴到别的已烘干的仪器上，往往易引起后者炸裂。用坩埚钳子把已烘干的仪器取出来，放在石棉板上冷却。注意别让烘得很热的仪器骤然碰到冷水或冷的金属表面，以免炸裂。厚壁仪器和量筒、吸滤瓶、冷凝管等不宜在烘箱中烘干。分液漏斗和滴液漏斗则必须在拔去盖子和旋塞并擦去油脂后，才能放入烘箱烘干。

图 1-2　气流干燥器

(3) 用气流干燥器吹干

仪器洗净后先将仪器内残留的水分甩尽，然后把仪器套到气流干燥器（图 1-2）的多孔金属管上。要注意调节热空气的温度。气流干燥器不宜长时间连续使用，否则易烧坏电机和电热丝。

(4) 用有机溶剂干燥

体积小的仪器急需干燥时，可采用此法。洗净的仪器先用少量酒精洗涤一次，再用少量丙酮洗涤，最后用压缩空气或吹风机（不必加热）把仪器吹干。用过的溶剂应倒入回收瓶中。

# 第七节　化学试剂与试纸的相关知识

## 一、化学试剂的规格

根据国家标准（GB）及部颁标准，化学试剂按其纯度和杂质含量的高低分为四种等级（表 1-5）。

**表 1-5　化学试剂的级别**

| 试剂级别 | 优级醇试剂 G. R. | 分析纯试剂 A. R. | 化学纯试剂 C. P. | 实验试剂 L. R. |
|---|---|---|---|---|
| | 一级 | 二级 | 三级 | 四级 |
| 标签颜色 | 绿色 | 红色 | 蓝色 | 棕色或黄色 |

优级纯（一级）试剂，又称保证试剂，杂质含量最低，纯度最高，适用于精密的分析及研究工作。分析纯（二级）及化学纯（三级）试剂，适用于一般的分析研究及教学实验工作。

除上述四种级别的试剂外，还有适合某一方面需要的特殊规格试剂，如“基准试剂”“色谱试剂”“生化试剂”等，另外还有“高纯试剂”，它又细分为高纯、超纯、光谱纯试剂等。

此外还有工业生产中大量使用的化学工业品（也分为一级品、二级品）以及可供食用的食品级产品等。

基准试剂是容量分析中用于标定标准溶液的基准物质；顾名思义，光谱纯试剂为光谱分析中的标准物质；色谱纯试剂用作色谱分析的标准物质；生化试剂则用于各种生物化学实验。

各种级别的试剂及工业品因纯度不同价格相差很大。工业品和保证试剂之间的价格可相差数十倍。所以使用时，在满足实验要求的前提下，应考虑节约的原则，选用适当规格的试剂。例如配制大量洗液使用的重铬酸钾、浓硫酸，发生气体大量使用的盐酸以及冷却浴所使用的各种盐类等，都可以选用工业品。

## 二、试剂的存放

固体试剂一般存放在易于取用的广口瓶内，液体试剂则存放在细口瓶中。一些用量小但使用频繁的试剂，如指示剂、定性分析试剂等可盛装在滴瓶中。见光易分解的试剂（如硝酸银、高锰酸钾、饱和氯水等）应装在棕色瓶中。对于双氧水，虽然也是见光易分解的物质，但不能盛放在棕色的玻璃瓶中，因棕色玻璃瓶中含有重金属氧化物成分，会催化双氧水的分解。因此通常将双氧水存放于不透明的塑料瓶中，放置于阴凉的暗处。试剂瓶的瓶盖一般都是磨口的，但盛强碱性试剂（如氢氧化钠、氢氧化钾）及硅酸钠溶液的瓶塞应换成橡胶塞，以免长期放置互相粘连。易腐蚀玻璃的试剂（如氟化物等）应保存于塑料瓶中。

对于易燃、易爆、强腐蚀性、强氧化剂及剧毒品的存放应特别加以注意，一般需要分类单独存放，如强氧化剂要与易燃、可燃物分开隔离存放；低沸点的易燃液体要求在阴凉通风处存放，并与其他可燃物和易产生火花的物品隔离放置，更要远离火源；闪点在－4℃以下的液体（如石油醚、苯、丙酮、乙醚等）理想的存放温度为－4～4℃；闪点在25℃以下的液体（如甲苯、乙醇、丁酮、吡啶等）存放温度不得超过30℃。

盛装试剂的试剂瓶都应贴上标签，并写明试剂的名称、纯度、浓度和配制日期。标签外应涂蜡或用透明胶带等保护。

## 三、试纸

（1）用试纸检验溶液的酸碱性

常用pH试纸检验溶液的酸碱性。将小块试纸放在干燥清洁的点滴板上，再用玻璃棒蘸取待测的溶液，滴在试纸上，观察试纸的颜色变化（不能将试纸投入溶液中检验），将试纸呈现的颜色与标准色板的颜色对比，可以推测溶液的pH值（用过的试纸不能弃入水槽内）。

pH试纸分为两类：一类是广泛pH试纸，其变色范围为pH＝1～14，用来粗略地检验溶液的pH值；另一类是精密pH试纸，用于比较精确地检验溶液的pH值。精密试纸的种类很多，可以根据不同的需求选用。广泛pH试纸的变化为1个pH单位，而精密pH试纸变化小于一个pH单位。使用pH试纸测试溶液pH时不能用蒸馏水润湿。

（2）用试纸检验气体

常用pH试纸或石蕊试纸检验反应所产生气体的酸碱性。用蒸馏水湿润试纸并黏附在干净玻璃棒尖端，将试纸放在试管口的上方（不能接触试管），观察试纸颜色的变化。

有些试纸可用于检验反应生成气体的成分，不同的试纸检验的气体不同：用淀粉碘化钾试纸来检验氯气，将细条状滤纸浸入淀粉碘化钾溶液中后晾干，即得到淀粉碘化钾试纸，当氯气遇到蒸馏水湿润的试纸，将$I^-$氧化为$I_2$，$I_2$立即与试纸上的淀粉作用，使试纸变蓝；用乙酸铅试纸来检验硫化氢气体，将细条状滤纸浸入乙酸铅溶液中后晾干，即得到乙酸铅试纸，生成的硫化氢气体遇到蒸馏水湿润的试纸后，生成黑色硫化铅沉淀而使试纸呈黑褐色。

## 四、滤纸

化学实验室中常用的化学分析滤纸有定量滤纸和定性滤纸两种，按滤水速度和分离性能的不同，又分为快速、中速和慢速三种。在实验过程中，应当根据沉淀的性质和数量，合理地选用滤纸。

我国国家标准《化学分析滤纸》（GB/T 1914—2017）对定量滤纸和定性滤纸产品的分类、型号和技术指标以及试验方法等都有规定。定量滤纸和定性滤纸按质量等级分为优等品、一等品和合格品。我们将优等品的主要技术指标列于表 1-6。

**表 1-6　定量滤纸和定性滤纸优等品的主要技术指标及规格**

| 指标名称 | | 快速 | 中速 | 慢速 |
|---|---|---|---|---|
| 滤水时间①/s | | ≤35 | 35～70 | 70～140 |
| 型号 | 定性滤纸 | 101 | 102 | 102 |
| | 定量滤纸 | 201 | 202 | 203 |
| 分离性能(沉淀物) | | 氢氧化铁 | 硫酸铅 | 硫酸钡(热) |
| 湿耐破度/mm $H_2O$② | | ≥130 | ≥150 | ≥200 |
| 灰分/% | 定性滤纸 | ≤0.11 | | |
| | 定量滤纸 | ≤0.009 | | |
| 定量③/$g \cdot m^{-2}$ | | 80.0±4.0 | | |
| 圆形纸直径(定性滤纸、定量滤纸)/cm | | 5.5、7、9、11、12.5、15、18、23、27，偏差不应超过±0.1 | | |
| 方形纸尺寸(定性滤纸)/cm | | 60×60、30×30，偏差不应超过±3，偏斜度不应超过 3 | | |

① 滤水时间：用标准定量取样器切取面积为 $100cm^2$ 的圆形试样，对折后再对折，折成纸锥，用（23±1）℃蒸馏水浸湿，取 25mL 水过滤，开始滤出 5mL 不计时，然后用秒表计量滤出 10mL 水所需时间。重复 10 次取平均值，精确至 1s。

② $1mmH_2O=9.80665Pa$。

③ 定量：规定面积内滤纸的质量，这是造纸工业术语。

# 第八节　气体的制备净化及气体钢瓶的使用

## 一、气体的发生

实验室中需要制备少量气体时，用启普发生器或气体发生装置来制备比较方便。

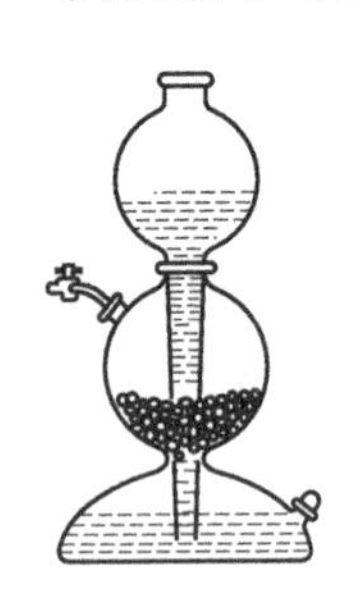
图 1-3　启普发生器

用启普发生器可以制 $H_2$、$CO_2$、$H_2S$。启普发生器（图 1-3）是由一个葫芦状的玻璃容器和一个球形漏斗插入到下边的半球体内组成的，固体试剂则放在中间球体中。为了防止固体落入下半球，应在固体下面垫一些玻璃棉。使用时，打开导气管上的活塞，酸液便进入中间球体与固体接触，发生反应放出气体。不需要气体时，关闭活塞，球体内继续产生的气体则把部分酸液压入球形漏斗，使其不再与固体接触而使反应终止。所以启普发生器在加入足够的试剂后，能反复使用多次，而且易于控制。

向启普发生器内装入试剂的方法是，先将中间球体上部带导气管的塞子拔下，固体试剂由开口处加入中间球体，塞上塞子。打开导气管上的活塞，将酸液由球形漏斗加入下半球体内，酸液量加至恰好与固体试剂接触即可。酸液不能加得太多，以免产生的气体量太多而把酸液从球形漏斗中压出去。

启普发生器使用一段时间后，由于试剂的消耗，需要添加固体和更换酸液。更换酸液时，打开下半球侧的塞子，倒掉废液。塞好塞子，再向球形漏斗中加入新的酸液。添加固体时，可在固体和酸液不接触的情况下，用一胶塞把球形漏斗塞住，按前述的方法由中间球体开口处加入。启普发生器不能加热，且装入启普发生器内的固体必须呈块状。

如图1-4所示的气体发生装置可以制备$Cl_2$、HCl、$SO_2$等气体，既适用于粉末状固体和酸液反应产生的气体，也适用于需加热才能产生气体的反应。把固体试剂置于蒸馏瓶中，酸液放在分液漏斗中，使用时打开分液漏斗的活塞，使酸液滴在固体上，便发生反应产生气体，如果反应缓慢可适当加热。

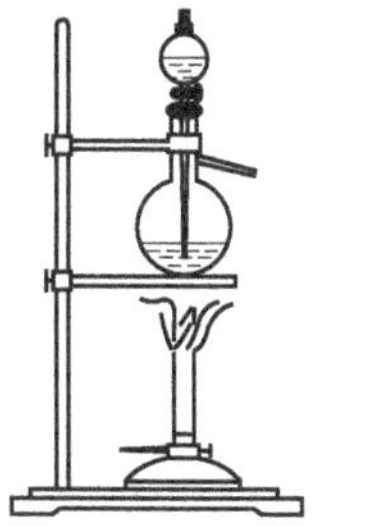

图1-4　气体发生装置

## 二、气体的净化和干燥

在实验室通过化学反应制备的气体一般都带有水气、酸雾等杂质，纯度达不到要求，应该进行净化。通常选用某些液体或固体试剂，分别装在洗气瓶或吸收干燥塔等装置中。通过化学反应或吸收、吸附等物理化学过程将其除去，达到净化的目的。

由于制备的气体本身的性质及所含杂质的不同，净化方法也有所不同。一般先用水或玻璃棉除去酸雾。去除气体杂质需利用化学反应：对于还原性杂质，选择适当氧化性试剂去除，如$SO_2$、$H_2S$、$AsH_3$等杂质，经过$K_2Cr_2O_7$与$H_2SO_4$组成的铬酸溶液或$KMnO_4$与KOH组成的碱性溶液洗涤后除掉；对于氧化性杂质，可选择适当的还原性试剂去除，如$O_2$杂质可通过灼热的还原铜粉或$CrCl_2$溶液或$Na_2SO_3$溶液后被除掉；对于酸性、碱性的气体杂质，宜分别选用碱、不挥发性酸液除掉（如$CO_2$可用NaOH溶液去除，$NH_3$可用稀$H_2SO_4$溶液去除等）。此外，许多化学反应都可以用来除去气体杂质，如用石灰水溶液去除$CO_2$，用KOH溶液去除$Cl_2$，用$Pb(NO_3)_2$溶液去除$H_2S$等。

除掉气体杂质后，还需要将气体干燥，不同性质的气体应根据其特性选择不同的干燥剂，如具有碱性和还原性的气体（$NH_3$，$H_2S$等），不能用浓硫酸干燥。常用的气体干燥剂见表1-7。

**表1-7　常用气体干燥剂**

| 干燥剂 | 适于干燥的气体 |
|---|---|
| CaO、KOH | $NH_3$、胺类 |
| 碱石灰 | $NH_3$、胺类、$O_2$、$N_2$（同时可除去气体中的$CO_2$和酸雾） |
| 无水$CaCl_2$ | $H_2$、$O_2$、HCl、$CO_2$、CO、$SO_2$、烷烃、烯烃、氯代烷烃，乙醚 |
| $CaBr_2$ | HBr |
| $CaI_2$ | HI |
| $H_2SO_4$ | $O_2$、$N_2$、CO、$CO_2$、$SO_2$、烷烃 |
| $P_2O_5$ | $O_2$、$N_2$、$H_2$、CO、$CO_2$、$SO_2$、乙烯、烷烃 |

## 三、气体的收集

气体的收集方式主要取决于气体的密度及其在$H_2O$中的溶解度。收集方法有如下几种。

a. 在$H_2O$中溶解度很小的气体（如$H_2$、$O_2$等），可用排水法收集。

b. 易溶于$H_2O$而比空气轻的气体（如$NH_3$等）可用瓶口向下的排气法收集。

c. 易溶于$H_2O$而比空气重的气体（如$Cl_2$、$CO_2$等）可用瓶口向上的排气法收集。

收集气体时也可借助真空系统，先将容器抽空，再装入所需的气体。

## 四、高压气体钢瓶、减压阀的使用

(1) 高压气体钢瓶的漆色与标志

实验室使用的许多气体，如氢气、氧气、氮气、空气、氦气、氩气、氨气、氯气、二氧化碳、乙炔等，都是由气体工厂经压缩储存于专用的高压气体钢瓶中的，国家对高压气瓶的漆色与标志有统一规定，表 1-8 列出了我国部分高压气瓶的漆色与标志。

**表 1-8　高压气瓶的漆色与标志**

| 气体 | 瓶身颜色 | 所标字样 | 字样颜色 | 钢瓶内气体状态 |
|---|---|---|---|---|
| 氢气 | 深绿 | 氢 | 红 | 压缩气体 |
| 氧气 | 天蓝 | 氧 | 黑 | 压缩气体 |
| 氮气 | 黑 | 氮 | 黄 | 压缩气体 |
| 空气 | 黑 | 压缩空气 | 白 | 压缩气体 |
| 氦气 | 灰 | 氦 | 绿 | 压缩气体 |
| 氩气 | 灰 | 氩 | 绿 | 压缩气体 |
| 氨气 | 黄 | 液氨 | 黑 | 液态 |
| 氯气 | 草绿 | 液氯 | 白 | 液态 |
| 二氧化碳 | 铝白 | 液化二氧化碳 | 黑 | 液态 |
| 乙炔 | 白 | 乙炔 | 红 | 乙炔溶解在活性丙酮中 |
| 其他气体 | 灰 | 气体名称 | 可燃红,不燃黑 | — |

(2) 高压气体钢瓶使用方法和规则

高压气瓶使用时要用气表指示瓶内总压，并控制使用气体的分压，钢瓶气表结构（以氧气表为例）如图 1-5 所示。

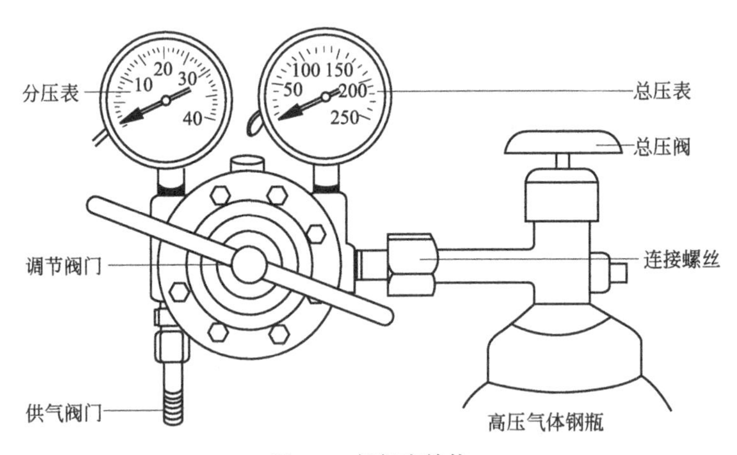


图 1-5　氧气表结构

使用高压气瓶前，首先要装上配套的减压器，安装时应先将气瓶气门连接口的灰尘、脏物等吹除（可稍开气瓶开关阀），然后将减压器的管接头与气门侧面接头连接并拧紧，要检查丝扣是否滑牙，要确保安装牢靠后才能打开气瓶开关阀。安装好减压器后先开气瓶开关阀，并注意高压压力计的指示压力。然后将减压器调节螺杆慢慢旋紧，此时减压阀座开启，气体由此经过低压室通向使用部分，在低压压力计上读取出口气体压力，并转动调节螺杆至所需压力为止。当气体流入低压室时要注意有无漏气现象。使用完毕后，先关闭气瓶开关阀，放尽减压器进、出口的气体，然后将调节螺杆松开。

在使用高压气瓶时，要遵守以下规则，以免发生事故。

钢瓶应放于阴凉、通风、远离火源和震动的地方，氧气瓶和可燃性气体不能放于同一室，室内存放钢瓶不宜过多，气瓶应可靠地固定在支架上。

搬运时，钢瓶的安全帽要拧紧，以保护开关阀。最好使用专用小车搬运，要避免坠地、碰撞。

减压阀要专用，安装时螺扣要上紧。开启高压气瓶时，人应站在出气口的侧面，以防气流或减压器射出伤人。

气瓶内气体不能用尽，其剩余压力不应小于 $9.8\times10^{5}$Pa，以防空气倒灌，下次充气时发生危险。

氧气钢瓶严禁与油类接触。氢气钢瓶要经常检查是否有泄漏。装有易燃、易爆、有毒物质的气瓶要按其特殊性质加以保管和处理。

各种气瓶必须定期进行技术检验，一般每三年检验一次，腐蚀性气体气瓶两年检验一次。

# 第 2 章

# 化学实验基本技术

# 第一节　物质分析与制备技术

## 一、试剂的取用和溶液配制

（1）试剂的取用

① 固体试剂

a. 取用试剂前要看清标签及规格，打开试剂瓶，瓶盖应倒置于干净处。

b. 要用洁净的药勺取用固体试剂。试剂取用后应立即盖好瓶盖并放回原处，标签向外。

c. 取用试剂时应从少量开始，不要多取，多余的试剂不可倒回原试剂瓶。

d. 固体颗粒太大时，应在洁净的研钵中研碎（研钵所盛试剂量不能超过容量的1/3）。

e. 向试管中（特别是湿试管中）加入固体试剂时，可将试剂放在一张对折的纸槽中，伸入试管的2/3处扶正滑下；块状固体应沿管壁慢慢滑下，如图2-1所示。

f. 一般固体试剂可以放在干净的纸或表面皿上称量。具有腐蚀性、强氧化性或易潮解的固体试剂不能在纸上称量。不准使用滤纸来盛放称量物。

g. 有毒药品要在教师指导下按规程使用。

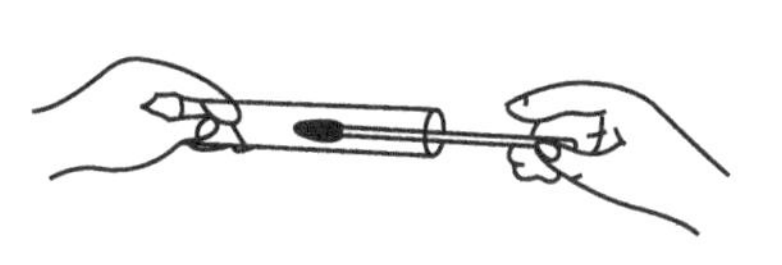

(a) 用药勺向试管中送入固体试剂

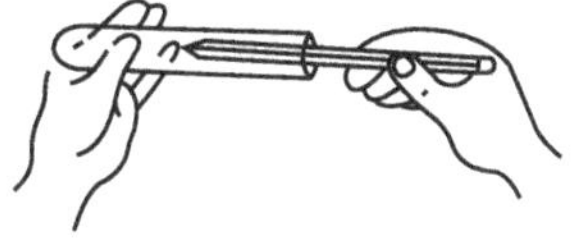

(b) 用纸槽向试管中送入固体试剂

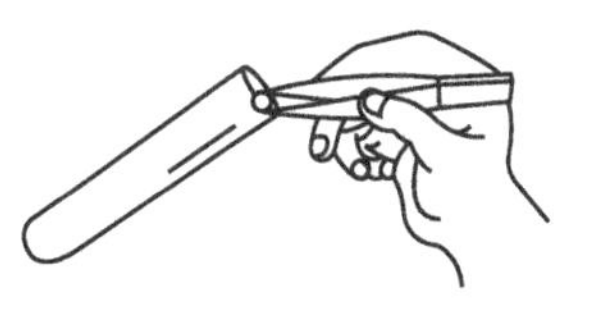

(c) 块状固体沿管壁慢慢滑下

图2-1　试管中加入固体试剂的操作

② 液体试剂

a. 用倾注法从细口瓶中取用液体试剂。先将瓶塞取下，倒置于桌面（若倒置不稳，要用右手中指和无名指夹住瓶塞），右手心对着标签拿起试剂瓶。将试剂从试剂瓶中倒入烧杯时，用右手握瓶，左手拿玻璃棒，使棒的下端斜靠在烧杯中，将试剂瓶口靠在玻璃棒上，使液体沿棒流入杯中，如图2-2所示。如将试剂倒入试管，倾倒时，瓶口靠住容器壁，让液体缓缓流入，如图2-3所示；倒完后应将瓶口在容器上靠一下，再使瓶子竖直，这样可以避免遗留在瓶口的试剂沿瓶子外壁流下来。最后将瓶塞盖上（不要盖错!），放回原处，标签朝外。

图2-2　从细口瓶中取用液体试剂

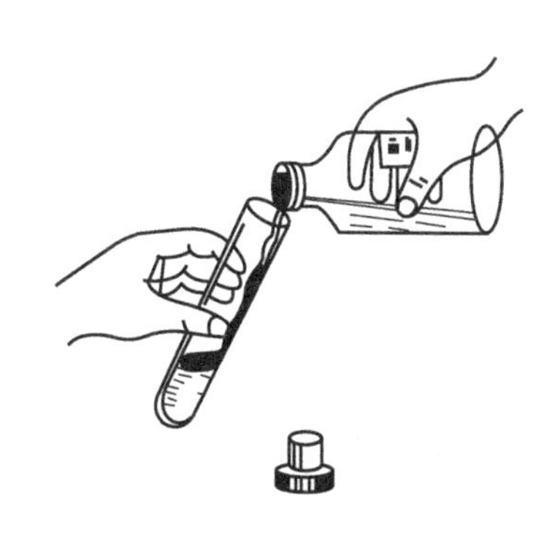

图2-3　往试管中倒液体试剂

b. 从滴瓶中取出液体试剂时，要使用滴瓶中的专用滴管。先用拇指和食指将滴管提起并离开液面，赶出胶头内空气，放入液体，放松手指，吸入液体后再提起滴管，即可取出试剂（注意避免使用滴管在试剂中鼓泡）。用滴管向容器内滴加试剂时，禁止滴管与容器壁接触，不得将滴管伸入试管中，如图 2-4 所示。装有试剂的滴管任何时候均不得横置、倒置，以免液体流入胶头内而被污染。严禁使用其他滴管到公用试剂瓶中取药。

c. 在试管里进行某些实验，试剂不需要准确量取时，应学会初步估计液体的量，譬如 1mL 约为多少滴，2mL 液体约占所用试管的几分之几（试管内液体不允许超过其容积的 1/3）等。

d. 若用量筒量取液体，应先选好与所取液体体积相匹配的量筒。量液体时，应将视线与量筒内液体的弯月面最低处持平（无色或浅色溶液），视线偏高或偏低都会造成较大误差，如图 2-5 所示。

e. 若用自备滴管取用液体，必须选用洁净而干燥的滴管，以防污染或稀释原来的溶液。

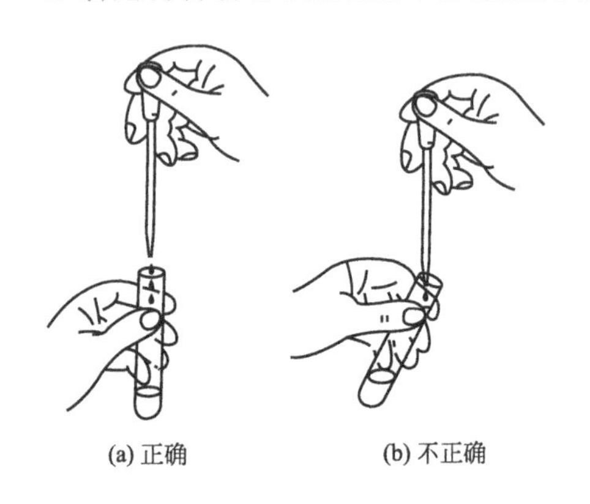


图 2-4　向试管中滴加液体试剂

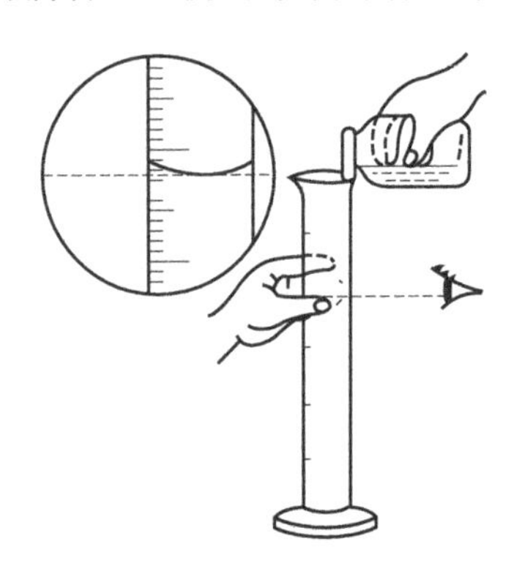

图 2-5　量筒量取液体

（2）溶液的配制

① 一般溶液的配制方法

第一步，计算。根据要求，计算出所需溶质和溶剂的量。

第二步，称量。根据要求，选适当的仪器进行称取或量取试剂，将样品置于烧杯中。

第三步，溶液配制。先用适量水溶解，再稀释至所需的体积。

在配制溶液时应注意如下几个问题。

a. 配制溶液时应根据对纯度和浓度的要求选用不同等级的试剂，不要超规格使用试剂，以免造成浪费。

b. 由于试剂溶解时常伴有热效应，配制溶液的操作一定要在烧杯中进行，并用玻璃棒搅拌，但不能太猛，更不能触及烧杯。试剂溶解时若有放热现象，或以加热促使溶解，应待冷却后，再转入试剂瓶中或定量转入容量瓶中。

c. 配制饱和溶液时，所用溶质的量应稍多于计算量，加热促使其溶解，待冷却至室温并析出固体后即可使用。

d. 配制易水解的盐溶液如 $SbCl_3$、$Na_2S$ 溶液时，应预先加入相应的酸（HCl）或碱（NaOH）以抑制水解，然后稀释至一定体积。

e. 对于易氧化、易水解的盐如 $SnCl_2$、$FeSO_4$，配制溶液时不仅要加相应的酸来抑制水解，配好后还要加入相应的纯金属（如锡粒、铁钉等），以防其因被氧化而变质。

f. 有些易被氧化或还原的试剂常在使用前临时配制或采取一定措施，防止其被氧化或还原。

g. 易侵蚀或腐蚀玻璃的溶液不能盛放在玻璃瓶内，如氟化物应保存在聚乙烯瓶中，装苛性碱的玻璃瓶应换成橡胶塞，最好也盛于聚乙烯瓶中。

h. 配制指示剂溶液时，需称取的指示剂量往往很少，这时可用分析天平称量，但只要读取两位有效数字即可。要根据指示剂的性质，采用合适的溶剂，必要时还要加入适当的稳定剂，并注意其保存期。配好的指示剂一般储存于棕色瓶中。

配好的溶液必须标明名称、浓度、日期，标签应贴在试剂瓶的中上部。

经常并大量使用的溶液，可先配制成浓度为使用浓度的 10 倍的储备液，需要用时取储备液稀释 10 倍即可。

② 标准溶液的配制和标定

标准溶液通常有两种配制方法，直接法和间接法。

a. 直接法　用分析天平准确称取一定量的基准试剂，溶于适量的水中，再定量转移到容量瓶中，用水稀释至刻度。根据称取试剂的质量和容量瓶的体积，计算它的准确浓度。基准物质是纯度很高、组成一定、性质稳定的试剂，它相当于或高于优级纯试剂的纯度。基准物质可用于直接配制标准溶液或用于标定溶液浓度。

作为基准试剂应具备下列条件。

ⅰ. 试剂的组成与其化学式完全相符。

ⅱ. 试剂的纯度应足够高（一般要求纯度在 99.9%以上），而杂质的含量应少到不至于影响分析的准确度。

ⅲ. 试剂在通常条件下应该稳定。

ⅳ. 试剂参加反应时，应按反应式定量进行，没有副反应。

b. 间接法 实际上只有少数试剂符合基准试剂的要求。很多试剂不宜用直接法配制标准溶液，而要用间接方法，也称标定法。在这种情况下，先配成接近所需浓度的标准溶液，再选择合适的基准物或已知浓度的标准溶液来标定它的准确浓度。

在实际工作中，特别是在工厂实验室中，还常采用标准试样来标定标准溶液的浓度。标准试样含量是已知的，它的组成与被测物质相近。这样标定标准溶液浓度与测定被测物质的条件相同，分析过程中的系统误差可以抵消，结果准确度较高。

储存的标准溶液，由于水分蒸发，水珠凝于瓶壁，使用前应将溶液摇匀。如果溶液浓度有了改变，必须重新标定。对于不稳定的溶液应定期标定。

必须指出，在不同温度下配制的标准溶液，若从玻璃的膨胀系数考虑，即使温度相差 30℃，造成的误差也不大。但是，水的膨胀系数约为玻璃的 10 倍，当使用温度与标定温度相差 10℃以上时，应注意这个问题。

## 二、加热与冷却方法

有的化学反应在室温下难以进行或反应较慢，常需加热来加快化学反应；而有些反应又很剧烈，释放出大量的热使副反应增多，因此需进行适当的冷却，将反应温度控制在一定范围之内。另外，在其他一些基本操作过程（如溶解、蒸馏、回流、重结晶等）中也会用到加热或冷却。

（1）加热方法

加热时可根据所用物料的不同和反应特性选择不同的热源和加热方法。

① 加热装置

a. 酒精灯　在没有燃气的实验室中，常使用酒精灯或酒精喷灯进行加热。酒精灯是用

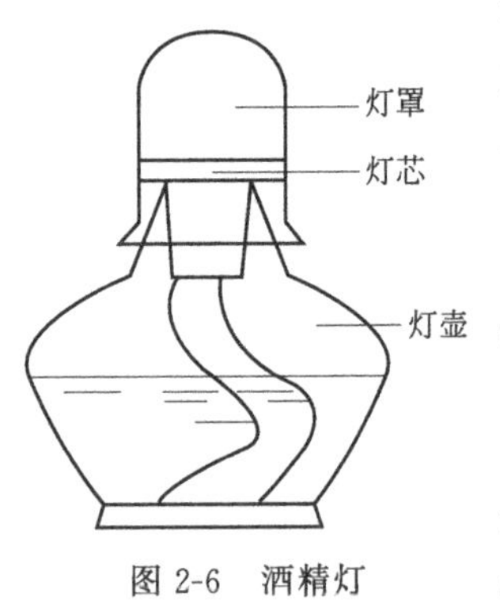

图 2-6　酒精灯

酒精作燃料的加热器，它由灯罩、灯芯和灯壶三部分组成，如图2-6所示。其火焰温度为400～500℃，用于温度不需太高的实验。

使用酒精灯时应注意下列三点：

ⅰ. 酒精灯内需添加酒精时，应把火焰熄灭后，用漏斗把酒精加入灯内。灯内酒精不可装得太满，一般不应超过酒精灯容积的2/3，以免移动时洒出，或点燃时受热膨胀而溢出。

ⅱ. 点燃酒精灯时要用火柴引燃，切不能用另一个燃着的酒精灯引燃，否则灯内酒精会洒出，引起燃烧而发生火灾。熄灭酒精灯时要用灯罩盖熄灭，切不能用嘴吹灭。

ⅲ. 酒精灯连续使用的时间不能过长，避免火焰使酒精灯本身灼热后，灯内酒精大量汽化形成爆炸混合物。

b. 酒精喷灯　酒精喷灯一般为座式、挂式两种类型，如图2-7、图2-8所示。

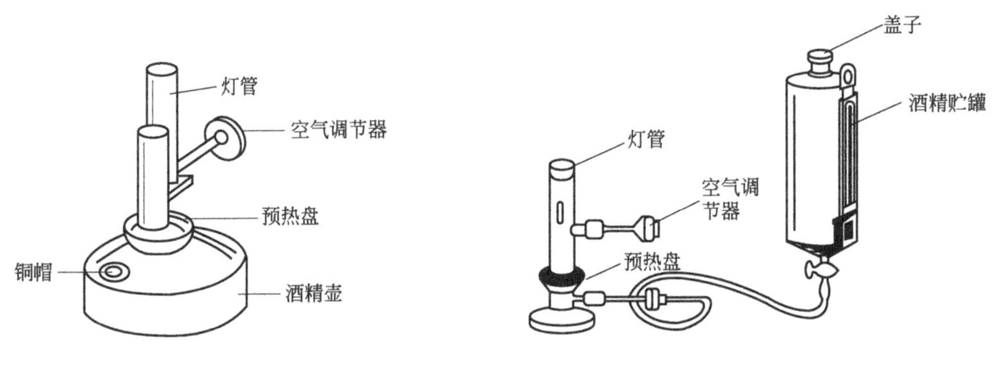

图 2-7　座式构造　　　图 2-8　挂式构造

酒精喷灯的使用方法如下。

ⅰ. 添加酒精与预热　打开酒精壶铜帽（座式）或关闭酒精贮罐下口开关（挂式）添加酒精，座式灯酒精壶内酒精量不能超过容积的2/3，盖紧喷灯的铜帽（座式）或盖紧酒精贮罐盖子并打开下口开关（挂式），然后在预热盘中加少量酒精，点燃预热盘酒精进行预热，可多次进行点燃预热，但两次不出气必须在火焰熄灭后加酒精，并用探针疏通酒精蒸气出口后方可再预热。

ⅱ. 火焰调节与熄灭　旋转空气调节器调节火焰和熄灭火焰，熄灭火焰也可用木板盖住火焰出口而熄灭。座式喷灯连续使用不能超过半小时，如果要超过半小时，必须到半小时时暂先熄灭喷灯，冷却，添加酒精后再继续使用。挂式喷灯用毕，酒精贮罐的下口开关必须关闭好。

ⅲ. 灯焰性质　酒精喷灯温度可达700～900℃。其火焰可分为焰心、内焰、外焰三层，如图2-9所示。焰心温度较低，内焰较焰心温度高，外焰温度比内焰温度还高，最高温度处在内焰与外焰之间。一般用外焰加热。

c. 燃气灯　燃气灯是实验室中最常用的加热工具之一，可用于加热水溶液和高沸点物质，亦可用于灼烧及弯制玻璃管。当利用燃气灯加热烧瓶等器具时，必须垫有石棉网。使用燃气灯时，其火焰可随着调节空气量的增减而不同。通入适量空气时的火焰是由三部分组成的（图2-9）：焰心——呈绿色圆锥状（最低温）；内焰——呈深蓝色（低温）；外焰——呈淡蓝色（高温）；淡蓝色及深蓝色部分为高温区。

d. 电加热装置　实验室中常用的电加热装置主要有电炉、电加热套、马弗炉、集热式恒温磁力搅拌器等。

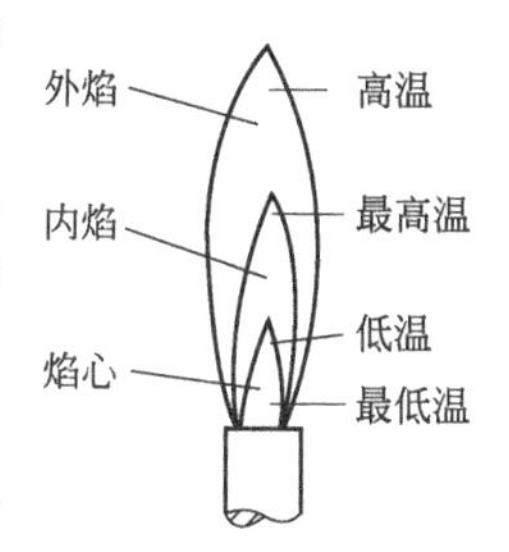

图 2-9　火焰示意图

ⅰ. 电炉　电炉按功率大小可分为 500W、800W、1000W 等规格，使用时一般应在电炉丝上放一块石棉网，在它上面再放需要加热的容器，这样不仅可以增大加热面积，而且使加热更加均匀。温度的高低可以通过调节电阻来控制。

ⅱ. 电加热套　电加热套是由石棉玻璃纤维织成，其中镶入镍铬丝所做成的加热器。其热效率高，加热温度通过调压变压器来控制，有适用 50mL～5L 各种容积烧瓶的规格，使用方便。但应注意温度的控制，稍有疏忽，就会导致反应物温度过高，影响实验结果或引发事故。

ⅲ. 马弗炉　马弗炉的炉膛为正方形，打来炉门就可放入要加热的坩埚或其他耐高温容器。在马弗炉内，不允许加热液体和其他易挥发的腐蚀性物质。如果需灰化滤纸或有机物成分，在加热过程中应打开几次炉门通空气进去。

ⅳ. 集热式恒温磁力搅拌器（图 2-10）　打开不锈钢容器盖，将盛杯放在不锈钢容器中间，往不锈钢容器中加入水、导热油或硅油至恰当高度，将搅拌子放入盛杯溶液中。开启电源开关，指示灯亮，将调速电位器按顺时针方向旋转，调整转速由慢到快，直至调节到要求转速为止。合上加热开关，温度数字显示灯亮，此时显示数值为锅内实际温度。首先设定所需要的温度，当锅内油（水）加温到设定温度时，仪器会自动进入恒温状态，红色指示灯亮表示加热停止，绿色指示灯亮表示加热开始。仪器在加热和恒温几次后会进入一个稳定的状态。如工作中搅拌子出现跳子现象，请关闭电源后重新开启，速度由慢至快，调节使之恢复正常工作。

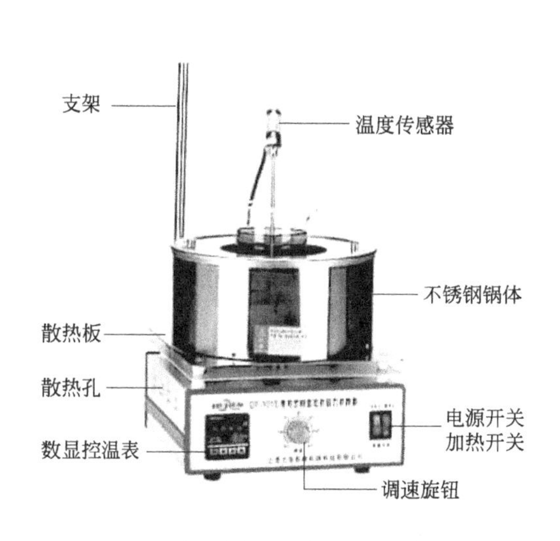

图 2-10　集热式恒温磁力搅拌器

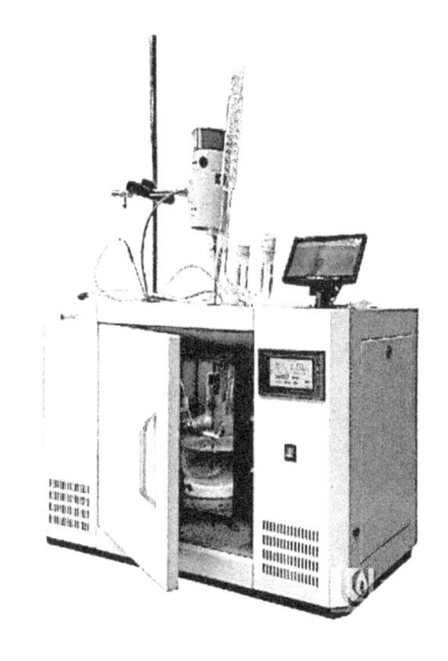
图 2-11　微波炉

ⅴ. 微波炉（图 2-11）　微波是指电磁波谱中位于远红外与无线电波之间的电磁辐射，微波对材料有很强的穿透力，能对被照射物质产生深层加热作用。对微波加热促进有机反应的机制，目前较为普遍的看法是极性有机分子接受微波辐射的能量后会发生每秒几十亿次的偶极振动，产生热效应，使分子间的相互碰撞及能量交换次数增加，因而使有机反应速率加快。另外，电磁场对反应分子间行为的直接作用而引起的所谓“非热效应”，也是促进有机反应的重要原因。与传统加热相比，其反应速率可快几倍至上千倍。

② 加热操作

a. 液体的直接加热　实验中被加热的液体在较高温度下稳定而不分解，而且没有着火的危险时，可以把盛有待加热的容器直接用燃气灯等进行加热。实验室常用的可直接用火加热的玻璃器皿有烧杯、烧瓶、蒸发皿、试管等，能承受一定的温度，但不能骤冷骤热，因此在加热前必须将器皿外的水擦干，加热后也不能立即与潮湿的物体接触。

ⅰ. 试管加热　一般试管可用于液体或固体的直接火焰加热（图 2-12），加热时应注意如下几点：应该用试管夹夹住试管的中上部；加热液体时，试管口应稍微向上倾斜，管口不要对着自己或旁人，以防液体喷出将人烫伤；应使液体各部分受热均匀，先加热液体的上中部，再慢慢往下移动，然后不时地摇动试管，以免由于局部过热、液体骤然喷出管外，或因受热不均使试管炸裂；加热固体时，试管口应稍微向下倾斜［图 2-12(b)］，以免凝结在试管口上的水珠回流到灼热的试管底部而使试管破裂。加热固体的试管可以用试管夹或用铁架台固定。

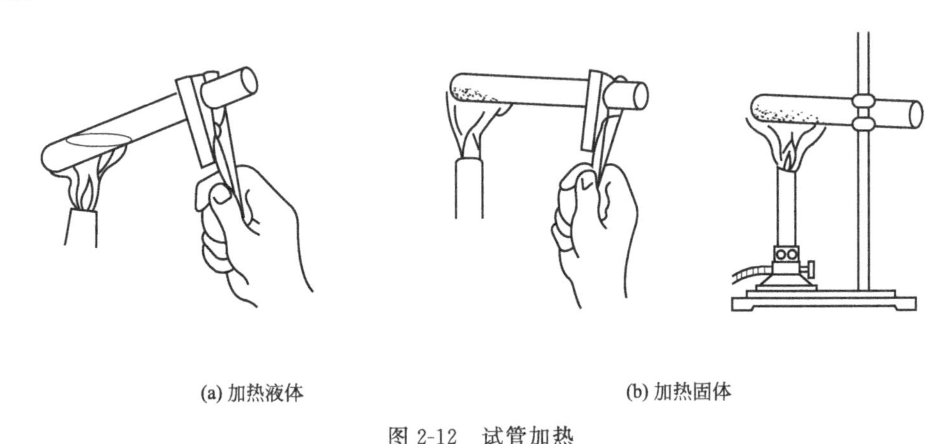

(a) 加热液体　　(b) 加热固体

图 2-12　试管加热

ⅱ. 烧杯、烧瓶、蒸发皿的加热　用烧杯、烧瓶和蒸发皿等玻璃器皿加热液体时，器皿要放在石棉网上，否则会因受热不均而破裂。

b. 热浴间接加热　当被加热的物体需要受热均匀，而且受热温度又不能超过一定限度时，可根据具体情况，选择特定的热浴间接加热方法。

ⅰ. 水浴　当被加热的物体要求受热均匀且温度不超过 100℃时，可用水浴加热（图 2-13），水浴锅有铜制和铝制，带有一组同心圆环做盖，使用时将要加热的器具浸入水中就

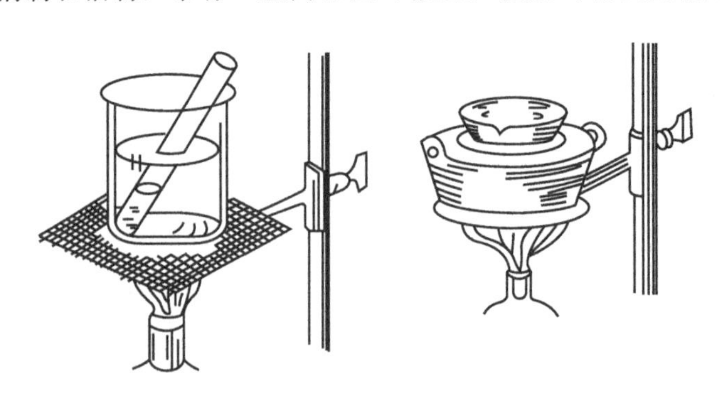

(a) 烧杯作水浴器　　(b) 水浴锅加热

图 2-13　水浴加热方法

可在一定温度下加热。如要蒸发浓缩物品时，并不浸入水中，可将烧杯、蒸发皿等放在水浴盖上，通过接触水蒸气来加热，这就是水蒸气浴。注意不要把水浴锅烧干。多孔电热恒温水浴使用更为方便。

ⅱ. 油浴　油浴也是一种常用的加热方法，所用油多为花生油、豆油、亚麻油、蓖麻油、菜籽油、硅油等，一般加热温度为100～250℃。加热烧瓶时，必须将其浸入油中。植物油油浴的缺点是：温度升高时会有油烟冒出，达到燃点可以自燃，明火也可引起着火，油经使用后易老化、变黏、变黑。为克服以上缺点可使用硅油。硅油又称有机硅油，是由有机硅单体经水解缩聚而得的一类线型结构的油状物，一般是无色、无味、无毒、不易挥发的液体，但价格较贵。

ⅲ. 沙浴　沙浴是一个盛有均匀细沙的铁盘，被加热器皿的下部埋置在细沙中。加热时加热铁盘。若要测量沙浴的温度，可把温度计插入细沙中。沙浴的特点是升温比较缓慢，停止加热后，散热也比较缓慢。

另外，加热浴中还有金属浴、盐浴等，现将其列于表2-1中。

**表 2-1　加热浴一览表**

| 类别 | 内容物 | 容器 | 使用温度范围/℃ | 注意事项 |
|---|---|---|---|---|
| 水浴 | 水 | 铜锅及其他 | ≤95 | 若使用各种无机盐的饱和水溶液，则沸点可以提高 |
| 水蒸气浴 | 水 | | ≤95 | 要及时排放冷凝水 |
| 油浴 | 各种植物油、有机硅油 | 铜锅及其他 | ≤250 | 加热到250℃以上时会冒烟及着火，油中切勿溅水，氧化后易凝固 |
| 沙浴 | 细沙 | 铁盘 | 高温 | |
| 盐浴 | 例如硝酸钾和硝酸钠的等量混合物 | 铁锅 | 220～680 | 浴中切勿溅水，将盐保存于干燥器中 |
| 金属浴 | 各种低熔点金属、合金等 | 铁锅 | 因使用金属不同，温度各异 | 加热至350℃以上时渐渐氧化 |
| 其他 | 甘油、液体石蜡、硬脂酸 | 铁锅、烧杯等 | 温度因物而异 | |

c. 固体物质的灼烧　将固体物质加热到高温以达到脱水、分解或除去挥发性杂质、烧去有机物等目的的操作称为灼烧。灼烧的方法是将固体放在坩埚中，直接用燃气灯加热，或置于高温电炉中按要求温度进行加热。例如分解矿石（煅烧石灰石为氧化钙和二氧化碳）的反应，高岭土熔烧脱水使其结构疏松多孔进一步加工生产氧化铝，焙烧二氧化钛使其改变晶型和性质等，都是高温灼烧固体的实例。

（2）冷却方法

a. 流水冷却　需冷却到室温的液体，可用此法。将被冷却物直接用流动的自来水冲洗冷却。

b. 冰或冰水冷却　将需冷却物直接放在冰水中，可冷却至0℃。

c. 冰-无机盐冷却　冷却温度在－40～0℃左右。制作冰盐冷却剂时要把盐研细后再与粉碎的冰混合，这样制冷的效果好。冰与盐按不同的比例混合能得到不同的制冷温度。$CaCl_2 \cdot 6H_2O$与碎冰按1∶1、1.25∶1、1.5∶1、5∶1的比例混合，分别达到的最低温度为－29℃、－40℃、－49℃、－54℃。

d. 干冰-有机溶剂冷却剂，可获得－70℃以下的低温。干冰与冰不一样，不能与被制冷容器的器壁有效接触，所以常与凝固点低的有机溶剂（作为热的传导体）一起使用，如丙酮、乙醇、正丁烷、异戊烷等。

e. 利用低沸点的液态气体，可获得更低的温度，如液态氮（一般放在铜制、不锈钢或铝合金的杜瓦瓶中）可达到－195.8℃，而液态氦可达到－268.9℃的低温。使用液态氧、氢时应特别注意安全操作。液态氧不要与有机物接触，防止燃烧事故发生；液态氢汽化放出的氢气必须谨慎地燃烧掉或排放到高空，避免爆炸事故；液态氨有强烈的刺激作用，应在通风柜中使用。

常用制冷剂及其最低制冷温度见表 2-2。

**表 2-2　常见制冷剂及其最低制冷温度**

| 制冷剂 | 最低温度/℃ | 制冷剂 | 最低温度/℃ |
| --- | --- | --- | --- |
| 冰-水 | 0 | $CaCl_2 \cdot 6H_2O$-冰 1∶1 | －29 |
| NaCl-碎冰(1∶3) | －20 | $CaCl_2 \cdot 6H_2O$-冰 1.25∶1 | －40 |
| NaCl-碎冰(1∶1) | －22 | 液氨 | －33 |
| $NH_4Cl$-冰(1∶4) | 15 | 干冰 | －78.5 |
| $NH_4Cl$-冰(1∶2) | －17 | 液氮 | －195.8 |

使用液态气体时，为了防止低温冻伤事故发生，必须戴皮（或棉）手套和防护眼镜。一般低温冷浴也不要用手直接触摸制冷剂（可戴橡胶手套）。

应当注意，测量－38℃以下的低温时不能使用水银温度计（水银的凝固点为－38.87℃），应使用低温酒精温度计等。

此外，使用低温冷浴时，为防止外界热量的传入，冷浴外壁应使用隔热材料包裹覆盖。

## 三、干燥技术

干燥为使样品失去水分子或失去其他溶剂的过程。在化学实验中，有许多反应要求在无水的条件下进行。如制备格氏试剂时，要求所用的卤代烃、乙醚绝对干燥；液体有机物在蒸馏前也要进行干燥，以防止水与有机物形成共沸物，或由于少量水与有机物在加热条件下可能发生反应而影响产品纯度；化合物在测定熔点及进行波谱分析前也要进行干燥，否则会影响测试结果的准确性。因此，干燥在化学实验中既非常普遍又十分重要。

(1) 干燥原理

干燥的方法可分为物理方法和化学方法。属于物理方法的有加热、真空干燥、冷冻、分馏、共沸蒸馏及吸附等；化学方法是利用干燥剂去水。干燥剂按其去水作用可分为两大类，第一类能与水可逆地生成水合物，如硫酸、氯化钙、硫酸钠、硫酸钙等；第二类是与水反应后生成新的化合物，如金属钠、五氧化二磷等。常用的干燥方法有加热干燥、低温干燥、化学结合除水干燥、吸附去水干燥等四种。

a. 加热干燥法　其原理是利用加热的方法将物质中的水分变成蒸汽蒸发出来。常用仪器有电炉、电热板、真空干燥箱等。它的优点在于能在较短的时间达到干燥目的，无机物质干燥一般用此法。

b. 低温干燥　一般指在常温或低于常温的情况下进行的干燥。常见的有常温常压下在空气中晾干、吹干，在减压（或真空）下干燥和冷冻干燥等，均属低温干燥。低温干燥适用于易燃、易爆或受热变质的物质，此法比较缓和安全，但被干燥的物质在空气中必须稳定、不易分解和不吸潮。

c. 化学结合除水干燥　这种方法多用于有机物的除水，通常的做法是向盛有机物的试剂瓶中加入吸水的无机物，这些无机物通常和有机物是互不相溶的，使用时，取上层清液即可。

d. 吸附去水干燥　这种方法多用于吸附气体和液体中含有的游离水，作为干燥剂的物质要易于和游离水作用或易于吸附水汽而又不与被干燥的物质作用。一般常用的干燥剂有氢氧化钠、氢氧化钾、金属钠、氧化钙、五氧化二磷、浓硫酸、硅胶、分子筛等。用这种方法干燥时，被干燥的物质往往有被污染的危险，应该注意。

（2）气体的干燥

气体可用固体、液体干燥剂进行干燥。一般情况下使用洗气瓶、干燥塔、U形管或干燥管等仪器对气体进行净化和干燥。

干燥时，将液体干燥剂（如浓硫酸等）装在洗气瓶中，固体干燥剂如无水氯化钙和硅胶装在干燥塔、U形管或干燥管中。常用的气体干燥剂如表2-3所示。

**表2-3 常用气体干燥剂**

| 气体 | 干燥剂 | 气体 | 干燥剂 |
|---|---|---|---|
| $H_2$、$O_2$、$N_2$、CO、$CO_2$、$SO_2$ | $H_2SO_4$(浓)、$CaCl_2$(无水)、$P_2O_5$ | HI | $CaI_2$ |
| $Cl_2$、HCl、$H_2$ | $CaCl_2$(无水) | NO | $Ca(NO_3)_2$ |
| $NH_3$ | CaO、CaO与KOH混合物 | HBr | $CaBr_2$ |

（3）液体化合物的干燥

① 形成共沸物去水干燥

利用某些化合物与水能形成共沸物的特性，在待干燥的化合物中加入能与水形成共沸物的物质，因共沸物的沸点通常低于待干燥物的沸点，所以蒸馏时可将水带出，从而达到干燥的目的。

② 使用干燥剂干燥

a. 干燥剂的选择　对于液体化合物的干燥，一般把干燥剂直接放入被干燥物中，因此干燥剂的选择必须考虑到以下几点：干燥剂与被干燥物不能发生化学反应；干燥剂不能溶解于被干燥物中；干燥剂的吸水量大、干燥速度快、价格低廉。常用干燥剂的性能与应用范围如表2-4所示。在干燥含水量较多而又不易干燥的有机物时，常先用吸水量较大的干燥剂干燥，以除去大部分水，然后用干燥性强的干燥剂除去微量水分。各类有机物常用的干燥剂如表2-5所示。

**表2-4 常用干燥剂的性能与应用范围**

| 干燥剂 | 吸水作用 | 吸水容量/(g/g) | 干燥效能 | 干燥速度 | 应用范围 |
|---|---|---|---|---|---|
| $CaCl_2$ | $CaCl_2 \cdot nH_2O$ ($n$=1、2、4、6) | 0.97 (按$CaCl_2 \cdot 6H_2O$计) | 中等 | 较快，但吸水后表面为薄层液体所盖，故放置时间要长些为宜 | 适用于烷烃、烯烃、丙酮、醚和中性气体的干燥，由于能与醇、酚、胺、酰胺及某些醛、酮形成配合物，因此不能用来干燥这些化合物。它的工业品中可能含有碱性物质，故不能用来干燥酸类 |
| $MgSO_4$ | $MgSO_4 \cdot nH_2O$ ($n$=1、2、4、5、6、7) | 1.05 (按$MgSO_4 \cdot 7H_2O$计) | 较弱 | 较快 | 中性，应用范围广，可代替$CaCl_2$，并可以干燥酯、醛、酮、腈、酰胺等不能用$CaCl_2$干燥的化合物 |
| $Na_2SO_4$ | $Na_2SO_4 \cdot 10H_2O$ | 1.25 | 弱 | 缓慢 | 中性，一般用于有机液体的初步干燥 |
| $CaSO_4$ | $2CaSO_4 \cdot H_2O$ | 0.06 | 强 | 快 | 中性，常与$MgSO_4$或$Na_2SO_4$配合，作最后干燥之用 |
| NaOH或KOH | 溶于水 | | 中等 | 快 | 强碱性，用于干燥胺、杂环等碱性化合物，不能用于干燥醇、酯、醛、酮、酸、酚等 |

续表

| 干燥剂 | 吸水作用 | 吸水容量/(g/g) | 干燥效能 | 干燥速度 | 应用范围 |
|---|---|---|---|---|---|
| $K_2CO_3$ | $K_2CO_3 \cdot 0.5H_2O$ | 0.2 | 较弱 | 慢 | 弱碱性，用于干燥醇、酮、胺、酯及杂环等碱性化合物，可替代 KOH 干燥胺类，不适于酸、酚及其他酸性化合物 |
| Na | $2Na+2H_2O \longrightarrow 2NaOH+H_2$ | | 强 | 快 | 限于干燥醚、烃类中痕量水分，用时切成小块或压成钠丝 |
| CaO | $CaO+H_2O \longrightarrow Ca(OH)_2$ | | 强 | 较快 | 适于干燥低级醇 |
| $P_2O_5$ | $P_2O_5+3H_2O \longrightarrow 2H_3PO_4$ | | 强 | 快，但吸水后表面被黏浆液覆盖，操作不便 | 适于干燥醚、烃、卤代烃、腈等中性痕量水分，不适于干燥醇、酸、胺、酮、HCl、HF 等 |
| 分子筛（硅酸钠铝和硅酸钙铝） | 物理吸附 | 约 0.25 | 强 | 快 | 适于干燥流动气体（温度可高于 100℃）和各类有机化合物，但不适于干燥不饱和烃 |

**表 2-5 各类有机物常用干燥剂**

| 化合物类型 | 干燥剂 | 化合物类型 | 干燥剂 |
|---|---|---|---|
| 烃 | $CaCl_2$、Na、$P_2O_5$ | 酮 | $K_2CO_3$、$CaCl_2$、$MgSO_4$、$Na_2SO_4$ |
| 卤代烃 | $CaCl_2$、$MgSO_4$、$Na_2SO_4$、$P_2O_5$ | 酸、酚 | $MgSO_4$、$Na_2SO_4$ |
| 醇 | $K_2CO_3$、$MgSO_4$、CaO、$Na_2SO_4$ | 酯 | $MgSO_4$、$Na_2SO_4$、$K_2CO_3$ |
| 醚 | $CaCl_2$、Na、$P_2O_5$ | 胺 | NaOH、KOH、CaO、$K_2CO_3$ |
| 醛 | $MgSO_4$、$Na_2SO_4$ | 硝基化合物 | $CaCl_2$、$MgSO_4$、$Na_2SO_4$ |

b. 干燥剂的用量　干燥剂的用量可根据干燥剂的吸水量和水在有机化合物中的溶解度来估计，一般用量都要比理论量高。同时也要考虑分子的结构，极性有机物和含亲水性基团的化合物干燥剂用量需稍多。干燥剂的用量要适当，用量少干燥不完全，用量过多，会因干燥剂表面的吸附造成被干燥物质的损失。一般用量为 10mL 的液体加 0.5～1g 干燥剂。

c. 操作方法　干燥前要尽量把有机物中的水分去净，加入干燥剂后，振荡片刻，静置观察，若发现干燥剂粘在瓶壁上，应补加干燥剂。有些有机物在干燥前呈混浊状，干燥后变澄清，就可认为水分基本除去。干燥剂的颗粒大小要适当，颗粒太大，表面积小，吸水缓慢；颗粒过细，吸附被干燥物较多，且难分离。

(4) 固体物质的干燥

① 晾干

固体物质在空气中自然晾干，这是最方便、经济的干燥方法，适于该方法干燥的物质在空气中必须是稳定、不易分解和不吸潮的。干燥时，把待干燥物质放在干燥洁净的表面皿或滤纸上，将其薄薄地摊开，上面再用滤纸覆盖起来，放在空气中晾干。

② 烘干

这种方法适于熔点高且遇热不易分解的固体。把待干燥的固体置于表面皿或蒸发皿中，放在水浴上烘干，也可以用红外灯或恒温箱烘干。实验室中常用的电热鼓风干燥箱可控温 50～300℃，在此范围内可任意选定温度，通过箱内的自动控制系统使温度恒定。但必须注意，加热温度一定要低于固体物质的熔点。

③ 干燥器干燥

化合物的干燥有时也用真空干燥器。使用干燥器时首先将其擦干净，烘干多孔瓷板后，将干燥剂通过一纸筒装入干燥器底部，应避免干燥剂玷污内壁的上部，然后盖上瓷板。

使用真空干燥器干燥时，干燥剂一般用变色硅胶。此外，还可用无水氯化钙等。由于各种干燥剂吸收水分的能力都有一定限度，因此干燥器中的空气并不是绝对干燥，而只是湿度相对降低而已，所以灼烧和干燥后的坩埚和沉淀如在干燥器中放置过久，可能会吸收少量水分而使质量增加，这点必须予以注意。

干燥器盛装干燥剂后，应在干燥器的磨口上涂上一层薄而均匀的凡士林油，盖上干燥器盖。开启干燥器时，左手按住下部，右手按住盖子上的圆顶，向左前方推开干燥器盖，如图2-14(a) 所示。盖子取下后应拿在右手中，用左手放入（或取出）坩埚（或称量瓶），及时盖上干燥器盖。盖子取下后，也可放在桌上安全的地方（注意要磨口向上，圆顶朝下）。加盖时，也应当拿住盖上圆顶，推着盖好。

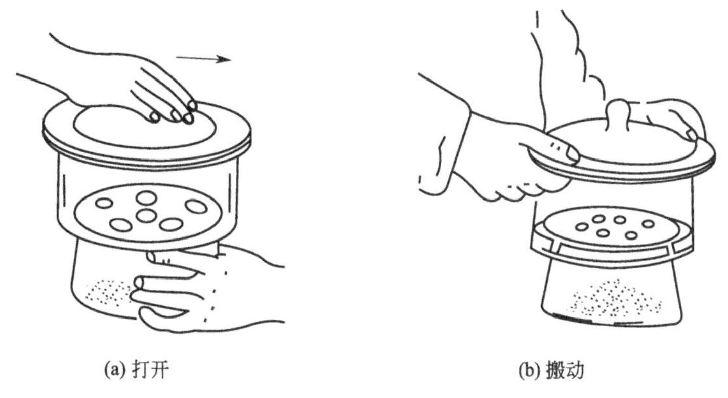

(a) 打开　　(b) 搬动

图 2-14　干燥器的使用

将坩埚或称量瓶等放入干燥器时，应放在瓷板圆孔内，但称量瓶若比圆孔小时则应放在瓷板上。若坩埚等热的容器放入干燥器后，应连续推开干燥器 1～2 次。搬动或挪动干燥器时，应该用手的拇指同时按住盖，防止滑落打破，如图 2-14(b) 所示。

(5) 干燥的注意事项

a. 干燥低沸点有机化合物时，塞子宜塞紧；干燥有机溶剂时，不宜用橡胶塞；用强碱性干燥剂干燥液体时，不宜用玻璃塞子。

b. 干燥低沸点易燃有机化合物时，应放在阴凉通风处，切忌放在热源和明火的附近或放在阳光下暴晒。特别是对光敏感的物质（包括乙醚，因为它在光的作用下有生成过氧化物的倾向），应存放于棕色瓶中和避光处。

c. 在干燥过程中，如干燥剂与水发生化学反应放出气体，则应在塞子上配有干燥管，以防止容器内压增大而使气体带着被干燥物冲出，也可防止空气中的湿气侵入。

d. 在高真空和高温下的干燥，切忌用腐蚀性强的干燥剂，如硫酸等。

e. 若用金属钠作干燥剂，切钠时不可直接用手取用。若用压钠机将钠压成细丝使用，用完后，必须先用乙醇彻底清洗压钠机，然后方可用水冲洗。切钠或压钠时切忌钠屑弄入眼中，最好戴上护目镜。多余的钠必须放回原瓶中，浸在煤油下。

f. 放进烘箱内干燥的固体物必须无腐蚀性和有较好的热稳定性，并且不应带有有机溶剂。使用时应注意温度控制在被干燥物的熔点以下。

## 四、容量仪器的使用

移液管（器）、吸量管、滴定管、容量瓶、量筒、微量进样器等是分析化学实验中测量溶液体积的常用量器，掌握它们的正确使用方法是分析化学（尤其是滴定分析法）实验的基本操作技术之一。在此，简要地介绍这些容量仪器的规格和使用方法。

（1）量筒

量筒是化学实验室中最常使用的度量液体体积的仪器，它有各种不同的容量，可以根据不同的需要来选用。例如，需要量取 8.0mL 液体时，如使用 100mL 量筒量取，则至少有 ±1mL 的误差。为了提高准确度，应换用 10mL 量筒，此时测量误差可降低到±0.1mL。读取量筒的刻度值时，一定要使视线与量筒内液面（半月形弯曲面）的最低点处于同一水平线上，否则会增加体积的测量误差，具体情况如图 2-15 所示。

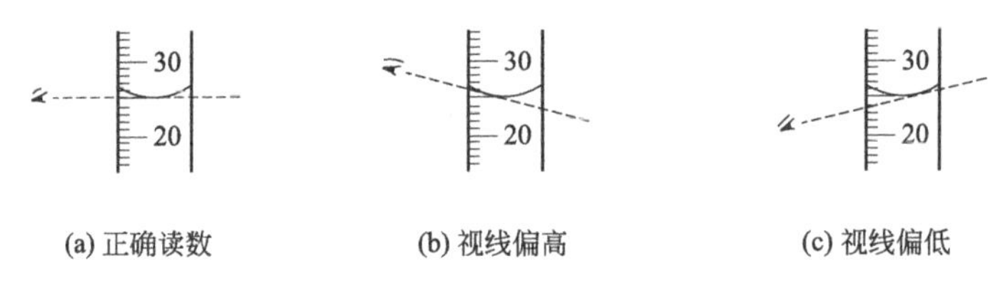


图 2-15　观看量筒内液体的体积

（2）移液管和吸量管

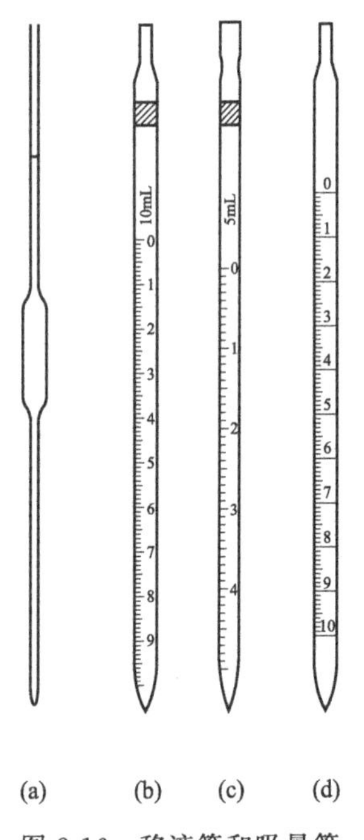


图 2-16　移液管和吸量管

移液管是用于准确量取一定体积溶液的量出式玻璃量器，它的中间有一膨大部分［图 2-16(a)］，管颈上部刻有一圈标线，在标明的温度下，使溶液的弯月面与移液管标线相切，让溶液按一定的方法自由流出，则流出的体积与管上标明的体积相同。

吸量管是具有分刻度的玻璃管，如图 2-16(b)、(c)、(d) 所示，一般只用于量取小体积的溶液，其吸取溶液的准确度不如移液管。常用的吸量管有 1mL、2mL、5mL、10mL 等规格。应该注意，有些吸量管其分刻度不是刻到管尖，而是离管尖尚差 1～2cm，如图 2-16(d) 所示。

为了能正确使用移液管和吸量管，现分述下面几点。

a. 移液管和吸量管在使用前要充分洗涤（必要时，用铬酸洗液洗），使其内壁及下端的外壁均不挂水珠。用滤纸片将流液口内外壁残留的水吸干。

b. 移取溶液前，可用吸水纸将洗干净的管的尖端内外的水除去，然后用待吸溶液润洗三次。用左手持洗耳球，将食指或拇指放在洗耳球的上方，其余手指自然地握住洗耳球。用右手的拇指和中指拿住移液管标线以上的部分，无名指和小指辅助拿住移液管，将洗耳球对准管口，如图 2-17 所示。将管尖伸入溶液或洗液中吸取，待吸液吸至球部的四分之一处（注意，勿使溶液流回，以免稀释溶液）时，移出，荡洗、弃去。如此反复荡洗三次，润洗过的溶液应从尖口放出、弃去。荡洗这一步骤很重要，它是保证管的内壁及有关部位与待吸溶液处于同一体系浓度状态的关键。吸量管的润洗操作与此相同。

c. 管经润洗后，移取溶液时，将管直接插入待吸液液面约 1～2cm 处。管尖不应伸入太浅，以免液面下降后造成吸空；也不应伸入太深，以免移液管外部附有过多的溶液。吸液时，应注意容器中液面和管尖的位置，应使管尖随液面下降而下降。当洗耳球慢慢放松时，管中的液面徐徐上升，当液面上升至标线以上时，迅速移去洗耳球，与此同时，用右手食指堵住管口，左手改拿盛待吸液的容器。然后，将移液管往上提起，使之离开液面，并将管的下端原伸入溶液的部分沿待吸液容器内部轻转两圈，以除去管壁上的溶液。然后使容器倾斜成约 30°，其内壁与移液管尖紧贴，此时右手食指微微松动，使液面缓慢下降，直到视线平视时弯月面与标线相切，这时立即用食指按紧管口。移开待吸液容器，左手改拿接收溶液的容器，并将接收容器倾斜，使内壁紧贴移液管尖成 30°左右。然后放松右手食指，使溶液自然地顺壁流下，如图 2-18 所示。待液面下降到管尖后，等 15s 左右，移出移液管。这时，尚可见管尖部位仍留有少量溶液，对此，除特别注明“吹”（blow-out）字的以外，一般此管尖部位留存的溶液是不能吹入接收容器中的，因为在工厂生产检定移液管时是没有把这部分体积算进去的。但必须指出，由于一些管口尖部做得不很圆滑，因此可能会由于随靠接收容器内壁的管尖部位方位的不同而留存在管尖部位的体积有大小的变化，为此，可在等 15s 后，将管身往左右旋动一下，这样管尖部分每次留存的体积将会基本相同，不会导致平行测定时误差过大。

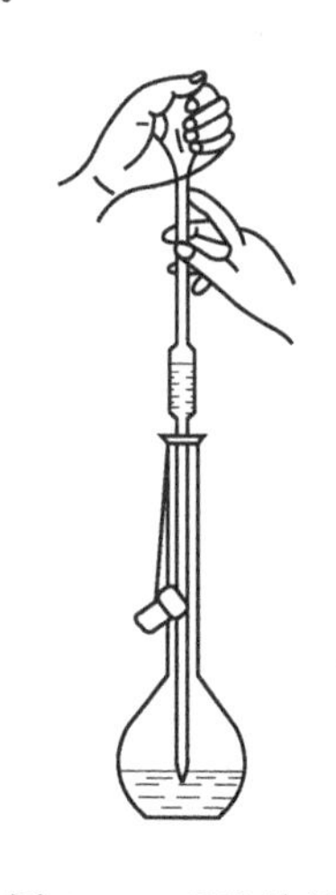

图 2-17　吸取溶液

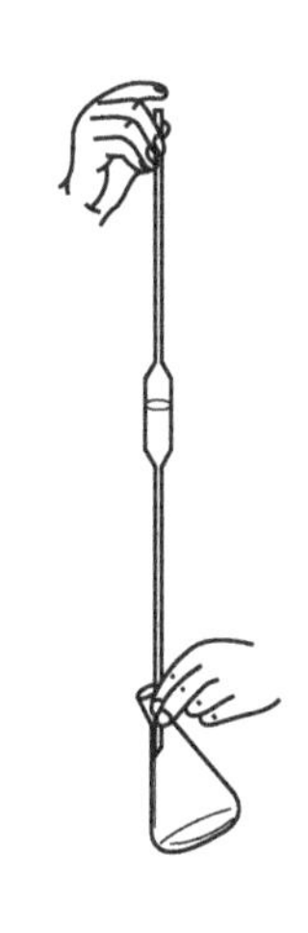

图 2-18　放出溶液

用吸量管吸取溶液时，大体与上述操作相同。但吸量管上常标有“吹”字，特别是 1mL 以下的吸量管尤其是如此，对此要特别注意。同时，如图 2-16(d) 所示吸量管中，其分刻度到管尖尚差 1～2cm，放出溶液时也应注意。实验中，要尽量使用同一支吸量管，以免带来误差。

(3) 定量、可调移液器

移液器为量出式仪器，分定量和可调两种，主要用于仪器分析、化学分析和生化分析中的取样和加液。移液器利用空气排代原理进行工作。它由定位部件、计数器、活塞套和吸液嘴等组成（如图 2-19、图 2-20 所示）。移液量由一个配合良好的活塞在活塞套内移动的距离来确定，移液器的容量单位为μL，吸液嘴由聚丙烯等材料制成。

移液器的使用方法如下。

a. 吸液嘴用过氧乙酸或其他合适的洗液进行洗涤，然后依次用自来水、蒸馏水洗涤，干燥后即可使用。

b. 将可调移液器的容量调节到所需要的微升数，再将吸液嘴在移液器的下端套紧，并轻轻旋动，以保证密闭。

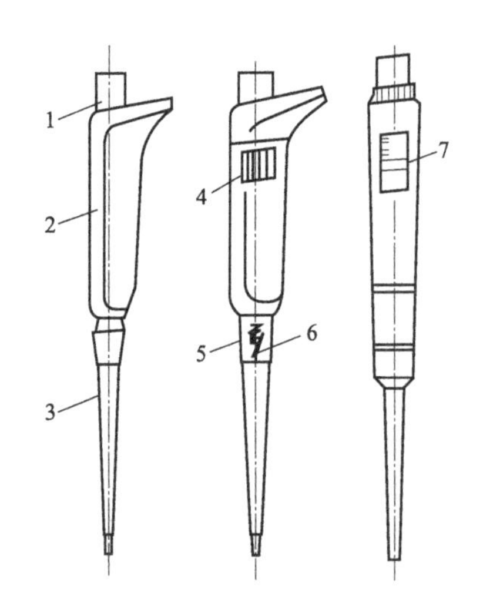


图 2-19 移液器示意图

1—按钮；2—外壳；3—吸液杆；4—定位部件；
5—活塞套；6—活塞；7—计数器

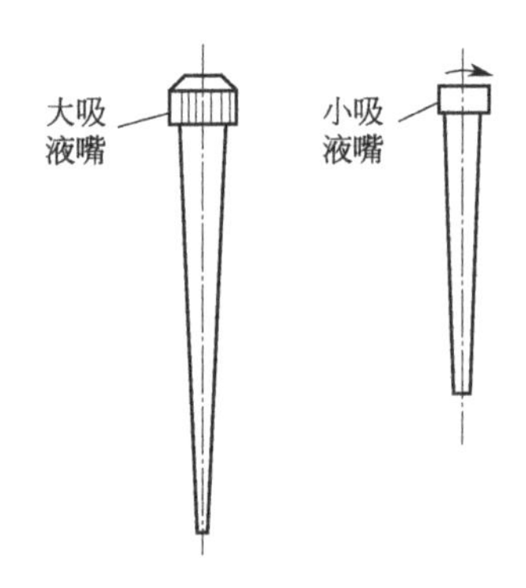


图 2-20 吸液嘴示意图

c. 吸取和排放被取溶液 2～3 次，以润洗吸液嘴。

d. 垂直握住移液器，将按钮按到第一停点，并将吸液嘴浸入液面下 3mm 左右，然后缓慢放松按钮，待 1～2s 后再离开液面，擦去吸嘴外面的溶液（但不要碰到流液口，以免带走器口内的溶液）。将流液口靠在所用容器的内壁上，缓慢地把按钮按到第一停止点，等待 1～2s，再将按钮完全按下，然后使吸液嘴沿着容器内壁向上移开。

e. 用过的吸液嘴若想重复使用，则应随即清洗干净，晾干或烘干后存放在干净处。

(4) 容量瓶

容量瓶是一种细颈梨形的平底玻璃瓶，带有玻璃磨口、玻璃塞或塑料塞，可用橡皮筋或细绳（最好用漆包线）将塞子系在容量瓶的颈上。颈上有标度刻线，一般表示在 20℃时液面达到标度刻线时充装液体的准确容积。容量瓶主要用于配制准确浓度的溶液或定量地稀释溶液，故常和分析天平、移液管配合使用，把配成溶液的某种物质分成若干等分或不同的质量。为了正确地使用容量瓶，应注意以下几点。

① 使用前的检查

容量瓶在使用前应检查：瓶塞是否漏水；标度刻线位置距离瓶口是否太近。如果漏水或标线离瓶口太近，不便混匀溶液，则不宜使用。

检查瓶塞是否漏水的方法如下：加自来水至标线附近，盖好瓶塞后，左手用食指按住塞子，其余手指靠住瓶颈标线以上部分，右手用指尖托住瓶底边缘，如图 2-21 所示。将瓶倒立 2min，如不漏水，将瓶直立，转动瓶塞 180°后，再倒立 2min 检查，如不漏水，方可使用。

使用容量瓶时，不要将其玻璃磨口塞取下随意地放在桌面上，以免玷污或搞错，可用橡皮筋或细绳将瓶塞系在瓶颈上，如图 2-22 所示。当使用平顶的塑料塞子时，操作时也可将塞子倒置在桌面上。

② 溶液的配制

用容量瓶配制标准溶液或分析试液时，最常用的方法是将待溶固体称出置于小烧杯中，加水或其他溶剂将固体溶解，然后将溶液定量转入容量瓶中。定量转移溶液时，右手拿玻璃棒，左手拿烧杯，使烧杯嘴紧靠玻璃棒，而玻璃棒则悬空伸入容量瓶口中，棒的下端应靠在

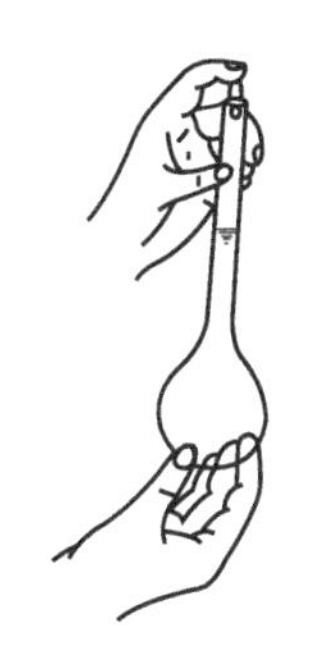
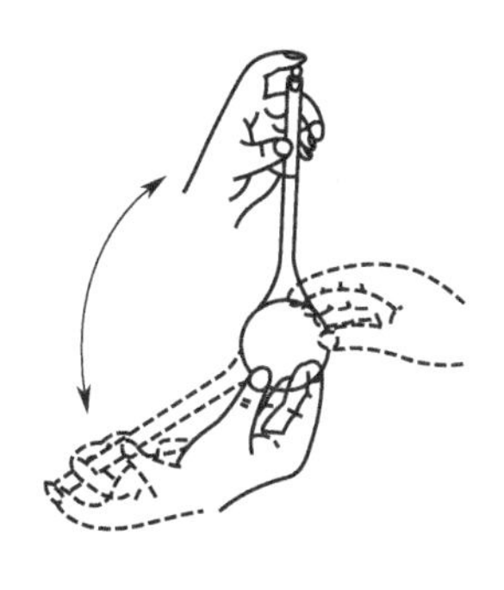

图 2-21　检查漏水和混匀溶液的操作

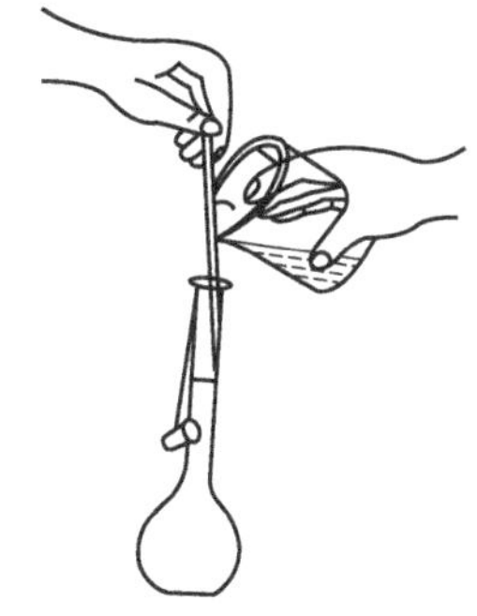

图 2-22　转移溶液的操作

瓶颈内壁上，使溶液沿玻璃棒和内壁流入容量瓶中，如图 2-22 所示。烧杯中溶液流完后，将玻璃棒和烧杯稍微向上提起，并使烧杯直立，再将玻璃棒放回烧杯中。然后，用洗瓶吹洗玻璃棒和烧杯内壁，再将溶液定量转入容量瓶中。如此吹洗、转移溶液的操作，一般应重复五次以上，以保证定量转移。当加水至容量瓶的四分之三左右容积时，用右手食指和中指夹住瓶塞的扁头，将容量瓶拿起，按同一方向摇动几周，使溶液初步混匀。继续加水至距离标线约 1cm 处后，等 1～2min 使附在瓶颈内壁的溶液流下后，再用细而长的滴管滴加水至弯月面下缘与标线相切（注意，勿使滴管接触溶液，也可用洗瓶加水至刻度线）。当加水至容量瓶的标线时，盖上干的瓶塞，用左手食指接住塞子，其余手指拿住瓶颈标线以上部分，而用右手的全部指尖托住瓶底边缘，如前面图 2-21 所示，然后将容量瓶倒转，使气泡上升到顶，振荡混匀溶液。再将瓶直立过来，又再将瓶倒转，使气泡上升到顶部，振荡溶液。如此反复 10 次左右。

③ 稀释溶液

用移液管移取一定体积的溶液于容量瓶中，加水至标线。按前述方法混匀溶液。

④ 溶液保存

不宜长期保存试剂溶液。如配好的溶液需作保存时，应转移至磨口试剂瓶中，不要将容量瓶当作试剂瓶使用。

⑤ 容量瓶的存放

容量瓶使用完毕后，应立即用清水冲洗干净．如长期不用，磨口处应洗净擦干，并用纸片将磨口隔开。

容量瓶不得在烘箱中烘烤，也不能在电炉等加热器上直接加热。如需使用干燥的容量瓶，可将容量瓶洗净后，用乙醇等有机溶剂荡洗后晾干或用电吹风的冷风吹干。

（5）滴定管

滴定管是滴定时可准确测量滴定剂体积的玻璃量器。它的主要部分——管身是用细长且内径均匀的玻璃管制成，上面刻有均匀的分度线，线宽不超过 0.3mm。下端的流液口为一尖嘴，中间通过玻璃旋塞或乳胶管（配以玻璃珠）连接以控制滴定速度。滴定管分为酸式滴定［图 2-23(a)］、碱式滴定管［图 2-23(b)］、微型滴定管［图 2-23(c)］、自动定零位滴定管［图 2-23(d)］等。自动定零位滴定管是将贮液瓶与具塞滴定管通过磨口塞连接在一起的滴定装置，加液方便，自动调零点，主要适用于常规分析中的经常性滴定操作。滴定管的总容量最小的为 1mL，最大的为 100mL，常用的是 50mL、25mL 和 10mL 的滴定管。

酸式滴定管用来装酸性、中性及氧化性溶液，但不适宜装碱性溶液，因为碱性溶液能腐蚀玻璃的磨口和活塞。碱式滴定管用来装碱性及无氧化性溶液、能与橡胶起反应的溶液，如

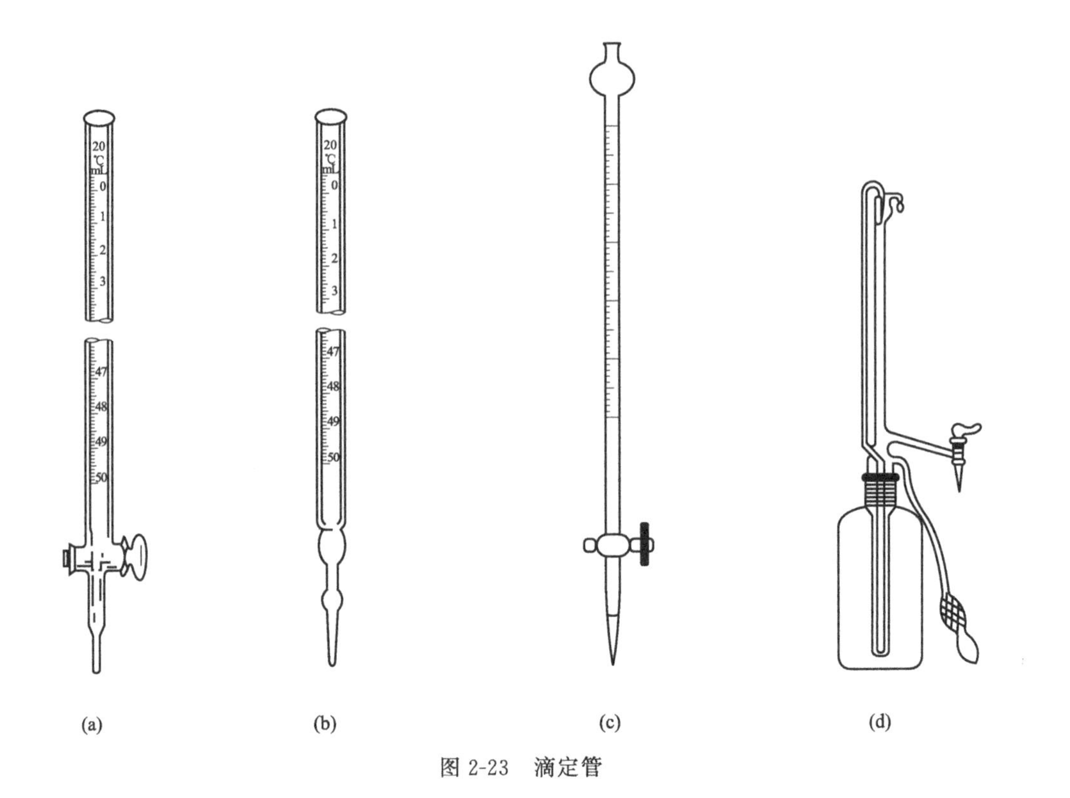


图 2-23　滴定管

高锰酸钾、碘和硝酸银等溶液，都不能加入碱式滴定管中。为了减少废液排放，保护环境，减少贵重及有害试剂的用量，微量滴定管正逐步在实验教学中得到推广。

滴定管的使用方法如下。

① 滴定管的准备

一般用自来水冲洗，零刻度线以上部位可用毛刷蘸洗涤剂刷洗，零刻度线以下部位如不洁净，可采用洗液洗（碱式滴定管应除去乳胶管，用橡胶乳头将滴定管下口堵住）。少量的污垢可装入约 10mL 洗液，双手平托滴定管的两端，不断转动滴定管，使洗液润洗滴定管内壁，操作时管口对准洗液瓶口，以防洗液外流。洗完后，将洗液分别由两端放出。如果滴定管太脏，可将洗液装满整根滴定管浸泡一段时间。为防止洗液流出，在滴定管下方可放一烧杯。最后用自来水、蒸馏水洗净。洗净后的滴定管，内壁应被水均匀润湿而不挂水珠。如挂水珠，应重新洗涤。一支洗净的滴定管，要检查其旋塞是否漏水，旋塞转动是否灵活。若漏水，应鉴定旋塞和滴定管是否配套，若不配套，必须更换滴定管。

酸式滴定管（简称酸管），为了使其玻璃旋塞转动灵活，必须在塞子与塞座内壁涂少许凡士林。活塞涂凡士林的方法如下：取少许凡士林，先用手指将其摩擦至近溶，再涂于干燥活塞小孔的两边，如图 2-24 所示。

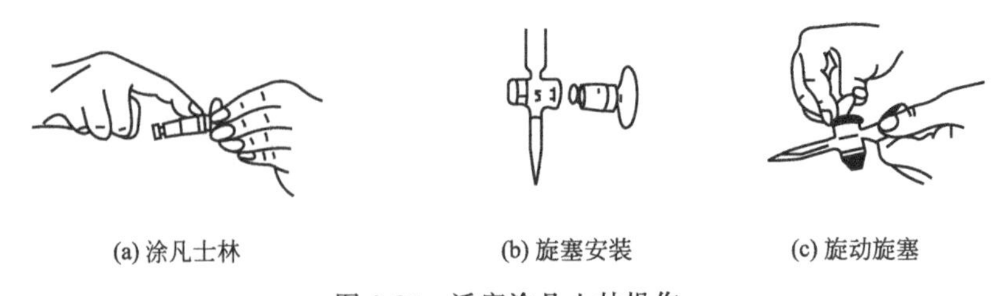


图 2-24　活塞涂凡士林操作

注意，涂凡士林时，勿将凡士林涂入旋塞孔中，同时用量要适当，因为涂得太多，可能使旋塞孔被堵住，涂得太少则达不到转动灵活和防止漏水的目的。涂凡士林后，将旋塞直接插入活塞套中。插时旋塞孔应与滴定管平行，此时旋塞不要转动，这样可以避免将凡士林挤到旋塞孔中去。然后，向同一方向不断旋转活塞，直至旋塞全部呈透明状为止。旋转时，应有一定的向旋塞小头方向挤的力，以免来回移动旋塞，使塞孔受堵。最后将橡皮筋套在旋塞的小头部分沟槽上。（注意，不允许用橡皮筋绕！）涂凡士林后的滴定管，旋塞应转动灵活，凡士林层中没有纹络，旋塞呈均匀的透明状态。

若旋塞孔或出口尖嘴被凡士林堵塞，可将滴定管充满水后，将活塞打开，用洗耳球在滴定管上部挤压、鼓气，可以将凡士林排出。

碱式滴定管（简称碱管）使用前，应检查乳胶管是否老化、变质，检查玻璃珠是否适当，玻璃珠过大，不便操作，过小，则会漏水。如不合要求，应及时更换。

② 滴定操作

练习滴定操作时，应很好地领会和掌握下面几个步骤。

a. 操作溶液的装入　将溶液装入酸管或碱管之前，应将试剂瓶中的溶液摇匀，使凝结在瓶内壁上的水珠混入溶液，在天气比较炎热或室温变化较大时，此项操作更为必要。混匀后的操作溶液应直接倒入滴定管中，不得用其他容器（如烧杯、漏斗等）来转移。先用操作溶液润洗滴定管内壁三次，每次 10～15mL。最后将操作溶液直接倒入滴定管，直至充满至零刻度以上为止。

b. 管嘴气泡的检查及排除　管内充满操作溶液后，应检查管的出口下部尖嘴部分是否充满溶液，是否留有气泡。为了排除碱管中的气泡，可将碱管垂直地夹在滴定管架上，左手拇指和食指捏住玻璃珠部位，使乳胶管向上弯曲翘起，并捏挤乳胶管，使溶液从管口喷出，即可排除气泡。如图 2-25 所示。酸管的气泡一般容易看出，当有气泡时，右手拿滴定管上部无刻度处，并使滴定管倾斜 30°，左手迅速打开活塞，使溶液冲出管口，反复数次，一般即可达到排除酸管出口处气泡的目的。由于目前酸管制作有时不合规格要求，因此，有时按上法仍无法排除酸管出口处的气泡。这时可在出口尖嘴上接上一根约 10cm 的乳胶管，然后按碱管排气泡的方法进行。

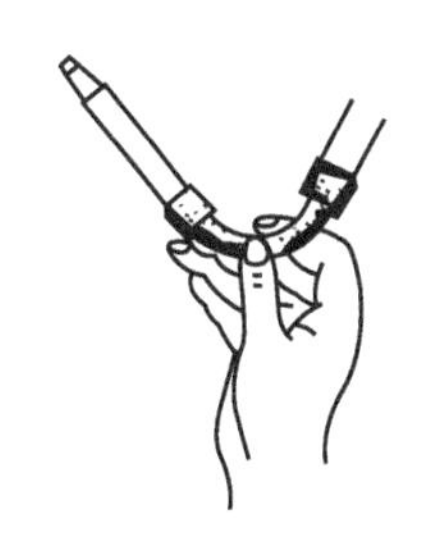
图 2-25　碱式滴定管排气泡的方法

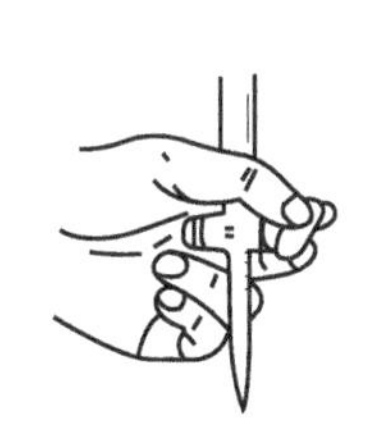
图 2-26　酸式滴定管的操作

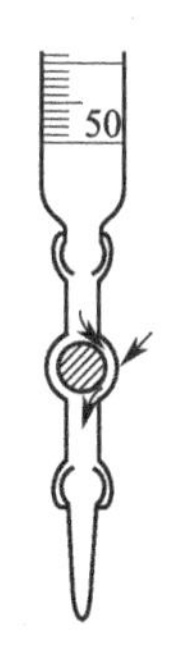

图 2-27　碱式滴定管的操作

c. 滴定姿势　站着滴定时要求站立好。有时为操作方便也可坐着滴定。

d. 酸管的操作　使用酸管时，左手握滴定管，其无名指和小指向手心弯曲，轻轻地贴着出口部分，用其余三指控制活塞的转动，如图 2-26 所示。要注意转动旋塞时，应稍有一点向手心的回力，尤其不要向外用力，以免推出旋塞造成漏水，当然，也不要过分往里用太大的回力，以免造成旋塞转动困难。

e. 碱管的操作　使用碱管时，仍以左手握管，其拇指在前，食指在后，其他三个手指辅助夹住出口管。用拇指和食指捏住玻璃珠所在部位，向右边挤乳胶管，使玻璃珠移至手心一侧，这样，溶液即可从玻璃珠旁边的空隙流出，如图 2-27 所示。必须指出，不要用力捏玻璃珠，也不要使玻璃珠上下移动，不要捏玻璃珠下部乳胶管，以免空气进入而形成气泡，影响读数。

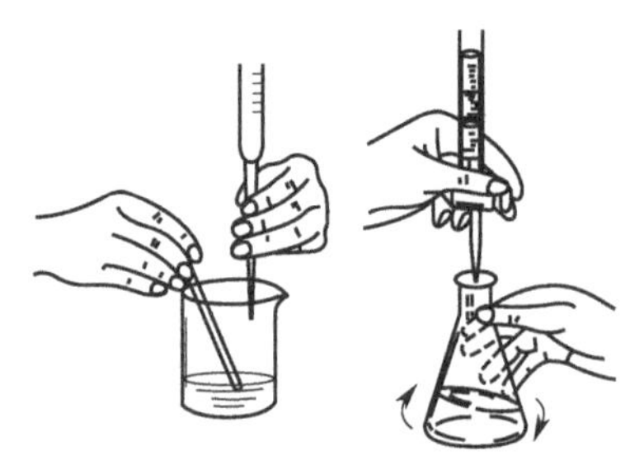

图 2-28　滴定操作

f. 边滴边摇，两手要配合好　滴定操作可在锥形瓶或烧杯内进行。在锥形瓶中进行滴定时，用右手的拇指、食指和中指拿住锥形瓶，其余两指辅助在下侧．操作时，使瓶底高出滴定台面约 2～3cm，滴定管下端伸入瓶口内约 1cm。左手握住滴定管，按前述方法，边滴加溶液，边用右手摇动锥形瓶，边滴边摇动。其两手操作姿势如图 2-28 所示。在烧杯中滴定时，将烧杯放在滴定台上，调节滴定管的高度，使其下端伸入烧杯内约 1cm。滴定管下端应在烧杯中心的左后方处（若放在中央则影响搅拌，离杯壁太近又不利于搅拌均匀）。左手滴加溶液，右手持玻璃棒搅拌溶液，如图 2-28 所示。玻璃棒应作圆周搅动，不要碰到烧杯壁和底部。当滴至接近终点只需滴加半滴溶液时，可用玻璃棒下端承接此悬挂的半滴溶液至烧杯中。但要注意，玻璃棒只能接触液滴，不能接触管尖，其余操作同前所述。

进行滴定操作时，应注意如下几点。

最好每次滴定都从 0.00mL 开始，或接近 0.00mL 的任一刻度开始，这样可以减少滴定误差。滴定时，左手不能离开活塞而放任溶液自流。

摇瓶时，应微动腕关节，使溶液向同一方向旋转（左、右旋转均可），不能前后振动，以免溶液溅出。不要因摇动使瓶口碰在管口上，以免造成事故。摇瓶时，一定要使溶液旋转出现有一旋涡，因此，摇瓶要求有一定速度，不能摇得太慢，影响化学反应的进行。

滴定时，要观察滴落点周围颜色的变化。不要去看滴定管上的刻度变化而不顾滴定反应的进行。

g. 滴定速度的控制　一般开始时，滴定速度可稍快，呈“见滴成线”，这时滴定速度约为每秒 3～4 滴，即 $10mL \cdot min^{-1}$ 左右，而不要滴成“水线”，这样滴定速度太快；接近终点时，应改为一滴一滴地加入，即加一滴摇几下，再加，再摇；最后是每加半滴，摇几下锥形瓶，直至溶液出现明显的颜色变化为止。

h. 终点操作与半滴的控制 快到滴定终点时，要一边摇动，一边逐滴地滴入，甚至是半滴半滴地滴入。学生应该扎扎实实地练好加入半滴溶液的方法。用酸管时，可轻轻转动活塞，使溶液悬挂在出口管嘴上，形成半滴，用锥瓶内壁将其粘落，再用洗瓶吹洗。用碱管时，应先松开拇指与食指，将悬挂的半滴溶液粘在锥瓶内壁上，再放开无名指和小指，这样可避免出口管尖出现气泡。滴大半滴溶液时，也可采用倾斜锥瓶的方法，将附于壁上的溶液荡入至瓶中。这样可避免吹洗次数太多，造成被滴物过度稀释。

③ 滴定管的读数

滴定管读数前，应注意管出口嘴尖上有无挂着水珠。若在滴定后挂有水珠读数，这时是无法读准确的。

读数应遵守下列原则。

a. 读数时应将滴定管从滴定管架（螃蟹夹）上取下，用右手大拇指和食指捏住滴定管上部无刻度处，其他手指从旁辅助，使滴定管保持垂直，然后再读数。滴定管夹在滴定管架上读数的方法一般不宜采用，因为它很难确保滴定管的垂直和准确读数。

b. 由于水的附着力和内聚力的作用，滴定管内的液面呈弯月形，无色和浅色溶液的弯月面比较清晰，读数时，应读弯月面下缘实线的最低点。为此，读数时视线应与弯月面下缘实线的最低点相切，即视线应与弯月面下缘实线的最低点在同一水平面上，如图 2-29 所示。对于有色溶液（如 $KMnO_4$、$I_2$ 等），其弯月面不够清晰的，读数时视线应与液面两侧的最高点相切，这样才较易读准。

c. 为便于读数准确，在管装满或放出溶液后，必须等 1～2min，使附着在内壁的溶液流下来后，再读数。如果放出液的速度较慢（如接近计量点时就是如此），那么可以只等 0.5～1min 后即读数。记住，每次读数前，都要看一下管壁有没有挂水珠，管的出口处有无悬液滴，管嘴有无气泡。

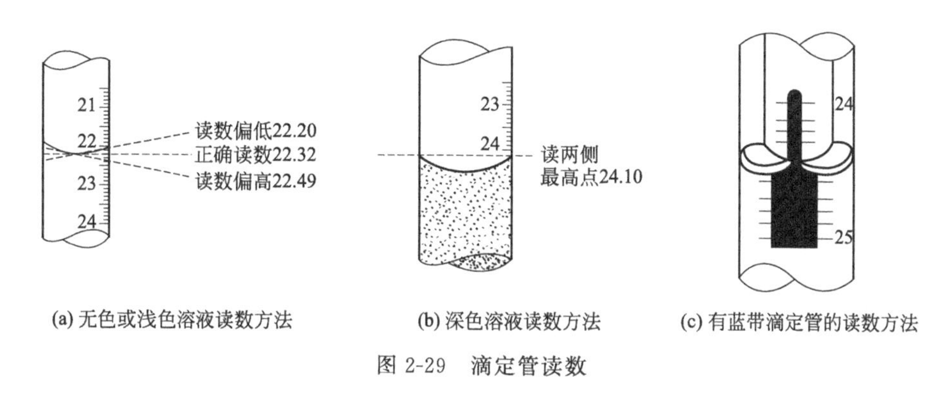


(a) 无色或浅色溶液读数方法　　(b) 深色溶液读数方法　　(c) 有蓝带滴定管的读数方法

图 2-29　滴定管读数

d. 读取的值必须读至小数点后第二位，即要求估计到 0.01mL。正确掌握估计 0.01mL 读数的方法很重要。滴定管上小刻度之间为 0.1mL，还要估计其十分之一的值，对一个分析工作者来说是要进行严格训练的。为此，可以这样来估计：当液面在两小刻度的中间位置时，即为 0.05mL；若液面在两小刻度的三分之一处，即为 0.03mL 或 0.07mL；当液面在两小刻度的五分之一处时，即为 0.02mL 或 0.08mL，等等。

e. 对于蓝带滴定管，读数方法与上述相同。当蓝带滴定管盛无色溶液后将有两个弯月面，如图 2-29（c）所示，两弯月面相交于蓝带的某一点，此点即为蓝带滴定管读数的正确位置，读数时视线应与该交点在同一水平线上。

## 五、重量分析技术

重量分析法是分析化学重要的经典分析方法。沉淀重量分析法是利用沉淀反应，使待测物质转变成一定的可称量形式后测定物质含量的方法。

沉淀类型主要分成两类，一类是晶型沉淀，另一类是无定形沉淀。对晶型沉淀（如 $BaSO_4$）使用的重量分析法一般过程如下：试样溶解→沉淀→陈化→过滤和洗涤→烘干→炭化→灰化→灼烧至恒量→结果计算。

（1）试样溶解

溶样方法主要分为两种，一是用水、酸等溶解，二是高温熔融法。这一步要注意的是如何选择溶剂、温度及操作条件。溶样时应根据被测试样的性质，选用不同的溶解试剂，以确保待测组分完全溶解，且不使待测组分发生氧化还原反应造成损失，加入试剂应不影响测定。

溶解试样操作如下。

a. 称取试样　称取已研细的样品倒入烧杯中，盖上表面皿。

b. 添加溶剂　溶解时，取下表面皿，凸面向上放置，溶剂沿下端紧靠烧杯内壁的玻璃棒慢慢加入，溶剂的用量应以能使固体粉末完全溶解而又不致过量太多为宜（必要时应根据固体在操作温度下的溶解度及固体的量进行估算）。

c. 搅拌溶解　搅拌液体时，应靠手腕转动，用微力使玻璃棒在容器中部的液体中均匀转动，使固体与溶剂充分接触而溶解。搅拌溶解后将表面皿盖在烧杯上。

d. 必要时加热　在大多数情况下，加热可加速固体物质的溶解。应该注意的是，对于热分解温度小于 100℃的物质，不能采用直接加热的方法而只能用水浴加热。

（2）沉淀

重量分析时，被测组分的沉淀应是完全和纯净的。要达到此目的，对晶型沉淀的沉淀条件是："稀、热、慢、搅、陈"五字原则，即沉淀的溶液要适当稀，沉淀时应将溶液加热，沉淀剂的加入速度要慢，操作时应注意边沉淀边搅拌（为此，沉淀时，左手拿滴管逐滴加入沉淀剂，右手持玻璃棒不断搅拌），沉淀完全后要放置一段时间陈化。

（3）陈化

沉淀完全后，盖上表面皿，放置过夜或在水浴上保温 1h 左右。陈化的目的是使小晶体长成大晶体，不完整的晶体转变成完整的晶体。

（4）过滤和洗涤

图 2-30　倾析法

过滤和洗涤的目的在于将沉淀从母液中分离出来，使其与过量的沉淀剂及其他杂质组分分开，并通过洗涤将沉淀转化成纯净的单组分。过滤是沉淀与溶液分离的过程，固液分离方法一般有三种，即倾析法、过滤法和离心分离法。

① 倾析法

对于密度较大或颗粒较大，静置后能较快沉降的沉淀物，常用倾析法进行分离。操作要点是待沉淀完全沉降后，将沉淀上清液小心地沿玻璃棒倾入另一容器中，使沉淀与溶液分离（图 2-30）。倾析时残液要尽量倾出，留在杯底的固体还黏附着残液，要用纯溶剂洗涤除去。洗涤液用量不宜过多，最好用洗瓶来洗。洗时先洗玻璃棒，再洗烧杯壁，将上面黏附的固体冲下杯底，搅拌均匀后，再重复上述静置、倾析操作。洗涤一般要进行 2～3 次。

② 常压过滤法

过滤是使固液分离的最常用方法。过滤时，固体留在过滤器上，溶液则通过过滤器进入接收瓶中，所得的溶液称为滤液。常用的过滤方法有常压过滤、减压过滤和热过滤三种（减压过滤和热过滤见重结晶）。能将固体截留住而不让溶液通过的材料除了滤纸之外，还有其他一些纤维状物质以及特制的微孔玻璃等。

下面仅介绍在常压过滤中最常用的滤纸过滤和微孔玻璃漏斗（砂芯漏斗）过滤。

化学实验室中常用的滤纸有定量和定性两种，它们按过滤速度和分离性能的不同分为快速、中速和慢速三种。在实验过程中，应根据沉淀的性质和数量以及实验特性合理选用。

重量分析法使用的定量滤纸称为无灰滤纸，每张滤纸的灰分质量约为 0.08mg，可以忽略。如过滤 $BaSO_4$，可用慢速或中速滤纸。

过滤用的玻璃漏斗锥体角度应为 60°，漏斗颈的直径不能太大，一般应为 3～5mm，颈长为 15～20cm，颈口处磨成 45°角度，如图 2-31 所示。漏斗的大小应与滤纸的大小相适应，应使折叠后滤纸的上缘低于漏斗上沿 0.5～1cm，决不能超出漏斗边缘。

滤纸一般按四折法折叠，折叠时，应先将手洗干净，擦干，以免弄脏滤纸。滤纸的折叠方法是：先将滤纸整齐地对折，然后再对折，这时不要把两角对齐，如图 2-32(a) 所示，将其打开后成为顶角稍大于 60°的圆锥体，如图 2-32(b) 所示。为保证滤纸和漏斗密合，第二次对折时不要折死，先把圆锥体打开，放入洁净而干燥的漏斗中，如果上边边缘不十分密合，可以稍稍改变滤纸折叠的角度，直到与漏斗密合为止。用手轻按滤纸，将第二次的折边折死，所得圆锥体的半边为三层，另半边为一层。然后取出滤纸，将三层厚的紧贴漏斗的外层撕下一角，如图 2-32(a)，保存于干燥的表面皿上，备用。

图 2-31　漏斗规格　　　　图 2-32　滤纸的折叠方法

将折叠好的滤纸放入漏斗中，且三层的一边应放在漏斗出口短的一边，如图 2-33(a) 所示。用食指按紧三层的一边，用洗瓶吹入少量水将滤纸润湿，然后轻轻按紧滤纸边缘，使滤纸的锥体与漏斗间没有空隙（注意三层与一层之间处应与漏斗密合）。按好后，用洗瓶加水至滤纸边缘，这时漏斗颈内应全部被水充满，当漏斗中水全部流尽后，颈内水柱仍能保留且无气泡。

若不形成完整的水柱，可以用手堵住漏斗下口，稍掀起滤纸三层的一边，用洗瓶向滤纸与漏斗间的空隙里加水，直到漏斗颈和锥体的大部分被水充满．按紧滤纸边，放开堵住出口的手指，此时水柱即可形成。最后再用蒸馏水冲洗一次滤纸，然后将准备好的漏斗放在漏斗架上，下面放一洁净的烧杯承接滤液，使漏斗出口长的一边紧靠杯壁，漏斗和烧杯上均盖好表面皿，备用。

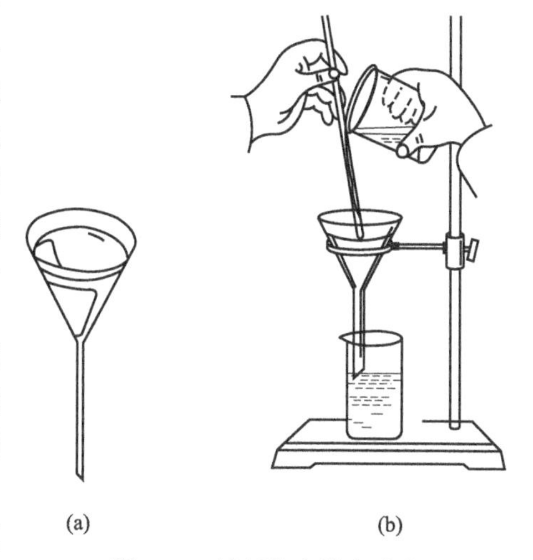


图 2-33　滤纸的安放和过滤

a. 用滤纸过滤　过滤一般分三个阶段进行。第一阶段采用倾析法，尽可能地过滤清液，如图 2-33 (b) 所示；第二阶段是洗涤沉淀并将沉淀转移到漏斗上；第三阶段是清洗烧杯和洗涤漏斗上的沉淀。

采用倾析法是为了避免沉淀堵塞滤纸上的空隙，影响过滤速度。待烧杯中沉淀下降以后，将清液倾入漏斗中。溶液应沿着玻璃棒流入漏斗中，而玻璃棒的下端对着滤纸三层厚的一边，并尽可能接近滤纸，但不能接触滤纸。倾入的溶液一般不要超过滤纸的三分之二，或离滤纸上边缘至少 0.5cm，以免少量沉淀因毛细管作用越过滤纸上缘，造成损失，且不便洗涤。

暂停倾析溶液时，烧杯应沿玻璃棒使其嘴向上提起，致使烧杯向上，以免使烧杯嘴上的液滴流失。过滤过程中，带有沉淀和溶液的烧杯放置方法应如图 2-34 所示，即在烧杯下放一块木头，使烧杯倾斜，以利沉淀和清液分开，便于转移清液。同时玻璃棒不要靠在烧杯嘴上，避免烧杯嘴上的沉淀粘在玻璃棒上部而损失。如使用倾析法一次不能将清液倾注完，应待烧杯中沉淀下沉后再次倾注。

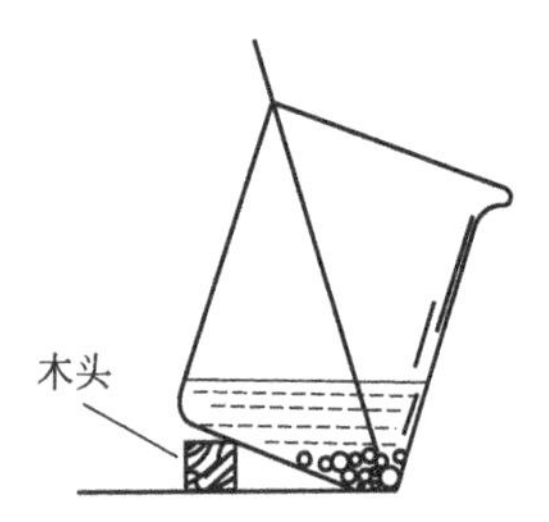

图 2-34　过滤时带沉淀和溶液的烧杯放置方法

倾析法将清液完全转移后，应对沉淀作初步洗涤。洗涤时，用洗瓶将每次约 10mL 洗涤液吹洗烧杯四周内壁，使黏附着的沉淀集中在烧杯底部，每次的洗涤液同样用倾析法过滤。如此洗涤杯内沉淀 3～4 次。然后再加少量洗涤液于烧杯中，搅动沉淀使之混匀，立即将沉淀和洗涤液一起，通过玻璃棒转移至漏斗上。再加入少量洗涤液于杯中，搅拌混匀后再转移至漏斗上。如此重复几次，使大部分沉淀转移至漏斗中。然后按图 2-35（a）所示的吹洗方法将沉淀吹洗至漏斗中。即用左手把烧杯拿在漏斗上方，烧杯嘴向着漏斗，拇指在烧杯嘴下方，同时，右手把玻璃棒从烧杯中取出横在烧杯口上，使玻璃棒伸出烧杯嘴约 2～3cm。然后用左手食指按住玻璃棒的较高地方，倾斜烧杯使玻璃下端指向滤纸三层一边，用右手以洗瓶吹洗整个烧杯壁，使洗涤液和沉淀沿玻璃棒流入漏斗中。如果仍有少量沉淀牢牢地黏附在烧杯壁上面吹洗不下来时，可将烧杯放在桌上，用沉淀帚［如图 2-35（b），它是一头带压扁橡胶管的玻璃棒］在烧杯内壁自上而下、自左至右擦拭，使沉淀集中在底部。再按图 2-35(a) 操作将沉淀吹洗入漏斗上。对牢固地粘在杯壁上的沉淀，也可用前面折叠滤纸时撕下的滤纸角擦拭玻璃棒和烧杯内壁，将此滤纸角放在漏斗的沉淀上。

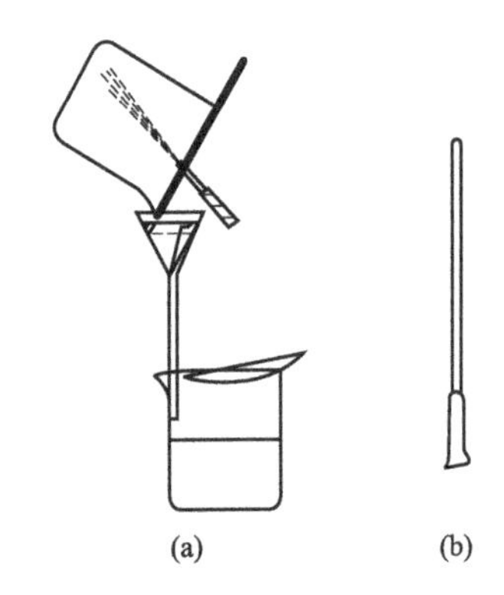

图 2-35　吹洗沉淀的方法（a）和沉淀帚（b）

图 2-36　沉淀的洗涤

经吹洗、擦拭后的烧杯内壁，应在明亮处仔细检查是否吹洗、擦拭干净，包括玻璃棒、表面皿、沉淀帚和烧杯内壁都要认真检查。必须指出，过滤开始后，应随时检查滤液是否透明，如不透明，说明有穿滤。这时必须换另一洁净烧杯承接滤液，在原漏斗上将穿滤的滤液进行第二次过滤。如发现滤纸穿孔，则应更换滤纸重新过滤，而第一次用过的滤纸应保留。

沉淀全部转移到滤纸上后，应对它进行洗涤。其目的在于将沉淀表面所吸附的杂质和残留的母液除去。其方法如图 2-36 所示，即洗瓶的水流从滤纸的多重边缘开始，螺旋形往下移动，最后到多重部分停止，称为“从缝到缝”，这样，可使沉淀洗得干净且可将沉淀集中到滤纸的底部。为了提高洗涤效率，应掌握洗涤方法的要领。洗涤沉淀时要少量多次，即每次螺旋形往下洗涤时，所用洗涤剂的量要少，便于尽快沥干，沥干后，再行洗涤。如此反复多次，直至沉淀洗净为止。这通常称“少量多次”原则。

b. 用微孔玻璃漏斗（坩埚）过滤　不需称量的沉淀或烘干后即可称量而热稳定性差的沉淀，均应在微孔玻璃漏斗（坩埚）中过滤，微孔玻璃漏斗、微孔玻璃坩埚分别如图 2-37(a)、(b) 所示。这种滤器的滤板是用玻璃粉末在高温下熔结而成的，因此又常称为玻璃钢砂芯漏斗（坩埚）。此类滤器均不能过滤强碱性溶液，以免强碱腐蚀玻璃微孔。

新的微孔玻璃滤器使用前应以热的浓盐酸或铬酸洗液边抽滤边洗涤，再用蒸馏水洗净。使用后的砂芯玻璃滤器，针对不同的沉淀物采用适当的洗涤剂洗涤。首先用洗涤剂、水反复抽洗或浸泡玻璃滤器，再用蒸馏水冲洗干净。在 110℃ 下烘干，保存在无尘的柜或有盖的容器中备用。

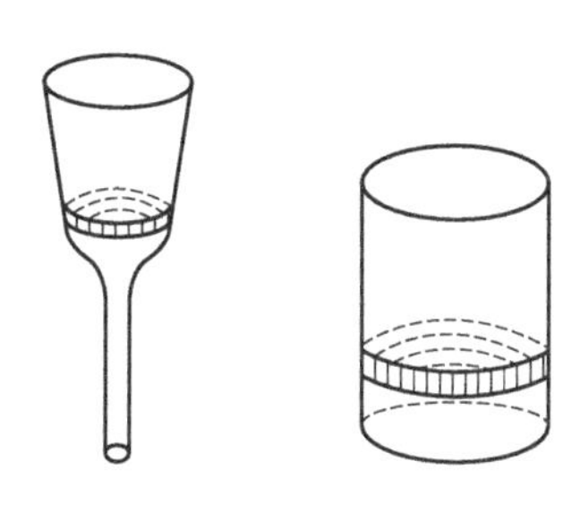
(a) 微孔玻璃漏斗　　(b) 微孔玻璃坩埚

图 2-37　微孔玻璃滤器

③ 离心分离法

离心分离是一种快速分离固体和溶液的方法，需借助离心机（图 2-38）来完成。常见的离心机有手摇离心机、电动离心机和高速冷冻离心机等。其中手摇离心机已不常用，高速冷冻离心机多用于生物样品的分离。下面仅简述电动离心机的使用方法和一些注意事项。

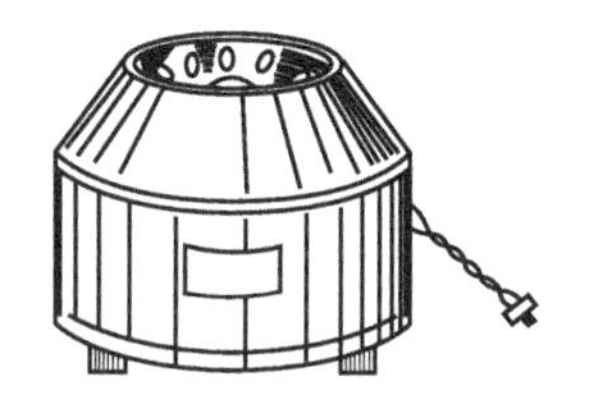
图 2-38　常见的离心机

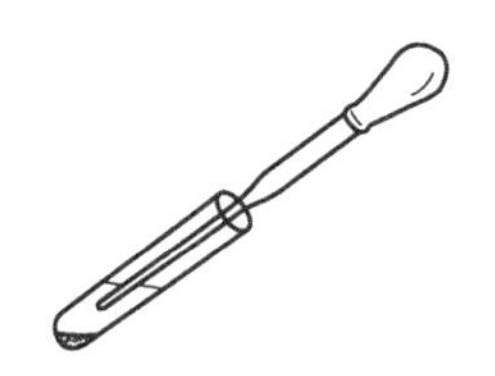
图 2-39　溶液与沉淀分离

电动离心机工作时，应放在坚实、平整的台面上。离心分离时，将盛有沉淀的离心管放入离心机内的塑料套管中（注意：塑料套管底部必须预先放少许棉花或泡沫塑料，以免旋转时打破离心管），为使离心机保持平衡，防止高速旋转使引起震动而破坏离心机，离心管要对称放置，如果离心管的数目不合适，不能对称放置，可加上盛入相应质量水的离心管，以满足对称的需要。否则，离心机开动后将会跳动，损坏机件；准备离心时应先将盖头盖妥，把变速旋钮旋到“0”处，然后接通电源，待检查无误后，再慢慢启动离心机，逐挡加速，切记不可猛力启动离心机。关机时，要将离心速度慢慢减小，并任其自然停止转动，不能用手强制停止转动。所需的离心时间和转速，应视沉淀的性质而定。例如：结晶型的紧密沉淀，和 $1000\sim2000\text{r}\cdot\text{min}^{-1}$ 的转速离心 2～3min 即可；无定形的疏松沉淀，则以 $3000\sim4000\text{r}\cdot\text{min}^{-1}$ 的转速离心 4～5min 为宜。

离心后，沉淀沉入离心管的底部。用一干净的滴管将清液吸出，注意滴管深入溶液的深度和角度，尖端不应接触沉淀，如图 2-39 所示。

（5）烘干、炭化、灰化和灼烧

① 烘干

滤纸和沉淀的烘干通常在燃气灯上或电炉上进行。操作步骤：先用扁头玻璃棒将滤纸边挑起，边向中间折叠，将沉淀盖住，如图 2-40 所示。用玻璃棒轻轻转动滤纸包，以便擦净漏斗内壁可能粘有的沉淀。然后，将滤纸包转移至已恒重的坩埚中，将它倾斜放置，使多层滤纸部分朝上，以利烘烤。坩埚的外壁和盖先用蓝黑墨水或 $K_4[Fe(CN)_6]$ 溶液编号。烘干时，盖上坩埚盖，但不要盖严，如图 2-41(a)、(b)。

② 炭化

炭化是将烘干后的滤纸烤成炭黑状。

③ 灰化

灰化是使呈炭黑状的滤纸灼烧成灰。炭化和灰化的灼烧方法如图 2-41(b) 所示。烘干、炭化、灰化，应由弱火到强火，一步一步完成，不能性急，不要使火焰加得太大。炭化时如遇滤纸着火，可立即用坩埚盖盖住，使坩埚内的火焰熄灭（切不可用嘴吹灭）。着火时，不能置之不理让其燃烬，这样沉淀易随大气流飞散损失。待火熄灭后，将坩埚盖移至原来位置，继续加热至全部炭化（滤纸变黑）直至灰化。

图 2-40　沉淀的包裹

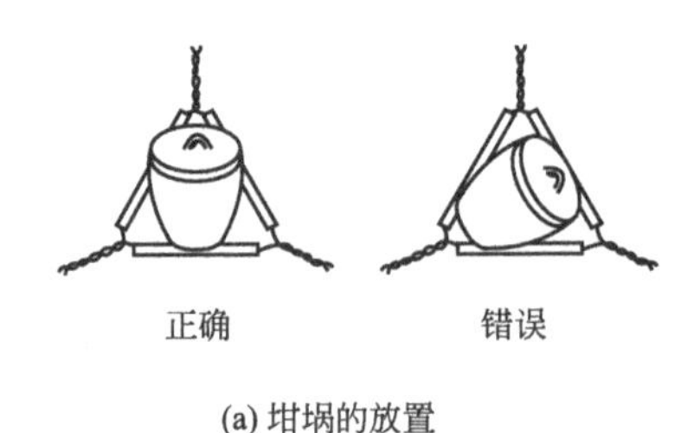


(a) 坩埚的放置

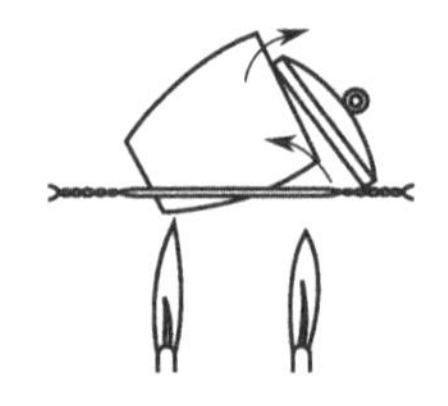

(b) 烘干、炭化、灰化时火焰的位置

图 2-41　坩埚的使用方法

④ 灼烧至恒重

沉淀和滤纸灰化后，将坩埚移入高温炉中（根据沉淀性质调节适当温度），盖上坩埚盖，但留有空隙。与灼烧空坩埚时相同温度下，灼烧 40～45min，与空坩埚灼烧操作相同，取出，冷至室温，称重。然后进行第二次、第三次灼烧，直至坩埚和沉淀恒重为止。一般第二次以后灼烧 20min 即可。所谓恒重，是指相邻两次灼烧后的称量差值不大于 0.4mg。

从高温炉中取出坩埚时，将坩埚移至炉口，至红热稍退后，再将坩埚从炉中取出放在洁净的瓷板上，在夹取坩埚时，坩埚钳应预热。待坩埚冷至红热退去后，再将坩埚转至干燥器中。放入干燥器后，盖好盖子，随后须启动干燥器盖 1～2 次。在干燥器内冷却时，原则是冷至室温，一般须 30min 左右。但要注意，每次灼烧、称重和放置的时间，都要保持一致。

使用干燥器时，首先将干燥器擦干净，烘干多孔瓷板后，将干燥剂通过一纸筒装入干燥器的底部，应避免干燥剂玷污内壁的上部，然后盖上瓷板。

关于空坩埚的恒重方法和灼烧温度，均与灼烧沉淀时相同。坩埚与沉淀的恒重质量与空坩埚的恒重质量之差，即为 $BaSO_4$ 的质量。现在，生产单位常用一次灼烧法，即先称恒重后带沉淀的坩埚的质量（称为总质量），然后，用毛笔刷去 $BaSO_4$ 沉淀，再称出空坩埚的质量，用差减法即可求出沉淀的质量。

## 六、基本称量仪器的使用方法

天平是进行化学实验不可缺少的称量仪器。天平种类很多，实验中根据不同的称量要求需要使用不同类型的天平。以下介绍实验室常用的托盘天平及电子天平的结构与称量方法。

(1) 托盘天平

托盘天平又称架盘药物天平，俗称台秤，是根据杠杆原理制造的，一般能称准到 0.1g，其构造如图 2-42 所示。

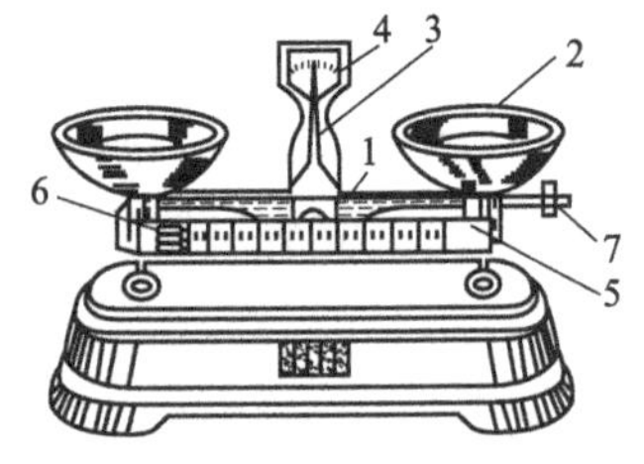


图 2-42　托盘天平

1—横梁；2—托盘；3—指针；4—刻度盘；5—游码标尺；6—游码；7—平衡调节螺丝

在称量前，首先将游码拨至左边“零”位，检查托盘天平的指针是否停留在刻度盘的中间位置。否则，需调节托盘下面的螺丝，使指针正好停在刻度盘的中间位置上，称为零点。称量时，左盘放称量物，右盘放砝码。10g 以上的砝码放在砝码盒内，10g 以下的砝码通过移动游码标尺（常简称游标）上的游码来添加。当砝码添加到托盘天平两边平衡时，指针停在刻度盘的中间位置，称为停点。停点与零点之间允许偏差在 1 小格之内。这时砝码和游码所示质量之和就是称量物的质量。

使用托盘天平时应注意以下几点。

a. 不能称量热的物体。

b. 称量物不能直接放在托盘上。根据不同情况将称量物放在纸上、表面皿上或其他容器内。易吸潮或具有腐蚀性的药品必须放在玻璃容器内。

c. 称量完毕，砝码要放回原处，使托盘天平各部分恢复原状。

d. 保持整洁，托盘上有药品或其他污物时要立即清除。

（2）电子天平

电子天平是最新一代的分析天平，是根据电磁力平衡原理直接称量，全量程不需砝码，放上被称物后，在几秒钟内即达到平衡，显示读数，称量速度快，精度高。它的支承点由弹性簧片取代机械天平的玛瑙刀口，用差动变压器取代升降枢装置，用数字显示代替指针刻度式。因而，电子天平具有使用寿命长、性能稳定、操作简便和灵敏度高的特点。此外，电子天平还具有自动校正、自动去皮、超载指示、故障报警等功能以及具有质量电信号输出功能，且可与打印机、计算机联用，进一步扩展其功能，如统计称量的最大值、最小值、平均值及标准偏差等。由于电子天平具有机械天平无法比拟的优点，已经广泛地应用于各个领域。目前电子天平已基本取代了各类机械天平。电子天平按结构可分为上皿式电子天平和下皿式电子天平。秤盘在支架上面的为上皿式，秤盘吊挂在支架下面为下皿式。目前，广泛使用的是上皿式电子天平（图 2-43）。

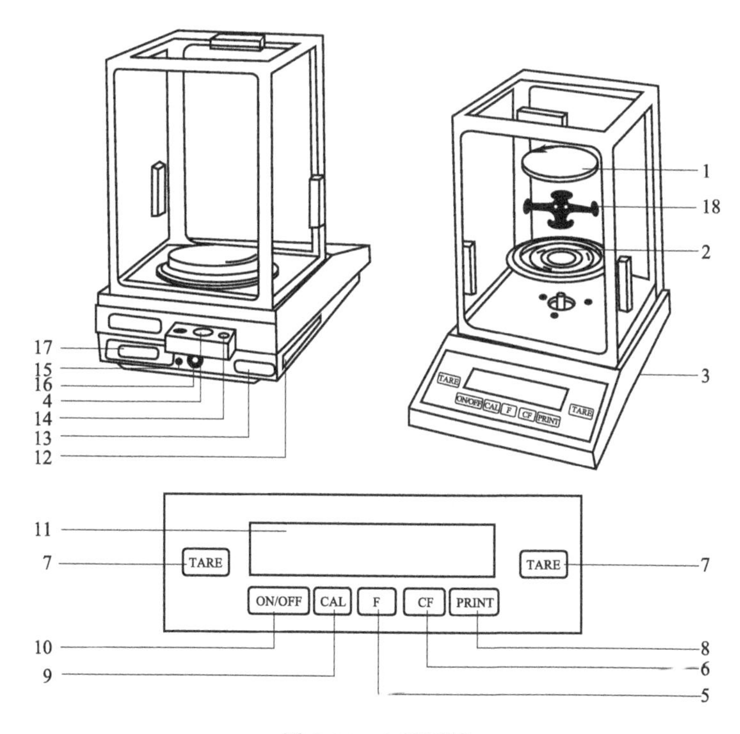


图 2-43　电子天平

1—秤盘；2—屏蔽环；3—地脚螺栓；4—水平仪；5—功能键；6—CF 清除键；7—除皮键；8—打印键（数据输出）；9—调校键；10—开关键；11—显示器；12—CMC 标签；13—具有 CE 标记的型号牌；14—防盗装置；15—菜单-去连锁开关；16—电源接口；17—数据接口；18—秤盘支架

电子天平的一般操作程序是：调整天平→接通电源（预热 1h）→校准→称量→记录数据。

a. 水平调节　观察水平仪，如水平仪水泡偏移，需调整水平调节脚，使水泡位于水平仪中心。

b. 预热　接通电源，轻按一下 ON 键，显示器全亮，然后显示天平的型号，再是称量模式，表示接通电源，即开始预热，预热通常需 1h。

c. 校准　轻按 CAL 键，进入校准状态，用标准砝码进行校准。

d. 称量　取下标准砝码，零点显示稳定后即可进行称量。置被称物于秤盘上，待数字稳定即显示器左下角的“0”标志熄灭后，该数字即为被称物的质量值。按 TAR 键清零去皮，显示恢复为零后，再缓缓加样品至显示出所需要样品的质量时，停止加样，稳定后记录样品的质量。

称量结束后，按“ON/OFF”键关闭显示器。若当天不再使用天平，应拔下电源插头。

使用分析天平时应遵守“分析天平的使用规则”，其规则如下。

a. 称量前检查天平是否处于水平位置，框罩内外是否清洁等。

b. 天平的上门不得随意打开；开关天平动作要轻、缓。

c. 称量物体的温度必须与天平的稳定相同，有腐蚀性的物质或吸湿性物质必须放在密闭的容器内称量。

d. 不得超载称量；读数时必须关好侧门。

e. 称量完毕后，应切断天平电源及清洁框罩内外，盖上天平罩，并在天平使用登记簿上进行登记。

① 称量方法

用分析天平称取试样分为直接称量法和两次称量法，一般采取两次称量法，即试样的质量是由两次称量之差得出的。如果分析天平能称准至 0.0001g，两次称量最大可能误差为 0.0002g，若称量物的质量大于 0.2g，则称量的相对误差小于 0.1%。因为两次称量中都可能包含着相同的天平误差（如零点误差）和砝码误差（尽量使用相同的砝码），当两次称量值相减时，误差可以抵消大部分，使称量结果准确可靠。常用的两次称量法有固定质量称量法和差减称量法。

② 固定质量称量法（增量法）

此法适用于称量在空气中没有吸湿性的试样，如金属、矿石、合金等。先称出器皿（或硫酸纸）的质量，然后加入固定质量的砝码，用牛角勺将试样慢慢加入器皿（或硫酸纸）中，使平衡点与称量空器皿时的平衡点一致。当所加试样与指定的质量相差不到 10mg 时，极其小心地将盛有试样的牛角勺伸向器皿中心上方 2～3cm 处，勺的另一端顶在掌心上，用拇指、中指及掌心拿稳牛角勺，并以食指轻弹勺柄，将试样慢慢地抖入器皿中（图 2-44），待数字显示正好到所需要的质量时停止。此步操作必须十分仔细，若不慎多加了试样，只能用牛角勺取出多余的试样，注意多出的试样不能返回试剂瓶或称量瓶。再重复上述操作直到合乎要求为止。

③ 差减称量法（差量法）

此法不必固定某一质量，只需确定称量范围，常用于称量易吸水、易氧化或易与二氧化碳起反应的物质。称取试样时，先将盛有样品的称量瓶置于天平盘上准确称量，记录数据。然后，用左手以纸条（防止手上的油污粘到称量瓶壁上）套住称量瓶，如图 2-45(a) 所示，将它从天平盘上取下，举在要放试样的容器（烧杯或锥形瓶）上方，右手用小纸片夹住瓶盖柄，打开瓶盖，将称量瓶一边慢慢地向下倾斜，一边用瓶盖轻轻敲击瓶口，使试样落入容器内，注意不要撒在容器外，如图 2-45(b) 所示。当倾出的试样接近所要称的质量时，将称量瓶慢慢竖起，再用称量瓶盖轻轻敲一下瓶口侧面，使黏附在瓶口上的试样落入瓶内，再盖好瓶盖。然后将称量瓶放回天平盘上称量，两次称得质量之差即为试样的质量。按上述方法可连续称取几份试样。

图 2-44　轻弹方法

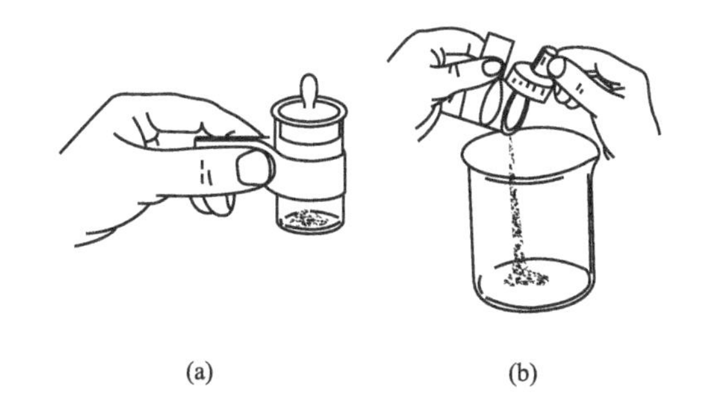


图 2-45　称量瓶拿法（a）和倾出试样的操作（b）

使用电子天平的除皮功能可以使差量法称量更加快捷。将称量瓶放在电子天平秤盘上，显示稳定后，按一下“TAR”键使显示为零，然后取出称量瓶向容器中倒出一定量样品，再将称量瓶放在天平上称量，如果所示质量（不管“—”号）达到要求，即可记录称量结果。如果需要连续称量第二份试样，则再按一下“TAR”键使显示为零，重复上述操作即可。

④ 直接称量法

天平零点调定后，将被称物直接放在秤盘上，所得读数即被称物的质量。这种称量方法适用于称量洁净干燥的器皿、棒状或块状的金属及其他整块的不易潮解或升华的固体样品。注意不得用手直接取放被称物，可采用戴汗布手套、垫纸条、用镊子或钳子等适宜的办法。

⑤ 液体样品的称量

液体样品的准确称量比较麻烦，根据样品的不同性质有多种称量方法，主要的称量方法有以下三种。

a. 性质较稳定、不易挥发的样品可装在干燥的小滴瓶中用差量法称取，应预先粗测每滴样品的大致质量。

b. 较易挥发的样品可用增量法称量，例如称取浓盐酸试样时，可先在 100mL 具塞锥形瓶中加 20mL 水，准确称量后，加入适量的试样，立即盖上瓶塞，再进行准确称量，然后即可进行测定（例如用氢氧化钠标准溶液滴定盐酸）。

c. 易挥发或与水作用强烈的样品可采取特殊的方法进行称量，例如冰乙酸样品可用小称量瓶准确称量，然后连瓶一起放入已盛有适量水的具塞锥形瓶，摇开称量瓶盖，样品与水混匀后进行测定。发烟硫酸及浓硝酸样品一般采用直径约 10mm 带毛细管的安瓿球称取。已准确称量的安瓿球经火焰微热后，毛细管尖插入样品，球泡冷却后可吸入 1～2mL 样品，然后用火焰封住管尖再准确称量。将安瓿球放入盛有适量水的具塞锥形瓶中，摇碎安瓿球，样品与水混合并冷却后即可进行测定。

## 七、有机合成的特殊技术

物质的合成可分为有机物的合成和无机物的合成两大类。有机物和无机物的合成不仅使新物质不断涌现，而且使生命科学的研究进入了新的天地，因为化学家们可按照自己的意愿和需要合成自然界有的或没有的物质，使世界变得丰富多彩。1965 年，我国的化学家合成了结晶牛胰岛素，为生命的合成奠定了理论基础。当代的有机合成艺术大师 Woodward 在

27岁时就完成了奎宁的全合成，其后又合成了利血平、胆甾醇、马钱子碱、羊毛甾醇、四环素、叶绿素等。1985年，美国的Richard Smalley等人用激光轰击石墨并向真空膨胀制备出了32面体的“足球烯”$C_{60}$，当时，这种新材料的售价是黄金100倍。科学技术发展到今天，不仅克隆技术方兴未艾，而且现在化学家们既可使铅笔“芯”变成“金棒”，也可在果蝇的翅膀上长出眼睛。由此说明，物质的合成技术不仅是理论的升华，而且也是技术的综合升华。

(1) 无水无氧操作

在有机制备实验中，经常遇到对水、氧敏感的试剂，如硼氢化物、有机铬化合物、有机锂化合物、格氏试剂等。在这些实验中，反应装置及溶剂需绝对干燥，试剂处理及反应体系均需处于惰性气体中。

对空气、水敏感的试剂常常装在特殊的瓶内，密封系统如图2-46所示。

揭开胶木（或塑料）盖子（盖子内有聚四氟乙烯弹性衬垫），用一支注射器插进金属齿盖的圆孔中，就能将液体试剂不接触空气和潮气而直接转移到反应瓶中，垫圈上的小针孔会自行密封，瓶内试剂与空气、潮气完全隔绝，因而能使试剂长期安全保存。在制备实验中得到对水、氧气敏感的中间体需保存时可参照上述操作。

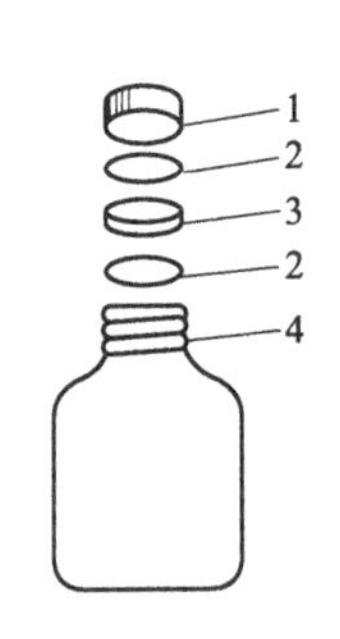


图2-46 密封系统

1—胶木盖；2—聚四氟乙烯弹性体衬垫；
3—金属齿盖；4—玻璃瓶

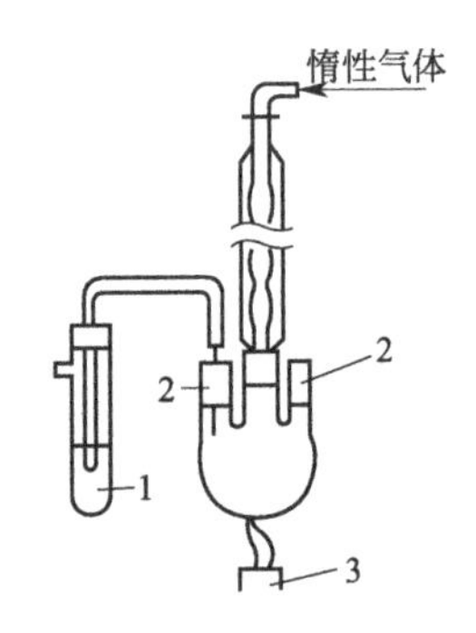


图2-47 反应装置在惰性气流中干燥

1—汞封；2—橡胶隔膜；3—热源

实验的玻璃器皿的壁上往往会吸附一层潮气，它们需要在烘箱中125℃过夜或者140℃加热4h干燥，趁玻璃器皿热的时候装配好，并且充入干燥的惰性气体备用。另一种方法是待玻璃器皿冷却后装配仪器，然后边充入干燥的氮气（或者氩气）边用电吹风或者燃气灯火焰加热，使体系干燥，装置如图2-47所示。

用聚四氟乙烯管或一般塑料管将惰性气体线路连接到反应装置的接管上，在反应装置的另一端用塑料管和针头将惰烯性气体引到鼓泡器。装有矿物油的鼓泡器能使大于大气压力的惰性气体流出鼓泡而排至反应装置外，而大气中的氧气或水汽由于矿物油的密封作用无法进入反应装置内部。一边不断使惰性气体经反应体系，一边不断用电吹风或燃气灯加热玻璃容器，就可以达到干燥玻璃装置内部的目的。氮气压力可能冲开不牢固的标准锥型接头的密封，所以在充入气流时需要用弹簧夹子或橡皮筋扣牢接头。

玻璃仪器的开口可用橡胶隔膜使反应器内部不与空气接触，也便于用注射器转移试剂。小的橡胶隔膜在刺穿以后可以确保安全和再密封，并可使较小面积的橡胶与反应器中的有机蒸气接触（注意：橡胶隔膜上往往吸附有潮气，也需在使用前预先干燥）。与有机蒸气接触的橡胶隔膜只有在一定针刺次数之内才可确保系统的完全密封，而这还取决于针头大小，将针头始终插进原来的小孔可以延长隔膜的寿命。转移少量的对水和空气敏感的试剂和干燥溶剂可以用一支带有针头的注射器，针尽可能长些，使用长针可以不必将试剂瓶倾斜，倾斜往往会引起液体与隔膜接触，使橡胶隔膜发生膨胀和损坏。

注射器和针在使用前必须充分干燥，在烘箱内充分干燥时，注意不要将注射器和注射器塞装配在一起。注射器在冷却过程中应该有惰性气体充入，用干燥的氮气流冲洗10次以上，以除去空气和吸附在玻璃上的水气，干燥后的注射器针尖插入橡胶塞后，便可放在空气中。

用注射器转移试剂是很容易完成的，即先将干燥的高纯惰性气体用注射器压入密封的试剂瓶，再利用气体压力缓慢地将试剂压入注射器，操作如图2-48所示。

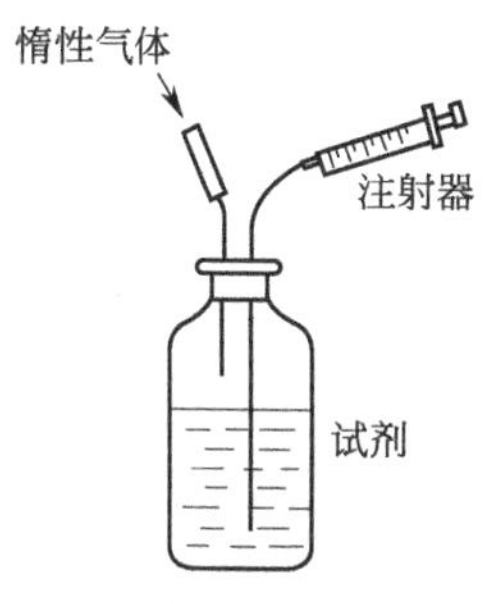


图2-48　用注射器转移试剂

图2-49　用双尖不锈钢管转移试剂

转移量较多的溶剂或液体试剂时，使用双尖不锈钢空心细管比较方便，图2-49表明了在氮气压力下利用这个技术转移液体试剂的情况，首先，用氮气冲洗双尖不锈钢空心管，然后用它将氮气压入装有试剂的密封瓶内。再将双尖针的一端通过试剂瓶上的隔膜插入到试剂上面的空间，氮气立即通过针头。最后，将双尖针的底端通过反应装置上的隔膜插入反应器内，试剂瓶内的针头末端再推进到液体中。当所需的容量已转移后，立即把针拉回到液面上的空间，用氮气稍稍洗后移去，针头先从反应器上移去，然后再从试剂瓶上移去。

所有使用完的注射器、针头应当立即冲洗净，一般一支注射器只能转移一次，否则由于试剂水解和氧化，会使针头堵塞或污染。双尖不锈钢管用完后用水及其他有效溶剂冲洗。

(2) 无水操作

在有机反应中，水往往影响反应的正常进行。在一些反应过程中水会使试剂或产物分解，如格氏（Grignard）试剂遇水即分解；也会导致事故的发生，如反应中使用金属钠，遇水即会由于产生氢气而导致燃烧或爆炸；另外，水的存在还会影响反应速率或产率以及某些产物的分离与提纯。因此，许多有机反应要求原料需经过除水干燥；要求所使用的容器事先应进行干燥，在反应过程中仪器设备系统进口或终端均要与干燥器连通；要求在操作中不得让水及其蒸汽混入系统。常用无水溶剂的制备方法如下。

① 无水乙醇

a. 用金属镁制取　在250mL的圆底烧瓶中，放置0.6g干燥纯净的镁条，10mL 99.5%乙醇，装上回流冷凝管，并在冷凝管上端附加一支无水氯化钙干燥管。在沸水浴上或用火直接加热使其微沸，移去热源，立刻加入几粒碘片（此时注意不要振荡），顷刻即在碘粒附近发生作用，最后可以达到相当剧烈的程度。有时作用太慢则需加热，如果在加碘之后，作用仍不开始，则可再加入数粒碘（一般地讲，乙醇与镁的作用是缓慢的，如所用乙醇含水量超过 0.5%则作用尤其困难）。待全部镁作用完毕后，加入 100mL 99.5%乙醇和几粒沸石。回流 1h，蒸馏，产物收于有橡胶塞或磨口塞的玻璃瓶中。

b. 用金属钠制取　装置和操作同前，在 250mL 圆底烧瓶中，放置 2g 金属钠和 100mL 纯度至少为 99%的乙醇，加入几粒沸石。加热回流 30min 后，加入 4g 邻苯二甲酸二乙酯（利用它和氢氧化钠的反应），再回流 10min。取下冷凝管，改成蒸馏装置，按收集无水乙醇的要求进行蒸馏。产物收于带有磨口塞或橡胶塞的容器中。

② 无水甲醇

市售的甲醇，含水量不超过 0.5%～1%。由于甲醇和水不能形成共沸物，为此可借高效的精馏柱将少量水除去。精制的甲醇含有 0.02%的丙酮和 0.1%的水，一般已可应用。如要制得无水甲醇，可用加镁的方法（见无水乙醇）。若含水量低于 0.1%，亦可用 3A 或 4A 型分子筛干燥。甲醇有毒，处理时应避免吸入其蒸气。

③ 无水乙醚

普通乙醚中常含有一定量的水、乙醇及少量过氧化物等杂质，这对于要求以无水乙醚作溶剂的反应（如格氏反应），不仅影响反应的进行，且易发生危险。试剂级的无水乙醚往往也不合要求，且价格较贵，因此在实验中常需自行制备。制备无水乙醚时首先要检查有无过氧化物。为此，取少量乙醚与等体积的 2%碘化钾溶液，加入几滴稀盐酸一起振摇，若能使淀粉溶液呈紫色或蓝色，即证明有过氧化物存在。除去过氧化物的方法：可在分液漏斗中加入普通乙醚和相当于乙醚体积 1/5 的新配制硫酸亚铁溶液，剧烈摇动后分去水溶液。除去过氧化物后，按照下述操作进行精制。

在 250mL 圆底烧瓶中，加入 100mL 除去过氧化物的普通乙醚和几粒沸石，装上冷凝管。冷凝管上端通过一带有侧槽的橡胶塞，插入盛有 10mL 浓硫酸的滴液漏斗。通入冷却水，将浓硫酸慢慢滴入乙醚中，由于脱水作用所产生的热，乙醚会自行沸腾。加完后摇动反应物，待乙醚停止沸腾后，拆下冷凝管，改成蒸馏装置。在收集乙醚的接收瓶支管上连一氯化钙干燥管，并用与干燥管连接的乳胶管把乙醚蒸气导入水槽。加入沸石后，用事先准备好的水浴加热蒸馏。蒸馏速度不宜太快，以免乙醚蒸气冷凝不下来而逸散室内。当收集到约 70mL 乙醚，且蒸馏速度显著下降时，即可停止蒸馏。瓶内所剩残液倒入指定的回收瓶中，切不可将水加入残液中。将蒸馏收集的乙醚倒入干燥的锥形瓶中，加入 1g 钠屑或 1g 钠丝，然后用带有氯化钙干燥管的软木塞塞住，或在木塞中插入一末端拉成毛细管的玻璃管，这样可以防止潮气侵入并可使产生的气体逸出。放置 24h 以上，使乙醚中残留的少量水和乙醇转化为氢氧化钠和乙醇钠。如不再有气泡逸出，同时钠的表面较好，则可储放备用。如放置后，金属钠表面已全部发生作用，需重新压入少量钠丝，放置至无气泡发生。这样制出的无水乙醚可符合一般无水要求。

如需要更纯的乙醚时，则在除去过氧化物后，应再用 0.5%高锰酸钾溶液与乙醚共振摇，使其中含有的醛类氧化成酸，然后依次用 5%氢氧化钠溶液、水洗涤，经干燥、蒸馏，再加入钠丝。

（3）加氢操作

① 加氢原理

有机化合物在催化剂存在下与氢气发生的加成反应称催化加氢，催化加氢可用于碳碳双键和三键直接加氢，也可用来还原不饱和官能团和一些卤化物。

催化氢化分为液相催化加氢和气相催化加氢两大类，根据作用时压力的大小可分为常压催化加氢和加压催化加氢。本节介绍常压催化加氢。

常用的催化剂有镍、铂、钯、钴和铁等的活性粉末。

② 常压加氢装置

常压加氢装置如图 2-50 所示。

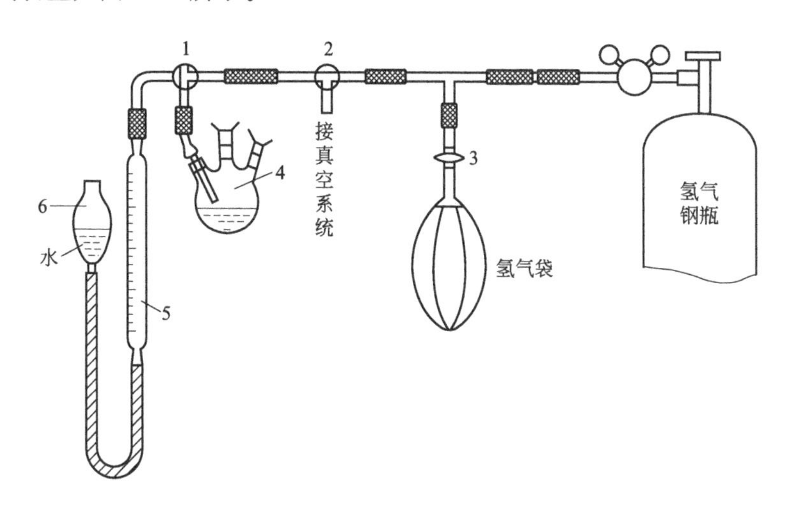


图 2-50 常压催化加氢装置

1,2,3—活塞；4—反应瓶；5—储气瓶（80～100mL 两端有两通活塞并标有刻度的玻璃桶）；6—平衡瓶

③ 加氢操作

往氢化瓶中加入反应物及催化剂。氢化反应开始前，提高平衡瓶使储气瓶中注满水。旋转活塞 1、2 和 3 使储气瓶与氢气袋相通。将平衡瓶放置在低处，用排水集气法慢慢向储气瓶中充氢气，充满后切断储气瓶与气源间的通路。关闭活塞 3，旋转活塞 2 使氢化瓶与真空系统相通，抽真空。旋转活塞 2、3 使氢化瓶与氢气袋相通，向氢化瓶内充氢，如此抽真空-充气重复 2～3 次。

调节平衡瓶，使其水面与储气瓶中水面相平，记下储气管中氢气的体积，并把平衡瓶放回高处，旋转活塞 1 使储气瓶和氢化瓶相通，开始搅拌进行氢化。

每隔 5min 记录一次吸氢体积（量体积时，仍要放下平衡瓶，使其水面与储气瓶中水面相平），用所记录的数据作时间-吸氢体积曲线。当储气瓶氢气体积不再明显变化时，反应基本完成。打开活塞 3，使氢气袋与大气相通，放掉氢气瓶中残存的氢气，滤去催化剂，经后处理得产物。

（4）光化学反应

有机化合物的光化学反应是比较近代的内容，在目前有机合成工作中有重要意义，在各方面的应用也日益广泛。

分子中的电子受激发后，有一个趋向，即从较高能量轨道回到低能量轨道中去，从而使它处于基态，这个过程中伴有能量的释放。如果能量以光的形式释放出来，就有发光现象产生（荧光或磷光）。有时像一些化学反应的结果一样，可能直接形成一个处于激发态的分子。如果激发态的分子是发光的（发射光），表示化学能转变成光能。其过程可以表示为：反应物——→生成处于激发态的产物（发光）——→基态物

下面以光能释放实验——鲁米诺的氧化为例介绍。

鲁米诺是环状的 3-氨基苯二甲酰肼，是一个杂环化合物。当鲁米诺的碱性液用铁氰化钾和过氧化氢（氧化剂）的混合液处理时，鲁米诺则转化成激发态的 3-氨基邻二甲酸根的双阴离子。反应的方程式如下：

鲁米诺 $\xrightarrow{OH^-}$ 二价负离子 $\xrightarrow{O_2}$ 过氧化物 $\xrightarrow{\text{分解放出氮气}}$ 三线态二价负离子（$T_1$）$+N_2$

$\xrightarrow{\text{系间窜跃}}$ 单线态二价负离子（$S_1$）$\xrightarrow{\text{放出荧光}}$ 基态二价负离子（$S_0$）$+h\nu$

所以实验前须准备两种溶液，溶液 A 是碱性的鲁米诺溶液，溶液 B 是铁氰化钾和过氧化氢的混合溶液，然后在暗室里将两种溶液混合，就能观察到发射光（蓝绿色光）的现象。

实验操作：称取 0.2g 鲁米诺溶于 10mL 10%的氢氧化钠水溶液和 90mL 水中，此即溶液 A（或配 1/4 量）；将 20mL 3%的铁氰化钾水溶液与 20mL 3%的过氧化氢和 160mL 水混合，此即溶液 B；用 175mL 水稀释 25mL 溶液 A，在暗室里，将此溶液与溶液 B 一起倒入 1L 的锥形分液漏斗中，振荡溶液，并进行观察，当颜色褪去时，再由滴液漏斗里加入几毫升 10%的氢氧化钠水溶液并再次进行振荡观察，记录现象。

## 第二节　物质的分离和提纯

经过任一反应所得到的物质，一般总是与许多其他物质（其中包括进行反应的原料、副产物、溶剂等）共存于反应体系中，因此要得到较纯的物质，常需从复杂的混合物中分离出所要的物质。随着近代合成的发展，分离提纯的技术将愈来愈显示它的重要性。对于化学工作者来说，具有熟练的分离和提纯的操作技术是必需的。

### 一、重结晶

重结晶是提纯固体有机化合物常用的方法之一。它适用于产品与杂质性质差别较大、产品中杂质含量小于 5%的体系。

固体物质在溶剂中的溶解度与温度密切相关。一般说来，温度升高，溶解度增加。所以若把固体溶解在热溶剂中达到饱和，然后使其冷到室温或降至室温以下，即会有一部分结晶析出。利用溶剂与被提纯物质和杂质的溶解度不同，让杂质全部或大部分留在溶液中（或被过滤除去），从而达到提纯的目的。显然，选择合适的溶剂对于重结晶是很重要的一步。

(1) 溶剂的选择

① 单一溶剂的选择

被提纯的化合物，在不同溶剂中的溶解度与化合物本身的性质以及溶剂的性质有关，通常是极性化合物易溶于极性溶剂，反之，非极性化合物则易溶于非极性溶剂。借助资料、手册可以了解已知化合物在某种溶剂中的溶解度，但最主要是通过实验方法进行选择。

所选溶剂必须具备的条件有以下几点。

a. 不与被提纯化合物起化学反应。

b. 温度高时，化合物在溶剂中溶解度大，室温或低温下溶解度很小；而杂质的溶解度应该非常大或非常小（这样可使杂质留在母液中，不随提纯物析出；或使杂质在热滤时滤出）。

c. 溶剂沸点较低，易挥发，易与被提纯物分离除去。

d. 价格便宜、毒性小，回收容易，操作安全。

选择溶剂的具体方法是：取约 0.10g（或更少）的待重结晶样品，放入一支小试管中，滴入约 1mL（或更少）某种溶剂，振荡，观察是否溶解。若不加热很快全溶，表明产物在此溶剂的溶解度太大，不宜作此产物重结晶的溶剂；若不溶，加热后观察是否全溶，如仍不溶，可小心加热并分批加入溶剂至 3～4mL，若沸腾下仍不溶解，说明此溶剂也不适用。反之，如能使样品溶在 1～4mL 沸腾溶剂中，室温下或冷却能自行析出较多结晶，此溶剂适用。以上仅仅是一般方法，实际实验中要同时选择几个溶剂用同样方法比较收率，选择其中最优者。在热溶解过程中，因不易辨别是因溶剂不够溶解不完全，还是含有不溶性杂质。此时，宁可先进行一次热过滤，将滤渣再次加适量溶剂溶解，两次滤液分别处理。常用的重结晶溶剂有水、乙酸、甲醇、乙醇、丙酮、乙醚、石油醚、环己烷、苯、甲苯、乙酸乙酯、二氯甲烷、二氯乙烷、三氯甲烷、四氯化碳、甲乙酮、乙腈等。有时很难选择一种较为理想的单一溶剂，这时应考虑选择用混合溶剂。

分离混合物，可采用分步结晶，即用少量溶剂加热使部分溶解，进行热过滤，再加入新的溶剂溶解滤渣，再热过滤，分别收集各部分的滤液。一般来说，溶解度大的物质在首次滤液中结晶出来，溶解度小的在二次滤液中结晶出来，这样可使混合物得以分离。但是对于少量产品的分离，更好的办法是用色谱柱进行分离。

溶解过程中，由于条件掌握不好，被纯化固体有机物有时会成油状物析出，其中包含有杂质和少量溶剂。遇到这种情况，应注意两点：首先，所选溶剂的沸点应低于溶质的熔点；其次，若不能选择出沸点较低的溶剂，则应在比熔点低的温度下进行热溶解。例如：乙酰苯胺熔点为 114℃，用水重结晶时，加热至 83℃就熔化成油状物。这时，在水层中含有已溶解的乙酰苯胺，而在熔化成油状的乙酰苯胺中含有水。所以对待类似于乙酰苯胺的物质，当用水重结晶时，就应该遵循以下原则：所配制的热溶液要稀释一些（在不会发生与溶剂共熔的浓度范围），但这会使重结晶的产率降低；乙酰苯胺在低于 83℃热溶解，过滤后让母液慢慢冷却。

② 混合溶剂的选择

相对于单一溶剂重结晶的操作，初学者较难掌握混合溶剂热溶液的配制。有的化合物在许多溶剂中不是溶解度太大，就是较小，很难选择一种合适的溶剂。这时，可考虑用混合溶剂。方法是：选用一对能互相溶解的溶剂，样品易溶于其中之一，而难溶或几乎不溶于另一个。

具体操作如下。

a. 按照选择溶剂的方法，试出混合溶剂各自量的比例。

b. 将被重结晶物质加热溶解于适量的易溶溶剂中。

c. 趁热过滤，以除去不溶性杂质。

d. 用滴管逐滴加入热的不易溶的溶剂，直至出现混浊，且不再消失为止。

e. 再加热使其澄清，若不澄清，可再加极少量的易溶溶剂，使其刚好澄清。

f. 将此热溶液在室温下放置，冷却析出结晶。

g. 如冷后析出油状物，则需调整两溶剂的比例，再进行实验，或另换一对溶剂，有时也可以将两种溶剂按比例预先混合好，再进行重结晶。

值得强调的是，制备好的热溶液必须经过热过滤，以除去不溶杂质。有时某些物质易于析出结晶，在过滤过程中结晶在滤纸上析出，阻碍继续过滤，处理不妥，产品损失很多，在小量实验中，影响严重。此时需小心将析出物与滤纸一同返回，重新制备热溶液，这种情况下，宁可将热溶液配制得稍稀一些。若热过滤溶液中含有少量不溶性杂质，热溶液呈混浊状，且不能用简单过滤除去，可在溶液中加入少量活性炭煮沸5min，活性炭吸附色素和树脂状物质后，再趁热过滤。

当在非极性溶剂（如苯、石油醚）中脱色时，活性炭效果不好，可试用氧化铝脱色的方法。

常用的混合溶剂有水-乙醇、水-丙酮、水-乙酸、乙醚-丙酮、乙醇-乙醚-乙酸乙酯、甲醇-水、甲醇-乙醚、甲醇-二氯乙烷、氯仿-醇、石油醚-苯、石油醚-丙酮、氯仿-醚、苯-乙醇。

（2）操作方法

重结晶操作过程为：饱和溶液的制备→脱色→热过滤→冷却结晶→过滤、洗涤→干燥。

① 饱和溶液的制备

这是重结晶操作过程的重要步骤，其目的是用溶剂充分分散产物和杂质，有利于提纯。一般用水作为溶剂时，可在烧杯或锥形瓶中进行；而用有机溶剂时，则必须用锥形瓶或圆底烧瓶作为容器，同时，还需安装回流冷凝管，防止溶剂挥发造成火灾。特别是以乙醚作为溶剂时，需先用水浴加热到一定温度，熄灭燃气灯后再开始操作。溶解产品时，先在容器中加入几颗沸石和已称好的样品，加少量溶剂，然后加热使溶液沸腾或接近沸腾，再边滴加溶剂边观察固体溶解情况，使产品刚好全部溶解，然后再使其过量约20%，以免热过滤时因温度的降低和溶剂的挥发，在滤纸上结晶析出而造成损失。但溶剂过量太多又会使结晶析出量太少或根本不能析出，遇此情况，需将过多溶剂蒸出。

如遇较多产品不溶时，应先将热溶液倾出或过滤，于剩余物中再加溶剂加热溶解，如仍不溶，过滤，滤液单独放置或冷却，观察是否有结晶析出；如加热后慢慢溶解，说明产品需要短时间的回流后才能全部溶解。

② 脱色

当重结晶的产品带有颜色时，可加入适量的活性炭脱色。活性炭脱色效果和溶液的极性、杂质的多少有关，活性炭在水溶液及极性有机溶剂中脱色效果较好，而在非极性溶剂中效果则不甚显著。活性炭用量一般为固体量的1%～5%，不可过多。若用非极性溶剂，也可在溶液中加入适量氧化铝，摇荡脱色。加活性炭时，应待产品全部溶解后，溶液稍冷再加，切不可趁热加入！否则引起暴沸，严重时甚至会有溶液被冲出的危险。

③ 热过滤

热过滤的方法有两种，即常压热过滤和减压热过滤。重结晶溶液是一种热的饱和溶液，常需要进行热过滤。在热过滤时应做到：仪器热、溶液热、动作快。

a. 常压热过滤　常压热过滤就是用重力过滤的方法除去不溶性杂质（包括活性炭）。由于溶液为热的饱和溶液，遇冷即会析出结晶，因此需要趁热过滤。热过滤时所用的漏斗和滤纸须事先用热溶剂润湿温热，或者把仪器放入烘箱预热后使用，有时还需要将漏斗放入铜质热保温套中，在保温的情况下过滤。常压热过滤的装置如图2-51所示。

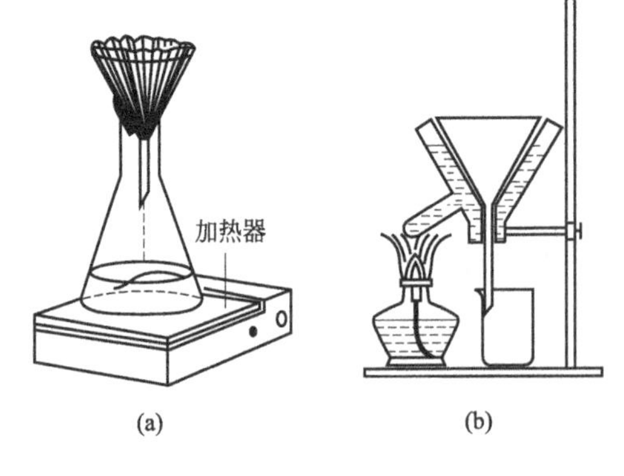


图2-51　常压热过滤装置

普通漏斗也可以用铁圈架在铁架台上，下面可用电热套保温。为了保证过滤速度快，经常采用折叠滤纸，滤纸的折叠方法如图2-52所示。

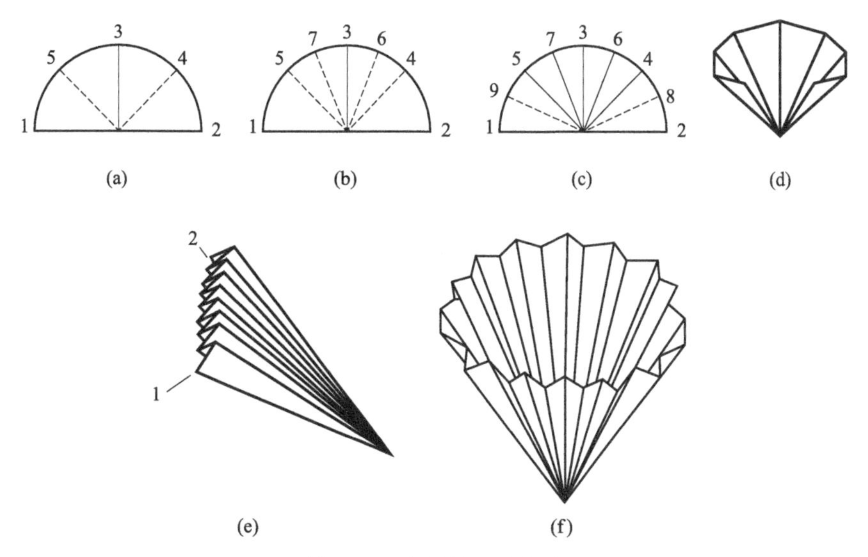


图 2-52 滤纸的折叠方法

将滤纸对折，然后再对折成四份；将 2 与 3 对折成 4，1 与 3 对折成 5，如图 2-52(a)；2 与 5 对折成 6，1 与 4 对折成 7，如图 2-52(b)；2 与 4 对折成 8，1 与 5 对折成 9，如图 2-52(c)。这时，折好的滤纸边全部向外，角全部向里，如图 2-52(d) 所示；再将滤纸反方向折叠，相邻的两条边对折即可得到图 2-52(e) 的形状；然后将图 2-52(e) 中的 1 和 2 向相反的方向折叠一次，可以得到一个完好的折叠滤纸，如图 2-52(f)。在折叠过程中应注意：所有折叠方向要一致，滤纸中央圆心部位不要用力折，以免破裂。

热过滤时动作要快，以免液体或仪器冷却后，晶体过早地在漏斗中析出。如发生此现象，应用少量热溶剂洗涤，使晶体溶解进入滤液中。如果晶体在漏斗中析出太多，应重新加热溶解再进行热过滤。

b. 减压热过滤　减压热过滤的优点是过滤快，缺点是当用沸点低的溶剂时，因减压会使热溶剂蒸发或沸腾，导致溶液浓度变大，晶体过早析出。减压热过滤装置如图 2-53 所示。抽滤所用滤纸的大小应能恰好覆盖住布氏漏斗底部。先用热溶剂将滤纸润湿，抽真空使滤纸与漏斗底部贴紧。然后迅速将热溶液倒入布氏漏斗中，在液体抽干之前漏斗应始终保持有液体存在，此时，真空度不宜太低。

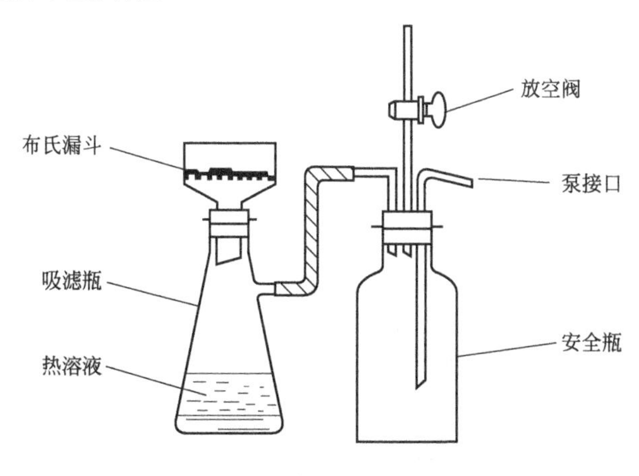


图 2-53 减压热过滤装置

④ 冷却结晶

冷却结晶是使产物重新形成晶体的过程。其目的是使产物进一步与溶解在溶剂中的杂质分离。将上述热的饱和溶液冷却后，晶体可以析出，当冷却条件不同时，晶体析出的情况也不同。

为了得到形状好、纯度高的晶体，在结晶析出的过程中应注意以下几点。

a. 应在室温下慢慢冷却至有固体出现，再用冷水或冰水进行冷却，这样可以保证晶体形状好，颗粒大小均匀，晶体内不含杂质和溶剂。否则，冷却太快会使晶体颗粒太小，晶体表面易从液体中吸附更多的杂质，加大洗涤的困难，而冷却太慢，晶体颗粒有时太大（超过2mm)，会将溶液夹带在里边，给干燥带来一定的困难。因此，控制好冷却速度是晶体析出的关键。

b. 在冷却结晶过程中，不宜剧烈摇动或搅拌，这样会造成晶体颗粒太小；当晶体颗粒超过 2mm 时，可稍微摇动或搅拌几下，使晶体颗粒大小趋于平均。

c. 有时滤液已冷却，但晶体还未出现，可用玻璃棒摩擦瓶壁促使晶体形成，或取少量溶液，使溶剂挥发得到晶体，将该晶体作为晶种加到原溶液中。液体中一旦有了晶种或晶核，晶体将会逐渐析出。晶种的加入量不宜过多，而且加入后不要搅动，以免晶体析出太快影响产品的纯度。

d. 有时从溶液中析出的是油状物，更进一步的冷却可以使油状物成为晶体析出，但含杂质较多。此时应重新加热溶解，然后慢慢冷却，当油状物析出时，剧烈搅拌可使油状物在均匀分散的条件下固化，如还是不能固化，则需要更换溶剂或改变溶剂用量，再进行结晶。

⑤ 晶体的过滤、洗涤和干燥

用抽滤的方法将冷溶液和结晶分离，容器中残留的晶体用少量滤液冲洗数次一并转入布氏漏斗中，把母液尽量抽尽。然后打开安全阀停止减压，用少量洗涤剂洗涤晶体，再抽干。

为了保证产品的纯度，需要将晶体进行干燥，把溶剂彻底去除。当使用的溶剂沸点比较低时，可在室温下使溶剂自然挥发达到干燥的目的；当使用的溶剂沸点比较高（如水）而产品又不易分解和升华时，可用红外灯烘干；当产品易吸水或吸水后易发生分解时，应用真空干燥器进行干燥。

## 二、升华

升华是固体化合物提纯的又一种手段。由于不是所有固体都具有升华性质，因此，它只适用于以下情况：a. 被提纯的固体化合物具有较高的蒸气压，在低于熔点时，就可以产生足够的蒸气，使固体不经过熔融状态直接变为气体，从而达到分离的目的；b. 固体化合物中杂质的蒸气压较低，有利于分离。

升华的操作比重结晶要简便，纯化后产品的纯度较高。但是产品损失较大，时间较长，不适合大量产品的提纯。

（1）基本原理

升华是利用固体混合物的蒸气压或挥发度不同，将不纯净的固体化合物在熔点温度以下加热，利用产物蒸气压高，杂质蒸气压低的特点，使产物不经液体过程而直接汽化，遇冷后固化，而杂质则不发生这个过程，达到分离固体混合物的目的。

一般来说，具有对称结构的非极性化合物，其电子云密度分布比较均匀，偶极矩较小，晶体内部静电引力小。因此，这种固体都具有蒸气压高的性质。为进一步说明问题，我们来考察图 2-54 所示的某物质的三相平衡图。图中的三条曲线将图分为三个区域，每个区域代表物质的一相。由曲线上的点可读出两相平衡时的蒸气压。例如：$OA$ 表示固相与气相平衡时固相的蒸气压曲线。$O$ 为三条曲线的交点，也是物质的三相平衡点，在此状态下物质的气、液、固三相共存。由于不同物质具有不同的液态与固态处于平衡时的温度与压力，因此，不同的化合物三相点是不相同的。从图中我们可以看出，在三相点以下，物质处于气、固两相的状态，因此，升华都在三相点温度以下进行，即在固体的熔点以下进行。

与液体化合物的沸点相似，当固体化合物的蒸气压等于外界所施加给固体化合物表面压力相等时，该固体化合物开始升华，此时的温度为该固体化合物的升华点。在常压下不易升华的物质，可利用减压进行升华。

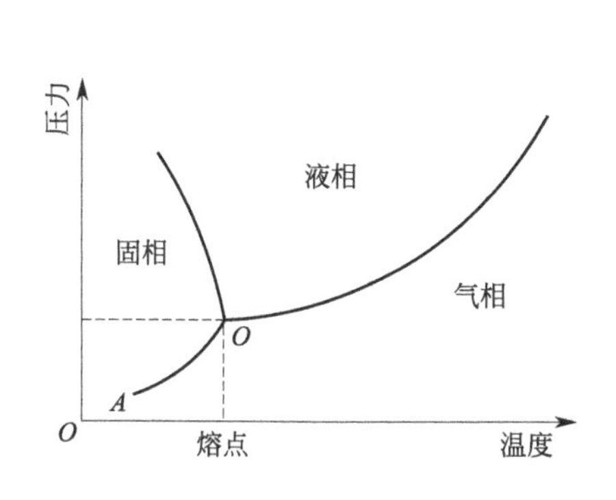


图 2-54 固、液、气的三相图

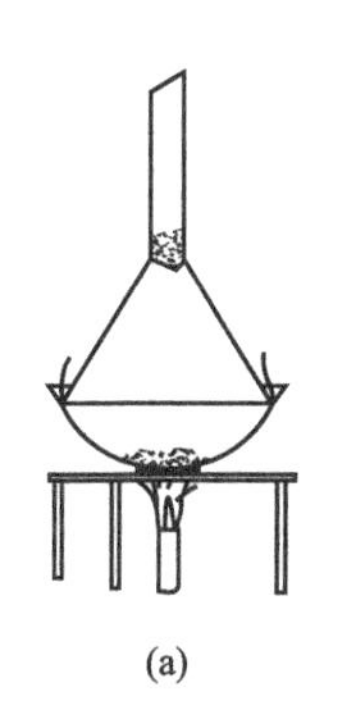


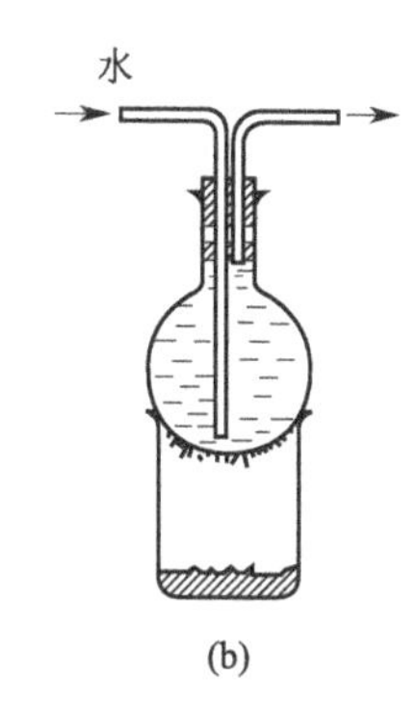


图 2-55 常压升华装置

(2) 操作方法

① 常压升华

常用的常压升华装置如图 2-55 所示。图中（a）是实验室常用的常压升华装置。将被升华的固体化合物烘干，放入蒸发皿中，铺匀。取一大小合适的锥形漏斗，将颈口处用少量棉花堵住，以免蒸气外逸造成产品损失。选一张略大于漏斗底口的滤纸，在滤纸上扎一些小孔后盖在蒸发皿上，用漏斗盖住。将蒸发皿放在沙浴上（或带石棉网上）小火加热，在加热过程中应注意控制温度在熔点以下，慢慢升华。当蒸气开始通过滤纸上升至漏斗中时，可以看到滤纸和漏斗壁上有晶体出现。如晶体不能及时析出，可在漏斗外面用湿布冷却。当升华量较大时，可用装置（b）分批进行升华。

② 减压升华

减压升华装置如图 2-56 所示。将样品放入吸滤管（或瓶）中，在吸滤管中放入“指形冷凝管（冷凝指）”，接通冷凝水，将抽气口与水泵连接好，打开水泵，关闭安全瓶上的放空阀，进行抽气。将此装置放入电热套或水浴中加热，使固体在一定压力下升华。冷凝后的固体将凝聚在“指形冷凝管”的底部。

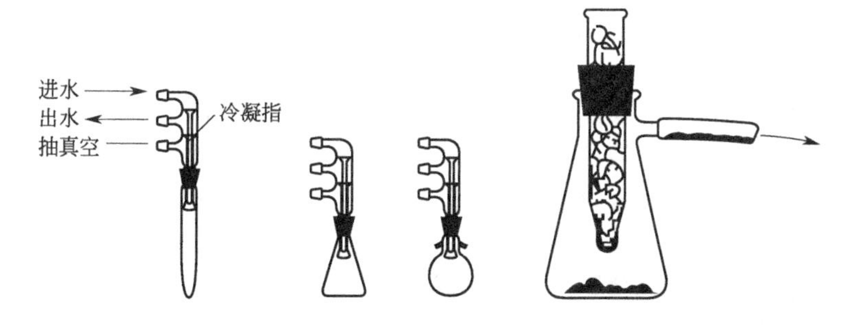


图 2-56 减压升华装置

(3) 注意事项

a. 升华温度一定要控制在固体化合物熔点以下。

b. 被升华的固体化合物一定要干燥，如有溶剂将会影响升华后固体的凝结。

c. 滤纸上的孔应尽量大一些，以便蒸气上升时顺利通过滤纸，在滤纸的上面和漏斗中结晶，否则将会影响晶体的析出。

d. 减压升华时，停止抽滤时一定要先打开安全瓶上的放空阀，再关泵。否则循环泵内的水会倒吸进入吸滤管中，造成实验失败。

## 三、蒸馏

蒸馏是分离、提纯液体有机化合物的最重要、最常用的方法之一。应用蒸馏法不仅可以把挥发性的物质与不挥发性的物质分离，还可以把沸点不同的物质及有色杂质等分离，通过蒸馏还可以测出化合物的沸点，所以它对鉴定纯液体有机物具有一定的意义。

(1) 基本原理

蒸馏法的基本原理都是利用液体混合物中各组分的沸点不同来分离各组分。一种液体的蒸气压 $p$ 是该液体表面的分子进入气相的倾向大小的客观量度。在一定的温度下，该液体的蒸气压是一定的，并不受液体表面的总的压力——大气压（$p^{\circ}$）影响。当液体的温度不断升高时，蒸气压也随之增加，直至该液体的蒸气压等于液体表面的大气压力，即 $p=p^{\circ}$，这时就有大量气泡从液体内部逸出，即液体沸腾。我们定义在 $p=p^{\circ}$时的温度为该液体的沸点。一个纯净的液体的沸点，在一定的外界压力下是一个常数。例如，纯水在一个大气压下的沸点为 100℃。在室温下具有较高蒸气压的液体的沸点比在室温下具有较低蒸气压的液体的沸点要低。

当一个液体混合物沸腾时，液体上面的蒸气组成与液体混合物的组成不同，蒸气组成富集的是易挥发的组分，即低沸点的组分。假如把在沸腾时液体上面的蒸气进行收集并冷却成液体，这时冷却收集到的液体的组成与蒸气的组成相同。随着易挥发组分的蒸出，液态混合物的易挥发组分将变小，因而沸点稍有升高，这是由于组成发生了变化。当温度相对稳定时，收集到的蒸出液是原来混合物的一个纯组分。

蒸馏可以总结为以下三个过程。

a. 加热蒸馏瓶，使液体混合物沸腾。易挥发组分富集于液体上面的蒸气中，不易挥发的组分大多留在原来的液相中。

b. 继续加热，将蒸气冷却并收集到收集瓶里，易挥发组分富集于冷却的蒸气中；蒸馏瓶里液体混合物的总体积变小，不易挥发组分的浓度相对增大。

c. 继续加热，使富集于冷却蒸气中的易挥发组分更多地收集于收集瓶中；在蒸馏瓶里留存下来的液体主要是不易挥发的组分，从而达到分离的目的。

在常压下进行蒸馏时，大气压往往不是 760mmHg（0.1MPa，1mmHg=133.3224Pa），严格说来，应对观察到的点加以校正，但因偏差较小［一般大气压相差 20mmHg (2.7kPa)，校正值±1℃］，所以，对一般实验来说，可忽略不计。我们在蒸馏时，实际测量的不是溶液的沸点，而是蒸出液的沸点，即蒸出液气液平衡时的温度。

在压力一定时，凡纯净化合物，必有一固定沸点。因此，一般利用测定化合物的沸点鉴其是否纯净。但必须指出，凡具有固定沸点的液体不一定均为纯净的化合物。这是由于含有两个或两个以上组分的某些化合物，可以形成共沸混合物。共沸混合物不能利常压蒸馏的方法将其各个组分分开，因为在共沸混合物中，和液体平衡的蒸气组分与液体本身的组成相同。

蒸馏包括常压蒸馏、减压蒸馏、水蒸气蒸馏和分馏，不同的蒸馏方法适用于不同的分离要求，下面分别作介绍。

（2）常压蒸馏

常压蒸馏是在实验室里常用的一种分离提纯液体有机化合物的方法。常压蒸馏包括把液体变为气体，然后将气体再凝结为液体两个过程。利用蒸馏可以测定纯净化合物的沸点，分离两种或两种以上沸点相差较大（Δbp 至少在 30℃以上）的液体混合物，还可以把挥发的液体与不挥发的物质分开。

① 装置

常压蒸馏主要由汽化、冷凝和接收三大部分组成，主要仪器有蒸馏瓶、蒸馏头、温度计、直形冷凝管、接引管和接收瓶组成（图 2-57）。

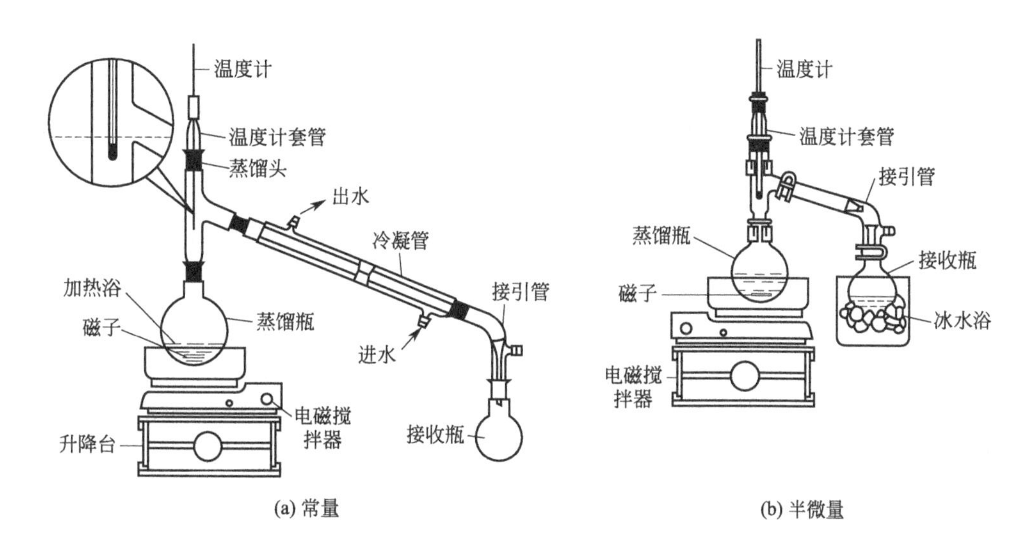


图 2-57　常压蒸馏装置

在装配过程中应注意以下几点。

a. 为保证温度测量的准确性，温度计水银球上端应与蒸馏头侧管的下限在同一水平线上［如图 2-57(a) 所示］。

b. 冷凝水从下口进入，上口流出，上端的出水口应朝上，以保证冷凝管套管中充满水。

c. 任何蒸馏或回流装置均不能密封，否则，当蒸气压增大时，轻则蒸气冲开连接口，使液体冲出蒸馏瓶，重则会发生装置爆炸而引起火灾。

d. 仪器安装顺序是：先在架设仪器的铁台上放好加热浴，再根据加热浴的高低安装蒸馏瓶，瓶底不要触及加热浴底部。用水浴锅时，瓶底应距水浴锅底 1cm 左右。安装冷凝管的高度应和已装好的蒸馏瓶高度相适应，在冷凝管尾部通过接引管连接接收瓶（可用锥形瓶或梨形瓶，注意不要用烧杯等广口的器皿接收蒸出液）。接收瓶需事先称量并做记录。安装仪器顺序一般总是自下而上，从左到右。要准确端正、竖直。无论从正面或侧面观察，全套仪器的轴线都要在同一平面内。

② 操作要点

a. 加料　做任何实验都应先组装仪器后添加原料。加液体原料时，取下温度计和温度计套管，在蒸馏头上口放一个长颈漏斗，注意长颈漏斗下口处的斜面应超过蒸馏头支管，慢慢地将液体倒入蒸馏瓶中。

b. 加沸石　为了防止液体暴沸，再加入2～3粒沸石。沸石为多孔性物质，刚加入液体时小孔内有许多气泡，它可以将液体内部的气体导入液体表面，形成汽化中心。如加热中断，再加热时应重新加入新沸石，因原来沸石上的小孔已被液体充满，不能再起汽化中心的作用。同理，分馏和回流时也要加沸石。

c. 加热　在加热前，应检查仪器装配是否正确，原料、沸石是否加好，冷凝水是否通入，一切无误后再开始加热。开始加热时，电压可以调得略高一些，一旦液体沸腾，水银球部位出现液滴，开始控制调压器电压，以蒸馏速度每秒1～2滴为宜。蒸馏时，温度计水银球上应始终保持有液滴存在，如果没有液滴说明可能有两种情况：一是温度低于沸点，体系内气液相没有达到平衡，此时，应将电压调高；二是温度过高，出现过热现象，此时，温度已超过沸点，应将电压调低。

d. 馏分的收集　收集馏分时，应取下接收器，换一个经过称量干燥的容器来接收馏分，即产物。当温度超过沸程范围，停止接收。沸程越小，蒸出的物质越纯。

e. 停止蒸馏　馏分蒸完后，如不需要接收第二组分，可停止蒸馏。应先停止加热，将变压器调至零点，关掉电源，取下电热套。待稍冷却后馏出物不再继续流出时，取下接收瓶保存好产物，关掉冷却水，按规定拆除仪器并加以清洗。

③ 注意事项

a. 蒸馏前应根据待蒸馏液体的体积，选择合适的蒸馏瓶。一般被蒸馏的液体不超过蒸馏瓶容积的2/3，也不少于1/3。

b. 在加热开始后发现没加沸石，应停止加热，待稍冷却后再加入沸石。千万不要在沸腾或接近沸腾的溶液中加入沸石，以免在加入沸石的过程中发生暴沸。

c. 对于沸点较低又易燃的液体，如乙醚，应用水浴加热，而且蒸馏速度不能太快，以保证蒸气全部冷凝。如果室温较高，接收瓶应放在冷水中冷却，在接引管支口处连接一根橡胶管，将未被冷凝的蒸气导入流动的水中带走。

d. 在蒸馏沸点高于130℃的液体时，应用空气冷凝管冷凝。主要原因是温度高时，如用水作为冷却介质，冷凝管内外温差增大，易使冷凝管接口处局部骤然遇冷而断裂。

(3) 减压蒸馏

液体的沸点与压力有关，随外界压力的降低而降低。所以借助于真空泵降低系统内的压力可降低液体的沸点，这种系统压力在1个标准大气压（101.325kPa）以下的蒸馏称为减压蒸馏。

某些沸点较高的有机化合物在加热还未达到沸点时往往发生分解或氧化的现象，所以不能用常压蒸馏。使用减压蒸馏便可避免这种现象的发生。因为当蒸馏系统内的压力减小后，其沸点便降低，当压力降低到1333～1999Pa（10～15mmHg）时，许多有机化合物的沸点可以比其常压下的沸点降低80～100℃。因此，减压蒸馏对于分离或提纯沸点较高或性质比较不稳定的液态有机化合物具有特别重要的意义。所以，减压蒸馏亦是分离提纯液态有机物常用的方法。

在进行减压蒸馏前，应先从文献中查阅该化合物在所选择的压力下的相应沸点，如果文献中缺乏此数据，可用下述经验规律大致推算，以供参考。当蒸馏在1333～1999Pa下进行时，压力每相差133.3Pa，沸点相差约1℃；也可以用压力-温度关系图（图2-58）来查找，即从某一压力下的沸点便可近似地推算出另一压力下的沸点。例如，水杨酸乙酯常压下的沸点为234℃，减压至1999Pa时，沸点为多少度？可在图2-58中$B$线上找到234℃的点，再在$C$线上找到1999Pa的点，然后通过两点连一条直线，该直线与$A$线的交点为113℃，即水杨酸乙酯在1999Pa时的沸点约为113℃。

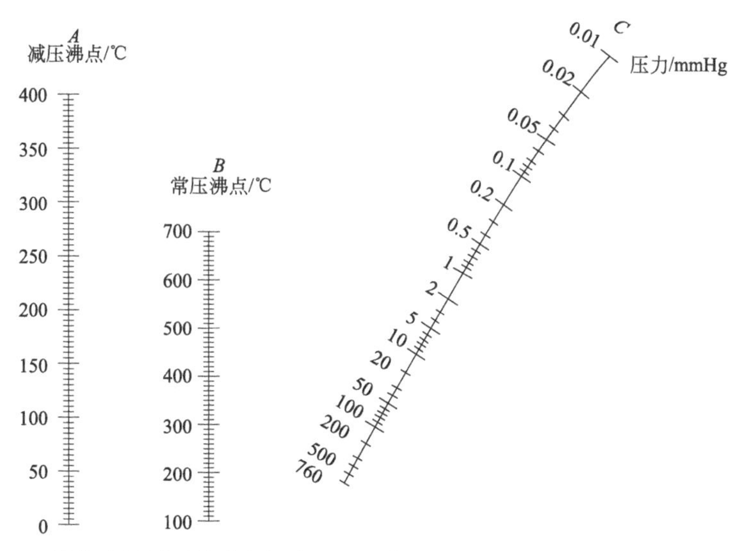


图 2-58　液体在常压下的沸点与减压下的沸点的近似关系图（1mmHg=133.3Pa）

① 装置

减压蒸馏装置由蒸馏、抽气以及在它们之间的保护和测压装置三部分组成。抽气减压是由水泵（简单减压蒸馏）或油泵来完成。减压蒸馏装置如图 2-59 和图 2-60 所示。

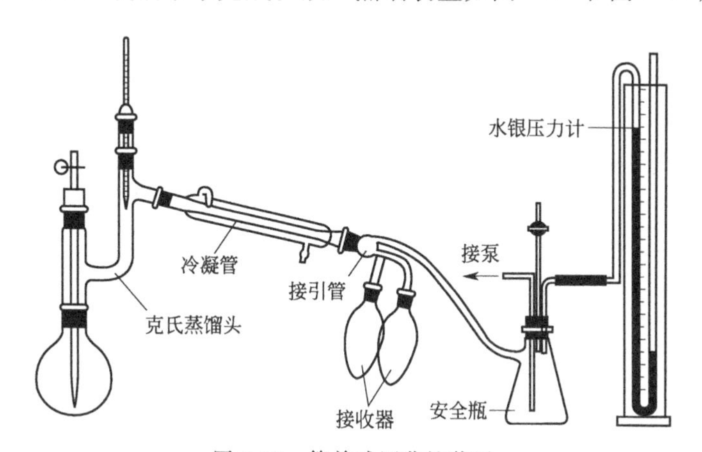


图 2-59　简单减压蒸馏装置

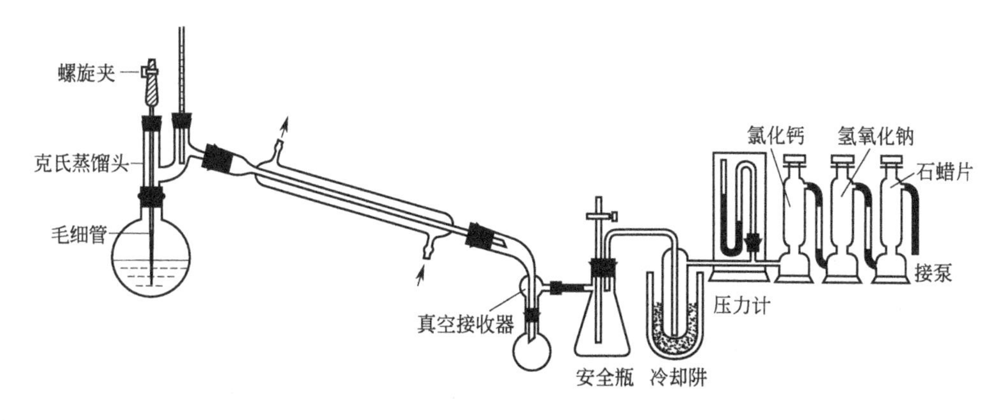


图 2-60　真空泵（油泵）减压蒸馏装置

a. 蒸馏部分　蒸馏部分由圆底烧瓶、克氏蒸馏头（为避免减压蒸馏时瓶内液体由于沸腾而冲入瓶内）、冷凝管、接引管和接收器组成。在克氏蒸馏头带有支管一侧的上口插温度计，另一口则插一根末端拉成毛细管的厚壁玻璃管，毛细管的下端要伸到离瓶底约 1～2mm 处。毛细管的上端有一段带螺旋夹的乳胶管，在减压蒸馏时，调节螺旋夹，使极少量的空气经毛细管进入圆底烧瓶液体中，冒出小气泡，成为沸腾中心。同时又起一定的搅拌作用。这样可以防止液体暴沸，使液体保持平稳。在蒸馏中若要收集不同馏分，则可用多头接引管。蒸馏时，根据馏程范围可转动多头接引管收取不同馏分。接收器可用圆底烧瓶、吸滤瓶或厚壁试管等耐压器皿，但不能用锥形瓶。

b. 减压部分　实验室通常用水泵或真空泵（又称油泵）进行减压。

ⅰ. 水泵减压　水泵所能达到的最低压力为当时的水蒸气压。例如水温在 6～8℃时，水蒸气压为 0.93～1.07kPa；在夏天，若水温为 30℃，则水蒸气压为 4.2kPa 左右。用循环水泵代替简易的水泵，方便、实用、节水。用循环水泵减压时，在蒸馏装置与泵之间都要装一个由抽滤瓶改装成的安全瓶（又称缓冲瓶），旋转瓶上的两通旋塞可调节系统内压力和在实验结束后放气，同时亦可防止水或泵油的倒吸。

ⅱ. 油泵减压　真空泵一般可将系统内压力降至 267～533Pa，好的真空泵能降低到 13.3Pa。真空泵的工作效能取决于其机械结构及油的好坏，油的蒸气压必须很低。使用真空泵时需要注意防护保养，不使有机物、水和酸等的蒸气进入泵内。易挥发的有机物的蒸气被泵内油所吸收，就会增加油的蒸气压，影响抽真空的效能；酸气会腐蚀泵的机件；水蒸气凝结后与油形成浓稠的乳浊液，会破坏真空泵的工作。为了保护真空泵，必须在接收器和真空泵之间安装安全瓶、冷却阱和几种吸收塔（图 2-60）。

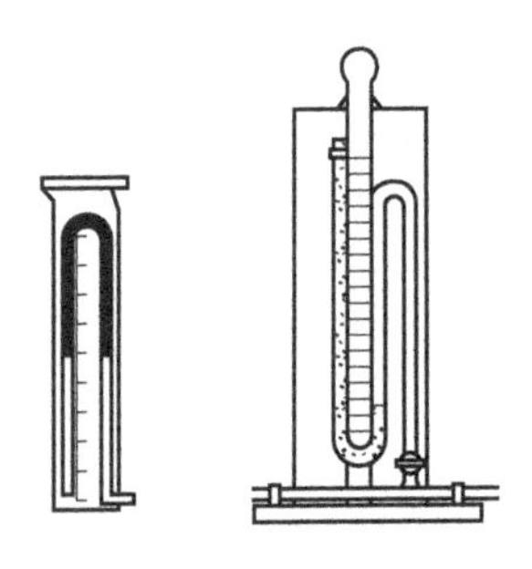

(a) 开口式　　(b) 封闭式

图 2-61　水银压力计

c. 测压　实验室通常用水银压力计来测量减压后的系统压力。水银压力计有开口和封闭式两种（图 2-61）。使用开口式水银压力计时，两臂汞柱高度之差即为大气压力与系统内压力之差，因此蒸馏系统内的实际压力是当天大气压力（以 mmHg 为单位）减去这一汞柱。在封闭式水银压力计中，两臂汞柱高度之差即为蒸馏系统内的压力。

② 操作要点

a. 仪器装好后，应空试系统是否密封。具体方法如下。泵打开后，将安全瓶上的放空阀关闭，拧紧毛细管上的螺旋夹，待压力稳定后，观察压力计（表）上的读数是否到了最小或是否达到所要求的真空度。如果没有，说明系统内漏气，应进行检查。检查方法：首先将真空接引管与安全瓶连接处的橡胶管折起来用手捏紧，观察压力计（表）的变化，如果压力马上下降，说明装置内有漏气点，应进一步检查装置，排除漏气点；如果压力不变，说明自安全瓶以后的系统漏气，应依次检查安全瓶和泵，并加以排除或请指导老师排除。漏气点排除后，应再重新空试，直至压力稳定并且达到所要求的真空度时，方可进行下面的操作。

b. 加入待蒸馏液体，量不能超过蒸馏瓶容积的 1/2。开始减压，调节螺旋夹，使蒸馏瓶内液体中有连续平稳的小气泡通过（如无气泡可能因毛细管阻塞，应予更换）。开启冷凝水，用适当的热浴加热蒸馏。加热时，克氏瓶的圆球部分至少有 2/3 浸入浴液中。在浴液中放一温度计，控制浴液的温度使之比待蒸馏液的温度高 20～30℃，使蒸馏速度控制在每秒 1～2 滴。在整个蒸馏过程中，都要密切注意瓶颈上的温度计以及测压系统压力计的读数。蒸馏开始时，有低沸点的馏分，待观察到沸点温度不变时，转动真空接引管（一般用双股接引管，当要接收多组馏分时可采用多股接引管)，开始接收馏分。在压力稳定及化合物较纯时，沸程应控制在1～2℃范围内。

c. 停止蒸馏时，应先将加热器撤走，待稍冷却后，打开毛细管上的螺旋夹，慢慢地打开安全瓶上的放空阀，使压力计（表）恢复到零的位置，再关泵。否则由于系统中压力低，会发生油或水倒吸回安全瓶或冷阱的现象。

d. 为了保护油泵系统和泵中的油，在使用油泵进行减压蒸馏前，应将低沸点的物质先用简单蒸馏的方法去除，必要时可先用水泵进行减压蒸馏。加热温度以产品不分解为准。

③ 注意事项

a. 减压蒸馏时，蒸馏瓶和接收瓶均不能使用不耐压的平底仪器（如锥形瓶、平底烧瓶等）和薄壁或有破损的仪器，以防由于装置内处于真空状态，外部压力过大而引起爆炸。

b. 减压蒸馏的关键是装置密封性要好，因此在安装仪器时，应在磨口接头处涂抹少量凡士林，以保证装置密封和润滑。温度计一般用一小段乳胶管固定在温度计套管上，根据温度计的粗细来选择乳胶管内径，乳胶管内径略小于温度计直径较好。

c. 蒸出液接收部分，通常使用燕尾管，连接两个梨形瓶或圆底烧瓶。在安装接收瓶前需先称每个瓶的质量，并做记录以便计算产量。

d. 在使用水泵时应特别注意因水压突然降低，使水泵不能维持已经达到的真空度，蒸馏系统中的真空度比该时水泵所产生的真空度高，因此，水会流入蒸馏系统玷污产品。为了防止这种情况，需在水泵和蒸馏系统间安装安全瓶。

e. 减压蒸馏时，可用水浴、油浴、空气浴等加热，浴温需较蒸馏物沸点高30℃以上。

(4) 旋转蒸发器蒸馏

旋转蒸发器可用来回收、蒸发有机溶剂。由于它使用方便，近年来在有机实验室中被广泛使用。它利用一台电机带动可旋转的蒸发器（一般用圆底烧瓶）、冷凝管、接收瓶，如图2-62所示。此装置可在常压或减压下使用，可一次进料，也可分批进料。由于蒸发器在不断旋转，可免加沸石而不会暴沸。同时，液体附于壁上形成了一层液膜，加大了蒸发面积，使蒸发速度加快。

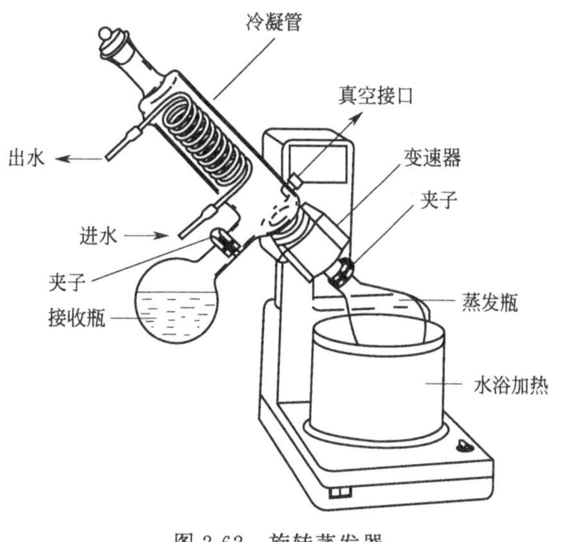

图2-62　旋转蒸发器

使用时应注意以下几点。

a. 减压蒸馏时，当温度高、真空度低时，瓶内液体可能会暴沸。此时应及时转动插管开关，通入冷空气降低真空度即可。对于不同的物料，应找出合适的温度与真空度，以平稳地进行蒸馏。

b. 停止蒸发时，先停止加热，再切断电源，最后停止抽真空。若烧瓶取不下来，可趁热用木槌轻轻敲打，以便取下。

(5) 水蒸气蒸馏

水蒸气蒸馏主要用于蒸馏与水互不混溶、不反应、并且具有一定挥发性［一般在近100℃时，蒸气压不少于667Pa (5mmHg)］的有机化合物。水蒸气蒸馏广泛用于在常压蒸馏时达到沸点后易分解物质的提纯和从天然原料中分离出液体和固体产物。

当对一互不混溶的挥发性混合物进行蒸馏时，在一定温度下，每种液体将显示其各自的蒸气压，而不被另一种液体所影响，它们各自的分压只与各自纯物质的饱和蒸气压有关，而与各组分的物质的量分数无关。即 $p_A=p_A^O$，$p_B=p_B^O$；其总压为各分压之和，即

$$p_{总}=p_A+p_B=p_A^O+p_B^O$$

由此我们可以看出，混合物的沸点将比其中任何单一组分的沸点都低。在常压下用水蒸气（或水）作为其中的一相，能在低于100℃的情况下将高沸点组分与水一起蒸出来。综上所述，一个由不混溶液体组成的混合物将在比它的任何单一组分（作为纯化合物时）的沸点都要低的温度下沸腾，用水蒸气（或水）充当这种不混溶相之一所进行的蒸馏操作称为水蒸气蒸馏。

水蒸气蒸馏中，两个不混溶液体的混合物在比其中任何单一组分的沸点都低的温度下沸腾，这一行为可用非理想溶液中最低共沸混合物的形成原理来解释。可把不混溶液体的行为看作是由两种流体间的极度不相溶性造成的，两种分子间的引力远远小于同种分子间的引力，使混合物的蒸气压比单一组分蒸气压高，形成了最低共沸混合物，蒸馏时沸点不变，组成一定。

① 馏出液组成的计算

水蒸气蒸馏中冷凝液的组成由所蒸馏化合物的分子量以及在此蒸馏温度时它们相应的蒸气压来决定。即：

$$\frac{m_A}{m_{水}}=\frac{p_A^O M_A}{p_{水}^O M_{水}}$$

式中，$m_A$、$m_{水}$分别为被蒸出有机物和水的质量；$M_A$、$M_{水}$分别为被蒸出有机物和水的摩尔质量；$p_A^O$、$p_{水}^O$分别为某温度下纯的被蒸出有机物和纯水的蒸气压。

② 水蒸气蒸馏装置

水蒸气蒸馏装置一般由水蒸气发生器和蒸馏装置两部分组成（图2-63）。这两部分在连接部分要尽可能紧凑，以防止水蒸气在通过较长的管道后部分冷凝成水，从而影响水蒸气蒸馏的效率。

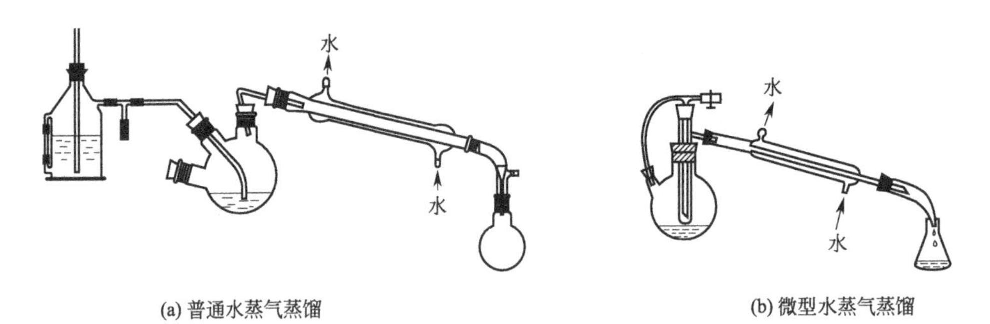


(a) 普通水蒸气蒸馏　　(b) 微型水蒸气蒸馏

图2-63　水蒸气蒸馏装置

水蒸气发生器有两种，如图2-64所示。一种是由铜或铁板A制成，在装置的侧面安装一个水位计B，以便观察发生器内的水位，一般水位最高不要超过2/3，最低不要低于1/3。在发生器的上边安装一根长的玻璃管C，将此管插入发生器底部，距底部距离约1～2cm，可用来调节体系内部的压力并可防止系统发生堵塞时出现危险，蒸气出口管与冷阱G连接，见图2-64(a)。冷阱是一支玻璃三通管，它的一端与发生器连接，另一端与蒸馏瓶连接，下口接一段软的乳胶管，用螺旋夹夹住，以便调节蒸气量。另一种最简单、最常用的是由蒸馏

瓶（500mL左右）组装而成的简易水蒸气发生器，如图2-64(b)所示。无论使用哪种水蒸气发生器，在与蒸馏系统连接时管路越短越好，否则水蒸气冷凝后会降低蒸馏瓶内温度，影响蒸馏效果。

③ 操作要点

a. 蒸馏瓶可选用圆底烧瓶，也可用三口瓶，被蒸馏液体的体积不应超过蒸馏瓶容积的1/3。将混合液加入蒸馏瓶后，打开冷却阱上的螺旋夹，开始加热水蒸气发生器，使水沸腾。当有水蒸气从冷却阱下面喷出时，将螺旋夹拧紧，使水蒸气进入蒸馏系统。调节进气量，保证水蒸气在冷凝管中全部冷凝下来。

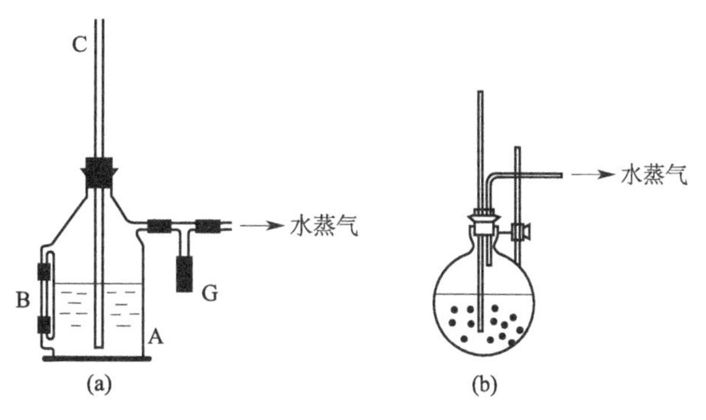


图2-64 水蒸气发生器

b. 在蒸馏过程中，若在插入水蒸气发生器中的玻璃管内，蒸气突然上升至几乎喷出时，说明蒸馏系统内压增高，可能系统内发生堵塞。应立刻打开螺旋夹，移走热源，停止蒸馏，待故障排除后方可继续蒸馏。当蒸馏瓶内的压力大于水蒸气发生器内的压力时，将发生液体倒吸现象，此时应打开螺旋夹或对蒸馏瓶进行保温，加快蒸馏速度。

c. 当馏出液不再混浊时，用表面皿取少量馏出液，在日光或灯光下观察是否有油珠状物质，如果没有，可停止蒸馏。

d. 停止蒸馏时先打开冷却阱上的螺旋夹，移走热源，待稍冷却后，将水蒸气发生器与蒸馏系统断开。收集馏出物或残液（有时残液是产物），最后拆除仪器。

上面所述是一般水蒸气蒸馏方法，如果只要少量的水蒸气就可以把所有的有机物蒸出，则可以省去水蒸气发生器，而直接将有机化合物与水一同放入蒸馏烧瓶中，然后加热蒸馏烧瓶使之产生水蒸气进行蒸馏。

(6) 简单分馏

简单分馏主要用于分离两种或两种以上沸点相近且混溶的有机溶液。分馏在实验室和工业生产中广泛应用，工程上常称为精馏。

简单蒸馏只能使液体混合物得到初步的分离。为了获得高纯度的产品，理论上可以采用多次部分汽化和多次部分冷凝的方法，即将简单蒸馏得到的馏出液，再次部分汽化和冷凝，以得到纯度更高的馏出液。而将简单蒸馏剩余的混合液再次部分汽化，则得到易挥发组分更低、难挥发组分更高的混合液。只要上面这一过程足够多，就可以将两种沸点相差很小的有机溶液分离成纯度很高的易挥发组分和难挥发组分的两种产品。简言之，分馏即为反复多次的简单蒸馏。在实验室常采用分馏柱来实现，而工业上采用精馏塔。

① 装置

分馏装置与简单蒸馏装置类似，不同之处是在蒸馏瓶与蒸馏头之间加了一根分馏柱，如图2-65所示。分馏柱的种类很多，实验室常用韦氏分馏柱。半微量实验一般用填料柱，即在一根玻璃管内填上惰性材料，如玻璃、陶瓷或螺旋形、马鞍形等各种形状的金属小片。

② 分馏过程及操作要点

当液体混合物沸腾时，混合物蒸气进入分馏柱（可以是填料塔，也可以是板式塔），蒸气沿柱身上升，通过柱身进行热交换，在塔内进行反复多次的冷凝-汽化-再冷凝-再汽化过程，以保证达到柱顶的蒸气为纯的易挥发组分，而蒸馏瓶中的液体为难挥发组分，从而高效

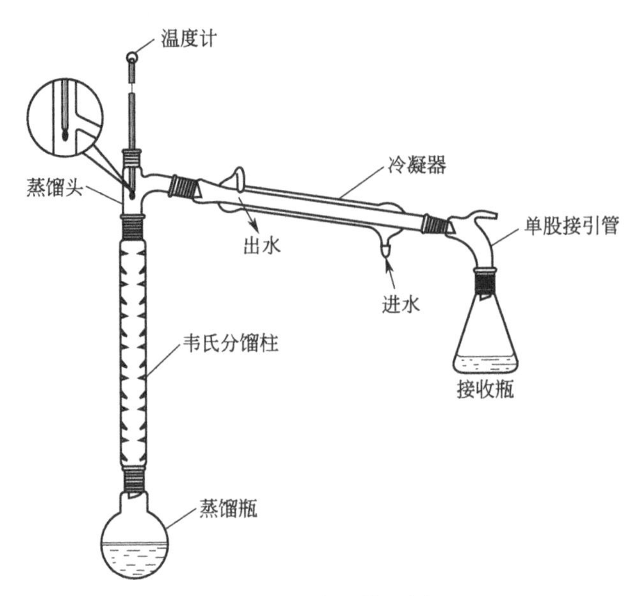


图 2-65　分馏装置图

率地将混合物分离。分馏柱沿柱身存在着动态平衡，不同高度段存在着温度梯度和浓度梯度，此过程是一个热和质的传递过程。

为了得到良好的分馏效果，应注意以下几点。

a. 在分馏过程中，不论使用哪种分馏柱，都应防止回流液体在柱内聚集，否则会减少液体和蒸气接触面积，或者使上升的蒸气将液体冲入冷凝管中，达不到分馏的目的。为了避免这种情况的发生，需在分馏柱外面包一定厚度的保温材料，以保证柱内具有一定的温度梯度，防止蒸气在柱内冷凝太快。当使用填充柱时，往往由于填料装得太紧或不均匀，造成柱内液体聚集，这时需要重新装柱。

b. 对分馏来说，在柱内保持一定的温度梯度是极为重要的。在理想情况下，柱底的温度与蒸馏瓶内液体沸腾时的温度接近。柱内自下而上温度不断降低，直至柱顶接近易挥发组分的沸点。一般情况下，柱内温度梯度的保持是通过调节馏出液速度来实现的，若加热速度快，蒸出速度也快，会使柱内温度梯度变小，影响分离效果。若加热速度慢，蒸出速度也慢，会使柱身被流下来的冷凝液阻塞，这种现象称为液泛。为了避免上述情况出现，可以通过控制回流比来实现。所谓回流比，是指冷凝液流回蒸馏瓶的速度与柱顶蒸气通过冷凝管流出速度的比值。回流比越大，分离效果越好。回流比的大小根据物系和操作情况而定，一般回流比控制在 4∶1，即冷凝液流回蒸馏瓶的速度为每秒 4 滴，柱顶馏出液的速度为每秒 1 滴。

c. 液泛能使柱身及填料完全被液体浸润，在分离开始时，可以人为地利用液泛将液体均匀地分布在填料表面，充分发挥填料本身的效率，这种情况叫作预液泛。一般分馏时，先将电压调得稍大些，一旦液体沸腾就应注意将电压调小，当蒸气冲到柱顶还未达到温度计水银球部位时，通过控制电压使蒸气保证在柱顶全回流，这样维持 5min，再将电压调至合适的位置。此时应控制好柱顶温度，使馏出液以每两三秒 1 滴的速度平稳流出。

## 四、萃取

从固体或液体混合物中分离所需要的化合物，常用的操作之一是萃取。它广泛用于物质的纯化，应用萃取可从固体或液体混合物中提取所需要的化合物。如从天然产物中获得的各种生物碱、脂肪、蛋白质、芳香油和中草药的有效成分等，都可以用萃取的方法进行提取。洗涤也是萃取的一种方法，利用此法可将产物中的少量杂质去除。按萃取两相的不同，萃取可分为液液萃取、固液萃取、气液萃取。在此，我们仅介绍液液萃取和固液萃取。

（1）液液萃取

① 基本原理

在欲分离的液体混合物中加入一种与其不溶或部分互溶的液体溶剂，形成两相系统，利用液体混合物中各组分在两相中的溶解度和分配系数的不同，易溶组分较多地进入溶剂相，从而实现混合液的分离。

组分在两相之间的平衡关系是萃取过程的热力学基础，它决定过程的方向，是推动力和过程的极限。液液平衡有两种情况：萃取剂与原溶液完全不互溶；萃取剂与原溶液部分互溶。

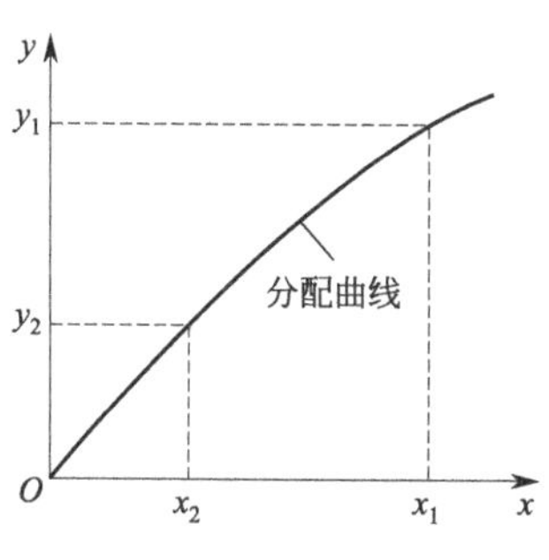

图 2-66　溶质 A 在两相间分配平衡

当萃取剂与原溶液完全不互溶时，溶质 A 在两相间的平衡关系如图 2-66 所示。图中纵坐标表示溶质在萃取剂中的质量分数 $y$，横坐标表示溶质在原溶液中的质量分数 $x$。图中平衡曲线又称分配曲线。

由此可以看出，简单的萃取过程为：将萃取剂加到混合液中使其相混合，因溶质在两相中的分配未达到平衡，而溶质在萃取剂中的平衡浓度高于在原溶液中的浓度，于是溶质从混合液向萃取剂中扩散，使溶质与混合液中的其他组分分离，因此萃取是两相间的传质过程。溶质 A 在两相间的平衡关系还可以用平衡常数 $K$ 来表示。

$$K=\frac{c_A}{c_B}$$

式中，$c_A$ 为溶质在萃取剂中的浓度；$c_B$ 为溶质在原溶液中的浓度。

温度一定时，$K$ 是一个常数，通常称为分配系数，可将其近似看作溶质在萃取剂和原溶液中溶解度之比。

② 萃取效率

用一定量的溶剂进行一次或多次萃取时，萃取效率满足如下关系式：

$$W_n=W_0\left(\frac{KV}{KV+S}\right)^n$$

式中，$W_n$ 为经 $n$ 次萃取后溶质在原溶液中的残留量；$W_0$ 为萃取前被萃取物的总量；$K$ 为分配系数；$V$ 为原溶液的体积；$S$ 为萃取剂的用量；$n$ 为萃取次数，$n=1,2,3,\cdots$

因 $KV/(KV+S)$ 总是小于 1，所以 $n$ 越大萃取效果越好。也就是说将全部萃取剂分为多次萃取比一次萃取的效果要好。

③ 萃取剂的选择

被分离物在萃取剂与原溶液两相间的平衡关系是选择萃取剂首先要考虑的问题。分配系数的大小对萃取过程有着重要影响，分配系数大表示被萃取组分在萃取相中溶解度大，萃取过程中萃取剂的用量小，溶质易被萃取出来，同时要考虑萃取剂对杂质的溶解度要小；在液液萃取中两相间应保持一定的密度差，有利于两相分层；萃取后萃取剂应易于回收；此外，价格便宜、操作方便、溶剂沸点不宜过高、化学稳定性好也是应考虑的条件。

实验室常用的萃取剂有：乙醚、苯、四氯化碳、氯仿、石油醚、二氯甲烷、二氯乙烷、正丁醇、乙醇、甲醇、乙酸乙酯、丙酮等。

④ 操作方法

萃取通常用分液漏斗。使用前须在活塞处涂少量凡士林，旋转几圈将凡士林涂均匀。然后，于漏斗中放入水振荡，检查两个塞子处是否漏水。确定不漏水时再使用。

图 2-67　常量萃取时手握分液漏斗的姿势

在萃取（或洗涤）时，先将液体与萃取用的溶剂由分液漏斗的上口倒入，盖好盖子，右手捏住漏斗上口颈部，并用食指压紧漏斗盖，以免盖子松开，左手握住旋塞，拇指压紧活塞，如图 2-67 所示。然后把漏斗放平，前后摇动或做圆周运动，使液体振荡起来，两相充分接触。在振动过程中要注意不断放气，以免萃取或洗涤时内部压力过大，造成漏斗塞被顶开，使液体喷出。放气时，将漏斗的上口向下倾斜，下部支管指向斜上方，液体集中在下面，用控制活塞的拇指和食指打开活塞放气，但要注意不要对着人，一般振荡两三次就放气一次。振荡数次以后，将分液漏斗放在铁环上（最好把铁环用石棉绳缠扎起来），将漏斗塞子上的小槽对准漏斗上的通气孔，静置使乳浊液分层。

当分液漏斗的液体分成清晰的两层以后，就可以进行分离。分离液层时，下层液体应经旋塞放出，上层液体应从上口倒出。将萃取相（即有机相）放入一个干燥好的锥形瓶中，萃余相（水相）再加入新萃取剂继续萃取。

重复以上操作过程，萃取完后，合并萃取相，加入干燥剂进行干燥。干燥后，先将低沸点的物质和萃取剂用简单蒸馏的方法蒸出，然后视产品的性质选择合适的纯化手段。

当被萃取的原溶液量很少时，可采取微量萃取技术进行萃取。取一支离心分液管，放入原溶液和萃取剂，盖好盖子，用手摇动分液管或用滴管向液体中鼓气，使液体充分接触，并注意随时放气。静置分层后，用滴管将萃取相吸出，在萃余相中加入新的萃取剂继续萃取（图 2-68）。之后的操作如前所述。

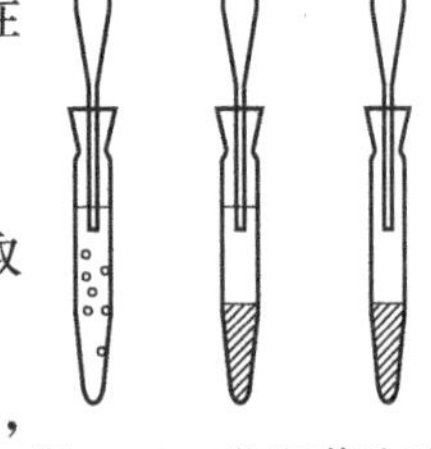

图 2-68　微量萃取法

在萃取操作中应注意以下几个问题。

a. 分液漏斗中的液体不宜太多，以免振荡时影响液体接触而使萃取效果下降。

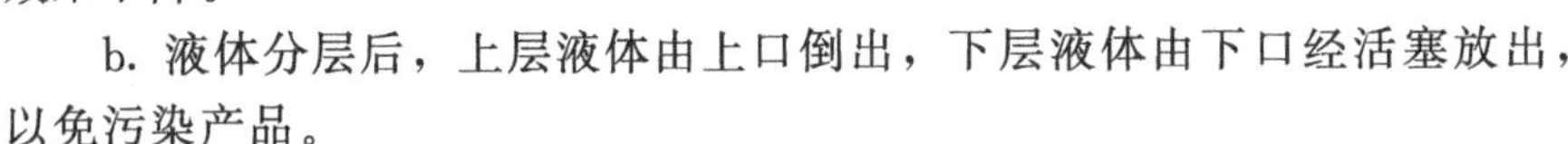

b. 液体分层后，上层液体由上口倒出，下层液体由下口经活塞放出，以免污染产品。

c. 在溶液呈碱性时，常产生乳化现象，有时由于存在少量轻质沉淀，两液相密度接近，两液相部分互溶等，都会引起分层不明显或不分层。此时，静置时间应长一些，或加入一些食盐，增加两相的密度，使絮状物溶于水中，迫使有机物溶于萃取剂中；或加入几滴酸、碱、醇等，以破坏乳化现象。如上述方法不能将絮状物破坏，在分液时，应将絮状物与萃余相一起放出。

d. 液体分层后应正确判断萃取相（有机相）和萃余相（水相），一般根据两相的密度来确定，密度大的在下面，密度小的在上面。如果一时判断不清，应将两相分别保存起来，待弄清后再弃掉不要的液体。

（2）固液萃取

① 基本原理

固液萃取的原理与液液萃取类似。常用的方法有浸取法和连续提取法。

② 操作方法

a. 浸取法　最常见的浸取法就是“熬中药”，将溶剂加到被萃取的固体物质中加热，使易溶于萃取剂的物质提取出来，然后再进行分离纯化。当使用有机溶剂作萃取剂时，应使用回流装置。

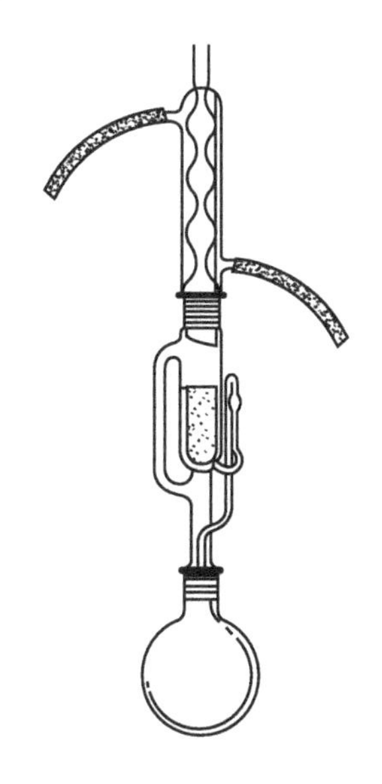

图 2-69　索氏提取装置

图 2-70　微型固液萃取装置

b. 连续提取法　图 2-69、图 2-70 分别为索氏提取装置和微型固液萃取装置。连续提取法一般使用索氏提取器来进行。将固体物质研细，放入滤纸筒内，上下开口处应扎紧，以防固体逸出，将其放入提取器的提取筒中。滤纸筒不宜太紧，以加大液体和固体的接触面积；但是也不能太松，否则不好装入提取筒中。滤纸筒的高度不要超过虹吸管顶部。从提取筒上口加入溶剂，当发生虹吸时，液体流入蒸馏瓶中，再补加过量溶剂（根据提取时间和溶剂的挥发程度而定），一般 30mL 左右即可。装上冷凝管，通入冷却水，加入沸石后开始加热。液体沸腾后开始回流，液体在提取筒中蓄积，使固体浸入液体中。当液面超过虹吸管顶部时，蓄积的液体带着从固体中提取出来的易溶物质流入蒸馏瓶中。继续使用上述方法，再进行第二次提取。这样反复三次左右，可几乎将固体中易溶物质全部提取到液体中来。提取过程结束后，将仪器拆除，对提取液进行分离。

在提取过程中应注意调节温度，因为随着提取过程的进行，蒸馏瓶内的液体不断减少，当从固体物质中提取出来的溶质较多时，温度过高会使溶质在瓶壁上结垢或炭化。当物质受热易分解和萃取温度较高时不宜使用此方法。

## 五、色谱分离技术

前边我们介绍了重结晶、升华、蒸馏和萃取等有机化合物的提纯方法。然而，经常遇到化合物的物化性质十分接近的情况，这时用以上几种方法均不能得到较好的分离。用色谱分离技术可以得到满意的结果。

按分离原理，色谱可分为吸附色谱（adsorption chromatography，利用吸附剂表面对样品不同组分吸附能力的差别来分离）、分配色谱（partition chromatography，利用样品中不同的组分在指定的两相有不同的分配系数来分离）、离子交换色谱（ion chromatography，利用离子型化合物各离子组分与离子交换剂表面带电荷进行可逆性离子交换能力的差别而实现分离）和分子排阻色谱（size exclusion chromatography，利用样品中不同组分的分子大小不同、受阻情况不同加以分离，也称为凝胶色谱）等。按操作条件，色谱又可分为薄层色谱（thin layer chromatography，TLC）、柱色谱（column chromatography，CC）、纸色谱

(paper chromatography，PC)、气相色谱（gas chromatography，GC）和高效液相色谱(high performance liquid chromatography，HPLC）等。

(1) 薄层色谱

① 原理

薄层色谱（TLC）是一种快速、微量而简单的色谱方法。它常用来分离和鉴定混合物中的各组分，精制化合物，对有机合成反应进行监控，寻找柱色谱的最佳分离条件等。它通常是在玻璃板上均匀铺上一薄层吸附剂而制成薄层板，用毛细管将样品溶液点在起点处，把薄层板置于盛有溶剂的容器中，待溶剂到达前沿后取出、晾干、显色、测定斑点的位置等一系列过程来完成的。

吸附薄层色谱是使用最为广泛的方法，其原理是在层析过程中主要发生物理吸附。由于物理吸附具有普遍性、无选择性，当固体吸附剂与多元溶液接触时，它对溶质、溶剂分子都可以产生一定程度的吸附。其次，由于吸附过程是可逆的，被吸附的物质在一定条件下可以被解吸。在层析过程中，展开剂是不断供给的，所以处于原点上的溶质不断地被解吸。解吸出来的溶质随着展开剂向前移动，遇到新的吸附剂，溶质和展开剂又会部分被吸附而建立暂时的平衡，这一暂时平衡立即又被不断移动上来的展开剂所破坏，使部分溶质解吸并随展开剂向前移动，形成了吸附-解吸-吸附-解吸的交替过程。溶质在经历了无数次这样的过程后移动到一定的高度。由于混合物中的各个组分对吸附剂（固定相）的吸附能力不同，当展开剂(流动相）流经吸附剂时，发生无数次吸附和解吸过程，吸附力弱的组分随流动相迅速向前移动，吸附力强的组分滞留在后，由于各组分具有不同的移动速率，最终得以在固定相薄层上分离。

TLC 除了用于分离外，更主要的是通过与已知结构化合物相比较，来鉴定少量有机混合物的组成，此外还经常利用 TLC 寻找柱色谱的最佳分离条件。

在定性分析中，主要依据的是比移值——$R_f$ 值。它是指某种化合物在薄层板上的上升高度与展开剂上升高度的比值。表示如下：

$$R_f=\frac{\text{样品中某组分移动离开原点的距离}}{\text{展开剂前沿距原点中心的距离}}。$$

图 2-71 所示的是三组分混合物展开后各个组分的 $R_f$ 值。对于同一种化合物，当展开条件相同时，$R_f$ 值是一个常数。但是，由于影响 $R_f$ 值的因素较多，如展开剂、吸附剂、薄层板的厚度温度等均能影响 $R_f$ 值，因此同一化合物的 $R_f$ 值与文献会相差较大。在实验中我们常采用的方法是，在同一块板上同时点一个已知物和一个未知物，进行展开，通过计算 $R_f$ 值来确定是否是同一化合物。

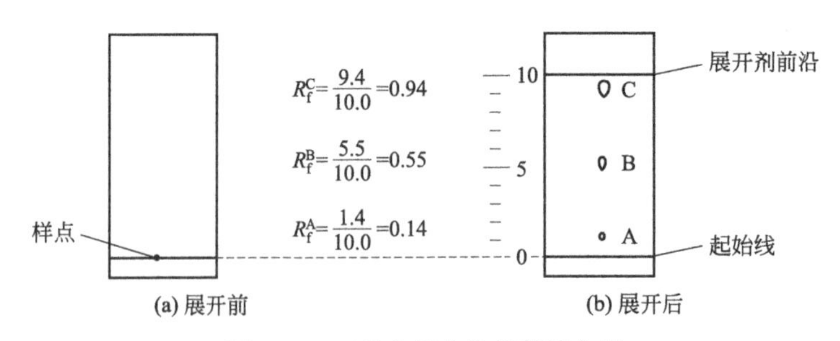


图 2-71　三组分混合物的薄层色谱

② 吸附剂

薄层色谱常用的吸附剂是硅胶或氧化铝，常用的黏合剂是煅石膏、羧甲基纤维素钠等。

其所有吸附剂的颗粒比柱色谱中用的小，一般为 260 目以上。当颗粒太大时，表面积小，吸附量少，样品随展开剂移动速度快，分离效果不好；颗粒太小时，样品随展开剂移动速度慢，斑点不集中，效果也不好。

硅胶是无定形多孔性物质，略具酸性，适用于酸性物质的分离和分析。薄层色谱用的硅胶分为“硅胶 H”——不含黏合剂；“硅胶 G”——含煅石膏黏合剂；“硅胶 $HF_{254}$”——含荧光物质，可于波长 254nm 紫外光下观察荧光；“硅胶 $GF_{254}$”——既含煅石膏，又含荧光剂等类型。与硅胶相似，氧化铝也因含黏合剂或荧光剂而分为氧化铝 G、氧化铝 $GF_{254}$ 及氧化铝 $HF_{254}$。

黏合剂除上述的煅石膏（$2CaSO_4 \cdot H_2O$）外，还可用淀粉、羧甲基纤维素钠。通常又将薄层板按加黏合剂和不加黏合剂分为两种，加黏合剂的薄层板称为硬板，不加黏合剂的称为软板。

氧化铝的极性比硅胶大，比较适用于分离极性较小的化合物（如烃、醚、醛、酮、卤代烃等），由于极性化合物能被氧化铝较强烈地吸附，分离效果较差，$R_f$ 较小；相反，硅胶适用于分离极性较大的化合物（如羧酸、醇、胺等），而非极性化合物在硅胶板上吸附较弱，分离较差，$R_f$ 较大。

吸附剂的活性取决于吸附剂的含水量，含水量越高，活性越低，吸附剂的吸附能力越弱；反之则吸附能力强。吸附剂的含水量和活性等级关系如表 2-6 所示。

**表 2-6 吸附剂的含水量和活性等级关系**

| 活性等级 | Ⅰ | Ⅱ | Ⅲ | Ⅳ | Ⅴ |
|---|---|---|---|---|---|
| 氧化铝含水率 | 0 | 3% | 6% | 10% | 15% |
| 硅胶含水率 | 0 | 5% | 15% | 25% | 38% |

一般常用的是Ⅱ和Ⅲ级吸附剂，Ⅰ级吸附性太强，而且易吸水，Ⅴ级吸附性太弱。

③ 展开剂

薄层色谱分离成败最重要的是选择合适的展开剂。如何选择合适的展开剂在很大程度上还要依赖于实验，下面讲到的一些原则和规律仅供参考。

选择展开剂时，首先要考虑展开剂的极性以及对被分离化合物的溶解度。在同一种吸附剂薄层上，通常展开剂的极性大，对化合物的洗脱能力也大，$R_f$ 也就大。

单一溶剂的极性强弱与介电常数有关，在一般情况下，介电常数大则表示溶剂极性大。单一溶剂极性的递增顺序为：石油醚＜正己烷＜环己烷＜四氯化碳＜苯＜甲苯＜二氯甲烷＜氯仿＜乙醚＜乙酸乙酯＜吡啶＜丙酮＜丙醇＜乙醇＜甲醇＜水。通常在各类文献资料中所列各类溶剂极性大小的排列次序，有时会随着不同作者所选用的溶剂纯度的不同（含水及杂质）而导致极性大小的顺序有差异。

使用单一溶剂作为展开剂，溶剂组分简单，分离重现性好。而对于混合溶剂，二元、三元甚至多元展开剂，一般占比例较大的主要溶剂起溶解和基本分离作用；占比例较小的溶剂起调整、改善分离物的 $R_f$ 和对某些组分的选择作用。主要溶剂应选择使用不易形成氢键的溶剂，或选择极性比分离物低的溶剂，以避免 $R_f$ 过大。

多元溶剂展开剂首先要求溶剂互溶，被分离物应能溶解于其中。极性大的溶剂易洗脱化合物并使其在薄板上移动；极性小的溶剂降低极性大溶剂的洗脱能力，使 $R_f$ 减小；中等极性的溶剂往往起着极性相差较大溶剂的混溶作用。有时在展开剂中加入少量酸、碱可以使某些极性物质的斑点集中，提高分离度。当需要在黏度较大的溶剂中展开时，则需在其中加入降低展开剂黏度、加快展开速率的溶剂。在环己烷-丙酮-二乙胺-水（10∶5∶2∶5）的展开剂系统中，水的极性最大，环己烷最小。加入环己烷，是为了降低分离物的 $R_f$；丙酮则起着混溶和降低展开剂黏度的作用，比例最少的乙二胺是为了控制展开剂的 pH，使分离的斑点不拖尾，分离清晰。

由实验确定某一被分离物需用混合溶剂为展开剂时，往往是选用一个极性强的溶剂和一个极性弱的溶剂并按不同比例调配。具体操作是：在非极性溶剂中加入少量极性溶剂，极性由弱到强，比例由小到大，以求得到适合的比例。

当样品中含有羰基时，在非极性溶剂中加入少量丙酮；当样品中含有羟基时，于非极性溶剂中加入少量甲醇、乙醇等；当酸性样品中含有羧基时，可加入少量的甲酸、乙酸；当碱性样品中含有氨基时，可加入少量六氢吡啶、二乙胺、氨水等。总之，加入的溶剂应与被测物的官能团相似。表 2-7 列举了 TLC 分离某些化合物时所用的吸附剂和展开剂。

**表 2-7　TLC 分离某些化合物的所用的吸附剂和展开剂**

| 化合物 | 吸附剂 | 展开剂 |
|---|---|---|
| 醛酮的 2,4-二硝基苯肼 | 硅胶 | 己烷-乙酸乙酯(4∶1 或 3∶2) |
| | 氧化铝 | 苯(氯仿、乙醚)-己烷(1∶1) |
| 生物碱 | 硅胶 | 苯-乙醇(9∶1)<br>氯仿-丙酮-二乙胺(5∶4∶1) |
| | 氧化铝 | 乙醇(环己烷)-氯仿(3∶7)加 0.05%二乙胺 |
| 胺 | 硅胶 | 乙醇(95%)-浓氨水(4∶1) |
| | 氧化铝 | 丙酮-庚烷(1∶1) |
| | 硅藻土 G | 丙酮-水(99∶1) |
| 糖 | 硅胶(用硼酸缓冲液处理) | 苯-乙酸-甲醇(1∶1∶3) |
| | 硅胶 G | 正丙醇-浓氨水-水(6∶2∶1)<br>正丁醇-吡啶-水(6∶4∶3) |
| | 纤维素 | 乙酸乙酯-吡啶-水(2∶1∶2) |
| | 硅胶 | 苯-甲醇-乙酸(45∶8∶8) |
| 羧酸 | 硅胶 G | 石油醚-乙酸乙酯(2∶1) |
| 黄酮 | 硅胶 G | 石油醚-乙醚-乙酸(90∶10∶1 或 70∶20∶4) |
| 脂 | 氧化铝 | 石油醚-乙醚(95∶5) |
| | 硅胶(草酸处理) | 己烷-乙酸乙酯(4∶1 或 3∶2) |
| 酚 | 氧化铝(乙酸处理) | 苯 |
| | 硅胶 G | 正丁醇-乙酸-水(4∶1∶1 或 3∶1∶1) |
| 氨基酸 | 氧化铝 | 正丁醇-乙酸-水(3∶1∶1)<br>吡啶-水(1∶1) |
| 多环芳烃 | 氧化铝 | 四氯化碳 |
| 多肽 | 硅胶 | 氯仿-甲醇(丙醇)(9∶1) |

展开剂的极性大小对混合物的分离有较大的影响。如果展开剂的极性远远大于混合物中各组分的极性，那么展开剂将代替各个组分而被吸附剂吸附，这样各个组分将几乎完全留在流动相里，各个组分则具有较高的 $R_f$；反之，如果展开剂的极性大大低于各个组分的极性，那么，各个组分将被吸附于吸附剂上，而不能被展开剂所迁移，即 $R_f$ 为零。一般来说，溶剂的展开能力与溶剂的极性成比例。根据列出的常用溶剂的极性次序，有些混合物使用单一的展开剂就可以分开；但更多的是需要采用混合展开剂才能加以分离，混合展开剂的极性介于单一溶剂的极性之间。

④ 操作方法

a. 薄层板的制法　薄层板分为“干板”与“湿板”。干板在涂层时不加水，一般用氧化铝做吸附剂时使用。这里主要介绍湿板。湿板的制法有以下几种：一是涂布法，利用涂布器铺板；二是浸入法，两块干净玻璃片背靠背贴紧，浸入吸附剂与溶剂调制的浆液中，取出后分开，晾干；三是平铺法，把吸附剂与溶剂调制的浆液倒在玻璃片上，用手轻轻振动至平。最后一种方法比较简便，在实验室较为常用。具体操作是：取 5g 硅胶 G 与 13mL 0.5%～1%的羧甲基纤维素钠水溶液，在烧杯中调匀，铺在清洁干燥的玻璃片上，可铺 10～4cm 玻璃片 8～10 块，薄层的厚度约 0.25mm。室温晾干后，在 110℃烘箱内活化 0.5h，取出放冷后即可使用。

b. 点样　将样品用低沸点溶剂配成 1%～5%的溶液，用内径小于 1mm 的毛细管点样（图 2-72）。点样前，先用铅笔在薄层板上距一端 1cm 处轻轻画一条横线作为起始线，然后用毛细管吸取样品，在起点线上小心点样，样点直径不超过 0.2cm；如果需要重复点样，应待前一次样点的溶剂挥发后，方可重复再点，以防止样点过大，造成拖尾、扩散等现象，影响分离效果。若在同一板上点两个样，样点间距应在 1～1.5cm 为宜。待样点干燥后，方可进行展开。

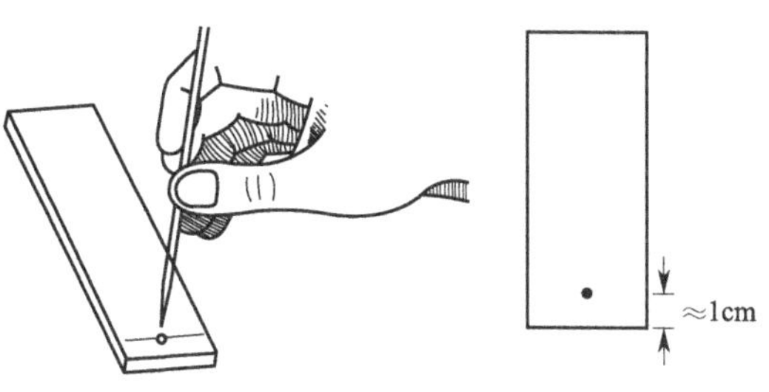

图 2-72　薄层板点样

c. 展开　薄层展开要在密闭的器皿中进行（图 2-73），如广口瓶或带有橡胶塞的锥形瓶都可作为展开器。加入展开剂的高度为 0.5～1.0cm，可在展开器中放一张滤纸，以使器皿内的蒸气很快地达到气液平衡，待滤纸吸收足量展开剂以后，把带有样点的板（样点一端向下）放入展开器内，并与器皿成一定的角度，同时使展开剂的水平线在样点以下，盖上盖子。当展开剂上升到离板的顶部约 1cm 处时取出，并立即用铅笔标出展开剂的前沿位置，待展开剂干燥后，在紫外灯下观察斑点的位置。

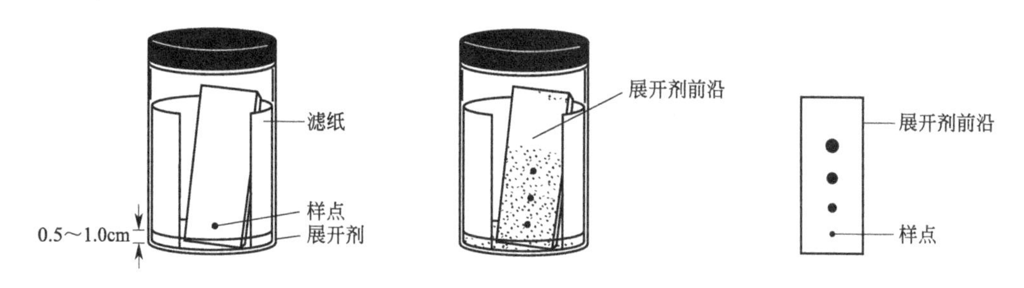

图 2-73　薄层色谱展开

d. 显色　被分离的样品本身有颜色，薄层展开后，即可直接观察到斑点。若无颜色的样品就需要添加显色成分：商品硅胶 $GF_{254}$ 是在硅胶 G 中加入 0.5%的荧光粉；硅胶 $HP_{254}$ 是硅胶 H 中加入 0.5%的硅酸锌锰。这样的荧光薄层在紫外灯下，薄层本身显荧光，样品斑点成暗点。如果样品本身具有荧光，经层析后可直接在紫外灯下观察斑点位置。使用一般吸附剂，在样品本身无色的情况下需使用显色剂。以下列出几种通用性的显色剂及显色操作。

ⅰ. 碘　0.5%碘的氯仿溶液：热溶液喷雾在薄板上，当过量碘挥发后，再喷 1%的淀粉溶液，出现蓝色斑点。碘蒸气：将少许碘结晶放入密闭容器中（图 2-74），容器内为饱和碘蒸气，将薄板放入容器后几分钟即显色，大多数化合物呈黄棕色，当斑点足够明显时取出，立即用铅笔划出斑点的位置。还可在容器内放一小杯水，增加湿度，提高显色灵敏度。这种方法是基于有机物可与碘形成分子配合物（烷和卤代烷除

图 2-74　碘熏显色

外）而带有颜色。板在空气中放置一段时间，由于碘升华，斑点即消失。

ⅱ. 硫酸　硫酸试液：浓硫酸与甲醇等体积小心混合后冷却备用；15%浓硫酸的正丁醇溶液；5%浓硫酸的乙酸酐溶液；5%浓硫酸的乙醇溶液；浓硫酸与乙酸等体积混合。使用以上任一硫酸试液喷雾后，空气干燥 15min，于 110℃加热至显色，大多数化合物炭化呈黑色，胆甾醇及其脂类有特殊颜色。

ⅲ. 紫外灯显色　如果样品本身是发荧光的物质，可以把板放在紫外灯下，在暗处可以观察到这些荧光物质的亮点。如果样品本身不发荧光，可以在制板时，在吸附剂中加入适量的荧光指示剂，或者在制好的板上喷荧光指示剂。板展开干燥后，把板放在紫外灯下观察，除化合物吸收了紫外光的地方呈现黑色斑点外，其余地方都是亮的。

e. 计算 $R_f$　根据化合物在薄层板上上升的高度与展开剂上升的高度，计算 $R_f$。

(2) 柱色谱

① 原理

柱色谱一般有吸附色谱和分配色谱两种。实验室中最常用的是吸附色谱，吸附色谱又根据吸附剂的性质可分为正向色谱（吸附剂的极性较大）和反向色谱（吸附剂的极性较小，如 $C_{18}$ 等）两大类。其原理都是利用混合物中各组分在不相混溶的两相（即流动相和固定相）中吸附和解吸的能力不同，也可以说在两相中的分配不同，当混合物随流动相流过固定相时，发生了反复多次的吸附和解吸过程，从而使混合物分离成两种或多种单一的纯组分。

为了进一步理解色谱原理，下面对正向柱色谱的分离过程作一简单介绍。将已溶解的样品加到已装好的色谱柱中，然后用洗脱剂（流动相）进行淋洗。样品中各组分在吸附剂（固定相）上的吸附能力不同，一般来说，极性大的吸附力强，极性小的吸附能力相对弱一些。当用洗脱剂淋洗时，各组分在洗脱剂中的溶解度也不一样，因此，被解吸的能力也就不同。根据“相似相溶”原理，极性化合物易溶于极性洗脱剂中，非极性化合物易溶于非极性洗脱剂中。一般是先用非极性洗脱剂进行淋洗。当样品加入后，无论是极性组分还是非极性组分均被固定相吸附（其作用力为范德华力），当加入洗脱剂后，非极性组分由于在固定相（吸附剂）中吸附能力弱，而在流动相（洗脱剂）中溶解度大，首先被解吸出来，被解吸出来的非极性组分随着流动相向下移动，与新的吸附剂接触再次被固定相吸附。随着洗脱剂向下流动，被吸附的非极性组分再次与新的洗脱剂接触，并再次被解吸出来随着流动相向下流动。而极性组分由于吸附能力强，且在洗脱剂中溶解度又小，因此不易被解吸出来，随流动相移动的速度比非极性组分要慢得多（或根本不移动）。这样经过一定次数的吸附和解吸后，各组分在色谱柱中形成了一段一段的色带，随着洗脱过程的进行从柱底端流出。每一段色带代表一个组分，分别收集不同的色带，再将洗脱剂蒸发，就可以获得单一的纯净物质。

② 吸附剂

选择合适的吸附剂作为固定相对于柱色谱来说是非常重要的。常用的吸附剂有硅胶、氧化铝、氧化镁、碳酸钙和活性炭等。实验室一般使用氧化铝或硅胶，在这两种吸附剂中氧化铝的极性更大一些，它是一种高活性和强吸附的极性物质。通常市售的氧化铝分为中性、酸性和碱性三种。酸性氧化铝适用于分离酸性有机物质；碱性氧化铝适用于分离碱性有机物质，如生物碱和烃类化合物；中性氧化铝应用最为广泛，适用于中性物质的分离，如醛、酮、酯、醌等类有机物质。市售的硅胶略带酸性。由于样品被吸附到吸附剂表面上，因此颗粒大小均匀、比表面积大的吸附剂分离效率最佳。比表面积越大，组分在流动相和固定相之间达到平衡就越快，色带就越窄。通常使用的吸附剂颗粒大小以 100～150 目为宜。

化合物的吸附性和它们的极性成正比，化合物分子含有极性较大的基团时吸附性也较强。氧化铝对各种化合物对吸附性按下列次序递减：酸和碱＞醇、胺、硫醇＞酯、醛、酮＞

芳香族化合物＞卤化物、醚＞烯烃＞饱和烃。

③ 洗脱剂

在柱色谱分离中，洗脱剂的选择也是一个重要的因素。一般洗脱剂的选择是通过薄层色谱实验来确定的。具体方法：先用少量溶解好（或提取出来）的样品，在已制备好的薄层板上点样，用少量展开剂展开，观察各组分点在薄层板上的位置，并计算 $R_f$ 值。哪种展开剂能将样品中各组分完全分开，即可作为柱色谱的洗脱剂。有时，单纯一种展开剂达不到所要求的分离效果，可考虑选用混合展开剂。

选择洗脱剂的另一个原则是洗脱剂的极性不能大于样品中各组分的极性，否则会由于洗脱剂在固定相上被吸附，迫使样品一直保留在流动相中。在这种情况下，组分在柱中移动得非常快，很少有机会建立起分离所要达到的化学平衡，影响分离效果。

另外，所选择的洗脱剂必须能够将样品中各组分溶解，但不能同被分离组分竞争与固定相的吸附。如果被分离的样品不溶于洗脱剂，那么各组分可能会牢固地吸附在固定相上，而不随流动相移动或移动很慢。

有时只用一种洗脱剂不能将各组分分开，这时可采用混合洗脱剂或分步淋洗的方法进行分离。使用分步淋洗时，应先使用极性小的洗脱剂将最容易脱附的组分分离。然后加入由不同比例的极性溶剂配成的混合洗脱剂将极性大的化合物淋洗下来。

常用洗脱剂的极性按如下次序递增：己烷、石油醚＜环己烷＜四氯化碳＜三氯乙烯＜二硫化碳＜甲苯＜苯＜二氯甲烷＜氯仿＜乙醚＜乙酸乙酯＜丙酮＜丙醇＜乙醇＜甲醇＜水＜吡啶＜乙酸。

常用的混合洗脱剂的极性按如下次序递增：氯仿＜环己烷-乙酸乙酯（80∶20)＜二氯甲烷-乙醚（60∶40)＜环己烷-乙酸乙酯（20∶80)＜乙醚＜乙醚-甲醇（99∶1)＜乙酸乙酯＜四氢呋喃＜正丙醇＜乙醇＜甲醇。

④ 柱色谱装置

色谱柱是一根带有下旋塞或无下旋塞的玻璃管，如图 2-75 所示。一般来说，吸附剂的质量应是待分离物质质量的 25～30 倍，所用柱的高度和直径比应为（10∶1)～(4∶1）之间。

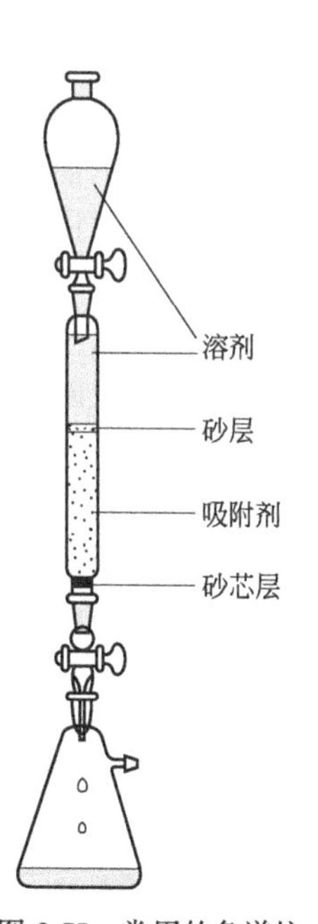

图 2-75　常用的色谱柱

⑤ 操作方法

a. 装柱　装柱前应先将色谱柱洗干净，进行干燥。在柱底铺一小块脱脂棉，再铺约 0.5cm 厚的石英砂，然后进行装柱。装柱分为湿法装柱和干法装柱两种，下面分别加以介绍。

ⅰ. 湿法装柱：将吸附剂（氧化铝或硅胶）用洗脱剂中极性最低的洗脱剂调成糊状，在柱内先加入约 3/4 柱高的洗脱剂，再将调好的吸附剂边敲打边倒入拄中，同时，打开下旋活塞，在色谱柱下面放一个干净并且干燥的锥形瓶或烧杯，接收洗脱剂。当装入的吸附剂有一定高度时，洗脱剂下流速度变慢，待所用吸附剂全部装完后，用流下来的洗脱剂转移残留的吸附剂，并将柱内壁残留的吸附剂淋洗下来。在此过程中，应不断敲打色谱柱，以使色谱柱填充均匀并且没有气泡。柱子填充完后，在吸附剂上端覆盖一层约 0.5cm 厚的石英砂。覆盖石英砂的目的是：使样品均匀地流入吸附剂表面；当加入洗脱剂时，它可以防止吸附剂表面被破坏。在整个装柱过程中，柱内洗脱剂的高度始终不能低于吸附剂最上端，否则柱内会出现裂痕和气泡。

ⅱ. 干法装柱：在色谱柱上端放一个干燥的漏斗，将吸附剂倒入漏斗中，使其成为一细流连续不断地装入柱中，并轻轻敲打色谱柱柱身，使其填充均匀，再加入洗脱剂湿润。也可以先加入 3/4 的洗脱剂，然后再倒入干的吸附剂。因为硅胶和氧化铝的溶剂化作用易使柱内形成缝隙，所以这两种吸附剂不宜使用干法装柱。

b. 样品的加入及色谱带的展开　装柱完毕后，当溶剂下降到吸附剂表面时，停止排液，把液体样品加入色谱柱中（如需分离的样品为固体要先溶解，所用的溶剂一般是展开色谱的第一洗脱剂）。样品加完后，打开下旋活塞，使液体样品进入石英砂层后，再加入少量的洗脱剂将壁上的样品洗下来，待这部分液体进入石英砂层后，再加入洗脱剂进行淋洗，直至所有的色带被展开。

色谱带的展开过程也就是样品的分离过程，在此过程中应注意以下内容。

ⅰ. 洗脱剂应连续平稳地加入，不能中断。

ⅱ. 样品量少时，可用滴管加入；样品量大时，用滴液漏斗作储存洗脱剂的容器，控制好滴加速度，可得到更好的效果。

ⅲ. 在洗脱过程中，应先使用极性最小的洗脱剂淋洗，然后逐渐加大洗脱剂的极性，使洗脱剂的极性在柱中形成梯度，以形成不同的色带环；也可以分步进行淋洗，即将极性小的组分分离出来后，再改变极性，分出极性较大的组分。

ⅳ. 在洗脱过程中，样品在柱内的下移速度不能太快，但是也不能太慢（甚至过夜），因为吸附表面活性较大，时间太长会造成某些成分被破坏，使色谱扩散，影响分离效果。通常流出速度为每分钟 5～10 滴，若洗脱剂下移速度太慢，可适当加压或用水泵减压。

ⅴ. 当色谱带出现拖尾时，可适当提高洗脱剂极性。

c. 样品中各组分的收集　当样品中各组分带有颜色时，可根据不同的色带用锥形瓶分别进行收集，然后分别将洗脱剂蒸除得到纯组分。但是大多数有机物质是无色的，可采用等分收集的方法，即将收集瓶编好号，根据使用吸附剂的量和样品分离情况来进行收集，一般用 50g 吸附剂，每份洗脱剂的收集体积约为 50mL。如果洗脱剂的极性增加或样品中组分的结构相近时，每份收集量应适当减小。将每份收集液浓缩后，以残留在烧瓶中物质的质量为纵坐标，收集瓶的编号为横坐标绘制曲线图，来确定样品中的组分数。还可以在吸附剂中加入磷光体指示剂，用紫外线照射来确定。一般用薄层色谱进行监控是最为有效的方法。

（3）纸色谱

① 原理

纸色谱属于分配色谱的一种。它对样品的分离不是靠滤纸的吸附作用，而是以滤纸为惰性载体，以吸附在滤纸上的水或有机溶剂作为固定相，流动相（展开剂）是被水饱和过的有机溶剂，根据样品各成分在两相溶剂中分配系数的不同而分离的。

纸色谱具有操作简单、分离效能较高、所需仪器设备廉价、应用范围广等特点，因而在有机化学、分析化学、生物化学等方面得到广泛应用，主要用于化合物的分离和鉴定。尤其对亲水性较强的成分如糖、酚、氨基酸的分离应用较多。但其缺点是所费时间较长，因为在展开过程中，溶剂的上升速度随着高度的增加而减慢。纸色谱的操作过程与薄层色谱基本相同。

② 操作方法

a. 选择滤纸　滤纸应厚薄均匀，全纸平整无折，滤纸纤维松紧适合。将滤纸切成纸条，大小可自行选择，一般约为 3cm×15cm、5cm×20cm、5cm×30cm 或 8cm×50cm。操作时手只允许接触滤纸的顶端。在距滤纸一端 1cm 处用铅笔画一条终点线，靠其外缘约 0.5cm 处画一条剪纸线，在剪纸线和终点线间开一个挂钩小孔；在距滤纸另一端 2cm 处轻轻画一起点线和点样标记，靠其外缘约 1cm 处再画一条剪纸线，如图 2-76(a) 所示。

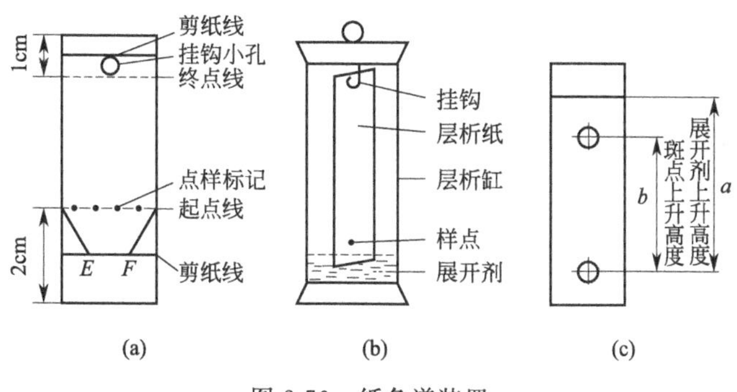


图 2-76　纸色谱装置

b. 选择流动相　根据被分离物质的不同选用合适的展开剂。展开剂应对被分离物质有一定的溶解度，溶解度太大，被分离物质会随展开剂跑到前沿；溶解度太小，则被分离物质留在原点附近，使分离效果不好。此外，展开剂的选择不仅与被分离化合物的性质有关，而且也受固定相的影响。

选择展开剂时应注意下列几点。

ⅰ. 对能溶于水的化合物：可直接以吸附在滤纸上的水作固定相（即直接用滤纸），以能与水混溶的有机溶剂（如醇类等）作展开剂。

ⅱ. 对难溶于水的极性化合物：应选择非水性极性溶剂作固定相，如 $N$,$N$-二甲基甲酰胺等，以不能与固定相混溶的非极性化合物作流动相，如环己烷、苯、四氯化碳、氯仿等。

ⅲ. 对不溶于水的非极性化合物：应以非极性溶剂如液体石蜡、$\alpha$-溴萘等作固定相，以极性溶剂如水、含水的乙醇、含水的酸等作流动相。

以上几点只是选择展开剂的一般原则。要选择合适的流动相，还必须查阅有关资料，并通过实验验证。通常使用的流动相不是单一的。

c. 点样、展开、显色及 $R_f$ 的计算　取少量试样，用水或易挥发的有机溶剂（如乙醇、丙酮、乙醚等）将它完全溶解，配制成约 1%的溶液。用毛细管吸取少量试样溶液，在滤纸上按点样标记分别点样，控制点样直径在 0.2cm 左右，每个样点相距 0.1～0.2cm。如果溶液太稀，一次点样不够，可以重复几次，但重复点样时，必须待已点样品的溶剂挥发掉，并要点在同一位点的中心上。然后将其晾干或在红外灯下烘干。等样点干燥后，沿图 2-76(a) 中的 $EF$ 线剪去下端部分，并沿虚线剪去两斜角。

于层析缸中注入展开剂，将点样后的滤纸（层析纸）悬挂在层析缸中，让展开剂蒸气饱和 10min。再将点有试样的一端浸入展开剂液面约 0.6cm 处，但试样斑点的位置必须在展开剂液面之上，如图 2-76(b) 所示。当展开剂到达前沿线时，停止展开，取下滤纸。

如果化合物本身有颜色，就可直接观察到斑点；如化合物本身无色，可在紫外灯下观察有无荧光斑点，也可在溶剂蒸发后，用合适的显色剂喷雾显色，用铅笔画出斑点的位置。对于未知样品显色剂的选择，可先取样品溶液一滴，点在滤纸上，而后滴加显色剂，观察有无色点产生。

$R_f$ 值的计算方法同薄层色谱 [图 2-76(c)]。

(4) 凝胶色谱

凝胶色谱又称凝胶层析、排阻层析，是化学和生物化学中一种常用的分离手段。层析所用的凝胶属于惰性载体，不带电荷，吸附力弱，操作条件比较温和，可在相当广的温度范围下进行，不需要有机溶剂，并且对分离成分理化性质的保持有独到之处。凝胶层析对于高分子物质有很好的分离效果，特别是具有不改变样品生物学活性的优点，因此广泛用于蛋白质

（包括酶）、核酸、多糖等生物分子的分离纯化，同时还应用于蛋白质分子量的测定、脱盐、样品浓缩等。

① 原理

凝胶层析是依据分子大小这一物理性质进行分离纯化的。凝胶层析的固定相是惰性的珠状凝胶颗粒，颗粒的内部具有立体网状结构，形成很多孔穴。当含有不同分子大小的组分样品进入凝胶层析柱后，各个组分就向固定相的孔穴内扩散，扩散程度取决于孔穴的大小和组分分子大小。比孔穴孔径大的分子不能扩散到孔穴内部，完全被排阻在孔外，只能在凝胶颗粒外的空间随流动相向下流动，它们经历的流程短，流动速度快，所以首先流出；较小的分子则可以完全渗透进入凝胶颗粒内部，经历的流程长，流动速度慢，所以最后流出；分子大小介于二者之间的分子在流动中部分渗透，渗透的程度取决于它们分子的大小，所以它们流出的时间介于二者之间，分子越大的组分越先流出，分子越小的组分越后流出。这样样品经过凝胶层析后，各个组分便按分子从大到小的顺序依次流出，从而达到了分离的目的（图2-77）。

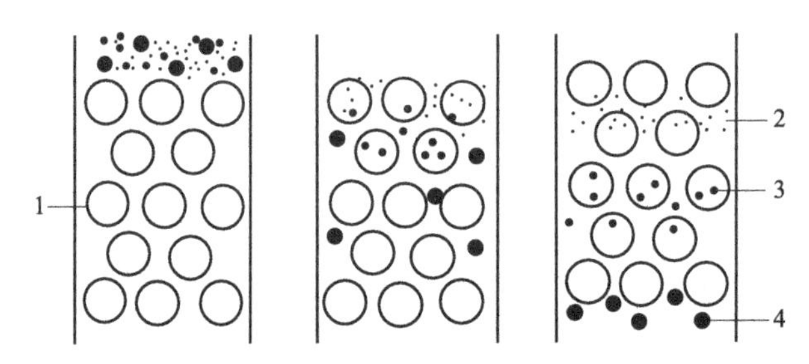


图 2-77　凝胶层析分离示意

1—凝胶颗粒；2—小分子；3—中等分子；4—大分子

层析用的凝胶一般都呈球形。凝胶柱的分辨率和流速与凝胶颗粒的大小有关：颗粒大，流速快，但分离效果差；颗粒小，分离效果较好，但流速慢。一般比较常用的颗粒大小是100～200 目。

凝胶的种类很多，常用的凝胶主要有葡聚糖凝胶（dextran）、聚丙烯酰胺凝胶（polyacrylamide）、琼脂糖凝胶（agarose）以及聚丙烯酰胺和琼脂糖之间的交联物。另外还有多孔玻璃珠、多孔硅胶、聚苯乙烯凝胶等。

a. 葡聚糖凝胶　葡聚糖凝胶是指由天然高分子——葡聚糖与其他交联剂交联而成的凝胶。商品名分别为 Sephadex 和 Sephacryl。

Sephadex 的亲水性很好，在水中极易膨胀，不同型号的 Sephadex 吸水率不同，它们的孔穴大小和分离范围也不同。序号中数字越大的，排阻极限越大，分离范围也越广。

Sephadex 在水溶液、盐溶液、碱溶液、弱酸溶液以及有机溶液中都比较稳定，可以多次重复使用。Sephadex 稳定工作的 pH 一般为 2～10。强酸溶液和氧化剂会使交联的糖苷键水解断裂，所以要避免 Sephadex 与强酸和氧化剂接触。

Sephadex 在高温下稳定，可以煮沸消毒，在 100℃下煮沸 40min 对凝胶的结构和性能都没有明显的影响。Sephadex 适用于以有机溶剂为流动相，分离脂溶性物质，如胆固醇、脂肪酸、激素等。

Sephacryl 的分离范围很广，排阻极限可以达到 $10^8$，远远大于 Sephadex 的范围，所以它不仅可以用于分离一般的蛋白质，也可以用于分离蛋白多糖、质粒，甚至较大的病毒颗粒。Sephacryl 与 Sephadex 相比，另一个优点就是它的化学和机械稳定性更高。Sephacryl

耐高温，在各种溶剂中很少发生溶解或降解，可以用各种去污剂、胍、脲作为洗脱液，其稳定工作的 pH 一般为 3～11。另外 Sephacryl 的机械性能较好，可以以较高的流速洗脱，比较耐压，分辨率也较高。所以 Sephacryl 相比 Sephadex 可以实现相对比较快速而且较高分辨率的分离。

b. 聚丙烯酰胺凝胶　聚丙烯酰胺凝胶商品名为 Bio-Gel P，其分离范围、吸水率等性能基本近似于 Sephadex。聚丙烯酰胺凝胶在水溶液、一般的有机溶液、盐溶液和酸中的稳定性较好，在 pH 为 1～10 之间时也比较稳定，但在较强的碱性条件下或较高的温度下易发生分解。聚丙烯酰胺凝胶非常亲水，基本不带电荷，所以吸附效应较小。另外，聚丙烯酰胺凝胶不像葡聚糖凝胶和琼脂糖凝胶那样容易生长微生物。聚丙烯酰胺凝胶对芳香族、酸性、碱性化合物略有吸附作用，使用离子强度略高的洗脱液就可以避免。

c. 琼脂糖凝胶　琼脂糖是从琼脂中分离出来的天然线性多糖，由 D-半乳糖（D-galactose）和 3,6-脱水半乳糖（anhydrogalactose）交替构成多糖链。它在 100℃时呈液态，当温度降至 45℃以下时，多糖链以氢键方式相互连接形成双链单环的琼脂糖，经凝聚即成为束状的琼脂糖凝胶。琼脂糖凝胶在 pH 为 4～9 之间和室温下稳定性要超过一般的葡聚糖凝胶和聚丙烯酰胺凝胶，另外，其机械强度和孔穴的稳定性要超过一般的葡聚糖凝胶和聚丙烯酰胺凝胶。琼脂糖凝胶对样品的吸附作用很小，洗脱时速度可以比较快。琼脂糖凝胶的排阻极限大，分离范围广，适合分离大分子物质，但分辨率较低。琼脂糖凝胶不耐高温，使用温度以 0～30℃为宜。

② 操作方法

a. 凝胶用量和层析柱的选择　选择好凝胶的类型后，要根据选择的层析柱估算出凝胶的用量。由于市售的葡聚糖凝胶和丙烯酰胺凝胶通常是无水的干胶，所以要计算干胶用量：

$$干胶用量=柱床体积/凝胶的床体积$$

由于凝胶处理过程以及实验过程可能有一定损失，所以一般凝胶用量在计算的基础上再增加 10%～20%。

层析柱大小主要是根据样品量的多少以及对分辨率的要求来进行选择的。一般来讲，层析柱的长度对分辨率影响较大，长的层析柱分辨率要比短的高；但层析柱长度过长，会引起柱子不均一、流速过慢等，给实验操作带来一些困难。一般柱长度不超过 100cm，为得到高分辨率，可以将柱子串联使用。层析柱的直径和长度比一般在（1∶100）～（1∶25）之间。用于分组分离的凝胶柱，如脱盐柱对分辨率要求较低，所以一般比较短。

b. 凝胶柱的制备　凝胶型号选定后，将干胶颗粒悬浮于 5～10 倍量的蒸馏水或洗脱液中充分溶胀，之后将极细的小颗粒倾析出去。若自然溶胀费时较长，可加热使溶胀加速，即在沸水浴中将湿凝胶浆逐渐升温至近沸，1～2h 即可达到凝胶的充分胀溶。加热法既可节省时间又可消毒。

凝胶的装填：将层析柱与地面垂直地固定在架子上，下端流出口用夹子夹紧，柱顶安装一个带有搅拌装置的较大容器，柱内充满洗脱液，将凝胶调成较稀薄的浆液盛于柱顶的容器中，然后在微微地搅拌下使凝胶下沉于柱内，凝胶粒水平上升，到达所需高度后，拆除柱顶装置，用相应的滤纸片轻轻盖在凝胶床表面。稍放置一段时间，再开始流动平衡，流速应低于层析时所需的流速。在平衡过程中逐渐增大层析的流速，千万不能超过最终流速。平衡凝胶床过夜，使用前要检查层析床是否均匀，有无“纹路”或气泡，或加一些有色物质来观察色带的移动；如果带狭窄、均匀平整，说明层析柱的性能良好，若出现歪曲、散乱、变宽时必须重新装柱。

c. 加样和洗脱　凝胶床经过平衡后，在床顶部留下数毫升洗脱液，使凝胶床饱和，再用滴管加入样品。一般样品体积不大于凝胶总床体积的5%～10%。样品浓度与分配系数无关，故样品浓度可以提高。但对于分子量较大的物质，溶液的黏度将随浓度增加而增大，从而使分子运动受限。故样品与洗脱液的相对黏度不得超过1.5～2。样品加入后打开流出口，使样品渗入凝胶床内，当样品液面恰与凝胶床表面相平时，再加入数毫升洗脱液冲洗管壁，使其全部进入凝胶床后，将层析床与洗脱液储瓶及收集器相连，预先设计好流速，然后分步收集洗脱液，并对每一份洗脱液做定性、定量测定。

d. 凝胶柱的使用、凝胶回收与保存　凝胶柱一次装柱后可以反复使用，不必特殊处理，并且不影响分离效果。为了防止凝胶染菌，可在一次层析后加入0.02%的叠氮化钠（抑菌剂），在下次层析前应将抑菌剂除去，以免干扰洗脱液的测定。

凝胶不再使用时可将其回收，一般方法是将凝胶用水冲洗干净滤干，依次用70%、90%、95%乙醇脱水平衡至乙醇浓度达90%以上，滤干，再用乙醚洗去乙醇，滤干，干燥保存。湿态保存方法是在凝胶浆中加入抑菌剂或用水冲洗至中性，密封后高压灭菌保存。

③ 凝胶层析的应用

a. 脱盐　高分子（如蛋白质、核酸、多糖等）溶液中的低分子量杂质可以用凝胶层析法除去，这一操作称为脱盐。凝胶层析脱盐操作简便、快速，蛋白质和酶类等在脱盐过程中不易变性。适用的凝胶为Sephadex G-10、Sephadex G-15、Sephadex G-25或Bio-Gel p-2、Bio-Gel p-4、Bio-Gel p-6，柱长与直径之比为5～15，样品体积可达柱床体积的25%～30%。为了防止蛋白质脱盐后溶解度降低形成沉淀吸附于柱上，一般用乙酸铵等挥发性盐类缓冲液使层析柱平衡，然后加入样品，再用同样的缓冲液洗脱，收集的洗脱液用冷冻干燥法除去挥发性盐类。

b. 分离提纯　凝胶层析是依据分子量不同来进行分离的。尤其是对于一些大小不同但物理化学性质相似的分子，用其他方法较难分开的情况下，这一分离特性使它成为分离纯化生物大分子的一种重要手段。目前，凝胶层析法已广泛用于酶、蛋白质、氨基酸、多糖、激素、生物碱等物质的分离提纯。

c. 测定高分子物质的分子量　将一系列已知分子量的标准品放入同一凝胶柱内，在同一条件下层析，记录每分钟成分的洗脱体积，并以洗脱体积对分子量的对数作图，在一定分子量范围内可得一直线，即分子量的标准曲线。测定未知物质的分子量时，可将此样品加在测定了标准曲线的凝胶柱内洗脱后，根据物质的洗脱体积，在标准曲线上查出它的分子量。

（5）气相色谱

气相色谱简称GC，它目前发展极为迅速，已成为许多工业部门（如石油、化工、环保等部门）必不可少的分析方法。气相色谱主要用于分离和鉴定气体及挥发性较强的液体混合物，对于沸点高、难挥发的物质可用高效液相色谱进行分离鉴定。

气相色谱按固定相的物态不同可分为气固色谱法（固定相为固体吸附剂）和气液色谱法（固定相为涂在载体上或毛细管壁上的液体）。前者属于吸附色谱，后者属于分配色谱。本节主要介绍气液色谱法。

① 原理

气相色谱中的气液色谱法属于分配色谱，其原理与纸色谱类似，都是利用混合物中各组分在固定相与流动相之间分配情况不同，从而达到分离的目的。所不同的是气液色谱法中的流动相是载气，固定相是吸附在载体上的液体。载体是一种具有热稳定性和惰性的材料，常用的载体有硅藻土、聚四氟乙烯等，载体本身没有吸附能力，对分离不起什么作用，只是用来支撑固定相，使其停留在柱内。分离时，先将含有固定相的载体装入色谱柱中。色谱柱通常是一根弯的或螺旋状的不锈钢管，内径约为3mm，长度由1m到10m不等。当配成一定浓度的溶液样品，用微量注射器注入汽化室后，样品在汽化室中受热迅速汽化，随载气（流动相，仅用于载送试样的惰性气体，如氢、氮、氦等）进入色谱柱中，由于样品中各个组分的极性和挥发性不同，汽化后的样品在柱中固定相和流动相之间不断地发生分配平衡，分离过程如图 2-78 所示。从图中我们可以看出，挥发性较高的组分由于在流动相中溶解度大，因此随流动相迁移快，而挥发性较低的组分在固定相中溶解度大于在流动相中的溶解度，而随流动相迁移慢。这样，易挥发的组分先随流动相流出色谱柱，进入检测器鉴定，而难挥发的组分随流动相移动得慢，后进入检测器，从而达到分离的目的。

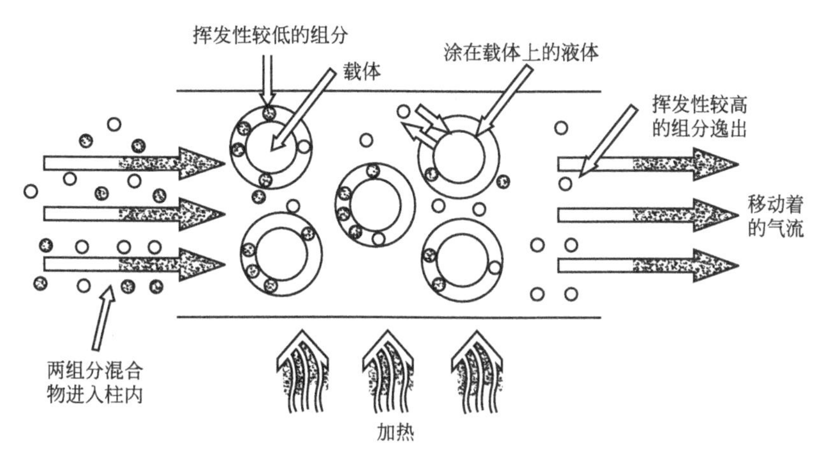


图 2-78 样品在气相色谱中的分离过程

② 气相色谱仪

气相色谱仪包括：载气系统（Ⅰ）、进样系统（Ⅱ）、色谱柱分离系统（Ⅲ）、检测系统（Ⅳ）和数据处理及记录系统（Ⅴ）五个部分（图 2-79）。

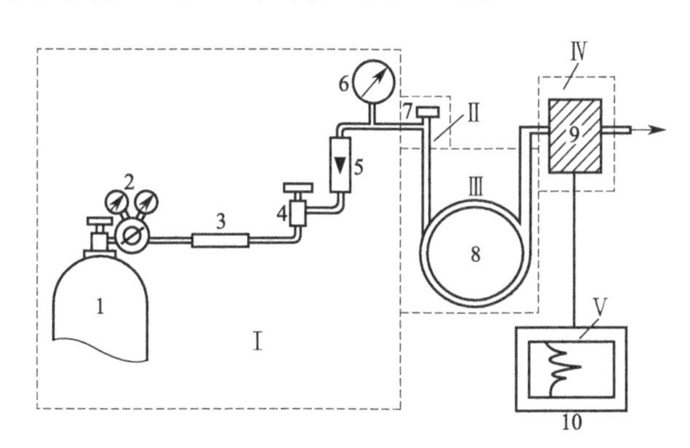


图 2-79 气相色谱仪

1—高压钢瓶；2—减压阀；3—载气净化干燥管；4—针形阀；5—流量计；6—压力表；7—进样汽化器；8—色谱柱；9—检测器；10—记录仪

气相色谱仪的型号有许多种，现以 GC112A 型为例介绍其主要部件。

a. 载气系统　载气系统包括气源、气体净化干燥管、针形阀、稳流阀和稳压阀。

ⅰ. 气源　为气相色谱提供洁净、稳定的连续气流。GC112A 气相色谱仪的气路由载气（氮气）、氢气和空气三种气路组成。后两种气路供氢火焰离子化检测器使用。气体由高压钢瓶提供，其压力为 $(10\sim15)\times10^3$ kPa（约 100～150 $kg\cdot cm^{-2}$）。充灌不同气体的钢瓶涂有不同颜色的色带作为标记，以防意外事故的发生。

ⅱ. 气体净化干燥管　气相色谱仪所用的氮气纯度不应低于99.99%，氢气纯度不应低于99.9%，空气中不应含有水、油和污染性气体。所以三种气体在进入色谱仪前必须经过净化器处理。GC112A型气相色谱仪的净化器由净化管和开关阀组成，连在气源和仪器之间。净化管中装有硅胶和5A分子筛，可除去水分、吸附其他有害气体。使用一段时间后，硅胶和分子筛应取出，并分别在105℃和400℃下烘烤2～3h，冷却后再继续使用。

ⅲ. 针形阀、稳流阀和稳压阀　气相色谱分析要求载气流速稳定，其压力变化应小于1%，为此使用针形阀、稳流阀和稳压阀。GC112A型气相色谱仪采用机械刻度式稳流阀和针形阀来调节三种气体的流量。当上游稳压阀提供稳定的输入气压时，稳流阀上的每一个刻度与所代表的流量呈标准曲线关系。具体流量可从相应的刻度-流量曲线表查得（注意流量与气体种类有关）。刻度-流量曲线的精度约为0.5%，高于通常的转子流量计，所以该仪器省去了转子流量计。

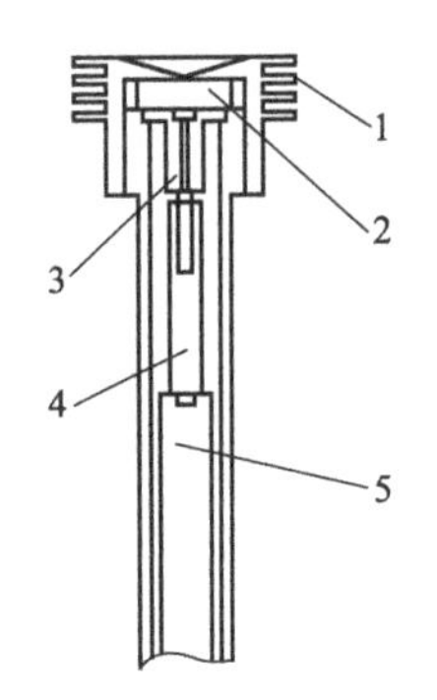

图2-80　GC112A型气相色谱仪进样器

1—散热器；2—密封硅橡胶垫；3—汽化管；4—色谱柱；5—柱接头

b. 进样系统　GC112A型气相色谱仪的进样器结构如图2-80所示。气相色谱分析要求液体试样瞬间汽化，因此需通过控制汽化温度使进样器的加热金属块具有足够的热容量。汽化管内径细，总容积小，气体样品进样后，如柱塞状密集并直接随同载气进入色谱柱。

c. 色谱柱分离系统　色谱柱是色谱仪的重要部件之一。色谱柱的分离效能涉及固定液和载体的选择、固定液和载体的配比、固定液的涂渍状况和固定相的填充状况等许多因素。应根据具体分析要求，选择合适的固定相装填于色谱柱中。色谱柱管的材质有不锈钢、玻璃等。其长度一般为1～6m，内径2～6mm。

d. 检测器系统　检测器是气相色谱仪中的另一个重要部件，最常用的有热导检测器（TCD）和氢火焰离子化检测器（FID），下面分别作介绍。

ⅰ. 热导检测器　利用各种物质具有不同的热传导性质，它们在热敏元件上传热过程的差异可产生电信号。在一定的组分浓度范围内，电信号的大小与组分的浓度呈线性关系，因此热导检测器是浓度型检测器。该检测器有两臂和四臂两种，池体一般采用不锈钢材料，在池体上有孔径相同的呈平行对称的两孔道或四孔道，将阻值相等的铼钨丝或其他金属丝热敏元件装入孔道，分别作参比臂和测量臂，构成两臂或四臂的热导检测器，后者比前者的灵敏度高一倍。两臂热导检测器是将两根材料相同、长度一样且电阻值相等的热敏电阻丝作为惠斯通（Wheatstone）电桥的两臂，利用含有样品气的载气与纯载气热导率的不同，引起热敏丝的电阻值发生变化，使电桥电路不平衡，产生信号。这些信号通过衰减器在记录仪上产生相应组分的色谱峰。热导检测器结构简单，稳定性比较好，而且对所有物质都有响应，因此应用比较广泛。

ⅱ. 氢火焰离子化检测器　简称氢焰检测器，是另一种常用的检测器。它对含碳有机化合物有很高的灵敏度，一般比热导检测器的灵敏度高几个数量级，但它对某些物质，如$H_2O$、$CO_2$、$CCl_4$等几乎没有响应。氢焰检测器的稳定性好，对载气流速波动、检测器温度变化等不敏感，而且它有较宽的线性范围，在$10^6$以上。同时它还具有结构简单、响应快、死体积小等优点，是一种较为理想的检测器。在氢气和空气燃烧形成的火焰里，只有极少数的离子生成，如果在火焰之间安一对电极并加一定电压，就可以收集到10～12A的微电流。若向燃烧的火焰中引入少量的有机物，由于有机物的电离，产生较多离子，此电流将急剧增加，增大的电流与引入有机物的速率成正比。因此，检测增大的电流就可以对引入的有机物进行检测和定量，这就是氢焰检测器的基本原理。关于有机物在氢焰检测器中的离子化机制，至今还不十分清楚。目前被普遍接受的是化学电离的机制，即认为有机物在火焰中发生自由基反应而被电离。GC112A 型气相色谱仪的氢焰检测器结构如图 2-81 所示，其主要部件是火焰喷嘴、发射极（或称极化极）和收集极。

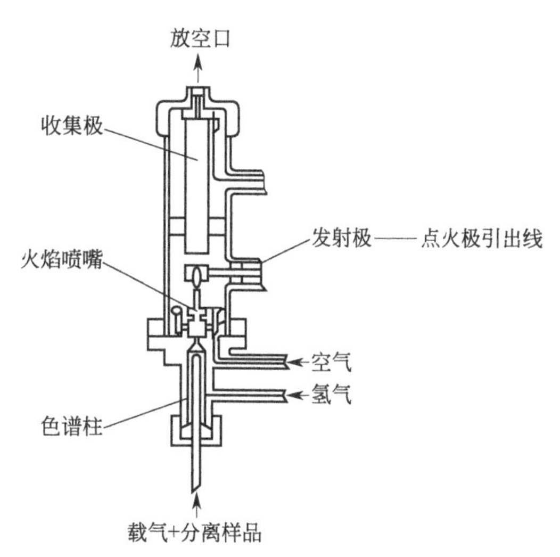


图 2-81　GC112A 型气相色谱仪的氢焰检测器

e. 温度控制系统　除气态试样可在室温下直接进行气相色谱分析外，在所有液态试样的色谱分析中，对色谱柱、检测器、进样器以及程序升温等的温度都必须严格进行控制，因为这将直接影响到色谱柱的选择性和分离效率，检测器的灵敏度和稳定性，关系到实验的成败。因此每一台色谱仪中都有一套温度控制系统。

③ 气相色谱仪的操作步骤　以 GC112A 型气相色谱仪为例，介绍仪器的操作步骤。该仪器是国产通用型气相色谱仪，仪器的基型配有双氢火焰离子化检测器，具有双气路、双进样器系统，可进行填充柱或毛细管柱分析。图 2-82 是该仪器的原理框图。

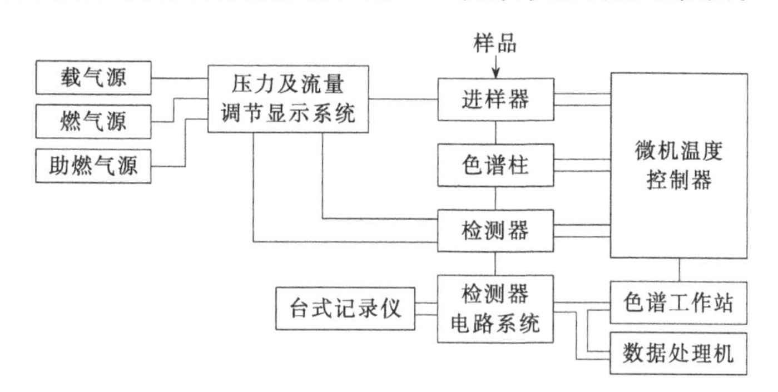


图 2-82　GC112A 型气相色谱仪的原理框图

GC112A 型气相色谱仪操作步骤如下。

a. 开机前确认以下部位正常：载气（氮气）、氢气及空气的外气路无漏气；所使用的色谱柱已经安装好；FID 检测器连接为双检测器方式。

b. 打开载气（氮气）气源，调节低压阀螺杆至低压表指示 500kPa。调节气路面板上的两个载气稳流阀，将 A、B 两路载气流量调到合适值。

c. 打开主机电源，在仪器面板上设定柱箱、进样器和检测器的温度。设定方法如下。

ⅰ. 按【柱箱】→按【初始温度】→按数字键（所设的温度值）→按【键入】。

ⅱ. 按【进样器】→按数字键（所设的进样温度值）→按【键入】。

ⅲ. 按【换挡】→按【检测器】→按数字键（所设的 FID 检测器温度值）→按【键入】。

ⅳ. 按【起始】，柱箱、进样器和检测器开始升温，当三者均达到设定值时，面板上的（准备）灯亮。

d. 在放大器面板上设定 FID 放大器状态。步骤如下。

ⅰ. 按【量程】→按数字“2”（量程为 $10^8$）。（数字“0”代表量程 $10^{10}$，数字“1”代表量程为 $10^9$。）

ⅱ. 按【极性】→按数字“1”（输出设定为“+”）。（按数字“2”表示输出设定为“—”。）

e. 待进样器、检测器和柱箱温度达到设定值后，打开空气、氢气气源，使空气低压阀指示约 500kPa，氢气低压阀指示约 300kPa，并在仪器顶部的气路面板上调节两组针形阀旋钮，使 A、B 两路空气和氢气流量适当。

f. 打开计算机，进入 PJ-2000 色谱工作站的采样窗口。调节至基线监视状态。

g. 在 FID 放大器面板上分别按两个点火按钮（FIDA 和 FIDB）点火（按住几秒钟后放开）。检查点火是否成功。检查的方法有两种：一是观察点火时色谱工作站的采样窗口中基线是否出现一个向上或向下的大的抖动；二是用一个表面皿放在离子室的“放空口”，若表面皿上有水蒸气凝结，说明火已点燃。

h. 从 FJ-2000 色谱工作站“样品采集”窗口观察基线是否漂移。待基线平稳后即可进样分析。

i. 实验完毕后，首先关闭氢气和空气旋钮，待灭火后，在仪器面板上设定柱箱、进样器和检测器温度均为 50℃。当温度下降到设定温度后，依次关主机电源、气源等。

④ 进样操作要点

a. 进样时要求注射器垂直于进样口。左手扶着针头，以防针头弯曲。右手拿注射器，食指卡在注射器芯子和注射器管的交界处，这样可避免当针插到气路中由于载气压力较高把芯子顶出，影响正常进样。

b. 注射器取样时，应先用被测试液洗涤 5～6 次，然后缓慢抽取一定量试液。若有空气带入注射器，可将针头向上，待空气排除后，再排除多余的试液便可进样。实验完成后，应及时用乙醚或丙酮清洗注射器多次，以免注射器堵塞。

c. 进样时要求操作稳当、连贯、迅速，进样针位置及速度、针尖停留和拔出速度都会影响进样重现性。一般进样相对误差为 2%～5%。

d. 要经常注意更换进样器上的硅橡胶密封垫片，该垫片经 10～20 次穿刺进样后，气密性降低，容易漏气。

⑤ 气相色谱分析

图 2-83 为三组分混合物的气相色谱。当每一组分从柱中洗脱出来时，在色谱图上出现一个峰，当空气随试样被注射进去后，由于空气挥发性很高，它和载气一样，最先通过色谱柱，故第一个峰是空气峰。从试样注入到一个信号峰的最大值时所经过的时间叫作某一组分的保留时间，例如图中 A 组分的保留时间用 $t_r$（A）表示为 3.6min，在色谱条件相同的情况下，一个化合物的保留时间是一个常数，无论这个化合物是以纯的组分或以混合物进样，这个值不变。为了比较保留时间，测量时必须使用同一色谱柱，进样系统以及柱系统有相同的温度，并且载气和流速等条件完全相同。气相色谱可用于定性分析和定量分析。

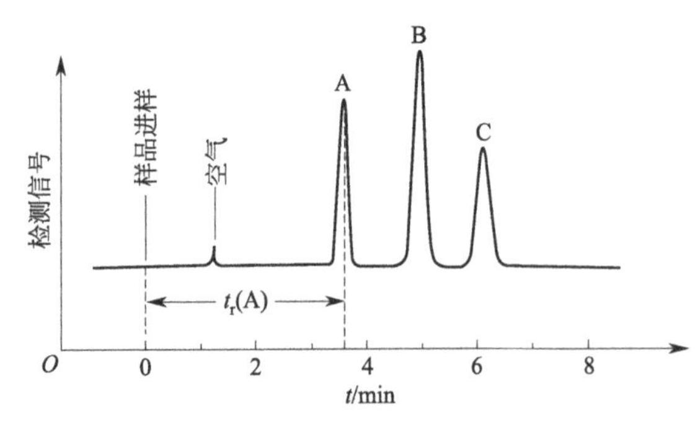

图 2-83　三组分混合物的气相色谱

a. 定性分析　比较未知物与已知物的保留时间，可以鉴定未知物。若在相同的色谱条件下，未知物与已知物的保留时间相同，可以认为两者相同，但不能绝对地认为两者相同，因为许多有机化合物具有相同的沸点，许多不同的有机化合物在特定的色谱条件下可能会有相同的保留时间。为了准确地鉴定未知物，必须保证在几种极性不同的固定液柱中未知物与已知物都有相同的保留时间。如果未知物和已知物在相同的色谱条件下，在任意一种柱上保留时间不同（±3%），那么这两个化合物不相同。另一种定性鉴定的方法叫作峰（面积）增高（大）法，即把怀疑的某纯化合物掺进混合物，与未掺进前的色谱进行比较，看峰的高度（面积）有无变化，若某一个峰增高（面积增大），那么可以确定两者相同。

当各个组分从气相色谱仪出口分离出来时，用冷的捕集器可以分别接收，以便做进一步的分析鉴定用。

b. 定量分析　气相色谱用于定量分析少量挥发性混合物的根据是：被分析组分的质量（或浓度）与色谱峰面积成正比，通过测量相应的峰面积，可以确定混合物组成的相对量。

最简单的测量峰面积的方法是三角形峰面积的近似值法，即用峰高 $h$ 乘以半峰高 $W_{1/2}$，得峰面积 $A$（图 2-84）。这个方法快速，并能给出较准确的结果(要求峰形是对称的)。如果峰宽狭窄到以至不能准确测量的话，可以使用一个较快的记录速率，使狭峰变为较宽的峰。

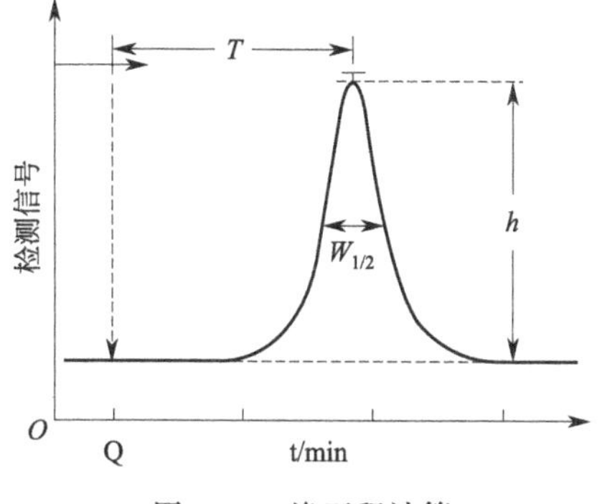

图 2-84　峰面积计算

相对峰面积的测量，也可以采用把峰剪下来，在分析天平上称其质量。好的定量记录纸每单位面积的质量相同，被剪下峰的质量正比于峰的相对面积。这个方法准确度高，特别适用于不对称峰面积的测量。

还有一种测量峰面积的方法叫作峰高定量法。即用峰的高度代替峰面积，这种方法快速，但准确度稍差。

峰面积确定后，混合物中各个组分的质量分数可用每一组分的面积除以总的峰面积乘以100%，即

$$w_{\mathrm{i}}=\frac{A_{\mathrm{i}}}{A_1+A_2+A_3+\cdots+A_n}\times 100\%$$

式中，$A_{\mathrm{i}}$ 为任一组分峰面积；$A_1$，…，$A_n$ 为各组分峰面积；$w_{\mathrm{i}}$ 为任一组分的质量分数。

定量分析还可以采用定量校正因子法。在一定的色谱条件下，组分 $i$ 的质量 $m_{\mathrm{i}}$ 或其在流动相中的浓度，与检测器的响应信号峰面积 $A_{\mathrm{i}}$ 或峰高 $h_{\mathrm{i}}$ 成正比：

$$m_{\mathrm{i}}=f_{\mathrm{i}}^{A}\cdot A_{\mathrm{i}} \text{ 或 } m_{\mathrm{i}}=f_{\mathrm{i}}^{h}\cdot h_{\mathrm{i}}$$

式中，$f_{\mathrm{i}}^{A}$ 和 $f_{\mathrm{i}}^{h}$ 称为绝对校正因子。

这个公式是色谱定量的依据。不难看出，响应信号 $A$、$h$ 及校正因子的准确测量直接影响定量分析的准确度。

由于峰面积的大小不易受操作条件如柱温、流动相的流速、进样速度等因素的影响，故峰面积更适于作为定量分析的参数。测量峰面积一般都配有准确的电学积分仪。

绝对校正因子：

$$f_{\mathrm{i}}^{A}=m_{\mathrm{i}}/A_{\mathrm{i}}$$

式中，$m_{\mathrm{i}}$ 可用质量、物质的量及体积等物理量表示，相应的校正因子分别称为质量校正因子、摩尔校正因子和体积校正因子。

由于绝对校正因子受仪器和操作条件的影响很大，其应用受到限制，一般采用相对校正

因子。相对校正因子是指组分 i 与基准组分 s 的绝对校正因子之比，即：

$$f_{is}^{A}=A_{s}m_{i}/A_{i}m_{s}$$

因绝对校正因子很少使用，一般文献上提到的校正因子就是相对校正因子。

根据不同的情况，可选用不同的定量方法：归一化法、外标法或内标法。

ⅰ.归一化法是将样品中所有组分之和按 100%计算，以它们相应的响应信号为定量参数。该法简便、准确，当操作条件变化时，对分析结果影响较小，常用于定量分析，尤其适合于进样量少而体积不易准确测量的液体试样。但采用该法进行定量分析时，要求试样中各组分产生可测量的色谱峰。

ⅱ.外标法的优点是操作简单，因而适用于工厂控制和自动分析；但结果的准确度取决于进样量的重现性和操作条件的稳定性。

ⅲ.当只需测定试样中某几个组分，或试样中所有组分不可能全部出峰时，用内标法。内标法就是将一定量的内标物加入样品后进行分离，然后根据样品质量（$W_{m}$）和内标物质量（$W_{s}$）以及组分和内标物的峰面积（$A_{i}$ 和 $A_{s}$），按下式即可求出组分的含量：

$$Pi=A_{i}f_{i}'W_{s}/A_{s}f_{s}'W_{m}\times 100\%$$

式中，$f_{i}'$ 和 $f_{s}'$ 分别为被测组分和标准物的相对定量校正因子。它定义为样品中各组分的定量校正因子（$f_{i}$）与标准物的定量校正因子（$f_{s}$）之比，即

$$f_{i}'=f_{i}/f_{s}=W_{i}A_{s}/A_{i}W_{s}$$

式中，$W_{s}$ 和 $W_{i}$ 分别为标准物和被测组分的质量。为简便，常以内标物本身作为标准物，其 $f_{s}'=1.00$。

## 六、离子交换分离法

离子交换分离法主要用于溶液中离子的分离与富集，它利用离子交换剂与溶液中离子间发生的交换反应来实施离子的分离，该法不但可分离异性离子，也可以分离同性且性质相近的离子混合物。元素的提取、有机物的纯化精制及水的净化中都用到这种分离技术。

(1) 离子交换剂及分离性能

许多物质如无机氧化物、难溶盐、天然与人工合成泡沸石以及具有活性功能的有机聚合物都具有一种离子与另一种离子发生交换的能力。实验室典型的无机材料离子交换剂是采取把具有交换活性的基团通过化学键合在硅胶的—OH 上；典型的有机离子交换剂是离子交换树脂，它是通过化学方法在聚苯乙烯、酚醛、聚甲基丙烯酸等聚合物的网状骨架结构上键合上具有交换作用的官能团，这些聚合物有的呈凝胶态，有的呈大孔态固相，它们不溶于水、酸、碱和大多数有机溶剂，与弱氧化剂或还原剂不发生作用，仅是键合的活性官能团与外界离子发生交换反应。离子交换剂的交换容量是指每克树脂可交换的离子的物质的量(mmol)。常用离子交换树脂根据其活性官能团的性质及化学活性可分为阳离子交换树脂、阴离子交换树脂、两性离子交换树脂和特殊性能离子交换树脂等，详见表 2-8。

**表 2-8　离子交换树脂分类**

| 名　称 | 官能团性质 | 官能基团 | pH 应用范围 |
|---|---|---|---|
| 阳离子交换树脂 | 强酸性 | 磺酸基 | 0～14 |
| 阳离子交换树脂 | 弱酸性 | 羧酸基、磷酸基 | 5～14 |
| 阴离子交换树脂 | 强碱性 | 季氨基 | 0～12 |
| 阴离子交换树脂 | 弱碱性 | 伯、仲、叔氨基 | 0～9 |
| 两性离子交换树脂 | 强碱-弱酸性 | 季氨基+羧酸基 | 5～12 |
| 两性离子交换树脂 | 弱酸-弱碱性 | 伯氨基+羧酸基 | 5～9 |
| 螯合型离子交换树脂 | 配位 | 氨羧基 | 0～9 |
| 氧化还原型交换树脂 | 电子转移 | 硫醇基、对苯二酚基 | |

离子交换剂对离子的交换亲和力一般随离子电荷的增大、水合离子的半径变小、极化度的增大而增大。如强酸性阳离子交换树脂对阳离子亲和力顺序为：

一价阳离子　$Li^{+}<H^{+}<Na^{+}<NH_4^{+}<K^{+}<Rb^{+}<Cs^{+}<Tl^{+}<Ag^{+}$

二价阳离子　$Mg^{2+}<Zn^{2+}<Co^{2+}<Cu^{2+}<Ni^{2+}<Ca^{2+}<Cr^{2+}<Pb^{2+}<Ba^{2+}$

强碱性阴离子交换树脂对阴离子的亲和力顺序为：

$$F^{-}<OH^{-}<CH_3COO^{-}<HCOO^{-}<Cl^{-}<NO_2^{-}<CN^{-}<Br^{-}$$
$$<C_2O_4^{2-}<NO_3^{-}<HSO_4^{-}<I^{-}<CrO_4^{2-}<SO_4^{2-}$$

显然，若将离子混合物注入离子交换柱中，在流动条件下交换时，强亲和力的离子必然不断与弱亲和力的离子竞争交换，置换取代弱亲和力离子的位置并造成不同的迁移速度，在交换柱的上下形成按亲和力大小排布的被交换离子分层排布的梯度，这就是离子交换分离离子的依据。

当然也可以利用高浓度的弱亲和力离子逆向取代被交换于树脂上的强亲和力离子，这正是利用了离子交换反应的可逆特性，即交换反应条件改变时，交换的方向可以被改变。通过改变条件，被交换上的离子又能据其亲和力从小到大而被依次脱洗下来，达到最后的分离。这也是离子交换剂可再生、反复使用的原因所在。

螯合型离子交换树脂对离子的交换作用则是由于其活性基团具有配位螯合物阳离子的作用，使离子形成螯合物被分离。但螯合物稳定性一般随 pH 变化而改变，通过改变洗脱剂 pH，可使螯合物解离而被洗出。

（2）离子交换分离的操作

离子交换分离一般采用流动法，其操作方法与吸附色谱柱分离法基本相同。待分离混合液由柱上口缓缓加入进行交换反应，再用同酸度溶剂洗涤未交换离子，最后加洗脱剂洗脱分离出交换离子。洗脱实际上是交换的逆过程。

操作中值得注意的是离子交换剂的选择。一般来说，若分离物质是金属离子或有机碱类，可选用阳离子交换剂；若为无机阴离子或有机酸类，则选用阴离子交换剂；有时对金属离子可先与配位剂形成带负电荷的配合物离子，再选用阴离子交换剂实施分离。

（3）洗脱剂及洗脱的方法和原理

被交换于树脂上的离子的分别洗脱分离是离子交换分离法中的重要步骤。常用洗脱分离方法有以下几种。

① 利用亲和力的差异分离

由于被交换结合的各种离子与交换剂的亲和力不同，当采用洗脱剂洗脱时，亲和力小的离子先被分离出来。但随着洗脱剂浓度的不断增大，使离子根据与交换剂亲和力的大小由小到大依次被洗脱分离。如采用二价乙二胺阳离子为洗脱剂分离二价和三价金属离子时，在 $0.1mol \cdot L^{-1}$ 浓度下，二价离子依次洗脱分离，在 $0.5mol \cdot L^{-1}$ 浓度下，三价离子依次洗脱。

② 改变洗脱剂酸度的洗脱分离

改变酸度实际上对阴、阳离子交换剂来说就是通过改变洗脱剂的 $H^{+}$ 或 $OH^{-}$ 的浓度，使被交换结合离子逆向交换脱出，达到分离离子的目的。对螯合型或氧化、还原性交换剂则是利用 pH 的改变，使原交换反应产物稳定性下降，分解洗脱出待分离的离子。例如 a-羟肟螯合树脂可在 pH＝3.5 的乙酸盐溶液中交换螯合溶液的铜（Ⅱ）离子，当采用 $0.1mol \cdot L^{-1}$ 乙酸洗脱时，可使螯合物分解，分离出铜（Ⅱ）离子。

③ 利用配位剂洗脱分离

许多有机酸和无机酸对金属离子有选择性配位作用，可形成不同稳定性的配合物离子，当其稳定性大于被交换结合的离子稳定性时，就可利用配位剂作洗脱剂从交换剂上洗脱并夺取已被交换结合的离子，一般能与配位剂形成最稳定配合物的离子优先被洗脱下来。如利用 $0.1\sim0.6\text{mol}\cdot\text{L}^{-1}$ 氢溴酸的配位作用，可依次洗脱出汞（Ⅱ）、铋（Ⅱ）、锌（Ⅱ）和铜（Ⅱ）离子，形成它们与溴的配合物，其他阳离子则仍留在交换柱上。具配合作用的无机酸有 HF、HCl、HBr、HI、HSCN 及 $H_2SO_4$，有机酸则大多具有配合作用。

④ 利用有机溶剂增强洗脱分离能力

与水溶液相比，有机溶剂可大大提高金属离子与配位剂形成的配合物的稳定性，有利于实施离子的有效分离。如在稀盐酸洗脱时，逐步加入丙酮（从40%到95%），可在阳离子交换柱中依次分离出锌（Ⅱ）、铁（Ⅱ）、钴（Ⅱ）、铜（Ⅱ）和锰（Ⅱ）离子，这是因为在有机溶剂中金属阳离子与无机阴离子形成配合物比在水中要容易且稳定得多。

## 七、膜分离技术

膜是很薄的一层物质，这层物质可以是固态或者液态。膜分离是利用天然或人工合成的薄膜来实施混合溶液或混合气体中所需的物质分子或离子的有效分离。这种膜材料由于其组成和结构上的特殊性，使它们具有规律的微孔结构，或具有电性、或具有某些独特的物理、化学活性，可选择性地分离液相或气相混合物中存在的某些物质。如天然膜中，膀胱的渗透现象，海带在海水中富集碘的作用，都是由于膜的功能性选择分离作用，因此我们也称这种膜为功能性分离膜。用于实际分离的膜一般有固态膜和液态膜两类。

(1) 固态膜分离法

① 固态膜分类

常见的固态膜分离根据膜性质及膜孔隙大小分为离子交换膜（IEM）、离子膜（IM）、渗透膜（DM）、反渗透膜（ROM）、超滤膜（UFM）、微孔过滤膜（MFM）、功能性无孔质膜（FSM）等。其中功能性无孔质膜是由高分子材料制成，常用于 $1\times10^{-7}$cm 以下微小粒子的分离。它与前几种固态膜不同的是膜中没有结构造成的孔隙，它的分离机理是利用该高分子链间小于 $1\times10^{-7}$cm 的无规间隙。当被分离的低分子物质置于膜中时，借助分离物质形成的浓度梯度在其中扩散移动，在达到膜的另一侧时，借助外场作用脱离出来。这种膜由于高分子化学结构不同、所连接功能基不同，导致待分离物质分子在其中扩散性能也不同，故此膜可进行有选择性的精细分离。

固态膜分离发展到今天已是一种较成熟的分离技术，其中离子交换膜和空心纤维已大量应用于工业分离。

② 分离原理

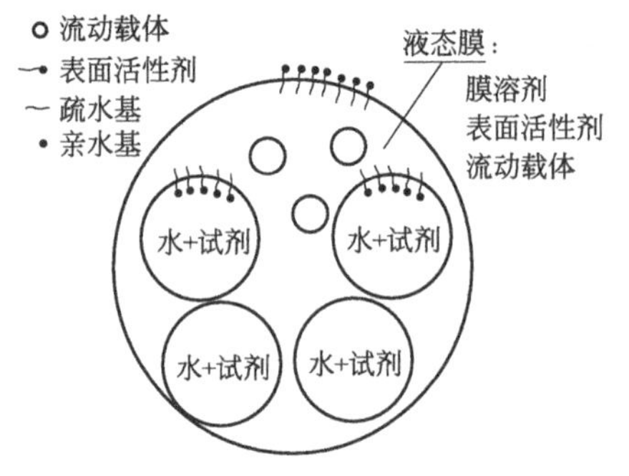

图 2-85　液态膜结构示意

固态膜的组成基本上都是经过交联的有机高分子化合物，这种膜的分离作用主要是基于膜物质结构形成的分子间隙或孔径，可筛分大小不同的分子或离子；有的则是基于膜的电荷性，靠静电作用选择性地分离透过不同电性的离子；也有的是基于膜的离子交换作用来实现物质的分离。

(2) 液态膜分离法

液态膜分离是利用成膜溶剂在两个组成不同且相互溶解的溶液之间形成一层与两溶液不相溶的液态膜（图 2-85）来实现膜两侧溶液中物质的渗透分离。它主要利用膜溶剂对膜外不相溶体系中欲分离物质的选择性溶解，通过溶解溶入膜内，再迁移输送至膜的另一侧释放，达到物质的渗透分离。由于液态膜极薄，又具有液体的流动性，因此液态膜对分离物质有极高的迁移流通量，这是一般固态膜所无法比拟的。

① 液态膜组成与分类

液态膜组成中膜溶剂占90%以上，这是成膜的基本物质，具有一定黏度，能保证成膜具有较高机械强度，不易破裂。其次膜中表面活性剂占总量的1%～5%，利用其亲水基、疏水基在膜两侧表面的定向排列来稳定液膜形状，固定界面。由上述两种物质组成的膜称为非流动载体液膜。另一类液态膜的组成除上述两物质外，还在膜中引入适量的可溶于液态膜的流动载体（占膜总量的1%～5%）。所谓流动载体是指能溶解于膜中并对欲分离物在膜中的溶解能起到增溶作用的物质，或可与欲分离物发生配位、离子交换反应，生成可溶于膜相的化合物的物质。总之，它的存在可促进欲分离物在膜内的迁移输送，这类膜称为流动载体液膜。

② 分离原理

处于分离液中的液态膜，由于周边环境的不同，可能发生如图2-86所示的物理化学过程。

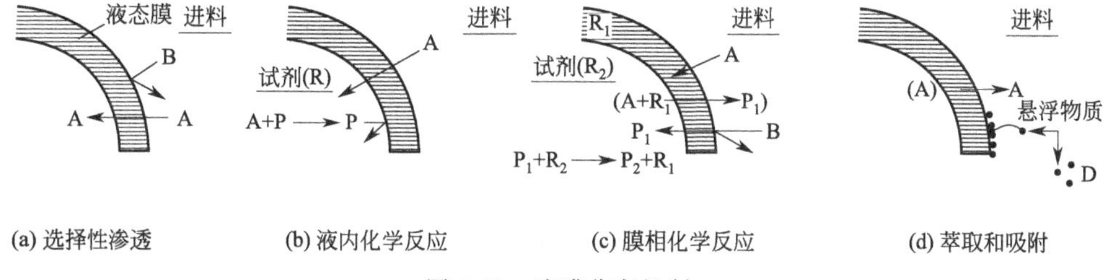


(a) 选择性渗透　(b) 液内化学反应　(c) 膜相化学反应　(d) 萃取和吸附

图2-86　液膜分离机制

a. 选择性渗透是利用A在液态膜内外的浓度梯度以及膜溶剂对A的可溶解性，使A由外相迁移渗透至内腔相，如图2-86(a)所示。

b. 液内化学反应是利用内腔相存在的R试剂与A反应生成不溶于膜的P，使外相的A无限制渗透至内腔相，形成A的逆浓度梯度渗透，促进了分离的效果，如图2-86(b)所示。

c. 膜相化学反应是利用膜中的流动载体$R_1$与不溶于膜溶剂的A在相界面发生化学反应，生成溶于膜的$P_1$，促进A在膜相中的溶解，再利用膜内腔相存在的$R_2$试剂与$P_1$在内相界面发生交换反应、酸碱反应、配合反应或同离子效应等，使A以及其他化合物形式$P_2$转移至内膜相，同时再生出的$R_1$回到膜中，保证了膜中流动载体$R_1$的有效浓度。整个过程实际上促进了A不断迁移到内腔，这里$R_2$与$P_1$间的反应其实是促进A与$R_1$反应的动力源，起到代谢泵的作用，如图2-86(c)所示。

d. 利用分离物A在液相和膜相中溶解度的不同，使A被部分萃取至膜相之中，如图2-86(d)所示。

e. 利用液膜界面的表面自由能，物质D被吸附在膜表面层，如图2-86(d)所示。

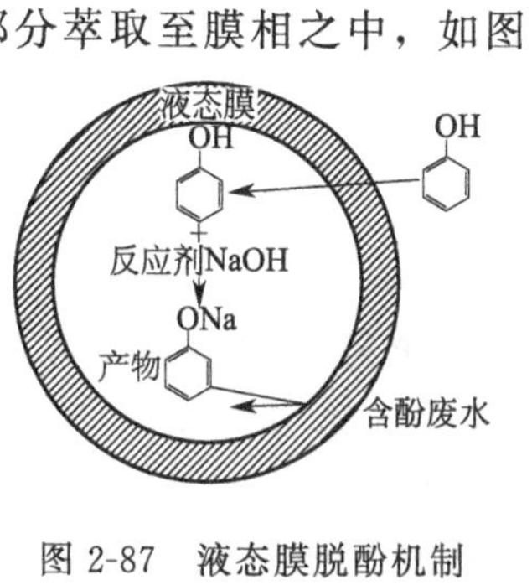

对于非流动载体液态膜，其分离机制符合图2-86(a)和图2-86(b)。其中图2-86(b)可促进分离物逆浓度梯度分离。在分离水中的微量酚时（图2-87），所用有机液态膜可萃取水中的酚。若液态膜泡内腔相含氢氧化钠，则钠离子可与移向内腔相的酚反应，生成不溶于液态膜的苯酚钠，防止了内腔酚的反向

图2-87　液态膜脱酚机制

渗透，降低了酚在内腔相的浓度。这种现象的发生进一步促使外相中的酚向膜内迁移，直至外相中酚被彻底分离清除。

③ 液态膜分离的实验操作

实验室液态膜分离所用的液态膜有隔膜形和球形两种。

a. 隔膜形液态膜　它多在多孔薄层固体表面靠吸附、涂覆或用膜溶剂溶胀高分子膜，通过膜溶剂控制其分离渗透性能来实现。也有用如图 2-88(a)、图 2-88(b) 中的液层形式形成无支撑液态膜。

b. 球形液膜　球形液态膜分单滴形和乳状液形两种，如图 2-88(c)、图 2-88(d) 所示。乳状液形较常用，其液滴小、表面积大、稳定，故物质渗透快、分离效率高，且便于操作。乳状液态膜分离的工序如图 2-89 所示。其中制乳、混合接触、分离和破乳是操作中的关键环节。

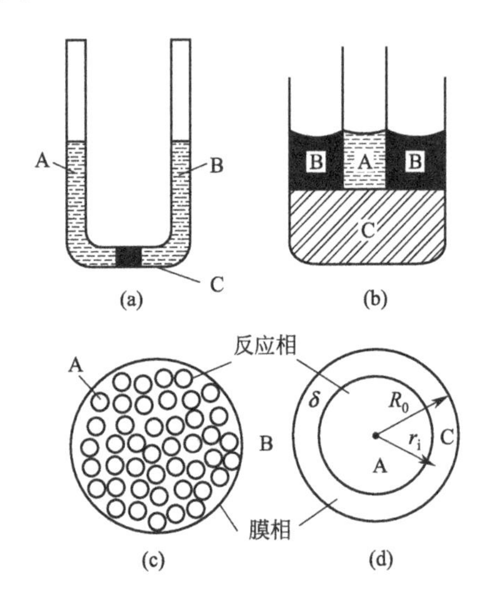


图 2-88　液态膜结构

A—含杂质溶液；B—待分离溶液；C—液态膜；
δ—膜厚度；$R_0$—乳状液态膜珠粒外径；
$r_i$—乳状液态膜珠粒内径

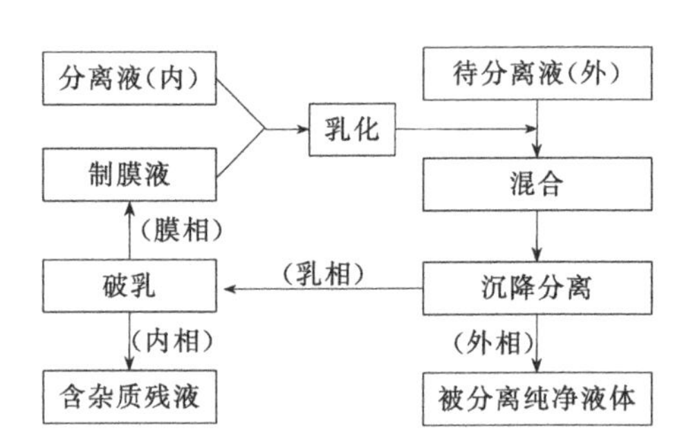


图 2-89　乳状液态膜分离工序

# 第三节　谱学分析技术

近年来，国内外有机化学实验中已广泛使用现代分析仪器测定有机化合物的结构。鉴定有机化合物结构最常用的波谱方法有：红外光谱（infrared spectroscopy，IR）、核磁共振（nuclear magnetic resonance，NMR）、紫外光谱（ultra-violet spectroscopy，UV）、质谱（mass spectrometry，MS）和 X 衍射（X-ray）等。除质谱外，这些波谱方法都是利用不同波长的电磁波与物质分子的相互作用而建立起来的测定方法。波谱法具有微量、快速及不破坏被测试样品的结构等优点，它的出现促进了复杂有机化合物的研究和有机化学的发展。

## 一、紫外及可见吸收光谱

(1) 基本原理

紫外及可见吸收光谱又称电子光谱，因为紫外光和可见光的能量大致与分子内部的价电子能级差相当，用紫外或可见光照射分子时，能引起价电子能级跃迁。

在普通有机分子中有三种不同性质的价电子：形成单键的σ电子，形成双键、三键的π电子以及未成键的n电子。通常情况下，成键电子（σ或π电子）处于基态（即在成键轨道σ或π上），当分子吸收了紫外或可见光的能量后，它们就跃迁到相应较高能级的反键轨道（$\sigma^*$或$\pi^*$）上，处于非键轨道上的n电子也能跃迁到反键轨道上。跃迁主要有四种方式：$\sigma\rightarrow\sigma^*$，$\pi\rightarrow\pi^*$，$n\rightarrow\sigma^*$，$n\rightarrow\pi^*$。其中σ和$\sigma^*$之间的能级差最大，即$\sigma\rightarrow\sigma^*$跃迁所需要的能量最大，所用于激发的电磁波波长最短；$n\rightarrow\pi^*$跃迁所需的能量最小，用于激发的电磁波波长最长。共轭双键中的$\pi\rightarrow\pi^*$跃迁所需的能量低于孤立双键$\pi\rightarrow\pi^*$，共轭体系越大，$\pi\rightarrow\pi^*$跃迁所需能量越低，吸收波长越长。图2-90给出了各种不同电子跃迁所需要的电磁波波长区域。由于一般用于检测有机物紫外及可见光谱的商品仪器检测范围大致在190～800nm，所以实际上只能检测，$n\rightarrow\pi^*$，共轭的$\pi\rightarrow\pi^*$以及部分$n\rightarrow\sigma^*$跃迁的信号。

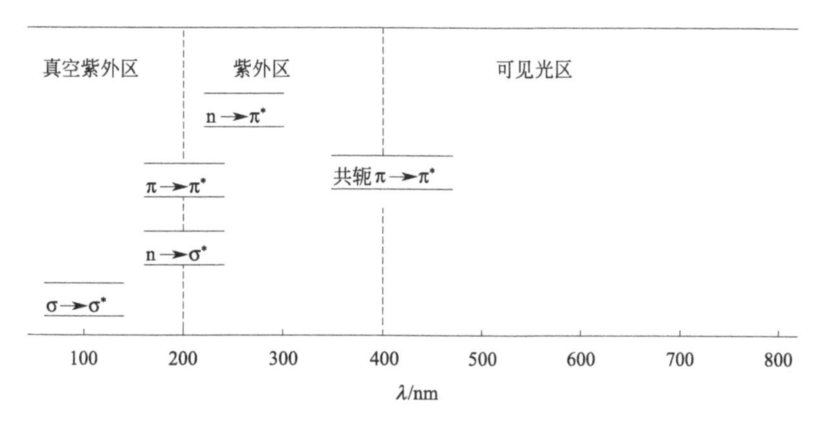


图2-90　各种不同电子跃迁所需要的电磁波波长区域

由此可见，只有分子中含有下述基团的化合物才能检测到紫外或可见光谱：

a. 双键上有杂原子的基团，如C═O、C═N、C═S、$NO_2$等，这些基团都能发生$n\rightarrow\pi^*$跃迁；

b. 共轭双键（或三键），如C═C—C═C、C═C—C═O和苯环等，它们都能发生共轭的$\pi\rightarrow\pi^*$跃迁。

这些在紫外和可见光区域能产生吸收带的基团叫作生色团。饱和烃和大部分饱和烃的简单衍生物，如醇、醚、胺、氯代烃等都检测不到紫外信号，也就是说不能用紫外吸收光谱来研究。

通常把$n\rightarrow\pi^*$跃迁产生的吸收带叫作R带；把共轭的$\pi\rightarrow\pi^*$跃迁产生的吸收带叫作K带；把苯环或其他芳香环产生的吸收带叫B带和E带。R带的特征是吸收波长较长，在270～300nm吸收强度弱，摩尔吸收系数$\varepsilon<100L\cdot mol^{-1}\cdot cm^{-1}$；K带的吸收波长比R带小，但吸收强度很大，$\varepsilon>10^4L\cdot mol^{-1}\cdot cm^{-1}$；B带的吸收强度中等，$\varepsilon\geqslant10^2L\cdot mol^{-1}\cdot cm^{-1}$，在非极性溶液中会产生精细结构，苯环的B带在270nm左右。图2-91是丙酮在环己烷溶液中的紫外吸收光

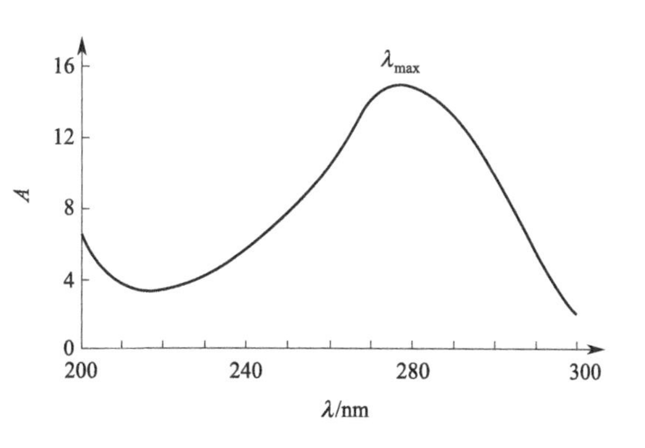


图2-91　丙酮的紫外吸收光谱

谱，其横坐标为波长 $\lambda$(nm)，纵坐标为吸收度 $A$。从图中可以看到紫外吸收峰很宽，通常用最大吸收波长 $\lambda_{max}$，即一个吸收峰吸光度最大处的波长，来表示该峰的位置。利用化合物是否有紫外吸收光谱，紫外吸收光谱中吸收带的位置和强度，能够判断化合物中是否有生色团，有什么样的生色团，进而确定化合物的类型。但必须注意，紫外吸收光谱是某种特定结构的价电子跃迁产生的吸收光谱，两个不同的化合物只要它们引起紫外吸收光谱的结构单元（生色团及相连部分的基团）相同，就会产生十分相近的紫外吸收光谱。因此用紫外吸收光谱进行定性分析有相当大的局限性。

与可见光吸收光谱一样，在选定波长下，吸光度与物质的浓度符合朗伯-比耳定律，即

$$A=\lg\frac{I_0}{I}=\varepsilon cl$$

式中，$A$ 为吸光度；$I_0$ 为入射光强度；$I$ 为透射光强度，$\varepsilon$ 为摩尔吸收系数，$L\cdot g\cdot cm^{-1}$；$c$ 为物质浓度，$g\cdot L^{-1}$；$l$ 为样品厚度，cm。

利用上式可以进行紫外吸收光谱的定量分析。

(2) 操作步骤（以 TU-1800PC 型为例）

a. 开机　首先打开辅助设备（如打印机等），然后打开光度计电源开关，最后打开计算机电源开关，进入 Windows 操作环境。确认样品室中无挡光物，在【开始】菜单下选择【程序】→【TU-1800】→【TU-1800UVWin 窗口软件】启动 TU-1800 控制程序，光度计开始自检，出现初始化工作画面，自检整个过程约需 4min。仪器还需要预热 15～30min 后才能开始测量。

b. 选择测量方式　本仪器共有四种测量方式可供选择：光谱测量——测量样品的光谱曲线；光度测量——测量样品相应波长的吸光度；定量测定——测量并计算样品浓度；时间扫描——记录样品在相应波长的吸光度随时间变化的曲线。单击工具条上相关的按钮或选择菜单【应用】→【××××】（指相关的测量方式），打开相应的工作窗口。

c. 设定参数　单击工具条上“参数设定”按钮或选择菜单【配置】→【参数】，在弹出的相应测量方法的参数设定对话框中设定参数，按“确认”键确认。

d. 测量　由于在测量样品之前必须对空白样品进行校正，整个测量过程有两步，一是对空白样品进行校正，二是对待测样品进行测定。

e. 数据编辑和处理　按需要对光谱图作放大、缩小、平滑、检出峰值等处理，可选择菜单【数据处理】→【××××】（指相应的处理方式）；如需要对测量数据编辑、删除等可选择菜单【编辑】→【××××】（指相应的编辑操作方式）。

f. 数据打印　单击工具条上“打印”按钮或选择菜单【文件】→【打印】功能即可打印测量结果。与 Windows 软件一样，可以通过选择菜单【文件】→【页面设置】以及【文件】→【打印机设置】等功能设置不同的打印效果。

该仪器的操作流程如图 2-92 所示。

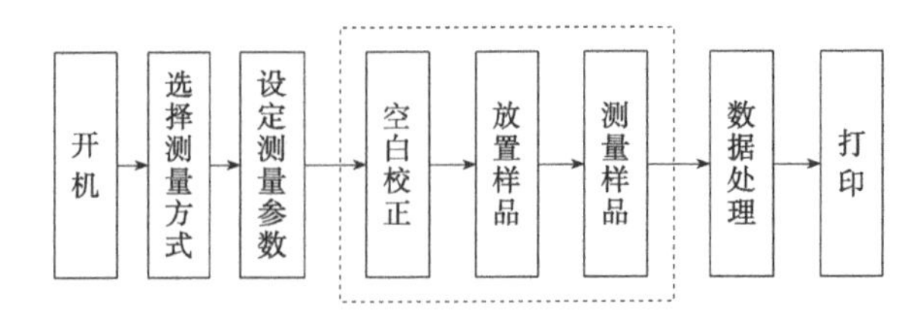


图 2-92　TU-1800PC 型仪器的操作流程

## 二、红外吸收光谱

(1) 基本原理

用红外光照射分子时，能引起分子中振动能级的跃迁，因此，红外吸收光谱又称作分子振动光谱。有机化合物大部分重要基团的振动频率出现在波长为 2.5～50μm 的中红外区，所以通常我们所说的红外吸收光谱是指中红外吸收光谱。红外吸收光谱的横坐标是波长 $\lambda$ (μm) 或频率，频率以波数 $\nu$ ($cm^{-1}$) 表示，波数和波长互为倒数，即 $\nu=10^4/\lambda$；纵坐标是吸收强度，一般用透过率 $T$ (%) 表示，图 2-93 是 2-甲基-1-戊烯的红外光谱。

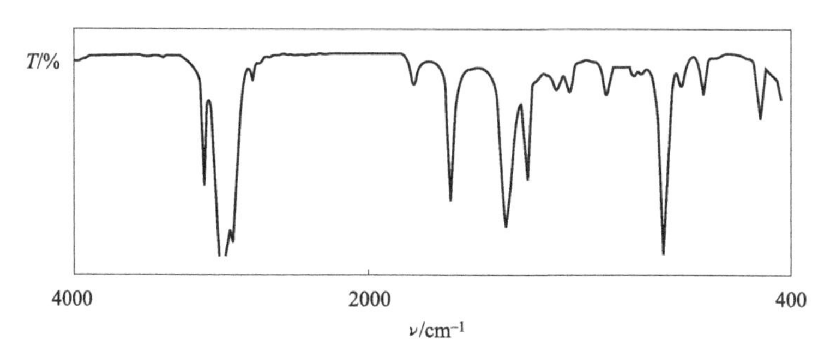


图 2-93 2-甲基-1-戊烯的红外光谱

化合物分子中各种不同的基团是由不同的化学键和原子组成的，因此它们对红外光的吸收频率必然不同，这就是利用红外吸收光谱测定化合物结构的理论基础。实际上化合物分子的运动是多种多样的，有整个分子的平动、转动、分子内原子的振动等，但只有分子内的振动能级才相应于红外光的能量范围。因此化合物的红外光主要是原子之间的振动产生的，有人也称之为振动光谱。因原子间的振动与整个分子和其他部分的运动关系不大，所以不同分子中相同官能团的红外吸收频率基本相同，这就是红外吸收光谱得以广泛应用的主要原因。

分子内原子在其平衡位置附近的振动有许多种方式，例如线性的 $CO_2$ 分子有如图 2-94 所示的四种振动方式。

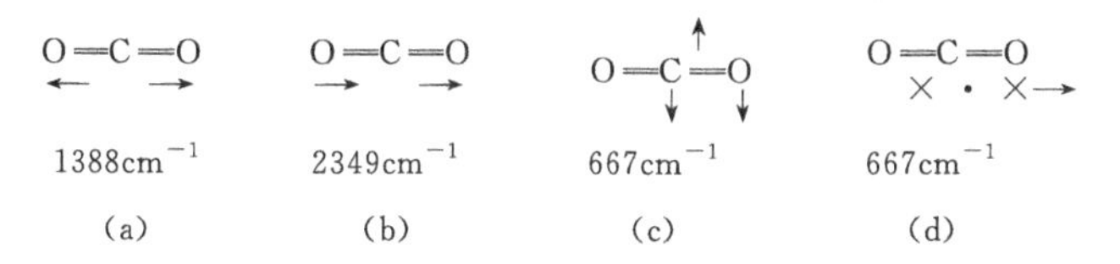


图 2-94 $CO_2$ 分子的振动方式

其中，原子沿着键轴方向来回运动，振动过程中键长发生变化的振动称为伸缩振动，如图 2-94(a)、图 2-94(b) 所示；原子在垂直于化学键的方向上运动，如图 2-94(c)、图 2-94(d) 所示，这种振动称为弯曲振动或变形振动。如果再细分的话，可分为对称伸缩振动 [图 2-94(a)]、不对称伸缩振动 [图 2-94(b)]、面内弯曲振动 [图 2-94(c)]、面外弯曲振动 [图 2-94(d)] 等。多原子分子的振动可分为图 2-95 所示的几种方式。

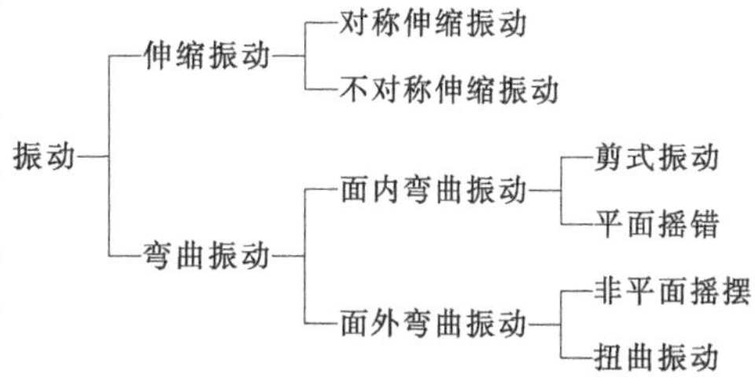


图 2-95 多原子分子的振动方式

按统计学规律计算，一个由 $N$ 个原子组成的线性分子有 $3N-5$ 种振动方式 (振动自由度)，非线性分子有 $3N-6$ 种振动方式。理论上，每一种振动都有一定的频率，当红外光的频率与其相等时，分子就可能吸收红外光的能量，跃迁到较高能级上，而在红外光谱区将产生一组吸收峰。由于种种原因，实际红外吸收光谱上的吸收峰与分子基团振动数目并不相等。例如，在上述 $CO_2$ 分子中有四种振动方式，而其红外吸收光谱中只有两个吸收峰。这是因为：一是对称振动［图 2-94(a)］中的正、负电荷中心在振动过程中始终重叠，即没有偶极矩的变化，这种没有偶极矩变化的振动是非红外活性的；二是面内弯曲振动［图 2-94(c)］和面外弯曲振动［图 2-94(d)］两种振动方式实际上是相同的，它们具有相同的振动频率，故发生简并。

一个基团的某种振动方式具有特定的频率，频率的大小由如下振动方程确定

$$\nu=\frac{1}{2\pi c}\sqrt{\frac{k}{\mu}}$$

式中，$\nu$ 为频率（以波数表示），$cm^{-1}$；$c$ 为光速，$c=3\times10^{8}m\cdot s^{-1}$；$k$ 为化学键的力常数，$N\cdot m^{-1}$；$\mu$ 为折合质量，g。

若是双原子分子，$m_1$、$m_2$ 分别为两个原子的质量，则

$$\mu=\frac{m_1\cdot m_2}{m_1+m_2}$$

由振动方程可知，随着化学键强度的增加，振动频率向高波数方向移动，随着基团折合质量增大，振动频率向低波数方向移动。为了便于研究，将红外光谱区 $4000\sim400cm^{-1}$ 划分为四个区域：$4000\sim2500cm^{-1}$ 区域是含氢基团的伸缩振动区；$2500\sim2000cm^{-1}$ 区域是三键和累积双键的伸缩振动区；$2000\sim1500cm^{-1}$ 区域是双键的伸缩振动区；$1500\sim1000cm^{-1}$ 区域是单键的伸缩振动区。通常又将 $4000\sim1500cm^{-1}$ 区域叫作基团特征频率区，把 $1500cm^{-1}$ 以下区域叫作指纹区。基团特征频率区中的吸收峰具有很大的特征性，它能用于确定化合物中是否存在某些官能团。例如，在双键区 $1700cm^{-1}$ 左右出现强吸收峰，说明被测物中含有羰基；如果在 $2000\sim1500cm^{-1}$ 的双键区中没有吸收峰，则说明被测物中不含有羰基、苯环等。指纹区与基团特征频率区不同，其中的吸收峰特征性差，但对分子整体结构十分敏感，一般用于与标准红外吸收光谱比较。如果两个化合物的红外吸收光谱中，不仅基团特征频率区的吸收峰一一对应，而且指纹区的吸收峰位置、形状、强度也一致的话，一般可以判断两个化合物结构相同。与紫外吸收光谱不同，红外吸收光谱的特征性很强，组成分子的原子不同、化学键不同以及基团的空间位置不同都会在红外吸收光谱上显示出来，所以红外吸收光谱是有机物结构鉴定的重要工具。

为了便于初学者解析红外吸收光谱，图 2-96 列出了常见官能团在红外吸收光谱中的位置。一些重要基团的红外特征吸收频率及更详细的信息可以查阅各种介绍红外光谱的参考书或手册。

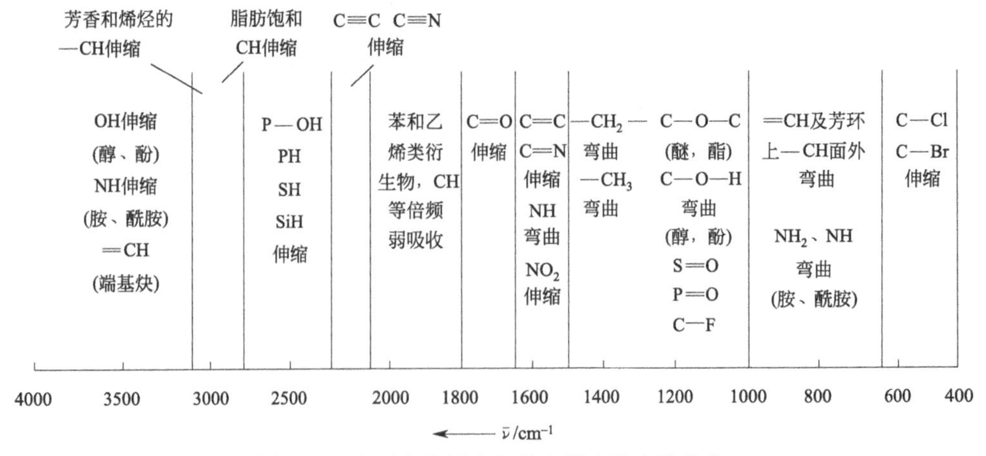

图 2-96　主要官能团在红外光谱中的大致分布

表 2-9 列出了常见官能团和化学键的特征吸收频率。

**表 2-9　常见官能团和化学键的特征吸收频率**

| 化合物类型 | 官能团 | | 吸收频率 $\nu$/cm$^{-1}$ | 强度 |
|---|---|---|---|---|
| 烷基 | C—H(伸缩) | | 2853～2962 | (m～s) |
| | C—H(弯曲) | CH(CH$_3$)$_2$ | 1380～1385 | (s) |
| | | | 1365～1370 | (s) |
| | | C(CH$_3$)$_3$ | 1385～1395 | (m) |
| | | | 约 1365 | (s) |
| 烯烃基 | C—H(伸缩) | | 3010～3095 | (m) |
| | C═C(伸缩) | | 1620～1680 | (v) |
| | C—H(弯曲) | R—CH═CH$_2$ | 985～1000 | (s) |
| | | | 905～920 | (s) |
| | | R$_2$C═CH$_2$ | 880～900 | (s) |
| | | (*Z*)—RCH═CHR | 675～730 | (s) |
| | | (*E*)—RCH═CHR | 960～975 | (s) |
| 烷基烃 | ≡C—H(伸缩) | | 约 3300 | (s) |
| | C≡C | | 2100～2260 | (v) |
| 芳烃基 | Ar—H(伸缩) | | 约 3030 | (v) |
| | 芳环取代类型（C—H 面外弯曲） | 一取代 | 690～710 | (v,s) |
| | | | 730～770 | (v,s) |
| | | 邻二取代 | 735～770 | (s) |
| | | 间二取代 | 680～725 | (s) |
| | | | 750～810 | (s) |
| | | 对二取代 | 790～840 | (s) |
| 醇、酚和羧酸 | O—H(醇、酚) | | 3200～3600 | (宽,s) |
| | O—H(羧酸) | | 2500～3600 | (宽,s) |
| 醛、酮、酯和羧酸 | C═O(伸缩) | | 1690～1750 | (s) |
| 胺 | N—H(伸缩) | | 3300～3500 | (m) |
| H | C═N(伸缩) | | 2200～2600 | (m) |

注：s 表示强，m 表示中，v 表示不定。

（2）操作步骤

① 开机

a. 打开仪器光学台的电源开关。

b. 打开计算机的电源开关，双击“EZ OMNIC E. S. P.”图标，“OMNIC”窗口。

c. 检查光谱仪的工作状态：在“OMNIC”窗口的菜单栏下面“Bench Status”指示器显示绿色“V”，即为正常。

② 收集样品的光谱图

a. 设定光谱收集参数：单击菜单【Collect】→【Experiment Setup】，出现相应的对话框，在以下栏目中设定合适的参数后，选择“OK”。

No. of scan（扫描次数）：8

Resolution（光谱分辨率）：4

Final format（收集数据的 $Y$ 轴格式）：Tansmittance %

Correction（校正方式）：None

在“Background Handling”中选择“Collect background before every sample”。

b. 收集样品光谱：单击菜单【Collect】→【Collect Sample】，然后按屏幕提示进行操作。

ⅰ. 在出现“Enter the spectrum title”对话框时，输入待测物谱图的标题，按“OK”。

ⅱ. 在出现“Please prepare to collect the back ground spectrum”提示时，检查光路中没有样品后，选择“OK”。计算机收集背景的干涉图，并立即将其转换成单光束图，显示在窗口中。

ⅲ. 在出现“Please prepare to collect the sample spectrum”提示时，将制好的样品插入样品支架上，然后选择“OK”。计算机收集样品的干涉图，将其转换成单光束图，并作背景扣除处理。在窗口中显示的是扣除背景后的样品红外吸收光谱。

③ 光谱处理

a. 将收集的样品光谱图从透光率 T(%) 的形式转变为吸光度的形式：单击“Abs”(Absorbance) 工具按钮。

b. 作基线校正：单击“Aut Bsln”(Automatic Baseline) 工具按钮，窗口中出现两条谱线，其中红色为校正后的谱线（在谱图标题上有“*”）。

c. 清除原谱（即未经校正的谱图）：点击原始谱线，即变为红色，且标题上没有“*”标记，按“Clear”工具按钮。

d. 将谱图从吸光度形式重新转变为透光率 $T$(%) 形式：单击“T%”(Transmittance %) 工具按钮。

e. 在谱图上标注吸收峰的位置。

方法一：单击“Find Pks”(Find peaks) 按钮，窗口出现一横线，可单击鼠标左键上下移动，以确定自动标峰的限度。

方法二：单击窗口下方的工具按钮“T”，移动鼠标箭头指向吸收峰峰尖，在按住键盘“Shift”同时按鼠标左键，然后按键盘上的“回车”键确定。

④ 红外标准谱库检索

a. 将谱库放入计算机内存：单击菜单【Analyze】→【Library Setup】，在显示的对话框中选择所要用的数据库名称，按“Add”键，再按“OK”键。

b. 谱库检索：按“Search”工具按钮。计算机给出与所测谱图相似的一个或几个标准谱图及它们的名称、分子式等信息，并提供每一个的匹配程度。

c. 按屏幕下方的“Close”键可关闭谱库检索窗口，回到原来收集样品谱的窗口。

⑤ 光谱数据的打印

按“打印机”工具按钮，即可打印屏幕显示的内容。

⑥ 光谱数据的存盘

如要将收集的光谱数据保存下来，就需要将数据存盘。操作方法为：单击菜单【File】→【Save As】，在显示的对话框中输入文件名，然后按“保存”键。

(3) 测定样品的制备

在测定红外光谱的操作中，固体、气体、流体和溶液样品都可以作红外光谱的测定。

① 固体样品

a. 石蜡油研糊法　将固体样品 1～3mg 与 1 滴医用石蜡油一起研磨约 2min，然后将此糊状物夹在两片盐板中间即可放入仪器测试。其中石蜡油本身有几个强吸收峰，识谱时需注意。

b. 熔融法　将熔点低于150℃固体或胶状物直接夹在两片盐板之间融熔，然后测定其固体或熔融薄层的光谱。此方法有时会因晶型不同，而影响吸收光谱。

c. 压片法　将1mg样品与300mgKCl或KBr混匀研细，在金属模中加压5min，可得含有分散样品的透明卤化盐薄片，没有其他杂质的吸收光谱，但盐易吸水，需注意操作。

② 液体样品

对液体状态的纯化合物，可将一滴样品夹在两片盐板之间以形成一层极薄的膜，即可用于测定。

③ 溶液样品

溶剂一般用四氯化碳、二硫化碳或氯仿。应用双光束分光计，将纯溶剂作参考。

④ 气体样品

气体样品一般灌注到专门的抽空的气槽内进行测定。吸收峰的强度可通过调整气槽中样品的压力来达到。

不管哪种状态的样品的测定都必须保证其纯度大于98%，同时不能含有水分，以避免羟基峰的干扰和腐蚀样品池的盐板。

## 三、核磁共振

核磁共振（nuclear magnetic resonance，NMR）技术因能快速方便地测定有机分子的骨架而在有机结构测定中成为最普遍应用的分析技术。

在核磁共振中，发展最早、研究最多、使用最为广泛、积累数据最为丰富的是核磁共振氢谱（$^1$H NMR）。这是由于$^1$H的磁旋比较大，且天然丰度接近100%，在核磁共振测定中具有最高的灵敏度，而且$^1$H是构成有机化合物的主要元素，可以为有机化合物结构分析提供重要的信息。如图2-97为丙酰胺的$^1$H NMR谱。

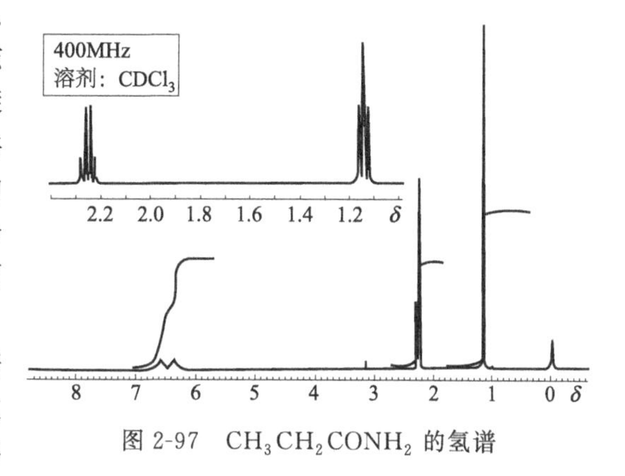


图2-97　$CH_3CH_2CONH_2$ 的氢谱

谱图的横坐标表示化学位移δ，代表谱峰的位置，反映了质子所处的化学环境，这是$^1$H NMR提供的重要信息之一。化学位移为0的峰为内标物TMS。横坐标从左至右，化学位移逐渐减小，而磁场强度逐渐增强。因而，将谱图左端称为低场，右端称为高场。谱图的纵坐标代表了谱峰的强度，谱峰的强度可由谱图上台阶状的积分曲线精确地表示出来。积分曲线的画法由左至右，即由低场到高场。每一个积分曲线的高度代表其正下方的谱峰面积，而各谱峰面积与引起该吸收的质子数目成正比，也就是说，积分曲线的高度取决于引起该吸收的氢核数目。在上述谱图中，积分曲线高度比为$CH_3$：$CH_2$：$NH_2$＝3：2：2。因此在分析谱图时，只要通过比较共振峰的面积，可判断各种类型氢核的相对数目，若分子式已知，则可求出每个吸收峰所代表的氢核的绝对数目。谱峰面积是$^1$H NMR提供的另一个重要信息。在谱图中，由于自旋耦合裂分，有的位置的谱峰呈现多重峰，这是$^1$H NMR提供的第三个重要信息。由此可见，核磁共振氢谱为我们提供了化学位移、积分面积、自旋耦合等三个方面的重要信息。

要获得一个满意的谱图，最关键的是制备好试样。试样必须是无杂质的、高纯度的，若存在固体杂质会使谱图严重失真，此时必须使试样通过毛细吸管滤去杂质。非黏稠液体一般加入约 3%的 TMS 作为内标制成测试氢谱的试样；黏稠液体或固体一般溶于适当溶剂中，制成 10%～25%的溶液。当然，溶剂必须与样品不反应，并有良好的溶解性能，同时保证在样品化合物共振吸收范围内无吸收。作氢谱时，为避免溶剂干扰，一般采用不含质子的或氘代化合物作溶剂。常用的溶剂有 $CCl_4$、$CS_2$、$CDCl_3$、$D_2O$ 等。当然，如果需要还可采用有商品供应的氘代丙酮、苯和二甲亚砜作溶剂。通常采用含有 3%～5%TMS 的 $CS_2$ 和 $CDCl_3$ 储备液来配制试样。如果用 $D_2O$ 作溶剂，因 TMS 不溶，故可采用 DSS [$(CH_3)_3SiCH_2CH_2CH_2SO_3Na$] 作内标。

制成的试样溶液装在直径为 5mm 的特制玻璃管内，测试样品的量一般为 0.3～0.5mL。把装有试样的特制玻璃管放在样品管座上即可测试。测试用样品管的管壁和内径必须均匀，否则会影响测试结果。

# 第 3 章

# 基本技能操作实验

# 实验 1 简单玻璃工操作和塞子钻孔

玻璃工操作在化学实验中占有非常重要的地位，是需要熟练掌握的基本操作之一，如测熔点用的毛细管的拉制、各种角度玻璃管的弯制、搅拌棒的制作等。

## 一、实验目的

学会正确使用酒精喷灯或燃气灯；练习玻璃管（棒）的截断、弯曲、拉伸及滴管的制作等基本操作；学会塞子打孔的方法。

## 二、实验原理

利用玻璃管（棒）高温变软的特点，在适当的操作条件下将玻璃管（棒）加工成各种实验器材。

## 三、实验用品

仪器：玻璃管（棒）、滴管、燃气灯或酒精喷灯、锉刀等。

## 四、实验步骤

(1) 玻璃管（棒）的截断

用一些玻璃管（棒）反复练习截断玻璃管（棒）的操作。

截断玻璃管（棒）的操作如下。

第一步，截断。将玻璃管（棒）平放在桌面上，按图 3-1 所示，用锉刀的棱在左手拇指按住玻璃管（棒）的地方用力向前（或向后）单向锉出一道凹痕，双手持玻璃管（棒），凹痕在外，用两拇指在凹痕的后面轻轻外推，同时其余四指把玻璃管（棒）向内掰，折断玻璃管（棒），如图 3-2 所示。

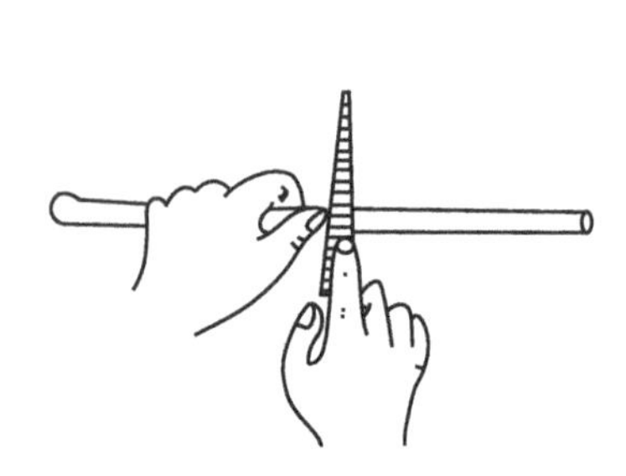

图 3-1 玻璃管（棒）的锉割

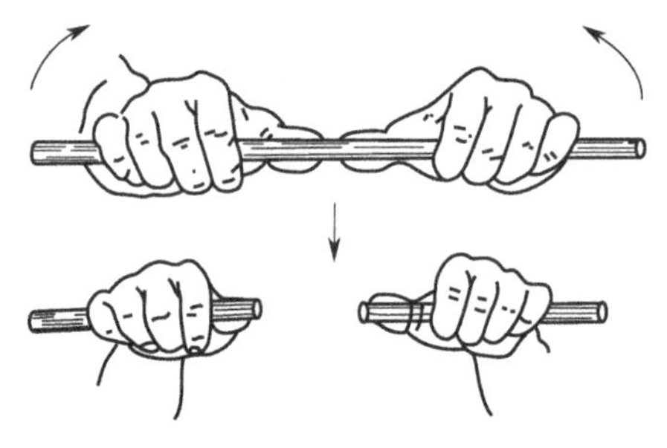

图 3-2 玻璃管（棒）的截断

第二步，圆口。玻璃管（棒）的截断面很锋利，容易划手，且难以插入塞子的圆孔内，所以必须熔烧。把截断面斜插入燃气灯或酒精喷灯的氧化焰中灼烧，灼烧时要缓慢地转动玻璃管（棒）至管口光滑为止，如图 3-3 所示。灼热的玻璃管（棒）温度很高，应放在石棉网上冷却。

(2) 玻璃管的弯曲

练习将玻璃管弯成 120°、90°、60°等角度。先用抹布把玻璃管外壁擦干，内壁可用棉球擦净（把棉球塞进管口内，不要太紧，然后用铁丝把棉球从另一端推出），即可以进行操作。

玻璃管弯曲操作如下。

第一步，烧管。双手持玻璃管，先将玻璃管用小火预热，把要弯曲的地方斜插入氧化焰中，以增大玻璃管的受热面积（也可以在燃气灯上罩以鱼尾灯头），缓慢而均匀地沿着一个方向转动玻璃管，两手用力要均等，转速要一致，以免玻璃管在火焰中扭曲。加热到玻璃管变得足够软，如图 3-4 所示。

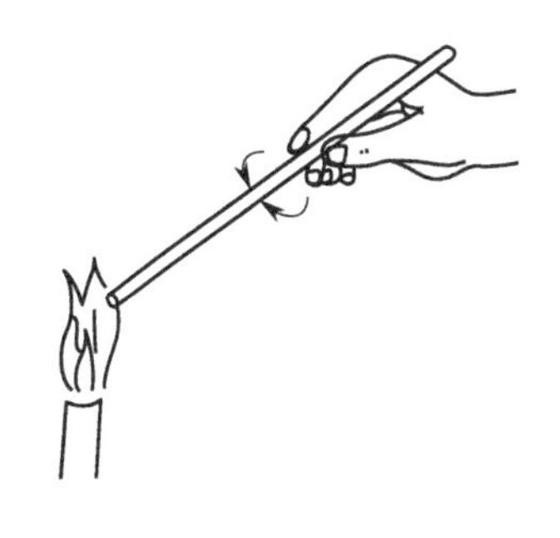

图 3-3 熔烧玻璃管的截断面

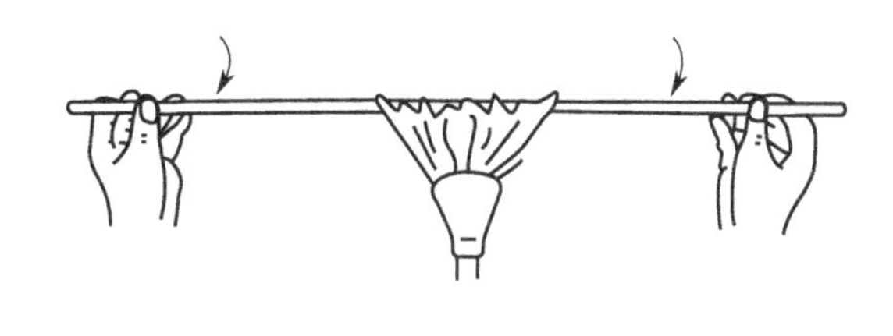

图 3-4 加热玻璃管

第二步，弯管。自火焰中取出玻璃管，稍等一两秒钟，待各部温度均匀，准确地把它弯成所需角度。弯管操作一般有两种方法，即吹气法和不吹气法。吹气法可以总结为堵管吹气，迅速弯管，如图 3-5(a) 所示，注意不能用手指堵管。对初学者不提倡使用吹气法。不吹气法是离开火焰，用 V 字形手法，两手在上方，玻璃管弯曲部分在下方，如图 3-5(b) 所示，弯好后待冷却变硬才停止，放在石棉网上冷却。120°以上的角度，应一次弯成。较小的角度，可分几次弯成，先弯成 120°左右的角度，待玻璃管稍冷后，再加热弯成较小角度(如 90°)，注意玻璃管的第二次受热的位置应比第一次受热的位置略偏左或偏右一些。当需要弯成更小的角度（如 60°、45°）时，需要进行第三次加热和弯曲操作。

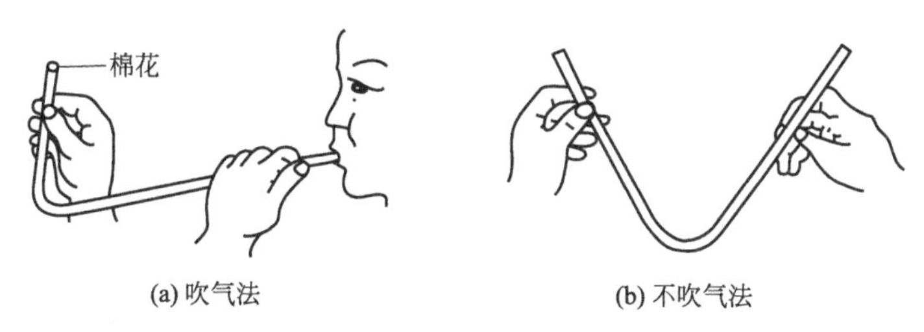


(a) 吹气法　　(b) 不吹气法

图 3-5 玻璃管的弯曲

待玻璃管完全冷却后，检查弯管角度是否准确及整个玻璃管是否处于同一平面上，弯管的好坏如图 3-6 所示。

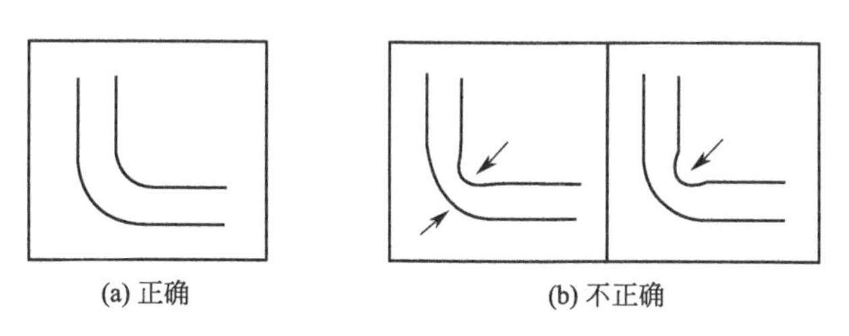

(a) 正确　　(b) 不正确

图 3-6 弯管好坏的比较

(3) 拉玻璃管的拉伸

制作滴管两根（规格如图 3-7 所示）和制备熔点管。

① 滴管的制作。

第一步，烧管。方法同“弯管”，只是时间要长，玻璃更软些。

第二步，拉管。玻璃管烧好后，从火焰中取出，

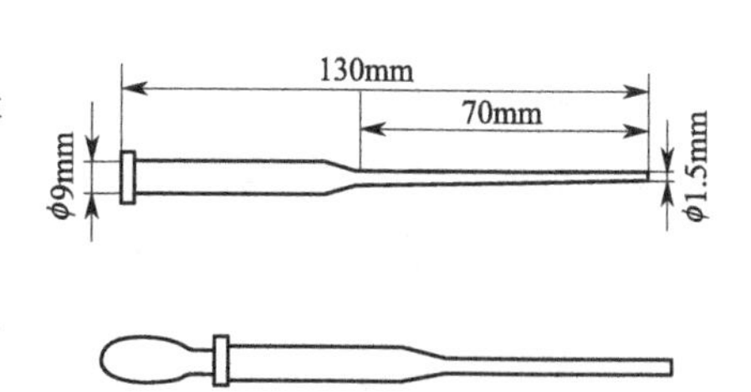


图 3-7 滴管的制作规格

顺着水平方向边拉边来回转动玻璃管，使狭部至所需粗细，如图 3-8(a) 所示。然后一手持玻璃管使玻璃管自然下垂，冷却后按需截断。

第三步，缘口。如果制作滴管，管口需要套橡胶乳头，需将管口壁加厚，称为缘口。方法是：将镊子（应先预热）插入在火焰中加热的玻璃管，在火焰上转动使管口略微扩大，待管口稍向外翻后，迅速将玻璃管放在石棉板上轻轻压平，这样就得到比较整齐厚实的缘口，如图 3-8(b) 所示。

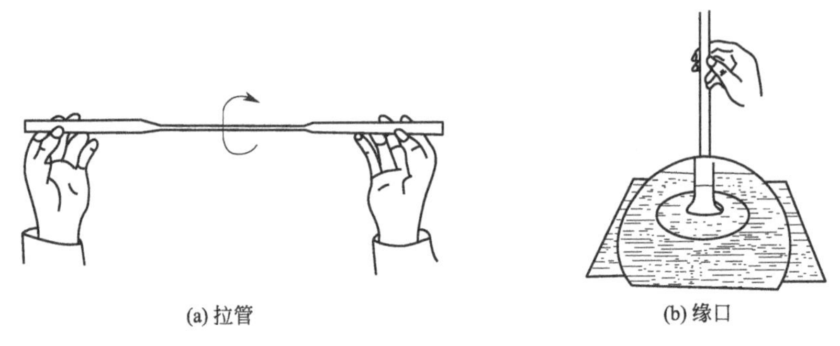


图 3-8　玻璃管的拉制和缘口

② 熔点管的制备。取一支干净的细玻璃管（直径约 1cm，壁厚约 1mm），放在燃气灯上加热，如拉玻璃管，当玻璃管被烧黄软化时，立即离开火焰，两手水平地边拉边转动，开始拉时要拉慢一些，然后再较快地拉长，直到拉成直径约为 1mm 的毛细管。然后截成 6～8cm 长的小段，将其一端在酒精灯外焰处呈 45°角转动加热，烧熔封口即得熔点管，如图 3-9 所示。

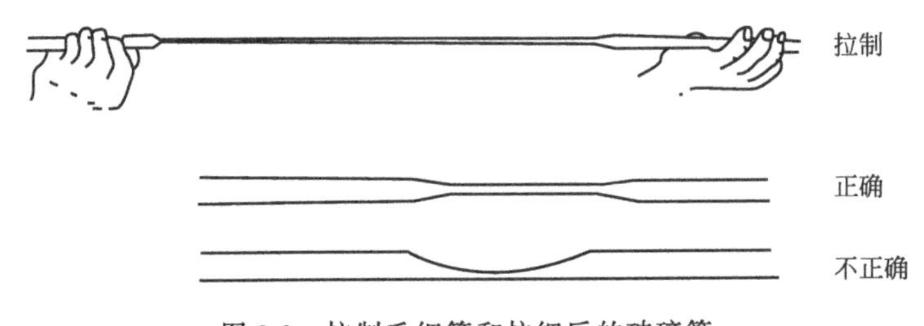


图 3-9　拉制毛细管和拉细后的玻璃管

(4) 制作搅拌棒或玻璃钉

制作玻璃棒 1～2 根。根据需要切割好一定长度的玻璃棒，将其一端在火焰上逐渐加热。烧到呈黄红光，玻璃软化时，进行以下操作：将玻璃棒软化的一端向下，使玻璃棒垂直在石棉网上，手拿玻璃棒中部，用力向下压，迅速使软化部分呈圆饼状，即得玻璃钉；靠重力将软化玻璃棒弯一角度，然后立刻放在耐热板上，用最大号打孔器的柄沿玻璃轴向从两侧挤压，可得搅拌棒。还可根据需要制出各种各样的搅拌棒，以方便使用。

(5) 弯制电动搅拌器

选取粗细合适的玻璃棒，在燃气灯的强火焰处灼烧，不断地来回转动，使之受热均匀，当烧到一定程度（不可太软，以至于变形）时，从火焰中取出，用镊子弯成所需要的形状。弯好后再在弱火焰上烘烤，称为退火，否则，冷却后搅拌器易碎裂。可选用图 3-10 所示的搅拌器中的任意一种进行练习。

(6) 简单玻璃仪器的修理

在实验室中经常遇到冷凝管口或量筒口破裂，如能稍加修理都还可以使用。方法是：于接近破裂处，用三角锉锉一深痕迹。另外，选一支细玻璃棒或将一较粗的玻璃棒在燃气灯的强火焰上拉成直径 2mm 的一段细玻璃棒，再将该细端在燃气灯的强火焰上烧红烧软，立即将其放在待修管的锉痕上，并稍用力压，这时，管即可沿锉痕处断裂。有时，只裂开一半仍需重复上述操作直至断开，或者趁热于裂开处滴一点水也可以断开。如断口不齐，可用锉刀把突出部分打齐，再在强火焰边上把管口烧圆。修理量筒时，烧圆管口后，将管口适当部位在强火焰上烧软，用镊子向外一压即可成一流嘴。

（7）瓶塞的选用和打孔

选用瓶塞是化学实验中经常遇到的问题。瓶塞大小选用得是否合适，塞孔口径是否适宜，都直接关系到整个实验能否顺利进行。因此，两项操作均需熟练掌握。选择瓶塞时依据的原则是：根据仪器口径大小，使瓶塞插入瓶口部分不少于塞身高度的 1/3，也不要大于 2/3，如图 3-11 所示。

图 3-10　几种搅拌器　　　　图 3-11　瓶塞的选择

塞上打孔要与所插入孔内的玻璃管、玻璃棒等的直径适宜。实验用塞有橡胶塞和软木塞两种，橡胶塞因具有一定弹性，因此选用的打孔器内径应较插入管口外径略大；软木塞质地疏松，打孔前可先将软木塞在压塞器上滚实再打孔，所用打孔器口径要和相应管径相同。打孔时，先将打孔器口放在塞子直径小的一端中央，垂直压紧并向一个方向旋转，约旋入塞身高度 1/2 后，反向旋转将打孔器转出。依照相同办法，再在塞子的另一端中央打孔，使两端所打的孔正好在一条垂直线上。这里需要指出的是：打孔器用久后，口刃易钝，可用圆锉修磨其口刃内圆，用平锉修磨其外圆，或用修孔器修磨。经修磨的打孔器用起来省力，孔口圆滑。

### 五、注意事项

① 使用酒精喷灯时，座式灯酒精壶内加入酒精的量不能超过容积的 2/3。

② 进行玻璃工操作时容易引起烧伤和扎伤，要特别注意。

### 六、思考题

① 截割玻璃管（棒）和拉制玻璃管时应注意些什么？

② 为什么将玻璃管（棒）截断面熔烧后才能使用？

## 实验 2　容量仪器的校准

### 一、实验目的

学习滴定管、移液管及容量瓶的使用方法；练习滴定管、移液管及容量瓶的校准方法，了解容量器皿校准的意义。

### 二、实验原理

滴定分析法的主要量器有三种：滴定管、移液管及容量瓶。目前国内生产的量器，其准确度可以满足一般分析工作的需要，可无须校准而直接使用。但由于容量器皿在生产过程中因材质等多种原因，其容积和标称体积有时不完全准确、相符，因此，在准确度要求很高的分析中，必须对以上三种量器进行校准。

量器进行校准时常采用衡量法校准。其原理是称量量器中所容纳或放出的水的质量，根据水在当时室温下的密度计算出该量器在20℃时的容积。由于水的密度和玻璃容器的体积会随温度而变化，另外在空气中称量有空气浮力的影响，因此将任一温度下水的质量换算成容积时必须考虑以下因素：校准该温度下水的密度；校准温度与标准温度之间玻璃的热膨胀；空气浮力对水和所用容器及砝码的影响。把上述三项因素考虑在内，可以得到一个总校准值，由总校准值得出表3-1。

**表3-1　不同温度下1L水的质量**

| 温度/℃ | 1L水质量/g | 温度/℃ | 1L水质量/g | 温度/℃ | 1L水质量/g | 温度/℃ | 1L水质量/g |
|---|---|---|---|---|---|---|---|
| 0 | 998.24 | 11 | 998.32 | 22 | 996.80 | 33 | 994.05 |
| 1 | 998.32 | 12 | 998.23 | 23 | 996.60 | 34 | 993.75 |
| 2 | 998.39 | 13 | 998.14 | 24 | 996.38 | 35 | 993.44 |
| 3 | 998.44 | 14 | 998.04 | 25 | 996.17 | 36 | 993.12 |
| 4 | 998.48 | 15 | 997.93 | 26 | 995.93 | 37 | 992.80 |
| 5 | 998.50 | 16 | 997.80 | 27 | 995.69 | 38 | 992.46 |
| 6 | 998.51 | 17 | 997.66 | 28 | 995.44 | 39 | 992.12 |
| 7 | 998.50 | 18 | 997.51 | 29 | 995.18 | 40 | 991.77 |
| 8 | 998.48 | 19 | 997.35 | 30 | 994.91 | | |
| 9 | 998.44 | 20 | 997.18 | 31 | 994.68 | | |
| 10 | 998.39 | 21 | 997.00 | 32 | 994.34 | | |

实际应用时，只要称出被校准的容量器皿容纳或放出纯水的质量，再除以该温度下水的密度，便是该容量器皿在20℃时的实际容积。

**【例3-1】** 18℃时，称量一个50mL容量瓶所容纳的纯水质量为49.87g，计算该容量瓶在20℃时的实际容积。

**解：**

$$V_{20}=\frac{49.87}{0.9975}\text{mL}=49.99\text{mL}$$

容量器皿是以20℃为标准来校准的，使用时不一定在20℃，因此容量器皿的容量以及溶液的体积都会发生变化，需要对温度进行校正。由于玻璃的膨胀系数很小，在温度相差不大时，容器器皿的容积改变可以忽略。溶液的体积改变则与溶液密度有关，因此可以通过溶液密度来校准温度对溶液体积的影响，稀溶液的密度一般可用相应的水的密度来代替。

**【例3-2】** 在10℃时滴定0.1mol·L$^{-1}$稀溶液用去25.00mL标准溶液，问20℃时其体积应为多少毫升？

**解：** 0.1mol·L$^{-1}$稀溶液的密度可用纯水密度代替，查表3-1得：水在10℃时密度为0.9984g·mL$^{-1}$，20℃时密度为0.9972g·mL$^{-1}$，故

$$V_{20}=\frac{25.00\times 0.9984}{0.9972}\text{mL}=25.03\text{mL}$$

在化学实验室中一般需进行滴定管的绝对校正。滴定管的绝对校正是在一个已称量的碘量瓶（或具塞锥形瓶）中用被校正滴定管每次放入约5mL（不一定为5.00mL，但必须准确读数）纯水，准确称出水的质量，按表3-1的校准值计算出该段滴定管的准确体积，然后绘制一校正曲线作为以后实验的参考值。

许多定量分析实验要用容量瓶配制相关试剂的溶液，而后用移液管移取一定比例的试液供测试用。为保证移出的样品比例准确，就必须进行容量瓶及移液管的相对校正。如

25.00mL 移液管与 100mL 容量瓶相对校正的方法为：用 25.00mL 移液管准确移取 100mL 纯水于 100mL 容量瓶中，看液面是否与原刻度相一致。如果不一致，就需在容量瓶颈上作一新的标记。经互相校准后，移液管与容量瓶可配套使用。

## 三、实验用品

仪器：酸式滴定管、移液管、容量瓶、干燥锥形瓶或碘量瓶等。

试剂：纯净水。

## 四、实验步骤

（1）滴定管的校正

称量洁净并且干燥的 50mL 锥形瓶或碘量瓶，记录其质量。将纯净水装入已洗净的酸式滴定管中，调整液面至 0.00mL 刻度处，然后按约 $10mL \cdot min^{-1}$ 的流速，先放出约 10.00mL 的水于已洗净且晾干的 50mL 小锥形瓶中（最好是带玻璃塞的小碘量瓶），再称量，两次质量之差即为水的质量。

仿照上述方法，每次以 10.00mL 间隔为一段进行校正。校正 0.00～10.00mL、0.00～20.00mL、0.00～30.00mL、0.00～40.00mL、0.00～50.00mL 间隔容积，并记录。根据称得每段滴定管放出的水质量，查表并计算出滴定管中某一段体积的实际体积数。

**【例 3-3】** 25℃时由滴定管放出 10.10mL 水，称得其质量为 10.08g，查表 3-1 得 25℃时水的密度 $\rho = 0.9962g \cdot mL^{-1}$，则这一段滴定管的实际体积为

$$\frac{10.08}{0.9962}mL = 10.12mL$$

故滴定管这段容积的校准值＝实际值－表观值＝(10.12－10.10)mL＝＋0.02mL。现将温度为 25℃时酸式滴定管校准的一套实验数据列入表 3-2 中，可供实验记录和报告参考。

**表 3-2　25℃酸式滴定管的校准数据**

| 滴定管读数/mL | 表观体积/mL | 瓶与水的质量/g | 水的质量/g | 实际容积/mL | 校准值/mL | 累计校准值/mL |
|---|---|---|---|---|---|---|
| 0.03 | — | 29.20(空瓶) | — | — | — | — |
| 10.13 | 10.10 | 39.28 | 10.08 | 10.12 | +0.02 | +0.02 |
| 20.10 | 9.97 | 49.19 | 9.91 | 9.95 | −0.02 | 0.00 |
| 30.07 | 9.97 | 59.18 | 9.99 | 10.03 | +0.06 | +0.06 |
| 40.02 | 9.95 | 69.11 | 9.93 | 9.97 | +0.02 | +0.08 |
| 49.96 | 9.94 | 78.99 | 9.88 | 9.92 | −0.02 | +0.06 |

注：水温 25℃；$\rho_{H_2O} = 0.9962g \cdot mL^{-1}$。

（2）移液管的校准

用洁净的 25mL 移液管准确地吸取纯净水，放入已称量的具塞锥形瓶中再称量，根据水的质量计算该温度时的实际体积。同一支移液管校准两次，两次的称量差值不得超过 20mg，否则需重新校准。测定数据记录于表 3-3 中。

**表 3-3　测定数据**

| 水温______℃ | | | $\rho_{H_2O}$=__________ $g \cdot mL^{-1}$ | | | |
|---|---|---|---|---|---|---|
| 移液管编号 | 移液管体积/mL | 空瓶的质量/g | 瓶与水的质量/g | 水的质量/g | 实际容积/mL | 校准值/mL |
| 1 | | (1) | | | | |
| | | (2) | | | | |

（3）移液管和容量瓶的相对校正

用 25.00mL 移液管与 100mL 容量瓶作相对校正时，事先应将容量瓶洗净且晾干，然后

用 25.00mL 移液管移取 4 次纯净水放入容量瓶中，观察容量瓶液面相切的位置，如与标线一致，则合乎要求，否则应另做一记号。

### 五、思考题

① 容量仪器校正的主要影响因素有哪些？

② 从滴定管放出纯水到称量用锥形瓶中时，应注意哪些事项？

③ 100mL 容量瓶，如果与标线相差 0.4mL，此体积的相对误差为多少？分析试样时，称取试样 0.5000g，溶解后定量转入容量瓶中，移取 25.00mL 测定，称量差值为多少？称样的相对误差为多少？

## 实验 3　缓冲溶液的配制及酸度计的使用

### 一、实验目的

练习缓冲溶液的配制方法及 pH 的测定。

### 二、实验原理

缓冲溶液能对溶液的酸碱度起稳定的作用，一般由浓度较大的弱酸及其共轭碱或弱碱及其共轭酸组成。它们的 pH 可以采用以下公式计算。

对于 $B\text{-}BH^+$ 组成的缓冲溶液

$$pH = pK_w - pK_b + \lg \frac{c_B}{c_{BH^+}}$$

对于 $HB\text{-}B^-$ 组成的缓冲溶液

$$pH = pK_a + \lg \frac{c_{B^-}}{c_{HB}}$$

### 三、实验用品

仪器：电子天平、pHS-3 型酸度计、复合 pH 电极、烧杯、容量瓶。

试剂：邻苯二甲酸氢钾（pH=4.003，配制于 250mL 容量瓶中）、混合磷酸盐（pH=6.864，配制于 250mL 容量瓶中）、硼砂（$Na_2B_4O_7 \cdot 10H_2O$，pH=9.182，配制于 250mL 容量瓶中）、NaAc（$1mol \cdot L^{-1}$）、$(CH_2)_6N_4$（$2mol \cdot L^{-1}$）、HCl（1∶1）；$NH_4Cl$（$1mol \cdot L^{-1}$）、氨水（1∶1）、$KH_2PO_4$（$0.1mol \cdot L^{-1}$）、NaOH（$0.1mol \cdot L^{-1}$）、冰乙酸、$Na_2HPO_4$（$0.1mol \cdot L^{-1}$）。

### 四、实验步骤

（1）缓冲溶液的配制

按表 3-4 配制 4 种缓冲溶液，总体积为 100mL。表中空缺部分请在预习时填写。

**表 3-4　不同缓冲溶液的配制及结果**

| 缓冲体系 | 缓冲溶液 pH | 各组分的体积(未注明要计算) | 酸度计测定值 |
|---|---|---|---|
| HAc-NaAc | ≈4.00 | 冰乙酸，______ $1mol \cdot L^{-1}$ NaAc，80mL | |
| $(CH_2)_6N_4$-HCl | ≈5.00 | $2mol \cdot L^{-1}$ $(CH_2)_6N_4$，______ HCl(1∶1)，20mL | |
| $NH_3$-$NH_4Cl$ | ≈10.00 | $1mol \cdot L^{-1}$ $NH_4Cl$，80mL 氨水(1∶1)，______ | |
| $KH_2PO_4$-$Na_2HPO_4$ | ≈6.62 | $0.1mol \cdot L^{-1}$ $KH_2PO_4$，<br>50mL $0.1mol \cdot L^{-1}$ $Na_2HPO_4$，______ | |

(2) 缓冲溶液的 pH 测定（酸度计）

① 电极的安装。把复合 pH 电极插入酸度计电极插口内。

② 校正。调节温度补偿旋钮使其温度显示与被测溶液的温度相同，将斜率旋钮调至 100%。

③ 定位。在烧杯中倒入标准缓冲溶液（如 pH＝6.864 的混合磷酸盐溶液），按下 pH 读数键，调节定位旋钮，使显示的 pH 与标准缓冲溶液 pH 相同。冲洗、吸干电极后再插入另一标准缓冲溶液（如 pH＝4.003 的邻苯二甲酸氢钾溶液），调节斜率旋钮，使显示的 pH 与标准缓冲溶液相同。重复调节定位与斜率，直至仪器能准确显示两个标准缓冲溶液的标准 pH。

④ 未知溶液 pH 的测定。将用纯净水洗净并用吸水纸吸干的电极插入待测溶液中，按下 pH 读数键，记录待测溶液的 pH。

⑤ 测量完毕，将电极取下，放入盒内，关闭电源。将用酸度计测得的数据直接填入表中。

### 五、思考题

① 配制 pH＝9.00 的缓冲溶液，应选下列何种缓冲溶液体系？为什么？

HAc-NaAc；HCOOH-HCOONa；$NH_3$-$NH_4Cl$；$NaHCO_3$-$Na_2CO_3$。

② 酸度计测量未知溶液 pH 前，为什么要用标准缓冲溶液定位？

③ 电极在使用前后应如何处理？为什么？

④ 标准缓冲溶液的 pH 受哪些因素的影响？如何使其 pH 稳定不变？

## 实验 4　熔点的测定及其温度计校正

熔点（m.p.）是有机化合物的重要物理性质之一，通过测定熔点，可以初步鉴定化合物的纯度。

### 一、实验目的

掌握熔点测定的基本原理；学会用毛细管法测定物质的熔点；学习普通温度计的校正方法。

### 二、实验原理

熔点是固体化合物固、液两相在大气压力下达成平衡时的温度。纯净的固体化合物一般都有固定的熔点，一定压力下，固、液两态之间的变化是非常敏锐的，自初熔至全熔（称为熔程），温度不超过 0.5～1℃。如果有杂质，物质的熔点比纯物质低而且熔程范围也比较长。利用这一特点，通过熔点测定，对于定性鉴定有机物的纯度及鉴别两个熔点相同的样品是否为同一化合物有一定的意义。当测定一未知物的熔点同某已知物熔点相同或接近时，可将该已知物与未知物混合，测混合物的熔点，至少要按 1∶9、1∶1、9∶1 这三种比例混合。若它们是相同的化合物，则熔点值不降低；若是不同的化合物，则熔程长，熔点下降（少数情况下熔点值上升）。

纯净物质在任何温度下都有相应的蒸气压，温度升高，其蒸气压一般增大（图 3-12）。固相时的蒸气压随温度变化（图中的 *MS* 线）的速率比液相随温度变化（*ML* 线）的速率要大。当两条蒸气压-温度曲线相交于一点，此时固相与液相的蒸气压相等，固、液两相可以同时并存。外压为大气压时，这一点相对应的温度 $t_M$ 就是该物质的熔点。交点 *M* 是一个热力学平衡点，与它对应的蒸气压和温度都是唯一确定值，甚至当温度超过熔点几分之一时，只要有足够的时间，固体就会全部转变成液体。因此纯物质有固定和敏锐的熔点。

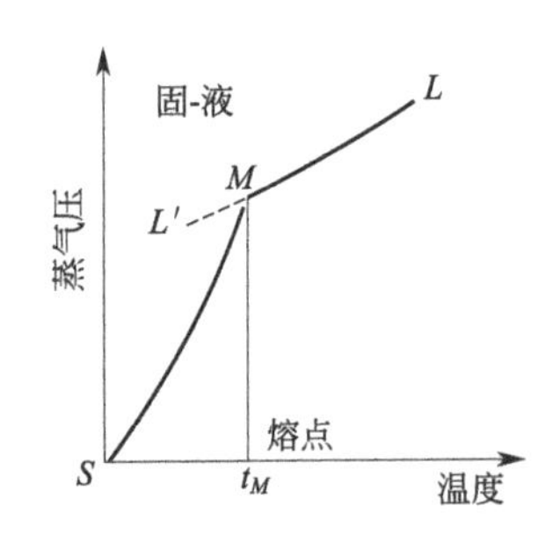


图 3-12 物质的蒸气压-温度图

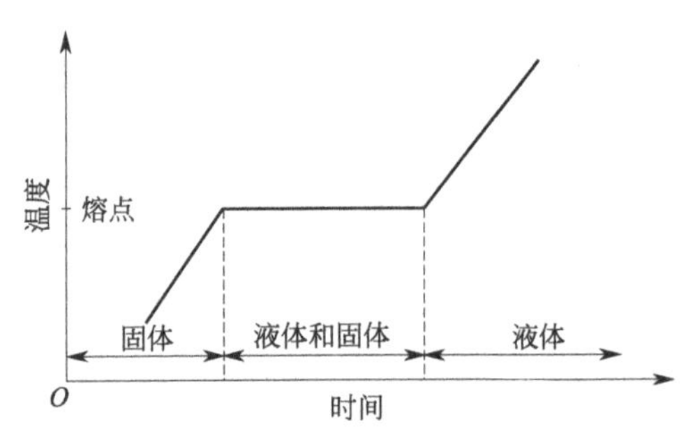


图 3-13 物质加热时体系温度随时间的变化

同时，从图 3-13 可以看出，加热纯的固体化合物时，在一段时间内加热温度不到化合物的熔点时以固相存在，加热温度上升；当温度达到化合物的熔点，固体开始熔化时，出现固液平衡，继续加热，温度不会上升；直至所有固体都转化为液体后，再继续加热，温度才线性上升。因此，在接近熔点时，加热速率一定要慢，每分钟温度升高不能超过 2℃，只有这样，才能使整个熔化过程尽可能接近于两相平衡条件，测得的熔点也越精确。

## 三、实验用品

仪器：电子天平、提勒管、显微熔点仪、数字熔点仪、酒精灯。

试剂：乙酰苯胺（s）、苯甲酸（s）、萘（s）、尿素（s）、肉桂酸（s）等。

## 四、实验步骤

（1）熔点测定

① 测定内容。测定纯乙酰苯胺、苯甲酸、萘和尿素的熔点；测定尿素和肉桂酸的混合熔点；由教师指定未知物 1～2 个，测其熔点鉴定之。

② 测定方法。

a. 毛细管法测定熔点。用毛细管法测熔点，实验室常用提勒（Thiele）式、双浴式这两种方法，这里简单介绍用提勒管（又称 b 型管）测定熔点的方法。装置如图 3-14 所示。

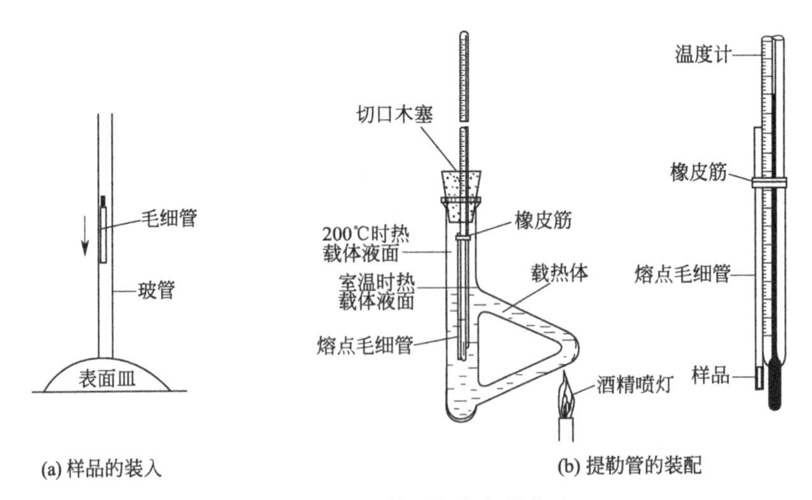


图 3-14 毛细管测定熔点的装置

ⅰ. 样品的装入。取 0.1～0.2g 干燥的粉末状试样，在表面皿上堆成小堆，将熔点管的开口端插入试样中，装取少量粉末。然后把熔点管竖立起来，在桌面上顿几下（熔点管的下落方向必须与桌面垂直，否则熔点管极易折断），使样品掉入管底。这样重复取样品几次。最后使熔点管从一根长约 40～50cm 高的玻璃管中掉到表面皿上，如图 3-14(a) 所示，多重复几次，使样品粉末紧密堆集在毛细管底部。为使测定结果准确，样品一定要研得极细，填充要均匀且紧密。

ⅱ. 提勒管的装配。如图 3-14(b) 所示，提勒管的管口装有开口的橡胶塞或软木塞，将温度计插入其中，刻度应向塞子的开口处，温度计水银球部位应位于提勒管上、下两叉管口之间。

ⅲ. 熔点的测定。首先将提勒管垂直夹于铁架台上，向其中装入载热体（浴液），高度达上叉口处即可。浴液的选择可根据待测物质的熔点而定，一般用液体石蜡、硫酸、硅油等。将装好样品的毛细管借助少许浴液黏附于温度计下端（毛细管中的样品应位于温度计水银球的中部），可用橡皮筋捆好贴实（橡皮筋不要浸入溶液中）。在图 3-14(b) 所示的位置加热。浴液被加热后在管内呈对流循环，使温度变化比较均匀。在测定已知熔点的样品时，可先以较快速度加热，在距离熔点 15～20℃时，应以每分钟 1～2℃的速度加热，直到测出熔程。在测定未知熔点的样品时，应先粗测熔点范围，再用上述方法细测。测定时，应观察和记录样品开始塌落并有液相产生时（初熔）和固体完全消失时（终熔）的温度读数，所得数据即为该物质的熔程。还要观察和记录在加热过程中是否有萎缩、变色、发泡、升华及炭化等现象，以供分析参考。

熔点测定至少要有两次重复数据，每次要用新毛细管重新装入样品。

b. 显微熔点仪测定熔点（微量熔点测定法）。这类仪器型号较多，但共同特点是使用样品量少（2～3 颗小结晶），可观察晶体在加热过程中的变化情况，能测量室温至 300℃样品的熔点，其具体操作如下。

在干净且干燥的载玻片上放微量晶粒并盖一片载玻片，放在加热台上。调节反光镜、物镜和目镜，使显微镜焦点对准样品，开启加热器，先快速后慢速加热，温度快升至熔点时，控制温度上升的速度为每分钟 1～2℃，当样品结晶棱角开始变圆时，表示熔化已开始，结晶形状完全消失表示熔化已完成，可以看到样品变化的全过程，如结晶的失水、多晶的变化及分解。测毕停止加热，稍冷，用镊子拿走载玻片，将铝板盖放在加热台上，可快速冷却，以便再次测试或收存仪器。在使用这种仪器前必须仔细阅读使用指南，严格按操作规程进行。图 3-15 为显微熔点测定仪的示意图。

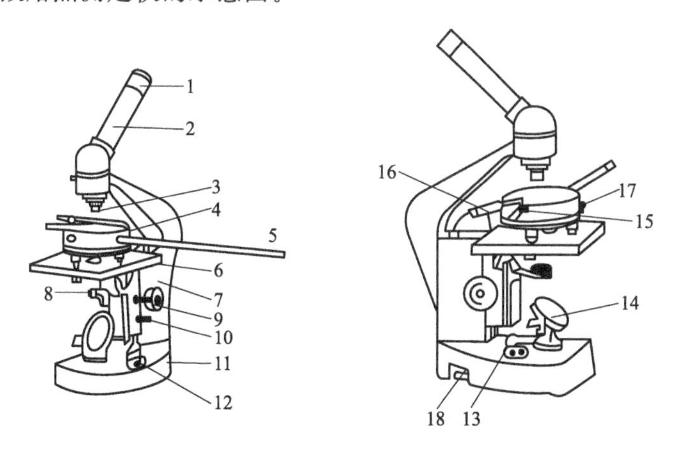


图 3-15　显微熔点测定仪

1—目镜；2—棱镜检偏部位；3—物镜；4—热台；5—温度计；6—载热台；7—镜身；8—起偏镜；9—粗手动轮；10—止紧螺钉；11—底座；12—波段开关；13—电位器旋钮；14—反光镜；15—波动圈；16—上隔热玻璃；17—地线柱；18—电压表

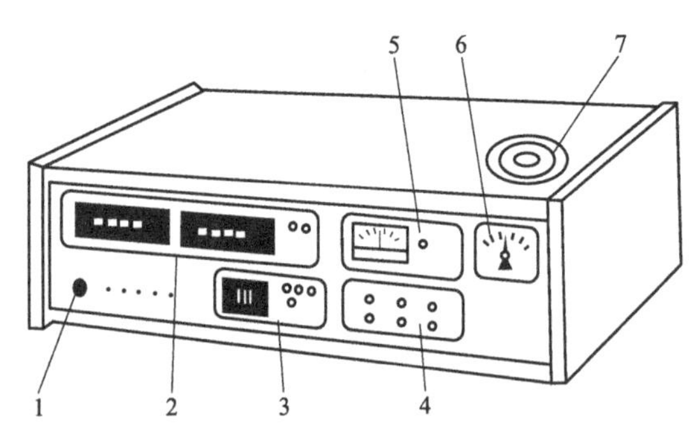


图 3-16 WRS-1 型数字熔点仪

1—电源开关；2—温度显示单元；3—起始温度设定单元；4—调零点单元；5—速率选择单元；6—线性升温控制单元；7—毛细管口

c. 数字熔点仪测定熔点。以 WRS-1 型数字熔点仪为例，如图 3-16 所示。该熔点仪采用光电检测、数字温度显示等技术，具有初熔、终熔自动显示，可与记录仪配合使用，具有熔化曲线自动记录等功能。本机采用集成化的电子线路，能快速达到设定的起始温度并具有六档可供选择的线性升、降温速率自动控制，初熔、终熔读数可自动储存，具有无需人监视的功能等优点。仪器采用毛细管相似的玻璃管作为样品管，操作方法简便。开启电源开关，稳定 20min，通过拨盘设定起始温度，再按起始温度按钮，输入此温度，此时预置灯亮，选择升温速率把波段开关旋至所需位置。当预置灯熄灭时，可插入装有样品的毛细管（装填方法同毛细管法），此时初熔灯也熄灭，把电表调至零按升温钮，数分钟后，初熔灯先亮，然后出现终熔读数显示，欲知初熔读数可按初熔钮。待记录好初、终熔温度后再按一下降温按钮，使降至室温，最后切断电源。

（2）温度计校正

为了准确测量温度，一般用从市场购来的温度计，在使用前需对其进行校正。校正温度计的方法有如下几种。

a. 比较法　选一支标准温度计与要进行校正的温度计在同一条件下测定温度，比较其所指示的温度值。

b. 定点法　选择数种已知准确熔点的标准样品，测定它们的熔点，以观察到的熔点（$t_2$）为纵坐标，以此熔点（$t_2$）与准确熔点（$t_1$）之差（$\Delta t$）为横坐标作图，如图 3-17 所示，从图中求得校正后的正确温度误差值。例如，测得的温度为 100℃，则校正后应为 101.3℃。

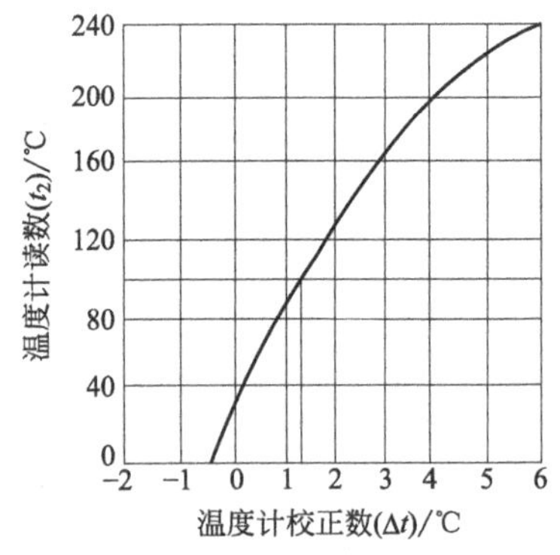


图 3-17　定点法温度计刻度校正示意

## 五、注意事项

① 样品一定要经充分干燥后再进行测熔点。含有水的样品会导致熔点下降，熔程变宽。

② 浴液的选择应根据具体情况而定。一般若熔点在 95℃以下，可用水作浴液；熔点在 95～220℃范围内，可选用石蜡油作浴液；若熔点再高一些，可用浓硫酸（250～270℃）作浴液。

③ 不能将用过的熔点管冷却、固化后重复使用。因为某些物质会发生部分分解或转变成具有不同熔点的其他晶型。

## 六、思考题

① 分别测得样品 A 及 B 的熔点各为 100℃，将它们按任何比例混合后，测得的熔点仍为 100℃，这说明什么？

② 测熔点时，遇下列情况将产生什么结果？

A. 熔点管壁太厚；B. 熔点管底部未完全封闭，尚有一针孔；C. 熔点管不干净；D. 加热太快。

## 实验5　无机物的提纯

### 一、实验目的

学习固体物质提纯的原理与一般方法；掌握溶解、过滤、蒸发和结晶等基本操作技术。

### 二、实验原理

见第2章第二节重结晶内容。

### 三、实验用品

仪器：减压过滤装置、pH试纸、烧杯、量筒、电子天平、石棉网、酒精灯、蒸发皿、滤纸等。

试剂：$H_2SO_4$（1mol·$L^{-1}$）、$H_2O_2$（3%）、NaOH（0.5mol·$L^{-1}$、6mol·$L^{-1}$）、KSCN（0.1mol·$L^{-1}$）、$BaCl_2$（1mol·$L^{-1}$）、HCl（2mol·$L^{-1}$）、$Na_2CO_3$（3mol·$L^{-1}$）、$(NH_4)_2C_2O_4$（饱和）、HAc（6mol·$L^{-1}$）、镁试剂、$AgNO_3$（0.1mol·$L^{-1}$）、$CuSO_4·5H_2O$（s，粗品）、粗食盐（s）、$KNO_3$（s）、KCl（s）、去离子水。

### 四、实验步骤

（1）粗硫酸铜的提纯

粗$CuSO_4$中的可溶性杂质主要是$FeSO_4$和$Fe_2(SO_4)_3$。本实验将待提纯的粗$CuSO_4$溶于适量水中，用$H_2O_2$将其中的$Fe^{2+}$氧化成$Fe^{3+}$，再用NaOH调节溶液pH=4，使$Fe^{3+}$水解为$Fe(OH)_3$沉淀，在过滤时和其他不溶性杂质一起除去。有关反应式如下：

$$2Fe^{2+}+2H^{+}+H_2O_2 = 2Fe^{3+}+2H_2O_2$$

pH=4时
$$Fe^{3+}+3H_2O = Fe(OH)_3\downarrow+3H^{+}$$

溶液中的$Fe^{3+}$是否除净，可用KSCN检验：

$$Fe^{3+}+nSCN^{-} = [Fe(NCS)_n]^{3-n}\text{（深红色）}\quad (n=1\sim6)$$

将初步除杂后的滤液加热蒸发，使$CuSO_4·5H_2O$在有适量溶液存在的情况下结晶析出，其他微量的可溶性杂质则留在母液中过滤除去。

提纯方法如下。

用天平称取5.0g粗$CuSO_4$，放入洁净的100mL烧杯中，用量筒加入30mL去离子水，置于石棉网上加热并用玻璃棒搅拌至完全溶解，停止加热。

待溶液稍冷却后，加入1mL 3% $H_2O_2$溶液搅拌2～3min，再逐滴加入0.5mol·$L^{-1}$ NaOH溶液至pH=4（用pH试纸检验）。取少许溶液于试管中，加入0.1mol·$L^{-1}$ KSCN溶液1滴，如果呈现红色，说明$Fe^{3+}$未沉淀完全，需继续往烧杯中滴加NaOH溶液。将$Fe^{3+}$沉淀完全后，继续加热溶液片刻，静置。

待固体沉降后，将烧杯中的上层清液小心沿玻璃棒倒入玻璃漏斗中过滤，残存在烧杯内的沉淀用少量水（不要超过5mL）洗涤1次，将洗涤液也倒入漏斗中过滤，依然残留在烧杯内的沉淀不必倒入漏斗中，可以弃去。滤液用干净的蒸发皿承接。过滤完毕，将滤纸连同沉淀一起投入废物缸内。

往滤液中滴加1mol·$L^{-1}$ $H_2SO_4$溶液，调节pH至1～2，然后置于石棉网上小火加热（切勿加热过猛以免液体飞溅），并不断用玻璃棒搅拌溶液，蒸发至溶液表面出现一薄层结晶膜时停止加热（切勿蒸干）。让蒸发皿冷却至室温，可得$CuSO_4·5H_2O$晶体与少量母液共存的混合物。

装配好减压过滤装置（图2-53），将蒸发皿中的结晶和母液一起全部转移到布氏漏斗内

(晶体尽量在滤纸上被平摊成饼状)，然后减压过滤，并用玻璃棒轻轻按压漏斗中的晶体，使残液尽量被除去。抽滤完毕，先打开安全阀，再关闭抽气系统，然后取出漏斗中的晶体，并将晶体夹在两张干滤纸之间，轻轻按压，吸干水分。抽滤瓶中的滤液倒入废液缸中。

将已吸干的产品移至称量纸上，用天平称量，并按下式计算产率：

$$产率=\frac{提纯产品的质量}{样品质量}\times 100\%$$

(2) 粗食盐的提纯

粗食盐中主要含有 $Ca^{2+}$，$Mg^{2+}$，$K^+$ 和 $SO_4^{2-}$ 等可溶性杂质以及泥沙等不溶性杂质。选择适当的试剂使可溶性杂质生成难溶化合物，经过滤便可将杂质除去。

第一步：加入 $BaCl_2$ 溶液，除去 $SO_4^{2-}$。

$$Ba^{2+}+SO_4^{2-} = BaSO_4\downarrow$$

第二步：加入 NaOH 和 $Na_2CO_3$ 溶液，除去 $Ca^{2+}$、$Mg^{2+}$ 和过量加入的 $Ba^{2+}$。

$$M^{2+}+CO_3^{2-} = MCO_3\downarrow (M=Ca、Ba)$$

$$Mg^{2+}+2OH^- = Mg(OH)_2\downarrow$$

第三步：用 HCl 中和，除去过量的 $OH^-$ 和 $CO_3^{2-}$。

$$H^++OH^- = H_2O$$

$$CO_3^{2-}+2H^+ = CO_2+H_2O$$

粗食盐中的 $K^+$ 与上述试剂不起作用，仍留在溶液中。由于 KCl 的溶解度大于 NaCl 的溶解度，而且含量较少，所以在蒸发和浓缩溶液时，NaCl 先结晶出来，KCl 因未达饱和而仍留在母液中，滤去母液，便可得到较纯的 NaCl 晶体。

提纯方法如下。

① 称量和溶解。在天平上称取 8g 粗食盐于 150mL 烧杯中，加 20mL 水，加热搅拌溶解。

② 除 $SO_4^{2-}$。将溶液加热至近沸，一边搅拌一边逐滴加入 $1mol\cdot L^{-1}$ $BaCl_2$ 溶液 2mL，继续加热 5min，使沉淀颗粒长大而易于沉降。

③ 检查 $SO_4^{2-}$ 是否除尽。将烧杯从石棉网上取下，待沉淀沉降后，滴入 1～2 滴 $BaCl_2$ 溶液，观察上部清液。若有混浊现象，表示 $SO_4^{2-}$ 仍未除尽，还需加入 $BaCl_2$ 溶液，直到上层清液不再产生混浊为止。减压过滤，弃去沉淀，将滤液转移到 150mL 烧杯中。

④ 除 $Ca^{2+}$、$Mg^{2+}$ 和 $Ba^{2+}$。将滤液加热到近沸，在搅拌下加入 1mL $6mol\cdot L^{-1}$ NaOH 溶液，再逐滴加入 $3mol\cdot L^{-1}$ $Na_2CO_3$ 溶液，直到没有沉淀生成时，再多加 0.5mL $Na_2CO_3$ 溶液，静置，澄清后减压过滤，弃去沉淀，将滤液转移到蒸发皿中。

⑤ 除过量的 $CO_3^{2-}$。往滤液中滴加 $2mol\cdot L^{-1}$ HCl 溶液，使溶液呈微酸性（pH≈6）。

⑥ 蒸发与结晶。将蒸发皿置于石棉网上小火蒸发（切勿大火加热以免液体飞溅），并不断搅拌，浓缩到溶液表面出现一薄层晶体时停止加热（切勿蒸干）。冷却后减压过滤，用少量水（2mL 左右）洗涤蒸发皿，并用此洗涤液洗涤布氏漏斗中的晶体。晶体尽量抽干。

⑦ 烘干与称量。把所得的晶体放在蒸发皿内，在石棉网上小火烘干。冷却后称量，计算产率（计算方法同硫酸铜）。

产品纯度的检验：取原料、产品各 1g，分别用 6mL 水溶解，然后各盛于 3 支试管中，组成 3 组。第 1 组各加入 $BaCl_2$ 溶液；第 2 组各加入 2 滴 $6mol\cdot L^{-1}$ HAc 溶液，再加入 3～5 滴饱和 $(NH_4)_2C_2O_4$ 溶液；第 3 组各加入 3～5 滴 $6mol\cdot L^{-1}$ NaOH 溶液，再加入 1 滴镁试剂，分别比较其中 $SO_4^{2-}$、$Mg^{2+}$、$Ca^{2+}$ 等杂质的存在情况。

(3) 硝酸钾的重结晶

① 硝酸钾的制备。称取 17.0g $NaNO_3$ 和 15.0g KCl，放在 150mL 烧杯内，加入 30mL 水，并在烧杯外壁液面处作标记。将烧杯放在石棉网上，用小火加热，使其中的盐全部溶解，再继续加热，蒸发至原有体积的 2/3，这时烧杯内有晶体析出，趁热抽滤（将所滤得的晶体保留用作钠离子鉴定），滤液中即有晶体析出。另取 15mL 沸水，倒入抽滤瓶中，则结晶又复溶解，将抽滤瓶中的热溶液倒入烧杯中，再用小火加热，蒸发至原有体积的 2/3，将此溶液静置冷却，则结晶再析出。抽滤，将晶体尽量抽干后，称其质量，计算理论产量和产率。保留少量此粗产品用作氯离子的检验，其余粗产品全部用于下一步重结晶。

② 硝酸钾的重结晶。将 $KNO_3$ 与 $H_2O$ 按质量比为 2∶1 的比例混合，将粗产品溶于所需的蒸馏水中，在搅拌下加热，使晶体溶解。一旦溶液沸腾，晶体溶解后，立即停止加热（若溶液沸腾时晶体还未全部溶解，可适量加些蒸馏水），冷至室温后，抽滤。将晶体尽量抽干后，称其质量。计算重结晶后产品的产率。

③ 几种离子的检验。各取少许粗晶和纯晶 $KNO_3$ 于 2 支试管中，用蒸馏水分别溶解，然后滴入几滴 0.1mol·$L^{-1}$ $AgNO_3$ 溶液，观察现象。

### 五、注意事项

① $Ca^{2+}$ 与 $C_2O_4^{2-}$ 反应生成白色沉淀，这种沉淀难溶于乙酸，易溶于盐酸，所以要在乙酸介质中进行。

② 镁试剂为硝基苯偶氮间苯二酚，在酸性介质中为黄色，在碱性溶液中呈红色或紫色，$Mg^{2+}$ 与镁试剂在碱性介质中反应生成蓝色螯合物。由镁试剂检验 $Mg^{2+}$ 极为灵敏，最低检出浓度为十万分之一。

### 六、思考题

① 结晶时滤液为什么不可蒸干?

② 粗 $CuSO_4$ 溶液中的 $Fe^{2+}$ 为什么要氧化成 $Fe^{3+}$？加 NaOH 除 $Fe^{3+}$ 时为什么溶液的 pH 要调到 4?

③ 在沉淀 $Ca^{2+}$、$Mg^{2+}$ 时为何要加 NaOH 和 $Na_2CO_3$ 的混合物，只加 $Na_2CO_3$ 行吗?为什么?

④ 实验中怎样除去过量的沉淀剂 $BaCl_2$、NaOH 和 $Na_2CO_3$?

⑤ 制得 $KNO_3$ 产品中主要杂质是什么？怎样提纯?

⑥ 能否将除去 NaCl 后的滤液直接冷却制取 $KNO_3$?

## 实验 6 有机物重结晶

重结晶是提纯固体有机化合物的常用方法之一，要提纯由有机合成得到的粗产品，最常用的有效方法通常是用合适的溶剂重结晶。重结晶的关键是选择适宜的溶剂，根据被提纯样品的需要可采用单一溶剂或混合溶剂进行重结晶。

### 一、实验目的

了解重结晶法提纯固体有机物的原理和意义；掌握重结晶及过滤操作方法；掌握根据不同的提纯物选择不同溶剂的方法。

### 二、实验原理

见第 2 章第二节重结晶内容。

## 三、实验用品

仪器：回流装置、减压过滤装置、电子天平、烧杯、酒精灯、试管、水浴锅、锥形瓶等。

试剂：粗乙酰苯胺（s）、粗萘、15%乙醇溶液、甲醇、异丙醇、活性炭。

## 四、实验步骤

（1）乙酰苯胺的重结晶

① 单一溶剂法。取 0.5g 粗乙酰苯胺，放在 50mL 烧杯中，加入少量水，搅拌加热至沸腾，若仍不完全溶解，再加入少量水，直到完全溶解后，再多加 2～3mL 水（总量约 25mL），稍冷，加入少许活性炭，继续加热微沸 5～10min，进行减压热过滤（可先将布氏漏斗预热到一定的温度），滤液置于烧杯中，令其冷却析出结晶。结晶析出完全以后，用布氏漏斗抽气过滤，以少量水在漏斗上洗涤之，压紧抽干，把产品放在一表面皿中干燥，称量并测其熔点。乙酰苯胺熔点为 114℃。用水进行重结晶时，往往会出现油珠，这是因为当温度高于 83℃时，未溶于水但已熔化的乙酰苯胺形成另一液相所致，这时只要加入少量水或继续加热，此种现象即可消失。

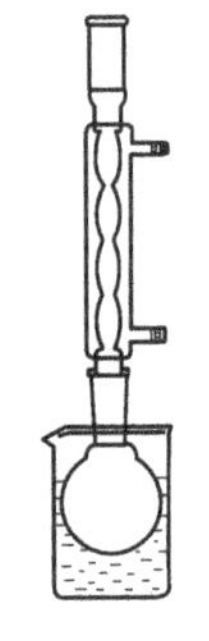

图 3-18 回流装置

② 混合溶剂法。称取 2.5g 乙酰苯胺粗品，加入 50mL 圆底烧瓶中，加入 15%的乙醇溶液约 15mL，投入 1～2 粒沸石，按图 3-18 装好回流装置。打开冷凝水，用水浴加热至溶剂沸腾，并保持回流数分钟，观察固体是否完全溶解。若有不溶固体或油状物，从冷凝管上口补加 3mL 溶剂，再加热回流数分钟，逐次补加溶剂，直至固体或油状物恰好完全溶解，制得热的饱和溶液，再过量加 5～10mL 溶剂。移去水浴，溶液稍冷后，加入活性炭，继续水浴加热，回流煮沸 10～15min。回流期间将布氏漏斗和抽滤瓶在热水浴中煮沸预热。安装好预热的抽滤装置，将热溶液趁热过滤，并尽快将滤液倒入一个洁净的热烧杯中。让滤液慢慢冷却至室温，晶体析出，再进行抽滤，用少量水洗涤晶体，抽干得白色片状结晶。产品晾干、称重，计算重结晶收率。

纯乙酰苯胺为无色鳞片状晶体。可通过测定熔点鉴定产品的纯度。本实验结果一般收率较低，产品熔点偏低，试分析原因。

（2）萘的精制

① 重结晶溶剂选择。在三个小试管中各加入 20mg 研细的萘粉，分别逐步滴加甲醇、乙醇、异丙醇。用玻璃棒搅拌，并观察萘是否溶解。醇的用量为 0.2～0.5mL。若不全溶，用水浴加热试管，观察萘是否溶解，并记录。将上述实验的热溶剂中溶解而冷溶剂中不溶或微溶的溶液冷却至晶体完全析出，比较晶体的析出量，选择晶体析出最多的溶剂及溶剂最佳用量。

② 萘的精制。在 250mL 的锥形瓶中加入 5g 粗萘，用最少的沸腾醇溶解，补加 2～3mL 溶剂，热过滤。用表面皿盖住锥形瓶口，冷却到室温至晶体完全析出。减压过滤，用少量溶剂洗涤晶体两次，压干。将晶体置于表面皿上干燥。称量，测萘的熔点，计算结晶收率。

纯萘为白色片状晶体，熔点为 80.2℃。

## 五、注意事项

① 为了便于控制加入最少量的醇，可在锥形瓶中加入少量的醇，并在锥形瓶口上接冷凝管，根据醇的沸点选择合适的热浴加热到沸腾。在冷凝管上口逐步分批加入醇，至固体完全溶解。若溶液含有色杂质，则可将溶液稍冷，再加入少量活性炭，接着加热煮沸 5min。

② 热溶液需慢慢冷却至晶体析出，若冷至室温，仍无晶体析出，可用玻璃棒摩擦锥形

瓶液面下方玻璃壁，以使晶体析出。

③ 若测得萘的熔点不符合要求，则应重复上述操作。

## 六、思考题

① 用实验选择重结晶溶剂时，如何选定所需的实验溶剂种类？

② 为提高纯度和结晶回收率，重结晶操作中应注意哪些事项？

# 实验 7　蒸馏与分馏

蒸馏是分离提纯液体有机物的常用手段。根据化合物的性质不同，在具体运用上可采用常压（简单）蒸馏、分馏、减压蒸馏和水蒸气蒸馏。

## 一、实验目的

学习简单蒸馏、减压蒸馏、水蒸气蒸馏及分馏的原理；掌握简单蒸馏、减压蒸馏、水蒸气蒸馏及分馏的仪器装置及操作技术。

## 二、实验原理

见第 2 章第二节蒸馏内容。

## 三、实验用品

仪器：常压蒸馏装置、减压蒸馏装置、简单分馏装置、水蒸气蒸馏装置、酒精密度计、量筒、锥形瓶、水浴锅、电子天平等。

试剂：工业 $C_2H_5OH$（95%、60%）、乙酰乙酸乙酯、苯甲醛、呋喃甲醛、苯胺、新鲜桉树叶或果皮及香花等。

## 四、实验步骤

(1) 工业乙醇的蒸馏

① 常量操作。量取 70mL 95%工业 $C_2H_5OH$ 样品，倒入测密度用的长玻璃筒中，小心放入酒精密度计，待其稳定后（勿使其贴靠筒壁），读出相对密度，记下待蒸馏样品中 $C_2H_5OH$ 的浓度（质量分数）。取 60mL 待蒸 $C_2H_5OH$ 样品，倒入 100mL 磨口圆底烧瓶中，加入 2 粒沸石，按图 2-57 装好常压蒸馏装置。通入冷凝水，用水浴加热（或用电热套加热）。注意观察蒸馏瓶中蒸气上升情况及温度计读数的变化，当瓶内液体沸腾时，蒸气逐渐上升，当达到温度计水银球时，温度计读数急剧上升。蒸气进入冷凝管被冷凝为液体落入接收瓶，记录从蒸馏支管落下第一滴蒸馏液的温度 $t_1$。然后调节加热速度，控制蒸馏速度为每秒 1～2 滴为宜。待温度恒定（即为该液体的沸点）不变时，换一个干燥的锥形瓶作接收瓶并记录这一温度 $t_2$。当温度再上升 1℃（$t_3$）时，即停止蒸馏。$t_2$～$t_3$ 为 95%$C_2H_5OH$ 的沸程。停止蒸馏时，先移去热源，待体系积冷却后关闭冷凝水，自后向前拆卸装置。用酒精密度计测出馏出液的密度，记下蒸馏后 $C_2H_5OH$ 的浓度。量取收集的 95%$C_2H_5OH$ 的体积，计算回收率。

② 微量操作。微量操作的方法同常量操作相同，实验中将 15mL 酒精加到 25mL 的烧瓶中蒸馏。

(2) 工业乙醇的分馏

在 100mL 圆底烧瓶中，加入 60%乙醇溶液 50mL，加 2 粒沸石。按图 2-65 安装好分馏装置（分馏柱上用石棉保温）。打开冷却水，用水浴加热烧瓶至溶液沸腾，蒸气慢慢上升进入分馏柱，调节加热速度，使蒸气慢慢上升到分馏柱顶，注意观察温度计的读数，当温度计读数达到 78℃时，收集主馏分，并控制馏出液速度为每秒 1～2 滴。当蒸气温度快速下降时，即可停止加热，得到约 50mL 馏出液。用酒精密度计测量馏出液的浓度（质量分数）。

（3）乙酰乙酸乙酯的减压蒸馏

市售的乙酰乙酸乙酯中常含有少量的乙酸乙酯、乙酸和水，由于乙酰乙酸乙酯在常压蒸馏时容易分解产生无水乙酸，故必须通过减压蒸馏进行提纯。

① 密封性检查。按图 2-59 装好简单减压蒸馏装置，装好装置后，应空试系统是否密封。具体方法：泵打开后，将安全瓶上的放空阀关闭，拧紧毛细管上的螺旋夹，待压力稳定后，观察压力计（表）上的读数是否到了最小或是否达到所要求的真空度。如果没有，说明系统内漏气，应进行检查。检查方法：首先将真空接引管与安全瓶连接处的橡胶管折起来用手捏紧，观察压力计（表）的变化，如果压力马上下降，说明装置内有漏气点，应进一步检查装置，排除漏气点；如果压力不变，说明自安全瓶以后的系统漏气，应依次检查安全瓶和泵，并加以排除或请指导老师排除。漏气点排除后，应再重新空试，直至压力稳定并且达到所要求的真空度时，方可进行下面的操作。

② 减压蒸馏。加入 20mL 乙酰乙酸乙酯到 50mL 的蒸馏瓶中，安装好装置，开始减压（先开泵，再关安全瓶上的放空阀），调节螺旋夹，使蒸馏瓶内液体中有连续平稳的小气泡通过（如无气泡可能因毛细管阻塞，应予更换）。开启冷凝水，用适当的热浴加热蒸馏。加热时，克氏瓶的圆球部分至少有 2/3 浸入浴液中。在浴液中放一支温度计，控制浴液的温度比待蒸馏液的温度高 20～30℃，使蒸馏速度控制在每秒 1～2 滴。在整个蒸馏过程中，要密切注意瓶颈上的温度计以及测压系统压力计的读数。蒸馏开始时，有低沸点的馏分，待观察到沸点不变时，转动真空接引管（一般用双股接引管，当要接收多组馏分时可采用多股接引管），开始接收馏分。在压力稳定及化合物较纯时，沸程应控制在 1～2℃范围内。

③ 停止蒸馏时，应先将加热器撤走，待稍冷却后，打开毛细管上的螺旋夹，慢慢地打开安全瓶上的放空阀，使压力计（表）恢复到零的位置，再关泵。否则由于系统中压力低，会发生油或水倒吸回安全瓶或冷却阱的现象。

④ 苯甲醛、呋喃甲醛或苯胺的蒸馏：用蒸馏乙酰乙酸乙酯同样的方法，通过减压蒸馏提纯苯甲醛、呋喃甲醛或苯胺。减压蒸馏苯甲醛时，要避免被空气中的氧所氧化。

（4）从桉树叶中提取桉叶油——水蒸气蒸馏

将新鲜桉树叶切成小段，称取 100～150g 放入 500mL 圆底烧瓶中，加入适量水，按图 2-63 装好水蒸气蒸馏装置（油水分离器），使用电炉隔石棉网加热，进行水蒸气蒸馏。水蒸气进入冷凝管被冷凝，冷凝液在油水分离器聚集并分层，相对密度比水小的有机层在上层，水在下层；若有机物相对密度比水大，则有机层在下层，水在上层。分层后的水由支管不断返回圆底烧瓶中，又不断与被分离成分一同蒸出，油水分离器中的有机层逐渐增多。循环反复，直至被分离组分绝大部分蒸出为止。观察回流液滴有无油珠，当无油珠时，停止加热，拆下冷凝管。待有机层和水层完全分离后，由油水分离器下端刻度读出有机层体积。将有机层放于烧杯，称量，计算桉叶精油提取率。

## 五、注意事项

① 加沸石的目的是避免液体在加热过程中的过热现象，防止暴沸。沸石必须在加热前放入，如果加热近沸腾时，发现未加沸石，切不可立即加入沸石，否则会引起暴沸而冲料。补加沸石必须在液体冷却后才可以，如果中途停止蒸馏，再重新蒸馏时，仍要补加沸石。

② 乙醇为易燃液体，其沸点较低，不宜用火直接加热烧瓶，宜选用水浴加热。

③ 为了保护油泵系统和泵中的油，在使用油泵进行减压蒸馏前，应将低沸点的物质先用简单蒸馏的方法去除，必要时可用水泵进行减压蒸馏，加热温度以产品不分解为准。

④ 减压蒸馏时，可用水浴、油浴、空气浴等加热，浴温需比蒸馏物沸点高 30℃以上。

⑤ 开始减压与停止减压时其各步的操作顺序必须正确。

⑥ 在减压蒸馏之前，应先从手册上查出各物质在不同压力下的沸点，供减压蒸馏时参考。

### 六、思考题

① 蒸馏过程中，为什么要控制蒸馏速度为每秒 1～2 滴？蒸馏速度过快对实验结果有何影响？

② 纯的液体化合物在一定压力下有固定沸点，但具有固定沸点的液体是否一定是纯物质？为什么？

③ 理论上乙醇-水恒沸物中乙醇含量为 95.5%，而实验结果低于此值，试分析原因。

④ 分馏和蒸馏在原理和应用上有何不同？通过实验结果比较说明。

⑤ 可否通过反复分馏得到 100%的乙醇？为什么？应采用什么方法制取 100%的乙醇？

⑥ 具有什么性质的化合物需用减压蒸馏进行提纯？

⑦ 进行减压蒸馏时，为什么必须用油浴加热？为什么必须先抽真空后加热？

⑧ 使用油泵减压时，要有哪些吸收和保护装置？其作用是什么？

⑨ 当减压蒸完所要的化合物后，应如何停止减压蒸馏？为什么？

⑩ 水蒸气蒸馏的原理是什么？

## 实验 8 薄层色谱

薄层色谱法是把固定相均匀地涂在一块玻璃板或塑料板上，形成一定厚度的薄层并使其具有一定的活性，在此薄层上进行色谱分离。它具有展开快、分离效能高、灵敏度高、耐腐蚀等特点，比纸色谱的应用更广泛。

### 一、实验目的

了解薄层色谱的原理；掌握吸附薄层色谱的操作；掌握 $R_f$ 值的求算方法。

### 二、实验原理

见第 2 章第二节色谱分离技术内容。

### 三、实验用品

仪器：薄层板、玻璃片、广口瓶、电子天平、烘箱、喷雾器、紫外分析仪等。

试剂：1%的邻硝基苯胺（a）、间硝基苯胺（b）的无水苯溶液，a 与 b 的混合液（4∶1），羧甲基纤维素钠水（0.5%～1%），环己烷-乙酸乙酯混合液（5∶1），1%的邻硝基苯酚（c）、对硝基苯酚（d）二氯甲烷溶液，c 与 d 等体积的混合液，二氯甲烷，APC 镇痛药片，1%的阿司匹林、非那西汀、咖啡因的 95%乙醇溶液，5%溴的四氯化碳溶液，乙酸乙酯，硝酸银-溴酚蓝显色剂，有机磷农药溶液，碘晶体，乙醇（95%），无水乙醚，冰乙酸，硅胶 G，硅胶 $GF_{254}$。

### 四、实验步骤

（1）邻硝基苯胺与间硝基苯胺的分离

① 制板。取 5g 硅胶 G 与 13mL 0.5%～1%的羧甲基纤维素钠水溶液，在烧杯中调匀，铺在清洁干燥的玻璃片上，可铺 10cm×3cm 玻璃片 8～10 块，薄层的厚度约为 0.25mm。室温晾干后，在 110℃烘箱内活化 0.5h，取出放冷后即可使用。

② 点样。取两块硅胶板，分别在距一端 1cm 处用铅笔轻轻地画一横线作为起始线。用毛细管在一块板的起始线上点 1%的邻硝基苯胺的无水苯溶液和 a 与 b 混合液两个样点；在

第二块板的起始线上点1%的间硝基苯胺的无水苯溶液和a与b混合液两个样点，样点间距1～1.5cm，如果样点颜色较浅，可重复点样，重复点样必须待前次样点干燥后进行，否则样点斑点直径过大，在分离中易产生拖尾现象。

③ 展开。待样点干燥后，用夹子把板小心地放入事先已准备好的盛有5mL环己烷-乙酸乙酯混合液（5∶1）的150mL的广口瓶中，进行展开。板与水平方向约成45°角，样点的一端浸入展开剂中约0.5cm。当展开剂上升到离板的上端约1cm时，取出板，立即用铅笔记下展开剂前沿的位置，晾干后观察分离的情况，比较两者$R_f$值的大小。

（2）邻硝基苯酚与对硝基苯酚的分离

取两块薄层板（硅胶G，10cm×3cm），在一块板上分别点1%的邻硝基苯酚的二氯甲烷溶液和c与d混合液，在另一块板上分别点1%的对硝基苯酚的二氯甲烷溶液和c与d混合液，如果样点颜色较浅，可重复点样数次。待溶液挥发后，用夹子小心地把板放入盛有5mL二氯甲烷的150mL的广口瓶内展开，当展开剂上升到离板的上端约1cm时取出板，用铅笔立即记下展开剂前沿的位置，晾干后观察黄色斑点的位置，比较$R_f$值的大小。

（3）有机磷农药的分离

取薄层板一块（硅胶G，20cm×5cm），用两根毛细管分别将标准农药溶液和未知农药溶液在原点线上点样，然后将板放在盛有乙酸乙酯的层析缸（广口瓶）中展开。展开结束后，将板上的乙酸乙酯吹干，然后把薄层板放在含有5%溴的四氯化碳溶液的溴蒸气缸中活化30min，取出，待板上余溴挥发干净，用喷雾器在板上均匀喷洒硝酸银-溴酚蓝显色剂，便可看到蓝色的背景上显示出黄色的农药斑点。比较样品斑点与标准农药斑点的$R_f$值，确定样品是否有该农药存在。

（4）镇痛药片APC组分的分离

普通的镇痛药如APC，通常是几种药物的混合物，大多含有阿司匹林（A）、非那西汀（P）、咖啡因（C）和其他成分（它们的结构如下），由于组分本身是无色的，需要通过紫外灯显色或碘熏显色，并与纯组分的$R_f$值比较来加以鉴定。

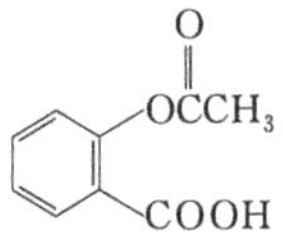

阿司匹林 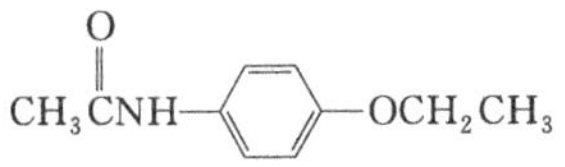　　非那西汀 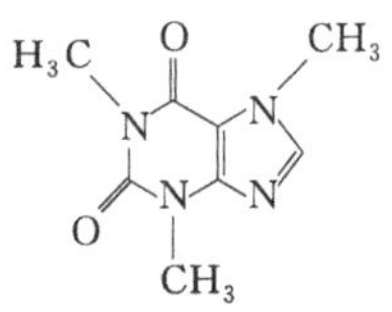　　咖啡因

① 薄层板的制备。取10cm×3cm的玻璃片4块，洗净晾干。在小烧杯中放2.5g硅胶$GF_{254}$、7mL 0.5%～1%的羧甲纤维素钠水溶液，调成糊状，均匀地铺在4块玻璃板上，在室温晾干后，放入烘箱中，缓慢升温至110℃，恒温0.5h，取出，置于干燥器中备用。

② 样品的制备。取镇痛药片APC半片，用不锈钢铲研成粉状。取一支滴管，用少许棉花塞住其细口部，然后将粉状APC转入其中。另取一支滴管，将2.5mL 95%乙醇滴入盛有APC的滴管中，流出的萃取液收集于一小试管中。

③ 点样。取三块制好的薄层板，每块板上点两个样点，分别为APC的萃取液和1%的阿司匹林的95%乙醇溶液、1%的非那西汀的95%乙醇溶液、1%的咖啡因的95%乙醇溶液三个标准样品。

④ 展开、显色并鉴定。展开剂用无水乙醚5mL、二氯甲烷2mL、冰乙酸7滴的混合溶液，在层析缸中进行展开。观察展开剂前沿，当上升至离板的上端1cm时取出，迅速在前沿处画线。将干后的薄层板放入254nm紫外分析仪中显色，可清晰地看到展开得到的粉红

色斑点，用铅笔把其画出，求出每个点的 $R_f$ 值，并将未知物与标准样品比较。

也可把以上的薄层板再置于放有几粒碘结晶的广口瓶内，盖上瓶盖，直至薄层板上暗棕色的斑点明显时取出，并与先前在紫外灯下观察做出的记号比较。

### 五、注意事项

① 要得到粘贴较牢的薄层板，玻璃片一定要干净，一般先用洗涤液洗净，再用自来水、蒸馏水冲洗，必要时用乙醇擦洗，洗净后只能拿玻璃片的切面。

② 点样时，使毛细管的液面刚好接触薄层板即可，切勿点样过重而使薄层破坏。

### 六、思考题

① 在混合物的薄层色谱中，如何判定各组分在薄层上的位置？

② 在层析时，层析缸中常放入一张滤纸，为什么？

③ 样品斑点过大有什么坏处？若将样点浸入展开剂液面以下会有什么样的影响？

## 实验 9　柱色谱

### 一、实验目的

熟悉柱色谱中溶剂、洗脱剂的选择；掌握用柱色谱法分离和鉴定化合物的操作技术；了解从天然物质中提取有效成分的基本原理和方法。

### 二、实验原理

见第 2 章第二节色谱分离技术内容。

### 三、实验用品

仪器：色谱柱、圆底烧瓶、球形冷凝管、锥形瓶、集热式恒温磁力搅拌器、电子天平、带橡胶塞的玻璃棒、滤纸、毛细管、层析缸、薄层板。

试剂：中性氧化铝（100～200 目）、亚甲基蓝与甲基橙（1∶1）的乙醇混合液、乙醇（95%）、市售番茄酱、二氯甲烷、甲苯、饱和食盐水、无水硫酸钠、石油醚、丙酮。

### 四、实验步骤

(1) 柱层析分离甲基橙与亚甲基蓝染料

在锥形瓶中称量 7g 中性氧化铝，并用 10mL 95%乙醇调匀，另外加入 5mL 95%乙醇于色谱柱中。打开色谱柱活塞，控制乙醇流速为每秒 1 滴，将氧化铝从柱顶一次加入柱内，并用装有橡胶塞的玻璃棒轻轻敲击管外壁，使其填装均匀。

待氧化铝全部下沉，通过转动轻敲使氧化铝柱顶成均匀平面，然后在表面轻轻地覆盖一张圆形滤纸。当乙醇液面降至滤纸表面时，关闭活塞，用滴管沿管壁加入 1mL 亚甲基蓝与甲基橙（1∶1）的乙醇混合液。

打开活塞，仍控制流速为每秒 1 滴，当混合液降至滤纸面时再关闭活塞，用滴管沿管壁滴入 1～2mL 95%乙醇，洗去黏附在柱壁上的液滴。打开活塞，让洗涤液降至滤纸表面时，再加 3mL 95%乙醇。在色谱柱顶上装上滴液漏斗，用 95%乙醇淋洗，洗脱速度为每秒 1 滴，观察色带的形成和分离。当蓝色亚甲基蓝色带到达柱底时，更换接收容器，收集全部色带，然后改用水作洗脱剂，同时更换接收容器。当黄色甲基橙色带到达柱底时，再更换接收容器，收集全部色带层。

色谱分离结束后，拉开活塞将柱内氧化铝倒入废物桶内，切勿倒入水槽。回收亚甲基蓝乙醇溶液和甲基橙水溶液。

(2) 番茄红素的提取与分离

在市售的食用番茄酱中含有番茄红素和β-胡萝卜素，这些都是类胡萝卜素。分子式为$C_{40}H_{56}$，其结构式为

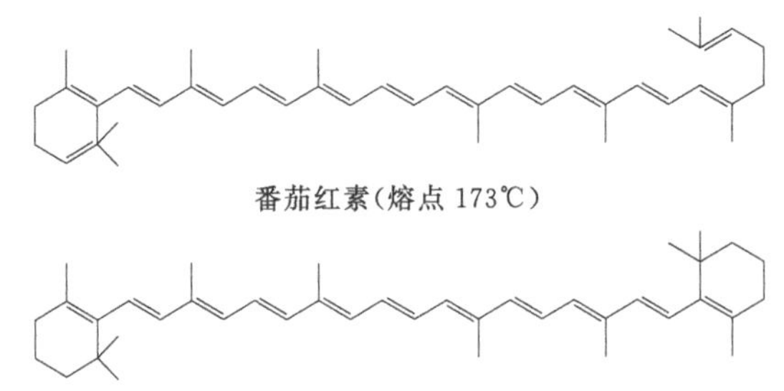

番茄红素(熔点 173℃)

β-胡萝卜素(熔点 183℃)

从上面的结构式可看出，番茄红素和β-胡萝卜素的结构相似，是同分异构体，用一般方法很难将它们分离，而色谱法是一种较好的分离同分异构体的手段，本实验利用柱层析分离技术可将它们分离开。完成分离之后再用薄层层析法进行鉴定比较，两个同分异构体会表现出不同的$R_f$值。

① 番茄红素和β-胡萝卜素的提取。在 50mL 圆底烧瓶中加入 4g 番茄酱，再加入 10mL 95%的乙醇，回流 5min，冷却后过滤，滤液存于 50mL 锥形瓶中。将滤纸和滤渣再放入圆底烧瓶中，用 10mL 二氯甲烷回流 3min，冷却后，过滤。将两次滤液并入同一锥形瓶中，加入 5mL 饱和食盐水摇匀，倒入分液漏斗中，静置分层。上层有机相倒入干燥的锥形瓶中，用适量的无水硫酸钠干燥 30min。除预留几滴做薄层层析外，其余蒸除溶剂，得到粗提取物备用。

② 柱层析分离番茄红素和β-胡萝卜素。先将少量脱脂棉放入层析柱内，用长玻璃棒塞紧压平，经玻璃漏斗向柱内加入约 5mm 厚的石英砂，并使砂面平整。另称取 3g 中性氧化铝于烧杯中，加入 5mL 左右的石油醚搅拌均匀，迅速不断地加入盛有 6mL 石油醚的层析柱中，同时将柱下端活塞打开，让石油醚缓缓流出。加完氧化铝后，关闭活塞，静置，当氧化铝不再沉降后，再在上端加入 2mm 厚石英砂，放出多余的石油醚至柱顶尚保留 1cm 左右高的石油醚。将粗提取物用尽可能少的甲苯溶解，用吸管转移到层析柱上，先用石油醚进行洗脱，由于β-胡萝卜素极性相对较小，在柱中移动速度较快，首先收集到的是黄色的含有β-胡萝卜素的洗脱液。当所有β-胡萝卜素被完全洗脱，改用石油醚-丙酮混合液（8：2）作为洗脱液对番茄红素进行洗脱，收集红色的洗脱液。

③ 薄层层析。用毛细管吸取提取好的滤液，点在活化好的硅胶板上，用展开剂［石油醚-丙酮（9：1）］在层析缸中展开，待展开完毕后取出薄层板，分别计算番茄红素和β-胡萝卜素的$R_f$值。

## 五、注意事项

① 加入石英砂的目的是使加料时不致把吸附剂冲起，影响分离效果。若无石英砂，也可用玻璃毛。

② 为了保持柱子的均一性，使整个吸附剂浸泡在溶剂或溶液中是必要的。否则当柱中溶剂或溶液流干时，就会使柱身干裂，影响渗滤和显色的效果。

③ 最好用移液管将欲分离溶液转移至柱中。

④ 如不安装滴液漏斗，也可用每次倒入 10mL 洗脱剂的方法进行洗脱。

⑤ 先用乙醇对番茄酱脱水，便于石油醚更有效地提取番茄红素和β-胡萝卜素。

⑥ 湿法装柱时，注意填充均匀，不能有气泡，也不能出现松紧不均和断层，否则会影

响分离效果和洗脱速度。洗脱过程中洗脱液的液面应始终高于氧化铝表面，否则会出现断层现象。

⑦ 加入一定量的丙酮是为了增加洗脱液的极性，有利于洗出极性较大的组分。

### 六、思考题

① 柱中若留有空气或填装不匀，对分离效果有何影响？如何避免？

② 柱色谱法的基本原理是什么？

③ 样品在柱内的下移速度为什么不能太快？如果太快会有什么后果？

④ 番茄红素和$\beta$-胡萝卜素相比，哪一个的$R_f$值大？

⑤ 番茄提取液为何用饱和食盐水洗涤？

## 实验 10 纸色谱分析

### 一、实验目的

掌握纸色谱法的原理及操作技术；了解氨基酸、金属离子在纸色谱中的分离行为。

### 二、实验原理

见第 2 章第二节色谱分离技术内容。

### 三、实验用品

仪器：纸层析缸（可用广口瓶代替）、喷雾器、电吹风、慢速定量滤纸、新华 1 号滤纸、毛细管、铅笔、剪刀、毛笔、烘箱、直尺。

试剂：展开剂［$CH_3COCH_3$-HCl(浓)-$H_2O$(90∶5∶5)］，氨水（浓，显色剂），$CoCl_2$、$CuCl_2$、$FeCl_3$、$NiCl_2$（标准液，浓度均为 0.3mol·$L^{-1}$），未知液（标准液中几种的等量混合液），展开剂［0.2%茚三酮的正丁醇-甲酸(80%～88%)-水(15∶3∶2)，共配 80mL］，L-谷氨酸、L-异亮氨酸、L-赖氨酸的水溶液（标准液，体积分数均为 0.2%），氨基酸混合试液（将上述三种氨基酸等体积混合均匀，作为样品），黄血盐（5%），赤血盐（5%）。

### 四、实验步骤

(1) 金属离子纸层析法分离和鉴定

① 滤纸的准备。取一张宽 5cm、长 12cm 的慢速定量滤纸，剪成宽 1cm 的五长条（上端留 2～3cm 不剪开），在纸的下端 2cm 处用铅笔画一条直线，在滤纸的上端分别标明标准溶液与未知样品的名称。

② 点样。分别用毛细管取四种金属离子标准溶液，在四条滤纸上点出直径约为 2mm 的扩散原点，第五条滤纸点未知液。点样后将滤纸置于通风处晾干。

③ 展开。将上一步中得到的点样滤纸小心地置于含有大约 10mL 展开剂的广口瓶中，使滤纸下端浸入展开剂中 1cm，滤纸上端裹在广口瓶磨口处，如图 3-19(a) 所示。注意不要使试液斑点浸入展开剂中，同时五条滤纸要分开，不要粘连或贴在瓶壁上。若滤纸条不易分开，可顺着纸条方向将滤纸适

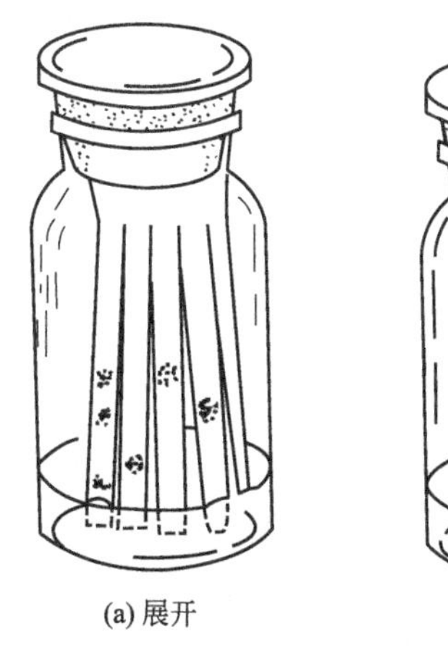

(a) 展开

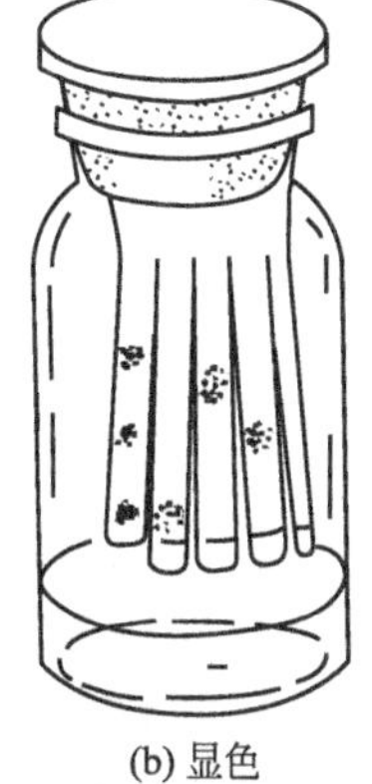

(b) 显色

图 3-19 展开和显色

当剪开些。然后盖紧瓶塞，放置 5min 后取出滤纸，观察记录各离子在滤纸上的颜色和位置，放在通风处晾干。

④ 显色。经过分离后的无机离子斑点颜色一般较浅，不容易分辩，需要加入试剂显色。下面介绍两种显色方法，实验时任选一种。

a. 氨熏　将滤纸放在广口瓶中，滤纸不要浸入氨水，如图 3-19（b）所示，氨熏约 5min。

b. 黄血盐、赤血盐显色　用毛笔蘸取少量 5%黄血盐溶液，在滤纸上迅速涂抹，观察斑点颜色。待滤纸干燥后，再用 5%赤血盐溶液在滤纸上快速涂抹，观察斑点颜色。

⑤ 未知液分析及计算。观察未知液在滤纸条上产生斑点的颜色、位置、数量，分别与标准液斑点的颜色、位置相比较，确定未知液中含有哪些离子。$R_f$ 值的计算方法同薄层色谱。

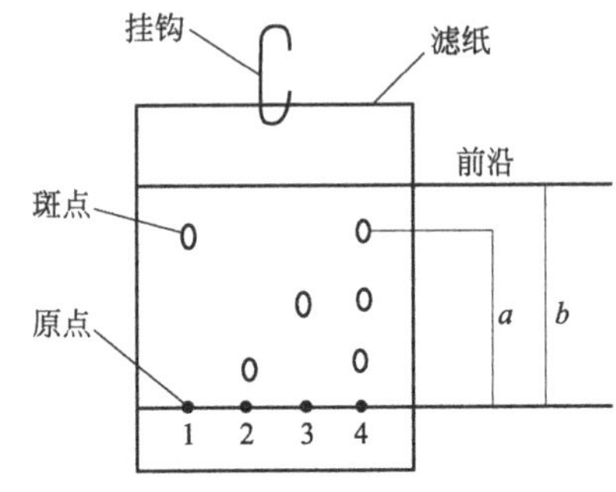


图 3-20　纸条点样和展开后示意图

（2）纸色谱分离氨基酸

① 方法一

a. 滤纸准备　在层析纸下端 2.5cm 处，用铅笔画一横线，在线上画出 1、2、3、4 四个等距离的点，1、2、3 号分别用毛细管将三种氨基酸标准溶液点出直径约为 2mm 的扩散原点，4 号点为混合液原点（注：皮肤分泌物有氨基酸，不要用手直接接触纸条），如图 3-20 所示。

b. 展开分离　将点好样的滤纸晾干后，用挂钩悬挂在层析筒盖上，放入已盛有展开剂的层析筒中，纸条应挂得平直，原点应离开液面 1cm，记下展开时间，当展开剂前沿上升至 15～20cm 左右时，取出层析纸，画出溶剂前沿，记下展开停止时间。将滤纸晾干。

c. 显色　将晾干的层析滤纸放入 100℃烘箱中烘 3～5min，或用电吹风热风吹干，即可显出各层析斑点。用铅笔画出各斑点轮廓。

d. 量出各斑点的中心到原点中心的距离，计算 $R_f$ 值和 $\Delta R_f$ 值。

② 方法二

a. 用新华 1 号滤纸（6cm ×25cm），按前述无机金属离子的纸层析方法进行滤纸的准备、点样和展开。

b. 显色　溶剂前沿上升至 15～20cm 时，取出纸条，画出溶剂前沿，记下展开停止时间。将滤纸晾干。将晾干的层析滤纸放入 100℃烘箱中烘 3～5min，或用电吹风的热风吹干，即可显出各层析斑点。用铅笔画出各斑点轮廓。

c. 量出各斑点的中心到原点中心的距离，计算 $R_f$ 值和 $\Delta R_f$ 值。

## 五、注意事项

① 在滤纸上记录原点位置时，只能用铅笔而不能用钢笔或圆珠笔。

② 展开时，样品扩散原点不能浸入展开剂中。

## 六、思考题

① 纸色谱分离实验为什么要采用标准试样对照鉴别？

② 层析分离氨基酸时，流动相和固定相的作用是什么？

③ 比移值 $R_f$ 的定义是什么？由本实验所得 $R_f$ 和 $\Delta R_f$ 的值讨论分离效果。

④ 单独的氨基酸的 $R_f$ 值与在混合液中该氨基酸的 $R_f$ 值是否相同，为什么？

⑤ 层析滤纸经氨熏后置于空气中，为什么有些离子的颜色很快变浅？

# 实验 11　茶叶中咖啡因的提取和红外、紫外光谱分析

咖啡因（caffeine，又名咖啡碱）在茶叶中约占 1%～5%，另外还含有丹宁酸（鞣酸）、色素、纤维素、蛋白质等。咖啡因易溶于氯仿、水、乙醇等，丹宁酸易溶于水和乙醇。含有结晶水的咖啡因为无色针状结晶，在 100℃时失去结晶水并开始升华，178℃时升华很快，无水咖啡因的熔点为 234.5℃。咖啡因由于具有刺激心脏、兴奋大脑神经和利尿作用，因此可以用作中枢神经兴奋剂。

## 一、实验目的

通过从茶叶中提取咖啡因学习固-液萃取的原理及方法；掌握索氏提取器的原理及其作用；掌握升华原理及操作；了解红外光谱仪、紫外分光光度计的基本原理、仪器结构；掌握红外光谱仪、紫外分光光度计的使用；学习紫外吸收光谱定量方法；掌握常用固体物质红外制样方法。

## 二、实验原理

咖啡因的化学名为 1,3,7-三甲基-2,6-二氧嘌呤，其结构如下：

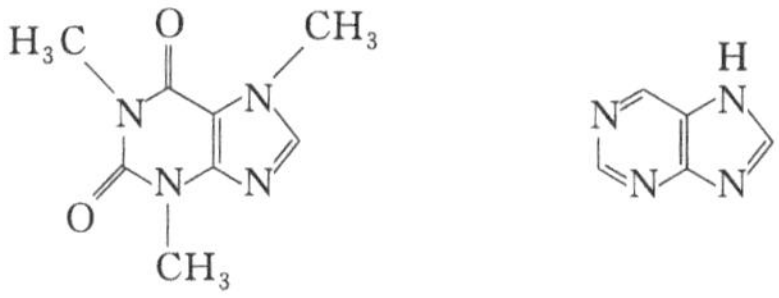

咖啡因　　嘌呤

咖啡因可由人工合成法或提取法获得。本实验采用索氏提取法从茶叶中提取咖啡因。利用咖啡因易溶于乙醇、易升华等特点，以 95%乙醇作溶剂，通过索氏提取器（或回流）进行连续抽提，然后浓缩、焙炒得到粗制咖啡因，再通过升华提取得到纯的咖啡因。

咖啡因不仅可以通过测熔点和用光谱法加以鉴别，还可以通过制备咖啡因水杨酸盐衍生物进一步得到确认。作为弱碱性化合物，咖啡因可与水杨酸作用生成熔点为 137℃的水杨酸盐：

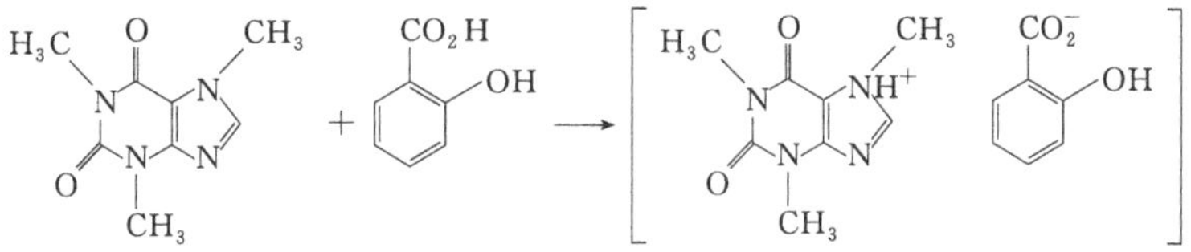

咖啡因　　水杨酸　　咖啡因水杨酸盐

咖啡因的三氯甲烷溶液在 276.5nm 下有最大吸收，其吸光度值的大小与咖啡因的浓度成正比，从而可进行定量测定。红外光谱的工作原理见第 2 章第三节红外吸收光谱内容。

## 三、实验用品

仪器：红外光谱仪器、压片机、紫外-分光光度计、索氏提取器等。

试剂：茶叶、乙醇（95%）、生石灰、二氯甲烷、溴化钾、无水硫酸钠、三氯甲烷、高锰酸钾溶液（1.5%）、无水亚硫酸钠（10%）与硫氰酸钾（10%）混合溶液、磷酸（15%）、乙酸锌溶液（20%）、亚铁氰化钾溶液（10%）、咖啡因标准样品（纯度 98%以上）、咖啡因标准储备液（0.5mg・$mL^{-1}$）。

## 四、实验步骤

（1）从茶叶中提取咖啡因

① 常量提取

a. 萃取　取 8.0g 茶叶放入索氏提取器的纸筒中，在筒中加入 30mL 乙醇，在圆底烧瓶

中加入 50mL 乙醇，将其安装为索氏提取装置（图 2-69），水浴加热，回流提取，直到提取液颜色较浅时为止，约用 2.5h，待冷凝液刚刚虹吸下去时停止加热。然后改为蒸馏装置进行蒸馏，待蒸出 60～70mL 乙醇时（瓶内剩余约 5mL），停止蒸馏，把残余液趁热倒入盛有 3～4g 生石灰的蒸发皿中（可用少量蒸出的乙醇洗涤蒸馏瓶，洗涤液一并倒入蒸发皿中）。

b. 升华　将蒸发皿中物质搅拌成糊状，然后放在蒸气浴上蒸干成粉状（不断搅拌、压碎块状物，注意防止着火!），擦去蒸发皿前沿上的粉末（以防止升华时污染产物），蒸发皿上盖一张刺有许多小孔的滤纸（扎刺向上），再在滤纸上罩一玻璃漏斗（图 2-55），用小火加热升华，控制温度在 220℃左右。如果温度太高，会使产物冒烟炭化。当滤纸上出现白色针状结晶时，小心取出滤纸，将附在上面的咖啡因刮下，如果残渣仍为绿色可再次升华，直到变为棕色为止。合并几次升华的咖啡因，测其熔点（因熔点较高，可做成其衍生物检验）。

② 半微量提取

a. 方法一

ⅰ. 萃取　取 2.0g 茶叶用滤纸包好，放入恒压滴液漏斗中，再在漏斗的上口加一回流冷凝管，然后与盛有 20mL95％乙醇的圆底烧瓶组成类似索氏提取装置。加热，回流提取，当萃取液刚刚淹没滤纸套时，打开活塞放出液体，关好活塞再次萃取。如此重复多次，直到提取液颜色较浅时为止，约用 1h。停止加热。然后改为蒸馏装置进行蒸馏，待蒸出大部分乙醇时（瓶内剩余约 1～2mL），停止蒸馏，把残余液趁热倒入盛有约 1g 生石灰的蒸发皿中（可用少量蒸出的乙醇洗蒸馏瓶，洗涤液一并倒入蒸发皿中）。

ⅱ. 升华　升华方法同常量提取中 b。

b. 方法二

在 50mL 烧杯中加入 1.5g 无水碳酸钠和 15mL 水，加热使固体溶解。称 1.5～2.0g 茶叶，用纱布扎成小茶袋，放入上述烧杯中，盖上表面皿，继续加热使溶液微沸，保持加热 30～40min。冷却至室温，将提取液倒入另一容器中，用一玻璃棒尽量将茶袋中液体滗干。用 3mL 二氯甲烷萃取水溶液（萃取装置如图 2-68 所示）。由于多种物质成分存在，萃取液有乳化现象，可采用离心方法解决。将分离的有机层通过一铺有少量棉花和 2～3g 无水硫酸钠的漏斗过滤，水层再用二氯甲烷萃取 3 次（每次 3mL）。萃取液同样用上述方法过滤。滤液经水泵减压蒸去溶剂（装置如图 2-59 所示），得灰白色的咖啡因粗品。在一个抽滤瓶中放入咖啡因粗品，中间插入一支带支管的试管并通入冷却水，加热抽滤瓶底部，进行升华，要防止咖啡因熔融（装置如图 2-56 所示）。当所有咖啡因粗品升华到试管底部后，停止加热，关水，移去真空，小心将升华产物刮在称量纸上，称重，计算该茶叶中咖啡因的含量，测定熔点。进行红外光谱的测定并与标准品进行比较。

③ 咖啡因水杨酸盐衍生物的制备

在试管中加入 50mg 咖啡因、37mg 水杨酸和 4mL 甲苯。在水浴上加热振摇使其溶解，然后加入 1mL 石油醚（60～90℃），在冰浴中冷却结晶。如无结晶析出，可用玻璃棒或刮刀摩擦管壁。用毛细管吸出母液，晶体用少许石油醚洗涤，移出晶体，干燥，测定熔点。纯盐的熔点为 137℃。

（2）咖啡因的红外吸收光谱测定

① 光谱测定

a. 开启仪器，启动计算机并进入 OMNIC 窗口（见第 2 章第三节相关内容）。

b. 压片法制样　取 1～2mg 干燥样品放入玛瑙研钵中，加入 100mg 左右的溴化钾粉末，在红外灯下研磨成粒度约 2$\mu$m 的细粉。将细粉移入压片模中，将模子放在油压机上，加压力，在 60～65MPa 的压力下维持 5min，放气去压，起去模子进行脱模，可获得一片直径为

13mm 的半透明盐片，将盐片装在样品架上，即可进行红外光谱测定。

c. 绘制样品咖啡因的红外光谱（详见第 2 章第三节红外吸收光谱内容） 整个绘制过程包括：设定收集参数；收集背景；收集样品图；对所得样品谱图进行基线校正、标峰等处理；标准谱库检索；打印谱图。

d. 收集样品图完成后，即可从样品室中取出样品架。并用浸有无水乙醇的脱脂棉将用过的研钵、镊子、刮刀、压模等清洗干净，置于红外干燥灯下烘干，以备制下一个样品。

② 谱图解析

对照样品的结构，对红外光谱中的吸收峰进行归属。4000～1500$cm^{-1}$ 区域的每一个峰都应讨论，小于 1500$cm^{-1}$ 的吸收峰选择主要的进行归属。图 3-21 为咖啡因的红外光谱。

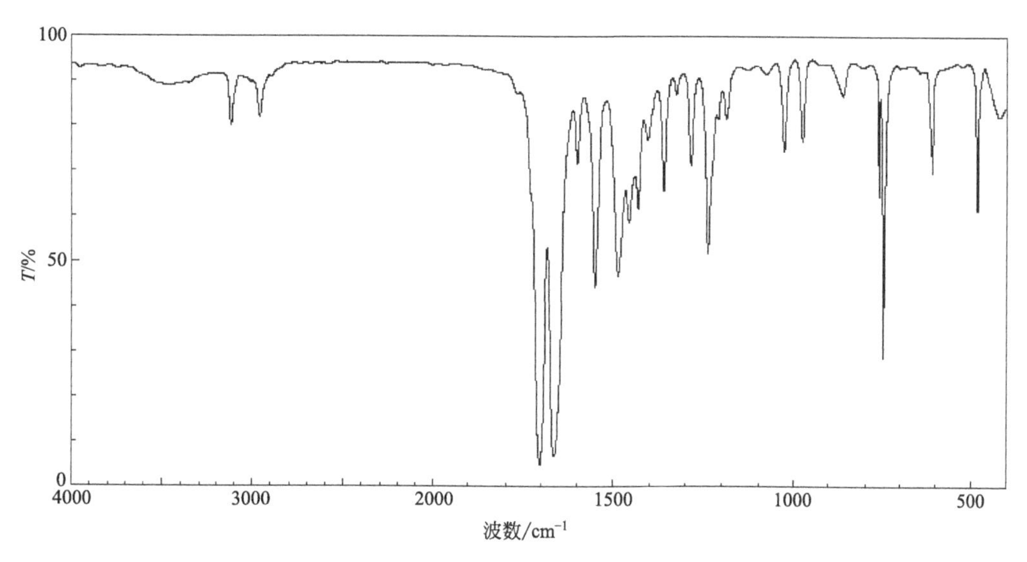


图 3-21　咖啡因的红外光谱

（3）紫外光谱法测定茶叶中咖啡因的含量

① 茶叶及其固体制成品

在 100mL 烧杯中称取经粉碎成低于 30 目的均匀样品 0.5～2.0g，加入 80mL 沸水，加盖，摇匀，浸泡 2h，然后将浸出液全部移入 100mL 的容量瓶，加入 20%乙酸锌溶液 2mL，加入 10%亚铁氰化钾 2mL，摇匀，用水定容至 100mL，静置沉淀，过滤。取滤液 5.0～20.0mL 置于 250mL 的分液漏斗中，按上述操作依次加入 1.5%高锰酸钾溶液 5mL、10%无水亚硫酸钠与 10%硫氰酸钾混合溶液 10mL、15%磷酸溶液 1mL、三氯甲烷 50mL 等进行萃取和二次萃取，制成 100mL 样品的三氯甲烷溶液，备用。

② 茶叶的液体制成品

在 100mL 容量瓶中准确移入 10.0～20.0mL 均匀样品，加入 20%乙酸锌溶液 2mL、10%亚铁氰化钾溶液 2mL，摇匀，用水定容至 100mL，摇匀，静置沉淀，过滤。取滤液 5.0～20.0mL，按上述操作进行，制备成 100mL 样品的三氯甲烷溶液，备用。

③ 标准曲线的绘制

从 0.5$mg \cdot mL^{-1}$ 的咖啡因标准储备液中，用重蒸三氯甲烷配制成浓度分别为 0$\mu g \cdot mL^{-1}$、5$\mu g \cdot mL^{-1}$、10$\mu g \cdot mL^{-1}$、20$\mu g \cdot mL^{-1}$ 的标准系列，以重蒸三氯甲烷（0$\mu g \cdot mL^{-1}$）作参比，调节零点，用 1cm 比色皿于 276.5nm 下测量吸光度，作吸光度-咖啡因浓度的标准曲线或求出直线回归方程。

④ 样品的测定

在 25mL 具塞试管中，加入 5g 无水硫酸钠，倒入 20mL 样品的三氯甲烷制备液，摇匀，静置。将澄清的三氯甲烷用 1cm 比色皿于 276.5nm 处测出其吸光度，根据标准曲线（或直线回归方程）求出样品的吸光度相当于咖啡因的浓度 $c$（$\mu g \cdot mL^{-1}$），同时用重蒸三氯甲烷作试剂空白。

⑤ 样品中咖啡因含量的计算

$$\text{茶叶及其固体制品中咖啡因含量}[mg \cdot (100g)^{-1}] = \frac{1000(c-c_0)}{mV_1}$$

$$\text{茶叶提取液中咖啡因含量}(mg \cdot mL^{-1}) = \frac{10000(c-c_0)}{VV_1}$$

式中，$c$ 为样品吸光度相当于咖啡因浓度，$\mu g \cdot mL^{-1}$；$c_0$ 为试剂空白吸光度相当于咖啡因浓度，$\mu g \cdot mL^{-1}$；$m$ 为称取样品的质量，g；$V$ 为量取茶叶液体样品的体积，mL；$V_1$ 为移取样品处理后水溶液的体积，mL。

## 五、注意事项

① 回流提取时，应控制好加热的速率；升华操作在此实验中为最关键的一步，注意控制温度：温度高会导致产物炭化，使产品不能升华；升华用的蒸发皿容积不要太大。

② 制样时，试样量必须合适。试样量过多，制得的试样晶片太“厚”，透光率差，导致收集到的谱图中强峰超出检测范围；试样量太少，制得的晶片太“薄”，收集到的谱图信噪比差。

③ 红外光谱实验应在干燥的环境中进行，因为红外光谱仪中的一些透光部件是由溴化钾等易溶于水的物质制成，在潮湿的环境中极易损坏。另外，水本身能吸收红外光产生强的吸收峰，干扰试样的谱图。

④ 在本实验条件下，本法仪器检出限为 $0.2\mu g \cdot mL^{-1}$，茶叶及其固体制成品为 $5mg \cdot (100g)^{-1}$，茶叶的液体制成品为 $5mg \cdot L^{-1}$。标准曲线线性范围为 $0.0 \sim 30.0\mu g \cdot mL^{-1}$，相关系数为 0.999，回收率为 90.1%～101.8%，相对标准偏差小于 4.0%。同一实验室平行测定或重复测定结果的相对偏差绝对值的允许差为 15%。

⑤ 试液与标准溶液的测定条件应保持一致。

## 六、思考题

① 在常量提取和半微量提取的方法一中用到生石灰，它起什么作用？在半微量提取的方法二提取咖啡因时加入氧化钙和碳酸钠，它们各起什么作用？

② 本实验中，在提取、烘烤和升华操作中，如何减少产品的损失？

③ 化合物的红外光谱是怎样产生的？它能提供哪些重要的结构信息？

④ 为什么甲基的伸缩振动出现在高频区？

⑤ 单靠红外光谱解析能否得到未知物的准确结构？为什么？

⑥ 是否所有的化合物都能用紫外吸收光谱作定性和定量分析？

# 第 4 章

# 物质的基本性质及分析

# 第一节　基本实验

## 实验 12　p 区元素（1）的基本性质及分析

### 一、实验目的

掌握硼酸和硼砂的主要性质，学习硼砂珠试验的方法；掌握硝酸、亚硝酸及其盐的重要性质；了解锡、铅、锑、铋氢氧化物的酸碱性；了解锡（Ⅱ）的还原性和铅（Ⅳ）、铋（Ⅴ）的氧化性。

### 二、实验原理

p 区元素包括ⅢA 至ⅦA 和零族元素，它们价电子组态为 $ns^2np^{1\sim6}$，大都是非金属元素。在这里通过实验了解部分元素及其主要化合物的性质。

硼酸是一元弱酸，属于路易斯酸，其反应如下：

$$H_3BO_3+H_2O \rightleftharpoons B(OH)_4^-+H^+$$

它能与多羟基醇发生加和反应，使酸性增强。硼砂在水中水解而呈碱性，当它与酸作用时，可析出硼酸。

硼砂受强热脱水熔化为玻璃体，与各金属氧化物或盐类熔融，生成不同特征颜色的偏硼酸复盐。

硅酸钠水解作用明显。将金属盐晶体置于硅酸钠溶液中，晶体表面形成难溶的硅酸盐膜。溶液中的水渗透穿过膜进入晶体内，因而晶体就像颜色各异的“石笋”。

硝酸有强氧化剂，与非金属反应还原产物多为 NO。浓硝酸与金属反应的产物主要为 $NO_2$。稀硝酸的反应产物则主要是 NO，而活泼金属则为 $NH_4^+$。

亚硝酸不稳定，易分解为 $N_2O_3$ 和 $H_2O$，$N_2O_3$ 又分解为 NO 和 $NO_2$。亚硝酸盐在酸性溶液中作氧化剂，一般被还原为 NO；遇强氧化剂则生产硝酸盐。

碱金属（锂除外）和 $NH_4^+$ 的磷酸盐、磷酸一氢盐都易溶于水，其他磷酸盐难溶于水；大多数磷酸二氢盐易溶于水，焦磷酸盐有一定配位作用。

锡、铅属ⅣA 族元素，它们可形成氧化值为＋2 和＋4 的化合物。锑、铋属ⅤA 族元素，能形成氧化值为＋3 和＋5 的化合物。

$Sn(OH)_2$、$Pb(OH)_2$、$Sb(OH)_3$ 是两性氢氧化物，$Bi(OH)_3$ 呈碱性，$\alpha$-$H_2SnO_3$ 呈两性。$Sn^{2+}$、$Sb^{3+}$、$Bi^{3+}$ 在水溶液中显著水解，加相应酸可抑制水解。铅的大多数盐难溶于水，$PbCl_2$ 能溶于热水中。

Sn(Ⅱ）的化合物有较强还原性，$Sn^{2+}$ 可与 $HgCl_2$ 反应。碱性溶液中 $[Sn(OH)_4]^{2-}$（或 $SnO_2^{2-}$）能和 $Bi^{3+}$ 反应。Pb(Ⅳ）和 Bi(Ⅴ）化合物有强氧化性，$PbO_2$ 和 $NaBiO_3$ 都是强氧化剂。酸性条件下可将 $Mn^{2+}$ 氧化为 $MnO_4^-$。$Sb^{3+}$ 可被 Sn 还原为单质 Sb。

### 三、实验用品

仪器：离心机、酒精灯、水浴锅、pH 试纸、试管、烧杯（100mL、200mL）、红色石蕊试纸、点滴板。

试剂：NaOH（$2mol \cdot L^{-1}$、$6mol \cdot L^{-1}$）、HCl（$2mol \cdot L^{-1}$、$6mol \cdot L^{-1}$、浓）、$H_2SO_4$（$2mol \cdot L^{-1}$、$6mol \cdot L^{-1}$、浓）、$HNO_3$（$2mol \cdot L^{-1}$、$6mol \cdot L^{-1}$、浓）、$NaNO_2$（$0.5mol \cdot L^{-1}$）、$CaCl_2$（$0.1mol \cdot L^{-1}$、s）、$CuSO_4$（$0.1mol \cdot L^{-1}$）、$Na_3PO_4$（$0.1mol \cdot L^{-1}$）、$Na_2HPO_4$（$0.1mol \cdot L^{-1}$）、$NaH_2PO_4$（$0.1mol \cdot L^{-1}$）、$Na_4P_2O_7$（$0.5mol \cdot L^{-1}$）、

$KNO_3$（0.1mol·L$^{-1}$）、$K_2CrO_4$（0.1mol·L$^{-1}$）、$Ba(OH)_2$、$Na_2CO_3$（0.1mol·L$^{-1}$）、$Na_2SiO_3$（0.5mol·L$^{-1}$、20%）、$SnCl_2$（0.1mol·L$^{-1}$）、$SnCl_4$（0.2mol·L$^{-1}$）、$SbCl_3$（0.1mol·L$^{-1}$）、$BiCl_3$（0.1mol·L$^{-1}$）、$Pb(NO_3)_2$（0.1mol·L$^{-1}$）、$MnSO_4$（0.1mol·L$^{-1}$）、$HgCl_2$（0.1mol·L$^{-1}$）、KI（0.02mol·L$^{-1}$、0.1mol·L$^{-1}$）、$KMnO_4$（0.01mol·L$^{-1}$）、$H_2S$（饱和）、甲基橙指示剂、甘油、淀粉试液、$H_3BO_3$（s）、钼酸铵试剂、硼砂（s）、$Co(NO_3)_2\cdot6H_2O$（s）、$CuSO_4\cdot5H_2O$（s）、$ZnSO_4\cdot7H_2O$（s）、$Fe_2(SO_4)_3$（s）、$NiSO_4\cdot7H_2O$（s）、$SnCl_2\cdot6H_2O$（s）、$PbO_2$（s）、$NaBiO_3$（s）、铜粉、锡片、镍铬丝、$FeSO_4$（s）、锌粉、$NH_4Ac$（饱和）。

## 四、实验步骤

（1）硼酸和硼砂的性质

① 在试管中加入一小片硼酸晶体和 2mL 去离子水，观察溶解情况。再微热使硼酸溶解，冷却后用 pH 试纸测其 pH。然后加一滴甲基橙指示剂，将溶液分两份。一份做对比，另一份中加入 0.5mL 甘油，混匀后比较溶液的颜色，分析原因。

② 在试管中加入一小块硼砂和 2mL 去离子水，微热使其溶解，冷却后用 pH 试纸测其 pH，再加入 1mL 6mol·L$^{-1}$ $H_2SO_4$ 溶液，将试管放入冷水中冷却，用玻璃棒不断搅拌，看有无硼酸晶体析出，写出相应方程式。

③ 硼砂珠试验。用环形镍铬丝蘸点浓 HCl 在氧化焰上灼烧，再迅速蘸少量硼砂晶体，在氧化焰上灼烧成玻璃状。用烧红的硼砂珠蘸少量 $Co(NO_3)_2\cdot6H_2O$ 在氧化焰上烧熔，冷却后对着亮光看硼砂珠的颜色。

（2）碳酸盐的性质

在试管中加入 1mL 0.1mol·L$^{-1}$ $Na_2CO_3$ 溶液，再加入约 0.5mL 2mol·L$^{-1}$ HCl 溶液，立即用带导管的塞子盖紧试管，将产生的气体通入 $Ba(OH)_2$ 溶液中。观察现象，写出方程式。

（3）硅酸盐的性质

① 在试管中，加 1mL 0.5mol·L$^{-1}$ $Na_2SiO_3$ 溶液，用 pH 试纸测其 pH，再逐滴加入 2mol·L$^{-1}$ HCl 溶液，使溶液 pH 在 6～9 之间，观察硅酸凝胶的生成（试管可微热）。

②“水中花园”实验。在 100mL 烧杯中加入 40mL 20% $Na_2SiO_3$ 溶液，再依次加入 $CaCl_2$、$CuSO_4\cdot5H_2O$、$ZnSO_4\cdot7H_2O$、$Fe_2(SO_4)_3$、$Co(NO_3)_2\cdot6H_2O$、$NiSO_4\cdot7H_2O$ 晶体各一小块。静置 2h，观察“石笋”生长。

（4）硝酸、亚硝酸和亚硝酸钠

① 在试管中加入少量铜粉，加入几滴浓 $HNO_3$ 观察反应现象。然后迅速加水稀释，倒掉溶液，写出反应方程式。

② 在试管中加少量锌粉，加入 1mL 2mol·L$^{-1}$ $HNO_3$ 溶液，观察反应现象（试管可微热）。取部分反应清液到另一试管，加入过量 2mol·L$^{-1}$ NaOH 溶液，微热。用润湿的红色石蕊试纸在试管口检验产生的气体，并判断之前反应产物是否有 $NH_4^+$。

③ 在试管中加 0.5mL 1mol·L$^{-1}$ $NaNO_2$ 溶液，再滴加 6mol·L$^{-1}$ $H_2SO_4$ 溶液，观察溶液和产生的气体颜色（试管可放在冷水中冷却）。写出反应方程式。

④ 在试管中加 0.5mL 1mol·L$^{-1}$ $NaNO_2$ 溶液，再滴 2 滴 0.02mol·L$^{-1}$ KI 溶液，有无反应？再加 2 滴 2mol·L$^{-1}$ $H_2SO_4$ 和淀粉试液，又有何变化？写出反应方程式。

⑤ 在试管中加 0.5mL 1mol·L$^{-1}$ $NaNO_2$ 溶液，滴 2 滴 0.01mol·L$^{-1}$ $KMnO_4$ 溶液，

再加 2 滴 2mol・$L^{-1}$ $H_2SO_4$ 溶液。比较酸化前后溶液颜色的变化，写出反应方程式。

⑥ 取 10 滴 0.1mol・$L^{-1}$ $KNO_3$ 溶液于试管中，加入 2 粒 $FeSO_4$ 固体，摇荡溶解后，将试管斜持，慢慢沿试管壁滴入 1mL 浓 $H_2SO_4$，观察有什么现象，若 $H_2SO_4$ 层与水溶液层的界面处有"棕色环"出现，表示有 $NO_3^-$ 存在。

(5) 磷酸盐的性质

① 用 pH 试纸分别测定浓度均为 0.1mol・$L^{-1}$ 的 $Na_3PO_4$、$Na_2HPO_4$、$NaH_2PO_4$ 溶液的 pH，并对结果加以说明。

② 在 3 支试管中各加几滴 0.1mol・$L^{-1}$ $CaCl_2$ 溶液，然后分别滴加 0.1mol・$L^{-1}$ 的 $Na_3PO_4$、$Na_2HPO_4$、$NaH_2PO_4$ 溶液，比较不同现象，写出反应方程式。

③ 在试管中加几滴 0.1mol・$L^{-1}$ $CuSO_4$ 溶液，然后逐滴加入 0.5mol・$L^{-1}$ $Na_4P_2O_7$ 溶液至过量。观察现象，写出反应方程式。

④ 在 5 滴 0.1mol・$L^{-1}$ $Na_3PO_4$ 溶液中，加入 10 滴浓 $HNO_3$，再加入 20 滴钼酸铵试剂，微热至 40～50℃，观察是否有黄色沉淀产生。

(6) 锡、铅、锑、铋氢氧化物的酸碱性

① 在 2 支试管中，各加 4 滴 0.1mol・$L^{-1}$ $SnCl_2$ 溶液，然后逐滴加 2.0mol・$L^{-1}$ NaOH 溶液至沉淀生成。离心后弃去清液。在沉淀中，分别加入 2.0mol・$L^{-1}$ NaOH 溶液和 2.0mol・$L^{-1}$ HCl 溶液。判断沉淀的酸碱性，写出反应方程式。

② 分别用 0.2mol・$L^{-1}$ $SnCl_4$、0.1mol・$L^{-1}$ $Pb(NO_3)_2$、0.1mol・$L^{-1}$ $SbCl_3$ 和 0.1mol・$L^{-1}$ $BiCl_3$ 溶液代替步骤①中的 $SnCl_2$，重复上述实验内容。观察现象，相互判断比较，写出反应方程式。

(7) 锡（Ⅱ）、锑（Ⅲ）、铋（Ⅲ）盐的水解

① 取少量 $SnCl_2 \cdot 6H_2O$ 晶体在试管中，加入 2mL 去离子水。观察现象，写出反应方程式。

② 在两支试管中，分别取少量 0.1mol・$L^{-1}$ $SbCl_3$ 溶液和 $BiCl_3$ 溶液，加少量水稀释。观察有什么现象，再分别加入几滴 6mol・$L^{-1}$ HCl 溶液，有何变化？写出有关方程式。

(8) 锡、铅、锑、铋化合物的氧化还原性

① 取 2 滴 0.1mol・$L^{-1}$ $HgCl_2$ 溶液，逐滴加入 0.1mol・$L^{-1}$ $SnCl_2$ 溶液。观察现象，写出反应方程式。

② 取 3 滴 0.1mol・$L^{-1}$ $SnCl_2$ 溶液和 10 滴 2.0mol・$L^{-1}$ NaOH 溶液，再加 3 滴 0.1mol・$L^{-1}$ $BiCl_3$ 溶液。观察现象，写出反应方程式。

③ 取少量 $PbO_2$ 固体，加入 6mol・$L^{-1}$ $HNO_3$ 溶液和 1 滴 0.1mol・$L^{-1}$ $MnSO_4$ 溶液，微热后静置。观察溶液颜色有什么变化，写出反应方程式。

④ 在点滴板上放一小块光亮锡片，加 1 滴 0.1mol・$L^{-1}$ $SbCl_3$ 溶液于锡片上。观察现象，若锡片上出现黑色，可鉴定有 $Sb^{3+}$ 存在。

⑤ 取 2 滴 0.1mol・$L^{-1}$ $MnSO_4$ 溶液，加入 1mL 6mol・$L^{-1}$ $HNO_3$ 溶液，再加少量固体 $NaBiO_3$。观察微热后有什么现象，写出反应方程式。

(9) 铅（Ⅱ）的难溶盐

① 用 0.1mol・$L^{-1}$ $Pb(NO_3)_2$ 溶液与饱和 $H_2S$ 溶液在试管中制取 PbS 沉淀两份，观察颜色。分别加入 6mol・$L^{-1}$ HCl 溶液和 6mol・$L^{-1}$ $HNO_3$ 溶液，观察现象，写出反应方程式。

② 用 0.1mol・$L^{-1}$ $Pb(NO_3)_2$ 溶液与 2mol・$L^{-1}$ HCl 溶液在试管中制取少量 $PbCl_2$ 沉

淀，观察其颜色。分别试验其在热水和浓 HCl 中的溶解情况。

③ 用 0.1mol·$L^{-1}$ $Pb(NO_3)_2$ 溶液与 2mol·$L^{-1}$ $H_2SO_4$ 溶液在试管中制取少量 $PbSO_4$ 沉淀，观察其颜色。试验其在饱和 $NH_4Ac$ 溶液中的溶解情况。

④ 用 0.1mol·$L^{-1}$ $Pb(NO_3)_2$ 溶液与 0.1mol·$L^{-1}$ $K_2CrO_4$ 溶液在试管中制取少量 $PbCrO_4$ 沉淀，观察其颜色。分别试验其在 6mol·$L^{-1}$ NaOH 溶液和浓 $HNO_3$ 中的溶解情况。

⑤ 用 0.1mol·$L^{-1}$ $Pb(NO_3)_2$ 溶液与 0.1mol·$L^{-1}$ KI 溶液在试管中反应，制取少量 $PbI_2$ 沉淀，观察其颜色。

### 五、思考题

① 硝酸与金属反应的主要还原产物与哪些因素有关？

② 配制 $SnCl_2$ 溶液时，为什么要加入盐酸和锡粒？

③ 检验 $Pb(OH)_2$ 碱性时，应该用什么酸？为什么不用稀盐酸或稀硫酸？

④ 试验 $PbO_2$ 和 $NaBiO_3$ 的氧化性时，应使用什么酸进行酸化？

## 实验 13 p 区元素（2）的基本性质及分析

### 一、实验目的

掌握硫化氢的还原性、亚硫酸及其盐的性质、硫代硫酸及其盐的性质、过硫酸盐的氧化性；掌握卤素单质氧化性和卤化氢还原性的递变规律；掌握卤素含氧酸盐的氧化性。

### 二、实验原理

过氧化氢有强氧化性，也能被更强氧化剂氧化为氧气。$H_2O_2$ 在酸性溶液中与 $Cr_2O_7^{2-}$ 反应生成蓝色的 $Cr_2O_5$。

$H_2S$ 有强还原性。在含 $S^{2-}$ 溶液中加入稀盐酸，产生的 $H_2S$ 能使湿 $Pb(Ac)_2$ 试纸变黑。$SO_2$ 溶于水得到不稳定的亚硫酸，亚硫酸及其盐常作还原剂，但遇强还原剂时也起氧化作用，$H_2SO_3$ 可与有机物加成生成无色加成物，故 $H_2SO_3$ 有漂白性。硫代硫酸不稳定，遇盐酸易分解。$Na_2S_2O_3$ 常作还原剂，还能与某些金属离子（如 $A^+$）形成配合物。

$$2Ag^+ + S_2O_3^{2-} \longrightarrow Ag_2S_2O_3\downarrow(\text{白色})$$

$Ag_2S_2O_3$ 又迅速水解，发生如下反应：

$$Ag_2S_2O_3 + H_2O \longrightarrow Ag_2O\downarrow(\text{黑色}) + H_2SO_4$$

反应颜色由白色变为黄、棕色，最后变黑色。过二硫酸盐是强氧化剂，在酸性条件下有 $Ag^+$（作催化剂）时能将 $Mn^{2+}$ 氧化为 $MnO_4^-$。

氯、溴、碘氧化性顺序为 $Cl_2 > Br_2 > I_2$，卤化氢还原性顺序为 HI＞HBr＞HCl。HBr 和 HI 能将浓 $H_2SO_4$ 分别还原为 $SO_2$ 和 $H_2S$。$Br^-$ 能被 $Cl_2$ 氧化为 $Br_2$（在 $CCl_4$ 中呈棕黄色），$I^-$ 能被 $Cl_2$ 氧化为 $I_2$（在 $CCl_4$ 中呈紫色），当 $Cl_2$ 过量时，$I_2$ 被进一步氧化为 $IO_3^-$。次氯酸及其盐有强氧化性。卤酸盐在酸性条件也都有强氧化性，次序为 $BrO_3^- > ClO_3^- > IO_3^-$。

### 三、实验用品

仪器：离心机、酒精灯、水浴锅、淀粉-KI 试纸、pH 试纸、试管、烧杯（100mL、200mL）、蓝色石蕊试纸、$Pb(Ac)_2$ 试纸、点滴板。

试剂：NaOH（2mol·$L^{-1}$）、HCl（2mol·$L^{-1}$、6mol·$L^{-1}$、浓）、$H_2SO_4$（1mol·$L^{-1}$、2mol·$L^{-1}$、6mol·$L^{-1}$、浓）、$HNO_3$（浓）、$AgNO_3$（0.1mol·$L^{-1}$）、$K_2Cr_2O_7$

(0.1mol·$L^{-1}$)、$BaCl_2$ (1mol·$L^{-1}$)、$Na_2S$ (0.1mol·$L^{-1}$)、$Na_2S_2O_3$ (0.1mol·$L^{-1}$)、$Pb(NO_3)_2$ (0.1mol·$L^{-1}$)、$MnSO_4$ (0.1mol·$L^{-1}$)、KI (0.1mol·$L^{-1}$)、$KMnO_4$ (0.01mol·$L^{-1}$)、$FeCl_3$ (0.1mol·$L^{-1}$)、$ZnSO_4$ (0.1mol·$L^{-1}$)、$CuSO_4$ (0.1mol·$L^{-1}$)、$Hg(NO_3)_2$ (0.1mol·$L^{-1}$)、氯水(饱和)、碘水(0.01mol·$L^{-1}$、(饱和)、戊醇、$CCl_4$、$H_2O_2$ (3%)、$H_2S$ (饱和)、$KClO_3$ (饱和)、$SO_2$ (饱和)、甲基橙指示剂、品红溶液、淀粉试液、$H_3BO_3$ (s)、硼砂 (s)、NaCl (s)、KBr (s)、KI (s)、$(NH_4)_2S_2O_8$ (s)。

## 四、实验步骤

(1) 过氧化氢的性质

① 在试管中加0.5mL 0.1mol·$L^{-1}$ $Pb(NO_3)_2$溶液，再加饱和$H_2S$溶液至沉淀生成(或加几滴$Na_2S$溶液)。将沉淀离心分离，弃去清液。用少量水洗2遍，然后加入3%的$H_2O_2$溶液。观察沉淀变化，写出反应方程式。

② 取3%的$H_2O_2$溶液和戊醇各0.5mL，加几滴1mol·$L^{-1}$ $H_2SO_4$溶液和2滴0.1mol·$L^{-1}$ $K_2Cr_2O_7$溶液，摇荡试管。观察现象，写出反应方程式。

③ 在试管中加入0.5mL 0.1mol·$L^{-1}$ KI溶液，再加2滴1mol·$L^{-1}$ $H_2SO_4$溶液酸化后，加入5滴3%的$H_2O_2$溶液和10滴$CCl_4$溶液，摇荡试管。观察溶液颜色，写出反应方程式。

(2) 硫化氢、亚硫酸、硫代硫酸、过硫酸盐的性质

① 取几滴0.01mol·$L^{-1}$ $KMnO_4$溶液，用稀$H_2SO_4$酸化后，再滴加饱和$H_2S$溶液。观察现象，写出反应方程式。

② 取几滴0.1mol·$L^{-1}$ $FeCl_3$，滴加饱和$H_2S$溶液。观察现象，写出反应方程式。

③ 在试管中加几滴0.1mol·$L^{-1}$ $Na_2S$溶液和2mol·$L^{-1}$ HCl溶液，然后用湿$Pb(Ac)_2$试纸放在试管口。观察现象，写出反应方程式。此反应可鉴定$S^{2-}$。

④ 取几滴饱和碘水，加1滴淀粉试液，再加几滴饱和$SO_2$溶液。观察有什么现象，写出反应方程式。

⑤ 取几滴饱和$H_2S$溶液，再加几滴饱和$SO_2$溶液。观察现象，写出反应方程式。

⑥ 取3mL品红溶液，加入2滴饱和$SO_2$溶液，摇荡试管后静置。观察现象，说明原因。

⑦ 在试管中加几滴0.1mol·$L^{-1}$ $Na_2S_2O_3$溶液和2mol·$L^{-1}$ HCl溶液，摇荡试管，然后用润湿的蓝色石蕊试纸检验产生的气体。观察现象。写出反应方程式。

⑧ 取几滴0.01mol·$L^{-1}$碘水，加1滴淀粉试液，再逐滴加入0.1mol·$L^{-1}$ $Na_2S_2O_3$溶液。观察现象，写出反应方程式。

⑨ 取几滴饱和氯水，滴加0.1mol·$L^{-1}$ $Na_2S_2O_3$溶液。观察现象。再加2滴1mol·$L^{-1}$ $BaCl_2$检验之前反应是否有$SO_4^{2-}$生成?

⑩ 在点滴板上加2滴0.1mol·$L^{-1}$ $Na_2S_2O_3$溶液，再滴加0.1mol·$L^{-1}$ $AgNO_3$溶液至白色沉淀产生。观察沉淀颜色的变化，写出相应方程式。此反应可用鉴定$S_2O_3^{2-}$的存在。

⑪ 在试管中加几滴0.1mol·$L^{-1}$ $MnSO_4$溶液，另加1mL 2mol·$L^{-1}$ $H_2SO_4$溶液、1滴0.1mol·$L^{-1}$ $AgNO_3$溶液和少量$(NH_4)_2S_2O_8$固体，水浴加热片刻。观察溶液颜色变化，写出反应方程式。

(3) 硫化物的溶解性

在3支试管中分别加入0.1mol·$L^{-1}$的$ZnSO_4$、$CuSO_4$和$Hg(NO_3)_2$溶液各5滴，然

后都各加入 1mL 饱和 $H_2S$ 溶液，观察现象。离心沉降，吸去上清液，在沉淀中分别加入几滴 $6mol \cdot L^{-1}$ HCl 溶液，观察现象。将不溶解的沉淀再离心分离，用少量蒸馏水洗涤沉淀后（为什么?），加入数滴浓 $HNO_3$ 后微热，观察现象。在仍不溶解的沉淀中，加入王水（浓 $HNO_3$ 和浓 HCl 以 1∶3 体积比混合）后微热，观察现象。从实验结果对金属硫化物的溶解性做比较。

（4）卤素化合物

① 在 3 支干燥试管中分别加入米粒大小的 NaCl、KBr、KI 固体，再分别加入 3 滴浓 $H_2SO_4$，观察现象。并分别用润湿的 pH 试纸、淀粉-KI 试纸、$Pb(Ac)_2$ 试纸放在试管口，检验产生的气体，写出相应反应方程式。（最好在通风橱内进行，反应后及时清洗试管。）

② 取 2 滴氯水，逐滴加入 $2mol \cdot L^{-1}$ NaOH 溶液至呈弱碱性，再将溶液分装 3 支试管。在第 1 支试管中滴加 $2mol \cdot L^{-1}$ HCl 溶液，用润湿的淀粉-KI 试纸检验产生的气体；在第 2 支试管中滴加 $0.1mol \cdot L^{-1}$ KI 溶液及 1 滴淀粉试液；第 3 支试管中滴加品红溶液。观察各反应现象，写出反应方程式。

③ 取 3 滴 $0.1mol \cdot L^{-1}$ KI 溶液，加入 4 滴饱和 $KClO_3$ 溶液，再逐滴加入 $6mol \cdot L^{-1}$ $H_2SO_4$ 溶液，摇荡试管。观察溶液颜色的变化，写出相应方程式。

### 五、思考题

① 亚硫酸有哪些主要性质？怎样用实验加以验证？

② 实验室长期放置的 $H_2S$ 溶液、$Na_2S$ 溶液和 $Na_2SO_3$ 溶液会发生什么变化？

③ 金属硫化物的溶解情况可分几类？它们的 $K_{sp}^{\ominus}$ 相对大小如何？

## 实验 14　d 区元素的基本性质及分析

### 一、实验目的

了解低氧化值的钛和钒化合物的生成和性质；掌握铬、锰、铁、钴、镍的氢氧化物酸碱性和氧化还原性；掌握铬、锰主要氧化态间的转化反应及其条件；掌握铬、锰、铁、钴、镍的配合物和硫化物的生成与性质。

### 二、实验原理

第四周期 d 区元素主要有钛（Ti）、钒（V）、铬（Cr）、锰（Mn）、铁（Fe）、钴（Co）、镍（Ni）几种金属元素，它们都能形成多种氧化值的化合物。

$TiO_2$ 俗称钛白，是一种白色颜料。它不溶于水、稀酸和稀碱，但溶于热硫酸。

$$TiO_2 + H_2SO_4 = TiOSO_4 + H_2O$$

$$TiO_2 + 2H_2SO_4 = Ti(SO_4)_2 + 2H_2O$$

硫酸氧钛加热水解，得到不溶于酸、碱的钛酸（β 型）。

$$TiOSO_4 + (x+1)H_2O = TiO_2 \cdot xH_2O + H_2SO_4$$

硫酸氧钛加碱，得到能溶于稀酸或浓碱的钛酸（α 型）。

$$TiOSO_4 + 2NaOH + H_2O = Ti(OH)_4 + Na_2SO_4$$

$$Ti(OH)_4 + H_2SO_4 = TiOSO_4 + 3H_2O$$

$$Ti(OH)_4 + 2NaOH = Na_2TiO_3 + 3H_2O$$

在酸性条件下，钒酸根可被还原为各种低氧化值的钒盐，如氯化氧钒（偏钒酸铵的盐酸溶液）被还原。

$$2VO_2Cl + 4HCl + Zn = 2VOCl_2 + 2H_2O + ZnCl_2$$

$$2VOCl_2+4HCl+Zn = 2VCl_3+2H_2O+ZnCl_2$$

$$2VCl_3+Zn = 2VCl_2+ZnCl_2$$

离子颜色为 $VO^{2+}$ 呈蓝色，$V^{3+}$ 呈暗绿色，$V^{2+}$ 呈紫色。

$Cr(OH)_3$ 是两性氢氧化物，$Mn(OH)_2$ 和 $Fe(OH)_2$ 都易被空气中的 $O_2$ 所氧化。$Co(OH)_2$ 也能被空气中 $O_2$ 氧化。$Co^{3+}$ 和 $Ni^{3+}$ 具有强氧化性。$Co(OH)_3$ 和 $Ni(OH)_3$ 与浓盐酸反应生成 $Co^{2+}$ 和 $Ni^{2+}$，并放出氯气。$Co(OH)_3$ 和 $Ni(OH)_3$ 可由 $Co^{2+}$ 和 $Ni^{2+}$ 在碱性条件下用强氧化剂氧化得到。

$$2Ni^{2+}+6OH^-+Br_2 = 2Ni(OH)_3+2Br^-$$

$Cr^{3+}$ 和 $Fe^{3+}$ 都易水解，$Fe^{3+}$ 有一定氧化性，而 $Cr^{3+}$ 和 $Mn^{2+}$ 在酸性溶液中有较弱的还原性。强氧化剂能将它们氧化为 $Cr_2O_7^{2-}$ 和 $MnO_4^-$。在碱性溶液中，$[Cr(OH)_4]^-$ 可被 $H_2O_2$ 氧化为 $CrO_4^{2-}$。$CrO_4^{2-}$ 在酸性溶液中转变为 $Cr_2O_7^{2-}$。重铬酸盐在水中的溶解度较铬酸盐大，因此，它们与 $Ag^+$、$Pb^+$、$Ba^{2+}$ 等离子在一起时，常生成铬酸盐沉淀。

$$Cr_2O_7^{2-}+4Ag^++H_2O = 2Ag_2CrO_4\downarrow(砖红色)+2H^+$$

$Cr_2O_7^{2-}$ 和 $MnO_4^-$ 都具强氧化性，$Cr_2O_7^{2-}$ 在酸性溶液中被还原为 $Cr^{3+}$。$MnO_4^-$ 在酸性、中性、强碱性溶液中，还原产物分别为 $Mn^{2+}$、$MnO_2$ 和 $MnO_4^{2-}$。$MnO_2$ 和 $MnO_4^-$ 在碱性环境下反应也能得 $MnO_4^{2-}$。而在酸性及近中性溶液中，$MnO_4^{2-}$ 易歧化为 $MnO_2$ 和 $MnO_4^-$。

MnS、FeS、CoS、NiS 都能溶于稀强酸，MnS 甚至能溶于较弱的 HAc。故这些硫化物要在弱碱性溶液中生成。

铬、锰、铁、钴、镍都易形成多种配合物。当 $Co^{2+}$ 和 $Ni^{2+}$ 分别与过量氨水反应后得 $[Co(NH_3)_6]^{2+}$ 和 $[Ni(NH_3)_6]^{2+}$。$[Co(NH_3)_6]^{2+}$ 易被空气中 $O_2$ 氧化成 $[Co(NH_3)_6]^{3+}$。$Fe^{2+}$ 与 $[Fe(CN)_6]^{3-}$ 反应，或 $Fe^{3+}$ 与 $[Fe(CN)_6]^{4-}$ 反应，都生成蓝色沉淀配合物。$Fe^{3+}$ 与 $SCN^-$ 在酸性溶液中反应得红色的多级配合物。$Co^{2+}$ 也能与 $SCN^-$ 反应得 $[Co(SCN)_4]^{2-}$，该配离子易溶于有机溶剂中，呈现蓝色。

## 三、实验用品

仪器：离心机、酒精灯、水浴锅、淀粉-KI 试纸、试管。

试剂：NaOH（2mol·$L^{-1}$、6mol·$L^{-1}$、40%）、$NH_3\cdot H_2O$（2mol·$L^{-1}$、6mol·$L^{-1}$）、$NH_4Cl$（1mol·$L^{-1}$）、HCl（2mol·$L^{-1}$、6mol·$L^{-1}$、浓）、$H_2SO_4$（2mol·$L^{-1}$、浓）、$HNO_3$（6mol·$L^{-1}$）、HAc（2mol·$L^{-1}$）、$CrCl_3$（0.1mol·$L^{-1}$）、$MnSO_4$（0.1mol·$L^{-1}$、0.5mol·$L^{-1}$）、$CoCl_2$（0.1mol·$L^{-1}$、0.5mol·$L^{-1}$）、$K_2CrO_4$（0.1mol·$L^{-1}$）、$K_2Cr_2O_7$（0.1mol·$L^{-1}$）、$BaCl_2$（0.1mol·$L^{-1}$）、$K_4[Fe(CN)_6]$（0.1mol·$L^{-1}$）、$K_3[Fe(CN)_6]$（0.1mol·$L^{-1}$）、$SnCl_2$（0.1mol·$L^{-1}$）、$Na_2S$（0.1mol·$L^{-1}$）、$FeCl_3$（0.1mol·$L^{-1}$）、$FeSO_4$（0.1mol·$L^{-1}$）、$NiSO_4$（0.1mol·$L^{-1}$、0.5mol·$L^{-1}$）、$KMnO_4$（0.01mol·$L^{-1}$、0.1mol·$L^{-1}$）、丙酮、戊醇、溴水、$H_2O_2$（3%）、二乙酰二肟（1%）、$H_2S$（饱和）、$TiO_2$（s）、$NH_4VO_3$（s）、Zn（s）、$FeSO_4\cdot 7H_2O$（s）、KSCN（s）、$MnO_2$（s）。

## 四、实验步骤

（1）钛

取少量 $TiO_2$(s) 加入 1mL 浓 $H_2SO_4$，加热（注意防止 $H_2SO_4$ 溅出）。观察现象，写

出反应方程式。将所得溶液分 2 份，1 份滴加 $2mol \cdot L^{-1}$ $NH_3 \cdot H_2O$ 溶液至大量沉淀产生。另 1 份加少量水，加热煮沸 2min。观察 2 份溶液中沉淀的颜色、状态，并将两份都离心，弃去上清液后，沉淀分成 2 份，分别加 $6mol \cdot L^{-1}$ NaOH 溶液和 $6mol \cdot L^{-1}$ HCl 溶液，观察沉淀是否溶解。

(2) 钒

取 1g 偏钒酸铵（$NH_4VO_3$）固体，加入 20mL $6mol \cdot L^{-1}$ HCl 溶液、10mL 去离子水配制氯化氧钒溶液（$NH_4VO_3 + 2HCl = VO_2Cl + NH_4Cl + H_2O$）。

取 4mL 氯化氧钒溶液，并加入 2 粒锌粒，放置片刻。观察溶液颜色的变化。将得到的紫色溶液分 4 份（其中 1 份做颜色比较）。在第 1 份中滴加 $0.1mol \cdot L^{-1}$ $KMnO_4$ 溶液，摇匀，观察颜色变化（若酸性不够可滴加少量 $6mol \cdot L^{-1}$ HCl 溶液）。待生成暗绿色 $V^{3+}$ 时停止滴 $KMnO_4$ 溶液。在第 2 份中同样滴加 $0.1mol \cdot L^{-1}$ $KMnO_4$ 溶液，待暗绿色出现再继续滴加 $KMnO_4$ 溶液至生成蓝色 $VO^{2+}$ 为止。在第 3 份中滴加 $0.1mol \cdot L^{-1}$ $KMnO_4$ 溶液，使溶液出现黄色 $VO_2^+$ 为止，分别写出以上反应方程式。

(3) 铬、锰、铁、钴、镍的氢氧化物

① 在 2 支试管中都用 $0.1mol \cdot L^{-1}$ $CrCl_3$ 溶液和少量 $2.0mol \cdot L^{-1}$ NaOH 溶液制备 $Cr(OH)_3$，再分别加几滴 $6mol \cdot L^{-1}$ HCl 溶液和 $6mol \cdot L^{-1}$ NaOH 溶液。有何现象？判断 $Cr(OH)_3$ 的酸碱性。

② 在 3 支试管中各加几滴 $0.1mol \cdot L^{-1}$ $MnSO_4$ 溶液和少量 $2.0mol \cdot L^{-1}$ NaOH 溶液（均预先煮沸以除氧），观察现象。再迅速在 2 支试管中，分别加几滴 $6mol \cdot L^{-1}$ HCl 溶液和 $6mol \cdot L^{-1}$ NaOH 溶液，检验 $Mn(OH)_2$ 的酸碱性。第 3 支试管振荡后，放置，观察现象，写出反应方程式。

③ 取 2mL 去离子水，加几滴 $2mol \cdot L^{-1}$ $H_2SO_4$ 溶液，煮沸除去氧。冷却后加少量 $FeSO_4 \cdot 7H_2O$（s）并溶解。在另一试管中，加 1mL $2mol \cdot L^{-1}$ NaOH 溶液，煮沸除去氧，冷却后，用长滴管吸取 NaOH 溶液插入 $FeSO_4$ 溶液底部挤出，观察现象，振荡后分成 3 份。在 2 支试管中，分别加几滴 $6mol \cdot L^{-1}$ HCl 溶液和 $6mol \cdot L^{-1}$ NaOH 溶液，检验酸碱性。第 3 支试管在空气中放置。观察现象，写出反应方程式。

④ 在 3 支试管中各加几滴 $0.5mol \cdot L^{-1}$ $CoCl_2$ 溶液，再逐滴加入 $2.0mol \cdot L^{-1}$ NaOH 溶液。观察现象，离心分离后弃去清液。在 2 支试管中，分别加几滴 $6mol \cdot L^{-1}$ HCl 溶液和 $6mol \cdot L^{-1}$ NaOH 溶液，检验沉淀的酸碱性。第 3 支试管在空气中放置。观察现象，写出反应方程式。

⑤ 用 $0.5mol \cdot L^{-1}$ $NiSO_4$ 溶液代替步骤④中的 $CoCl_2$ 溶液，重复上述实验内容。

⑥ 取几滴 $0.5mol \cdot L^{-1}$ $CoCl_2$ 溶液，加几滴溴水，再加入 $2.0mol \cdot L^{-1}$ NaOH 溶液。振荡后，观察现象。离心分离后，弃去清液，在沉淀中滴加浓 HCl，并用淀粉-KI 试纸检验产生的气体，分别写出以上反应方程式。

⑦ 用 $0.5mol \cdot L^{-1}$ $NiSO_4$ 溶液代替步骤⑥中的 $CoCl_2$，重复上述实验内容。

(4) 铬、锰、铁的氧化性与还原性

① 取几滴 $0.1mol \cdot L^{-1}$ $CrCl_3$ 溶液，逐滴加入 $6mol \cdot L^{-1}$ NaOH 溶液至过量，溶液呈亮绿色。再滴加 3% 的 $H_2O_2$ 溶液，微热。观察有什么现象。冷却后再加几滴 $H_2O_2$ 溶液和 0.5mL 戊醇，慢慢滴入 $6mol \cdot L^{-1}$ $HNO_3$ 溶液，振荡试管。观察现象，写出反应方程式。

② 取几滴 $0.1mol \cdot L^{-1}$ $K_2CrO_4$ 溶液，逐滴加入 $2mol \cdot L^{-1}$ $H_2SO_4$ 溶液，观察现象。

再逐滴加入 2mol·$L^{-1}$ NaOH 溶液。观察现象，写出反应方程式。

③ 在 2 支试管中分别加入几滴 0.1mol·$L^{-1}$ $K_2CrO_4$ 溶液和 0.1mol·$L^{-1}$ $K_2Cr_2O_7$ 溶液，然后分别滴加 0.1mol·$L^{-1}$ $BaCl_2$ 溶液，比较现象。再都滴加 2mol·$L^{-1}$ HCl 溶液。观察现象，写出相关方程式。

④ 取 3 滴 0.1mol·$L^{-1}$ $K_2Cr_2O_7$ 溶液，滴加饱和 $H_2S$ 溶液。观察现象，写出反应方程式。

⑤ 取 3 滴 0.01mol·$L^{-1}$ $KMnO_4$ 溶液，滴加少量 2mol·$L^{-1}$ $H_2SO_4$ 溶液酸化后，再加几滴 0.1mol·$L^{-1}$ $FeSO_4$ 溶液。观察现象，写出反应方程式。

⑥ 取几滴 0.1mol·$L^{-1}$ $FeCl_3$ 溶液，滴加 0.1mol·$L^{-1}$ $SnCl_2$ 溶液。观察现象，写出反应方程式。

⑦ 将 0.01mol·$L^{-1}$ $KMnO_4$ 溶液与 0.5mol·$L^{-1}$ $MnSO_4$ 溶液混合。观察现象，写出反应方程式。

⑧ 取 2mL 0.01mol·$L^{-1}$ $KMnO_4$ 溶液，加入 1mL 40%NaOH 溶液，再加少量 $MnO_2$ 固体，加热反应后放置。观察上层清液颜色。取清液于另一试管中，滴加少量 2mol·$L^{-1}$ $H_2SO_4$ 溶液酸化。观察现象，写出反应方程式。

（5）铬、锰、铁、钴、镍的硫化物

① 取几滴 0.1mol·$L^{-1}$ $CrCl_3$ 溶液，滴加 0.1mol·$L^{-1}$ $Na_2S$ 溶液，观察反应现象。微热，闻产生气体的味道，写出反应方程式。

② 取几滴 0.1mol·$L^{-1}$ $MnSO_4$ 溶液，滴加饱和 $H_2S$ 溶液，观察是否有沉淀。再用滴管取少量 2mol·$L^{-1}$ $NH_3 \cdot H_2O$ 溶液插到上述溶液底部挤出，看是否生成沉淀。离心后，弃去上清液。在沉淀中加 2mol·$L^{-1}$ HAc 溶液，沉淀是否溶解？写出反应方程式。

③ 在 3 支试管中分加几滴 0.1mol·$L^{-1}$ $FeSO_4$、$CoCl_2$ 和 $NiSO_4$ 溶液。同步骤②操作，先加饱和 $H_2S$ 溶液，再加 $NH_3 \cdot H_2O$ 溶液，生成沉淀后离心。在沉淀中加 2mol·$L^{-1}$ HCl 溶液，看沉淀是否溶解，写出相应反应方程式。

④ 取几滴 0.1mol·$L^{-1}$ $FeCl_3$ 溶液，滴加饱和 $H_2S$ 溶液。观察反应现象。

（6）铁、钴、镍的配合物

① 在 1 支试管中取 3 滴 0.1mol·$L^{-1}$ $K_4[Fe(CN)_6]$ 溶液，然后滴加少量 0.1mol·$L^{-1}$ $FeCl_3$ 溶液。在另 1 支试管中取 3 滴 0.1mol·$L^{-1}$ $K_3[Fe(CN)_6]$ 溶液，再滴加少量 0.1mol·$L^{-1}$ $FeSO_4$ 溶液。观察现象，比较 2 支试管所产生的沉淀，写出它们的反应方程式。

② 取 3 滴 0.1mol·$L^{-1}$ $CoCl_2$ 溶液和 1mol·$L^{-1}$ $NH_4Cl$ 溶液，然后滴加 6mol·$L^{-1}$ $NH_3 \cdot H_2O$ 溶液。观察现象，振荡后放置一会儿，观察 $[Co(NH_3)_6]Cl_2$ 溶液颜色的变化，写出反应方程式。

③ 取 3 滴 0.1mol·$L^{-1}$ $CoCl_2$ 溶液，加入少量 KSCN 晶体，再加几滴丙酮。振荡后观察现象，写出反应方程式。

④ 取 5 滴 0.1mol·$L^{-1}$ $NiSO_4$ 溶液，加入 5 滴 2mol·$L^{-1}$ $NH_3 \cdot H_2O$ 溶液，再加 1 滴 1%二乙酰二肟溶液，看是否有红色沉淀产生。该反应可用来鉴定 $Ni^{2+}$。

## 五、思考题

① $VO_2^+$、$VO^{2+}$、$V^{3+}$、$V^{2+}$ 各为什么颜色？

② 总结铬、锰、铁、钴、镍的氢氧化物酸碱性和氧化还原性。

③ 在 $Co(OH)_3$ 中加入浓 HCl，有时会生成蓝色溶液，加水稀释后变为粉红色，解释

原因。

④ 在 $K_2Cr_2O_7$ 溶液中分别加入 $Pb(NO_3)_2$ 和 $AgNO_3$ 溶液，会发生什么反应？

⑤ 在酸性溶液、中性溶液、强碱性溶液中，$KMnO_4$ 和 $Na_2SO_3$ 反应的主要产物是什么？

## 实验 15　ds 区元素的基本性质及分析

### 一、实验目的

掌握铜、银、锌、镉、汞几种金属元素氧化物和氢氧化物的性质；掌握铜（Ⅰ）与铜（Ⅱ）间，汞（Ⅰ）与汞（Ⅱ）间的转化反应；了解铜、银、锌、镉、汞的硫化物生成与溶解性；掌握铜、银、锌、镉、汞的配合物生成与性质。

### 二、实验原理

ds 区元素，包括铜（Cu）、银（Ag）、金（Au）、锌（Zn）、镉（Cd）、汞（Hg）几种金属元素。其中，铜在化合物中常见氧化值为＋2 和＋1，银的氧化值为＋1。锌、镉、汞的最常见氧化值都是＋2，汞还有＋1 的氧化值。

$Cu(OH)_2$（蓝色）和 $Zn(OH)_2$（白色）显两性，既溶于酸又溶于碱。$Cd(OH)_2$（白色）则显碱性。$Cu(OH)_2$ 不太稳定，加热易脱水，变成 CuO（黑色）。银和汞的氢氧化物更不稳定，极易脱水，变成 $Ag_2O$（棕褐色）、HgO（黄色）、$Hg_2O$（黑色，实际上是 Hg 和 HgO 的混合物）。这些氧化物，都溶于酸，但不溶于碱。

$Cu^{2+}$ 是弱氧化剂，遇还原剂 $I^-$ 生成白色的碘化亚铜沉淀：

$$2Cu^{2+} + 4I^- = 2CuI\downarrow + I_2$$

白色 CuI 在过量 KI 中，因生成配离子 $[CuI_2]^-$ 而溶解，而 $[CuI_2]^-$ 在稀释时又重新沉淀为 CuI。

在铜盐溶液中，加入葡萄糖和过量的 NaOH，$Cu^{2+}$ 被还原成鲜红色的 $Cu_2O$ 沉淀：

$$2Cu^{2+} + 4OH^- + C_6H_{12}O_6 = Cu_2O\downarrow + 2H_2O + C_6H_{12}O_7\text{(葡萄糖酸)}$$

铜粉与 $CuCl_2$ 在热的盐酸溶液中反应，可得深棕色的 $[CuCl_2]^-$ 溶液。用水稀释该溶液，即得白色的氯化亚铜沉淀：

$$Cu^{2+} + 4Cl^- + Cu = 2[CuCl_2]^-$$

$$[CuCl_2]^- = CuCl\downarrow + Cl^-$$

CuCl 溶于盐酸，形成配离子 $[CuCl_2]^-$、$[CuCl_3]^{2-}$（深棕色），也溶于氨水，形成配离子 $[Cu(NH_3)_2]^+$（无色）。$[Cu(NH_3)_2]^+$ 易氧化为 $[Cu(NH_3)_4]^{2+}$。

$Cu^{2+}$、$Ag^+$、$Zn^{2+}$、$Cd^{2+}$ 与过量氨水作用，分别生成配离子 $[Cu(NH_3)_4]^+$（蓝色）、$[Ag(NH_3)_2]^+$（无色）、$[Zn(NH_3)_4]^+$（无色）和 $[Cd(NH_3)_4]^{2+}$（无色）。$Hg^{2+}$ 只有在过量铵盐中，才生成氨配合物，否则形成氨基化物。

$$HgCl_2 + 2NH_3 = HgNH_2Cl\downarrow\text{(白色)} + NH_4Cl$$

$$Hg_2Cl_2 + 2NH_3 = HgNH_2Cl\downarrow\text{(白色)} + Hg\text{(黑色)} + NH_4Cl$$

AgCl（白色）、AgBr（淡黄）、AgI（黄色）均不溶于稀硝酸。在氨水中，溶度积较大的 AgCl 形成 $[Ag(NH_3)_2]^+$ 而溶解；AgBr 溶解很少；溶度积最小的 AgI 则不溶解。在 $Na_2S_2O_3$ 溶液中，AgCl 和 AgBr 形成配离子 $[Ag(S_2O_3)_2]^{3-}$ 而溶解；AgI 则难溶。

$$AgCl + 2NH_3 = [Ag(NH_3)_2]^+ + Cl^-$$

$$AgBr + 2S_2O_3^{2-} = [Ag(S_2O_3)_2]^{3-} + Br^-$$

$Hg^{2+}$、$Hg_2^{2+}$ 与 $I^-$ 作用，分别生成 $HgI_2$（红色）和 $Hg_2I_2$（黄绿色）沉淀。$HgI_2$ 溶于过量的 KI 中，生成配离子 $[HgI_4]^{2-}$（无色）。$Hg_2I_2$ 与过量的 KI 作用，则发生歧化反应。

$$HgI_2 + 2I^- \xlongequal{} [HgI_4]^{2-}$$

$$Hg_2I_2 + 2I^- \xlongequal{} [HgI_4]^{2-} + Hg$$

把 $Hg(NO_2)_2$ 溶液与金属汞一起混合，则建立如下平衡：

$$Hg^{2+} + Hg \rightleftharpoons Hg_2^{2+}$$

该反应平衡常数为：

$$K = \frac{[Hg_2^{2+}]}{[Hg^{2+}]} \approx 160$$

表明平衡时，$Hg_2^{2+}$ 占主体。

银盐与氨水作用时，先得到 $Ag_2O$ 沉淀。$Ag_2O$ 又溶于过量氨水，形成配离子 $[Ag(NH_3)_2]^+$。在此溶液中加入葡萄糖后可在玻璃内壁生成黏附的银薄膜（银镜）。

$$2Ag^+ + 2NH_3 \cdot H_2O \xlongequal{} Ag_2O\downarrow + 2NH_4^+ + H_2O$$

$$Ag_2O + 4NH_3 \cdot H_2O \xlongequal{} 2[Ag(NH_3)_2]^+ + 2OH^- + 3H_2O$$

$$2[Ag(NH_3)_2]^+ + 2OH^- + C_6H_{12}O_6 \xlongequal{} 2Ag\downarrow + C_6H_{12}O_7 + 4NH_3 + H_2O$$

银氨溶液不宜久置，应加入 HCl 或 $HNO_3$ 破坏银氨配离子，否则久放可能生成爆炸性物质。

## 三、实验用品

仪器：离心机、酒精灯、水浴锅、试管。

试剂：NaOH（$2mol \cdot L^{-1}$）、$NH_3 \cdot H_2O$（$2mol \cdot L^{-1}$，$6mol \cdot L^{-1}$）、$NH_4Cl$（$1mol \cdot L^{-1}$）、HCl（$2mol \cdot L^{-1}$、浓）、$H_2SO_4$（$2mol \cdot L^{-1}$）、$HNO_3$（$2mol \cdot L^{-1}$、浓）、$CuSO_4$（$0.1mol \cdot L^{-1}$）、$CuCl_2$（$1mol \cdot L^{-1}$）、$AgNO_3$（$0.1mol \cdot L^{-1}$）、$ZnSO_4$（$0.1mol \cdot L^{-1}$）、$CdSO_4$（$0.1mol \cdot L^{-1}$）、$Hg(NO_3)_2$（$0.1mol \cdot L^{-1}$）、$Hg_2(NO_3)_2$（$0.1mol \cdot L^{-1}$）、KI（$0.1mol \cdot L^{-1}$、$2mol \cdot L^{-1}$）、NaCl（$0.1mol \cdot L^{-1}$）、KBr（$0.1mol \cdot L^{-1}$）、$Na_2S_2O_3$（$0.1mol \cdot L^{-1}$）、$Na_2S$（$0.1mol \cdot L^{-1}$）、葡萄糖溶液（10%）、铜粉、淀粉试液。

## 四、实验步骤

（1）铜、银、锌、镉、汞的氧化物和氢氧化物的性质

分别在 5 支试管中加入 1mL 左右 $0.1mol \cdot L^{-1}$ 的 $CuSO_4$、$AgNO_3$、$ZnSO_4$、$CdSO_4$ 和 $Hg(NO_3)_2$ 溶液。然后，均滴加 $2mol \cdot L^{-1}$ NaOH 溶液观察现象。再将产生的沉淀分两份，分别加少量 $2mol \cdot L^{-1}$ NaOH 溶液和 $2mol \cdot L^{-1}$ HCl 溶液，检验生成物的酸碱性。写出相关反应方程式。

（2）铜化合物的生成和性质

① 取 1mL $0.1mol \cdot L^{-1}$ $CuSO_4$ 溶液，滴加 $2mol \cdot L^{-1}$ NaOH 溶液至生成沉淀又溶解后，再加入 2mL 10%葡萄糖溶液。加热煮沸几分钟，观察现象。离心，弃去上清液，将沉淀用水洗涤后分 2 份，分别加少量 $2mol \cdot L^{-1}$ $H_2SO_4$ 溶液和 $6mol \cdot L^{-1}$ $NH_3 \cdot H_2O$ 溶液。静置后，观察现象。写出有关的方程式。

② 取 1mL $1mol \cdot L^{-1}$ $CuCl_2$ 溶液，加 1mL 浓 HCl 和少量铜粉，加热至溶液呈棕色。将溶液倒入另一支盛去离子水的试管中，观察现象。离心，弃去上清液，将沉淀洗涤后分 2

份，分加少量浓 HCl 和 2mol·L$^{-1}$ $NH_3 \cdot H_2O$ 溶液。观察现象，写出相关方程式。

③ 取几滴 0.1mol·L$^{-1}$ $CuSO_4$ 溶液，滴加少量 0.1mol·L$^{-1}$ KI 溶液，有什么现象？然后将沉淀离心分离，在清液中加 1 滴淀粉试液，观察现象。沉淀用水洗涤后，滴加 2mol·L$^{-1}$ KI 溶液，观察现象。再将该溶液加水稀释，观察又有何变化？写出相关反应方程式。

(3) Ag 系列实验

① 取几滴 0.1mol·L$^{-1}$ $AgNO_3$ 溶液，逐步加入 0.1mol·L$^{-1}$NaCl 溶液、2mol·L$^{-1}$ $NH_3 \cdot H_2O$ 溶液、0.1mol·L$^{-1}$ KBr 溶液、0.1mol·L$^{-1}$ $Na_2S_2O_3$ 溶液、0.1mol·L$^{-1}$ KI 溶液、2mol·L$^{-1}$ KI 溶液和 0.1mol·L$^{-1}$ 的 $Na_2S$ 溶液。让 $Ag^+$ 依次生成 AgCl 沉淀、$[Ag(NH_3)_2]^+$、AgBr 沉淀、$[Ag(S_2O_3)_2]^{3-}$、AgI 沉淀、$[AgI_2]^-$ 和 $Ag_2S$ 沉淀。观察现象，写出反应方程式。

② 银镜反应。取一支洁净的试管，加入 1mL 0.1mol·L$^{-1}$ $AgNO_3$ 溶液，滴加 2mol·L$^{-1}$ $NH_3 \cdot H_2O$ 至生成的沉淀刚好溶解后，再加入 2mL 10%葡萄糖溶液，放在水浴中加热片刻。观察现象，写出反应方程式。反应后立即倒掉溶液，并加 2mol·L$^{-1}$ $HNO_3$ 溶液使银溶解，弃去。

(4) 硫化物的生成与性质

在 6 支试管中分别加入 2 滴 0.1mol·L$^{-1}$ 的 $CuSO_4$、$AgNO_3$、$ZnSO_4$、$CdSO_4$、$Hg(NO_3)_2$ 和 $Hg_2(NO_3)_2$ 溶液。然后都滴加 0.1mol·L$^{-1}$ $Na_2S$ 溶液，观察现象。离心，将上清液倾去，保留沉淀。在 Cu 和 Ag 的试管中，加浓 $HNO_3$；Zn 中加 2mol·L$^{-1}$ HCl 溶液；Cd 中加浓 HCl；Hg 中加王水。比较它们硫化物的溶解性。

(5) 配合物的生成与性质

① 在 6 支试管中分别加入 3 滴 0.1mol·L$^{-1}$ 的 $CuSO_4$、$AgNO_3$、$ZnSO_4$、$CdSO_4$、$Hg(NO_3)_2$ 和 $Hg_2(NO_3)_2$ 溶液。然后都滴加 6mol·L$^{-1}$ $NH_3 \cdot H_2O$ 溶液，生成沉淀后继续滴至溶解（不溶可加少量 1mol·L$^{-1}$ $NH_4Cl$ 溶液）。观察反应现象，写出相应方程式。根据上面实验，比较这些金属离子与氨水反应有什么不同？

② 在 2 支试管中分别加入 2 滴 0.1mol·L$^{-1}$ 的 $Hg(NO_3)_2$ 和 $Hg_2(NO_3)_2$ 溶液，然后都滴加 0.1mol·L$^{-1}$ KI 溶液至过量。观察反应现象，写出方程式。

### 五、思考题

① 总结铜、银、锌、镉、汞的氢氧化物的酸碱性和稳定性。

② CuI 能溶于饱和 KSCN 溶液，生成的产物是什么？将产物溶液稀释后会得到什么沉淀？

③ 实验中生成的含 $[Ag(NH_3)_2]^+$ 的溶液要及时清洗掉，否则可能会造成什么后果？

④ 总结铜、银、锌、镉、汞硫化物的溶解性？

⑤ $Hg^{2+}$ 和 $Hg_2^{2+}$ 盐易水解，应如何配制这两种离子的溶液？

## 实验 16　常见非金属阴离子的分离与鉴定

### 一、实验目的

熟悉常见非金属阴离子的性质；学习和掌握常见阴离子的分离与鉴定方法以及离子检出的基本操作。

### 二、实验原理

非金属元素常常形成不止一种阴离子。这些阴离子包括 $CO_3^{2-}$、$NO_2^-$、$NO_3^-$、$PO_4^{3-}$、

$S^{2-}$、$SO_4^{2-}$、$SO_3^{2-}$、$S_2O_3^{2-}$、$Cl^-$、$Br^-$、$I^-$。

阴离子没有严密的系统分析方案。因为一种样品不可能存在很多种阴离子，可以通过一些已知条件进行推测，再通过初步性质试验进行归纳分析，从而确定阴离子的存在范围。

阴离子分析一般按下列步骤进行：预先推测，初步性质试验，鉴定可能存在的离子。预先推测要结合样品的实际情况进行；初步性质试验一般包括试液的酸碱性试验，与酸反应产生气体的试验，各种阴离子的沉淀性质、氧化还原性质的试验等。预先试验可以排除某些离子存在的可能性，从而简化分析过程。

初步性质试验包括以下内容。

(1) 试液的酸碱性试验

若试液呈强酸性，则易被酸分解的离子不存在，如 $CO_3^{2-}$、$NO_2^-$、$S_2O_3^{2-}$ 等。另外，有些阴离子在碱性（或中性）溶液中可以共存。酸化后，立即相互反应，如 $SO_3^{2-}$ 与 $S^{2-}$、$SO_3^{2-}$ 与 $CrO_4^{2-}$、$I^-$ 与 $NO_2^-$、$I^-$ 与 $CrO_4^{2-}$ 等。因此，在强酸性溶液中，一方被证实，就可以否定另一方的存在。

(2) 是否产生气体的试验

试样中加入稀 $H_2SO_4$ 或稀 HCl，如有气体产生，可能存在 $CO_3^{2-}$、$SO_3^{2-}$、$S_2O_3^{2-}$、$S^{2-}$、$NO_2^-$ 等，根据生成气体的颜色、气味以及生成气体具有某些特征反应，确证其含有阴离子。

$CO_2$——无色无味，使 $Ba(OH)_2$ 试液变混浊，可能有 $CO_3^{2-}$。

$SO_2$——有刺激性、像硫磺燃烧时的气味。能使 $K_2Cr_2O_7$ 溶液变绿，可能有 $SO_3^{2-}$ 或 $S_2O_3^{2-}$ 存在。

$H_2S$——腐蛋味，能使润湿的 $Pb(Ac)_2$ 试纸变黑，可能有 $S^{2-}$ 存在。

$NO_2$——红棕色气体，使润湿的淀粉-KI 试纸变蓝，可能含有 $NO_2^-$。

固体试样加酸并加热，能产生气泡。如果试样是溶液，加入酸时，不一定有气泡产生。

(3) 氧化性阴离子的检验

氧化性阴离子常用还原剂来检验，如 KI。在稀 $H_2SO_4$ 酸化的试液中，加入 KI 溶液和 $CCl_4$ 溶液，振荡后呈紫色，说明存在氧化性阴离子，如 $NO_3^-$、$AsO_4^{3-}$、$CrO_4^{2-}$ 等。如果不出现 $I_2$，则不能断定无 $NO_2^-$，因为试液中如果存在 $SO_3^{2-}$ 等强还原性离子，酸化后 $NO_2^-$，会与它们先反应，就不一定检出 $NO_2^-$。

(4) 还原性阴离子的检验

还原性阴离子常用氧化剂来检验，在酸化的试样溶液中，加入 $KMnO_4$ 溶液。若紫色褪去，则可能存在 $S^{2-}$、$SO_3^{2-}$、$S_2O_3^{2-}$、$Br^-$、$I^-$、$NO_2^-$ 等还原性阴离子。其中还原性较强的阴离子如 $S^{2-}$、$S_2O_3^{2-}$、$SO_3^{2-}$，在酸性介质中还能使蓝色的 $I_2^-$ 淀粉溶液褪色。

(5) 难溶盐阴离子试验

在中性或弱碱性试液中，加入 $BaCl_2$ 溶液，$SO_4^{2-}$、$SO_3^{2-}$、$S_2O_3^{2-}$、$CO_3^{2-}$、$PO_4^{3-}$ 等都能形成相应的钡盐沉淀，这些阴离子可以归为一组，$BaCl_2$ 是它们的组试剂，称钡组阴离子。以 $AgNO_3$ 为组试剂的银组阴离子有 $Cl^-$、$Br^-$、$I^-$、$S_2O_3^{2-}$ 等。银组阴离子的银盐沉淀不溶于稀 $HNO_3$。

阴离子的初步性质试验及分析见表 4-1。

**表 4-1　阴离子的初步性质试验**

| 阴离子 | 气体放出试验（稀 $H_2SO_4$） | 还原性阴离子试验 | | 氧化性阴离子试验 | $BaCl_2$（中性或弱碱性） | $AgNO_3$（稀 $HNO_3$） |
|---|---|---|---|---|---|---|
| | | $KMnO_4$（稀 $H_2SO_4$） | $I_2$-淀粉（稀 $H_2SO_4$） | KI（稀 $H_2SO_4$、$CCl_4$） | | |
| $CO_3^{2-}$ | + | | | | + | |
| $NO_3^-$ | | | | (+) | | |
| $NO_2^-$ | + | + | | + | | |
| $SO_4^{2-}$ | | | | | + | |
| $SO_3^{2-}$ | (+) | + | + | | + | |
| $S_2O_3^{2-}$ | (+) | + | + | | (+) | + |
| $PO_4^{3-}$ | | | | | + | |
| $S^{2-}$ | + | + | + | | | + |
| $Cl^-$ | | | | | | + |
| $Br^-$ | | + | | | | + |
| $I^-$ | | + | | | | + |

注："+"表示有反应现象；"（+）"表示阴离子浓度大时才产生反应。

## 三、实验用品

仪器：离心试管、点滴板、离心机、pH 试纸、玻璃棒。

试剂：HCl（$6mol\cdot L^{-1}$）、$HNO_3$（$2mol\cdot L^{-1}$、$6mol\cdot L^{-1}$）、NaOH（$2mol\cdot L^{-1}$）、$NH_3\cdot H_2O$（$2mol\cdot L^{-1}$）、$Na_2CO_3$（$1mol\cdot L^{-1}$）、新配制的石灰水［或 $Ba(OH)_2$，饱和］、$NaNO_3$（$0.1mol\cdot L^{-1}$）、$Pb(NO_3)_2$（$0.1mol\cdot L^{-1}$）、$H_2SO_4$（$1mol\cdot L^{-1}$，浓）、$NaNO_2$（$0.01mol\cdot L^{-1}$）、HAc（$6mol\cdot L^{-1}$）、对氨基苯磺酸、α-萘胺、$Na_2SO_4$（$1mol\cdot L^{-1}$）、$BaCl_2$（$0.1mol\cdot L^{-1}$）、$Na_2SO_3$（$0.1mol\cdot L^{-1}$）、$AgNO_3$（$0.1mol\cdot L^{-1}$）、$Na_3PO_4$（$0.1mol\cdot L^{-1}$）、$(NH_4)_2MoO_4$（$0.1mol\cdot L^{-1}$）、$Na_2S$（$0.1mol\cdot L^{-1}$）、$Na_2S_2O_3$（$0.1mol\cdot L^{-1}$）、$Na_2SO_3$（$0.1mol\cdot L^{-1}$）、$SrCl_2$（$0.1mol\cdot L^{-1}$）、NaCl（$0.1mol\cdot L^{-1}$）、KBr（$0.1mol\cdot L^{-1}$）、KI（$0.1mol\cdot L^{-1}$）、$KMnO_4$（$0.01mol\cdot L^{-1}$）、氯水、$CCl_4$、$ZnSO_4$（饱和）、$FeSO_4$（s）、锌粉、NaBr（$0.1mol\cdot L^{-1}$）、NaI（$0.1mol\cdot L^{-1}$）。

## 四、实验步骤

（1）常见非金属阴离子的分别鉴定

① $CO_3^{2-}$。取 10 滴 $1mol\cdot L^{-1}$ $Na_2CO_3$ 溶液于离心试管中，加入 10 滴 $6mol\cdot L^{-1}$ HCl 溶液，并立即将事先蘸有 1 滴新配制的石灰水或 $Ba(OH)_2$ 溶液的玻璃棒，置于试管口（稍伸入管口一些，现象更为明显），仔细观察，如玻璃棒上溶液变混浊，可以判断有 $CO_3^{2-}$ 存在。

② $NO_3^-$。取 2 滴 $0.1mol\cdot L^{-1}$ $NaNO_3$ 试液于点滴板上，在溶液的中央放 $FeSO_4$ 晶体（米粒大小）。然后在晶体上加 1 滴浓硫酸，如晶体周围出现棕色，表示有 $NO_3^-$ 存在。

③ $NO_2^-$。取 2 滴 $0.01mol\cdot L^{-1}$ 的 $NaNO_2$ 溶液（自己配制）于点滴板上，用 2 滴 $6mol\cdot L^{-1}$ 的 HAc 酸化，再加入 1 滴对氨基苯磺酸和 1 滴 α-萘胺。若溶液呈粉红色，表示有 $NO_2^-$。

④ $SO_4^{2-}$。取 3～5 滴 $1mol\cdot L^{-1}$ $Na_2SO_4$ 溶液，加入 2 滴 $6mol\cdot L^{-1}$ HCl 和 2 滴

$0.1mol \cdot L^{-1} BaCl_2$溶液，如有白色沉淀，表示有$SO_4^{2-}$。

⑤ $SO_3^{2-}$。取3～5滴$0.1mol \cdot L^{-1} Na_2SO_3$溶液，加入2滴$1mol \cdot L^{-1} H_2SO_4$溶液，迅速加入1滴$0.01mol \cdot L^{-1} KMnO_4$溶液，如紫色褪去，表示有$SO_3^{2-}$。

⑥ $S_2O_3^{2-}$。取3～5滴$0.1mol \cdot L^{-1} Na_2S_2O_3$溶液，加入10滴$0.1mol \cdot L^{-1} AgNO_3$，摇动，如有白色沉淀，并很快变棕变黑，表示有$S_2O_3^{2-}$。

⑦ $PO_4^{3-}$。取3～5滴$0.1mol \cdot L^{-1} Na_3PO_4$溶液，加入3滴$6mol \cdot L^{-1} HNO_3$及3滴$0.1mol \cdot L^{-1} (NH_4)_2MoO_4$，如有黄色沉淀，表示有$PO_4^{3-}$（必要时玻璃棒摩擦试管内壁或小火加热）。

⑧ $S^{2-}$。取3～5滴$0.1mol \cdot L^{-1} Na_2S$溶液，加入2滴$2mol \cdot L^{-1} NaOH$溶液碱化，再加入1滴$0.1mol \cdot L^{-1} Pb(NO_3)_2$溶液，如有黑色沉淀表示有$S^{2-}$。

⑨ $Cl^-$。取2滴$0.1mol \cdot L^{-1}$ NaCl溶液，加入$2mol \cdot L^{-1}$ $HNO_3$溶液酸化，加入2滴$0.1mol \cdot L^{-1} AgNO_3$溶液，有白色沉淀者，表示可能有$Cl^-$。离心分离沉淀，弃去溶液，沉淀中加入$2mol \cdot L^{-1}$ $NH_3 \cdot H_2O$溶液，则沉淀溶解，再加$HNO_3$，白色沉淀又重新析出，确证有$Cl^-$。

⑩ $Br^-$、$I^-$

a. 取2支试管，分别加入3～5滴$0.1mol \cdot L^{-1}$ KBr溶液和KI溶液，再加入3～5滴$2mol \cdot L^{-1}$ $HNO_3$溶液酸化，再各滴加$0.1mol \cdot L^{-1} AgNO_3$溶液，若有浅黄色沉淀，则可能有$Br^-$，若有黄色沉淀，则可能有$I^-$。

b. 另取2支试管，分别加入3滴被检试液及少量$CCl_4$溶液，然后分别滴入氯水，若$CCl_4$层为黄或橙色，示有$Br^-$；若$CCl_4$层为紫红色，表示有$I^-$。

（2）混合非金属阴离子的分离与鉴定

① $Cl^-$、$Br^-$、$I^-$混合液的分离与鉴定。分别取5～10滴$0.1mol \cdot L^{-1}$的NaCl、NaBr、NaI溶液混合在同一试管中，按图4-1所示步骤进行分离和鉴定。

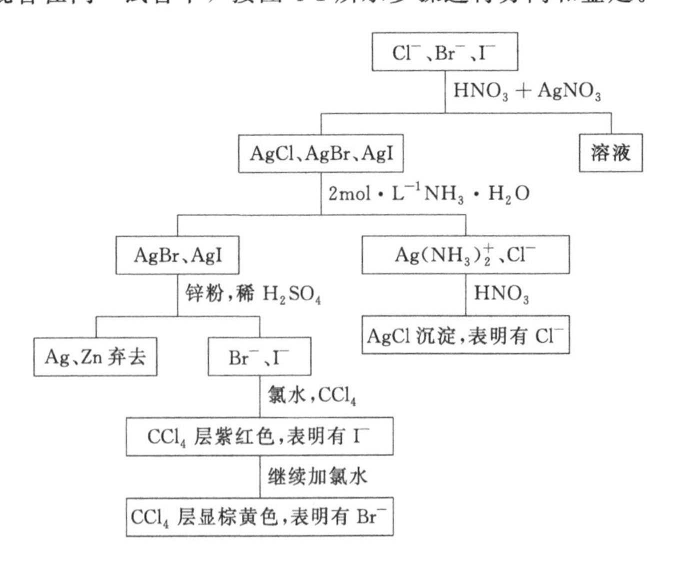


图4-1 $Cl^-$、$Br^-$、$I^-$混合液的分离与鉴定步骤示意

② $S^{2-}$、$SO_3^{2-}$、$S_2O_3^{2-}$混合液的分离和鉴定。分别取5～10滴$0.1mol \cdot L^{-1}$的$Na_2S$、$Na_2SO_3$、$Na_2S_2O_3$溶液混合在同一试管中，按图4-2所示步骤进行分离和鉴定。

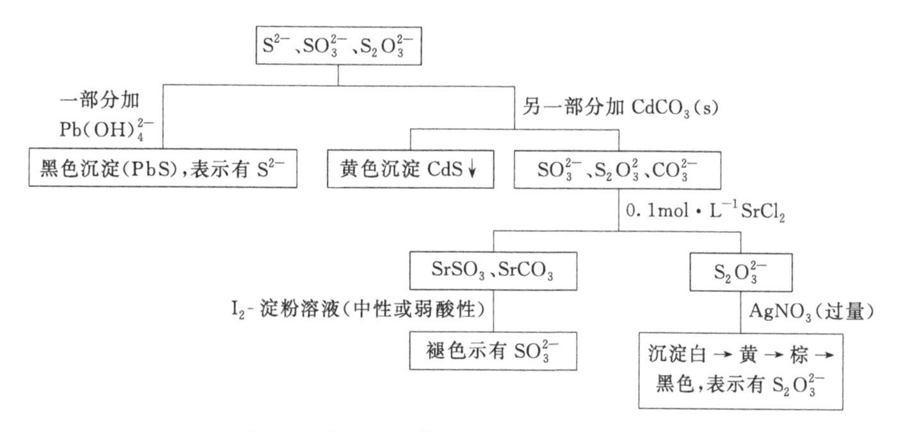


图 4-2 $S^{2-}$、$SO_3^{2-}$、$S_2O_3^{2-}$ 混合液的分离与鉴定步骤示意

## 五、思考题

① 在酸件条件下，用 KI 检验未知液中有无 $NO_2^-$ 时，如果产生了 $I_2$，表明一定存在 $NO_2^-$，如果不产生 $I_2$，能否说明 $NO_2^-$ 一定不存在？为什么？

② 某阴离子未知液经初步试验结果如下：

a. 试液呈酸件时无气体产生；

b. 加入 $BaCl_2$ 溶液，无沉淀出现；

c. 加入 $AgNO_3$，产生黄色沉淀，再加 $HNO_3$，沉淀不溶解；

d. 酸性试液使 $KMnO_4$ 溶液褪色，加 $I_2$-淀粉溶液，蓝色不褪去；

e. 与 KI 无反应。

由以上初步试验结果，推测哪些阴离子可能存在，说明理由。拟出进一步证实的步骤。

# 实验 17 常见阳离子的分离与鉴定

## 一、实验目的

根据金属元素及其化合物的性质，系统学习常见阳离子的分离和鉴定方法；通过常见阳离子的分离和鉴定，掌握和灵活应用有关金属元素及其化合物的知识。

## 二、实验原理

无机定性分析就是分离和鉴定无机阴、阳离子，其方法分为系统分析法和分别分析法。系统分析法是将可能共存的（常见的 28 个）阳离子按一定顺序用“组试剂”将性质相似的离子逐组分离，然后再将各组离子进行分离和鉴定：如经典的硫化氢系统分析法，见表 4-2；“两酸两碱”系统分析法，见表 4-3。分别分析法是分别取出一定量的试液，设法排除鉴定方法的干扰离子，加入适当的试剂，直接进行鉴定的方法。

**表 4-2 硫化氢系统分组简表**

| 分离依据 | 硫化物不溶于水 | | | 硫化物溶于水 | |
|---|---|---|---|---|---|
| | 在稀酸中形成硫化物沉淀 | | 在稀酸中不生成硫化物沉淀 | 碳酸盐不溶于水 | 碳酸盐溶于水 |
| | 氯化物不溶于热水 | 氯化物溶于热水 | | | |
| 包含的离子 | $Ag^+$、$Hg_2^{2+}$、$Pb^{2+}$($Pb^{2+}$浓度大时部分沉淀) | $Pb^{2+}$、$Hg^{2+}$、$Bi^{3+}$、$As^{3+}$、$Cu^{2+}$、$As^{5+}$、$Cd^{2+}$、$Sb^{3+}$、$Sn^{2+}$、$Sn^{4+}$ | $Fe^{3+}$、$Fe^{2+}$、$Al^{3+}$、$Co^{2+}$、$Mn^{2+}$、$Cr^{3+}$、$Ni^{2+}$、$Zn^{2+}$ | $Ca^{2+}$<br>$Sr^{2+}$<br>$Ba^{2+}$ | $Mg^{2+}$<br>$K^+$<br>$Na^+$<br>$NH_4^+$ |

续表

| 分离依据 | 硫化物不溶于水 | | | 硫化物溶于水 | |
|---|---|---|---|---|---|
| | 在稀酸中形成硫化物沉淀 | | 在稀酸中不生成硫化物沉淀 | 碳酸盐不溶于水 | 碳酸盐溶于水 |
| | 氯化物不溶于热水 | 氯化物溶于热水 | | | |
| 组名称 | 第一组<br>盐酸组 | 第二组<br>硫化氢组 | 第三组<br>硫化铵组 | 第四组<br>碳酸铵组 | 第五组<br>易溶组 |
| 试剂组 | HCl | $(0.3mol\cdot L^{-1}HCl)$<br>$H_2S$ | $(NH_3\cdot H_2O+$<br>$NH_4Cl)$<br>$(NH_4)_2S$ | $(NH_3\cdot H_2O+NH_4Cl)$<br>$(NH_4)_2CO_3$ | — |

**表 4-3 “两酸两碱”系统分组方案简表**

| 分别检出 $NH_4^+$、$Na^+$、$Fe^{3+}$、$Fe^{2+}$ | | | | | |
|---|---|---|---|---|---|
| 分组所依据的性质 | 氯化物难溶于水 | 氯化物易溶于水 | | | |
| | | 硫酸盐难溶于水 | 硫酸盐易溶于水 | | |
| | | | 氢氧化物沉淀难溶于水及氨水 | 在弱碱性条件下不产生沉淀 | |
| | | | | 氢氧化物难溶于过量氢氧化钠溶液 | 在强碱性条件下不产生沉淀 |
| 分离后形态 | AgCl<br>$Hg_2Cl_2$<br>$PbCl_2$ | $PbSO_4$<br>$BaSO_4$<br>$SrSO_4$<br>$CaSO_4$ | $Fe(OH)_3$、$Al(OH)_3$、<br>$MnO(OH)_3$、$Cr(OH)_3$、<br>$Bi(OH)_3$、$Sb(OH)_3$、<br>$HgNH_2Cl$、$Sn(OH)_4$ | $Cu(OH)_2$<br>$Co(OH)_3$<br>$Ni(OH)_2$<br>$Mg(OH)_2$<br>$Cd(OH)_2$ | $[Zn(OH)_4]^{2-}$<br>$K^+$<br>$Na^+$<br>$NH_4^+$ |
| 组名称 | 第一组<br>盐酸组 | 第二组<br>硫酸组 | 第三组<br>氨组 | 第四组<br>碱组 | 第五组<br>可溶组 |
| 组试剂 | HCl | (乙醇)<br>$H_2SO_4$ | $NH_4Cl+NH_3+(H_2O_2)$ | NaOH | — |

离子的分析特性，即离子及其主要化合物的外观特征、溶解性、酸碱性、氧化还原性和配位性等与离子分离、鉴定有关的性质。

利用加入某种化学试剂，使其与溶液中某种离子发生特征反应来鉴别溶液中某种离子是否存在的方法称为离子鉴定，所发生的化学反应称为该离子的鉴定反应。鉴定反应总是伴随有明显的外部特征、灵敏而迅速的化学反应，如有颜色的改变、沉淀的生成和溶解、特殊气体或特殊气味的放出。

只有在一定的条件下，用于分离鉴定的反应才能按预期的方向进行。这些条件主要是溶液的浓度、酸碱度、反应温度、溶剂的影响、催化剂和干扰物质是否存在等。

若有干扰物质存在，必须消除其干扰。常用的方法为分离法和掩蔽法，如常用的沉淀分离法、溶剂萃取分离法、配位掩蔽法、氧化还原掩蔽法等：如用酒石酸或 $F^-$ 配位掩蔽 $Fe^{3+}$，用 Zn 或 $SnCl_2$ 还原掩蔽 $Fe^{3+}$，消除其对 $Co^{2+}$ 和 $SCN^-$ 鉴定反应的干扰。

有些鉴定反应的产物在水中溶解度较大或不稳定，可加入特殊有机溶剂使其溶解度降低或稳定性增加，如在 $[Co(SCN)_4]_2$ 溶液中加入丙酮或乙醇，在 $CrO(O_2)_2$ 溶液中加入乙醚或戊醇，大部分无机微溶化合物在有机溶剂中的溶解度总是比在水中小。

增加温度可以加快化学反应的速率。对溶解度随温度升高而显著增加的物质，如 $PbCl_2$ 沉淀，可加热（水）使其溶解而与其他沉淀物分离；相反，若用稀 HCl 沉淀 $Pb^{2+}$，则不宜在热溶液中进行。

化学反应速率较慢的反应，除需要加热外，还必须加入适当的催化剂。如用 $S_2O_8^{2-}$ 鉴定 $Mn^{2+}$，加入催化剂 $Ag^+$ 是不可缺少的条件。

此外，待测离子的浓度必须足够大，反应才能显著进行和有明显的特征现象。如用 HCl 溶液鉴定 $Ag^+$，必须 $c_{Ag^+}c_{Cl^-}>K^{\ominus}_{sp,AgCl}$ 才有 AgCl 沉淀生成。即便如此，若沉淀量太少，也不易观察到。

溶液的酸碱性不仅影响反应物或产物的溶解性、稳定性和灵敏度等，更主要的是关系到鉴定反应的完全程度。如用丁二酮肟鉴定 $Ni^{2+}$，溶液的适宜酸度是 pH 为 5～10。在强酸性溶液中，红色沉淀分解，因沉淀剂丁二酮肟是一种有机弱酸。而在强碱性溶液中，$Ni^{2+}$ 形成 $Ni(OH)_2$ 沉淀，鉴定反应不能进行。若加入氨水过浓或过多，因生成 $[Ni(NH_3)_6]^{2+}$ 使灵敏度降低，甚至难以生成沉淀。总之，每个鉴定反应所需求的适宜条件，是由待测离子、试剂和鉴定反应产物的物理、化学性质所决定的，应结合实验现象，注意分析理解。

常见的阳离子有 20 多种，由于个别检出时，容易发生相互干扰。本实验以“两酸两碱”系统分析法为基础进行分离分析，分组如下（图 4-3）：

第一组（盐酸组），氯化物难溶于水的离子，包括 $Ag^+$、$Hg_2^{2+}$、$Pb^{2+}$；

第二组（硫酸组），分离出第一组后，硫酸盐难溶于水的离子，包括 $Ba^{2+}$、$Sr^{2+}$、$Ca^{2+}$ 以及剩余的 $Pb^{2+}$；

第三组（氨组），分离出第一、二组后，在过量氨水中形成难溶于水的氢氧化物的离子，包括 $Al^{3+}$、$Fe^{3+}$、$Cr^{3+}$、$Mn^{2+}$、$Bi^{3+}$、$Hg^{2+}$、$Sb^{3+}$、$Sn^{2+}$；

第四组（碱组），分离出第一、二、三组后，其氢氧化物难溶于过量 NaOH 溶液的离子，包括 $Cu^{2+}$、$Cd^{2+}$、$Co^{2+}$、$Ni^{2+}$、$Mg^{2+}$；

第五组（可溶组），分离出第一至四组后，未被沉淀的离子，包括 $Zn^{2+}$、$K^+$、$NH_4^+$、$Na^+$。

本实验选常见的 $Ag^+$、$Hg_2^{2+}$、$Pb^{2+}$、$Cu^{2+}$、$Fe^{3+}$、$Al^{3+}$、$Mn^{2+}$、$Co^{2+}$、$Ni^{2+}$、$Zn^{2+}$、$Ba^{2+}$、$Ca^{2+}$、$Mg^{2+}$、$Na^+$、$K^+$、$NH_4^+$ 等 16 种阳离子。

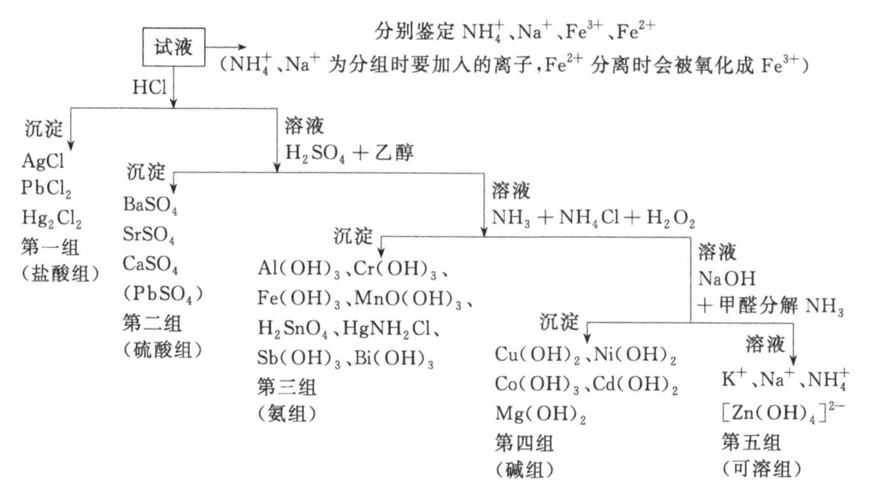


图 4-3 “两酸两碱”系统分析法步骤示意

## 三、实验用品

仪器：离心机、点滴板、离心管、试管。

试剂：$AgNO_3$（0.1mol·$L^{-1}$）、$Pb(NO_3)_2$（0.1mol·$L^{-1}$）、$K_2CrO_4$（0.1mol·$L^{-1}$）、$CuSO_4$（0.1mol·$L^{-1}$）、$FeCl_3$（0.1mol·$L^{-1}$）、$FeSO_4$（0.1mol·$L^{-1}$）、$K_4[Fe(CN)_6]$（0.1mol·$L^{-1}$）、$K_3[Fe(CN)_6]$（0.1mol·$L^{-1}$）、$CoCl_2$（0.1mol·$L^{-1}$）、$Al_2(SO_4)_3$

(0.1mol·$L^{-1}$)、$CrCl_3$ (0.1mol·$L^{-1}$)、$MnSO_4$ (0.1mol·$L^{-1}$)、$NiSO_4$ (0.1mol·$L^{-1}$)、$ZnSO_4$ (0.1mol·$L^{-1}$)、$H_2SO_4$ (1mol·$L^{-1}$)、HCl (2mol·$L^{-1}$)、$NH_4Cl$ (2mol·$L^{-1}$、饱和、稀)、$NH_4Ac$ (3mol·$L^{-1}$)、$NH_3·H_2O$ (2mol·$L^{-1}$、6mol·$L^{-1}$、浓)、NaOH (2mol·$L^{-1}$、6mol·$L^{-1}$)、$HNO_3$ (2mol·$L^{-1}$、6mol·$L^{-1}$、浓)、HAc (2mol·$L^{-1}$、6mol·$L^{-1}$)、NaAc (2mol·$L^{-1}$)、$NH_4F$ (饱和)、$K_2CrO_4$ (0.1mol·$L^{-1}$、0.5mol·$L^{-1}$)、$(NH_4)_2C_2O_4$ (0.5mol·$L^{-1}$)、$NH_4SCN$ (饱和)、$H_2O_2$ (3%)、邻二氮菲 (1%)、丁二酮肟 (1%)、二苯硫腙-$CCl_4$ 溶液 (0.01%)、铝试剂 (0.1%)、乙醚、$NaBiO_3$ (s)、$Na_2CO_3$ (s)、乙醇 (95%)、$NH_4NO_3$。

## 四、实验步骤

(1) 常见阳离子的个别鉴定

① $Ag^+$的鉴定

在离心试管中加含 $Ag^+$ 试液 (0.1mol·$L^{-1}$ $AgNO_3$ 溶液) 2 滴，加 2mol·$L^{-1}$HCl 溶液 1 滴，生成白色沉淀。离心分离，弃去清液，向沉淀中滴加 6mol·$L^{-1}$ $NH_3·H_2O$ 溶液使沉淀溶解，当用 6mol·$L^{-1}$ $HNO_3$ 溶液酸化时，又有白色沉淀析出，表示有 $Ag^+$ 存在。

② $Pb^{2+}$ 的鉴定

向 5 滴含 $Pb^{2+}$ 试液 [0.1mol·$L^{-1}$$Pb(NO_3)_2$ 溶液] 中加 6mol·$L^{-1}$HAc 溶液 1 滴，再加 0.1mol·$L^{-1}$$K_2CrO_4$ 溶液，若生成黄色沉淀，表示有 $Pb^{2+}$ 存在。

③ $Cu^{2+}$ 的鉴定

向 3 滴含 $Cu^{2+}$ 试液 (0.1mol·$L^{-1}$$CuSO_4$ 溶液) 中加入 1 滴 2mol·$L^{-1}$HAc 溶液酸化，再加 1 滴 0.1mol·$L^{-1}$ $K_4[Fe(CN)_6]$ 溶液，若生成红棕色沉淀，表示有 $Cu^{2+}$ 存在。反应式如下：

$$2Cu^{2+}+[Fe(CN)_6]^{4-} \longrightarrow Cu_2[Fe(CN)_6]\downarrow(\text{红棕色})$$

注意：$Fe^{3+}$ 对鉴定有干扰，可用 $NH_4F$ 掩蔽。

④ $Fe^{3+}$ 的鉴定。

a. 取 1 滴酸性含 $Fe^{3+}$ 试液 (0.1mol·$L^{-1}$$FeCl_3$ 溶液) 滴于点滴板上，加入 0.1mol·$L^{-1}$ $K_4[Fe(CN)_6]$ 溶液 1 滴，若生成蓝色沉淀 (习惯称普鲁士蓝)，表示有 $Fe^{3+}$ 存在。反应式如下：

$$K^++Fe^{3+}+[Fe(CN)_6]^{4-} \longrightarrow [KFe(CN)_6Fe]\downarrow(\text{蓝色})$$

b. 取 1 滴含 $Fe^{3+}$ 试液滴于点滴板上，加 2 滴饱和 $NH_4SCN$ 溶液，生成血红色溶液，表示有 $Fe^{3+}$ 存在。

⑤ $Fe^{2+}$ 的鉴定

a. 向 5 滴酸性含 $Fe^{2+}$ 试液 (0.1mol·$L^{-1}$$FeSO_4$ 溶液) 中滴入 0.1mol·$L^{-1}$$K_3[Fe(CN)_6]$ 溶液，若生成深蓝色沉淀，表示有 $Fe^{2+}$ 存在。反应式如下：

$$K^++Fe^{2+}+[Fe(CN)_6]^{3-} \longrightarrow [KFe(CN)_6Fe]\downarrow(\text{蓝色})$$

b. 向 10 滴含 $Fe^{2+}$ 试液 (pH=2～9) 中滴入 1%邻二氮菲溶液，若生成橘红色沉淀，也表示有 $Fe^{2+}$ 存在。

⑥ $Al^{3+}$ 的鉴定

取含 $Al^{3+}$ 试液 [0.1mol·$L^{-1}$$Al_2(SO_4)_3$ 溶液] 1 滴于离心试管中，用 2mol·$L^{-1}$ HAc 溶液酸化，加 0.1%铝试剂 2 滴，加热搅拌，再加 2mol·$L^{-1}$$NH_3·H_2O$ 溶液至微碱

性，若有红色絮状沉淀，表示有 $Al^{3+}$ 存在。

$Al^{3+}$ 与铝试剂在乙酸及乙酸盐缓冲体系（pH＝4～5）下，生成红色配合物。加氨水使溶液呈弱碱性并加热，可促进鲜红色絮状沉淀的生成。

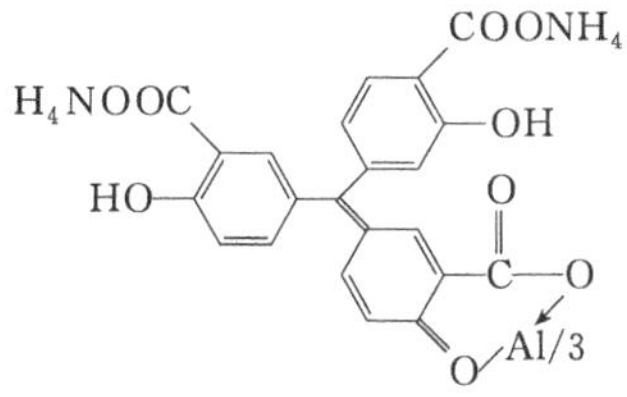

⑦ $Cr^{3+}$ 的鉴定

向 5 滴含 $Cr^{3+}$ 试液（$0.1mol \cdot L^{-1} CrCl_3$ 溶液）中滴加 $6mol \cdot L^{-1} NaOH$ 溶液至生成的灰色沉淀溶解为亮绿色溶液，然后加入 6～7 滴 3% $H_2O_2$ 溶液，水浴加热使溶液变为黄色。

a. 取所得黄色溶液用 $6mol \cdot L^{-1} HNO_3$ 溶液酸化，滴加 $0.1mol \cdot L^{-1} Pb(NO_3)_2$ 溶液。若生成黄色沉淀，表示有 $Cr^{3+}$ 存在。

b. 取所得黄色溶液用 $6mol \cdot L^{-1} HNO_3$ 溶液酸化至 pH＝2～3，加入 0.5mL 乙醚、2mL3% $H_2O_2$ 溶液，若乙醚层呈蓝色，也表示 $Cr^{3+}$ 存在。

⑧ $Mn^{2+}$ 的鉴定

向 2 滴 $Mn^{2+}$ 试液（$0.1mol \cdot L^{-1} MnSO_4$ 溶液）中加入 10 滴 $6mol \cdot L^{-1} HNO_3$ 溶液，再加少许 $NaBiO_3$ 固体，微热，溶液呈紫红色，表示有 $Mn^{2+}$ 存在。

⑨ $Co^{2+}$ 的鉴定

向 5～6 滴含 $Co^{2+}$ 试液（$0.1mol \cdot L^{-1} CoCl_2$ 溶液）中加入 2 滴 $2mol \cdot L^{-1} HCl$ 溶液、5～6 滴饱和 $NH_4SCN$ 溶液和 10 滴丙酮，振荡，若溶液出现蓝色，表示有 $Co^{2+}$ 存在。反应式如下：

$$Co^{2+} + 4SCN^- \longrightarrow [Co(SCN)_4]^{2-}（蓝色）$$

注意：$Fe^{3+}$ 和大量 $Cu^{2+}$ 干扰鉴定，可用 $NH_4F$ 掩蔽 $Fe^{3+}$，用 $Na_2SO_3$ 还原 $Cu^{2+}$。

⑩ $Ni^{2+}$ 的鉴定

取 1 滴含 $Ni^{2+}$ 试液（$0.1mol \cdot L^{-1}$ $NiSO_4$ 溶液）于点滴板上，加入 1 滴 $2mol \cdot L^{-1}$ $NH_3 \cdot H_2O$ 溶液，再加入 1 滴 1%丁二酮肟溶液，生成鲜红色沉淀，表示有 $Ni^{2+}$ 存在。

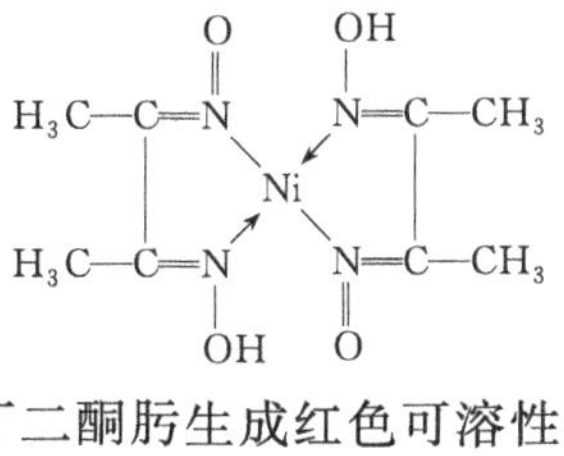

注意：$Fe^{2+}$ 在氨性溶液中与丁二酮肟生成红色可溶性螯合物。为消除干扰，可加 $H_2O_2$ 将 $Fe^{2+}$ 氧化成 $Fe^{3+}$。$Fe^{3+}$ 和 $Mn^{2+}$ 等能与氨水生成深色沉淀，可加柠檬酸或酒石酸掩蔽。

⑪ $Zn^{2+}$ 的鉴定

向 3 滴含 $Zn^{2+}$ 试液（$0.1mol \cdot L^{-1}$ $ZnSO_4$ 溶液）中依次加入 6～7 滴 $2mol \cdot L^{-1}$ NaOH 溶液和 0.5mL 0.01%二苯硫腙-$CCl_4$ 溶液，搅匀后放入水浴中加热（加热过程中应经常搅动液面）。若水溶液层呈粉红色（或玫瑰红色），$CCl_4$ 层由绿色变为棕色，表示有 $Zn^{2+}$ 存在。

HN—N—$C_6H_6$

C═S⟶$Zn^{2+}$ /2

N═N

(2) 阳离子混合液的分离和检出

① $Ag^+$、$Ba^{2+}$、$Fe^{3+}$、$Cu^{2+}$、$Zn^{2+}$的分离和检出（图 4-4）

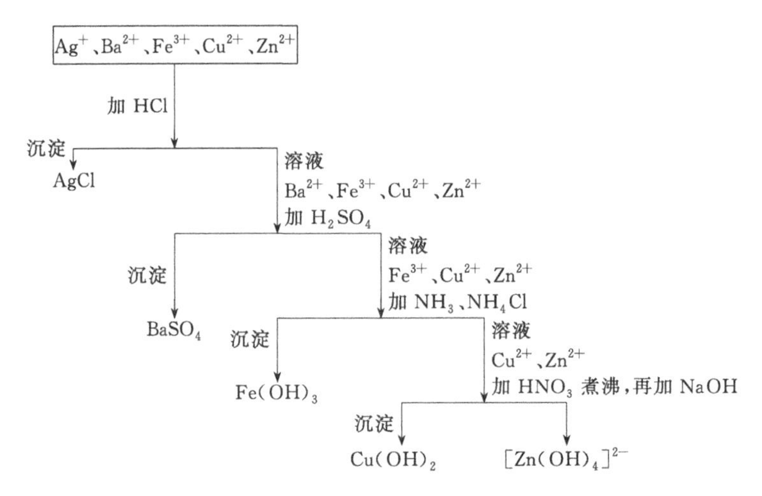


图 4-4　$Ag^+$、$Ba^{2+}$、$Fe^{3+}$、$Cu^{2+}$、$Zn^{2+}$的分离和鉴定步骤示意

a. $Ag^+$的分离和检出　取试液 15 滴于离心试管中，加入 $2mol \cdot L^{-1}$ HCl 溶液 2～3 滴，搅拌，离心沉降，再加 $2mol \cdot L^{-1}$ HCl 溶液 1 滴于上层清液，观察沉淀是否完全。如沉淀完全，将上层清液用滴管吸移至另一试管中供其他阳离子检出。沉淀用稀 $NH_4Cl$ 溶液（$2mol \cdot L^{-1}$ $NH_4Cl$ 溶液 2 滴加水 8 滴稀释）洗涤一次，离心分离，弃去洗涤液。沉淀加 $6mol \cdot L^{-1}$ $NH_3 \cdot H_2O$ 溶液使其溶解，再逐滴加入 $6mol \cdot L^{-1}$ $HNO_3$ 酸化，如白色沉淀重新析出，表示有 $Ag^+$存在。

b. $Ba^{2+}$的分离和检出　取实验步骤 a 的分离清液 1 滴，加 $1mol \cdot L^{-1}$ $H_2SO_4$ 溶液 2～3 滴，搅拌，离心沉降，将清液移至另一试管中供 $Fe^{3+}$、$Cu^{2+}$、$Zn^{2+}$的检出。在沉淀中加固体 $Na_2CO_3$ 2 小匙和 10 滴水，不断搅拌并置于沸水浴上加热 5min，离心分离，弃去离心液，再用 $Na_2CO_3$ 和水重复处理沉淀 1 次后，用水洗涤沉淀 2 次。最后在沉淀上加 $6mol \cdot L^{-1}$ HAc 溶液 10 滴，加热，搅拌促使溶解，如仍有不溶解残渣则离心分离后弃去。取离心液 2 滴，加 $2mol \cdot L^{-1}$ NaAc 溶液 1 滴，加 $0.5mol \cdot L^{-1}$ $K_2CrO_4$ 溶液 1 滴，如有黄色沉淀，表示有 $Ba^{2+}$存在。

c. $Fe^{3+}$分离和检出　取实验步骤 b 的分离清液，加饱和 $NH_4Cl$ 溶液 4～5 滴，逐滴加入浓氨水至碱性，再加过量 4～5 滴，充分搅拌，并加热 2min，离心分离。离心液供 $Cu^{2+}$的检出。沉淀用稀 $NH_4Cl$ 溶液洗涤 2 次，弃去洗涤液。沉淀加 $2mol \cdot L^{-1}$ HCl 溶液使沉淀溶解，取溶液 1 滴于点滴板上，加 $0.1mol \cdot L^{-1}$ $K_4[Fe(CN)_6]$ 溶液 1 滴，如生成深蓝色沉淀，表示有 $Fe^{3+}$存在。

d. $Cu^{2+}$的分离和检出　取实验步骤 c 的分离液于坩埚中，在石棉网上用小火蒸干，再灼烧至铵盐白烟冒尽。冷却后，滴加浓 $HNO_3$ 2 滴，再蒸干，灼烧一次，冷却后加水 10 滴。当检查 $NH_4^+$ 除尽后，加 $2mol \cdot L^{-1}$ HCl 溶液 2 滴酸化后移入离心试管中，在不断搅拌下用 $6mol \cdot L^{-1}$ NaOH 溶液调 pH≥12，再加过量 4～5 滴，加热约 2min，离心分离，离心液

供 $Zn^{2+}$ 的检出。沉淀用 6mol·$L^{-1}$ HCl 溶液溶解，取溶液 1 滴于点滴板上，加 0.1mol·$L^{-1}$ $K_4[Fe(CN)_6]$ 溶液 1 滴，如产生红棕色沉淀，表示有 $Cu^{2+}$ 存在。

e. $Zn^{2+}$ 的检出　取实验步骤 d 的分离液加入 0.5mL 0.01%二苯硫腙-$CCl_4$ 溶液，搅匀后放入水浴中加热（加热过程中应经常搅动液面）。若水溶液层呈粉红色（或玫瑰红色），$CCl_4$ 层由绿色变为棕色，表示有 $Zn^{2+}$ 存在。

② $Ag^+$、$Pb^{2+}$、$Ba^{2+}$、$Ca^{2+}$、$Fe^{3+}$、$Al^{3+}$、$Cr^{3+}$、$Mn^{2+}$ 的分离和检出（图 4-5）

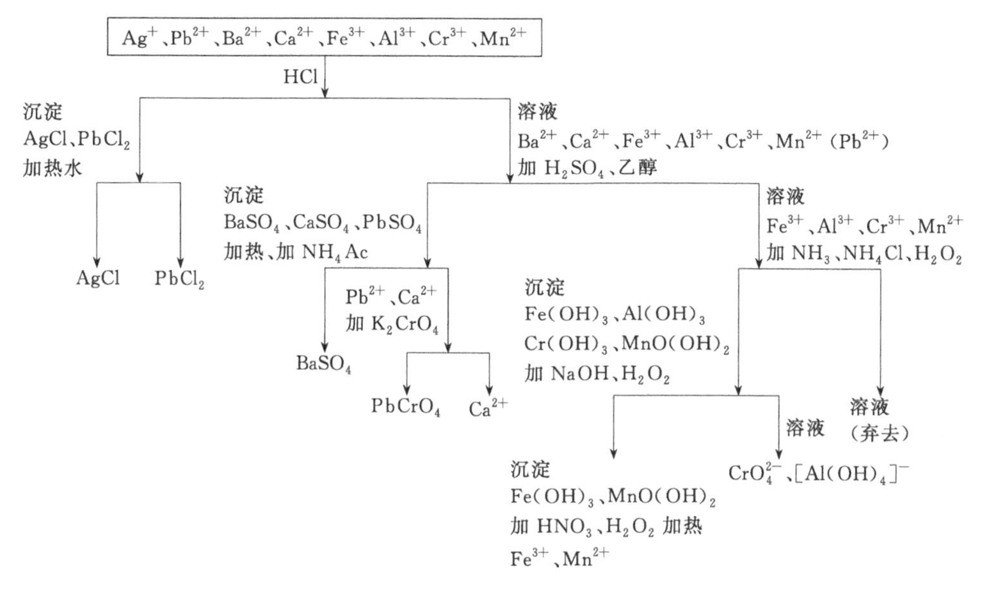


图 4-5　$Ag^+$、$Pb^{2+}$、$Ba^{2+}$、$Ca^{2+}$、$Fe^{3+}$、$Al^{3+}$、$Cr^{3+}$、$Mn^{2+}$ 的分离和鉴定步骤示意

a. $Ag^+$、$Pb^{2+}$ 的分离检出

ⅰ. 取 $Ag^+$、$Pb^{2+}$、$Ba^{2+}$、$Ca^{2+}$、$Fe^{3+}$、$Al^{3+}$、$Cr^{3+}$、$Mn^{2+}$ 混合试液 15 滴于离心试管中，加 2mol·$L^{-1}$ HCl 溶液 5～6 滴，搅拌，离心沉降，再加 2mol·$L^{-1}$ HCl 溶液 1 滴于上层清液以观察沉淀是否完全。将清液与沉淀分离，清液供实验步骤 b. ⅰ 使用。沉淀用稀 $NH_4Cl$ 溶液洗涤一次，离心分离，弃去洗涤液，沉淀按以下方式处理。

ⅱ. $PbCl_2$ 的分离和 $Pb^{2+}$ 的检出　加水 15 滴于实验步骤 ⅰ 得到的沉淀中，在沸水浴中加热 2min，并随时搅拌。然后在水浴中静置让沉淀沉降，趁热吸取上层清液并加入 0.1mol·$L^{-1}$ $K_2CrO_4$ 溶液，如有黄色沉淀，表示有 $Pb^{2+}$ 存在。在沉淀上逐滴加入 6mol·$L^{-1}$ NaOH 溶液至沉淀完全溶解，再用 6mol·$L^{-1}$ HAc 溶液酸化时，又重新析出黄色沉淀，确证 $Pb^{2+}$ 存在。

ⅲ. $Ag^+$ 的检出　如经上述实验证实有 $Pb^{2+}$ 存在时，再加水 2mL 于沉淀中，置于水浴上加热，并不断搅拌。趁热离心分离，弃去离心液，加浓氨水 10 滴于沉淀中，并不断搅拌使其溶解，再逐滴加入 6mol·$L^{-1}$ $HNO_3$ 溶液酸化。如白色沉淀重新析出，表示有 $Ag^+$ 存在。

b. $Ca^{2+}$、$Ba^{2+}$ 和 $Pb^{2+}$ 的分离和检出

由于 $PbCl_2$ 溶解度较大，$Pb^{2+}$ 在盐酸组沉淀不完全，当溶液中 $Pb^{2+}$ 浓度小于 1mg·$mL^{-1}$ 时，就不会在盐酸组中出现。只要试液中有 $Pb^{2+}$ 存在，必会有一部分 $Pb^{2+}$ 进入硫酸组。因此，当第一组检不出 $Pb^{2+}$ 时，在第二组还要鉴定是否有 $Pb^{2+}$。

ⅰ. 取实验步骤 a. ⅰ 的分离液，加 1mol·$L^{-1}$ $H_2SO_4$ 溶液 4～5 滴，搅拌。如果不生成

白色沉淀，则 $Pb^{2+}$、$Ba^{2+}$ 不存在；再加 95%乙醇溶液 1mL，如果不生成白色沉淀或混浊，则 $Ca^{2+}$ 不存在。如有沉淀，离心分离，离心液供实验步骤 c. ⅰ使用。沉淀用 95%乙醇溶液洗涤 1～2 次（每次用量约 10 滴），弃去洗涤液，沉淀按以下处理。

ⅱ. $CaSO_4$、$PbSO_4$ 与 $BaSO_4$ 的分离　加 10 滴 3mol·$L^{-1}$ $NH_4Ac$ 溶液于沉淀中，在沸水浴上加热 5min，并不断地进行搅拌，离心分离，沉淀供 $Ba^{2+}$ 的检出，而离心液留作 $Ca^{2+}$、$Pb^{2+}$ 的检出。

ⅲ. $Ca^{2+}$ 与 $Pb^{2+}$ 的分离及 $Pb^{2+}$ 的检出　取上述离心液 1 滴，加 6mol·$L^{-1}$ HAc 溶液 10 滴，0.1mol·$L^{-1}$ $K_2CrO_4$ 溶液 1 滴，如有黄色沉淀产生，表示有 $Pb^{2+}$ 存在。然后，在余下的离心液中用 6mol·$L^{-1}$ HAc 溶液酸化，加 0.1mol·$L^{-1}$ $K_2CrO_4$ 溶液使 $Pb^{2+}$ 沉淀完全，离心液供 $Ca^{2+}$ 的检出。

ⅳ. $Ca^{2+}$ 的检出　取 3 滴离心液，加入 0.5mol·$L^{-1}$ $(NH_4)_2C_2O_4$ 溶液 2 滴。如有白色沉淀，表示有 $Ca^{2+}$ 存在。

ⅴ. $BaSO_4$ 的转化与 $Ba^{2+}$ 的检出　在实验步骤 b. ⅱ的沉淀中加入 3mol·$L^{-1}$ $NH_4Ac$ 溶液 1mL，搅拌并加热 2min，离心分离。弃去离心液，沉淀再用 1mL 水洗涤一次，弃去洗涤液。于沉淀中加入固体 $Na_2CO_3$ 2 小匙和 1mL 水，不断搅拌并置于沸水浴上加热 5min，离心分离，弃去离心液。再用 $Na_2CO_3$ 重复处理沉淀 1～2 次后，用水洗涤 2 次，最后在转化后的碳酸盐沉淀中加 15 滴 6mol·$L^{-1}$ HAc 溶液，稍稍加热使之溶解。取离心液 1 滴，加 2mol·$L^{-1}$ NaAc 溶液 1 滴、0.1mol·$L^{-1}$ $K_2CrO_4$ 溶液 1 滴，如有黄色 $BaCrO_4$ 沉淀生成，加 6mol·$L^{-1}$ NaOH 溶液不溶解，表示有 $Ba^{2+}$ 存在。

c. $Fe^{3+}$、$Al^{3+}$、$Cr^{3+}$、$Mn^{2+}$ 的分离和检出

ⅰ. 取实验步骤 b. ⅰ分离清液，加 3%$H_2O_2$ 溶液 2 滴，饱和 $NH_4Cl$ 溶液 4～5 滴，逐滴加入浓氨水至碱性。再加过量 4～5 滴，充分搅拌，并加热 2min，离心分离，弃去清液。沉淀供 $Fe^{3+}$、$Mn^{2+}$、$Al^{3+}$、$Cr^{3+}$ 的分离与检出。

ⅱ. $Fe^{3+}$、$Mn^{2+}$ 与 $Al^{3+}$、$Cr^{3+}$ 的分离　在上述沉淀中加入 6mol·$L^{-1}$ NaOH 溶液约 1mL 和 3%$H_2O_2$ 溶液 2 滴，充分搅拌并在水浴上加热 2～3min，离心分离。沉淀中再加入 6mol·$L^{-1}$ NaOH 溶液 10 滴，3%$H_2O_2$ 溶液 1 滴，充分搅拌并加热 2～3min，离心分离。合并两次离心液供 $Al^{3+}$、$Cr^{3+}$ 的检出，沉淀用 $NH_4NO_3$ 洗一次，留作 $Fe^{3+}$、$Mn^{2+}$ 的检出。

ⅲ. $Fe^{3+}$、$Mn^{2+}$ 的检出　于上述沉淀中加入 6mol·$L^{-1}$ $HNO_3$ 溶液 10 滴，3%$H_2O_2$ 溶液 2 滴，搅拌使沉淀溶解，并充分加热使 $H_2O_2$ 分解完全。溶液供 $Fe^{3+}$、$Mn^{2+}$ 的检出。

$Fe^{3+}$ 的检出：取溶液 1 滴于点滴板上，加 1 滴 0.1mol·$L^{-1}$ $K_4[Fe(CN)_6]$ 溶液，用玻璃棒搅拌，如生成深蓝沉淀，表示有 $Fe^{3+}$ 存在。

$Mn^{2+}$ 的检出：取溶液 1 滴加水稀释至 10 滴，再加入固体 $NaBiO_3$ 少许，加入 6mol·$L^{-1}$ $HNO_3$ 溶液 2 滴，搅拌，如溶液呈现紫红色，表示有 $Mn^{2+}$ 存在。

ⅳ. $Cr^{3+}$ 的检出　取实验步骤 c. ⅱ离心液 4 滴于试管中，加入乙醚 6 滴，用 2mol·$L^{-1}$ $HNO_3$ 溶液酸化，再加 3%$H_2O_2$ 溶液 1～2 滴，振荡，如乙醚层呈现蓝色，表示有 $Cr^{3+}$ 存在。

ⅴ. $Al^{3+}$ 的检出　取实验步骤 c. ⅱ离心液 4 滴，用 6mol·$L^{-1}$ HAc 溶液酸化，加入 0.1%铝试剂 2 滴，置于水浴上加热片刻，加浓氨水至碱性，稍加热，如生成红色絮状沉淀，表示有 $Al^{3+}$ 存在。

(3) 未知液的分离、检出

领取未知液一份，其中可能含有 $Ag^{+}$、$Pb^{2+}$、$Ba^{2+}$、$Ca^{2+}$、$Fe^{3+}$、$Al^{3+}$、$Cr^{3+}$、$Mn^{2+}$，检出未知液中含有哪些阳离子。

### 五、注意事项

① 离子分离鉴定所用试液取量应适当，一般取 5～10 滴为宜。过多或过少对分离鉴定均有一定影响。

② 利用沉淀分离时，沉淀剂的浓度和用量应适量，以保证被沉淀离子沉淀完全。同时分离后的沉淀应用去离子水洗涤，以保证分离效果。

### 六、思考题

① 设计分离方案的原则是什么？

② $Ag^{+}$ 和 $Pb^{2+}$ 分离和鉴定反应的主要条件是什么？依据是什么？

③ $Fe^{3+}$、$Fe^{2+}$、$Al^{3+}$、$Co^{2+}$、$Mn^{2+}$、$Zn^{2+}$ 中哪些离子的氢氧化物具有两性？哪些离子的氢氧化物不稳定？哪些能生成氨配合物？

④ 本实验中 $Fe^{3+}$、$Al^{3+}$、$Cr^{3+}$、$Mn^{2+}$ 混合离子分离鉴定方案顺序可否改变？若可以改变，列出分离方案。

## 实验 18 混合碱的测定——双指示剂法

### 一、实验目的

掌握双指示剂法测定混合碱的原理和组成成分的判别及计算方法；掌握混合碱中总碱度的测定方法；了解混合指示剂的优点和使用方法。

### 二、实验原理

混合碱是 NaOH 和 $Na_2CO_3$ 的混合物，混合碱液中各组分的含量可以通过在同一份试液中用两种不同的指示剂进行测定，即所谓的“双指示剂法”。此法方便、快速，在生产中应用普遍。

常用的两种指示剂是酚酞和甲基橙。在试液中先加酚酞，用 HCl 标准溶液滴定至红色刚刚褪去。由于酚酞的变色范围在 pH＝8～10，因此此时不仅 NaOH 被滴定，$Na_2CO_3$ 也被滴定成 $NaHCO_3$，记下 HCl 标准溶液的耗用量 $V_1$。再加入甲基橙指示剂，开始时溶液呈黄色，滴定至呈橙色，此时 $NaHCO_3$ 被滴定成 $H_2CO_3$，记下后来 HCl 标准溶液的耗用量 $V_2$。

根据 $V_1$、$V_2$ 可以计算出混合碱的总碱度 $\rho_{Na_2O}$ 及 NaOH 和 $Na_2CO_3$ 的含量（单位为 $g \cdot L^{-1}$），计算式如下：

$$\rho_{Na_2O} = c_{HCl}(V_2 + V_1)M_{Na_2O}/2V_{试液}$$
$$\rho_{NaOH} = c_{HCl}(V_1 - V_2)M_{NaOH}/V_{试液}$$
$$\rho_{Na_2CO_3} = c_{HCl}V_2M_{Na_2CO_3}/V_{试液}$$

由于以酚酞作指示剂时，颜色从微红色到无色的变化不敏锐，本实验中改用甲酚红和百里酚蓝混合指示剂。甲酚红的变色范围为 pH＝6.7(黄色)～8.4(红色)，百里酚蓝的变色范围为 pH＝8.0(黄色)～9.6(蓝色)，混合后的变色点是 pH＝8.3，酸色呈黄色，碱色呈紫色，在 pH＝8.2 时为樱桃色，变色敏锐。

### 三、实验用品

仪器：移液管、锥形瓶。

试剂：混合碱试样、HCl（0.1mol·L$^{-1}$）、硼砂、甲酚红和百里酚蓝混合指示剂、甲基橙指示剂、甲基红指示剂、酚酞指示剂、无水 $Na_2CO_3$（s）。

## 四、实验步骤

（1）0.1mol·L$^{-1}$ HCl 标准溶液的配制及浓度标定

先配制 0.1mol·L$^{-1}$ HCl 溶液 500mL，标定方法有以下两种。

① 用无水 $Na_2CO_3$ 作基准物质标定。准确称取 0.15～0.20g 无水 $Na_2CO_3$，置于 250mL 锥形瓶中，加水 20～30mL，温热，摇动使之溶解，再加入 1～2 滴甲基橙指示剂，用待标定的 HCl 溶液滴定至溶液由黄色恰变为橙色即为终点。平行测定 3 次，计算出 HCl 标准溶液的浓度。

② 用硼砂（$Na_2B_4O_7 \cdot 10H_2O$）标定。准确称取 0.4～0.6g 硼砂，置于 250mL 锥形瓶中，加水 50mL，温热，摇动使之溶解，再加入 2 滴甲基红指示剂，用待标定的 HCl 溶液滴定至溶液由黄色恰变为浅红色即为终点。平行测定 3 次计算出 HCl 标准溶液的浓度。

（2）总碱度的测定

① 混合指示剂法。用移液管吸取碱液试样 25.00mL，加甲酚红和百里酚蓝混合指示剂 5 滴，用 0.1mol·L$^{-1}$ HCl 标准溶液滴定，开始溶液呈红紫色，滴定至樱桃色即为终点（樱桃色要以白色磁板或纸张为背景从侧面看，若从上往下看则呈浅灰色，呈樱桃色时再加 1 滴 HCl 标准溶液，即变黄色），记下体积 $V_1$。然后再加 2 滴甲基橙指示剂，此时溶液仍呈黄色，继续以 HCl 标准溶液滴定至橙色，即达终点，记下体积 $V_2$（扣除 $V_1$ 的体积）。

② 双指示剂法。用移液管吸取碱液试样 25.00mL，先以酚酞（1～2 滴）为指示剂，用 HCl 标准溶液滴定至溶液恰好由红色褪至无色，测出 $V_3$；再加入 1～2 滴甲基橙指示剂，用 HCl 标准溶液滴定至溶液由黄色变为橙色，测出 $V_4$（扣除 $V_3$ 的体积）。

## 五、注意事项

① 在称量无水 $Na_2CO_3$ 时，为防止样品吸潮，称量过程中称量瓶一定要带盖。

② 必要时亦可采用固体试样，这时要用天平称出重量，加水溶解，稀释成 2%左右的试液。

③ 滴定速度宜慢，近终点时，每加入 1 滴要摇至颜色稳定后再加第 2 滴。否则，因颜色变化较慢容易过量。

## 六、思考题

① 碱液中的 NaOH 及 $Na_2CO_3$ 的含量是怎样测定的？

② 如何判断碱液的组成？（即 NaOH、$Na_2CO_3$ 与 $NaHCO_3$ 三种组分中含哪两种？其相对量为多少？）

③ 试比较采用酚酞指示剂与甲酚红和百里酚蓝混合指示剂的优缺点。

# 实验 19　酸碱滴定法测定食品添加剂中硼酸的含量

## 一、实验目的

了解间接滴定法的原理。

## 二、实验原理

$H_3BO_3$ 的 $K_a^\ominus=7.3\times10^{-10}$，故不能用 NaOH 标准溶液直接滴定，在 $H_3BO_3$ 中加入甘油溶液，生成甘油硼酸，其 $K_a^\ominus=3\times10^{-7}$，可用 NaOH 标准溶液滴定，反应如下：

$$\begin{array}{l} CH_2—OH \\ | \\ CH—OH \\ | \\ CH_2—OH \end{array} + H_2SO_4 = \begin{array}{l} CH_2—OH \\ | \\ CH—O \diagdown \\ | \qquad\quad BOH \\ CH_2—O \diagup \end{array} + 2H_2O$$

$$\begin{array}{l} CH_2—OH \\ | \\ CH—O \diagdown \\ | \qquad\quad BOH \\ CH_2—O \diagup \end{array} + NaOH = \begin{array}{l} CH_2—OH \\ | \\ CH—O \diagdown \\ | \qquad\quad BONa \\ CH_2—O \diagup \end{array} + H_2O$$

化学计量点时，溶液呈弱碱性，可选用酚酞作指示剂。

### 三、实验用品

仪器：分析天平、酸式滴定管、碱式滴定管、锥形瓶、烧杯。

试剂：稀中性甘油（甘油：水＝1：2）、酚酞指示剂（0.2%）、NaOH 标准溶液（$0.1mol \cdot L^{-1}$）、邻苯二甲酸氢钾（s，分析纯，使用前在 105～110℃烘干 1h 以上）、硼酸（s）。

### 四、实验步骤

（1）$0.1mol \cdot L^{-1}$ NaOH 标准溶液的配制及浓度标定

配制 $0.1mol \cdot L^{-1}$ NaOH 溶液 500mL，再用邻苯二甲酸氢钾进行标定。在分析天平上准确称取 0.5～0.7g 邻苯二甲酸氢钾，放入 250mL 锥形瓶或烧杯中，用 25mL 煮沸后刚刚冷却的蒸馏水使之溶解（如没有完全溶解，可稍微加热）。冷却后加入 2 滴酚酞指示剂，用待标定的 NaOH 溶液滴定至溶液呈微红色且 30s 内不褪色，即为终点。平行测定 3 次，3 次测定的平均偏差应小于 0.2%，否则应重复测定。计算 NaOH 标准溶液的浓度。

（2）样品分析

准确称取 0.15g 左右硼酸样品，加 25mL 沸水溶解，冷却后加稀中性甘油溶液 12mL，摇匀，然后加酚酞指示剂 2～3 滴，用 $0.1mol \cdot L^{-1}$ NaOH 标准溶液滴定至溶液呈微红色即为终点，记下消耗 NaOH 标准溶液的体积。平行测定 3 次。

（3）空白试验

取与上述相同质量的甘油，溶解在 25mL 蒸馏水中，加入 1 滴酚酞指示剂，记录滴定到溶液呈微红色时消耗的 NaOH 标准溶液的体积，平行测定 2 次。根据滴定试样所消耗的 NaOH 体积与空白平均值，计算试样中 $H_3BO_3$ 的含量。

### 五、注意事项

① 硼酸易溶于热水，所以硼酸试样需加沸水溶解。

② 为了防止硼酸与甘油生成的配位酸水解，溶液的体积不宜过大。

③ 配位酸形成的反应是可逆反应，因此加入的甘油须大大过量，以使所有的硼酸定量地转化为配位酸。

### 六、思考题

① 硼酸的共轭碱是什么？可否用直接酸碱滴定法测定硼酸共轭碱的含量？

② 用 NaOH 测定 $H_3BO_3$ 时，为什么要用酚酞作指示剂？

③ 什么叫空白试验？从实验结果说明本实验进行空白试验的必要性。

## 实验 20　氯化物中氯含量的测定——莫尔法

### 一、实验目的

学习 $AgNO_3$ 标准溶液的配制和标定；掌握用莫尔法进行沉淀滴定的原理、方法和实验操作。

## 二、实验原理

某些可溶性氯化物中氯含量的测定常采用莫尔法。此法是在中性或弱碱性溶液中，以 $K_2CrO_4$ 为指示剂，用 $AgNO_3$ 标准溶液进行滴定。由于 AgCl 沉淀的溶解度比 $Ag_2CrO_4$ 小，因此，溶液中首先析出 AgCl 沉淀。当 AgCl 定量沉淀后，过量 1 滴 $AgNO_3$ 溶液即与 $CrO_4^{2-}$ 生成砖红色 $Ag_2CrO_4$ 沉淀，指示达到终点。主要反应式如下：

$$Ag^+ + Cl^- \longrightarrow AgCl\downarrow（白色），K_{sp}^{\ominus}=1.8\times10^{-10}$$

$$2Ag^+ + CrO_4^{2-} \longrightarrow Ag_2CrO_4\downarrow（砖红色），K_{sp}^{\ominus}=2.0\times10^{-12}$$

滴定必须在中性或弱碱性溶液中进行，最适宜 pH 范围为 6.5～10.5。如果有铵盐存在，溶液的 pH 需控制在 6.5～7.2。指示剂的用量对滴定有影响，一般以 $5\times10^{-3}mol\cdot L^{-1}$ 为宜。凡是能与 $Ag^+$ 生成难溶性化合物或配位化合物的阴离子都干扰测定，如 $PO_4^{3-}$、$AsO_4^{3-}$、$SO_3^{2-}$、$S^{2-}$、$CO_3^{2-}$、$C_2O_4^{2-}$ 等。其中 $S^{2-}$ 可加热煮沸除去，将 $SO_3^{2-}$ 氧化成 $SO_4^{2-}$ 后不再干扰测定。大量 $Cu^{2+}$、$Ni^{2+}$、$Co^{2+}$ 等有色离子将影响终点观察。凡是能与 $CrO_4^{2-}$ 指示剂生成难溶化合物的阳离子也干扰测定，如 $Ba^{2+}$、$Pb^{2+}$ 能与 $CrO_4^{2-}$ 分别生成 $BaCrO_4$ 和 $PbCrO_4$ 沉淀。$Ba^{2+}$ 的干扰可通过加入过量的 $Na_2SO_4$ 消除。$Al^{3+}$、$Fe^{3+}$、$Bi^{3+}$、$Sn^{4+}$ 等高价金属离子在中性或弱碱性溶液中易水解产生沉淀，会干扰测定。

## 三、实验用品

仪器：移液管、锥形瓶、容量瓶、吸量管、滴定管。

试剂：NaCl（s）、$AgNO_3$（s）、$K_2CrO_4$（$50g\cdot L^{-1}$）、$CaCO_3$（s）。

## 四、实验步骤

（1）NaCl 基准试剂和 $AgNO_3$ 溶液的配制

① NaCl 基准试剂。将 NaCl 在 500～600℃高温炉中灼烧半小时后，置于干燥器中冷却；也可将 NaCl 置于带盖的瓷坩埚中，加热，并不断搅拌，待爆炸声停止后，继续加热 15min，将坩埚放入干燥器中冷却后使用。

② $0.1mol\cdot L^{-1}AgNO_3$ 溶液的配制。称取 8.5g $AgNO_3$ 溶解于 500mL 不含 $Cl^-$ 的蒸馏水中，将溶液转入棕色试剂瓶中，置暗处保存，以防光照分解。

（2）$AgNO_3$ 溶液的标定

准确称取 0.5～0.65g NaCl 基准试剂于小烧杯中，用蒸馏水溶解后，转入 100mL 容量瓶中，稀释至刻度，摇匀。用移液管移取 25.00mL NaCl 溶液，注入 250mL 锥形瓶中，加入 25mL 水（沉淀滴定中，为减少沉淀对被测离子的吸附，一般滴定的体积以大些为好，故须加水稀释试液）。用吸量管加入 1mL $K_2CrO_4$ 溶液，在不断摇动下，用待标定的 $AgNO_3$ 溶液滴定至呈现砖红色，即为终点。平行测定 3 次。根据所消耗 $AgNO_3$ 溶液的体积和 NaCl 基准试剂的质量，计算 $AgNO_3$ 标准溶液的浓度。

（3）试样分析

准确称取 2g NaCl 试样置于烧杯中，加水溶解后，转入 250mL 容量瓶中，用水稀释至刻度，摇匀。用移液管移取 25.00mL 试液于 250mL 锥瓶中，加 25mL 水，用 1mL 吸量管加入 1mL $K_2CrO_4$ 溶液，在不断摇动下，用 $AgNO_3$ 标准溶液滴定至溶液出现砖红色，即为终点。平行测定 3 次，计算试样中氯的含量。实验完毕后，将装 $AgNO_3$ 溶液的滴定管先用蒸馏水冲洗 2～3 次后，再用自来水洗净，以免 AgCl 残留于管内。

## 五、注意事项

① 指示剂用量大小对测定结果有影响，必须定量加入。溶液较稀时，必须作指示剂的空白校正，方法如下：取 1mL $K_2CrO_4$ 指示剂溶液，加入适量水，然后加入无 $Cl^-$ 的 $CaCO_3$ 固体（相当于滴定时 AgCl 的沉淀量），逐渐滴入 $AgNO_3$ 标准溶液，至与终点颜色相同为止，记录读数，从滴定试液所消耗的 $AgNO_3$ 体积中扣除此读数。

② 银为贵金属，含 AgCl 的废液应回收处理。

## 六、思考题

① 莫尔法测氯时，为什么溶液的 pH 须控制在 6.5～10.5？

② 以 $K_2CrO_4$ 作指示剂时，指示剂浓度过大或过小对测定有何影响？

# 实验 21　可溶性硫酸盐中硫含量的测定——重量法

## 一、实验目的

了解晶型沉淀的沉淀条件、原理和沉淀方法；练习沉淀的过滤、洗涤和灼烧的操作技术；测定可溶性硫酸盐中硫的含量，并用换算因数计算测定结果。

## 二、实验原理

$BaSO_4$ 重量法既可以用于测定 $SO_4^{2-}$ 的含量，也可以用于测定 $Ba^{2+}$ 的含量。$Ba^{2+}$ 与 $SO_4^{2-}$ 反应生成 $BaSO_4$ 沉淀，沉淀经过滤、洗涤和灼烧后，以 $BaSO_4$ 形式称重，从而求得 $SO_4^{2-}$ 的含量。

$BaSO_4$ 的溶解度很小（$K_{sp}^{\ominus}=0.87\times10^{-10}$），25℃时在 100mL 水中仅溶解 0.25mg，在过量沉淀剂存在下，溶解度更小，一般可以忽略不计。$BaSO_4$ 性质非常稳定，干燥后的组成与分子式一致。但是 $BaSO_4$ 沉淀初生成时，一般形成细小的晶体，过滤时易穿过滤纸，引起沉淀损失，因此进行沉淀时，必须注意创造和控制有利于形成较大晶体的条件。

为了防止生成 $BaCO_3$、$Ba_3(PO_4)_2$（或 $BaHPO_4$）及 $Ba(OH)_2$ 等沉淀，应在酸性溶液中进行沉淀。同时适当提高酸度，增加 $BaSO_4$ 的溶解度，以降低其相对过饱和度，有利于获得颗粒较大的纯净而易于过滤的沉淀，一般在 $0.05mol\cdot L^{-1}$ 左右 HCl 溶液中进行沉淀。溶液中也不允许有酸不溶物和易被吸附的离子（如 $Fe^{3+}$、$NO_3^-$ 等）存在，否则应预先分离或掩蔽。$Pb^{2+}$、$Sr^{2+}$ 也干扰测定。

## 三、实验用品

仪器：马弗炉、坩埚、电炉、干燥器、烧杯、定量滤纸。

试剂：HCl（1%、$2mol\cdot L^{-1}$）、$BaCl_2$（10%）、$AgNO_3$（$0.1mol\cdot L^{-1}$）、$Na_2SO_4$（s）、EDTA（1%）。

## 四、实验步骤

准确称取在 100～200℃干燥过的 $Na_2SO_4$ 0.2～0.3g，置于 400mL 烧杯中，用 25mL 水溶解（若有不溶于水的残渣，应过滤除去，用稀盐酸洗涤残渣数次，再用水洗至不含 $Cl^-$ 为止）。加入 $2mol\cdot L^{-1}$ HCl 溶液 6mL，用水稀释至约 200mL。将溶液加热至沸，在不断搅拌下缓慢滴加 $BaCl_2$ 溶液（5mL 10%$BaCl_2$ 溶液预先稀释 1 倍并加热，试样中若含有 $Fe^{3+}$ 等干扰离子，在加 $BaCl_2$ 溶液之前，可加入 5mL 1%EDTA 溶液加以掩蔽），此时有白色沉淀出现，待沉淀沉降后，在上清液上滴加 1～2 滴 10%$BaCl_2$ 溶液，若无混浊产生，表示沉淀已经完全，微沸 10min，在约 90℃下保温陈化约 1h。冷至室温，用定量滤纸过滤，再用热蒸馏水洗涤沉淀至无 $Cl^-$ 为止（检验方法：取滤液 2mL 加入 0.1mol·$L^{-1}$ $AgNO_3$ 溶液 2 滴，不出现混浊即无 $Cl^-$）。将沉淀和滤纸移入已在 800～850℃灼烧至恒重的瓷坩埚中，在电炉上烘干、灰化后，再在 800～850℃下灼烧 30min，取出在干燥器中冷却至室温，称重。称重后再次灼烧 15～20min，冷却称重，如此反复操作直至恒重（两次称量之差小于 0.3mg）。计算试样中 $SO_4^{2-}$ 的含量。

### 五、注意事项

坩埚放入马弗炉前，应用滤纸吸去其底部和周围的水，以免坩埚因骤热而炸裂。

### 六、思考题

① 重量法所称试样重量应根据什么原则计算？

② 为什么加 10%$BaCl_2$ 溶液 5mL？沉淀剂用量应该怎样计算？反之，如果用 $H_2SO_4$ 沉淀 $Ba^{2+}$，$H_2SO_4$ 用量应如何计算？

③ 为什么试液和沉淀剂都要预先稀释，而且试液要预先加热？

④ 沉淀完毕后，为什么要保温放置一段时间才进行过滤？

⑤ 为什么要控制在一定酸度的盐酸介质中进行沉淀？

## 实验 22　自来水硬度的测定——配位滴定法

### 一、实验目的

了解水硬度的表示方法；掌握 EDTA 法测定水硬度的原理和方法。

### 二、实验原理

水的硬度主要由水中 $Ca^{2+}$、$Mg^{2+}$ 的多少而定，其测定以配位滴定法最为简便。水硬度测定分总硬度和钙镁硬度两种。总硬度是以 mmol·$L^{-1}$ 或 mg·$L^{-1}$ 为单位表示 $Ca^{2+}$、$Mg^{2+}$ 的总量。

由 EDTA 与 $Ca^{2+}$ 和 $Mg^{2+}$ 配合物的稳定常数（$K_{CaY}=10^{10.7}$，$K_{MgY}=10^{8.7}$）可知，在 pH≈10 时，它们同时被 EDTA 准确滴定，不能分步滴定，这样测得的是水中 $Ca^{2+}$、$Mg^{2+}$ 总量。由于 $K_{MgY}$ 稍小，完全滴定的化学计量点由 pMg′（≈5）决定，故应该用 $pM'_{变}$ 接近 $pMg'_{计}$ 的指示剂铬黑 T 来确定终点。

要测定 $Ca^{2+}$、$Mg^{2+}$ 含量，则另取一份水样，加 NaOH 调节溶液的 pH≥12，使 $Mg^{2+}$ 以 $Mg(OH)_2$ 沉淀的形式被掩蔽，使用钙指示剂或 K-B 指示剂指示反应终点，以 EDTA 标准溶液单独滴定 $Ca^{2+}$。根据 EDTA 的浓度 $c_Y$ 和体积 $V_2$ 就可以计算 $Ca^{2+}$ 的含量。由 $Ca^{2+}$、$Mg^{2+}$ 总量减去 $Ca^{2+}$ 的量，即为 $Mg^{2+}$ 的量。

$$总硬度(mg \cdot L^{-1})=\frac{c_Y V_1 M_{CaO}}{V_{样} \times 10^{-3}}$$

$$钙含量(mg \cdot L^{-1})=\frac{c_Y V_2 M_{Ca}}{V_{样} \times 10^{-3}}$$

$$镁含量(mg \cdot L^{-1})=\frac{c_Y (V_1-V_2) M_{Mg}}{V_{样} \times 10^{-3}}$$

式中，$c_Y$ 为 EDTA 标液的浓度，mol·$L^{-1}$；$V_1$、$V_2$ 分别为测定总量、钙量所耗 EDTA 的体积，mL；$V_{样}$ 为水样体积，mL。

## 三、实验用品

仪器：分析天平、烧杯、锥形瓶、容量瓶、试剂瓶、移液管、表面皿。

试剂：$CaCO_3$（s，分析纯）、$Na_2H_2Y \cdot 2H_2O$（s，分析纯）、$MgSO_4 \cdot 7H_2O$（s，分析纯）、NaOH（$2mol \cdot L^{-1}$）、HCl（$6mol \cdot L^{-1}$）、氨性缓冲溶液（pH=10）、铬黑 T 指示剂、钙指示剂。

## 四、实验步骤

（1）EDTA 标准溶液的配制和标定

① EDTA 标准溶液的配制。称取 2.0g $Na_2H_2Y \cdot 2H_2O$（EDTA 二钠盐）于 250mL 烧杯中，加适量水溶解（必要时加热和过滤），然后转移到 500mL 试剂瓶中，加水至 500mL，充分摇匀，备用。

② EDTA 标准溶液的标定

a. 方法一：准确称取 0.2～0.3g 分析纯 $MgSO_4 \cdot 7H_2O$ 于洁净的小烧杯中，用适量水溶解后定量转入 100mL 容量瓶中，加水至刻度，摇匀。用移液管移取 25.00mL $Mg^{2+}$ 标准溶液于锥形瓶中，加入 10mL 氨性缓冲溶液和 3～4 滴铬黑 T 指示剂，用待标定的 EDTA 溶液滴定至终点（纯蓝色）。平行测定 2～3 次，计算 EDTA 标准溶液的准确浓度。

b. 方法二：准确称取 0.23～0.28g 分析纯 $CaCO_3$ 于洁净的小烧杯中，用少量水润湿，盖上表面皿，从烧杯嘴处缓缓滴加 $6mol \cdot L^{-1}$ HCl 溶液 5mL，溶解后，定量转入 250mL 容量瓶中，加水至刻度，摇匀。用移液管移取 25.00mL $Ca^{2+}$ 标准溶液于锥形瓶中，加入 10mL 氨性缓冲溶液和 3～4 滴铬黑 T 指示剂，用待标定的 EDTA 溶液滴定至溶液颜色由紫红色变为蓝色。平行测定 2～3 次，计算 EDTA 标准溶液的准确浓度。

（2）水硬度的测定

① $Ca^{2+}$、$Mg^{2+}$ 总量的测定。用移液管移取水样 100.00mL（必要时加掩蔽剂掩蔽 $Fe^{3+}$、$Al^{3+}$），加入 10mL 氨性缓冲溶液和 1 滴铬黑 T，溶液显紫色，用 EDTA 标准溶液滴定至蓝色，即为终点。平行测定 2～3 次，计算 $Ca^{2+}$、$Mg^{2+}$ 的总量或水的总硬度。

② $Ca^{2+}$ 含量的测定。另取水样 100.00mL，加入 5mL $2mol \cdot L^{-1}$ NaOH 溶液、钙指示剂 30 mg（约绿豆般大小），用 EDTA 标准溶液滴定至溶液变蓝色（终点）。平行测定 2～3 次，计算 $Ca^{2+}$ 的含量。

③ $Mg^{2+}$ 的含量由 $Ca^{2+}$、$Mg^{2+}$ 总量与 $Ca^{2+}$ 的量之差计算而得。

## 五、思考题

① EDTA 法中，为什么使用 EDTA 二钠盐而不直接用 EDTA 酸（$H_4Y$）？为什么必须控制好体系的酸度？

② 测定含少量 $Fe^{3+}$ 的水样硬度时，若不加掩蔽剂掩蔽，会有什么后果？

# 实验 23 铅、铋混合液中 $Pb^{2+}$、$Bi^{3+}$ 的连续测定

## 一、实验目的

掌握利用控制溶液酸度来实现多种金属离子连续滴定的方法和原理；了解二甲酚橙指示剂使用方法和终点的判断；熟悉掌握天平、滴定管、移液管及容量瓶的使用方法。

## 二、实验原理

混合离子的滴定常采用控制酸度法、掩蔽法进行。可根据副反应系数原理进行计算，论

证它们分别滴定的可能性。

$Pb^{2+}$、$Bi^{3+}$均能与EDTA形成稳定的1∶1配合物，它们的lg$K$值分别为18.04和27.94。由于它们的lg$K$值相差很大，因此可利用酸效应，通过控制溶液的酸度，对它们分别进行滴定。通常在pH≈1时滴定$Bi^{3+}$，在pH=5～6时滴定$Pb^{2+}$。在连续滴定过程中，均以二甲酚橙为指示剂。首先将试液的酸度调节到pH≈1，用EDTA滴定$Bi^{3+}$，试液在终点时颜色由紫红色变成亮黄色。在滴定$Bi^{3+}$后的溶液中，加入六次甲基四胺溶液，将试液的pH调至5～6，这时溶液的颜色重新变成紫红色，再用EDTA滴定使溶液颜色变成亮黄色，即为$Pb^{2+}$的滴定终点。

二甲酚橙指示剂自身在pH<6时为黄色，与金属离子形成的配合物颜色为红色。

## 三、实验用品

仪器：电子天平、酸式滴定管、容量瓶、移液管、锥形瓶、烧杯、表面皿。

试剂：EDTA二钠盐、六次甲基四胺（20%）、ZnO（s，分析纯，基准试剂）、$HNO_3$（0.1mol·$L^{-1}$）、HCl（6mol·$L^{-1}$）、$Pb(NO_3)_2$（s）、$Bi(NO_3)_3$（s）、二甲酚橙指示剂（0.2%）。

## 四、实验步骤

（1）0.01mol·$L^{-1}$铅、铋混合液的配制

称取$Pb(NO_3)_2$ 33g、$Bi(NO_3)_3$ 48g于烧杯中，加入312mL $HNO_3$溶液，在电炉上微热溶解，稀释至10L。

（2）EDTA标准溶液的配制和标定

① EDTA标准溶液的配制。参见实验22。

② EDTA标准溶液的标定。准确称取0.35～0.5g分析纯ZnO于洁净的小烧杯中，用少量水润湿，盖上表面皿，从烧杯嘴处滴加6mol·$L^{-1}$HCl溶液10mL，待完全溶解后定量转移至250mL容量瓶中，加水至刻度，摇匀。用移液管移取25.00mL $Zn^{2+}$标准溶液于锥形瓶中，加入20mL水和2滴0.2%二甲酚橙指示剂，然后滴加20%六次甲基四胺溶液直至溶液呈现稳定的紫红色，再多加3mL，用待标定的EDTA溶液滴定至溶液颜色由紫红色变为亮黄色。平行测定2～3次，计算EDTA标准溶液的准确浓度。

（3）铅、铋混合液的测定

用移液管准确移取25.00mL铅、铋混合液于250mL锥形瓶中。然后再加入10mL 0.1mol·$L^{-1}$ $HNO_3$溶液，加入1～2滴0.2%二甲酚橙指示剂，用EDTA标准溶液滴定至溶液由紫红色变为亮黄色，即为$Bi^{3+}$的终点。记录所用EDTA标准溶液的体积$V_1$。在滴定$Bi^{3+}$后的溶液中，滴加20%六次甲基四胺溶液至试液呈紫红色，再过量5mL，此时试液pH=5～6，再用EDTA标准溶液将试液滴至亮黄色，记录所用体积$V_2$。平行滴定3次，根据消耗的EDTA标准溶液的体积，计算混合液中$Bi^{3+}$和$Pb^{2+}$的含量（g·$L^{-1}$）。

## 五、思考题

① 测定$Pb^{2+}$时加入六次甲基四胺溶液调节酸度的原理是什么？

② 本实验中能否先在pH=5～6的溶液中测定铅、铋混合液中$Pb^{2+}$的含量，然后再调整pH≈1时测定$Bi^{3+}$的含量？

③ 试分析本实验中金属指示剂由滴定$Bi^{3+}$到调节pH=5～6，又滴定$Pb^{2+}$后终点变色的过程和原因。

④ 配制ZnO溶液和EDTA溶液时，各采用何种天平？为什么？

⑤ 实验中能否用 HCl 或 $H_2SO_4$ 来控制酸度？

⑥ 本实验用六次甲基四胺来调节酸度，能否选用 HAc-NaAc 或 $NH_3$-$NH_4Cl$ 等其他类型的缓冲溶液？为什么？

⑦ 用 ZnO 溶液标定 EDTA 标准溶液时为什么要加 20%六次甲基四胺溶液？

## 实验 24　双氧水含量的测定——$KMnO_4$ 法

### 一、实验目的

掌握 $KMnO_4$ 标准溶液的配制及标定过程。对自动催化的反应有所了解；学习 $KMnO_4$ 法测定 $H_2O_2$ 的原理及方法；对 $KMnO_4$ 自身指示剂的特点有所体会。

### 二、实验原理

在酸性溶液中 $H_2O_2$ 是一个强氧化剂，但遇 $KMnO_4$ 时表现为还原剂。测定过氧化氢的含量时，在稀硫酸溶液中用高锰酸钾标准溶液滴定，其反应式为：

$$5H_2O_2+2MnO_4^-+6H^+ \longrightarrow 2Mn^{2+}+5O_2\uparrow+8H_2O$$

开始时反应速率缓慢，待产生 $Mn^{2+}$ 后，由于 $Mn^{2+}$ 的催化作用，加快了反应速率，故能顺利地滴定到呈现稳定的微红色，即为终点，因而称为自动催化反应。稍过量的滴定剂（$2\times10^{-6}mol\cdot L^{-1}$）本身的紫红色即显示终点。

若 $H_2O_2$ 试样为工业产品，产品中常加入少量乙酰苯胺等有机物质作稳定剂，此类有机物也消耗 $KMnO_4$，因此，用上述方法测定误差较大。遇此情况应采用碘量法测定，即利用 $H_2O_2$ 和 KI 作用，析出 $I_2$，然后再用 $S_2O_3^{2-}$ 标准溶液滴定：

$$H_2O_2+2H^++2I^- \longrightarrow 2H_2O+I_2,\ \varphi^{\ominus}_{H_2O_2/H_2O}=1.77V$$

$$I_2+2S_2O_3^{2-} \longrightarrow S_2O_6^{2-}+2I^-$$

$H_2O_2$ 在工业、生物、医药等方面应用很广泛。常利用 $H_2O_2$ 的氧化性漂白毛、丝织物；医药上常用它消毒和杀菌；纯 $H_2O_2$ 常用作火箭燃料的氧化剂；工业上利用 $H_2O_2$ 的还原性除去氯气，反应为：

$$H_2O_2+Cl_2 \longrightarrow 2Cl^-+O_2\uparrow+2H^+$$

植物体内的过氧化氢酶也能催化 $H_2O_2$ 的分解反应，故在生物上可利用此性质测定 $H_2O_2$ 分解所放出氧的量来判断过氧化氢酶的活性。由于 $H_2O_2$ 有着广泛的应用，常需要测定它的含量。

### 三、实验用品

仪器：容量瓶、锥形瓶、微孔玻璃漏斗、表面皿、吸量管、移液管。

试剂：$Na_2C_2O_4$（s，基准物质）、$H_2SO_4$（$3mol\cdot L^{-1}$）、$KMnO_4$（s）、$MnSO_4$（$1mol\cdot L^{-1}$）、$H_2O_2$ 试样（浓度约 3%，将原装双氧水稀释 10 倍，储存在棕色试剂瓶中）。

### 四、实验步骤

（1）$0.02mol\cdot L^{-1}$ $KMnO_4$ 溶液的配制

称取 $KMnO_4$ 固体约 1.6g，溶于 500mL 水中，盖上表面皿，加热至沸并保持微沸状态 1h，冷却后在暗处静置一周后，用微孔玻璃漏斗（3 号或 4 号）过滤除去沉淀物，滤液储存于棕色试剂瓶中。

（2）$0.02mol\cdot L^{-1}$ $KMnO_4$ 溶液的标定

准确称取已于 110℃烘干 2h 的 $Na_2C_2O_4$ 基准物 0.15～0.20g 3 份，分别置于 250mL 锥

形瓶中，加入 60mL 水使之溶解，加入 15mL 3mol·$L^{-1}$ $H_2SO_4$ 溶液，加热至 75～85℃，趁热用待标定的 $KMnO_4$ 溶液滴定。开始滴定时反应速率较慢，待溶液中产生了 $Mn^{2+}$ 后，反应速度逐渐加快，直到溶液呈现微红色并持续 30s 内不褪色即为终点。平行滴定 3 次，计算 $KMnO_4$ 的浓度。

(3) $H_2O_2$ 含量的测定

用吸量管吸取 10.00mL $H_2O_2$ 试样，置于 250mL 容量瓶中，加水稀释至刻度，充分摇匀。用移液管移取 25.00mL 溶液置于 250mL 锥形瓶中，加 50mL 蒸馏水，10mL 3mol·$L^{-1}$ $H_2SO_4$，用 $KMnO_4$ 标准溶液滴定至微红色且在 30s 内不褪色即为终点。平行测定 3 次，计算试液中 $H_2O_2$ 的含量。因 $H_2O_2$ 与 $KMnO_4$ 溶液开始反应速率很慢，可加入 2～3 滴 1mol·$L^{-1}$ $MnSO_4$ 溶液为催化剂，以加快反应速率。

## 五、实验结果与数据处理

① 0.02mol·$L^{-1}$$KMnO_4$ 溶液的标定

$$c_{KMnO_4}=\frac{2}{5}\times\frac{m_{Na_2C_2O_4}\times10^3}{M_{Na_2C_2O_4}\times V_{KMnO_4}}$$

② $H_2O_2$ 含量（g·$L^{-1}$）的计算

$$\rho_{H_2O_2}=\frac{\frac{5}{2}c_{KMnO_4}V_{KMnO_4}M_{H_2O_2}}{\frac{25.00}{250.00}\times10.00\times10^{-3}}$$

## 六、注意事项

① 蒸馏水中常含有少量的还原性物质，使 $KMnO_4$ 还原为 $MnO_2\cdot nH_2O$。它能加速 $KMnO_4$ 的分解，故通常将 $KMnO_4$ 溶液煮沸一段时间，放置 2～3 天，使之充分作用，然后将沉淀物过滤除去。

② 在室温条件下，$KMnO_4$ 与 $C_2O_4^{2-}$ 之间的反应速率缓慢，故需加热以提高反应速率。但温度不能太高，若超过 85℃则会有部分 $H_2C_2O_2$ 分解。

## 七、思考题

① $KMnO_4$ 溶液的配制过程中要用微孔玻璃漏斗过滤，试问能否用定量滤纸过滤？为什么？

② 配制 $KMnO_4$ 溶液应注意些什么？用 $Na_2C_2O_2$ 标定 $KMnO_2$ 溶液时，为什么开始滴入的 $KMnO_4$ 紫色消失缓慢，后来却会消失得越来越快，直至滴定终点出现稳定的紫红色？

③ 用 $KMnO_4$ 法测定 $H_2O_2$ 时，能否用 $HNO_3$、HCl 和 HAc 控制酸度？为什么？

④ 配制 $KMnO_4$ 溶液时，过滤后的滤器上黏附的物质是什么？应选用什么物质清洗干净？

# 实验 25　水体中化学需氧量（COD）的测定

## 一、实验目的

掌握酸性 $KMnO_4$ 法和 $K_2Cr_2O_7$ 法测定化学需氧量的原理及方法；了解测定化学需氧量的意义；熟悉回流操作技术。

## 二、实验原理

化学需氧量（COD）是指在一定的条件下，用强氧化剂处理水样时所消耗的氧化剂的量，换算成氧的量（$O_2$，$mg \cdot L^{-1}$）表示。COD是环境水体质量及污水排放标准的控制项目之一，是量度水体受还原性物质（主要是有机物）污染程度的综合性指标。COD测定的方法有很多，对于测定地表水、河水等污染不十分严重的水质，一般情况下多采用酸性高锰酸钾法测定，此法简便快速。对于工业污水及生活污水中含有成分复杂的污染物，宜用重铬酸钾法。

（1）酸性高锰钾法

在酸性条件下，向水样中加入一定量过量的 $KMnO_4$ 标准溶液，加热煮沸使水中有机物充分被 $KMnO_4$ 氧化，过量的 $KMnO_4$ 用一定量过量的 $NaC_2O_4$ 标准溶液还原，再以 $KMnO_4$ 标准溶液来返滴定 $Na_2C_2O_4$ 的过量部分。滴至溶液由无色变成粉红色，且在30s内不褪色为终点。

水样处理反应式为：

$$4MnO_4^- + 5C + 12H^+ = 4Mn^{2+} + 5CO_2\uparrow + 6H_2O$$

滴定反应式为：

$$2MnO_4^- + 5C_2O_4^{2-} + 16H^+ = 2Mn^{2+} + 10CO_2\uparrow + 8H_2O$$

根据 $KMnO_4$ 和 $Na_2C_2O_4$ 的用量来计算水样的化学需氧量。

（2）重铬酸钾法

在强酸性溶液中，以 $Ag_2SO_4$ 作催化剂，加入一定量的 $K_2Cr_2O_7$ 氧化水中的还原性物质，过量的 $K_2Cr_2O_7$ 以试亚铁灵为指示剂，用硫酸亚铁铵标准溶液返滴定。根据消耗的 $K_2Cr_2O_7$ 溶液的体积和浓度，计算水样中还原性物质消耗氧的量。氯离子的存在影响测定，可在回流前向水样中加入 $HgSO_4$，使氯离子生成配合物以消除干扰。

滴定反应式为：

$$Cr_2O_7^{2-} + 6Fe^{2+} + 14H^+ = 2Cr^{3+} + 6Fe^{3+} + 7H_2O$$

## 三、实验用品

仪器：电子天平、移液管、锥形瓶、容量瓶、酸式滴定管、磨口锥形瓶、冷凝回流装置、电炉（300W）或电热套。

试剂：$Na_2C_2O_4$（分析纯）、$KMnO_4$（分析纯）、$H_2SO_4$ 溶液（$6mol \cdot L^{-1}$、浓，分析纯）、$Ag_2SO_4$（分析纯）、$K_2Cr_2O_7$（分析纯）、邻二氮菲（分析纯）、$FeSO_4 \cdot 7H_2O$（分析纯）、$FeSO_4 \cdot (NH_4)_2SO_4 \cdot 6H_2O$（分析纯）、试亚铁灵指示剂（称取邻二氮菲1.485g和 $FeSO_4 \cdot 7H_2O$ 0.695g溶于100mL蒸馏水中，摇匀，储存于棕色滴瓶中）、$H_2SO_4$-$Ag_2SO_4$ 溶液（在500mL浓 $H_2SO_4$ 中加入5g $Ag_2SO_4$，放置，不时摇动使之溶解）。

## 四、实验步骤

（1）高锰酸钾法

① 标准溶液的配置与标定

$0.02mol \cdot L^{-1}$ $KMnO_4$ 标准溶液的配制与标定见实验24。

② 样品的测定

a. 取100.00mL水样放入250mL锥形瓶中，加入 $6mol \cdot L^{-1}$ $H_2SO_4$ 10mL溶液，再由滴定管加入 $0.02mol \cdot L^{-1}$ $KMnO_4$ 标准溶液10.00mL（$V_1$）。在锥形瓶中加入3～4粒玻璃珠，尽快将其加热至沸，并保持沸腾10min（溶液呈红色，否则就补加 $KMnO_4$）。

b. 取下锥形瓶，冷却1min，准确加入 $0.005000mol \cdot L^{-1}$ $Na_2C_2O_4$ 标准溶液10.00mL

（溶液呈无色，否则就补加 $Na_2C_2O_4$）。

c. 趁热用 0.02mol·L$^{-1}$ $KMnO_4$ 标准溶液滴定，先加入 1 滴 $KMnO_4$ 标准溶液，摇动溶液，待红色褪去后，再继续滴定。随着反应速率的加快，可逐渐加快滴定速度，快到终点时应逐滴加入，直至加入 1 滴 $KMnO_4$ 标准溶液（最好半滴），溶液呈微红色，且在 30s 内不褪去即为终点。记录滴定体积 $V_2$，平行测定 3 次。

d. 另取 100.00mL 去离子水代替水样，重复上述操作，求出空白值。

（2）重铬酸钾法

① 0.0400mol·L$^{-1}$ $K_2Cr_2O_7$ 标准溶液的配制

准确称取 150～180℃下烘干的 $K_2Cr_2O_7$ 1.1767g 溶于少量蒸馏水中，完全转移至 100mL 容量瓶中，稀释至刻度，充分摇匀。

② 0.1mol·L$^{-1}$ $FeSO_4 \cdot (NH_4)_2SO_4 \cdot 6H_2O$ 溶液的配制

称取 7.90g $FeSO_4 \cdot (NH_4)_2SO_4 \cdot 6H_2O$ 溶于蒸馏水中，边搅拌边慢慢加入浓 $H_2SO_4$ 4mL，冷却后稀释至 200mL，转移到试剂瓶中。每次使用前用 $K_2Cr_2O_7$ 标准溶液标定。

③ $FeSO_4 \cdot (NH_4)_2SO_4 \cdot 6H_2O$ 溶液的标定

准确移取 10.00mL $K_2Cr_2O_7$ 标准溶液于 250mL 锥形瓶中，加入 100mL 蒸馏水，缓慢加入浓 $H_2SO_4$ 30mL，摇匀。冷却后，加入 3 滴试亚铁灵指示剂，用 $FeSO_4 \cdot (NH_4)_2SO_4 \cdot 6H_2O$ 溶液滴定，溶液由黄色先变为蓝绿色，再变为红褐色为终点。由所用 $FeSO_4 \cdot (NH_4)_2SO_4 \cdot 6H_2O$ 溶液的体积 $V_{Fe}$，计算 $FeSO_4 \cdot (NH_4)_2SO_4 \cdot 6H_2O$ 浓度 $c_{Fe}$。

④ 水中化学需氧量的测定

a. 移取 25.00mL 混合均匀的水样于 250mL 磨口的回流锥形瓶中，准确加入 10.00mL 0.04000mol·L$^{-1}$ 的 $K_2Cr_2O_7$ 标准溶液及数粒沸石，连接磨口回流冷凝管，从冷凝管上口慢慢加入 30mL $H_2SO_4$-$Ag_2SO_4$ 溶液（分 3～4 次加入），轻轻摇动混合均匀。加热回流 0.5～1h（自开始沸腾计时）。

b. 冷却后，用适量蒸馏水冲洗冷凝管，取下锥形瓶，用蒸馏水稀释至 140mL。

c. 溶液再次冷却后，加入 3 滴试亚铁灵指示剂，以 $FeSO_4 \cdot (NH_4)_2SO_4 \cdot 6H_2O$ 标准溶液滴定，溶液由黄色先变为蓝绿色，再变为红褐色为终点，记下所用 $FeSO_4 \cdot (NH_4)_2SO_4 \cdot 6H_2O$ 标准溶液的体积 $V_3$。

d. 测定水样的同时，以 25.00mL 重蒸水按以上同样步骤做空白试验。记下空白滴定时所用的 $FeSO_4 \cdot (NH_4)_2SO_4 \cdot 6H_2O$ 标准溶液的体积 $V_4$。计算水中 $COD_{Cr}$。

## 五、实验结果与数据处理

① 高锰酸钾法

$$COD_{Mn(O_2, mg \cdot L^{-1})} = \frac{\left[\frac{5}{4} \times c_{KMnO_4}(V_1 + V_2) - \frac{1}{2} c_{Na_2C_2O_4} \times V_{Na_2C_2O_4}\right] \times 32.00 \times 1000}{V_{样}}$$

② 重铬酸钾法

$FeSO_4 \cdot (NH_4)_2SO_4 \cdot 6H_2O$ 溶液的标定

$$c_{Fe} = \frac{6 \times c_{K_2Cr_2O_7} \times 10.00}{V_{Fe}}$$

水样中 COD 的测定

$$COD_{Cr(O_2, mg \cdot L^{-1})} = \frac{c_{Fe} \times (V_3 - V_4) \times 8.00 \times 1000}{V_{样}}$$

式中，$V_{样}$ 为所取水样的体积，mL；8.00 为氧（1/2 O）的摩尔质量，$g \cdot mol^{-1}$。

### 六、注意事项

① 如实验时间有限，回流时间可缩短为 0.5～1h，以学习掌握 $K_2Cr_2O_7$ 测定 COD 的方法。回流时间缩短后，视样品不同所测得的 COD 偏低 10%～40%，因此实际应用时必须回流 2h。

② 取样后应迅速测定，如不能及时进行测定，需用 $H_2SO_4$ 调至 pH<2 加以保存。对于 COD 高的废水，取用量可以减少。若加热后溶液变为绿色，应再适当减少废水取用量重做。

③ 若水样中 $Cl^-$ 含量超过 $30mg \cdot L^{-1}$ 时，应先取 0.4g $HgSO_4$ 固体加入回流锥形瓶中，再加 25.00mL 水样，摇匀后再加 $K_2Cr_2O_7$ 标准溶液、数粒玻璃珠和 $H_2SO_4$-$Ag_2SO_4$ 溶液，混合均匀后加热回流。加 $HgSO_4$ 多少视水样中 $Cl^-$ 含量多少而定。$HgSO_4$ 和 $Cl^-$ 的质量比 10∶1。

④ 滴定时溶液的总体积不得少于 140mL，否则酸度太高，滴定终点不明显。

### 七、思考题

① COD 表示什么？

② 重铬酸钾法测定 COD 时的注意事项是什么？

③ 本实验中测定 COD 两种方法的异同点是什么？

## 实验 26 葡萄糖含量的测定

### 一、实验目的

了解返滴定法有关理论及计算方法；掌握返滴定法间接测定葡萄糖含量的方法。

### 二、实验原理

碘与 NaOH 作用可生成 NaIO，$C_6H_{12}O_6$（葡萄糖）能定量地被 NaIO 氧化成 $C_6H_{12}O_7$（葡萄糖酸）。在酸性条件下，未与 $C_6H_{12}O_6$ 作用的 NaIO 可转变成 $I_2$ 析出，因此，只要用 $Na_2S_2O_3$ 标准溶液滴定析出的 $I_2$，便可计算出 $C_6H_{12}O_6$ 的含量，其反应过程如下。

$I_2$ 与 NaOH 反应：

$$I_2 + NaOH = NaIO + NaI + H_2O$$

$C_6H_{12}O_6$ 和 NaIO 定量反应：

$$C_6H_{12}O_6 + NaIO = C_6H_{12}O_7 + NaI$$

总反应式：

$$I_2 + C_6H_{12}O_6 + 2NaOH = C_6H_{12}O_7 + 2NaI + H_2O$$

$C_6H_{12}O_6$ 反应后，剩下未作用的 NaIO 在酸性条件下发生歧化反应生成 $NaIO_3$，然后 $NaIO_3$ 在酸性条件下与 $I^-$ 发生反应：

$$NaIO_3 + 5NaI + 6HCl = 3I_2 + 6NaCl + 3H_2O$$

析出过量的 $I_2$ 可用 $Na_2S_2O_3$ 标准溶液滴定：

$$I_2 + 2Na_2S_2O_3 = Na_2S_4O_6 + 2NaI$$

在这一系列的反应中，一分子葡萄糖与一分子 NaIO 作用，而一分子 $I_2$ 产生一分子 NaIO，也就是一分子葡萄糖与一分子 $I_2$ 相当。

### 三、实验用品

仪器：酸式和碱式滴定管（50mL）、容量瓶（100mL）、碘瓶（250mL）、移液管

(25mL)、量筒（10mL、100mL）。

试剂：$Na_2S_2O_3$ 标准溶液（0.1mol·$L^{-1}$，用 $K_2Cr_2O_7$ 标定）、$I_2$（s）、KI（s）、HCl（6mol·$L^{-1}$）、NaOH（0.1mol·$L^{-1}$）、淀粉溶液（0.5%）、葡萄糖（s）。

## 四、实验步骤

（1）0.1mol·$L^{-1}$ $I_2$ 标准溶液的配制

将 3.3g $I_2$ 与 5g KI 置于研体中，在通风橱中加入少量水研磨，待 $I_2$ 全部溶解后，将溶液转入棕色试剂瓶中，加水稀释至 250mL，充分摇匀。

（2）$I_2$ 标准溶液和 $Na_2S_2O_3$ 标准溶液体积比的测定

将两种标准溶液分别装在酸式和碱式滴定管中，从酸式滴定管中放出 20.00mL 0.1mol·$L^{-1}$ $I_2$ 标准溶液于碘瓶中，加 100mL 蒸馏水稀释，用 $Na_2S_2O_3$ 标准溶液滴定至浅黄色，再加入 2mL 0.5%淀粉溶液，继续滴入 $Na_2S_2O_3$ 至溶液蓝色消失为止。平行测定 3 次，计算每毫升 $I_2$ 标准溶液相当于多少毫升 $Na_2S_2O_3$ 标准溶液。

（3）葡萄糖含量的测定

准确称取 0.4～0.5g 葡萄糖固体（$C_6H_{12}O_6 \cdot H_2O$），用少量水溶解后转移至 100mL 容量瓶中，用水稀释至刻度。准确移取此溶液 25.00mL 于碘瓶中，由滴定管准确加入 40mL $I_2$ 标准溶液，在不断振荡下，用滴定管逐滴加入 0.1mol·$L^{-1}$ NaOH 溶液（速度不要过快）至溶液呈淡黄色（约加 50mL NaOH）。盖上瓶塞并加水封住瓶口，在暗处放置 10min，然后加入 12mL 6mol·$L^{-1}$ HCl 溶液使其呈酸性，摇匀，立即用 $Na_2S_2O_3$ 标准溶液滴定至溶液呈淡黄色，加 2mL 0.5%淀粉溶液，继续滴定到蓝色消失，即为终点。平行测定 3 次，计算葡萄糖含量。

## 五、思考题

① 写出葡萄糖含量的计算公式。

② 为什么加 NaOH 的速度不要过快？

③ 为什么 $I_2$ 标准溶液要装在酸式滴定管中，而 $Na_2S_2O_3$ 标准溶液要装在碱式滴定管中？

④ 碘量法主要误差来源有哪些？如何避免？

# 实验 27　铁含量的测定

## 一、实验目的

掌握 $K_2Cr_2O_7$ 标准溶液的配制及使用；学习矿石试样的酸溶法；掌握用分光光度法测定铁的原理及测定条件选择；掌握分光光度计和吸量管的使用方法。

## 二、实验原理

铁的测定方法较多，对含铁较高的样品可以采用氧化还原滴定，微量铁的测定通常采用分光光度法，本实验分别介绍 $K_2Cr_2O_7$ 法和邻二氮菲分光光度法。

（1）$K_2Cr_2O_7$ 法测定亚铁盐中铁的含量

用 HCl 溶液分解铁矿石后，在热的 HCl 溶液中，以甲基橙为指示剂，用 $SnCl_2$ 将 $Fe^{3+}$ 还原至 $Fe^{2+}$，并过量 1～2 滴。经典方法是用 $HgCl_2$ 氧化过量的 $SnCl_2$，除去 $Sn^{2+}$ 的干扰，但 $HgCl_2$ 造成环境污染，本实验采用无汞定铁法。还原反应为：

$$2[FeCl_4]^- + [SnCl_4]^{2-} + 2Cl^- = 2[FeCl_4]^{2-} + [SnCl_6]^{2-}$$

使用甲基橙指示 $SnCl_2$ 还原 $Fe^{3+}$ 的原理是：$Sn^{2+}$ 将 $Fe^{3+}$ 还原完后，过量的 $Sn^{2+}$ 可将甲基橙还原为氢化甲基橙而褪色，不仅指示了还原的终点，$Sn^{2+}$ 还能继续使氢化甲基橙还原成 $N,N$-二甲基对苯二胺和对氨基苯磺酸，过量的 $Sn^{2+}$ 则可以消除。反应为：

$$(CH_3)_2NC_6H_4N{=}NC_6H_4SO_3Na \xrightarrow{2H^+} (CH_3)_2NC_6H_4NH\text{-}NHC_6H_4SO_3Na$$

$$\xrightarrow{2H^+} (CH_3)_2NC_6H_4H_2N + NH_2C_6H_4SO_3Na$$

以上反应为不可逆的，因而甲基橙的还原产物不消耗 $K_2Cr_2O_7$。

HCl 溶液浓度应控制在 $4mol \cdot L^{-1}$，若 HCl 浓度大于 $6mol \cdot L^{-1}$，$Sn^{2+}$ 会先将甲基橙还原为无色，无法指示 $Fe^{3+}$ 的还原反应。若 HCl 溶液浓度低于 $2mol \cdot L^{-1}$，则甲基橙褪色缓慢。滴定反应为：

$$6Fe^{2+} + Cr_2O_7^{2-} + 14H^+ = 6Fe^{3+} + 2Cr^{3+} + 7H_2O$$

滴定突跃范围为 0.93～1.34V，使用二苯胺磺酸钠为指示剂时，由于它的条件电位为 0.85V，因而需加入 $H_3PO_4$ 使滴定生成的 $Fe^{3+}$ 生成 $[Fe(HPO_4)_2]^-$，从而降低 $Fe^{3+}/Fe^{2+}$ 电对的电位，使突跃范围变成 0.71～1.34V，指示剂可以在此范围内变色，同时也消除了 $[FeCl_4]^-$ 黄色对终点观察的干扰，Sb(Ⅴ)、Sb(Ⅲ) 干扰本实验，不应存在。

(2) 邻二氮菲分光光度法测定微量铁的含量

近年来，人们日渐认识到金属离子在生物体内代谢作用的重要性。动物体内血红蛋白中的 $Fe^{2+}$ 处于血红蛋白的中心，具有固定氧和输送氧的功能，因此，人体需要的是 $Fe^{2+}$ 而非 $Fe^{3+}$，因而大多数补铁制剂中的铁都是以 $Fe^{2+}$ 形态存在。

本实验提供了 $Fe^{2+}$ 和 $Fe^{3+}$ 共存溶液中 $Fe^{2+}$ 和 $Fe^{3+}$ 含量分别测定的方法，其原理是：$Fe^{2+}$ 在 pH=3～9 的水溶液中与邻二氮菲生成稳定的橙红色的配合物 $[Fe(C_{12}H_8N_2)_3]^{2+}$，该红色化合物在 508nm 处有最大吸收，$\lg K_{稳} = 21.3$，摩尔吸光系数 $\varepsilon_{508} = 1.1 \times 10^4 L \cdot mol^{-1} \cdot cm^{-1}$，可用来比色测定 $Fe^{2+}$ 的含量。化学反应式如下：

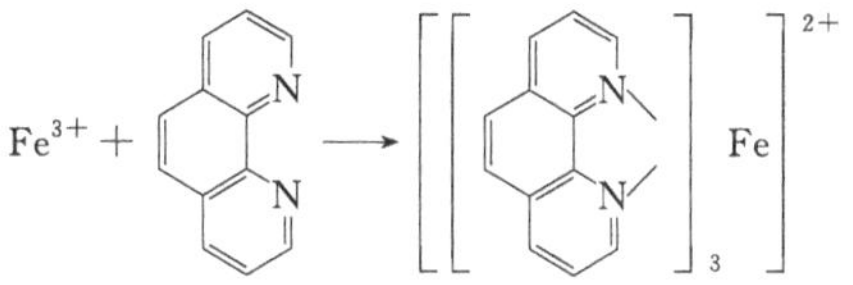

$Fe^{3+}$ + [邻二氮菲] → $[[\ldots]_3 Fe]^{2+}$

橙红色

如果显色前，首先用盐酸羟胺还原溶液中的 $Fe^{3+}$，其反应为：

$$2Fe^{3+} + 2NH_2OH \cdot HCl = 2Fe^{2+} + N_2 + 2H_2O + 4H^+ + 2Cl^-$$

则可用此法测定体系中总铁的含量，进而求出 $Fe^{3+}$ 的含量。

溶液酸度对显色反应有影响，酸度高，显色反应速度慢；酸度过低，则铁离子会发生水解，也会影响显色反应。

本法的选择性很好，相当于铁含量 40 倍的 $Sn^{2+}$、$Al^{3+}$、$Ca^{2+}$、$Mg^{2+}$、$Zn^{2+}$、$SiO_3^{2-}$，20 倍的 $Cr^{3+}$、$Mn^{2+}$、$V^{5+}$、$PO_4^{3-}$，5 倍的 $Co^{2+}$、$Cu^{2+}$ 等均不干扰测定。

分光光度法测定通常要研究吸收曲线、显色剂的浓度、有色溶液的稳定性、溶液的酸度、标准曲线的范围和配合物的组成等。此外，还要研究干扰物质的影响、反应温度、方法的适用范围等。本实验只做几个基本的条件试验，从中学习分光光度法测定条件的选择。

本实验中应注意试剂加入的顺序，以保持实验条件的一致性。

## 三、实验用品

仪器：分光光度计、烧杯、表面皿、容量瓶、锥形瓶、吸量管、移液管。

试剂：$SnCl_2$（$100g \cdot L^{-1}$，10g $SnCl_2 \cdot 2H_2O$ 溶于 40mL 热的浓 HCl 溶液中，加水稀释至 100mL）、$SnCl_2$（$50g \cdot L^{-1}$）、$H_2SO_4$-$H_3PO_4$ 混酸（将 15mL 浓 $H_2SO_4$ 缓慢加至 70mL 水中，冷却后加入 15mL 浓 $H_3PO_4$，混匀）、甲基橙（$1g \cdot L^{-1}$）、二苯胺磺酸钠（$2g \cdot L^{-1}$）、$K_2Cr_2O_7$（s）、邻二氮菲（0.15%）、盐酸羟胺水溶液（10%，此溶液只能稳定数日）、NaAc（$1mol \cdot L^{-1}$）、HCl（$2mol \cdot L^{-1}$）、NaOH（$0.4mol \cdot L^{-1}$）、铁矿石、$NH_4Fe(SO_4)_2 \cdot 12H_2O$（s，分析纯）。

## 四、实验步骤

（1）标准溶液的配制

① $0.3mol \cdot L^{-1}$ $K_2Cr_2O_7$ 标准溶液的配制。将 $K_2Cr_2O_7$ 在 150～180℃干燥 2h，置于干燥器中冷却至室温，用指定质量称量法准确称取约 0.6129g $K_2Cr_2O_7$ 于小烧杯中，加水溶解，定量转移至 250mL 容量瓶中，加水稀释至刻度，摇匀。

② 铁标准溶液的配制。准确称取 0.8634g 分析纯 $NH_4Fe(SO_4)_2 \cdot 12H_2O$，加入少量水及 20mL $6mol \cdot L^{-1}$ HCl 溶液，搅拌使其溶解后，定容至 1000mL，得到含铁 $100\mu g \cdot mL^{-1}$ 的铁标准溶液。

（2）$K_2Cr_2O_7$ 法测定亚铁盐中铁的含量

准确称取铁矿石粉 1.0～1.5g 于 250mL 烧杯中，用少量水润湿，加入 20mL 浓 HCl，盖上表面皿，在通风橱中低温加热分解试样，若有带色不溶残渣，可滴加 20～30 滴 $100g \cdot L^{-1}$ $SnCl_2$ 溶液助溶，若硫酸盐试样难于分解时，可加入少许氟化物助溶，但此时不能用玻璃器皿分解试样。试样分解完全时，残渣应接近白色（$SiO_2$），用少量水吹洗表面皿及烧杯壁，冷却后转移至 250mL 容量瓶中，稀释至刻度并摇匀。

移取试样溶液 25.00mL 于锥形瓶中，加 8mL 浓 HCl，加热近沸，加入 6 滴甲基橙，趁热边摇动锥形瓶边逐滴加入 $100g \cdot L^{-1}$ $SnCl_2$ 溶液还原 $Fe^{3+}$。溶液由橙变红，再慢慢滴加 $50g \cdot L^{-1}$ $SnCl_2$ 溶液至溶液变为淡粉色，继续摇动直至粉色褪去。立即流水冷却，加 50mL 蒸馏水，20mL $H_2SO_4$-$H_3PO_4$ 混酸，4 滴二苯胺磺酸钠，立即用 $K_2Cr_2O_7$ 标准溶液滴定到稳定的紫红色为终点，平行测定 3 次，计算矿石中铁的含量（质量分数）。

（3）邻二氮菲分光光度法测定微量铁的含量

① 条件实验

a. 吸收曲线的制作　用吸量管吸取 10.00mL $100\mu g \cdot mL^{-1}$ 铁标准溶液于 100mL 容量瓶中，稀释至刻度作为母液备用（相当于母液 $10\mu g \cdot mL^{-1}$），然后用吸量管准确吸取上述母液 6.00mL 于 50mL 容量瓶中，再加入 1mL 10%盐酸羟胺溶液，摇匀，加入 2mL 0.15% 邻二氮菲溶液、5mL $1mol \cdot L^{-1}$ NaAc 溶液，以水稀释至刻度，摇匀。在分光光度计上，用 1cm 的比色皿，采用试剂溶液为参比溶液，在 440～560nm 间，每隔 10nm 测定一次吸光度。以波长为横坐标，吸光度为纵坐标，绘出吸光曲线，从而选择测定铁的适宜波长（表 4-4）。

**表 4-4　不同波长下的吸光度**

| 波长/nm | 440 | 450 | 460 | 470 | 480 | 490 | 500 |
|---|---|---|---|---|---|---|---|
| 吸光度 $A$ | | | | | | | |
| 波长/nm | 510 | 520 | 530 | 540 | 550 | 560 | 570 |
| 吸光度 $A$ | | | | | | | |

b. 显色剂浓度的影响　在 7 支 50mL 容量瓶中各加入 5.00mL 上述母液，再加入 1mL 10%盐酸羟胺溶液，摇匀，分别加入 0.30mL、0.50mL、1.00mL、1.50mL、2.00mL、

3.00mL、4.00mL 0.15%邻二氮菲溶液和 5mL $1mol \cdot L^{-1}$ NaAc 溶液，以水稀释至刻度，摇匀。在分光光度计上，用 1cm 的比色皿，采用试剂溶液为参比溶液，在最大吸收波长 508nm 处测定相应的吸光度。以邻二氮菲体积为横坐标，吸光度为纵坐标，绘出吸光度-试剂用量曲线，从曲线上观察试剂用量的情况。不同显色剂用量对应的吸光度见表 4-5。

**表 4-5　不同显色剂用量对应的吸光度**

| 容量瓶号 | 1 | 2 | 3 | 4 | 5 | 6 | 7 |
|---|---|---|---|---|---|---|---|
| 显色剂量/mL | 0.30 | 0.50 | 1.00 | 1.50 | 2.00 | 3.00 | 4.00 |
| 吸光度 $A$ | | | | | | | |

c. 有色溶液的稳定性　用吸量管吸取 5.00mL 上述母液，注入 50mL 容量瓶中，加入 1mL 10%盐酸羟胺溶液，摇匀后加入 2mL 0.15%邻二氮菲溶液、5mL $1mol \cdot L^{-1}$ NaAc 溶液，以水稀释至刻度，摇匀。立即在最大吸收波长（508nm）处，用 1cm 的比色皿，采用试剂溶液为参比溶液，测定吸光度。然后放置 5min、30min、60min、120min、180min，在最大吸收波长处测定相应的吸光度。以时间为横坐标，吸光度为纵坐标，绘出吸光度-时间曲线，从曲线上观察配合物稳定性的情况。不同放置时间对应的吸光度见表 4-6。

**表 4-6　不同放置时间对应的吸光度**

| 放置时间/min | 0 | 5 | 10 | 30 | 60 | 120 | 180 |
|---|---|---|---|---|---|---|---|
| 吸光度 $A$ | | | | | | | |

d. 溶液 pH 的影响　取 1 支 100mL 容量瓶，加入 10.00mL $100\mu g \cdot mL^{-1}$ 铁标准溶液，加入 5mL $2mol \cdot L^{-1}$ HCl 溶液，加入 10mL 10%盐酸羟胺溶液，放置 2min 后，加入 20mL 0.15%邻二氮菲溶液，以纯水稀释至刻度，摇匀。取 7 支 50mL 的容量瓶，吸取上述溶液各 10.00mL 加入其中，再分别加入 0.0mL、2.0mL、3.0mL、4.0mL、6.0mL、8.0mL 及 10.0mL $0.4mol \cdot L^{-1}$ NaOH 溶液，以水稀释至刻度，摇匀。在分光光度计上，用 1cm 的比色皿，采用蒸馏水为参比溶液，在最大吸收波长处测定吸光度。以 pH 为横坐标，吸光度为纵坐标，绘出吸光度-pH 曲线，从曲线上观察酸度体系的情况，找出进行测定的适宜 pH 区间。不同 pH 对应的吸光度见表 4-7。

**表 4-7　不同 pH 对应的吸光度**

| 容量瓶号 | 1 | 2 | 3 | 4 | 5 | 6 | 7 |
|---|---|---|---|---|---|---|---|
| pH | | | | | | | |
| 吸光度 $A$ | | | | | | | |

② 铁含量的测定

a. 标准曲线的制作　按表 4-8 配制 1～6 号溶液，用刻度移液管移取各溶液于 50mL 容量瓶中，加水至刻度，摇匀。在最大的吸收波长下，用 1cm 比色皿，以试剂空白 1 号作参比溶液，分别测定其吸光度值，并以铁含量为横坐标，相应的吸光度为纵坐标，绘出 $A$-$c_{Fe^{2+}}$ 标准曲线。

**表 4-8　铁含量测定的试剂用量**

| 实验编号 | $10\mu g \cdot mL^{-1}$ 铁溶液（母液）/mL | 未知样/mL | 盐酸羟胺/mL | NaAc/mL | 邻二氮菲/mL | 定容/mL | 吸光度 $A$ | $Fe^{2+}$ 的含量/$(mg \cdot L^{-1})$ |
|---|---|---|---|---|---|---|---|---|
| 1 | 0.00 | — | 1.00 | 5.00 | 2.00 | 50.00 | | |
| 2 | 2.00 | — | 1.00 | 5.00 | 2.00 | 50.00 | | |

续表

| 实验编号 | 10μg·mL$^{-1}$铁溶液（母液）/mL | 未知样/mL | 盐酸羟胺/mL | NaAc/mL | 邻二氮菲/mL | 定容/mL | 吸光度 $A$ | $Fe^{2+}$的含量/(mg·L$^{-1}$) |
|---|---|---|---|---|---|---|---|---|
| 3 | 4.00 | — | 1.00 | 5.00 | 2.00 | 50.00 | | |
| 4 | 6.00 | — | 1.00 | 5.00 | 2.00 | 50.00 | | |
| 5 | 8.00 | — | 1.00 | 5.00 | 2.00 | 50.00 | | |
| 6 | 10.00 | — | 1.00 | 5.00 | 2.00 | 50.00 | | |
| 7 | — | 5.00 | 1.00 | 5.00 | 2.00 | 50.00 | | |
| 8 | — | 5.00 | 0.00 | 5.00 | 2.00 | 50.00 | | |

b. 总铁的测定　按表 4-8 配制 7 号溶液，测出吸光度并从标准曲线上查得相应的总铁含量。

c. $Fe^{2+}$的测定　按表 4-8 配制 8 号溶液，测出吸光度并从标准曲线上查得相应的亚铁含量。

## 五、实验结果与数据处理

将实验数据填入表 4-8 中，并计算样品中 $Fe^{3+}$ 和 $Fe^{2+}$ 的含量（mg·L$^{-1}$）。

## 六、注意事项

用 $K_2Cr_2O_7$ 法测定亚铁盐中铁的含量时，如刚加入 $SnCl_2$ 溶液红色立即褪去，说明 $SnCl_2$ 溶液已经过量，可补加 1 滴甲基橙，以除去稍过量的 $SnCl_2$ 溶液，此时溶液若呈现浅粉色，表明 $SnCl_2$ 溶液已不过量。

## 七、思考题

① $K_2Cr_2O_7$（s）为什么可以直接称量，并用来配制准确浓度的溶液？

② 分解铁矿石时，为什么要在低温下进行？如果加热至沸会对结果产生什么影响？

③ $SnCl_2$ 还原 $Fe^{3+}$ 的条件是什么？怎样控制 $SnCl_2$ 溶液不过量？

④ 以 $K_2Cr_2O_7$ 溶液滴定 $Fe^{2+}$ 时，加入 $H_3PO_4$ 溶液的作用是什么？

⑤ 用 $K_2Cr_2O_7$ 法测定亚铁盐中铁的含量的实验中甲基橙起什么作用？

⑥ 测量吸光度时，为何选光源的波长为 508nm？

⑦ 从实验测得的吸光度计算铁含量的根据是什么？如何求得？

⑧ 测定吸光度时，为什么要选择参比溶液？选择参比液的原则是什么？

⑨ 实验中哪些试剂的加入量必须很准确？哪些不必很准确？

⑩ 用分光光度计测定时，一般读取吸光度值。该值在标尺上取什么范围为好？为什么？如何控制被测溶液的吸光度值在此范围内？

# 实验 28　食品中维生素 C 和维生素 E 含量的测定

## 一、实验目的

掌握碘标准溶液的配制及标定方法；了解直接碘量法测定维生素 C（vitamin C，$V_C$）的原理及操作过程；学习在紫外光谱区同时测定维生素 C 和维生素 E（vitamin E，$V_E$）含量的方法。

## 二、实验原理

维生素 C 又名抗坏血酸，分子式为 $C_6H_8O_6$，由于分子中的烯二醇基具有还原性，能被

$I_2$ 氧化成二酮基，反应式如下：

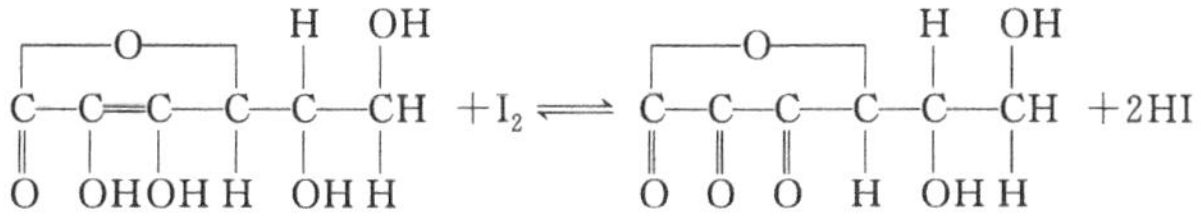

```
  ┌──O───┐    H  OH              ┌──O───┐       H  OH
  C─C═C─C─C──CH  +I2 ⇌  C─C─C─C─C──CH  +2HI
  ‖  |  |  |  |   |              ‖  ‖  ‖  |  |   |
  O  OHOH H  OH  H              O  O  O  H  OH  H
```

维生素 C 的半反应式为：

$$C_6H_8O_6 \rightleftharpoons C_6H_6O_6 + 2H^+ + 2e^-,\ E^{\ominus} \approx 0.18V$$

1mol 维生素 C 与 1mol $I_2$ 定量反应，该反应可以用于测定药片、注射液及果蔬中的维生素 C 含量。

由于维生素 C 的还原性很强，在空气中极易被氧化，尤其是在碱性介质中，测定时应加 HAc 使溶液呈弱酸性，减少维生素 C 的副反应。

维生素 C 在医药和化学上应用非常广泛，在分析化学中常用在紫外-分光光度法和配合滴定法中作为还原剂，如使 $Fe^{3+}$ 还原为 $Fe^{2+}$，$Cu^{2+}$ 还原为 $Cu^+$，$Se^{3+}$ 还原为 Se 等。测定体系的组成常用紫外-分光光度法，对一化学反应平衡体系，紫外-可见分光光度计测得的吸光度包括各物质的贡献，根据郎伯-比尔定律 $A=-\lg\frac{I}{I_0}=\varepsilon cl$，用紫外-分光光度法同时测定维生素 C 和维生素 E 含量时，系统在最大吸收 $\lambda_1$、$\lambda_2$ 处的总吸光度分别为：

$$A_1=\varepsilon_{1,V_C}c_{V_C}l+\varepsilon_{1,V_E}c_{V_E}l \qquad A_2=\varepsilon_{2,V_C}c_{V_C}l+\varepsilon_{2,V_E}c_{V_E}l$$

$A_1$、$A_2$ 分别为维生素 C 和维生素 E 在最大吸收波长处所测得的总吸光度。$\varepsilon_1$、$\varepsilon_2$ 分别为在波长 $\lambda_1$、$\lambda_2$ 下的摩尔吸光系数，它们可由作图法求得，即配制维生素 C 溶液，在波长$\lambda_1$ 下分别测定各溶液的吸光度，对 $A_1$-$c_{V_C}$ 作图，得一直线，由直线斜率可求得 $\varepsilon_{1,V_C}$，其余各摩尔吸光系数的求法类同。

维生素 C 是水溶性的，维生素 E（$\alpha$-生育酚）是脂溶性的，但它们都能溶于无水乙醇，因此，能用在同一溶液中测定双组分的原理来测定它们。

## 三、实验用品

仪器：紫外-可见分光光度计、烧杯、锥形瓶、容量瓶。

试剂：$I_2$ 溶液（$0.01mol \cdot L^{-1}$）、淀粉溶液（0.5%）、HAc（$2mol \cdot L^{-1}$）、果浆（取水果可食部分捣碎为果浆）、维生素 C（s）、维生素 E（s）、偏磷酸（5%）、无水乙醇、水溶性食品样品、水不溶性食品样品。

## 四、实验步骤

（1）溶液配制

① $7.50\times10^{-5}mol \cdot L^{-1}$ 抗坏血酸贮备液的配制。称取 0.0132g 维生素 C，溶于无水乙醇中，并用无水乙醇定容于 1000mL 容量瓶。

② $1.13\times10^{-4}mol \cdot L^{-1}$ $\alpha$-生育酚贮备液的配制。称取 0.0488g 维生素 E，溶于无水乙醇中，并用无水乙醇定容于 1000mL 容量瓶。

（2）直接碘量法测定水果中维生素 C 的含量

① $I_2$ 标准溶液的配制参考实验 26。

② 水果中维生素 C 含量的测定。用 100mL 小烧杯准确称取新捣碎的果浆（橙、橘、番茄等）30～50g，立即加入 $2mol \cdot L^{-1}$ HAc 溶液 10mL，定量转入 250mL 锥形瓶中，加入 2mL 0.5%淀粉溶液，立即用 $I_2$ 标准溶液滴定至呈现稳定的蓝色。计算果浆中维生素 C 的含量。

（3）紫外-分光光度法同时测定食品中维生素 C 和维生素 E 的含量

① 配制标准溶液

分别取抗坏血酸贮备液4.00mL、6.00mL、8.00mL、10.00mL于4支50mL容量瓶中，用无水乙醇稀释至刻度，摇匀。分别取$\alpha$-生育酚贮备液4.00mL、6.00mL、8.00mL、10.00mL于4支50mL容量瓶中，用无水乙醇稀释至刻度，摇匀。

② 绘制吸收光谱

以无水乙醇为参比，在320～220nm范围测绘出抗坏血酸和$\alpha$-生育酚的吸收光谱，并确定最大吸收波长$\lambda_1$和$\lambda_2$。

③ 绘制标准曲线

以无水乙醇为参比，在波长$\lambda_1$和$\lambda_2$分别测定已配制的8个标准溶液的吸光度。

④ 食品中维生素C和维生素E的测定

a. 水溶性食品　准确称取10～20g样品（固体样品用剪刀剪细或用研钵研成粉碎），加5%偏磷酸溶液溶解（必要时过滤），定容至200mL，取未知液5.00mL于50mL容量瓶中，用无水乙醇稀释至刻度，摇匀，在$\lambda_1$和$\lambda_2$处分别测其吸光度。

b. 水不溶食品　准确称取10～20g样品，加5%偏磷酸溶液100mL，均质化后过滤（肉制品类加硅藻土1～2g后过滤），残留量用5%偏磷酸溶液50～80mL洗涤数次，合并滤液及洗液，用5%偏磷酸溶液定容至200mL，取未知液5.00mL于50mL容量瓶中，用无水乙醇稀释至刻度，摇匀，在$\lambda_1$和$\lambda_2$处分别测其吸光度。

### 五、实验结果与数据处理

① 绘制抗坏血酸和$\alpha$-生育酚的吸收光谱，确定$\lambda_1$和$\lambda_2$。

② 分别绘制抗坏血酸和$\alpha$-生育酚在$\lambda_1$和$\lambda_2$时的4条标准曲线，求出4条直线的斜率，即$\varepsilon_{1,V_C}$、$\varepsilon_{2,V_C}$、$\varepsilon_{1,V_E}$、$\varepsilon_{2,V_E}$。

③ 计算食品未知液中抗坏血酸和$\alpha$-生育酚的浓度。

### 六、注意事项

抗坏血酸会缓慢地氧化成脱氢抗坏血酸，所以必须每次实验时配制新鲜溶液。

### 七、思考题

① 果浆中加入乙酸的作用是什么？

② 配制$I_2$溶液时加入KI的目的是什么？

③ 写出抗坏血酸和$\alpha$-生育酚的结构式，并解释一个是“水溶性”，一个是“脂溶性”的原因。

④ 使用紫外-分光光度法测定抗坏血酸和$\alpha$-生育酚是否灵敏？解释其原因。

## 实验29　分子荧光法测定水杨酸和乙酰水杨酸的含量

### 一、实验目的

学习荧光分析法的基本原理和仪器的操作方法；学习荧光分析法进行多组分含量测定的原理及方法。

### 二、实验原理

分子荧光光谱法具有高的灵敏度和好的选择性。一般而言，与紫外-分光光度法相比，其灵敏度可高出2～4个数量级，工作曲线线性范围宽，已成为一种重要的痕量分析技术。荧光分析法的应用广泛，不仅能直接、间接地分析众多的有机物，利用与有机荧光试剂间的反应还能进行许多无机元素的测定。此外，还可作为高效液相色谱及毛细管电泳的检测。

随着计算机技术、电视技术、激光技术和显微镜技术等发展，荧光检测的仪器和方法有了重要拓展，使该方法的操作更为简便，检测灵敏度迅速提高，应用范围不断拓宽，现在已是生命科学研究中不可或缺的重要检测手段之一，可用于核酸研究、DNA 测序、蛋白质结构、氨基酸检测等领域。

某些具有 $\pi$-$\pi$ 电子共轭系统的分子易吸收某一波段的紫外光而被激发，如该物质具有较高的荧光效率，则会以荧光的形式释放出吸收的一部分能量而回到基态。在稀溶液中，荧光强度 $I_F$ 与入射光的强度 $I_0$、荧光量子效率 $\varphi_F$ 以及荧光物质的浓度 $c$ 等有关，可表示为

$$I_F = K\varphi_F I_0 \varepsilon bc$$

式中，$K$ 为比例常数，与仪器性能有关；$\varepsilon$ 为摩尔吸光系数；$b$ 为液层厚度。

所以，当仪器的参数固定后，以最大激发波长的光为入射光，测定的最大发射波长光时的荧光强度 $I_F$ 与荧光物质的浓度 $c$ 成正比。

乙酰水杨酸（ASA，即阿司匹林）水解能生成水杨酸（SA），而在乙酰水杨酸中，或多或少都存在着水杨酸。由于两者都有苯环，也有一定的荧光量子效率，因而在以三氯甲烷为溶剂的条件下可用荧光法进行测定。从乙酰水杨酸和水杨酸的激发光谱和发射光谱（图 4-6）中可以发现：乙酰水杨酸和水杨酸的激发波长和发射波长均不同，利用此性质，可在各自的激发波长和发射波长下分别测定。

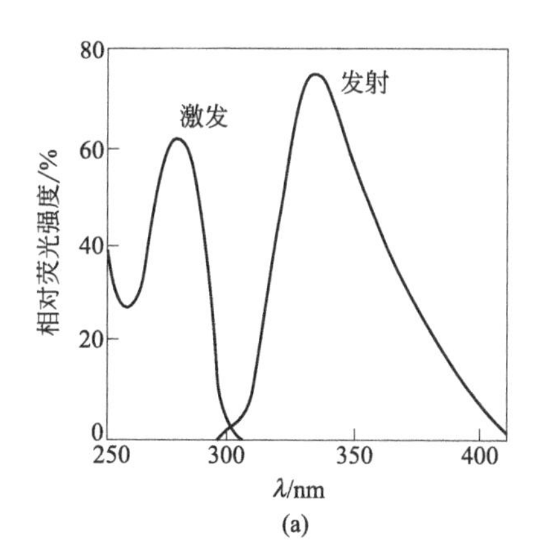


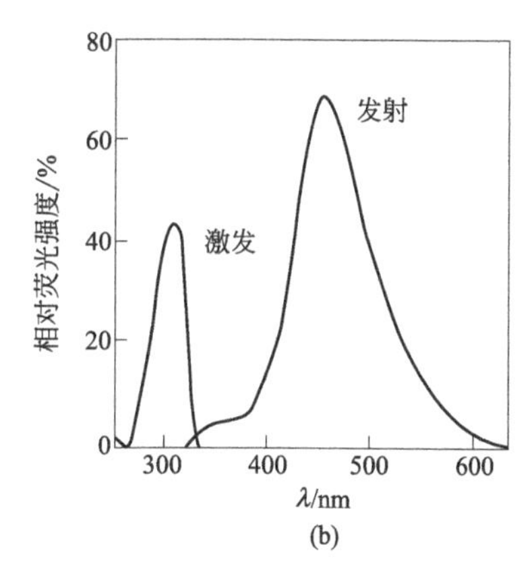


图 4-6　1%乙酸-三氯甲烷溶液中水杨酸（a）与乙酰水杨酸（b）的激发光谱和发射光谱

乙酰水杨酸和水杨酸的最佳溶剂是 1%（体积分数）乙酸-三氯甲烷，在系统中加入少许乙酸可以增加两者的荧光强度。使用一台简单的荧光光度计，对于乙酰水杨酸溶液浓度高达 $5\mu g \cdot mL^{-1}$（在 1%乙酸-三氯甲烷中），水杨酸溶液浓度高达 $7.5\mu g \cdot mL^{-1}$（在 1%乙酸-三氯甲烷中），可以通过绘制一条线性工作曲线来测定样品。

为了消除药片与药片之间的差异，将一些药片（5～10 片）一起研磨成粉末，然后取一定量的粉末试样（相当于 1 片的量）用于分析。

## 三、实验用品

仪器：荧光光度计、容量瓶、吸量管。

试剂：乙酰水杨酸储备液（$400\mu g \cdot mL^{-1}$，称取 0.4000g 乙酰水杨酸溶于 1%乙酸-三氯甲烷溶液中，并定容于 1000mL 容量瓶中）、水杨酸储备液（$750\mu g \cdot mL^{-1}$，称取 0.750g 水杨酸溶于 1%乙酸-三氯甲烷溶液中，并定容于 1000mL 容量瓶中）、乙酸-三氯甲烷［乙酸、三氯甲烷（均为分析纯）配成 1%（体积分数）溶液］、阿司匹林药片。

## 四、实验步骤

(1) $4.00\mu g \cdot mL^{-1}$ 乙酰水杨酸和 $7.50\mu g \cdot mL^{-1}$ 水杨酸使用液的配制

在2支100mL容量瓶中分别准确移取 $400\mu g \cdot mL^{-1}$ 乙酰水杨酸储备液和 $750\mu g \cdot mL^{-1}$ 水杨酸储备液1.00mL，用1%乙酸-三氯甲烷溶液定容至100mL。

(2) 激发和发射光谱的绘制

分别绘制 $4.00\mu g \cdot mL^{-1}$ 乙酰水杨酸和 $7.50\mu g \cdot mL^{-1}$ 水杨酸溶液的激发光谱和发射光谱曲线，并确定其最大激发波长和最大发射波长。

(3) 标准曲线的制作

① 分别吸取 $4.00\mu g \cdot mL^{-1}$ 乙酰水杨酸标准溶液2.00mL、4.00mL、6.00mL、8.00mL、10.00mL于25mL容量瓶中，用1%乙酸-三氯甲烷溶液稀释至刻度，摇匀，在选定的激发波长和发射波长下分别测定其荧光强度。

② 分别吸取 $7.50\mu g \cdot mL^{-1}$ 水杨酸标准溶液2.00mL、4.00mL、6.00mL、8.00mL、10.00mL于25mL容量瓶中，用1%乙酸-三氯甲烷溶液稀释至刻度，摇匀，在选定的激发波长和发射波长下分别测定其荧光强度。

(4) 样品的分析

将5片阿司匹林药片称量后研磨成粉末，从中准确称取400.0 mg粉末（相当于1片），用1%乙酸-三氯甲烷溶液溶解后转移至100mL容量瓶中，用1%乙酸-三氯甲烷溶液稀释至刻度。然后用定量滤纸迅速过滤。取滤液在与标准溶液同样条件下测量水杨酸的荧光强度。将上述滤液稀释1000倍（分3次完成），在与标准溶液同样条件下测量乙酰水杨酸的荧光强度。阿司匹林药片溶解后必须在1h时内完成测定，否则，乙酰水杨酸的含量将会降低。

## 五、实验结果与数据处理

① 从绘制的水杨酸和乙酰水杨酸的激发光谱和发射光谱曲线上，确定它们的最大激发波长和最大发射波长。

水杨酸：最大激发波长____nm；最大发射波长____nm。

乙酰水杨酸：最大激发波长____nm；最大发射波长____nm。

② 分别绘制水杨酸和乙酰水杨酸标准曲线，并从标准曲线上确定试样溶液中水杨酸和乙酰水杨酸的浓度，并计算每片阿司匹林药片中水杨酸和乙酰水杨酸的含量（mg），并将乙酰水杨酸测定值与说明书上的值比较。

③ 根据实验数据（表4-9），确定阿司匹林药片质量是否合格。

**表4-9 标准溶液及样品溶液的分析结果**

| 加入计量/mL | 2.00 | 4.00 | 6.00 | 8.00 | 10.00 | 线性方程 |
|---|---|---|---|---|---|---|
| 水杨酸荧光强度 | | | | | | |
| 乙酰水杨酸荧光强度 | | | | | | |
| 样品中水杨酸荧光强度 | | | 水杨酸含量 | | | |
| 样品中乙酰水杨酸荧光强度 | | | 乙酰水杨酸含量 | | | |

④ 简单讨论乙酰基对荧光光谱的影响。

## 六、思考题

① 在荧光测定时，为什么激发光的入射与荧光的接收不在一条直线上，而是呈一定的角度。

② 从乙酰水杨酸和水杨酸的激发光谱和发射光谱曲线，解释本实验可在同一溶液中分别测定两种组分的原因。

③ 荧光光度计与分光光度计的结构及操作有何异同？

④ 溶液环境的哪些因素影响荧光发射？

## 实验 30 红外光谱法鉴定苯甲酸、苯甲酸乙酯、山梨酸和未知物

### 一、实验目的

了解苯甲酸、苯甲酸乙酯、山梨酸的红外光谱特征，通过实践掌握有机化合物的红外光谱鉴定方法；练习用 KBr 压片法和液膜法制备样品的方法；了解红外光谱仪的结构，熟悉红外光谱仪的使用方法。

### 二、实验原理

见第 2 章第三节红外吸收光谱内容。

本实验通过测定红外光谱，鉴定未知物是苯甲酸、山梨酸还是苯甲酸乙酯。

山梨酸、苯甲酸、苯甲酸乙酯的标准红外光谱分别如图 4-7～图 4-9 所示。

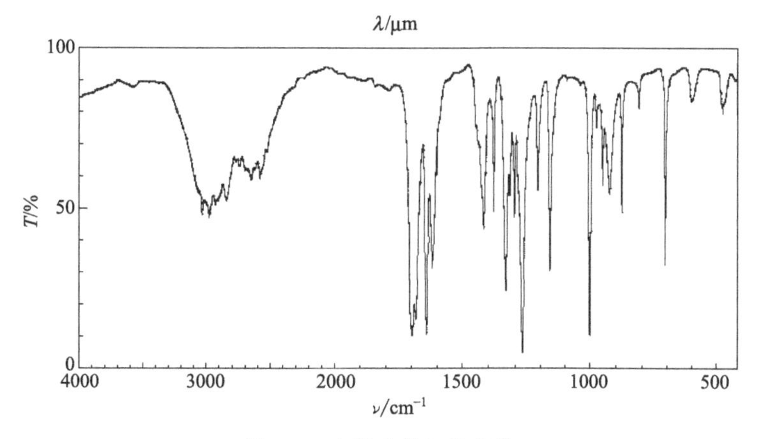


图 4-7 山梨酸的红外光谱

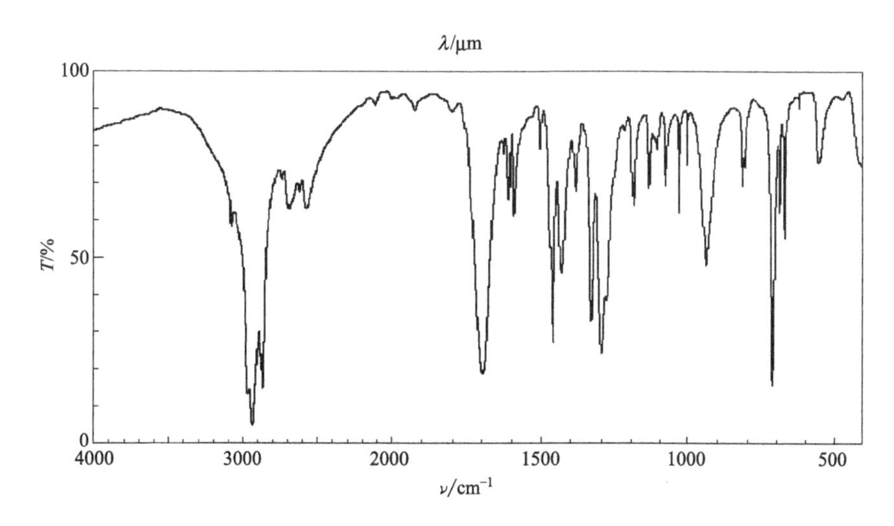


图 4-8 苯甲酸的红外光谱

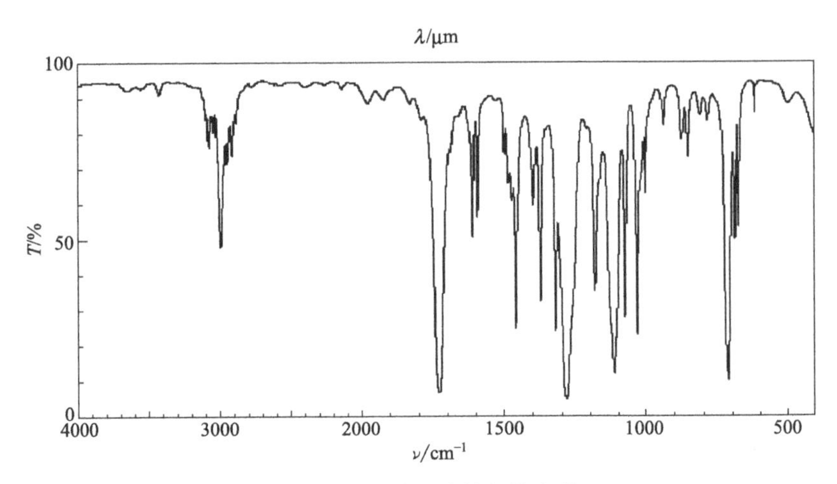


图 4-9 苯甲酸乙酯的红外光谱

## 三、实验用品

仪器：傅里叶红外光谱仪（Nicolet，330FT-IR）、压片装置（油压机、锭剂成型器、真空泵）、干燥器、玛瑙研钵、不锈钢刮刀、0.1mm 固定液体槽。

试剂：溴化钾粉末、山梨酸、苯甲酸、苯甲酸乙酯、未知物（苯甲酸、山梨酸或苯甲酸乙酯）。

## 四、实验步骤

① 制备锭片。将 2～4mg 苯甲酸放在玛瑙研钵中，加 200～400mg 干燥的溴化钾粉末，混合研磨均匀，使其粒度在 2.5μm（通过 250 目筛孔）以下，用不锈钢刮刀移取 200mg 混合粉末于锭剂成型器中，在 266.6～666.6Pa 的真空下，加压 5min 左右，即可得到透明的锭片。除去底座，用取样器顶出锭片，即得到一直径为 13mm、厚度为 0.8mm 的透明锭片。用同样方法制得山梨酸和未知物的锭片。

② 液膜法制样品。在可拆池两窗片之间，滴上 1～2 滴苯甲酸乙酯，使之形成一层液膜，故称液膜法。液膜厚度可借助于池架上的固紧螺丝作微小调节（尤其是黏稠性的液体样品）。

③ 分别记录苯甲酸、苯甲酸乙酯、山梨酸和未知物的红外光谱。

## 五、实验结果与数据处理

① 解析谱图。比较苯甲酸、山梨酸、苯甲酸乙酯三张红外光谱，解析谱图，指出主要吸收峰的归属。

② 确定结构。将未知物的红外光谱与苯甲酸、山梨酸及苯甲酸乙酯的红外光谱进行比较，确定未知物的结构。

## 六、思考题

① 为什么制备锭片时要边排气边加压？

② 样品及所用器具不干燥会对实验结果产生什么影响？

# 实验 31　气相色谱保留值的测定及定性定量分析

## 一、实验目的

了解气相色谱仪的基本结构、工作原理与操作技术；学习计算色谱峰的分辨率；掌握根据保留值，作已知物对照定性的分析方法。

## 二、实验原理

（1）柱效（$n$）、最佳载气流速（$\bar{u}$）与分离度（$R$）的概念

一个混合试样成功地分离是气相色谱法完成定性及定量分析的前提和基础。气相色谱法能否很好地完成所给定物质的分离，主要取决于色谱峰间的相对距离及色谱峰的扩展程度，前者与固定相的选择有关，后者是柱子的设计情况及其操作条件的结果，与柱效有关。

柱效指标用理论塔板数 $n$ 表示，而将每一塔板数对应的柱长用理论塔板高度 $H$ 表示，色谱柱长度用 $L$ 表示，它们之间有如下关系：

$$H=L/n$$

显然，长度一定时，柱效越高，$n$ 值越大，$H$ 则越小。

$$n=5.54\times(t_R/Y_{1/2})$$

式中，$t_R$ 为样品保留时间；$Y_{1/2}$ 为色谱峰半宽度。

柱子的效能对柱效的影响，可以用板高方程表示：

$$H=A+B/\bar{u}+C\bar{u}$$

式中，$\bar{u}$ 是流动相的平均线速度；$A$、$B$、$C$ 为常数，分别代表涡流扩散项、分子扩散项和传质阻力项系数。

当塔板高度 $H$ 最小时，流速 $\bar{u}$ 为最佳：

$$H_{\min}=A+2(B/C)^{1/2}$$

$$\bar{u}_{最佳}=(B/C)^{1/2}$$

衡量一对色谱峰分离的程度可用分离度 $R$ 表示：

$$R=(t_{R,2}-t_{R,1})/0.5\times(Y_1-Y_2)$$

式中，$t_{R,2}$，$Y_2$ 和 $t_{R,1}$，$Y_1$ 分别是两个组分的保留时间和峰底宽。当 $R=1.5$ 时，两峰完全分离；当 $R=1.0$ 时，两峰 98%分离。在实际应用中，$R=1.0$ 时一般可以满足需要。

（2）定性与定量分析

见第 2 章第二节色谱分离技术中的气相色谱分析相关内容。

## 三、实验用品

仪器：GC-102 气相色谱仪、TCD 热导池检测器、CDMC-4A 色谱数据处理机、秒表、皂膜流速计、微量注射器、带磨口试管若干。

试剂：正己烷、环己烷、苯、甲苯（均为分析纯）、未知的混合试样。

## 四、实验步骤

（1）实验条件

色谱柱柱长 2m，内径 3mm；固定相为邻苯二甲酸二壬酯；6201 红色载体（15∶100），60～80 目；流动相为氢气（载气）；柱温 80℃；汽化温度 120℃；检测器温度 120℃；桥电流 180mA；载气流速 $50\text{mL}\cdot\text{min}^{-1}$。

（2）实验操作

① 在开启仪器之前，对照仪器读懂气相色谱仪的操作说明。

② 在教师指导下，开启仪器。

③ 根据实验条件，将色谱仪按仪器的操作步骤调节至可进样状态，待仪器上电路和气路系统达到平衡，记录仪上基线平直时，即可进样。

④ 在气相色谱仪气体出口处连接皂膜流速计。

⑤ 测定柱后流速：挤压皂膜流速计下端的橡胶泡，使形成的皂膜被入口的气流携带沿

管移动，用秒表记下皂膜从刻度 0 到 10mL 时所用的时间，计算载气的体积流速。

⑥ 准确配制正己烷、环己烷、苯、甲苯质量比为 1∶1∶1.5∶2.5 的标准溶液，以备测量校正因子。

⑦ 进未知混合试样约 1～2μL 和空气 20～40μL，得到合适的色谱图。记录色谱图上各峰的保留时间 $t_R$ 和死时间 $t_M$。

⑧ 分别注射正己烷、环己烷、苯、甲苯等纯试剂 0.4μL，各 2～3 次，记录色谱图及各峰的保留时间。

⑨ 进 1～2μL 已配制好的标准溶液 2～3 次，记录色谱图及各峰的保留时间。

⑩ 进 1.0～1.6μL 未知混合试样 2～3 次，调节工作站的参数，得到合适的色谱图，打印色谱图及各峰的保留时间。

### 五、实验结果与数据处理

① 用实验步骤⑨所得数据，计算前 3 个峰中，每两个峰间的分辨率。

② 比较实验步骤⑦和⑧所得色谱图及保留时间，指出未知混合试样中各色谱峰对应的物质。

③ 用实验步骤⑨所得数据，以苯为基准物质，计算各组分的质量校正因子。

④ 用实验步骤⑩所得色谱图，计算未知混合试样中各组分的质量分数。

### 六、注意事项

① 注入样品体积必须准确、重现。每次插入和拔出注射器的速度应保持一致。

② 从微量注射器移取溶液时，必须注意液面上气泡的排除。抽液时应缓慢上提针芯，若有气泡，可将注射器针尖向上，使气泡上浮后推出。

③ 密度：苯 880μg/μL；甲苯 865μg/μL；正己烷 671μg/μL；环己烷 779μg/μL。

### 七、思考题

① 本实验中，进样量是否需要非常准确？为什么？

② 对你所测数据进行误差分析。

③ 谈谈你做本实验后的体会。

## 实验 32　内标法分析低度大曲酒中的杂质

### 一、实验目的

熟悉相对定量校正因子定义及求取方法；熟悉内标法定量公式及应用。

### 二、实验原理

见第 2 章第二节色谱分离技术中的气相色谱分析相关内容。

### 三、实验用品

仪器：气相色谱仪（色谱柱 PEG-20M，10%，2m×3mm）、氢火焰离子化检测器、微量注射器、秒表、容量瓶。

试剂：乙酸乙酯、正丙醇、异丁醇、正丁醇、乙酸正戊酯和乙醇（均为分析纯）。

### 四、实验步骤

(1) 实验条件

按操作说明书使色谱仪正常运行，并调节至如下条件：柱温 80℃；汽化温度 150℃；氢焰离子化检测器温度 150℃；载气为氮气，0.1MPa；氢气和空气的流量分别为 50mL·min$^{-1}$

和 500mL·$min^{-1}$；灵敏度 1000；衰减 1/1。

(2) 实验操作

① 标准溶液制备。在 10mL 容量瓶中，预先放入约 3/4 的 40%乙醇水溶液，然后分别加入 4.0μL 乙酸乙酯、正丙醇、异丁醇、正丁醇和乙酸正戊酯，并用 40%乙醇水溶液稀释至刻度，混匀。

② 加有内标物的样品的制备。预先用低度大曲酒荡洗 10mL 容量瓶，移取 40μL 乙酸正戊酯至容量瓶中，再用大曲酒稀释至刻度，摇匀。

③ 注入 1.0μL 标准溶液至色谱仪中分离，记下各组分的保留时间。再重复两次。

④ 用标准物对照，确定它们在色谱图上的相应位置。标准物注入量约 0.1μL，并配以合适的衰减值。

⑤ 注入 1.0μL 样品溶液分离，方法同实验步骤③、④，并再重复两次。

### 五、实验结果与数据处理

① 确定样品中应测定组分的色谱峰位置。

② 计算以乙酸正戊酯为标准的平均相对定量校正因子。

③ 计算样品中需测定的各组分的含量（以三次测定的平均值表示）。

### 六、注意事项

① 点燃氢火焰时，应将氢气流量开大，以保证顺利点燃。判明氢火焰已点燃，再将氢气流量缓慢地降至规定值。氢气降得过快会导致熄火。

② 氢火焰是否点燃，可这样判断：旋下检测器盖帽，将冷金属物置于出口上方，若有水汽冷凝在金属表面，表明氢火焰已点燃，或改变氢气流量，记录笔应移动。

### 七、思考题

① 本实验中选乙酸正戊酯作为内标，它应符合哪些要求？

② 配制标准溶液时，把乙酸正戊酯的浓度定为 0.04%是任意的吗？将其他各组分的浓度也定为 0.04%，其目的是什么？

③ 若在同样实验条件下分离高度大曲酒，可能会带来什么不良后果？

④ 要使大曲酒的分离进一步得到改进，可采取哪些方法？若要知道大曲酒中每一组分，最好采用什么方法定性？

## 实验 33　高效液相色谱测定大米中可糖化葡萄糖的含量

### 一、实验目的

通过用高效液相色谱法测定大米中可糖化葡萄糖；掌握采用高效液相色谱法进行定性及定量分析的基本方法；学会对积分参数进行优化；了解示差折光检测器的工作原理。

### 二、实验原理

大米中的碳水化合物主要以淀粉的形式存在，主要以 1-4 糖苷键将葡萄糖分子连接起来，部分支链是 2-6 糖苷键，以 α-淀粉酶将 1-4 糖苷键切断，酶解成葡萄糖分子，少量糊精及蛋白质大分子用 80%乙醇将其沉淀，减少对色谱柱的污染，葡萄糖分子属极性分子，利用正相色谱将其与共存组分分离，利用其在检测器上的线性响应进行定性、定量。

### 三、实验用品

仪器：WATERS 510 型泵、710B 自动进样器、R401 示差折光检测器、730 型数据处理机、TGL-16A 高速台式离心机、电子天平、容量瓶。

试剂：乙醇（分析纯）、重蒸馏水、葡萄糖（分析纯）、糖化酶（$5\times10^4$IU·$g^{-1}$）。

## 四、实验步骤

（1）实验条件

色谱条件：色谱柱为 Radial-PAK μBONDAPAK $NH_2$ 8mm×10cm；流动相为 80%乙醇；1.0mL·$min^{-1}$；室温。

主要参数：纸速 0.2cm·$min^{-1}$；峰宽 50s；斜率临界值 1.000。

（2）实验操作

① 准确称取粉碎的大米 16.125g，加 100mL 水，搅拌加热至其糊化，加少量液化酶，冷至 50℃，按 5%（质量分数）加糖化酶，保温 120min，定容至 100mL。

② 移取 4mL 上述提取液至 50mL 容量瓶中，用 80%乙醇定容，离心，待测。

③ 标准、样品各进 10μL。

## 五、实验结果与数据处理

① 计算样品中可糖化葡萄糖的含量。

② 对影响结果的因素进行探讨。

# 实验 34　固相微萃取——气相色谱-质谱测定大蒜头中的大蒜素

## 一、实验目的

了解仪器的基本流程及离子肼的工作原理；能对简单的质谱图进行识别。

## 二、实验原理

气相色谱-质谱（GC）联用仪以气相色谱为分离手段、质谱为检测器分离与鉴定有机化合物。一个多组分混合物样品通过气相色谱分离，按不同的保留时间逐一进入质谱的离子源，在 70 eV 的电子轰击下，产生离子，离子经过加速与聚焦进入质量分析器，通过快速扫描，计算机采集并处理可得到总离子色谱图及有机化合物各个组分相应的质谱图。

韭菜、韭菜花、小葱、大葱、洋葱、大蒜是多年生草本、百合科葱属植物，它们不仅是人们广泛食用的蔬菜、调味品，而且在临床上具有广谱抗菌作用，其中所含的二烯丙基三硫（简称 DATS）、二烯丙基二硫（简称 DADS）、二甲基二硫等有机硫化物对培养心脏细胞的心率和振幅均有不同程度的增强作用，并可扩张血管，妨碍血栓形成，增加脑血流量，改善白细胞的变形性及黏附性，阻止白细胞的活化。在分析方法上主要有气相色谱和液相色谱法。

固相微萃取（SPME）是一种新型样品预分离富集技术，目前已应用许多领域，SPME 对有机物具有较高的选择性，特别适用于痕量有机物。而 SPME 结合气相色谱-质谱法（GC/MS）在分析挥发性与半挥发性有机物上更能显示出优越性。

本实验针对葱属植物中有机硫化物的多变性的特点，采用含 10%的吐温-80 的水溶液直接在室温条件下浸取，采用固相微萃取技术进行分离富集，建立了一个快速、简便的方法。

## 三、实验用品

仪器：VARIAN CP-3800 型气相色谱仪、SATURN-2200 GC/MS、电子轰击源、1079 型进样器、OV-22 型固相微萃取器（自制）。

试剂：吐温-80（10%）、标准溶液（准确称取大蒜素标准 1.66mg 于 4mL 顶空瓶中，用 10%吐温-80 2.0mL 溶解摇匀）。

## 四、实验步骤

(1) 实验条件

CPSIL 8CB 熔融石英毛细管 30m×0.25mm×0.25μm（VARIAN 公司）；进样口温度 120℃；分流比为 5；柱温采用程序升温，初始 60℃，保持 3min 后以 30℃·$min^{-1}$ 升至 140℃，保持 5min；质谱离子源温度为 50℃，载气为氦气（99.99%），采用恒流模式；流速 1.0mL·$min^{-1}$；EI 源 70eV。

(2) 实验操作

① 取新鲜大蒜头 20.8g，捣碎，加 10%吐温-80 100mL，30℃振荡 60min，移取 2.0mL 于 4mL 顶空瓶中待测。

② 将 OV-22 型固相微萃取器在 120℃净化 30min。

③ 取出 OV-22 型固相微萃取器，立刻插入待测顶空瓶中，伸出探头，顶空采集 1min。

④ 进样。

## 五、实验结果与数据处理

① 计算样品中大蒜素的含量。

② 依据其质谱图对大蒜素分子的断裂模式进行说明。

# 实验 35　水中微量氟的测定

## 一、实验目的

掌握标准曲线法和标准加入法测定未知物浓度；学会使用离子选择性电极。

## 二、实验原理

氟离子选择电极的电极膜由 $LaF_3$ 单晶制成，结构如图 4-10 所示。电极电位（25℃）为

$$\varphi = b - 0.0592\lg a_{F^-}$$

测量电池为：氟离子选择电极|试液($c=x$)‖SCE

测定时试液中应加入离子强度调节剂 TISAB。

(1) 标准曲线法

配制一系列标准溶液，以电位值 $\varphi$ 对 $\lg c$ 作图。然后由测得未知试液的电位值 $\varphi$，在标准曲线上查得其浓度。

(2) 标准加入法

首先测量体积为 $V_x$、浓度为 $c_x$ 的被测离子试液的电位值 $\varphi$，若一价阳离子，则

$$\varphi = b + s\lg a_x = b + s\lg(f_x c_x)$$

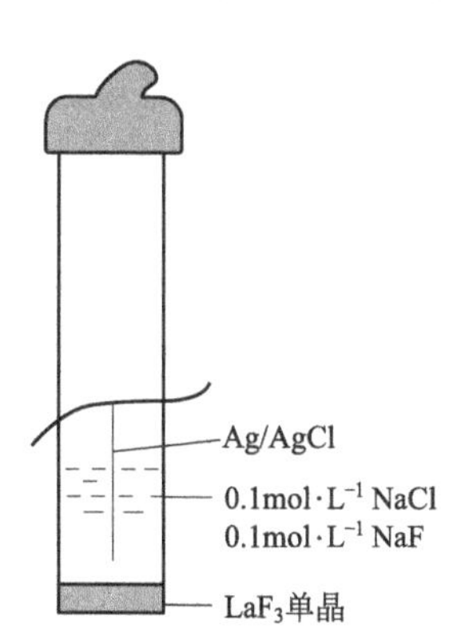


图 4-10　氟离子选择性电极

接着在试液中加入体积为 $V_s$、浓度为 $c_s$ 的被测离子标准溶液，并测量其电位值 $\varphi$，得

$$\varphi = b + s\lg f'_x \frac{V_s c_s + V_x c_x}{V_s + V_x}$$

假定 $f_x \approx f'_x$，合并以上两式重排后取反对数，有

$$c_x = \frac{V_s c_s}{(V_x + V_s)10^{\frac{\Delta\varphi}{s}} - V_x}$$

若 $V_x \gg V_s$（通常为 100 倍），$V_s$ 可忽略，则

$$c_x = \frac{V_s c_s}{V_x(10^{\frac{\Delta\varphi}{s}} - 1)} = \frac{\Delta c}{10^{\frac{\Delta\varphi}{s}} - 1}$$

式中，$\Delta c = \frac{V_s c_s}{V_x}$；$\Delta\varphi$ 为两次测得的电位值之差；$s$ 为电极的实际斜率，可从标准曲线上求出。

用标准加入法时，通常要求加入的标准溶液的体积比试液体积小 100 倍，浓度大于 100 倍，使加入标准溶液后测得的电位变化达 20～30mV。

## 三、实验用品

仪器：磁力搅拌器、氟离子选择性电极和饱和甘汞电极、塑料烧杯、电子天平。

试剂：$F^-$ 标准贮备液 [$1.000 \times 10^{-1} mol \cdot L^{-1}$，准确称取 NaF（120℃烘 1h）4.199g，溶于 1000mL 容量瓶中，用蒸馏水稀释至刻度，摇匀，储存于聚乙烯瓶中待用]、$1.000 \times 10^{-6} \sim 1.000 \times 10^{-2} mol \cdot L^{-1}$ $F^-$ 标准溶液（用上述储备液配制）、离子强度调节剂 TISAB（称取氯化钠 58g，柠檬酸钠 10g，溶于 800mL 蒸馏水中，再加入冰乙酸 57mL，用 40% NaOH 溶液调节到 pH 为 5.0，然后稀释到 1L）、含氟牙膏。

## 四、实验步骤

（1）氟离子选择性电极的制备

将氟离子选择性电极浸泡在 $1 \times 10^{-4} mol \cdot L^{-1}$ $F^-$ 标准溶液中约 30min。然后用蒸馏水清洗数次直到测得的电位值约为－300mV（此值各支电极不同）。若氟离子选择性电极暂不使用，宜干放待用。

（2）绘制标准曲线

在 5 支 100mL 容量瓶中分别配制内含 10mL 离子强度调节剂的 $1.000 \times 10^{-6} \sim 1.000 \times 10^{-2} mol \cdot L^{-1}$ $F^-$ 标准溶液。将适量标准溶液（浸没电极即可）分别倒入 5 个塑料烧杯中，插入氟离子选择性电极和饱和甘汞电极，连接线路，放入搅拌子，由稀至浓分别测量标准溶液的电位值。(为什么?)

测量完毕后将电极用蒸馏水清洗直至测得电位值－300mV 左右后待用。

（3）试样中氟的测定

试样为自来水或牙膏。

若选择牙膏，用小烧杯准确称取约 1g 牙膏，然后加水溶解，再加入 10mL TISAB。煮沸 2min，冷却并转移至 100mL 容量瓶中，用蒸馏水稀释至刻度，待用。

若用自来水，可直接在实验室取样。

① 标准曲线法。准确移取自来水样 50mL 于 100mL 容量瓶中，加入 10mL TISAB，用蒸馏水稀释至刻度，摇匀。然后全部倒入一烘干的塑料烧杯中，插入电极，连接线路。在搅拌条件下待电位稳定后读取电位值 $\varphi_x$（此溶液别倒掉，留作下步实验用）。

② 标准加入法。测得电位值 $\varphi_x$ 后，准确加入 1mL $1.000 \times 10^{-4} mol \cdot L^{-1} F^-$ 标准溶液，测定电位值 $\varphi_1$（若读得的电位值变化 $\Delta\varphi$ 小于 20mV，应使用 $1.000 \times 10^{-3} mol \cdot L^{-1} F^-$ 标准溶液，此时实验需重新开始）。

③ 空白试验。以蒸馏水代替试样，重复上述测定。

牙膏试样同样可按上述方式测定。

## 五、实验结果与数据处理

① 以 $\varphi$ 对 $\log c_{F^-}$ 作图，绘制标准曲线。从标准曲线上求该氟离子选择性电极的实际斜

率和线性范围，并由 $\varphi_x$ 值求试样中 $F^-$ 的浓度。

② 根据标准加入法公式，求试样中 $F^-$ 的浓度。

### 六、注意事项

① 测量时浓度应由稀至浓，每次测定后用被测试液清洗电极、烧杯以及搅拌子。

② 绘制标准曲线时测定一系列标准溶液后，应将电极清洗至原空白电位值，然后再测定未知试液的电位值。

③ 测定过程中搅拌溶液的速度应恒定。

### 七、思考题

① 写出离子选择性电极的电极电位完整表达式。

② 为什么要加入离子强度调节剂?

③ 试比较标准曲线法和标准加入法测得的 $F^-$ 浓度有何不同。如有，说明其原因。

## 实验 36 溶出伏安法测定水中微量铅和镉

### 一、实验目的

熟悉溶出伏安法的基本原理；掌握汞膜电极的使用方法；了解一些新技术在溶出伏安法中的应用。

### 二、实验原理

溶出伏安法的测定包含两个基本过程。即首先将工作电极控制在某一条件下，使被测物质在电极上富集，然后施加线性变化电压于工作电极上，使被富集的物质溶出，同时记录电流（或者电流的某个关系函数）与电极电位的关系曲线，根据溶出峰电流（或者电流函数）的大小来确定被测物质的含量。

溶出伏安法主要分为阳极溶出伏安法、阴极溶出伏安法和吸附溶出伏安法。本实验采用阳极溶出伏安法测定水中的 Pb(Ⅱ)、Cd(Ⅱ)，其两个过程可表示为：

$$M^{2+}(Pb^{2+}、Cd^{2+})+2e^-+Hg \xrightarrow{\quad} M(Hg)$$

本法使用玻碳电极为工作电极，采用同位镀汞膜测定技术。这种方法是将分析溶液中加入一定量的汞盐［通常是 $10^{-5}\sim10^{-4}$ mol·L$^{-1}$ $Hg(NO_3)_2$ 溶液］，在被测物质所加电压下富集时，汞与被测物质同时在玻碳电极的表面上析出形成汞膜（汞齐），然后在反向电位扫描时，被测物质从汞中“溶出”，而产生“溶出”电流峰。

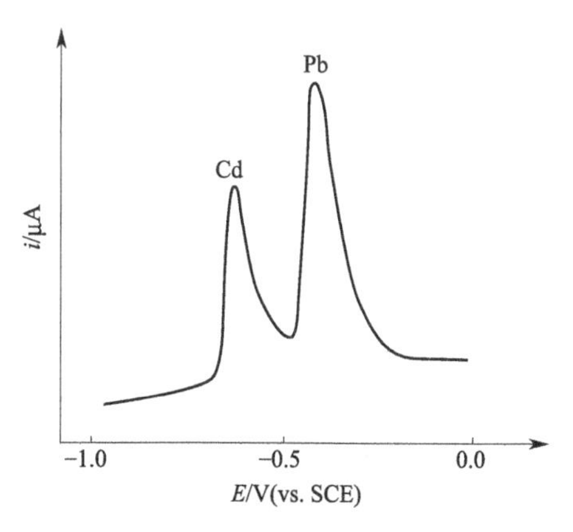


图 4-11 $Pb^{2+}$、$Cd^{2+}$ 的阳极溶出曲线

$1.5\times10^{-6}$ mol·L$^{-1}$ Pb(Ⅱ) 和 Cd(Ⅱ)，$5\times10^{-4}$ mol·L$^{-1}$ Hg(Ⅱ)，富集时间 2min，扫速 50mV·s$^{-1}$

在酸性介质中，当电极电位控制为 −1.0V (vs. SCE) 时，$Pb^{2+}$、$Cd^{2+}$ 与 $Hg^{2+}$ 同时富集在玻碳工作电极上形成汞齐膜。然后当阳极化扫描至 −0.1V 时，可得到两个清晰的溶出电流峰。$Pb^{2+}$ 的波峰电位约为 −0.4V 左右，而 $Cd^{2+}$ 的为 −0.6V 左右 (vs. SCE)，如图 4-11 所示。本法可分别测定低至 $10^{-11}$ mol·L$^{-1}$ 的 $Pb^{2+}$、$Cd^{2+}$。

## 三、实验用品

仪器：CHI电化学分析仪（包括计算机），玻碳工作电极、甘汞参比电极及铂辅助电极组成的测量电极系统，磁力搅拌器，秒表，容量瓶。

试剂：$Pb^{2+}$标准储备液（$1.0\times10^{-2}mol\cdot L^{-1}$）、$Cd^{2+}$标准储备液（$1.0\times10^{-2}mol\cdot L^{-1}$）、$Hg(NO_3)_2$（$5.0\times10^{-3}mol\cdot L^{-1}$）、HCl（$1mol\cdot L^{-1}$）、纯氮气（99.9%以上）、金相砂纸。

## 四、实验步骤

（1）预处理工作电极

将玻碳电极在金相砂纸上小心轻轻打磨光亮，成镜面。用蒸馏水多次冲洗，最好是用超声波清洗1～2min。用滤纸吸去附着在电极上的水珠。

（2）配制试液

取两份25.0mL水样置于2个50mL容量瓶中，加入$1mol\cdot L^{-1}$ HCl溶液5mL，$5\times10^{-3}mol\cdot L^{-1}Hg(NO_3)_2$溶液1.0mL。在其中1个容量瓶中加入$1.0\times10^{-5}mol\cdot L^{-1}$的$Pb^{2+}$标准溶液1.0mL和$1.0\times10^{-5}mol\cdot L^{-1}$的$Cd^{2+}$标准溶液1.0mL（$Pb^{2+}$、$Cd^{2+}$标准溶液用标准贮备液稀释配制）。均用蒸馏水稀释至刻度，摇匀。

将未添加$Pb^{2+}$、$Cd^{2+}$标准溶液的水样置于电解池中，通$N_2$ 5min后，放入清洁的搅拌磁子，插入电极系统。将工作电极电位恒定于−0.1V处再通$N_2$ 2min；启动搅拌器，调工作电极电位至−1.0V，在连续通$N_2$和搅拌下，准确计时，富集3mm，停止通$N_2$和搅拌，静置30；以扫描速度为$150mV\cdot s^{-1}$反向从−1.0V至−0.1V阳极化扫描，打印伏安图。

将电极在−0.1V电位停留，启动搅拌器1min，解脱电极上的残留物。如上述重复测定1次。

按上述操作手续，测定加入$Pb^{2+}$、$Cd^{2+}$标准溶液的水样，同样进行两次测定。

若所用仪器有导数电流或半微分电流工作方式，则可按上述测定步骤选做1～2个方式。

测量完成后，置工作电极电位在+0.1V处，开动磁力搅拌器清洗电极3min，以除掉电极上的汞。取下电极清洗干净。

## 五、实验结果与数据处理

① 列表记录所测定的实验结果。

② 取两次测定的平均峰高，按下述公式计算水样中$Pb^{2+}$、$Cd^{2+}$的浓度。

$$c_x=\frac{h\cdot c_s\cdot V_s}{(H-h)V_{样}}$$

式中，$h$为测得水样的峰电流高度，cm；$H$为水样加入标准溶液后测得的总高度，cm；$c_s$为标准溶液的浓度，$mol\cdot L^{-1}$；$V_s$为加入标准溶液的体积，mL；$V_{样}$为取水样的体积，mL。

## 六、思考题

① 溶出伏安法有哪些特点？

② 哪几步实验步骤应该严格控制？

③ 导数或半微分电流与常规电流比较，对灵敏度和分辨率有何影响？

# 实验37　饲料中微量金属元素的光谱半定量分析（垂直电极法）

## 一、实验目的

掌握比较光谱半定量分析方法；了解半定量全分析中采用分段曝光、逐步加电流、减少背景、提高检出能力等分析技术。

## 二、实验原理

(1) 原理概述

半定量是指分析的允许误差放得较宽的一种简易、快速的分析方法。通常规定两次分析结果 $A$、$B$ 之间的误差，

$$\frac{|A-B|}{(A+B)/2}\times 100\%\leqslant 66\%$$

或者经标准样品或化学分析的准确定量分析数据 $A$ 和半定量分析数据 $B$ 之间的误差

$$\frac{|A-B|}{A}\times 100\%\leqslant 66\%$$

为合格。实际分析中平行对检应有 90%以上的误差小于或等于 40%，其实质是一种近似定量。从常量分析观点看，上述误差似乎很宽，但要达到半定量分析的误差要求也并不容易，应对工作人员进行扎实的基础训练。

为了全面地满足各类饲料配方研究工作的要求，除了要确保一定的精密度和准确度外，分析的检出限应低于或接近于国家饲料标准，还要求较小的识别率（指对含量相近的谱线黑度能加以分辨的能力）。

$$R(\%)=\frac{\Delta c}{c}\times 100\%\leqslant 20\%$$

式中，$c$ 是样品的元素含量，$\Delta c$ 是两个样品含量差的绝对值。

由此可见，只有能满足上述要求的分析项目才能在饲料配方研制工作中发挥作用。因此，要做好光谱半定量分析工作，必须从以下几个方面做出努力：

a. 要配制一套与待测样品在基体的物理、化学性质上尽可能接近的饲料分析标准样品；

b. 要敏锐地观察谱线黑度的微小变化，掌握谱线黑度与浓度之间的关系；

c. 力求掌握基体组分变化对黑度的影响；

d. 每个元素要选择一组检出限各异而又互相衔接的谱线，以适应各个含量范围的分析需要；

e. 熟悉谱线的波长位置、轮廓，并利用轮廓来校正含量的变化；此外，还应了解这些常用谱线可能受到的干扰。

可见，光谱半定量分析与经验的积累有很大关系，有些方面很难用文字表达，只有通过大量实践，并不断用定量分析或标准数据校正译谱的误差才能报出可靠的数据。

(2) 实验方法提要

进行光谱半定量分析是基于在一定条件下谱线的黑度与含量成正比的关系，将分析试样与一系列浓度不同的标准样品，在相同的实验条件下，摄在同一感光板上，以分析试样中待测元素的灵敏线与标准系列中该元素同一条波长的谱线比较黑度，从而测定出待测元素的含量。

## 三、实验用品

仪器：摄谱仪（1米平面光栅摄谱仪或中型棱镜摄谱仪）、光谱投影仪、感光板（紫外Ⅱ型或Ⅲ型）、光谱纯石墨电极或碳电极、光谱全分析或简项分析标准一套（其含量范围可在 0.001%～1%之间）。

试剂：分析试样若干、显影液、定影液。

## 四、实验步骤

（1）装填试样

将分析试样按饲料样品袋上的编码顺序编写在分析报告单上，然后依此号码在预先制备好的电极小孔内装填试样，并同时装好一套标准试样，标准试样系列如下：

0.001%、0.003%、0.01%、0.03%、0.1%、0.3%、1%

或

0.001%、0.0025%、0.005%、0.01%、0.025%、0.05%、0.1%、0.25%、0.5%、1%

所用电极规格：上电极为圆形，下电极直径____mm，孔深____mm，壁厚____mm。要求电极必须清洁，规格要一致，试样要装满，压紧磨平，为了防止打弧时喷溅，可加1滴10%的糖水溶液烘干备用。

（2）摄谱

在暗室中装好紫外Ⅱ型或Ⅲ型感光板一块（规格可为9cm×12cm或9cm×16cm），将暗盒置于摄谱仪上，检查工作条件，符合后即可开始摄谱。

工作条件：

摄谱仪型号______型；

中心波长________Å（1Å=0.1nm）；

光栅转角________°；

狭缝调焦______mm；

狭缝倾角______°；

狭缝宽度______μm，截取高度______mm；

三透镜照明，中间光栅______mm；

交流电弧，电源电压220V。

（3）饲料样品中的微量元素的半定量全分析

将样品装入直径与深度均为2.5～3mm、壁厚0.5mm的电极孔穴中，利用分馏效应分两段或三段曝光：第一段8～10Å，0～30s，以易挥发及部分中等挥发元素为主。第二段12～15Å，以中等挥发元素为主。第三段18～20Å，70s或90s后一直曝光到样品烧完为止，以难挥发元素为主。具体曝光时间可视所采用的电极孔穴不同而定。

有时为了加强分馏效应，采用较深的6mm孔穴，底层垫4～5mg 20%硫磺、80%碳粉作为载体，装样20mg，上部空出约2mm，压实，滴水烘干，依次摄取不同挥发性元素的光谱。第一段5Å起弧升至8～10Å，曝光30s，第二段升至14～15Å，曝光40～50s，第三段从70～80s以后一直到样品烧完为止。

（4）暗室处理

显影：A、B显影液，用时1∶1混合。

显影温度____℃

显影时间____分____秒

定影至感光板完全透明为止。

水洗：将定影好的感光板置于流水下冲洗5～10min，晾干备用。

（5）译谱

① 首先熟悉铁光谱图谱，要求记下2300Å至3400Å范围内各大波段特征铁谱线组。

② 利用铁光谱标准图，找出下列各元素谱线在感光板的位置（表4-10），并与标准系列进行黑度比较给出待测试样含量记录在分析报告单上（表4-11）。

表 4-10 各元素谱线在感光板上的位置

| | | |
|---|---|---|
| Mn | 2576.1Å | 2593.4Å |
| Cu | 3274Å | 2824Å |
| Zn | 3345.0Å | 3302.6Å |
| Fe | 2599.39Å | |
| Co | 3453.51Å | 3449.44Å |
| Cd | 2282.0Å | 3261.1Å |
| Pb | 2833.1Å | 2873Å |
| As | 2349.8Å | 2860.5Å |

## 五、实验结果与数据处理

表 4-11 光谱半定量送样及分析报告单

送样数＿＿＿＿＿样品来源＿＿＿＿＿样品名称＿＿＿＿＿

| 试样号 | 化验号 | 元素含量/% | | | | | | 备注 |
|---|---|---|---|---|---|---|---|---|
| | | | | | | | | |
| | | | | | | | | |
| | | | | | | | | |

## 六、思考题

① 垂直电极法为什么是当前通用的半定量方法，其优点是什么？

② 为什么在多种元素同时测定时，经常采用全激发分段曝光摄谱？如何确定分段曝光的时间和电流强度？

③ 在做光谱半定量分析时，对分析线的选择有哪些要求？

# 实验 38 石墨炉原子吸收光谱法测定奶粉中的铬

## 一、实验目的

了解石墨炉原子化器的工作原理和使用方法；学习生化样品的分析方法。

## 二、实验原理

火焰原子吸收法在常规分析中被广泛应用，但它雾化效率低、火焰气体的稀释使火焰中原子浓度降低，高速燃烧使基态原子在吸收区停留时间短，因此灵敏度受到限制。火焰法至少需要 0.5～1mL 试液，对数量较少的样品有一定困难。因此，无火焰原子吸收法得到迅速发展，而高温石墨炉（HGA）原子化法是目前发展最快、使用最多的一种技术。

高温石墨炉法利用高温（约 3000℃）石墨管，使试样完全蒸发，充分原子化，试样利用率几乎达 100%。自由原子在吸收区停留时间长，故灵敏度比火焰法高 100～1000 倍。试样用量仅 5～100μL，而且可以分析悬浮液和固体样品。它的缺点是干扰大，必须进行背景扣除，且操作比火焰法复杂。

用高温石墨炉法测定血清中痕量元素，灵敏度高，用样量少。为了消除基体干扰，采用标准加入法或配制葡聚糖系列标准溶液。

## 三、实验用品

仪器：3510 型原子吸收分光光度计、Cr 空心阴极灯、氩气、微量注射器、容量瓶、吸管、移液管。

试剂：铬标准贮备液（0.1000mg・$mL^{-1}$，称取0.3735g在150℃干燥的$K_2Cr_2O_7$，溶于去离子水中，并定容于1000mL容量瓶)、淀粉溶液（5%）。

## 四、实验步骤

（1）配制系列标准溶液

① 将0.1000mg・$mL^{-1}$铬标准贮备液逐级稀释成0.100μg・$mL^{-1}$的铬标准溶液。

② 在5支100mL容量瓶中分别加入0.100μg・$mL^{-1}$铬标准溶液0.00mL、0.50mL、1.00mL、1.50mL、2.00mL和淀粉溶液15mL，用去离子水稀释至刻度，摇匀。

（2）实验操作

按仪器操作方法启动仪器，并预热20min，开启冷却水和保护气体开关。

实验条件：

波长357.9nm；缝宽0.7nm；灯电流5mA，干燥温度100～130℃；干燥时间100s，灰化温度1100℃；灰化时间240s；斜坡升温灰化时间120s；原子化温度2700℃；原子化时间10s。进行背景校正，进样量50μL。

① 标准溶液和试剂空白。调好仪器的实验参数，自动升温空烧石墨管调零。然后从稀至浓逐个测量空白溶液和系列标准溶液，进样量50μL，每个溶液测定2次，取平均值。

② 奶粉样品。称取0.2000g奶粉样品，在超声波清洗仪中制备成悬浮溶液，在同样实验条件下，测量奶粉样品3次，取平均值。进样量50μL。

实验结束时，按操作要求，关好气源和电源，并将仪器开关、旋钮置于初始位置。

## 五、实验结果与数据处理

① 绘制标准曲线，并由奶粉试样的吸光度从标准曲线上查得样品溶液中铬的浓度。

② 计算血清中铬的含量。

## 六、注意事项

① 实验前应仔细了解仪器的构造及操作，以便实验能顺利进行。

② 实验前应检查通风是否良好，确保实验中产生的废气排出室外。

③ 使用微量注射器时，要严格按教师指导进行，防止损坏。

## 七、思考题

① 在实验中通氩气的作用是什么？为什么要用氩气？

② 配制标准溶液时，加入淀粉溶液的作用是什么？若不加淀粉溶液，还可采用什么方法？

# 实验39 火焰原子吸收光谱法测定人发中的锌

## 一、实验目的

进一步理解火焰原子吸收光谱分析中工作曲线法的基本原理与分析要领。掌握常用原子吸收光谱仪的操作方法以及测定人发中锌的实验技术。

## 二、实验原理

发样经洗涤、干燥处理后，取一定量用硝酸-高氯酸消化处理，将其微量锌以金属离子状态转入到溶液中，然后，按常规原子吸收光谱分析中的工作曲线法进行分析。

锌在人和其他动物体内具有重要功能，它对生长发育、创伤愈合、免疫预防都有重要作用。人发中的锌含量多少，标志着人体中微量锌含量是否正常。因此，分析人发中的锌具有重要意义。

## 三、实验用品

仪器：日立180-80型塞曼石墨炉原子吸收分光光度计及其附件、电动搅拌器、烘箱、干燥器、比色管。

试剂：硝酸（优级纯，1%、浓）、高氯酸（分析纯）洗发精（1%）、锌标准溶液（$10\mu g \cdot mL^{-1}$）。

## 四、实验步骤

① 发样采集与准备。用不锈钢剪刀从头枕部剪取发样，要贴近头发剪取并弃去发梢，取发量以1g左右为宜，然后剪成1cm左右长。将发样放在100mL烧杯中，用1%的洗发精浸泡，置于电动搅拌器上搅拌30min，用自来水冲洗20遍，蒸馏水洗涤5遍，再用去离子水洗涤5遍，于65～67℃的烘箱中干燥4h，取出后放入干燥器中保存备用。

② 消化处理。称取上述处理过的发样0.2000g于100mL烧杯中，加入5mL浓硝酸，盖上表面皿，在电热板上低温加热消解，待完全溶解以后，取下冷却。然后加入高氯酸1mL，再放在电热板上继续加热，冒白烟至溶液余1～2mL（不可蒸干），取下冷却后用去离子水将其移到25mL比色管中，稀释至刻度摇匀待测。每批试样需同时进行消化，制取2份空白溶液。

③ 仪器的工作条件参数见表4-12。

**表4-12 仪器工作条件参数**

| 仪器工作条件 | 参数 | 仪器工作条件 | 参数 |
|---|---|---|---|
| 测定波长/nm | 213.9 | 空气流量/($L \cdot min^{-1}$) | 6.5 |
| 灯电流/mA | 4 | 乙炔压力/Pa | $4.90\times10^5$ |
| 狭缝宽度/mm | 0.2 | 乙炔流量/($L \cdot min^{-1}$) | 1.2 |
| 空气压力/Pa | $1.47\times10^5$ | 燃烧器高度/mm | 7 |

④ 标准系列溶液的配制及吸光度测定。吸取$10\mu g \cdot mL^{-1}$的锌标准溶液0.0mL、2.5mL、5.0mL、7.5mL、10mL、12.5mL分别放入6支25mL比色管中，用1%硝酸溶液稀释至刻度摇匀。按上述工作条件测定各标准溶液的吸光度。

⑤ 试液吸光度的测定。将经消化处理的发样溶液和空白溶液用与测定标准溶液系列相同的工作条件，测定其吸光度。

## 五、实验结果与数据处理

① 将标准溶液系列和发样的测定结果填入表4-13。

**表4-13 锌标准曲线**

| 序号 | 1 | 2 | 3 | 4 | 5 | 6 | 空白发样 |
|---|---|---|---|---|---|---|---|
| 锌含量/($\mu g \cdot mL^{-1}$) | 0.00 | 1.00 | 2.00 | 3.00 | 4.00 | 5.00 | |
| 吸光度 | | | | | | | |

② 以标准系列溶液测定结果作吸光度-浓度工作曲线。

③ 用发样吸收度减去空白吸收度所得值，从工作曲线中找出对应浓度。然后，按发样称量算出锌的含量。

## 六、思考题

① 发样的处理与消解完全，对分析结果影响较大，本实验在发样处理等方面应注意哪

些问题？

② 依据你的实验，总结火焰原子吸收光谱法的优缺点。

# 实验 40　X 射线粉末衍射法物相定性分析

## 一、实验目的

了解 X 射线衍射仪的基本构造；掌握 X 射线衍射法的原理和技术；掌握利用粉末衍射卡片（PDF）的计算机检索方法定性分析多晶样品的物相。

## 二、实验原理

X 射线物相分析是以 X 射线衍射效应为基础的分析方法。任何一种晶体物质都具有其特定的晶体结构和晶格参数。在给定波长 X 射线的照射下，按照布拉格定律（$2d\sin\theta=A$）进行衍射。根据衍射曲线可以计算出晶体物质的特征衍射数据——晶面距离（$d$）和衍射线的相对强度（$I$）。通常比较待测晶体物质与已知晶体物质的衍射强度（$d$、$I$），对未知晶体进行分析，得出定性分析的结果。国际上用的晶体物质衍射标准数据是由美国物质测试协会制定的 ASTM（American Standard Test Method）。

## 三、实验用品

仪器：旋转阳极 X 射线衍射仪（图 4-12）。

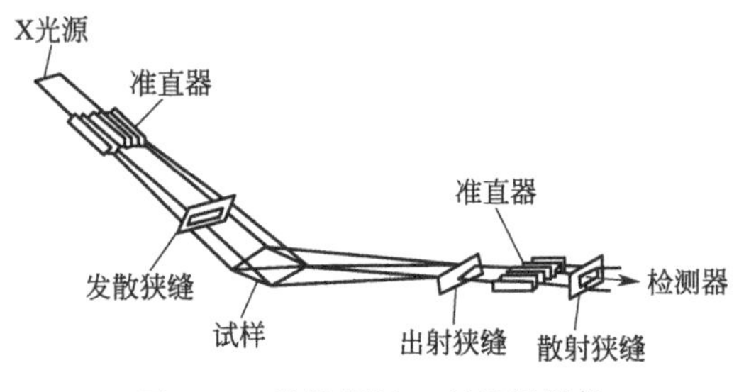


图 4-12　旋转阳极 X 射线衍射仪

试剂：多晶体试样（纳米二氧化钛）。

## 四、实验步骤

① 设置实验条件：Cu $K_\alpha$ 线；管压 40kV；管流 40mA；发散狭缝（$D_s$）加防散射狭缝（$S_s$），宽度为 10mm；接收狭缝（$R_s$）宽度为 0.15mm；滤光片（镉片可滤去 Cu $K_\beta$ 线，得到 Cu $K_\alpha$ 单色光）；扫描范围为（$2\theta$）20°～120°；扫描速度为 1°/min～8°/min；计数率为 1～10k/s。

② 试样处理。试样用玛瑙研钵研磨至 1～10$\mu$m。将磨好的试样压入平板样品框中，尽可能薄，用力不得过猛，以免引起择优取向；试样的表面与平板样品框架的表面要严格重合，误差应小于 0.1mm。

③ 试样测试。将试样垂直插入样品台，在上述实验条件下，使记录仪处于准备状态，关好衍射仪的防护玻璃罩，启动 X 射线衍射仪，仪器自动扫描，同时记录衍射曲线。

## 五、实验结果与数据处理

① 从衍射曲线中选出 $2\theta<90°$的 3 条强衍射线和 5 条次强衍射线。用布拉格方程分别计算对应的晶面间距（$d$），并以最强的衍射线强度（100%），求出各衍射线的相对强度。

② 利用 ASTM 索引卡片找出晶体物质的化学式、名称及卡片的编号。

③ 复相分析的 X 射线曲线是试样中各相衍射曲线叠加的结果。各相的衍射曲线不因其他相的存在而变化，当不同相的衍射曲线重合时，其强度是简单的相加。因此，复相分析的步骤为：在总衍射曲线中找出某一相的各条衍射曲线；在余下的衍射曲线中再找另一相的各条衍射曲线，以此类推，直至将全部衍射曲线均列入各相。

④ 将有关数据填入表 4-14 中。

表 4-14 各条衍射曲线对应的化学式及卡片号

| $2\theta<90°$的 3 条强线 | 5 条次强线 | 化学式 | 卡片号 |
| --- | --- | --- | --- |
| | | | |

## 六、思考题

① 试比较 X 荧光与 X 衍射光谱法的异同之处。

② 阐明物相分析的应用范围，并举例说明。

# 实验 41 用扫描电子显微镜观察铜网和镍网的表面形貌

## 一、实验目的

了解 SEM 影像观察的操作步骤；学会分析 SEM 图像；了解加速电压对成像的影响；了解二次电子像与背散射电子像的区别及用途。

## 二、实验原理

从电子枪灯丝发出的直径约 20～35$\mu$m 的电子束在加速电压的作用下射向镜筒，并受到聚光镜和物镜的会聚作用缩小成直径约几纳米的狭窄电子束射到样品上。与此同时，偏转线圈使电子束在样品上做光栅状扫描。电子束与样品作用将发出多种信号，其中最重要的二次电子和背散射电子。各种信息用不同的探测器探测，探测到的信号经过处理在荧光屏上点对点成像。

二次电子像（SE）每一点的相对亮度取决于样品对应点的二次电子发射率，而每点的二次电子发射率主要取决于电子束的入射角（即入射束与样品表面法线间的夹角），因此二次电子像反映了样品的形貌。

背散射电子（BSE）是入射电子被样品反射回来的一次电子，可以反映样品的形貌，但分辨率较低；还可以反映样品的密度。

## 三、实验用品

仪器：HITACHI S-3000N 型扫描电子显微镜（理论分辨率 3nm，理论放大倍数 3 万倍）。

试剂：透射电镜用铜网、镍网。

## 四、实验步骤

① 观察 100 倍下铜网和镍网的表面形貌。

② 观察 1000 倍和 5000 倍下铜网和镍网的表面形貌。

③ 观察 5kV、10kV、15kV 加速电压下，5000 倍铜网的表面形貌。

④ 观察 15kV 下 5000 倍铜网的背散射电子像。

## 五、实验结果与数据处理

① 计算铜网和镍网的网孔面积。

② 1000 倍和 5000 倍下铜网和镍网的表面形貌有何不同。

③ 加速电压越高，电子束的能量越高，对样品的穿透能力越强。因此，5kV 下得到的是样品极表面的信息，较深层的细微结构不清晰；10kV 下图像最为清晰；15kV 下样品穿透到样品深层，带出部分深层信息，将表面信息掩盖，导致表面形貌信息不清晰。

④ 背散射电子像和二次电子像大致相同，但分辨率较低；背散射电子像可以带出样品的内部组分信息，组分不同的位置亮度有差异。

### 六、注意事项

工作距离不能小于7cm。

### 七、思考题

① 扫描电镜对样品有什么要求？

② 为什么背散射电子像可以显示样品的组分信息？

# 第二节　综合性实验

## 实验42　金属表面处理技术

### 一、实验目的

简单了解化学镀、电镀的一般原理；了解金属转化层磷化、发蓝的一般方法；了解一些腐蚀的应用。

### 二、实验原理

（1）化学镀

化学镀是在没有外加电流通过时，用还原剂将需镀的金属离子在金属（或非金属）表面上还原成金属镀层的过程。

化学镀可以在不规则的金属表面上产生均匀镀层，也可以在经粗化、敏化、活化处理的非金属及绝缘材料上镀覆。

化学镀不仅可以精饰金属及非金属表面，同时还可使材料表面具有许多功能特性，如提高金属的抗蚀性、耐磨性和可焊性等，使非金属材料导电、导热等。

一般在具有催化活性的金属（Fe、Co、Ni等）表面上可直接得到金属镀层。非催化活性金属（Cu）可采用铁件诱发（如铁丝与黄铜制件表面接触，约60s）。

本实验是在黄铜片的表面上进行化学镀镍，用柠檬酸等与$Ni^{2+}$形成配合物，控制$Ni^{2+}$的浓度基本维持不变，以次磷酸钠（$NaH_2PO_2 \cdot H_2O$）为还原剂，在酸性溶液中可以得到光亮、均匀、附着力较好的镍镀层。其离子反应方程式为

$$Ni^{2+} + H_2PO_2^- + H_2O \longrightarrow H_2PO_3^- + 2H^+ + Ni$$

（2）电镀

利用直流电源通过电化学反应把一种金属覆盖到另一种金属表面的过程称为电镀。通常把待镀零件作制阴极，镀层金属作为阳极，置于适当的电解液中进行电镀。在阴极上进行还原反应，得到所需的金属镀层，在阳极上进行氧化反应。电镀时应在适当电压下控制电流密度。

本实验采用焦磷酸盐电镀铜，以铜片作阳极，铁片作阴极，以焦磷酸盐与$Cu^{2+}$形成配合物，控制$Cu^{2+}$的浓度基本不变，控制电流密度在$0.6A \cdot dm^{-2}$左右。在铁片上可以得到光亮均匀、附着力强的铜镀层。

（3）磷化

磷化是金属在磷化液中，在一定条件下表面生成一层具有特殊性能的不溶性磷酸盐的过程。

磷化广泛应用于防护、抗磨损、电绝缘、润滑等方面。由于磷化可提供齿状表面，所以磷化膜是最常用的涂漆底层。

磷化液是由酸式磷酸盐［如 $Zn(H_2PO_4)_2$］及各种添加剂（氧化剂、配合剂等）复配而成的。

在酸式磷酸盐中，阳极区金属被氧化成离子（$Fe-e^- \rightleftharpoons Fe^{2+}$），阴极区 $H^+$ 被还原（$2H^+ + 2e^- \rightleftharpoons H_2$），pH 升高，引起磷酸盐沉积。例如：

$$3Zn(H_2PO_4)_2 \longrightarrow Zn_3(PO_4)_2 \downarrow + 4H_3PO_4$$

为使磷化顺利进行，必须维持一定的游离酸度和总酸度。

① 游离酸度。用 $0.1mol \cdot L^{-1}$ NaOH 标准溶液，以甲基橙为指示剂，滴定 10mL 磷化液（加 50mL 蒸馏水稀释）至黄色为终点，所用去的 NaOH 标准溶液的体积为游离酸度，以“滴”或“点”表示。

② 总酸度。用 $0.1mol \cdot L^{-1}$ NaOH 标准溶液，以酚酞为指示剂，滴定 10mL 磷化液（加 50mL 蒸馏水稀释）至粉红色，所消耗的 NaOH 标准溶液的体积即为总酸度，一般以“滴”或“点”表示。

（4）发蓝

某些金属在强氧化剂（$NaNO_2$、$NaNO_3$）作用下，由于表面形成致密的保护膜而阻止进一步腐蚀。例如，钢铁经化学氧化法氧化处理后，表面生成一层均匀而稳定的氧化膜，它具有黑色、蓝色或棕黑色的光彩。这种处理方法称为“发蓝”。此膜既能防锈，又精饰了金属的表面，由于膜层较薄，所以不影响零件的尺寸。

本实验是把处理干净的铁片放在含有 NaOH、$NaNO_2$、$NaNO_3$ 的发蓝液中进行氧化处理。在铁片表面上得到的氧化膜是由磁性氧化铁（$Fe_3O_4$）组成的。可能的化学反应为：

$$3Fe + NaNO_2 + 5NaOH = 3Na_2FeO_2 + H_2O + NH_3$$

$$6Na_2FeO_2 + NaNO_2 + 5H_2O = 3Na_2Fe_2O_4 + NH_3 + 7NaOH$$

$$Na_2FeO_2 + Na_2Fe_2O_4 + 2H_2O = Fe_3O_4 \downarrow + 4NaOH$$

（5）腐蚀的应用

金属被腐蚀会给生产带来很大损失，但金属腐蚀也可以应用于生产中。例如，铝电解电容器的生产中，为增加铝箔的表面积，将铝箔进行电化学腐蚀。印刷电路板的制作，是在敷铜板上先用照相复印的方法将线路印在铜箔上，然后将图形以外不受感光胶保护的铜用 $FeCl_3$ 溶液腐蚀。机器、仪表上铭牌的制作，是把需要的字迹用保护层保护起来，不需要部分用 $FeCl_3$ 溶液进行合理腐蚀，然后去掉保护层，即得到字迹清晰的铭牌。

## 三、实验用品

仪器：恒温水浴槽、烧杯、砂纸。

试剂：化学镀镍液、次磷酸钠（s）、黄铜片、铁片、铁丝、铜片、HCl（$6mol \cdot L^{-1}$）、NaOH（$2mol \cdot L^{-1}$）、焦磷酸盐电镀液、$K_2Cr_2O_7$（$50g \cdot L^{-1}$）、铝片、钢片、$CuSO_4$、$FeCl_3$、乙醇、磷化液、硫酸铜点滴试剂、发蓝溶液。

## 四、实验步骤

（1）铜和黄铜上的化学镀镍

取 80mL 化学镀镍液，放入干净的 100mL 小烧杯中，然后加入 1.6g 次磷酸钠，待搅拌溶解后放在恒温水浴槽中。将经过化学抛光的黄铜片放在上述小烧杯中，在 86℃（用铁丝接触黄铜片约 60s）下镀覆 10min 左右可出现光亮的镀镍层。

化学镀镍液配方：硫酸镍 $35g \cdot L^{-1}$；乙酸钠 $15g \cdot L^{-1}$；柠檬酸钠 $5g \cdot L^{-1}$；$2mol \cdot L^{-1}$ 硫酸 15mL；次磷酸钠 $20g \cdot L^{-1}$。

（2）焦磷酸盐电镀铜

取焦磷酸盐电镀液约100mL，放入250mL烧杯内（烧杯作电敏槽），以铜片作为阳极，铁片作为阴极（铁片预先用砂纸打磨光亮，再用6mol·$L^{-1}$ HCl溶液除锈，清水洗净后放入2mol·$L^{-1}$ NaOH溶液中加热除油，清水洗净，用碎滤纸吸干），接通电源（控制电流密度为0.6A·$dm^{-2}$左右）后，把铁片挂在电镀槽阴极上，电镀7～10min，切断电源，取出铁片并用水冲净，用滤纸吸干。回收电镀液及铜阳极。

焦磷酸盐电镀液配方：焦磷酸铜60～70g·$L^{-1}$；焦磷酸钾280～300g·$L^{-1}$；柠檬酸铵10g·$L^{-1}$；磷酸氢二钠20～30g·$L^{-1}$；电镀液的pH=8～8.5。

（3）磷化

在125mL小烧杯中放入80～100mL磷化液，于恒温槽中加热至60～70℃后，将经除油、除锈的干净钢片放入磷化液中，在60～70℃下磷化约15min，待生成黑色或灰色磷化膜后取出钢片。将钢片冲洗干净后放入80～90℃的$K_2Cr_2O_7$（50g·$L^{-1}$）溶液中钝化5min，取出用水冲洗、烘干。

15～25℃时，在磷化钢片的表面上滴1滴硫酸铜点滴试剂（配方：$CuSO_4 \cdot H_2O$ 41g·$L^{-1}$；NaCl 35g·$L^{-1}$；0.1mol·$L^{-1}$ HCl 13mL），如在1min内液滴不变成淡黄色或淡红色，视为合格。

磷化液配方：硝酸锌80～100g·$L^{-1}$；磷酸二氢锌30～45g·$L^{-1}$；调节至游离酸度5～7.5点，总酸度60～80点。

（4）发蓝

取一铁片，先用砂纸除锈（必要时再用稀HCl洗），然后放入盛有2mol·$L^{-1}$ NaOH溶液的烧杯中加热除油，直到铁片上能全部被水润湿为止（即无油迹，需2～3min），再用水冲洗。将除油后的铁片放入实验室已准备好的盛有发蓝溶液的装置中（要求发蓝溶液沸腾的温度控制在140～145℃），加热10min后，取出铁片并用水冲洗。在经发蓝处理后的铁片上滴加2滴$CuSO_4$溶液，并在一片未经发蓝处理的铁片上也滴加2滴$CuSO_4$溶液。比较红色斑点出现所需时间，以衡量钝化膜的防锈能力。

发蓝溶液配方（质量分数）：NaOH40%；$NaNO_2$ 7.5%；$NaNO_3$ 2.5%；$H_2O$余量。

（5）金属腐蚀的应用

① 取一小片铝，用油漆在上面涂写字样，待干后用毛刷将$FeCl_3$溶液在铝片上多次轻轻刷洗（注意不要将铝片浸入$FeCl_3$溶液中，为什么?）后，用自来水冲洗，再用2mol·$L^{-1}$ NaOH溶液刷洗，然后用冷水冲洗，最后用乙醇溶液清洗铝片上的油漆。

② 取已用油漆画好线路的敷铜板，放入盛有$FeCl_3$溶液的容器中。如温度较低，可将容器微热，使$FeCl_3$溶液温度不超过50℃。轻轻摇荡容器，7～10min取出线路板，用自来水冲洗，然后放入热碱液中清洗，即可清除板上的油漆，再用水清洗。

## 五、思考题

① 电镀、化学镀的基本原理是什么?

② 能否直接用$CuSO_4$溶液电镀铜，用$NiSO_4$溶液直接化学镀镍？为什么?

③ 为什么金属在电镀、化学镀、磷化、发蓝前表面要预处理?

# 实验43　废旧干电池的综合利用及产品分析

## 一、实验目的

了解废旧干电池对环境的危害及其有效成分的利用方法；掌握无机物的提取、制备、提纯、分析等方法与技能；学习实验方案的设计。

## 二、实验原理

日常生活中用的干电池多为锌锰干电池。其负极是作为电池壳体的锌电极，正极是被二氧化锰包围的石墨电极（为增强导电能力，填充有炭粉），电解质是氯化锌和氯化铵的期状物，其电池反应为：

$$Zn+2NH_4Cl+2MnO_2 = [Zn(NH_3)_2]Cl_2+2MnO(OH)$$

在使用过程中，锌皮消耗较多，其余物质损耗很少，因而处理废旧干电池可以变废为宝，回收多种物质，如铜、锌、$MnO_2$、$NH_4Cl$ 和炭棒等，同时还能减少环境污染（为了防止锌皮因快速消耗而渗漏电解质，通常在锌皮中掺入汞，形成汞齐），具有显著的社会效益。

本实验对废旧干电池进行回收，如图 4-13 所示。

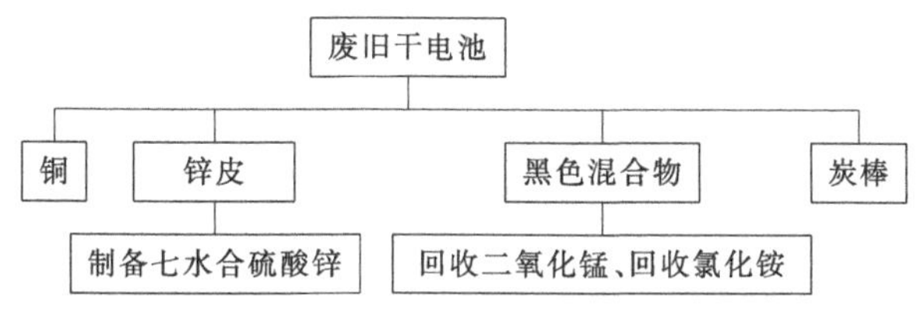


图 4-13　废旧干电池的回收示意图

锌皮溶于硫酸可制备 $ZnSO_4 \cdot 7H_2O$，但锌皮中所含的杂质铁也同时溶解，除铁后可得到纯净的 $ZnSO_4 \cdot 7H_2O$。除铁的方法为：先加少量 $H_2O_2$ 将 $Fe^{2+}$ 氧化为 $Fe^{3+}$，控制 pH 为 8，使 $Zn^{2+}$ 和 $Fe^{3+}$ 均沉淀为氢氧化物沉淀，再加硫酸控制溶液 pH 为 4，此时氢氧化锌溶解而氢氧化铁不溶，过滤可除去氢氧化铁。$ZnSO_4 \cdot 7H_2O$ 的纯度可用配位滴定法测定。

将电池中的黑色混合物溶于水，可得 $NH_4Cl$ 和 $ZnCl_2$ 的混合溶液。依据两者溶解度的不同可回收 $NH_4Cl$，产品纯度可用甲醛-酸碱滴定法测定。黑色混合物中还含有不溶于水的 $MnO_2$、炭粉和其他少量有机物等，过滤后存在于滤渣中。将滤渣加热除去炭粉和有机物后，可得到 $MnO_2$。产品纯度可用 $KMnO_4$ 返滴法测定。

## 三、实验用品

仪器：蒸发皿、布氏漏斗、抽滤瓶、水循环泵、称量瓶、电子天平、滴定管、马弗炉、烧杯、普通漏斗、电炉、螺丝刀、尖嘴钳、剪刀、烧杯、量筒、试剂瓶、滴瓶、滴定台、蝴蝶夹、容量瓶、移液管、表面皿、角匙、胶头滴管、滤纸、广泛 pH 试纸、标签纸等。

试剂：废旧干电池（由学生自备）、NaOH（$2mol \cdot L^{-1}$）、甲醛（40%）、酚酞、草酸、乙醇、EDTA、草酸钠、$KMnO_4$（$0.02mol \cdot L^{-1}$）、$H_2SO_4$（$2mol \cdot L^{-1}$）、HCl（$6mol \cdot L^{-1}$）、$HNO_3$、$H_2O_2$（3%）、$AgNO_3$（$0.1mol \cdot L^{-1}$）、KSCN（$0.1mol \cdot L^{-1}$）、$ZnSO_4 \cdot 7H_2O$（化学纯）、$K_4[Fe(CN)_6]$、六亚甲基四胺、氨水、二甲酚橙指示剂、$KHC_8H_4O_4$、ZnO 等。

## 四、实验步骤

（1）材料准备

取废旧干电池一个，剥去外层包装纸，用螺丝刀撬去顶盖，挖去盖下面的沥青层，即可用钳子慢慢拔出炭棒（连同铜帽），炭棒可留作电解用的电极。电池的锌皮可用以制备 $ZnSO_4 \cdot 7H_2O$。用剪刀（或钢锯片）把废旧电池外壳剖开，即可取出里面的黑色混合物。解剖干电池时一定要注意安全，防止划伤人员及实验台面。

（2）制备 $ZnSO_4 \cdot 7H_2O$

废电池表面剥下的锌皮，可能粘有 $ZnCl_2$、$NH_4Cl$ 及 $MnO_2$ 等杂质，先用水刷洗除去，然后把锌壳剪碎。锌皮上可能粘有石蜡、沥青等有机物，用水难以洗净，但它们不溶于酸，可将锌皮溶于酸后过滤除去。

取洁净的碎锌片5g，加适量酸（$2mol \cdot L^{-1}$ $H_2SO_4$ 约60mL)，加热使之溶解，反应较快时停止加热，放置过夜，等第二天反应完全后过滤除去不溶性杂质。将滤液加热近沸，加入3% $H_2O_2$ 溶液10滴，在不断搅拌下滴加 $2mol \cdot L^{-1}$ NaOH溶液，逐渐有大量白色 $Zn(OH)_2$ 沉淀生成。当加入NaOH溶液20mL（若锌片未溶解完全，则NaOH的加入量也应相应减少）时，加水150mL，充分搅拌下继续滴加NaOH溶液至溶液pH=8时为止。用布氏漏斗减压抽滤，用去离子水洗涤沉淀，直至滤液中不含 $Cl^-$ 为止。

将沉淀转移至烧杯中，在不断搅拌下，将 $2mol \cdot L^{-1}$ 的 $H_2SO_4$ 溶液逐滴加入沉淀中至溶液pH为4时（根据沉淀量的多少需10～30mL不等)，将溶液加热至沸，促使 $Fe^{3+}$ 水解完全，生成 $Fe(OH)_3$ 沉淀。趁热用普通漏斗过滤，弃去沉淀。在除铁后的滤液中滴加 $2mol \cdot L^{-1}$ 的 $H_2SO_4$，使溶液的pH为2，将其转入蒸发皿中，加热蒸发、浓缩至液面上出现晶膜为止。冷却后用布氏漏斗减压抽滤，将晶体放在两层滤纸间吸干水分，即为 $ZnSO_4 \cdot 7H_2O$。

(3) 回收 $MnO_2$ 及 $NH_4Cl$

称取20g黑色混合物放入烧杯，加入约50mL纯水，搅拌，加热溶解，抽滤。

① 滤渣用以回收 $MnO_2$。用纯水冲洗滤渣2～3次后转入蒸发皿中，先用小火烘干，再在搅拌下用强火灼烧，以除去炭粉和有机物。不冒火星后再灼烧5～10min，或烧至不冒烟后放入马弗炉中，在700℃左右灼烧2h，冷却后即可得到 $MnO_2$。

② 滤液用以提取 $NH_4Cl$。将滤液转入另一蒸发皿中，加热蒸发，至滤液中有晶膜或晶体出现时（此时母液的剩余量已极少)，停止加热，冷却后即得少量 $NH_4Cl$ 固体。抽滤，将 $NH_4Cl$ 置于两层滤纸间吸干，即可得到 $NH_4Cl$。

## 实验44 水泥熟料中 $SiO_2$、$Fe_2O_3$、$Al_2O_3$、CaO和MgO含量的测定

### 一、实验目的

了解重量法测定 $SiO_2$ 含量的原理和重量法测定水泥熟料中 $SiO_2$ 含量的方法；进一步掌握配位滴定法的原理，特别是通过试液的酸度、温度及选择适当的掩蔽剂和指示剂等，在铁、铝、钙、镁共存时直接分别测定的方法；掌握水浴加热、沉淀、过滤、洗涤、灰化、灼烧等技术；通过复杂物质分析实验，培养综合分析问题和解决问题的能力。

### 二、实验原理

水泥主要由硅酸盐组成。水泥熟料由水泥生料经1400℃以上的高温煅烧而成。一般的水泥由水泥熟料加入适量的石膏组成。要控制水泥的质量，可以通过水泥熟料的分析得以实现。根据分析结果，可以检验水泥熟料质量和烧成情况的好坏，及时调整原料的配比，以控制生产。

水泥熟料的主要化学成分是 $SiO_2$（18%～24%)、$Fe_2O_3$（2.0%～5.5%)、$Al_2O_3$（4.0%～9.5%)、CaO（60%～67%）和MgO（<4.5%)。根据水泥熟料的组成，本实验采用化学法测定主要成分的含量。

(1) 试样的分解

水泥熟料中碱性氧化物占60%以上，因此容易被酸分解。水泥熟料主要为硅酸三钙（$3CaO \cdot SiO_2$)、硅酸二钙（$2CaO \cdot SiO_2$)、铝酸三钙（$3CaO \cdot Al_2O_3$）和铁铝酸四钙（$4CaO \cdot Al_2O_3 \cdot Fe_2O_3$）等混合物。这些化合物与盐酸作用时，生成硅酸和可溶性的氯化物，反应式如下：

$$2CaO \cdot SiO_2 + 4HCl \xlongequal{} 2CaCl_2 + H_2SiO_3 + H_2O$$

$$3CaO \cdot SiO_2 + 6HCl \xlongequal{} 3CaCl_2 + H_2SiO_3 + 2H_2O$$

$$3CaO \cdot Al_2O_3 + 12HCl \xlongequal{} 3CaCl_2 + 2AlCl_3 + 6H_2O$$

$$4CaO \cdot Al_2O_3 \cdot Fe_2O_3 + 20HCl \xlongequal{} 4CaCl_2 + 2AlCl_3 + 2FeCl_3 + 10H_2O$$

硅酸是一种无机酸，在水溶液中绝大部分以溶胶状态存在，其化学式应以 $SiO_2 \cdot H_2O$ 表示。在用浓酸和加热蒸干等方法处理后，能使绝大部分硅酸水溶胶脱水变成水凝胶析出。因此，可以利用沉淀分离的方法把硅酸与水泥中的铁、铝、钙、镁等组分分开。

(2) $SiO_2$ 含量测定的原理

本实验中以重量法测定 $SiO_2$ 的含量。对水泥熟料经酸分解后的溶液，采用加热蒸发近干和加固体氯化铵两种措施，使水溶性胶状硅胶尽可能全部脱水析出。蒸发脱水是将溶液控制在 100～110℃下进行的，在沸水浴或电热板上加热 10～15min。由于 HCl 的蒸发，硅酸中所含水分大部分被带走，硅酸水溶胶即成为水凝胶析出。加入固体氯化铵后，对氯化铵进行水解，夺取硅酸中的水分，从而加速了硅胶水溶胶的脱水过程，反应的方程式如下：

$$NH_4Cl + H_2O \xlongequal{} NH_3 \cdot H_2O + HCl$$

含水硅胶的组成不固定，因此，沉淀经过过滤、洗涤、灰化后，还需要经 950～1000℃高温灼烧为 $SiO_2$，然后称量，根据沉淀的质量计算 $SiO_2$ 的含量。

$$H_2SiO_3 \cdot nH_2O \xrightarrow{110℃} H_2SiO_3 \xrightarrow{950 \sim 1000℃} SiO_2$$

(3) 水泥熟料中的铁、铝、钙、镁等组分的测定原理

水泥熟料中的铁、铝、钙、镁等组分以 $Fe^{3+}$、$Al^{3+}$、$Ca^{2+}$、$Mg^{2+}$ 等离子形式存在于过滤完 $SiO_2$ 沉淀后的滤液中，它们都与 EDTA 形成稳定的配离子。但这些配离子的稳定性有较显著差异，因此，只要控制适当的酸度，就可以用 EDTA 分别滴定，测定其含量。

① 铁的测定

以磺基水杨酸或其钠盐为指示剂，在 pH＝1.5～2.5、温度为 60～70℃的溶液中，用 EDTA 标准溶液滴定。

滴定反应 $Fe^{3+} + H_2Y^{2-} \xlongequal{} [FeY]^- + 2H^+$

指示剂的显色反应 $Fe^{3+} + [HIn]^-$(无色)$\xlongequal{}[FeIn]^+$(紫红色)$+ H^+$

终点时 $[FeIn]^+$(紫红色)$+ H_2Y^{2-} \xlongequal{} [FeY]^-$(亮黄色)$+ [HIn]^- + H^+$

终点时溶液由紫红色变为亮黄色。

用 EDTA 滴定铁的关键在于正确控制溶液的 pH 和掌握适当的温度。试验表明，溶液酸度控制的不恰当对铁的测定结果影响很大。在 pH≤1.5 时，结果偏低；pH＞3 时，$Fe^{3+}$ 开始形成红棕色的氢氧化物，往往没有滴定终点。滴定时溶液的温度以 60～70℃为宜，如果温度高于 75℃，$Al^{3+}$ 也可能与 EDTA 配合，使 $Fe_2O_3$ 的测定结果偏高，而 $Al_2O_3$ 的测定结果偏低；当温度低于 50℃时，反应的速度很慢，不易得到准确的终点。

② 铝的测定

以 PAN 为指示剂，用铜盐返滴定法来测定铝的含量。因为 $Al^{3+}$ 与 EDTA 的配合反应进行得很慢，不宜采用直接滴定法，所以一般先加入过量的 EDTA 溶液，并加热煮沸，使 $Al^{3+}$ 与 EDTA 充分反应，然后用 $CuSO_4$ 标准溶液返滴过量的 EDTA。

Al-EDTA 配合物是无色的，PAN 指示剂在 pH＝4.3 的条件下是黄色的，所以滴定开始前溶液呈黄色。随着 $CuSO_4$ 标准溶液的加入，$Cu^{2+}$ 不断与过量的 EDTA 生成淡蓝色的 Cu-EDTA，溶液逐渐由黄色变为绿色。终点时，过量的 $Cu^{2+}$ 与 PAN 反应生成红色配合物，由于蓝色 Cu-EDTA 的存在，所以终点呈紫色。有关反应如下：

滴定反应 $Al^{3+} + H_2Y^{2-} \xlongequal{} [AlY]^- + 2H^+$

用铜盐返滴过量的 EDTA　　$Cu^{2+}+H_2Y^{2-}$ ══ $[CuY]^{2-}$(蓝色)$+2H^+$

终点时的变色反应　　$Cu^{2+}$+PAN(黄色)⟶CuPAN(红色)

溶液中蓝色 Cu-EDTA 量的多少，对终点颜色变化的敏锐程度有影响。因而，对过量的 EDTA 的量要加以控制，一般 100mL 溶液中加入的 EDTA 标准溶液（浓度 0.01～0.015mol·$L^{-1}$）以过量 10～15mL 为宜。在这种情况下，终点为紫色。

③ 钙的测定

在 pH＝12 以上的强碱性溶液中，$Mg^{2+}$形成 $Mg(OH)_2$ 沉淀而被掩蔽，$Fe^{3+}$、$Al^{3+}$用三乙醇胺掩蔽，以钙黄绿素-甲基百里香酚蓝-酚酞（CMP）为混合指示剂，用 EDTA 标准溶液滴定。

pH 大于 12 时，钙黄绿素本身呈橘红色，与 $Ca^{2+}$、$Sr^{2+}$、$Ba^{2+}$等离子配位后呈绿色的荧光。终点时，溶液中的荧光消失呈橘红色，但由于溶液中有残余荧光，会影响终点的观察，需要利用某些酸碱指示剂和其他配位指示剂的颜色，来掩盖钙黄绿素残余荧光。本实验选用钙黄绿素-甲基百里香酚蓝-酚酞混合指示剂，其中的甲基百里香酚蓝和酚酞在滴定的条件下起着遮盖残余荧光的作用。

④ 镁的测定

EDTA 配位滴定法测定镁的含量多采用差减法，即在一份溶液中，调节 pH＝10，用 EDTA 滴定钙、镁总含量。从总含量中减去钙的量，即求得镁的含量。

滴定钙、镁总含量时，常用的指示剂有铬黑 T 和酸性铬兰 K-萘酚绿 B（K-B）混合指示剂。铬黑 T 易受某些重金属离子的封蔽，所以本实验采用 K-B 指示剂作为 EDTA 滴定钙、镁总含量的指示剂。混合指示剂中的萘酚绿 B 在滴定过程中没有颜色变化，只起衬托终点颜色的作用，终点颜色的变化是红色到蓝色。$Fe^{3+}$、$Al^{3+}$用三乙醇胺和酒石酸钾钠进行联合掩蔽。

## 三、实验用品

仪器：电子天平、滴定管、容量瓶、移液管、锥形瓶、烧杯、量筒、电炉、漏斗、坩埚、滤纸、玻璃棒、表面皿等。

试剂：EDTA 标准溶液（0.01mol·$L^{-1}$）、HCl（3%、6mol·$L^{-1}$、浓）、浓硝酸、$NH_4Cl$（s）、氨水（1∶1）、三乙醇胺（1∶2）、KOH（20%）、溴甲酚绿指示剂（0.05%，将 0.05g 溴甲酚绿溶于 100mL 20%乙醇溶液中）、磺基水杨酸（10%，将 10g 磺基水杨酸溶于 100mL 水中）、$CuSO_4$ 标准溶液（0.01mol·$L^{-1}$，将 1.3g $CuSO_4\cdot5H_2O$ 溶于水中，加 2～3 滴 $H_2SO_4$（1∶1），用水稀释至 500mL）、HAc-NaAc 缓冲溶液（pH＝4.3，将 33.7g 无水乙酸钠溶于水中，加入 80mL 冰乙酸，加水稀释至 1L，摇匀）、PAN 指示剂（3%，称取 0.3g PAN 溶于 100mL 乙醇中）、酒石酸钾钠（10%，将 10g 酒石酸钾钠溶于 100mL 水中）、$NH_3$-$NH_4Cl$ 缓冲溶液［pH＝10，将 67.5g 氯化铵溶于水中，加入 570mL 氨水（相对密度 0.9），用水稀释至 1L］、K-B 指示剂（酸性铬蓝 K-萘酚绿 B 混合指示剂，准确称取 1g 酸性铬蓝 K、2.5g 萘酚绿 B 与 50g 已在 105℃烘干的硝酸钾混合研细，保存在磨口瓶中）、CMP 指示剂（钙黄绿素-甲基百里香酚蓝-酚酞混合指示剂，准确称取 1g 钙黄绿素、1g 甲基百里香酚蓝、0.2g 酚酞与 50g 已在 105℃烘干的硝酸钾混合研细，保存在磨口瓶中）。

## 四、实验步骤

（1）$SiO_2$ 的测定

准确称取试样 0.5g 左右，置于干燥的 50mL 烧杯中，加入 1g 氯化铵，用平头玻璃棒混匀。盖上表面皿，沿皿口滴加 2mL 浓盐酸及 1～2 滴浓硝酸。仔细搅匀，使所有深灰色试样变为淡黄色糊状物。再盖上表面皿，将烧杯放在电热板（或沸水浴）上加热（通风橱内），待蒸发近干时（10～15min），取下烧杯。加入 10mL 3%热盐酸，搅拌，使可溶性盐类溶解。用定量（中速）滤纸以长颈漏斗过滤，滤液用 250mL 容量瓶盛接，以 3%热盐酸擦洗玻璃棒及烧杯，并洗涤沉淀 3～4 次，然后用热水充分洗涤沉淀（一般 10 次左右），直至检验无氯离子为止（将滤液收集在试管中，加几滴硝酸银溶液，观察试管中溶液是否混浊）。滤液和洗液保存在 250mL 容量瓶中。

沉淀及滤纸一并移入已恒量的瓷堆锅中，灰化，再于 950～1000℃的高温炉内灼烧 30min，取出，放入干燥器中冷却 20～30min，称量。反复灼烧，直至恒量。

(2) $Fe_2O_3$ 的测定

将分离二氧化硅后的滤液冷却至室温，用蒸馏水稀释至 250mL 标线，摇匀，吸取 25.00mL 试样溶液于 400mL 烧杯中，加水稀释至 100mL，加 2 滴 0.05%溴甲酚氯指示剂（在 pH<3.8 时呈黄色，pH>5.4 时呈绿色），逐滴加入氨水（1∶1），使之呈绿色，然后用 $6mol \cdot L^{-1}$ 盐酸调至黄色后再过量 3 滴，溶液 pH 在 1.8～2.0 之间。将溶液加热至 60～70℃，加 10 滴 10%磺基水杨酸指示剂，用 $0.01mol \cdot L^{-1}$ EDTA 标准溶液缓慢滴定溶液，使其由紫红色变到亮黄色（终点的溶液温度不应低于 60℃）。保留此溶液供测定三氧化二铝用。

(3) $Al_2O_3$ 的测定

在滴定完铁后的溶液中，加入 $0.01mol \cdot L^{-1}$ EDTA 标准溶液 20～25mL（过量 10～15mL），用水稀释至 200mL。加 15mL pH=4.3 的 HAc-NaAc 缓冲溶液，煮沸 1～2min，取下稍冷，加入 4～5 滴 PAN 指示剂溶液，用 $0.01mol \cdot L^{-1}$ 硫酸铜标准溶液滴定至亮黄色。

EDTA 与硫酸铜标准溶液之间体积比的测定：从滴定管放出 $0.01mol \cdot L^{-1}$ EDTA 标准溶液于 400mL 烧杯中，用水稀释至 200mL，再加 15mL pH=4.3 的 HAc-NaAc 缓冲溶液，煮沸 1～2min，取下稍冷，加入 4～5 滴 PAN 指示剂溶液，以 $0.01mol \cdot L^{-1}$ 硫酸铜标准溶液滴定至亮紫色。

(4) CaO 的测定

吸取分离完二氧化硅后的滤液 10.00mL 放入 250mL 烧杯中，加水稀释至 100mL 左右，加 5mL 三乙醇胺（1∶2）及少许 CMP 混合指示剂，在搅拌下加入 20%氢氧化钾溶液至出现绿色荧光后，再过量 5～8mL，此时溶液 pH 在 13 以上，用 $0.01mol \cdot L^{-1}$ EDTA 标准溶液滴定至绿色荧光消失并呈现红色为终点（观察终点时应该从烧杯上方向下看）。

(5) MgO 的测定

吸取分离完二氧化硅后的滤液 10.00mL 放入 400mL 烧杯中，加水稀释至 200mL 左右，加入 1mL 10%酒石酸钾钠溶液、5mL 三乙醇胺（1∶2），搅拌 1min。然后加入 15mL pH=10 的 $NH_3$-$NH_4Cl$ 缓冲溶液及少许 K-B 混合指示剂，用 $0.01mol \cdot L^{-1}$ EDTA 标准溶液滴定至溶液由紫红色变为纯蓝色。

## 五、实验结果与数据处理

① 列出 $SiO_2$、$Fe_2O_3$、$Al_2O_3$、CaO、MgO 含量的计算式。

② 分别计算水泥熟料中 $SiO_2$、$Fe_2O_3$、$Al_2O_3$、CaO、MgO 的含量和它们的总含量。

## 六、思考题

① 如何分解水泥熟料试样？分解后被测组分以什么形式存在？

② 重量法测定 $SiO_2$ 含量的原理是什么？

③ 洗涤沉淀的操作应注意什么问题？怎样提高洗涤的效果？

④ 滴定 $Fe^{3+}$ 时，$Al^{3+}$、$Ca^{2+}$、$Mg^{2+}$ 等离子的干扰用什么方法消除？

⑤ $Fe^{3+}$ 的滴定应控制在什么温度范围？为什么？

⑥ 如果 $Fe^{3+}$ 的测定结果不准确，对 $Al^{3+}$ 的测定结果有什么影响？

⑦ EDTA 滴定 $Al^{3+}$ 时，为什么要采用返滴定法，还能采用别的滴定方式吗？在 pH＝4.3 条件下滴定 $Al^{3+}$、$Ca^{2+}$ 和 $Mg^{2+}$ 会不会有干扰？

⑧ 测定 $Ca^{2+}$、$Mg^{2+}$ 时加入三乙醇胺的目的是什么？为什么要在加入 KOH 之前加三乙醇胺？

## 实验 45 磷矿石中五氧化二磷含量的测定——磷钼酸喹啉滴定法

### 一、实验目的

学习磷矿石中五氧化二磷含量的测定方法；掌握矿石溶解、磷钼酸喹啉沉淀、过滤、溶解等操作方法；巩固 NaOH 及 HCl 溶液的配制和标定。

### 二、实验原理

在酸性介质中，正磷酸根与喹钼柠酮沉淀剂反应生成黄色磷钼酸喹啉沉淀，经过滤、洗涤后，将沉淀溶解于定量的碱标准溶液中，然后用酸标准溶液滴定过量的碱，即可求出五氧化二磷含量。本方法所用水应符合 GB/T 6682 中三级水的规格；所列试剂，除特殊规定外，均指分析纯试剂。

### 三、实验用品

仪器：万能粉碎机、研钵、烧杯、表面皿、酸式和碱式滴定管、锥形瓶、脱脂棉、长颈漏斗、刚玉坩埚、电炉、电热板、分析天平。

试剂：HCl（约 $0.1mol \cdot L^{-1}$、10%、浓）、$HNO_3$（1∶1、浓）、NaOH（约 $0.25mol \cdot L^{-1}$）、邻苯二甲酸氢钾（分析纯）、百里香酚蓝（s）、酚酞（s）、钼酸钠（s）、柠檬酸（s）、喹啉、乙醇、丙酮、酚酞指示剂（$1g \cdot L^{-1}$）等。

### 四、实验步骤

（1）$0.25mol \cdot L^{-1}$ NaOH 标准溶液的配制与标定

在分析天平上准确称取 3 份已在 105～110℃下烘过 1h 以上的分析纯邻苯二甲酸氢钾，每份质量为 0.5～0.7g，放入 250mL 锥形瓶中，用 25mL 蒸馏水稍加热溶解，冷却后加入 2 滴 $1g \cdot L^{-1}$ 酚酞指示剂，用待标定的 NaOH 溶液滴定至溶液呈微红色 30s 不褪去，即为终点，计算 NaOH 溶液的浓度。

（2）$0.1mol \cdot L^{-1}$ HCl 标准溶液的配制与标定

量取 4.5mL 盐酸，缓缓注入 500mL 水中，混匀，吸取 50.0mL 待标定的盐酸，置于 250mL 锥形瓶中，用不含二氧化碳的水或新鲜蒸馏水稀释至 100mL，加入 2 滴 $1g \cdot L^{-1}$ 的酚酞指示液，用 NaOH 标准溶液滴定至溶液呈淡红色为终点。计算 HCl 溶液的浓度。

（3）喹钼柠酮沉淀剂

溶液 A：称取 70g 钼酸钠（$Na_2MoO_4 \cdot 2H_2O$）于 400mL 烧杯中，用 100mL 水溶解。

溶液 B：称取 60g 柠檬酸（$C_6H_8O_7 \cdot H_2O$）于 100mL 烧杯中，用 100mL 水溶解，加入 85mL 浓硝酸。

溶液 C：将溶液 A 加到溶液 B 中，混匀。

溶液 D：将 35mL 浓硝酸和 100mL 水在 400mL 烧杯中混匀，加 5mL 喹啉。

溶液 E：将溶液 D 加到溶液 C 中，混匀。静置过夜，用玻璃坩埚或滤纸过滤，于滤液中加入 280mL 丙酮，用水稀释至 1000mL。

将该沉淀剂（溶液）置于暗处，避光避热。

(4) 混合指示液

溶液F：称取0.1g百里香酚蓝，溶于2.2mL 0.1mol·$L^{-1}$的NaOH溶液中，加60mL乙醇，用水稀释至100mL。

溶液G：称取0.1g酚酞，溶于60mL乙醇，用水稀释至100mL。

溶液H：量取3份体积溶液F和2份体积溶液G，混匀，此为混合指示液。

(5) 试样准备

试样通过125μm试验筛，于105～110℃干燥2h以上，置于干燥器中冷却至室温，储存于称量瓶中，备用。

试样用万能粉碎机磨碎或研钵磨细。

(6) 分析方法（任选一种）

① 碱熔法

a. 试样的分解

ⅰ. 称取约1g试样于刚玉坩埚中，精确至0.0001g，加入4gNaOH，用玻璃棒搅匀，上面再覆盖4gNaOH。同时做空白试验。

ⅱ. 将坩埚置于高温炉中，从低温缓慢升高温度至650～700℃，保持10min。取出坩埚并转动，稍冷，置于250mL烧杯中，加入70～80mL沸水，立即盖上表面皿，待熔融物脱落后，用热水和少量10%盐酸溶液洗净坩埚（用玻璃棒擦洗）。在不断搅拌下，立即加入30mL浓盐酸酸化，在电炉上加热煮沸至清亮。

ⅲ. 将溶液冷却，移入250mL容量瓶中，用水稀释至刻度，摇匀，放置过夜、澄清，吸取清液，分析磷的含量。

b. 沉淀、过滤与干燥

ⅰ. 吸取上述清液15.0～25.0mL（相当于0.06～0.1g试样，含$P_2O_5$10～30mg），置于250mL烧杯中，加入10mL硝酸（1∶1）溶液，用水稀释至100mL。

ⅱ. 盖上表面皿，于电炉上加热至沸，取下，用少量水冲洗表面皿和杯壁。在不断搅拌下，加入50mL喹钼柠酮沉淀剂，继续温和地加热至微沸1min。取下烧杯，冷却至室温，冷却过程中搅拌3～4次，静置沉降。

ⅲ. 用中速滤纸或脱脂棉过滤，先将上层清液滤完，然后以倾析法洗涤沉淀3～4次（每次用水约25mL），将沉淀转移至漏斗中，再用水洗涤沉淀，直到所得滤液（约20mL）加1滴混合指示液和1滴NaOH标准滴定溶液呈紫色为止。

c. 沉淀的溶解与滴定

将沉淀和滤纸（或脱脂棉）移入原烧杯中，从滴定管中加入NaOH标准溶液，边加边搅拌，使沉淀溶解，再过量5～8mL，充分搅拌至沉淀完全溶解（可以温热助溶）。记录消耗的NaOH标准溶液的体积。加入100mL蒸馏水和1mL混合指示液，用HCl标准溶液滴定至溶液从紫色经灰蓝色转变呈黄色为终点，记录消耗的HCl标准溶液的体积。

② 酸溶法

a. 试样分解

ⅰ. 称取0.05～0.10g试样，精确至0.0001g，置于250mL烧杯中。同时做空白试验。

ⅱ. 加少量水润湿试样，加入10mL浓盐酸，3mL浓硝酸，盖上表面皿，混匀，在低温电热板上加热至沸，待溶液蒸发至2～3mL，稍冷，加入10mL浓硝酸，温和加热2min。

ⅲ. 放置稍冷，以慢速滤纸过滤于250mL烧杯中，用热水洗涤残渣及滤纸8～10次，用水稀释到100mL。

注：如果溶液较为清亮，可以省去本条过滤步骤，用水稀释到100mL即可。

b. 沉淀、过滤与干燥

ⅰ. 将上述 100mL 的烧杯盖上表面皿，于电炉上加热至沸，取下，用少量水冲洗表面皿和杯壁。在不断搅拌下，加入 50mL 喹钼柠酮沉淀剂，继续温和地加热微沸 1min。取下烧杯，冷却至室温，冷却过程中搅拌 3～4 次，静置沉降。

ⅱ. 用中速滤纸或脱脂棉过滤，先将上层清液滤完，然后以倾析法洗涤沉淀 3～4 次（每次用水约 25mL），将沉淀转移至漏斗中，再用水洗涤沉淀，直到所得滤液（约 20mL）加 1 滴混合指示液和 1 滴 NaOH 标准滴定溶液呈紫色为止。

c. 沉淀的溶解与滴定

将沉淀和滤纸（或脱脂棉）移入原烧杯中，从滴定管中加入 NaOH 标准滴定溶液，边加边搅拌，使沉淀溶解，再过量 5～8mL，充分搅拌至沉淀完全溶解（可以温热助溶）。记录消耗的 NaOH 标准溶液的体积。加入 100mL 蒸馏水和 1mL 混合指示液，用 HCl 标准溶液滴定至溶液从紫色经灰蓝色转变呈黄色为终点，记录消耗的 HCl 标准溶液的体积。

## 五、实验结果与数据处理

以质量百分数（$w$）表示的 $P_2O_5$ 含量按下式计算：

$$w=\frac{[(c_1V_1-c_2V_2)-(c_1V_3-c_2V_4)]\times 0.002730}{m}\times 100\%$$

式中，$c_1$ 为 NaOH 标准溶液的实际浓度，$mol \cdot L^{-1}$；$c_2$ 为 HCl 标准溶液的实际浓度，$mol \cdot L^{-1}$；$V_1$ 为 NaOH 标准溶液的体积，mL；$V_2$ 为 HCl 标准溶液的体积，mL；$V_3$ 为空白试验 NaOH 标准溶液的体积，mL；$V_4$ 为空白试验 HCl 标准溶液的体积，mL；$m$ 为吸取试样溶液相当于试样的质量，g；0.002730 为与 1.00mLNaOH 标准溶液（$c_{NaOH}=1.000mol \cdot L^{-1}$）相当的 $P_2O_5$ 质量。

取两份平行分析结果的算术平均值为最终分析结果，平行分析结果的绝对差值应不大于 0.2%。将有关数据填入表 4-15～表 4-17 中。

**表 4-15　NaOH 溶液浓度的标定**

| 编号 | 邻苯二甲酸氢钾 $m$/g | $V_{NaOH}$/mL | $c_{NaOH}/(mol \cdot L^{-1})$ | $\bar{c}_{NaOH}/(mol \cdot L^{-1})$ |
|---|---|---|---|---|
| 1 | | | | |
| 2 | | | | |
| 3 | | | | |

**表 4-16　HCl 溶液浓度的标定**

| 编号 | $V_{HCl}$/mL | $V_{NaOH}$/mL | $c_{HCl}/(mol \cdot L^{-1})$ | $\bar{c}_{HCl}/(mol \cdot L^{-1})$ |
|---|---|---|---|---|
| 1 | | | | |
| 2 | | | | |
| 3 | | | | |

**表 4-17　磷矿石五氧化二磷含量测定结果**

| 编号 | 磷矿石 $m$/g | NaOH $V_1$/mL | HCl $V_2$/mL | NaOH $V_3$/mL | HCl $V_4$/mL | $w_{P_2O_5}$/% |
|---|---|---|---|---|---|---|
| 1 | | | | | | |
| 2 | | | | | | |

注：数据保留四位有效数字。

# 实验 46　盐酸水解 DNS 分光光度法测定甘薯中的淀粉含量

## 一、实验目的

了解淀粉水解的方法；学习 DNS 分光光度法测定葡萄糖含量的方法。

## 二、实验原理

甘薯是我国重要的粮食和工业原料作物，淀粉含量是甘薯最重要的品质指标。

淀粉含量的测定方法很多，有研究人员对高氯酸和酶两种水解淀粉的方法以及六种比色定糖法进行了比较研究，认为酶解法结合蒽酮比色法是比较理想的方法。但酶解法操作较难，比较费时。蒽酮比色法系微量法，甘薯中的淀粉含量较高，不适合用该法测定。本实验针对我国甘署育种实际情况，以快速准确、经济实用为原则，通过对现有淀粉测定的各种方法进行比较和筛选，确定了一种适于测定和评价甘薯淀粉含量的标准方法，并制定了相应的分析标准。选定的方法为盐酸水解 DNS 分光光度法。

甘薯淀粉含量的化学测定包括样品预处理和还原糖的测定两个步骤。甘薯中的淀粉在盐酸介质中加热煮沸 30min，水解为葡萄糖。葡萄糖具有还原性，在氢氧化钠和酒石酸钾钠存在下，还原糖能将 3,5-二硝基水杨酸中的硝基还原为氨基，生成氨基化合物，在碱性溶液中呈橘红色，在 520nm 处有最大吸收，其吸光度与还原糖含量呈线性关系。总淀粉含量可用外标法进行测定，计算式如下：

$$淀粉质量分数=\frac{水解后还原糖质量(mg)\times 样品稀释倍数}{样品质量}\times 0.9\times 100\%$$

## 三、实验用品

仪器：分光光度计、电热恒温水浴锅、比色管或容量瓶（50mL）。

试剂：葡萄糖标准溶液［0.1%，准确称取 100mg 分析纯的葡萄糖（预先在 105℃干燥至恒量），用少量蒸馏水溶解后定容至 100mL，冰箱内保存使用］、HCl（6mol·$L^{-1}$）、NaOH（40%）、碘-碘化钾溶液、酚酞指示剂。

3,5-二硝基水杨酸（简称 DNS）溶液：A 溶液，将 6.9g 结晶苯酚溶解于 15.2mL 10%氢氧化钠中，稀释至 69mL，再在此溶液中加入 6.9g 亚硫酸氢钠；B 溶液，称取 255g 酒石酸钾钠，加入 300mL 10%氢氧化钠溶液和 880mL 1% 3,5-二硝基水杨酸溶液。将 A 溶液与 B 溶液混合即得黄色试剂，储于棕色瓶中，在室温下放置 7～10 天以上使用。

甘薯淀粉：选取中等薯块，去皮、洗净、切片，于 40℃下烘至恒量，粉碎，过 60 目筛，制成粉样，放于磨口广口瓶中，用塑料薄膜密封，以免受潮。

## 四、实验步骤

（1）淀粉水解预处理方法

6mol·$L^{-1}$ 盐酸水解法：准确称取甘薯样品 1.00g，放入大试管中，加 1mL 水湿润，再加入 10mL 6mol·$L^{-1}$ 盐酸和 14mL 蒸馏水，混匀。于 100℃沸水浴中加热 30min，用碘-碘化钾溶液检验水解的程度。取出冷却，抽滤。滤液用 40%NaOH 溶液中和至中性或微碱性，用蒸馏水定容至 100mL，备用。

（2）标准曲线的测定

取 9 支 50mL 比色管或容量瓶，分别按表 4-18 加入葡萄糖标准溶液，加适量蒸馏水调节体积到 3mL 左右，加入 1.5mL DNS 溶液，于沸水浴中加热 5min，立即用流动的冷水冷却，用蒸馏水稀释至刻度，摇匀。在 520mm 处，以空白溶液为参比，测定吸光度，绘制标准曲线。

表 4-18 标准曲线测定表

| 项目 | 空白 | 1 | 2 | 3 | 4 | 5 | 6 | 7 | 8 |
|---|---|---|---|---|---|---|---|---|---|
| 含糖总量/g | 0 | 0.2 | 0.4 | 0.6 | 0.8 | 1.0 | 1.2 | 1.4 | 1.6 |
| 葡萄糖标准溶液体积/mL | 0 | 0.2 | 0.4 | 0.6 | 0.8 | 1.0 | 1.2 | 1.4 | 1.6 |
| 蒸馏水体积/mL | 2.0 | 1.8 | 1.6 | 1.4 | 1.2 | 1.0 | 0.8 | 0.6 | 0.4 |
| DNS 试剂体积/mL | 1.5mL | | | | | | | | |
| 吸光度 | | | | | | | | | |

(3) 试样溶液的测定

准确吸取用 $6mol \cdot L^{-1}$ 盐酸水解后的淀粉溶液 10mL，定容至 100mL。取一定量的试液，按上述方法进行葡萄糖含量的测定。计算甘薯试样中淀粉的含量。

### 五、实验结果与数据处理

甘薯淀粉含量的测定中，用经典方法费林试剂滴定法与 DNS 法进行显著性检验，实验说明两种分析方法的标准偏差没有显著性差异。

# 第三节　设计性实验

## 实验 47　从化学废液中回收 Ag 和 $CCl_4$

### 一、实验提要

化学实验室产生的大量废液中含有许多贵重金属、有机溶剂以及有毒有害组分。通常需要回收其中的组分或进行处理，以免造成药品浪费和环境污染。

含银废液中的 Ag 一般以 AgCl、AgBr、AgI 沉淀或 $[Ag(NH_3)_2]^+$、$[Ag(S_2O_3)_2]^{3-}$ 等配离子形式存在。而这些不溶性或可溶性的银化合物，均可将其转化为溶解度更小的 $Ag_2S$ 沉淀。沉淀分离后，利用氧化还原反应，可以将硫化银中的银还原为单质，经净化、冶炼即可得到金属 Ag。

回收的 $CCl_4$ 废液中，一般溶有卤素单质 $Br_2$ 和 $I_2$ 等。根据极性相似相溶原则，可用还原剂将疏水的非极性卤素单质 $Br_2$、$I_2$ 等还原为极性的卤素负离子 $Br^-$、$I^-$ 等，使 $Br^-$、$I^-$ 从 $CCl_4$ 中被反萃取进入水相中，从而回收纯的 $CCl_4$。

### 二、实验用品

仪器：烧杯、普通漏斗、分液漏斗、坩埚等。

试剂：$Na_2S$ (s)、NaCl (s)、锌粉、盐酸、无水 $CaCl_2$、$Na_2SO_3$ (s)、$FeSO_4$ (s) 等。

### 三、实验要求

① 设计从实验室含银废液中回收银的合理方案，并实验提取金属银。

② 设计从实验室含 $CCl_4$ 废液中回收 $CCl_4$ 的合理方案，并以此方案处理 10mL 含 $CCl_4$ 废液。

### 四、思考题

在处理提纯过程中，引入的杂质应如何除去？

## 实验 48　Cr（Ⅵ）废液的处理

### 一、实验提要

在铬矿冶炼、电镀、金属加工、皮革鞣制、油漆等工业废水中都含有铬。在铬的化合物中，Cr(Ⅵ) 的毒性最大，故农田灌溉用水标准规定 Cr(Ⅵ) 含量不得超过 $0.1\mathrm{mg \cdot L^{-1}}$，而饮用水规定 Cr(Ⅵ) 含量不得高于 $0.05\mathrm{mg \cdot L^{-1}}$（强制标准）。

目前含铬废水的处理大体上分为两类：一类是化学法，即采用还原剂把 Cr(Ⅵ) 还原为 Cr(Ⅲ)，然后以 $Cr(OH)_3$ 的形式沉淀除去；另一类是离子交换法。

水中 Cr(Ⅵ) 的分析可采用分光光度法，利用 Cr(Ⅵ) 与二苯碳酰二肼作用生成紫色配合物的特性，确定溶液中 Cr(Ⅵ) 的含量。

二苯碳酰二肼与微量 Cr(Ⅵ) 反应的机制为：在酸性溶液中，Cr(Ⅵ) 先与二苯碳酰二肼反应：

$$2HCrO_4^- + 8H^+ + 3O{=}C(NH{-}NH{-}C_6H_5)_2 \longrightarrow 2Cr^{3+} + 3O{=}C(N{=}N{-}C_6H_5)(NH{-}NH{-}C_6H_5) + 8H_2O$$

反应中新产生的未水化的 $Cr^{3+}$ 迅速与苯肼碳酰偶氮苯反应生成 1∶2 的紫红色配合物，而 $[Cr(H_2O)_6]^{3+}$ 因惰性不能与苯肼碳酰偶氮苯反应。

$$Cr^{3+} + 2O{=}C(N{=}N{-}C_6H_5)(NH{-}NH{-}C_6H_5) \longrightarrow \left[Cr\{O{=}C(N{=}N{-}C_6H_5)(NH{-}N{-}C_6H_5)\}_2\right]^+ + 2H^+$$

紫红色

水中 Cr(Ⅵ) 的分析亦可采用目视比色法。这种方法是直接用眼睛观察、比较溶液颜色深浅以确定物质含量的一种方法。最常用的目视比色法是标准系列法，这种方法有以下几个要点。

① 配制标准色阶。标准色阶的配制是利用一套比色管（管的材质、形状和大小要完全相同），在其中分别加入不同量的标准溶液，在相同条件下，加入等量的显色剂和其他试剂，并稀释到相同体积，摇匀，即配成一套颜色逐渐加深的标准色阶。

② 待测液的显色应当与标准色阶在相同条件下同时进行。

③ 进行目视比色时，人的眼睛是从比色管口垂直向下观察。

④ 进行目视比色时，若待测液的颜色与标准色阶中某一标准液颜色相同，则待测液浓度就等于该标准液浓度；若待测液颜色在两标准液颜色之间，则待测液浓度等于两标准液浓度的平均值。

## 二、实验用品

仪器：移液管、容量瓶、比色管、722S 型分光光度计（2cm 比色皿）。

试剂：Cr(Ⅵ) 贮备液（$0.100\mathrm{g \cdot L^{-1}}$）、$H_2SO_4$（1∶1）、$H_3PO_4$（1∶1）、二苯碳酰二肼、$FeSO_4 \cdot 7H_2O$（s）、CaO 或 NaOH（s）、$H_2O_2$ 等。

## 三、实验要求

① 设计处理含 Cr(Ⅵ) 废液的价廉、简便的处理方案（以框图表示处理工艺过程）。

② 绘制标准 Cr(Ⅵ) 的含量（$\mu g$）与吸光度的曲线图（若用分光光度法）。

③ 给出处理后的废液中 Cr(Ⅵ) 的浓度（$\mathrm{mg \cdot L^{-1}}$）。

## 四、注意事项

(1) 溶液配制及绘制工作曲线

① 用实验室提供的 0.100g·$L^{-1}$ 的 Cr(Ⅵ) 贮备液配制 1.00mg·$L^{-1}$ 的 Cr(Ⅵ) 标准液。

② 移取 1.00mg·$L^{-1}$ 的 Cr(Ⅵ) 标准溶液 0.00mL、1.00mL、2.00mL、4.00mL、8.00mL，分别置于 25mL 比色管内，用蒸馏水稀释至刻线。然后分别加入 $H_2SO_4$ (1∶1) 和 $H_3PO_4$ (1∶1) 溶液各 5 滴，摇匀后再加入二苯碳酰二肼溶液 1.5mL，摇匀，即配成标准比色系列溶液。若用分光光度法分析，可以在 540nm 波长、2cm 比色皿测定溶液的吸光度，绘制工作曲线。

(2) 含铬废水处理中的注意问题

① 若 Cr(Ⅵ) 在酸性介质中用 $Fe^{2+}$ 还原，则处理后的废液中 Cr (Ⅲ) 和 Fe (Ⅲ) 应用碱沉淀完全。所谓沉淀完全是要求残留在液相中的离子浓度小于 $10^{-5}$mol·$L^{-1}$。先计算 $Fe(OH)_3$ 和 $Cr(OH)_3$ 沉淀完全时溶液的 pH。

② Cr(Ⅵ) 在酸性介质中主要以 $Cr_2O_7^{2-}$ 形式存在，为橘红色，$Cr^{3+}$ 的水合离子为绿色，$Cr(OH)_3$ 为灰蓝色沉淀。$Cr(OH)_3$ 有较明显的两性，可溶于过量碱：

$$Cr(OH)_3 + OH^- \longrightarrow [Cr(OH)_4]^-$$

(3) 处理后废水水质检验时注意问题

① 对于处理后废水中残留的 Cr(Ⅵ) 的分析，显色方法与标准溶液的显色方法相同。

② 为了防止 $Fe^{2+}$、$Fe^{3+}$ 及 $Hg^{2+}$、$Hg^{2+}$ 的干扰，可加入适量的 $H_3PO_4$ 消除。

## 五、思考题

① Cr(Ⅵ) 的廉价还原剂有哪些？何者最佳？

② 为使 $Cr(OH)_3$ 沉淀完全，应用碱调 pH 在什么范围内？

③ 如果要分析处理后的废水中铬的含量，残留的 Cr(Ⅲ) 也应转化为 Cr(Ⅵ) 才能分析。在除去 $Cr(OH)_3$ 沉淀的滤液中，用哪种氧化剂把 Cr(Ⅲ) 氧化为 Cr(Ⅵ)？写出反应的离子式。如果选用 $H_2O_2$ 作氧化剂，在分析液相中残留 Cr(Ⅵ) 时，$H_2O_2$ 是否应当除去？为什么？

# 实验 49 饲料中钙和磷含量的测定

## 一、实验提要

① 钙的测定原理。钙是动物的生命元素，是体内含量最大的无机物，是骨骼、牙齿的重要组分，是维持动物体内神经、肌肉、骨骼系统、细胞膜和毛细血管通透性正常功能所必需的。钙离子是许多酶促反应的重要激活剂，是神经冲动传递、平滑肌和骨骼肌的收缩、肾功能、呼吸和血液凝固等生理过程所必需的。钙在动物体内不能合成，必须靠外源供给，主要来源是由配合饲料和单一饲料提供的，因而饲料中钙含量的测定具有一定的意义。将试样中的有机物质用干法破坏，残渣中的钙用盐酸溶解转变成可溶于水的离子，用草酸铵定量沉淀为草酸钙，用高锰酸钾法间接测定钙的含量。

② 磷的测定原理。先将饲料样品中的有机物质破坏，使磷游离出来。在酸性溶液中，用钒钼酸铵试剂处理，使之生成黄色的复合物$(NH_4)_3$·$PO_4$·$NH_4VO_3$·$16MoO_3$，在 420nm 波长下进行比色测定。此方法测定的结果为饲料中磷的总含量，即包括动物难以消化吸收的植酸磷。本方法适用于配合饲料和单一饲料中磷总含量的测定。

## 二、实验用品

仪器：高温炉（可控制炉温在550～600℃）、瓷坩埚、721型分光光度计、定量滤纸（中速）。

试剂：HCl（1∶1、1∶3）、$H_2SO_4$（1∶6）、$NH_3 \cdot H_2O$（1∶1、1∶5）、$(NH_4)_2C_2O_4$（4.2%）、甲基红指示剂（$1g \cdot L^{-1}$乙醇溶液）、高锰酸钾标准溶液（$0.01mol \cdot L^{-1}$，配制后放置一周，用草酸钠基准溶液标定）、浓硝酸。

钒钼酸铵显色剂：A液，称取1.25g偏钒酸铵（分析纯），加浓硝酸250mL溶解；B液，称取钼酸饺（分析纯）25g，加蒸馏水400mL溶解。在冷却条件下将B溶液倒入A溶液中，并加入蒸馏水稀释至1000mL，置于棕色试剂瓶中避光保存，如果生成沉淀则不能使用。

磷标准溶液：将磷酸二氢钾（分析纯）在105℃下干燥1h，置于干燥器中冷却后，准确称取0.2195g，溶解于少量蒸馏水中，定量地转入1000mL容量瓶中，加入浓硝酸3mL，再用蒸馏水稀释至刻度、混匀，即为$50\mu g \cdot mL^{-1}$的磷标准溶液。

饲料试样：选取具有代表性的试样，注意防止试样成分的变化和变质。

## 三、实验要求

① 选择合适的试样分解方法。

② 设计用$KMnO_4$标准溶液间接测定钙的实验方案，并计算饲料中钙的质量分数。

③ 设计用分光光度法测磷的条件，包括显色剂用量、时间、pH值等，以磷标准溶液的含量为横坐标，吸光度$A$为纵坐标绘制出工作曲线，然后测定试样中磷的吸光度值，通过磷标准曲线查出试样分解溶液的含量，计算饲料中磷的质量分数。

## 四、思考题

① 测定饲料中的钙含量还有其他方法吗？

② 测定实际试样时，应注意些什么？

# 实验50 平衡原理综合实验

## 一、实验提要

本实验详细的原理可参阅《无机化学》或《无机及分析化学》等教材中酸碱平衡、沉淀溶解平衡、氧化还原平衡、配位化合物与配位平衡等章节中的相关内容。

## 二、实验用品

见实验要求。

## 三、实验要求

① 在不借用其他试剂（水除外）的情况下，将下列两组失去标签的试剂加以鉴别。

a. 溶液：$Bi(NO_3)_3$、HCl、$H_2SO_4$、$BaCl_2$、NaCl。

b. 固体：无水$CuSO_4$、$Na_2CO_3$、NaCl、$MgCl_2$、$BiCl_3$。

② 在以下提供的试剂范围内选择试剂，设计实验，实现下列变化，写出应出现的实验现象和离子反应方程式。

试剂：$KMnO_4$（$0.1mol \cdot L^{-1}$）、$KClO_3$（饱和）、$FeCl_3$（$0.1mol \cdot L^{-1}$）、氯水、碘水、$H_2O_2$（3%）、$Na_3AsO_4$（$0.1mol \cdot L^{-1}$）、KI（$0.1mol \cdot L^{-1}$、$0.01mol \cdot L^{-1}$）、$FeSO_4$（$0.1mol \cdot L^{-1}$）、$Cr_2(SO_4)_3$（$0.1mol \cdot L^{-1}$）、$SnCl_2$（$0.1mol \cdot L^{-1}$）、KBr

($0.1mol \cdot L^{-1}$)、KSCN ($0.1mol \cdot L^{-1}$)、$CCl_4$、$H_2SO_4$ ($1mol \cdot L^{-1}$，$3mol \cdot L^{-1}$)、NaOH ($2mol \cdot L^{-1}$，$6mol \cdot L^{-1}$)、$K_3[Fe(CN)_6]$、$K_4[Fe(CN)_6]$。

a. 改变介质条件，提高氧化剂的氧化能力。

b. 改变介质条件，提高还原剂的还原能力。

c. 改变介质条件，转变氧化还原反应进行的方向。

d. 证明氧化还原反应进行有次序，先发生在电极电势差值大的两电对之间。

③ 用 $Pb(NO_3)_2$、$Na_2SO_4$、$Na_2CO_3$、KI、$Na_2S$ 试剂，设计 $PbSO_4$ 沉淀能多次连续转化的实验。

④ 设计合理方案，除去 $ZnSO_4$ 溶液（含有少量 $Fe^{2+}$、$Cu^{2+}$、$Ca^{2+}$、$Ni^{2+}$ 等）中的杂质离子（不能引入二次杂质）。加什么试剂？如何操作？如何检验？

⑤ 配制 $0.1mol \cdot L^{-1}$ $Bi(NO_3)_3$ 溶液 50mL，计算试剂用量，并选择实验仪器，写出实验步骤。

# 第 5 章

# 物质的制备及表征

# 第一节 基本实验

## 实验 51 硫酸亚铁铵的制备及纯度检验

### 一、实验目的

了解复盐的一般特征和制备方法；练习常压过滤和减压过滤、蒸发、结晶等基本操作；学习用目视比色法检验产品质量。

### 二、实验原理

硫酸亚铁铵化学式为 $(NH_4)_2SO_4 \cdot FeSO_4 \cdot 6H_2O$，又称莫尔氏盐，为浅蓝绿色单斜晶体。它在空气中比一般亚铁盐稳定，不易被氧化，而且价格低，制造工艺简单，容易得到较纯净的晶体，因此，其应用广泛，在化学上常用作还原剂，工业上常用作废水处理的混凝剂，在农业上既是农药又是肥料，在定量分析中常用作氧化还原滴定的基准物质。

像所有的复盐一样，硫酸亚铁铵在水中的溶解度比组成它的任何一个组分 $FeSO_4$ 或 $(NH_4)_2SO_4$ 的溶解度都要小，因此从 $FeSO_4$ 和 $(NH_4)_2SO_4$ 溶于水所制得的浓混合溶液中，很容易得到结晶的莫尔氏盐。三种盐在水中的溶解度见表 5-1。

**表 5-1 三种盐在水中的溶解度**

| 温度 $T$/K | 273 | 283 | 293 | 303 | 313 | 323 | 333 |
|---|---|---|---|---|---|---|---|
| $FeSO_4 \cdot 7H_2O$ 溶解度/g | 15.6 | 20.5 | 26.5 | 32.9 | 40.2 | 48.6 | — |
| $(NH_4)_2SO_4$ 溶解度/g | 70.6 | 73.0 | 75.4 | 78.0 | 81.6 | — | 88.0 |
| $(NH_4)_2SO_4 \cdot FeSO_4 \cdot 6H_2O$ 溶解度/g | 12.5 | 17.2 | — | — | 33.0 | 40.0 | — |

本实验采用过量铁与稀硫酸作用生成硫酸亚铁：

$$Fe + H_2SO_4 = FeSO_4 + H_2 \uparrow$$

在硫酸亚铁溶液中加入硫酸铵并使其全部溶解，加热浓缩制得的混合溶液，再冷却即可得到溶解度较小的硫酸亚铁铵盐晶体：

$$FeSO_4 + (NH_4)_2SO_4 + 6H_2O = (NH_4)_2SO_4 \cdot FeSO_4 \cdot 6H_2O$$

为防止 $Fe^{2+}$ 的水解，在制备 $(NH_4)_2SO_4 \cdot FeSO_4 \cdot 6H_2O$ 的过程中，溶液应保持足够的酸度。

硫酸亚铁和硫酸亚铁铵含量的测定采用高锰酸钾滴定法。在酸性介质中，$Fe^{2+}$ 可被 $KMnO_4$ 定量氧化为 $Fe^{3+}$，$KMnO_4$ 本身的紫红色可作为滴定终点的判断。

$$5Fe^{2+} + MnO_4^- + 8H^+ = 5Fe^{3+} + Mn^{2+} + 4H_2O$$

用目视比色法可估计产品中所含杂质 $Fe^{3+}$ 的量。$Fe^{3+}$ 与 $SCN^-$ 能生成红色物质 $[Fe(SCN)]^{2+}$，红色深浅与 $Fe^{3+}$ 含量相关。将所制备的硫酸亚铁铵晶体与 KSCN 溶液在比色管中配制成待测溶液，将它所呈现的红色与含一定量 $Fe^{3+}$ 所配制成的标准 $[Fe(SCN)]^{2+}$ 溶液的红色进行比较，确定待测溶液中杂质 $Fe^{3+}$ 的含量范围，确定产品等级。不同等级标准溶液中 $Fe^{3+}$ 含量见表 5-2。

**表 5-2 不同等级标准溶液中 $Fe^{3+}$ 含量**

| 规格 | $Fe^{3+}$ 含量/g |
|---|---|
| Ⅰ | 0.050 |
| Ⅱ | 0.10 |
| Ⅲ | 0.20 |

## 三、实验用品

仪器：电子天平、电炉、表面皿、布氏漏斗、容量瓶、比色管、烧杯、锥形瓶、pH试纸等。

试剂：$H_2SO_4$（3mol·$L^{-1}$、浓）、$KMnO_4$ 标准溶液（约0.10mol·$L^{-1}$）、$Na_2CO_3$（10%）、$(NH_4)_2SO_4$（s）、铁屑、95%乙醇、HCl（3mol·$L^{-1}$）、$H_3PO_4$（85%）、KSCN（25%）、$NH_4Fe(SO_4)_2 \cdot 12H_2O(s)$、$MnSO_4$ 等。

## 四、实验步骤

（1）铁屑的净化（除去油污）

用电子天平称取2.0g铁屑，放入小烧杯中，加入15mL 10%$Na_2CO_3$ 溶液。缓缓加热约10min后，倾去 $Na_2CO_3$ 碱性溶液，用自来水冲洗后，再用去离子水把铁屑冲洗干净(如果用纯净的铁屑，可省去这一步)。

（2）硫酸亚铁的制备

往盛有2.0g洁净铁屑的小烧杯中，加入15mL 3mol·$L^{-1}$ $H_2SO_4$ 溶液，盖上表面皿，放在低温（70～80℃）电炉上加热反应。在加热过程中应不时加入少量去离子水，以补充被蒸发的水分，防止 $FeSO_4$ 结晶出来；同时要控制溶液的pH不大于1（为什么？如何测量和控制?)，使铁屑与稀硫酸反应至不再冒出气泡为止（约25min）。趁热过滤，滤液承接于洁净的蒸发皿中。将留在小烧杯中及滤纸上的残渣取出，用滤纸片吸干后称量。根据已作用的铁屑质量，计算出溶液中 $FeSO_4$ 的理论产量。

（3）硫酸亚铁铵的制备

根据 $FeSO_4$ 的理论产量，计算并称取所需固体 $(NH_4)_2SO_4$ 的用量。在室温下将称出的 $(NH_4)_2SO_4$ 加入上面所制得的 $FeSO_4$ 溶液中，在水浴上加热搅拌，使硫酸铵全部溶解，调节pH为1～2，继续蒸发浓缩至溶液表面刚出现薄层的结晶时为止。自水浴锅上取下蒸发皿，放置，冷却后即有硫酸亚铁铵晶体析出。待冷至室温后用布氏漏斗减压过滤，用少量乙醇洗去晶体表面所附着的水分。将晶体取出，置于两张洁净的滤纸之间并轻压以吸干母液；称量。计算理论产量和产率。

（4）产品检验［Fe（Ⅲ）的含量分析］

① Fe（Ⅲ）标准溶液的配制

称取0.8634g $NH_4Fe(SO_4)_2 \cdot 12H_2O$，溶于少量水中，加2.5mL浓 $H_2SO_4$，移入1000mL容量瓶中，用水稀释至刻度。此溶液含 $Fe^{3+}$ 0.1000g·$L^{-1}$。

② 标准色阶的配制

取0.50mL Fe(Ⅲ)标准溶液于25mL比色管中，加2mL 3mol·$L^{-1}$ HCl溶液和1mL 25%的KSCN溶液，用蒸馏水稀释至刻度，摇匀，配制成Fe标准溶液（含 $Fe^{3+}$ 0.05mg·$g^{-1}$）。

同样，分别取1.00mL Fe（Ⅲ）和2.00mL Fe（Ⅲ）标准溶液，配制成Fe标准液（分别含 $Fe^{3+}$ 0.10mg·$g^{-1}$、0.20mg·$g^{-1}$）。

③ 产品级别的确定

称取1.0g产品于25mL比色管中，用15mL去离子水溶解，再加入2mL 3mol·$L^{-1}$ HCl溶液和1mL 25%KSCN溶液，加水稀释至25mL，摇匀。与标准色阶进行目视比色，确定产品级别。

此产品分析方法是将成品配制成溶液，与各标准溶液进行比色，以确定杂质的含量范围。如果成品溶液的颜色不深于标准溶液，则认为杂质含量低于某一规定限度，所以这种分析方法称为限量分析。

(5) $(NH_4)_2SO_4 \cdot FeSO_4 \cdot 6H_2O$ 含量的测定

0.02mol・$L^{-1}$ $KMnO_4$ 标准溶液的配制与标定参见实验 24。

称取 0.8～0.9g（准确至 0.0001g）产品于 250mL 锥形瓶中，加入 50mL 不含氧的去离子水（怎么处理?），加入 15mL 3mol・$L^{-1}$ $H_2SO_4$ 溶液和 2mL 85%$H_3PO_4$ 溶液，使试样溶解。滴加 3～5 滴硫酸锰溶液，用 $KMnO_4$ 标准溶液滴定至溶液刚刚出现微红色（30s 内不消失）为终点。$(NH_4)_2SO_4 \cdot FeSO_4 \cdot 6H_2O$ 含量计算公式如下：

$$(NH_4)_2SO_4 \cdot FeSO_4 \cdot 6H_2O = \frac{5c_{KMnO_4}V_{KMnO_4} \times 0.3921}{m_{样}} \times 100\%$$

## 五、注意事项

① 若所用铁屑不纯，与酸反应时可能产生有毒的氢化物，最好在通风橱中进行。不必将所有铁屑溶解完，实验时溶解大部分铁屑即可。

② 制备硫酸亚铁铵时，用 3mol・$L^{-1}$ $H_2SO_4$ 溶液调节 pH 为 1～2，以保持溶液的酸度，反应过程中，应适当补加少量去离子水，以防硫酸亚铁结晶析出，但要注意水量。

③ 注意计算 $(NH_4)_2SO_4$ 的用量。

④ 硫酸亚铁铵的制备：加入硫酸铵后，应搅拌使其溶解后再进行下面的操作。在水浴上加热，要防止失去结晶水。

⑤ 蒸发浓缩初期要不停搅拌，但要注意观察晶膜，一旦发现晶膜出现即停止搅拌。

⑥ 趁热过滤并以少量热水洗涤。最后一次抽滤时，注意将滤饼压实，不能用蒸馏水或母液洗涤晶体。

## 六、思考题

① 为什么制备硫酸亚铁铵时要保持溶液有较强的酸性?

② 减压过滤的操作步骤有哪些?

③ 如何计算 $FeSO_4$ 的理论产量和反应所需 $(NH_4)_2SO_4$ 的质量?

④ 在检验产品中 $Fe^{3+}$ 含量时，为什么要用不含氧的去离子水? 如何制备不含氧的去离子水?

# 实验 52　聚合硫酸铁的制备及净水效果试验

## 一、实验目的

学习聚合硫酸铁的制备方法；了解绝对黏度的测定方法。

## 二、实验原理

聚合硫酸铁是一种红棕色黏稠的液体，为无机高分子类净水剂，常用来处理工业用水，质量优、不含其他重金属离子的聚合硫酸铁亦可用作饮用水的净化剂。它可以在一定浓度的硫酸溶液中用氧化剂如 $H_2O_2$、$NaClO_3$、$NaNO_2$、$KClO_3$、$MnO_2$ 或在催化剂的作用下利用 $O_2$ 和空气将硫酸亚铁氧化成硫酸铁来制备：

$$2FeSO_4 + H_2SO_4 + [O] \longrightarrow Fe_2(SO_4)_3 + H_2O$$

由反应可见，每氧化 1mol $FeSO_4$ 需消耗 0.5mol 的 $H_2SO_4$。如果在溶液中 $H_2SO_4$ 与 $FeSO_4$ 物质的量之比小于 0.5，在氧化过程中就会有 $OH^-$ 取代 $SO_4^{2-}$ 生成碱式盐。

$$2Fe^{3+}+(3-\frac{n}{2})SO_4^{2-}+\frac{n}{2}H_2O+\frac{n}{2}[O]\longrightarrow Fe_2(OH)_n(SO_4)_{3-\frac{n}{2}}$$

为保证此过程的发生，在溶液中要控制 $SO_4^{2-}$ 总物质的量和总铁物质的量之比小于1.50。

在此条件下，$Fe_2(OH)_n(SO_4)_{3-\frac{n}{2}}$ 就会发生聚合，从而制备出聚合硫酸铁净水剂。反应为

$$mFe_2(OH)_n(SO_4)_{3-\frac{n}{2}}\longrightarrow[Fe_2(OH)_n(SO_4)_{3-\frac{n}{2}}]_m$$

应当指出，由于 $Fe^{3+}$ 的电荷较高，半径较小（$r_i$ 为 64pm)，在水中易水解，反应式如下：

$$Fe(H_2O)_6^{3+}\longrightarrow Fe(OH)(H_2O)_5^{2+}+H^+$$

$$2Fe(H_2O)_6^{3+}\longrightarrow[Fe(H_2O)_4(OH)_2Fe(H_2O)_4]^{4+}+2H^++2H_2O \qquad K=10^{-2.91}$$

且易发生聚合生成 $(HO)_2FeO\!\!-\!\!(FeOOH)_n\!\!-\!\!FeO$，$n$ 可以高达40～50。标准聚合硫酸铁样品的主要性能指标见表5-3。

**表 5-3 标准聚合硫酸铁样品的主要性能指标**

| 指标项目 | 密度 $\rho$(20℃)/(g·mL$^{-1}$) | 总铁量/(g·mL$^{-1}$) | pH | 黏度(20℃)/(Pa·s) |
|---|---|---|---|---|
| 性能指标 | >1.45 | >160 | 0.5～1.0 | 0.011～0.013 |

黏度是指流体或半流体受到外力作用流动时，液体分子间表现出的内摩擦力。一般分为动力黏度（$\mu$）和运动黏度（$\nu$)，计算方法是：

动力黏度＝时间(s)×黏度计常数($m^2\cdot s^{-2}$)×密度($kg\cdot m^{-3}$)

其单位为 Pa·s，即为 $kg\cdot m^{-1}\cdot s^{-1}$。

运动黏度＝时间(s)×黏度计常数($m^2\cdot s^{-2}$)

其单位为 $m^2\cdot s^{-1}$。

例如，若某品氏毛细管黏度计的黏度计常数为 $0.478mm^2\cdot s^{-2}$，测知试样在50℃时的流动时间为322.4s、322.6s、321.0s。在10～100℃温度范围内，要求每次所测流动时间与所测各次的平均流动时间差数不应超过±0.5，不符合此条件的流动时间则舍去，所测平均流动时间（$t$）和黏度计常数（$C_t$）的积，则是样品的指定温度（$T$）下的运动黏度

所以上述试样的 $\nu_{323}$ 为

$$\nu_T=C_t\cdot t \qquad (5\text{-}1)$$

$$\nu_{323}=0.487\times322=154(mm^2\cdot s^{-1})$$

## 三、实验用品

仪器：密度计（1.400～1.500)、恒温槽、磁力搅拌器、电动同步搅拌机、光电式混浊仪、品氏毛细管黏度计（内径0.8mm或1.0mm)、秒表、锥形瓶、量筒、电子天平等。

试剂：$FeSO_4\cdot7H_2O$ (s)、$H_2SO_4$（浓)、$NaClO_3$ (s)。

## 四、实验步骤

实验时按 $n_{总SO_4^{2-}}/n_{总Fe}$ 的比值为1.25，Fe含量为 $160g\cdot L^{-1}$，计算出制备100mL聚合硫酸铁所需 $FeSO_4\cdot7H_2O$ 和浓 $H_2SO_4$ 的量。

(1) 硫酸溶液配制

在250mL烧杯或锥形瓶中，加入45mL水，用量筒量出所需的浓 $H_2SO_4$，记录读数，倒入烧杯或锥形瓶中，放于磁力搅拌器上，打开磁力搅拌器，并加热到40～50℃，备用。

(2) 氧化、聚合硫酸铁的制备

在电子天平上称出所需 $FeSO_4 \cdot 7H_2O$ 晶体和 5g$NaClO_3$ 晶体，各分成 12 份，在硫酸溶液被搅拌的情况下，一次加入 $FeSO_4 \cdot 7H_2O$ 和 $NaClO_3$ 各两份，搅拌约 10min 后，按每隔 5min 加一份，直至加完。

为保证 $FeSO_4$ 氧化完全，最后再加 0.5g $NaClO_3$，继续搅拌 10～15min。冷却，倒入量筒读出其体积，记下数据，倒入干净的锥形瓶中，加水使总体积达到 100mL，混合均匀。

(3) 密度测定

将合成的聚合硫酸铁倒入一大量筒中，在恒温 20℃下，测其密度。

(4) 聚合硫酸铁黏度测定

聚合硫酸铁黏度测定可在品氏毛细管黏度计（图 5-1）中进行。为准确测定黏度，要把恒温槽温度调到 20℃，在此温度下黏度计应在恒温槽中恒温 20min。

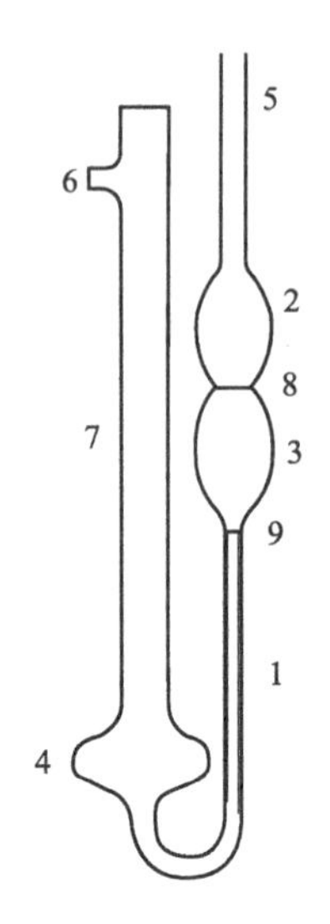


图 5-1　品氏黏度计

1—毛细管；2、3、4—扩张部分；5—样品吸入管；6—黏度计支管；7—管身；8、9—标线

① 装样品操作。用食指堵住管身 7 的管口，倒置，将样品吸入管 5 插入装有样品的容器中，用洗耳球从事先洗净烘干的黏度计支管 6 上的橡胶管处把样品吸入管 5 至标线 9 处，提起黏度计，使之恢复正置状态，用滤纸擦净样品吸入管 5 外面粘着的样品，要注意管身扩张部分 2、3 中的液体内不得有气泡和缝隙。随后，把橡胶管套在样品吸入管 5 上。

② 黏度测定。将装好样品的黏度计放入恒温槽，并把样品吸入管 5 上的扩张部分 2 浸 1/2 在水中，用夹子固定在铁架台上，并用铅垂线将黏度计调整成为垂直状态。用洗耳球从样品吸入管 5 上的橡胶管把样品吸入扩张部分 3 中，使样品达到标线 8 稍高处，用手指捏住橡胶管，注意样品中不得有气泡和缝隙，否则，重新操作。放开捏住橡胶管的手指，观察液态样品在样品吸入管 5 中的流动情况，待液面恰好到达标线 8 时，打开秒表，当液面到达标线 9 处时，停止秒表。记下时间。同法至少测 4 次。

将每次测得的时间相加求出算术平均值，把各次所测得的时间与平均值比较，保留差值不超过±0.5%的 3 个数据，再求出 3 个数据的算术平均值，即为所测样品的流动时间。把数据代入式（5-1），可求得聚合硫酸铁的运动黏度。

(5) 聚合硫酸铁的絮凝净水效果实验

在 1000mL 污水中加以铁计聚合硫酸铁 $20nL \cdot mL^{-1}$，用变速电动同步搅拌机以 150 $r \cdot min^{-1}$ 的速度搅拌 3min 后，再以 $60r \cdot min^{-1}$ 的速度搅拌 3min，静置 30min 后，吸取上层清液，用光电式混浊仪测定浊度。注意，饮用水的浊度要求在 5°以下。

## 五、注意事项

聚合硫酸铁溶液中除存在$[Fe_2(OH)_n(SO_4)_{3-\frac{n}{2}}]_m$ 聚合物外，存在着$[Fe_2(OH)_3]^{3+}$、$[Fe_3(OH)_6]^{3+}$……$[Fe_8(OH)_{20}]^{4+}$等多种聚合态铁的配合物，因此，具有优良的凝聚性。

## 六、思考题

① 制备聚合硫酸铁应主要注意什么问题?

② 为什么聚合硫酸铁能够用来净化水？有何优缺点?

③ 动力黏度与运动黏度有何联系和区别？各是怎样定义的？如何测定?

# 实验 53　纳米氧化锌粉的制备及质量分析

## 一、实验目的

了解纳米氧化锌的制备方法；熟悉纳米氧化锌产品的分析方法。

## 二、实验原理

氧化锌，又称锌白、锌氧粉。纳米氧化锌是一种新型高功能精细无机粉料，其粒径介于1～100nm之间。由于颗粒尺寸微细化，使得纳米氧化锌产生了其本体块状材料所不具备的表面效应、小尺寸效应、量子效应和宏观量子隧道效应等，因而使得纳米氧化锌在磁、光、电、敏感等方面具有一些特殊的性能。本产品主要用于制造气体传感器、荧光体、紫外线遮蔽材料（在整个200～400nm紫外光区有很强的吸光能力）、变阻器、图像记录材料、压电材料、高效催化剂、磁性材料和塑料薄膜等，也可用作天然橡胶、合成橡胶及胶乳的硫化活化剂和补强剂，此外，还广泛用于涂料、医药、油墨、造纸、搪瓷、玻璃、火柴、化妆品等工业行业。

本实验以 $ZnCl_2$ 和 $H_2C_2O_4$ 为原料。$ZnCl_2$ 和 $H_2C_2O_4$ 反应生成 $ZnC_2O_4 \cdot 2H_2O$ 沉淀，经焙烧后得纳米氧化锌粉。反应式如下：

$$ZnCl_2 + 2H_2O + H_2C_2O_4 = ZnC_2O_4 \cdot 2H_2O\downarrow + 2HCl$$

$$ZnC_2O_4 \cdot 2H_2O + \frac{1}{2}O_2 \xlongequal{\triangle} ZnO + 2CO_2\uparrow + 2H_2O$$

## 三、实验用品

仪器：电子天平、磁力搅拌器、真空干燥箱、减压过滤装置、马弗炉、烧杯、锥形瓶等。

试剂：$ZnCl_2$ (s)、$H_2C_2O_4$ (s)、HCl（1∶1）、$NH_3 \cdot H_2O$（1∶1）、$NH_3$-$NH_4Cl$ 缓冲溶液（pH=10）、铬黑T指示剂（0.5%）、EDTA标准溶液（0.0500mol·$L^{-1}$）。

## 四、实验步骤

（1）纳米氧化锌的制备

用电子天平称取2.0g $ZnCl_2$ 于100mL小烧杯中，加50mL$H_2O$溶解，配制成浓度约为0.3mol·$L^{-1}$的 $ZnCl_2$ 溶液。称取9g $H_2C_2O_4$ 于50mL小烧杯中，加40mL$H_2O$溶解，配制成浓度约为2.5mol·$L^{-1}$的 $H_2C_2O_4$ 溶液。

将上述两种溶液加到250mL烧杯中，在磁力搅拌器上搅拌，常温下反应2h，生成白色 $ZnC_2O_4 \cdot 2H_2O$ 沉淀。

过滤反应混合物，滤渣用蒸馏水洗涤干净后在真空干燥箱中于110℃下干燥。

干燥后的沉淀置于马弗炉中，在氧气气氛中于350～450℃下焙烧0.5～2h，得到白色（或淡黄色）纳米氧化锌粉。

（2）产品质量分析

① 氧化锌含量的测定。称取0.13～0.15g干燥试样（称准至0.0001g）置于250mL锥形瓶中，加少量水润湿，滴加HCl溶液（1∶1）至试样全部溶解后，加水50mL，用 $NH_3 \cdot H_2O$ 溶液（1∶1）中和至pH=7～8。再加入10mL $NH_3$-$NH_4Cl$ 缓冲溶液（pH=10）和5滴铬黑T指示剂（0.5%），用0.0500mol·$L^{-1}$ EDTA标准溶液滴定至溶液由葡萄紫色变为正蓝色，即为终点。

② 粒径的测定。利用透射电镜进行观测，确定粒径、粒径分布等。

③ 晶体结构的测定。利用X射线衍射仪检测粒子的晶型。

### 五、注意事项

为使 $ZnC_2O_4$ 氧化完全，在马弗炉中焙烧时应经常开启炉门，以保证充足的氧气。

### 六、思考题

① $ZnCO_3$ 分解也能得到 ZnO，试讨论本实验为何用 $ZnC_2O_4$ 而不用 $ZnCO_3$。

② $ZnC_2O_4$ 焙烧时为何需要 $O_2$？

## 实验 54　四碘化锡的制备

### 一、实验目的

掌握在非水溶剂中制备四碘化锡的原理和操作方法；掌握非水溶剂的重结晶方法。

### 二、实验原理

无水四碘化锡是橙红色、共价型立方晶体，密度 $4.50g \cdot cm^{-3}$（299K），熔点 416.5K，沸点 621K，约 453K 开始升华，受潮易水解，易溶于四氯化碳、三氯甲烷、二硫化碳、乙醚、苯等有机溶剂中，在石油醚和冰乙酸中溶解度较小。

本实验采用在非水溶剂中直接合成法制备无水四碘化锡。金属锡和碘在非水溶剂冰乙酸和乙酸酐体系中直接合成：

$$Sn + 2I_2 \longrightarrow SnI_4$$

用冰乙酸和乙酸酐作溶剂比用二硫化碳、四氯化碳、氯仿、苯等非水溶剂的毒性要小，产物不会水解，可以得到较纯的晶状产品。

### 三、实验用品

仪器：电子天平、圆底烧瓶、冷凝管、干燥管、抽滤瓶、滤纸。

药品：锡片（或锡箔）、碘、无水氯化钙、冰乙酸、乙酸酐、氯仿、$AgNO_3$ 溶液、$Pb(NO_3)_2$ 溶液、稀酸、稀碱。

### 四、实验步骤

（1）无水四碘化锡的制备

称取 0.5g 剪碎的锡片和 2.2g 碘置于洁净干燥的 100～150mL 圆底烧瓶中，再向其中加入 25mL 冰乙酸和 25mL 乙酸酐，加入少量沸石，以防爆沸。装好冷凝管和干燥管（图 5-2），用水冷却回流加热，保持回流状态 1～1.5h。当紫红色碘蒸气消失，溶液颜色由紫红变为深橙红色时停止加热，冷却至室温，可见到橙红色针状四碘化锡晶体析出，迅速抽滤。将晶体放在小烧杯中，加 20～30mL 氯仿，用小火水浴温热溶解后迅速抽滤，除去杂质（是什么杂质?）。滤液倒入蒸发皿中，在通风橱内不断搅拌滤液，促使溶剂挥发，待氯仿全部挥发后便可得到橙红色晶体（必要时可重复操作），最后称重，计算产率。

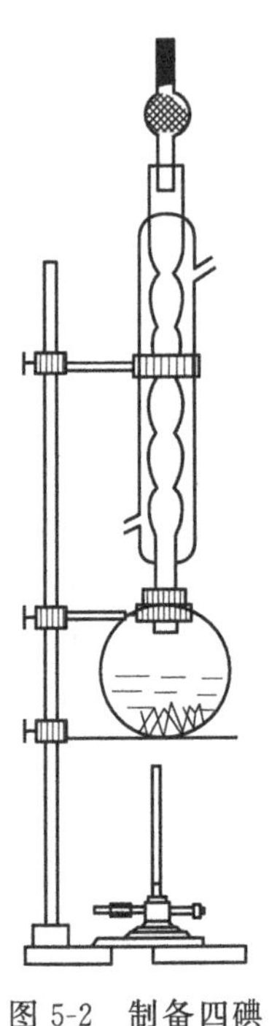

图 5-2　制备四碘化锡的装置

（2）性质检验

① 取少量四碘化锡固体于试管中，再向试管中加入少量蒸馏水，观察现象，写出反应式，其溶液及沉淀留作下面实验用。

② 取四碘化锡水解后的溶液，分别盛于两支试管中，一支滴加 $AgNO_3$ 溶液，另一支滴加 $Pb(NO_3)_2$ 溶液，观察现象，写出反应式。

③ 取实验步骤①中沉淀，分盛两支试管中，分别滴加稀酸、稀碱，观察现象，写出反应式。

### 五、思考题

① 本实验在操作中应注意什么问题？

② 若制备反应完毕，锡已经完全反应，但体系中还有少量碘，用什么方法除去？

③ 在合成四碘化锡时，以何种原料过量为好？为什么？

## 实验 55 磷酸锌的微波合成

### 一、实验目的

了解微波合成无机化合物的原理和方法；掌握微波合成磷酸锌的制备及操作。

### 二、实验原理

磷酸锌[$Zn_3(PO_4)_2 \cdot 2H_2O$]是一种新型防锈颜料，利用它可配制各种防锈涂料，从而代替氧化铅作为底漆。它的合成通常是采用硫酸锌、磷酸和尿素在水浴加热下反应，反应过程中尿素分解放出氨气并生成铵盐。过去反应需 4h 才完成，用微波加热，反应时间只需 10min，效率大大提高。化学反应式为：

$$3ZnSO_4 + 2H_3PO_4 + 3(NH_4)_2CO_3 + H_2O \xlongequal{\text{微波}} Zn_3(PO_4)_2 \cdot 4H_2O + 3(NH_4)_2SO_4 + 3CO_2\uparrow$$

所得的四水合晶体在 110℃烘箱中脱水即得二水合晶体。

### 三、实验用品

仪器：微波炉、电子天平、微型吸滤装置、烧杯、表面皿。

药品：$ZnSO_4 \cdot 7H_2O$、尿素、$H_3PO_4$、无水乙醇。

### 四、实验步骤

(1) 磷酸锌的制备

称取 2.0g$ZnSO_4 \cdot 7H_2O$，置于 50mL 烧杯中，加 1.0g 尿素和 1.0mL $H_3PO_4$，再加 20mL 水搅拌溶解，把烧杯置于水浴中，盖上表面皿，放进微波炉里。以大火挡（约 600W）辐射 10min，烧杯内隆起泡沫状物。停止辐射加热后，取出烧杯，用蒸馏水浸取、洗涤数次，减压过滤。晶体用水洗涤至滤液无 $SO_4^{2-}$ 为止。产品在 110℃烘箱中脱水得到 $Zn_3(PO_4)_2 \cdot 2H_2O$，称量计算产率。

(2) 磷酸锌含量测定

设计用 EDTA 标准溶液测定磷酸锌中锌的含量实验方案，测定其锌含量并与理论值比较。

### 五、注意事项

① 合成反应完成时，溶液的 pH 为 5～6，加尿素的目的是调节反应体系的酸碱性。

② 晶体最好洗涤至近中性再减压过滤。

③ 微波辐射对人体有害。微波炉在防止微波泄漏上有严格的措施，使用时要遵照有关操作程序与要求进行，以免造成伤害。

### 六、思考题

① 如何对产品进行定性检验？请拟出实验方案。

② 使用微波炉要注意哪些事项？

# 实验 56　三草酸合铁（Ⅲ）酸钾的合成及配离子组成测定

## 一、实验目的

应用沉淀、氧化还原、配位反应等有关化学原理制取三草酸合铁（Ⅲ）酸钾；用氧化还原滴定法测定三草酸合铁（Ⅲ）酸钾配离子组成中 $C_2O_4^{2-}$ 及 $Fe^{3+}$ 的含量。

## 二、实验原理

（1）三草酸合铁（Ⅲ）酸钾的制备

三草酸合铁（Ⅲ）酸钾 $K_3[Fe(C_2O_4)_3]\cdot 3H_2O$ 是翠绿色晶体，溶于水而难溶于乙醇，是制备负载型活性铁催化剂的主要原料。本实验是以 Fe(Ⅱ)盐为原料，通过沉淀、氧化还原、配位反应多步转化，最后制得 $K_3[Fe(C_2O_4)_3]\cdot 3H_2O$，主要反应为：

$$FeSO_4 + H_2C_2O_4 + 2H_2O \xlongequal{} FeC_2O_4\cdot 2H_2O + H_2SO_4$$

$$6FeC_2O_4\cdot 2H_2O + 3H_2O_2 + 6K_2C_2O_4 \xlongequal{} 4K_3[Fe(C_2O_4)_3] + 2Fe(OH)_3\downarrow + 12H_2O$$

$$2Fe(OH)_3 + 3H_2C_2O_4 + 3K_2C_2O_4 \xlongequal{} 2K_3[Fe(C_2O_4)_3] + 6H_2O$$

溶液中加入乙醇后，便析出三草酸合铁（Ⅲ）酸钾晶体。$K_3[Fe(C_2O_4)_3]\cdot 3H_2O$ 对光敏感，见光易分解。

（2）组成分析

配阴离子组成可通过化学分析方法进行测定。其中 $C_2O_4^{2-}$ 含量可直接用 $K_2Cr_2O_7$ 标准溶液在酸性介质中滴定：

$$C_2O_4^{2-} + Cr_2O_7^{2-} + 14H^+ \xlongequal{} 6CO_2\uparrow + 2Cr^{3+} + H_2O$$

$Fe^{3+}$ 含量可用还原剂 $SnCl_2$ 将它还原为 $Fe^{2+}$，再用 $K_2Cr_2O_7$ 标准溶液滴定。

$$2Fe^{3+} + Sn^{2+} \xlongequal{} 2Fe^{2+} + Sn^{4+}$$

为了将 $Fe^{3+}$ 全部还原为 $Fe^{2+}$，本实验中先用 $SnCl_2$ 将大部分 $Fe^{3+}$ 还原，然后用 $Na_2WO_4$ 作指示剂，用 $TiCl_3$ 将剩余的 $Fe^{3+}$ 还原为 $Fe^{2+}$：

$$Fe^{3+} + Ti^{3+} + H_2O \xlongequal{} Fe^{2+} + TiO^{2+} + 2H^+$$

$Fe^{3+}$ 定量还原为 $Fe^{2+}$ 后，过量 1 滴 $TiCl_3$ 溶液即可使无色 $Na_2WO_4$ 还原为“钨蓝”（钨的五价化合物），同时过量的 $Ti^{3+}$ 被氧化为 $TiO^{2+}$。为了消除溶液的蓝色，加入微量 $Cu^{2+}$ 作催化剂，利用水中的溶解氧将“钨蓝”氧化，蓝色消失，然后用 $K_2Cr_2O_7$ 标准溶液滴定 $Fe^{2+}$：

$$Cr_2O_7^{2-} + 6Fe^{2+} + 14H^+ \xlongequal{} 2Cr^{3+} + 6Fe^{2+} + 7H_2O$$

由于滴定过程中生成黄色的 $Fe^{3+}$，影响终点的正确判断，故加入 $H_3PO_4$，使之与 $Fe^{3+}$ 配位掩蔽生成无色的$[Fe(PO_4)_2]^{3-}$配阴离子，这样既消除 $Fe^{3+}$ 对滴定终点颜色的干扰，又减小了 $Fe^{3+}$ 浓度，从而降低了 $Fe^{3+}/Fe^{2+}$ 电对的条件电极电位，使滴定突跃范围的电位降低，用二苯胺磺酸钠指示剂能清楚、正确地判断终点。

## 三、实验用品

仪器：电子天平、烧杯、称量瓶、干燥器、容量瓶、锥形瓶。

试剂：$H_2SO_4$（$3mol\cdot L^{-1}$）、$H_2C_2O_4$（$1mol\cdot L^{-1}$）、$K_2C_2O_4$（饱和）、$H_2O_2$（3%）、$FeSO_4\cdot 7H_2O$（s）、HCl（$6mol\cdot L^{-1}$）、$K_2Cr_2O_7$（分析纯）、$SnCl_2$（15%）、$TiCl_3$（6%）、$CuSO_4$（0.4%）、$Na_2WO_4$（2.5%）、$H_2SO_4$-$H_3PO_4$ 混酸（200mL 浓 $H_2SO_4$ 在搅拌下缓慢注入 500mL 水中，再加 300mL 浓 $H_3PO_4$）、二苯胺磺酸钠指示剂（0.2%）。

## 四、实验步骤

(1) 三草酸合铁(Ⅲ)酸钾的合成

称取 4g $FeSO_4 \cdot 7H_2O$ 晶体于烧杯中，加入 15mL 去离子水和数滴 3mol·$L^{-1}$ $H_2SO_4$ 溶液酸化，加热使其溶解，然后加入 20mL 1mol·$L^{-1}$ $H_2C_2O_4$ 溶液，加热至沸腾，且不断进行搅拌，静置，待黄色 $FeC_2O_4 \cdot 2H_2O$ 晶体沉淀后，倾析弃去上层清液，晶体用少量去离子水洗涤 2～3 次。

在盛有黄色 $FeC_2O_4 \cdot 2H_2O$ 晶体的烧杯中，加入 10mL 饱和 $K_2C_2O_4$ 溶液，加热至 40℃左右，慢慢滴加 20mL 3% $H_2O_2$，并不断搅拌。此时沉淀转化为黄褐色(何物?)，将溶液加热至沸腾以去除过量 $H_2O_2$(为什么要去除?)，并分两次加入 8～9mL 1mol·$L^{-1}$ $H_2C_2O_4$，第一次加入 8mL，然后将剩余的 $H_2C_2O_4$ 慢慢滴入至沉淀溶解。此时溶液呈翠绿色，pH 约为 4～5(为什么要加 $H_2C_2O_4$，又为什么要分两次加入，$H_2C_2O_4$ 过量后有何影响?)，加热浓缩至溶液体积为 25～30mL，冷却，即有翠绿色 $K_3[Fe(C_2O_4)_3] \cdot 3H_2O$ 晶体析出。抽滤，称量，计算产率，将产物避光保存。

若 $K_3[Fe(C_2O_4)_3]$溶液未达饱和，冷却时不析出晶体，可以继续加热浓缩或加 95%乙醇溶液 5mL，即可析出晶体。

将 $K_3[Fe(C_2O_4)_3] \cdot 3H_2O$ 晶体放入称量瓶中，然后放入干燥器内，避光保存。

(2) 三草酸合铁(Ⅲ)酸钾配离子组成的测定

① 试液的配制。准确称取 $K_3[Fe(C_2O_4)_3] \cdot 3H_2O$ 1.0～1.2g(称准至四位有效数字)于烧杯中，加水溶解，定量转移到 250mL 容量瓶中，稀释至刻度，摇匀。

② $C_2O_4^{2-}$ 的测定。准确吸取试液 25mL 于 250mL 锥形瓶中，加入 3mol·$L^{-1}$ $H_2SO_4$ 10mL，0.2%二苯胺磺酸钠指示剂 2～3 滴，混匀，用 $K_2Cr_2O_7$ 标准溶液(按计算量配制)滴定至溶液呈紫红色并保持 30s 内不褪色，即达终点。由消耗的 $K_2Cr_2O_7$ 体积，计算 $C_2O_4^{2-}$ 的质量分数。

③ $Fe^{3+}$ 的测定。准确吸取试液 25mL 置于 250mL 锥形瓶中，加入 6mol·$L^{-1}$ HCl 溶液 10mL，加热至 75～80℃，逐滴加入 15% $SnCl_2$ 溶液至溶液呈浅黄色，使大部分 $Fe^{3+}$ 还原为 $Fe^{2+}$，加入 2.5% $Na_2WO_4$ 溶液 1mL，滴加 6% $TiCl_3$ 溶液至溶液呈蓝色，并过量 1 滴，加入 0.4% $CuSO_4$ 溶液 2 滴，去离子水 20mL，在冷水中冷却并振荡至蓝色褪尽。加入 $H_2SO_4$-$H_3PO_4$ 混酸 15mL，0.2%二苯胺磺酸钠指示剂 5 滴，然后用 $K_2Cr_2O_7$ 标准溶液(按计算量配制)滴定至溶液呈紫红色，并保持 30s 不褪色，即达终点。记下消耗的 $K_2Cr_2O_7$ 标准溶液的体积，用差减法计算 $Fe^{3+}$ 的质量分数。

## 五、注意事项

① $FeSO_4$ 溶液中，加数滴 $H_2SO_4$ 溶液酸化，以防 $FeSO_4$ 水解。若酸性太强，则不利于 $FeC_2O_4 \cdot 2H_2O$ 沉淀生成。加热虽然能加快非均相反应的速率，但加热又能促使 $H_2O_2$ 分解，因此温度不宜太高，一般在 40℃，即手感温热即可。

② 浓缩到达饱和时的体积大小由产率高低所决定。检验方法：当浓缩至体积为 25～30mL 时，稍冷却，如表面未出现晶膜，说明还未达到饱和，还需继续加热蒸发，直至稍冷后表面出现晶膜。

③ 在 $Fe^{3+}$ 的测定中，为了加速 $Fe^{3+}$ 的还原，应趁热滴加还原剂 $SnCl_2$ 与 $TiCl_3$(75～80℃)。$SnCl_2$ 加入量必须适量，滴加至溶液呈浅黄色。由于 $Fe^{3+}$ 和 $Sn^{2+}$ 反应速率较慢，若滴到浅黄色，经摇动后有可能会变成无色。此时 $SnCl_2$ 已过量，会导致分析结果偏高。若

$SnCl_2$ 滴入过量，可滴加 $KMnO_4$ 至溶液呈浅黄色（$KMnO_4$ 不计量），再按实验步骤进行。

### 六、思考题

① 设计一个实验，验证 $K_3[Fe(C_2O_4)_3]\cdot 3H_2O$ 是光敏物质，这一性质有何实用意义？

② 制得的 $K_3[Fe(C_2O_4)_3]\cdot 3H_2O$ 应如何保存？

③ 试分析 $Fe^{3+}$ 的测定中实验误差产生的原因。

④ $Fe^{3+}$ 的测定中，还原样品中的 $Fe^{3+}$ 要用 $SnCl_2$、$TiCl_3$ 两个还原剂。试讨论若只用其中一种还原剂还原 $Fe^{3+}$ 时，将对分析结果产生的影响。

⑤ $H_2SO_4$-$H_3PO_4$ 混酸的目的是什么？

## 实验 57　三氯化六氨合钴（Ⅲ）的制备及其化学式的确定

### 一、实验目的

加深理解配合物的形成对三价钴的稳定性的影响；掌握沉淀滴定法（莫尔法）测定氯离子含量的操作。

### 二、实验原理

在通常情况下，二价钴盐较三价钴盐稳定得多，而在它们的配合物状态下正相反，三价钴反而比二价钴稳定。通常采用空气或过氧化氢氧化二价钴的配合物的方法来制备三价钴的配合物。

氯化钴（Ⅲ）的氨合物有许多种，主要有三氯化六氨合钴（Ⅲ）$[Co(NH_3)_6]Cl_3$（橙黄色晶体）、三氯化一水五氨合钴（Ⅲ）$[Co(NH_3)_5H_2O]Cl_3$（砖红色晶体）、二氯化一氯五氨合钴（Ⅲ）$[Co(NH_3)_5Cl]Cl_2$（紫红色晶体）等，它们的制备条件各不相同。三氯化六氨合钴（Ⅲ）的制备条件是以活性炭为催化剂，用过氧化氢氧化有氨及氯化铵存在的氯化钴（Ⅱ）溶液。反应式为

$$2CoCl_2+2NH_4Cl+10NH_3+H_2O_2 = 2[Co(NH_3)_6]Cl_3+2H_2O$$

### 三、实验用品

仪器：锥形瓶、三口烧瓶、布氏漏斗、抽滤瓶、循环水真空泵、滴定管、氨的测定装置。

试剂：$CoCl_2\cdot 6H_2O$（s）、$NH_4Cl$（s）、活性炭、$NH_3\cdot H_2O$（浓）、KI（s）、$H_2O_2$（6%）、HCl（0.5mol·$L^{-1}$、6mol·$L^{-1}$、浓）、NaOH（0.5mol·$L^{-1}$、10%）、$Na_2S_2O_3$ 标准溶液（0.1mol·$L^{-1}$）、$AgNO_3$ 标准溶液（0.1mol·$L^{-1}$）、淀粉溶液（0.1%）、$K_2CrO_4$（5%），甲基红指示剂（0.1%）。

### 四、实验步骤

（1）$[Co(NH_3)_6]Cl_3$ 的制备

将 4.5g 研细的氯化钴（$CoCl_2\cdot 6H_2O$）和 3g$NH_4Cl$ 溶于 10mL 水中，加热溶解后倾入一盛有 0.3g 活性炭的 100mL 锥形瓶中。冷却后，加入 10mL $NH_3\cdot H_2O$（浓），进一步冷却至 10℃以下，缓慢滴加 10mL 6%的 $H_2O_2$ 溶液，同时搅拌。水浴加热至 60℃，保温 20min。以流水冷却后再以冰水浴冷却至 0℃左右。减压过滤，将沉淀溶于含有 1.5mL 浓盐酸的 40mL 沸水中。趁热减压过滤，慢慢加入 8mL 浓盐酸于滤液中，即有橙黄色晶体析出，冰水浴冷却。减压过滤，晶体用少量冷的稀盐酸洗涤。将产品在 105℃烘干 2h。

(2) $[Co(NH_3)_6]Cl_3$ 组成的测定

① 氨的测定。精确称取 0.2g 左右的产品，加 80mL 水溶解，注入图 5-3 所示的盛样品液的三口烧瓶中，然后逐滴加入 10mL 10%NaOH 溶液，通入水蒸气，将溶液中的氨全部蒸出，用 30.00mL 0.5mol·$L^{-1}$HCl 标准溶液吸收。蒸馏约 40～60min。取下接收瓶，加 2 滴 0.1%甲基红指示剂，用 0.5mol·$L^{-1}$NaOH 标准溶液滴定过剩的 HCl，计算氨的含量。

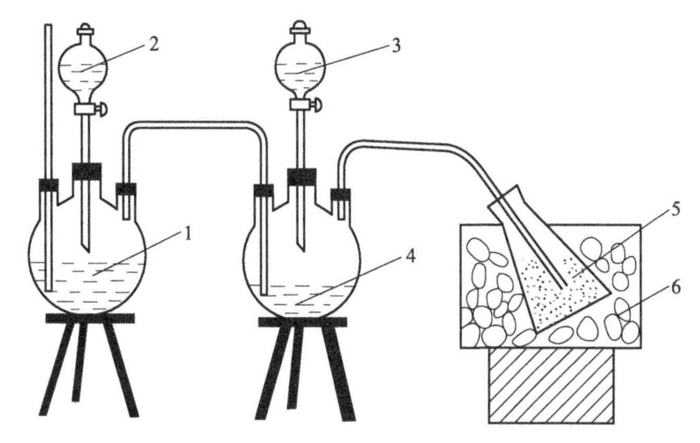


图 5-3 氨的测定装置

1，2—水；3—10%NaOH；4—样品液；5—0.5mol·$L^{-1}$HCl；6—冰盐水

② 钴的测定。精确称取 0.2g 左右的产品，加 20mL 水溶解。加入 10mL 10%NaOH 溶液，加热，将氨全部赶走后，冷却，也可取上面氨的测定中已赶走氨的样品液。加入 1g 碘化钾固体和 10mL 6mol·$L^{-1}$HCl 溶液，于暗处放置 5min 左右。用 0.1mol·$L^{-1}$$Na_2S_2O_3$ 标准溶液滴定到浅黄色，加入 5mL 新配的 0.1%淀粉溶液，再滴至蓝色消失。计算钴的含量。

③氯的测定。准确称取产品两份（自己计算所需的量），分别加入 25mL 水溶解。加入 1mL 5%$K_2CrO_4$ 溶液为指示剂，用 0.1mol·$L^{-1}$$AgNO_3$ 标准溶液滴定至出现淡红色不再消失为终点。计算氯的含量。

由以上测定氨、钴和氯的结果，写出产品的实验式。

### 五、思考题

① 在制备$[Co(NH_3)_6]Cl_3$ 过程中，$NH_4Cl$、活性炭和 $H_2O_2$ 各起什么作用?

② 在制备$[Co(NH_3)_6]Cl_3$ 过程中，为什么在溶液中加了 $H_2O_2$ 后要在 60℃恒温一段时间? 为什么在滤液中加入浓盐酸?

③ 测定钴含量时，样品液中加入 10%NaOH 溶液，加热后出现棕黑色沉淀，这是什么化合物? 加入 KI 和 6mol·$L^{-1}$HCl 溶液后，为什么要在暗处放置? 放置 5min 左右后，沉淀溶解，生成什么化合物?

④ 氯的测定原理是什么?

## 实验 58 卤代烃的制备

卤代烃是一类重要的有机合成中间体。通过卤代烷的亲核取代反应，能制备多种有用的化合物，如腈、胺、醚等。在无水乙醚中，卤代烃与金属钠作用制备生成格氏试剂（Grignard Reagent，RMgX），该试剂可以和醛、酮、酯等羰基化合物及二氧化碳反应，用来制备不同结构的醇和羧酸。多卤代物是实验室常用的有机溶剂。

## 一、实验目的

学习卤代烷烃的制备原理和方法，熟练掌握带有吸收有害气体装置的加热回流操作，进一步巩固液体产物的分离和提纯方法；通过溴苯的制备，加深对芳环上亲电取代反应的理解；进一步熟练蒸馏、回流、液态有机物的洗涤、干燥、分离等技术。

## 二、实验原理

卤代烃根据烃基的结构不同可分为卤代烷烃、卤代烯烃和卤代芳烃等，下面就其制备方法作一简单介绍。

卤代烷的制备有如下几种方法。

① 制备卤代烷常以结构相对应的醇和氢卤酸为原料，例如反应：

$$n\text{-}C_4H_9OH+HBr \longrightarrow n\text{-}C_4H_9Br+H_2O$$

$$n\text{-}C_4H_9OH+HCl \longrightarrow n\text{-}C_4H_9Cl+H_2O$$

卤代反应的速率随所用的氢卤酸和醇的结构不同而改变，在醇的结构不变时有 $HI>HBr>HCl$；对于同种氢卤酸，则有 $R_3COH>R_2CHOH>RCH_2OH$。

通常也采用醇与浓硫酸和氢卤酸盐反应：

$$n\text{-}C_4H_9OH+NaBr+H_2SO_4 \longrightarrow n\text{-}C_4H_9Br+NaHSO_4+H_2O$$

$$C_2H_5OH+NaBr+H_2SO_4 \longrightarrow C_2H_5Br+NaHSO_4+H_2O$$

值得注意的是，在发生取代反应的同时会发生消除反应，对于一级醇、二级醇可能还存在着分子重排反应。因此，针对不同的底物可能存在着醚、烯或重排的副产物，故应控制好反应条件，减少副反应的发生。此法多用于制备溴代烷。

② 醇和氯化亚砜（$SOCl_2$）反应。例如反应：

$$n\text{-}C_5H_{11}OH+SOCl_2 \longrightarrow n\text{-}C_5H_{11}Cl+HCl\uparrow+SO_2\uparrow$$

此方法是制备氯代烷烃较好的方法。产物中除氯代烷烃外都是气体，便于提纯，它具有无副反应、产率高、易提纯、纯度好等优点。

③ 醇与卤化磷反应。例如反应：

$$n\text{-}C_5H_{11}OH+PI_3 \longrightarrow n\text{-}C_5H_{11}I+H_3PO_3$$

常用的卤化磷有 $PCl_3$、$PCl_5$、$PBr_3$、$PI_3$，后两种通常采用在红磷存在下加溴或碘制得。

④ 二卤代烷烃通常采用烯烃和卤素发生加成反应制得。

卤代烯烃和卤代苄型的化合物通常采用 $\alpha$-H 的取代反应制得，如：

$$CH_3CH{=}CH_2 + \text{(O, NBr, O)} \xrightarrow[CCl_4,\triangle]{\text{过氧化苯甲酸}} BrCH_2CH{=}CH_2 + \text{(O, NH, O)}$$

芳环上的卤代反应方法通常是溴在铁屑催化剂条件下取代苯环上的氢，生成溴苯。这是发生在芳环上的亲电取代反应。

## 三、实验用品

仪器：圆底烧瓶、回流反应装置、蒸馏装置、锥形分液管、毛细管、梨形分液漏斗、三口烧瓶、搅拌器、两口烧瓶等。

试剂：正丁醇、溴化钠、浓硫酸、饱和碳酸氢钠溶液、饱和亚硫酸氢钠溶液、无水氯化钙、氢氧化钠（5%、10%）、仲丁醇、浓盐酸、无水氯化锌、无水苯、铁屑、液溴等。

## 四、实验步骤

(1) 正溴丁烷的合成

主反应：
$$NaBr+H_2SO_4 \longrightarrow HBr+NaHSO_4$$
$$n\text{-}C_4H_9OH+HBr \longrightarrow n\text{-}C_4H_9Br+H_2O$$

副反应：
$$CH_3CH_2CH_2CH_2OH \xrightarrow[\Delta]{\text{浓} H_2SO_4} CH_3CH_2CH{=}CH_2+H_2O$$
$$2CH_3CH_2CH_2CH_2OH \xrightarrow[\Delta]{\text{浓} H_2SO_4} (CH_3CH_2CH_2CH_2)_2O+H_2O$$
$$2HBr+H_2SO_4 \xrightarrow{\Delta} Br_2+SO_2+H_2O$$

① 常量合成。在 100mL 圆底烧瓶中，加入 20mL 水，慢慢滴入 24mL 浓硫酸，混合均匀，冷却后加入 15mL 正丁醇，混合均匀后加入 20g 研细的溴化钠，充分摇动，加沸石 2 粒，装好回流冷凝管及气体吸收装置（图 5-4）。用 5%氢氧化钠作吸收液。加热回流 1h，在此期间应不断地摇动反应装置，以使反应物充分接触。冷却后改为蒸馏装置，蒸出正溴丁烷粗品，剩余液体趁热倒入烧杯中，待冷却后，再倒入装有饱和亚硫酸氢钠溶液的废液桶中。粗产品倒入分液漏斗中，加 20mL 水洗涤分出水层，将有机相倒入另一干燥的分液漏斗中，用 10mL 浓硫酸洗涤，分出酸层（经中和后倒入下水道），有机相分别用 20mL 水、20mL 饱和碳酸氢钠溶液和 20mL 水洗涤后，用无水氯化钙干燥。蒸馏收集 99～103℃时的馏分，产率约 50%。

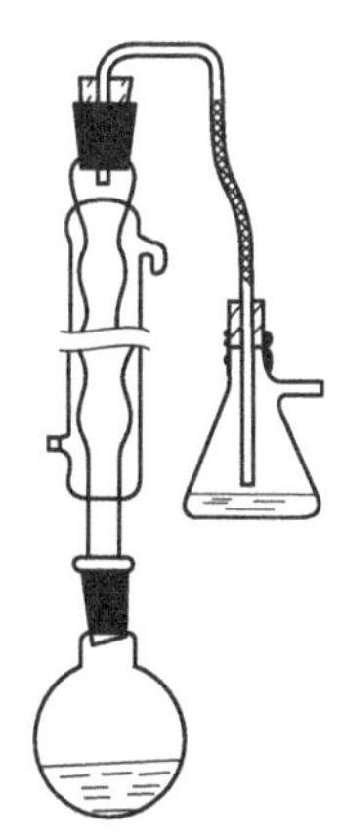
图 5-4　回流冷凝管及气体吸收装置

② 半微量合成。反应装置、方法和步骤与常量合成相同，只是将圆底烧瓶改为 50mL，所有的反应试剂和洗涤溶剂的用量均减半，加热回流时间为 40min。

③ 微量合成。在 3mL 的圆底烧瓶中，加入 0.2mL 水和滴入 0.24mL 浓硫酸，混合冷却，加入 0.15mL 正丁醇，混合均匀后加入 0.2g 研细的溴化钠，充分摇动，加沸石，装好回流冷凝管及气体吸收装置。此后操作同“常量合成”。用滴管将粗品转移至锥形分液管中，加 0.2mL 水洗涤。用毛细管向液体中鼓气泡，搅拌，洗涤，反复几次，静置待液体分层后，分出水层，将有机相转移至另一干燥的分液管中，用 0.2mL 浓硫酸洗涤，分出酸层（经中和后倒入下水道），有机相分别用 0.2mL 水、0.2mL 饱和碳酸氢钠溶液和 0.2mL 水洗涤后，用无水氯化钙干燥。蒸馏收集 99～103℃时的馏分。

纯正溴丁烷的沸点为 101.6℃，相对密度 $d_4^{20}$ 为 1.276，折射率 $n_D^{20}$ 为 1.4401。正溴丁烷的红外光谱如图 5-5 所示。

（2）2-氯丁烷的合成

反应式：
$$CH_3CH_2\underset{}{\overset{OH}{\overset{|}{C}}}HCH_3+HCl \xrightarrow{ZnCl_2} CH_3CH_2\overset{Cl}{\overset{|}{C}}HCH_3+H_2O$$

① 常量合成。在 100mL 圆底烧瓶上装好回流冷凝管及气体吸收装置，向反应瓶中加入 32g 无水氯化锌和 15mL 浓盐酸，使其溶为均相，冷却至室温。再加入 10mL 仲丁醇，缓和回流 1h。改用蒸馏装置，收集 115℃以下的馏分。用分液漏斗分出有机相，依次用 12mL 水、4mL 5%氢氧化钠溶液、12mL 水洗涤。用无水氯化钙干燥约 15min。用简单分馏装置收集 67～69℃的馏分，产率约 75%。

② 半微量合成。在 50mL 圆底烧瓶上装好回流冷凝管及气体吸收装置，向反应瓶中加入 16g 无水氯化锌和 7.5mL 浓盐酸，使其溶为均相，冷却至室温。再加入 5mL 仲丁醇，缓和回流 40min。改用蒸馏装置，收集 115℃以下的馏分。用分液漏斗分出有机相，依次用 6mL 水、2mL 5%氢氧化钠溶液、6mL 水洗涤。用无水氯化钙干燥约 10min。用简单分馏

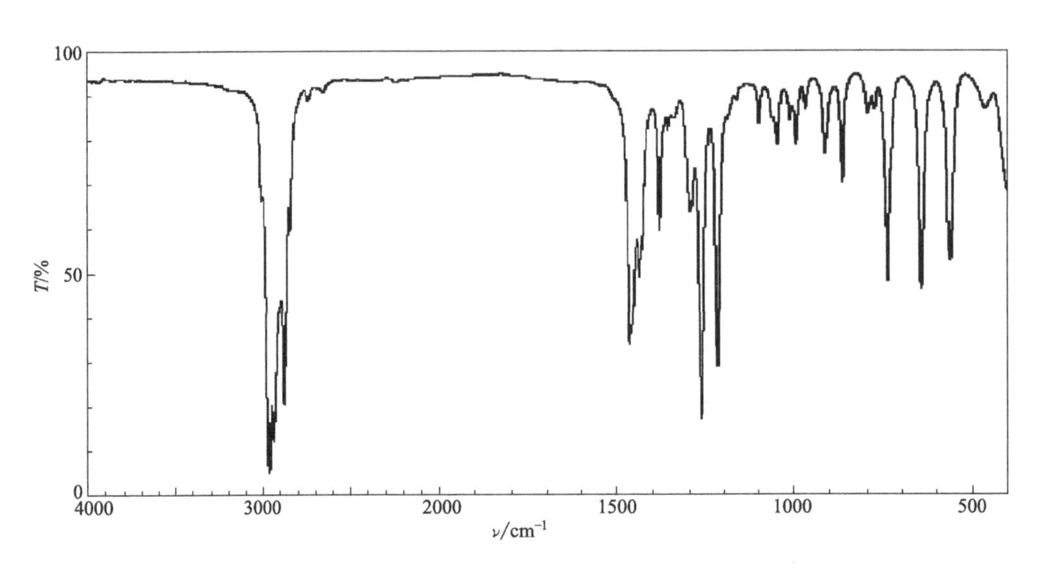


图 5-5 正溴丁烷的红外光谱

装置收集 67～69℃的馏分，产率 70%～75%。

③ 微量合成。在 25mL 圆底烧瓶上装好回流冷凝管及气体吸收装置，向反应瓶中加入 3.2g 无水氯化锌和 1.5mL 浓盐酸，使其溶为均相，冷却至室温。再加入 1mL 仲丁醇，缓和回流 20min。改用蒸馏装置，收集 115℃以下的馏分。用离心分液管分出有机相，依次用 2mL 水、0.5mL 5%氢氧化钠溶液、2mL 水洗涤。用无水氯化钙干燥约 10min。用简单分馏装置收集 67～69℃的馏分，产率 70%～75%。

纯 2-氯丁烷的沸点为 68.3℃，相对密度 $d_4^{20}$ 为 0.873，折射率 $n_D^{20}$ 为 1.4021。2-氯丁烷的红外光谱如图 5-6 所示。

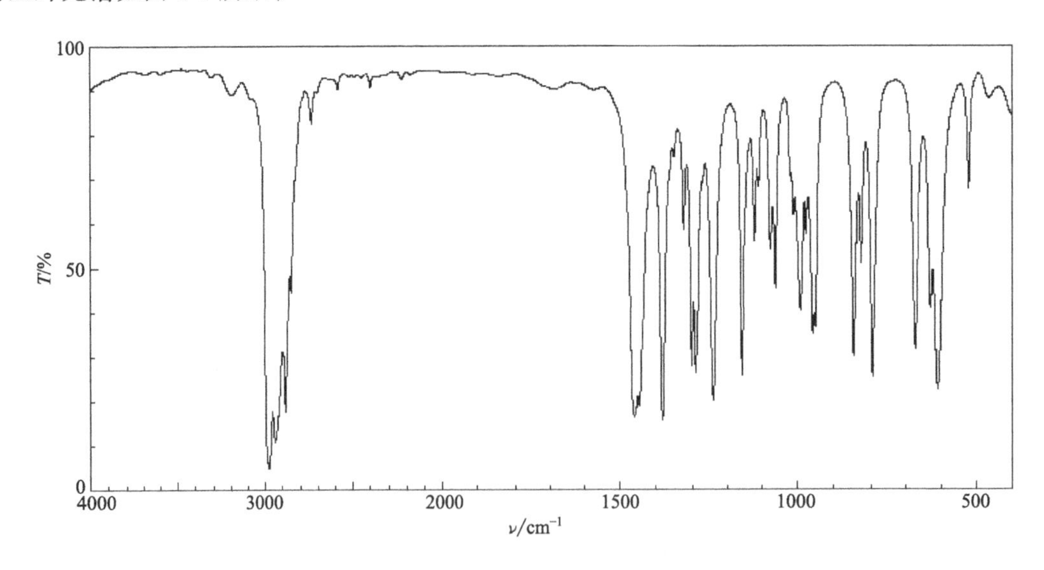


图 5-6 2-氯丁烷的红外光谱

(3) 溴苯的制备（普通合成和超声合成）

反应式：$C_6H_6 + Br_2 \xrightarrow{Fe} C_6H_5Br + HBr$

① 方法一（普通合成法）

a. 常量合成

在干燥的 50mL 三口烧瓶上分别装配好搅拌器、干燥的滴液漏斗和干燥的冷凝管，冷凝管上口连接无水氯化钙干燥管和溴化氢气体吸收装置（图 5-7）。在烧杯中装 10%氢氧化钠溶液，倒置的漏斗距液面 0.2～0.3cm，切勿浸入水中以防倒吸。

将 5.8mL 无水苯、0.15g 铁屑放入三口烧瓶，将液溴装入滴液漏斗。先滴加 0.5mL 左右的溴到三口烧瓶中，不要摇动，经片刻诱导期后反应即开始（必要时可用水浴温热），可观察到有溴化氢气体逸出。开动搅拌器，慢慢滴入其余的溴，控制滴速，以保持溶液微沸为宜，约 20～30min 加完溴。加完溴后，在 60～70℃热水浴中回流约 15min，直至无溴化氢气体逸出且冷凝管中无红棕色溴蒸气为止。

通过滴液漏斗向三口烧瓶中加入约 15mL 水，搅拌片刻后停止搅拌，拆下三口烧瓶，抽滤除去铁屑。将抽滤液移入分液漏斗，依次用 10mL 水、5mL10%氢氧化钠溶液和 10mL 水洗涤后，在干燥加塞的锥形瓶中用无水氯化钙干燥。将干燥的粗产品滤去氯化钙，移入蒸馏烧瓶中，先用水浴蒸去苯，而后在石棉网上用小火加热，当温度升至 135℃时迅速换上空气冷凝管，收集 145～170℃的馏分。将此馏分再蒸馏，收集 154～160℃的馏分，即为精制的溴苯产品。计量产量和产率。

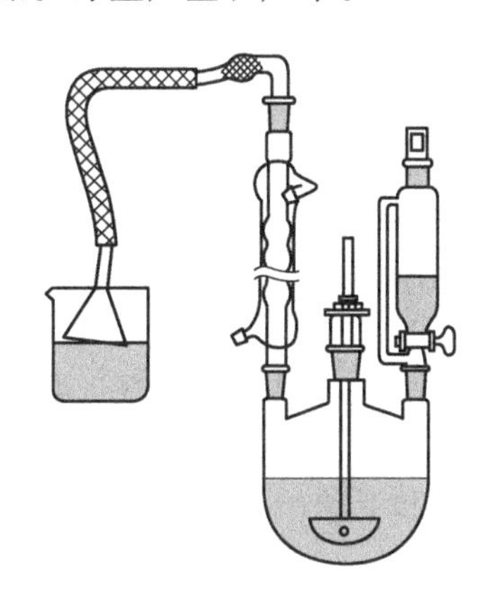

图 5-7　回流及吸收装置

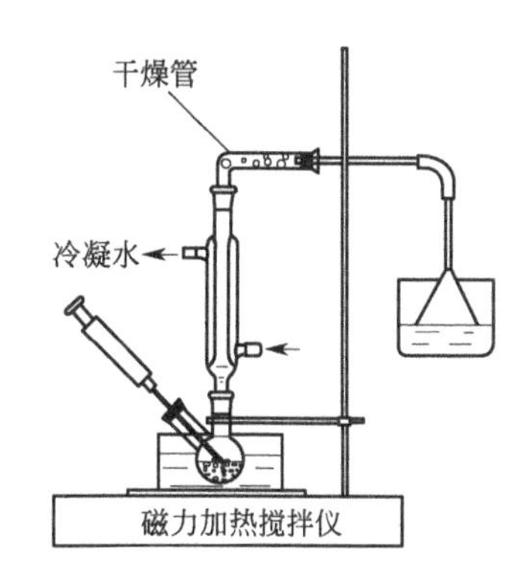


图 5-8　微型回流及吸收装置

b. 微量合成

在两口烧瓶内加入 2.2mL 无水苯、50mg 铁屑和搅拌磁子，一瓶口装上冷凝管，另一瓶口插入装有 1mL 溴的注射器（如图 5-8 所示）。先滴入少许溴，反应开始后，启动搅拌器，然后分几次滴加其余溴，使溶液呈微沸状态，加完溴后，将烧瓶置于 60～70℃水浴中加热 10min，直到不再有溴化氢气体逸出为止。

反应物冷却后，用毛细滴管将反应物移至离心试管中，再分别用 2mL 水、1mL 10%氢氧化钠溶液洗涤一次，最后用水洗涤两次（每次 2mL）。粗产品用无水氯化钙干燥后，移至 3mL 圆底烧瓶中，上接一个微型蒸馏头，水浴先蒸出未反应的苯，再换一个微型蒸馏头，隔石棉网加热，收集 140～160℃时的馏分，产量 1.915g，产率约 60%。

② 方法二（超声合成）

将 1.7mL 无水苯和 0.05g 催化剂铁屑加到 10mL 圆底烧瓶中，再将烧瓶固定在水槽式超声波清洗反应器里，搭好回流装置及气体吸收装置。启动超声波发生器开始振荡，量取

1.0mL 的溴，由瓶口一次性加到反应瓶中，立即装上回流冷凝管，振荡 20～30min 至瓶内溴的颜色基本褪去，停止反应。蒸馏，收集 150～175℃时的馏分，得一次蒸馏产物（主要为溴代苯）。将此馏分再蒸一次，收集 152～158℃时的馏分，产量为 2.0～3.0g。

纯溴苯为无色液体，沸点为 156℃，折射率 $n_D^{20}$ 为 1.5597。溴苯红外光谱如图 5-9 所示。

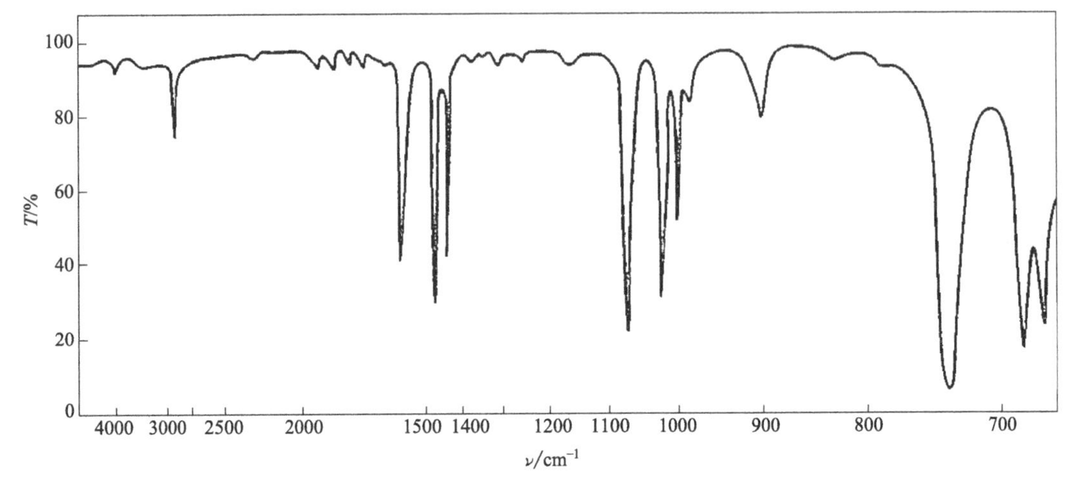


图 5-9 溴苯的红外光谱

## 五、注意事项

① 在正溴丁烷合成实验中按操作要求的顺序加料。

② 正溴丁烷粗品是否蒸完，可用以下三种方法进行判断：馏出液是否由混浊变为清亮；蒸馏瓶中液体上层的油层是否消失；取一表面皿，收集几滴馏出液，加入少量水摇动，观察是否有油珠存在，无油珠时说明正溴丁烷已蒸完。

③ 分液时，根据液体的密度来判断产物在上层还是在下层，如果一时难以判断，应将两相全部留下来。

④ 洗涤后产物如有红色，说明含有溴，应再加适量饱和亚硫酸氢钠溶液进行洗涤，将溴全部去除。

⑤ 正丁醇与溴丁烷可以形成共沸物（沸点为 98.6℃，含质量分数为 13%的正丁醇），蒸馏时很难去除。因此在用浓硫酸洗涤时应充分振荡。

⑥ 在 2-氯丁烷合成实验中，2-丁醇与氯离子极易发生反应生成氯丁烷。产物 2-氯丁烷不溶于酸，当反应瓶上层出现油珠状物质即为反应发生的标志。本反应中生成的烯烃，在蒸馏时已从产物中去除。如果用色质联用仪可检测到烯烃的存在。

⑦ 由于 2-氯丁烷沸点较低，操作时动作要快些，以免挥发而造成损失。

⑧ 在溴苯制备实验中，苯需用无水氯化钙干燥，实验所用的仪器必须干燥。

⑨ 溴代反应是放热反应，加溴速度过快则反应剧烈，二溴苯生成增多。

⑩ 溴在水中的溶解度较大，水洗时不能除尽，故需用氢氧化钠溶液洗涤。

⑪ 溴为剧毒、强腐蚀性药品，取溴操作应在通风橱中进行，并戴上防护眼镜和橡胶手套，注意不要吸入。

## 六、思考题

① 正溴丁烷合成实验中可能有哪些副反应发生？

② 各洗涤步骤洗涤目的是什么？

③ 加原料时如不按实验操作顺序加入会出现什么后果？

④ 2-氯丁烷合成实验中为什么用分馏装置收集产品而不用蒸馏装置收集产品？

⑤ 2-氯丁烷合成实验中，哪些因素会使产率降低？

⑥ 溴苯制备实验中溴化氢尾气吸收装置的原理是什么？

⑦ 溴苯制备实验中制备溴苯粗产品依次用水、氢氧化钠溶液、水洗涤的目的何在？

⑧ 溴苯制备实验由粗产品到精产品，为什么要蒸馏两次？一次行不行？为什么？

## 实验 59 醚的合成

多数醚的化学性质稳定，是常用的有机溶剂，有的还可以用作麻醉剂、抗震剂、香料添加剂及相转移催化剂等。但有些环氧化合物的化学性质活泼，如环氧乙烷是重要的有机化学中间体。

醚一般为无色、易挥发、易燃、易爆液体，与空气长期接触会发生自氧化反应，生成过氧化物。过氧化物具有爆炸性，使用久贮的醚时，需先检验其中是否有过氧化物。一般方法是取少量醚与等体积的 2%碘化钾-淀粉溶液混合，再加入几滴稀盐酸，摇动，观察，如有使淀粉溶液变蓝或变紫的现象，证明有过氧化物存在。除去过氧化物的方法可在分液漏斗中加入相当于醚体积 1/5 的新配制的硫酸亚铁溶液（在 110mL 水中加入 6mL 浓硫酸，然后加入 60g 硫酸亚铁），剧烈摇动，静置，分去水相，醚层再用上述方法检验，证明确实不存在过氧化物时，将醚层干燥，重蒸备用。

### 一、实验目的

学习硫酸脱水制醚的原理和制备方法，掌握分馏技术在有机合成中的应用；学习 Williamson 合成法。

### 二、实验原理

醚的制备方法主要有两种，一是由卤代烷或硫酸酯（如硫酸二甲酯、硫酸二乙酯）与醇钠或酚钠反应制备醚的方法称为 Williamson 合成法。此法既可以合成单醚，也可以合成混合醚，主要用于合成不对称醚，特别是制备芳基烷基醚的产率较高。反应机制是烷氧（酚氧）负离子对卤代烷或硫酸酯的亲核取代反应（$S_N2$）。冠醚就是用这种方法合成的。由于烷氧负离子是一种较强的碱，在与卤代烷反应时总伴随有卤代烷的消除反应，产物是烯烃，尤其三级卤代烷，主要不是生成取代产物而是消除产物烯烃。因此，用 Williamson 法制备醚，不能用三级卤代烷，而主要用一级卤代烷。

直接连在芳环上的卤素不容易被亲核试剂取代，因此由芳烃和脂肪烃组成的醚，不用卤代芳烃和脂肪醇钠制备，而用相应的酚钠与相应脂肪卤代烃制备，酚是比水强的酸，因此酚的钠盐可以用酚和氢氧化钠制备。

$$C_6H_5OH + NaOH \longrightarrow C_6H_5ONa + H_2O$$

而醇的酸性比水弱，因此制备醇钠必须用金属钠和干燥的醇来制备。

$$2ROH + 2Na \longrightarrow 2RONa + H_2$$

二是在酸存在下，两分子醇可进行分子间脱水反应。此法适用于制备对称的醚即单醚。反应是通过质子和醇先形鎓盐，使碳氧键的极性增强，烷基中的碳原子带有部分正电荷，另一分子醇羟基与之发生亲核取代，生成二烷基鎓盐离子，然后失去质子得到醚。

$$ROH \underset{}{\overset{H^+}{\rightleftharpoons}} R-\overset{\overset{H}{|}}{\underset{+}{O}}-H \xrightleftharpoons{ROH,\,-H_2O} R-\overset{\overset{R}{|}}{\underset{+}{O}}-H \xrightleftharpoons{-H^+} R-O-R$$

该反应是平衡反应，为了使反应向右进行，有两种方法，一是增加原料，二是反应过程中不断蒸出产物醚。反应产物与温度的关系很大：在 90℃以下醇与硫酸失水生成硫酸酯；在较高温度（140℃左右）下，两个醇分子之间失水生成醚；在更高温度（大于 170℃）下，醇分子内脱水生成烯。因此要获得哪种产物，主要依靠控制反应条件。然而无论在哪一条件下，副产物总是不可避免的。分子间失水，一级醇是按双分子亲核取代反应（$S_N2$）机制进行反应；二级、三级醇一般按单分子亲核取代（$S_N1$）机制进行反应。

## 三、实验用品

仪器：圆底烧瓶、分馏柱、直形冷凝管、尾接管、接收瓶、搅拌器、回流冷凝管、恒压滴液漏斗、三口烧瓶、分水器等。

试剂：叔丁醇、正丁醇、甲醇、硫酸（15%）、无水碳酸钠、苯酚、氢氧化钠（5%）、溴乙烷、乙醚、无水氯化钙、饱和食盐水、$Na_2SO_3$（10%）、氯化钙（饱和）等。

## 四、实验步骤

（1）甲基叔丁基醚（无铅汽油抗震剂）的合成

甲基叔丁基醚（*t*-butyl methyl ether）具有优良的抗震性，对环境无污染，工业上可由异丁烯和甲醇为原料，经强酸性阳离子交换树脂催化反应而制得。在实验室，它既可用 Williamson 合成制醚法制取，也可用硫酸脱水法合成。因为叔丁醇在酸催化下容易形成较稳定的碳正离子，继而与甲醇作用生成混合醚。

反应式：

$$CH_3-\underset{CH_3}{\overset{CH_3}{\underset{|}{\overset{|}{C}}}}-OH + CH_3OH \xrightarrow{15\%H_2SO_4} CH_3-\underset{CH_3}{\overset{CH_3}{\underset{|}{\overset{|}{C}}}}-O-CH_3 + H_2O$$

① 常量合成。在 100mL 圆底烧瓶上配置分馏柱，分馏柱顶端装上温度计，在其支管处依序配置直形冷凝管、尾接管和接收瓶。尾接管支管连接乳胶管并导入水槽。接收瓶置于冰浴中。将 35mL 15%硫酸、8mL 甲醇和 9.5mL 叔丁醇加到圆底烧瓶中，振摇使之混合均匀。投入几颗沸石，小火加热。收集 49～53℃时的馏分。将收集液转入分液漏斗，依次用水、10%$Na_2SO_3$ 溶液、水洗涤，以除去醚层中的醇和可能有的过氧化物。当醇洗净时，醚层显得清澈透明。然后用无水碳酸钠干燥、蒸馏、收集 53～56℃时的馏分，称量、测折射率并计算产率。

② 半微量合成。实验方法同上，只是将圆底烧瓶改为 50mL，试剂加入量分别改为 25mL 15%硫酸、5.7mL 甲醇和 6.8mL 叔丁醇。

纯甲基叔丁基醚为无色透明液体，沸点为 55～56℃，相对密度 $d_4^{18}$ 为 0.740，折射率 $n_D^{20}$ 为 1.3690。甲基叔丁基醚的红外光谱如图 5-10。

（2）苯乙醚的合成

反应式：

$$PhOH + NaOH \longrightarrow PhONa + H_2O$$

$$PhONa + CH_3CH_2Br \longrightarrow PhOCH_2CH_3 + NaBr$$

① 常量合成。在 100mL 三口烧瓶中，装上搅拌器、回流冷凝管和恒压滴液漏斗（图 5-11）。将 7.5g 苯酚、4g 氢氧化钠和 4mL 水加入瓶中，开动搅拌器，用水浴加热使固体全部溶解，控制水浴温度在 80～90℃之间，并开始慢慢滴加 8.5mL 溴乙烷，大约 1h 可滴加完毕，然后继续保温搅拌 2h，并降至室温。加适量水（10～20mL）使固体全部溶解。将液体转入到分液漏斗中，分出水相，有机相用等体积饱和食盐水洗两次（若有乳化现象，可减压过滤），分出有机相，将两次洗涤液合并，用无水氯化钙干燥。先用水浴蒸出乙醚，然后再常压蒸馏收集 171～183℃时的馏分。产物为无色透明液体，质量约 5～6g。

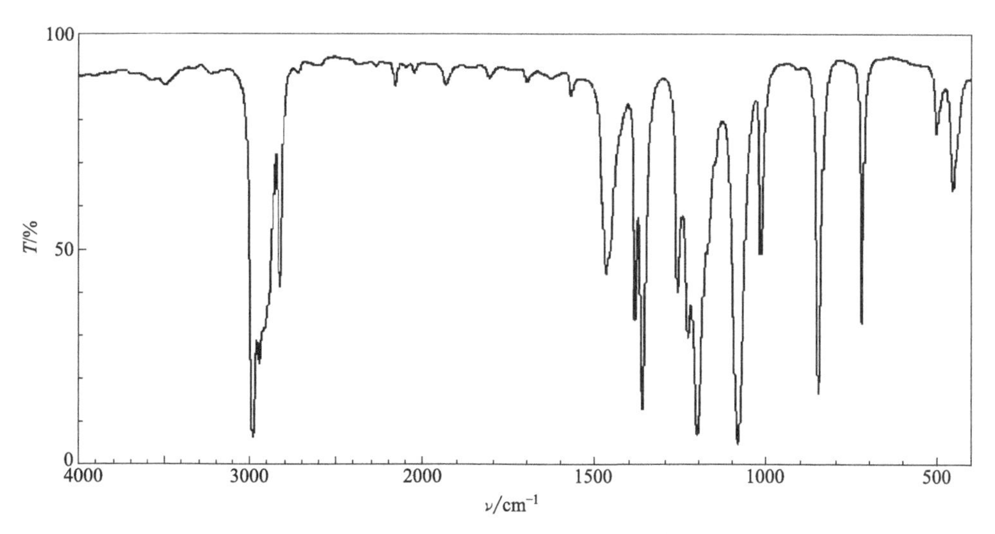


图 5-10 甲基叔丁基醚的红外光谱

② 半微量合成。装置安装同常量合成，在 50mL 三口烧瓶中加入 3.75g 苯酚、2g 氢氧化钠和 2mL 水，开动搅拌器，用水浴加热使固体全部溶解，控制水浴温度在 80～90℃之间，并开始慢慢滴加 4.25mL 溴乙烷，大约 40min 可滴加完毕，然后继续保温搅拌 1h，并降至室温。加适量水（5～10mL）使固体全部溶解。产品分离提纯方法同常量合成。

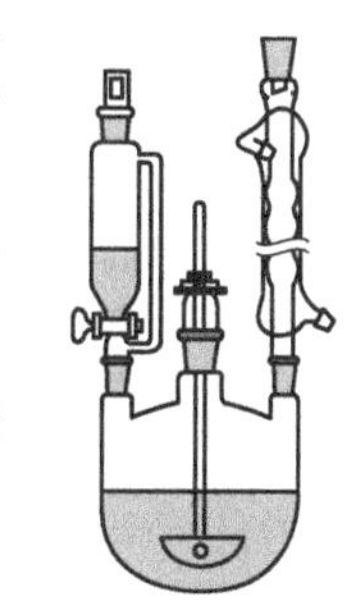

图 5-11 回流装置

③ 微量合成。装置安装同常量合成，在 25mL 三口烧瓶中加入 1.87g 苯酚、1g 氢氧化钠和 1mL 水，开动搅拌器，用水浴加热使固体全部溶解，控制水浴温度在 80～90℃之间，并开始慢慢滴加 2.2mL 溴乙烷，大约 20min 可滴加完毕，然后继续保温搅拌 0.5h，并降至室温。加适量水（2.5～5mL）使固体全部溶解。产品分离提纯方法同常量合成。

纯苯乙醚为无色透明液体，沸点 172℃，相对密度 $d_4^{18}$ 为 0.97。苯乙醚的红外光谱如图 5-12 所示。

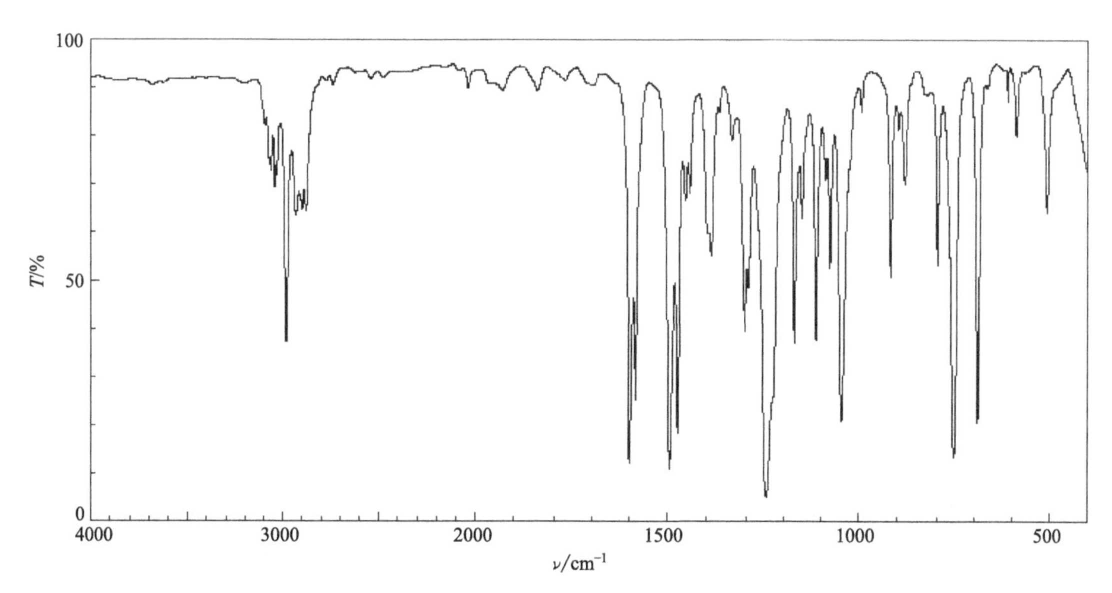


图 5-12 苯乙醚的红外光谱

(3) 正丁醚的合成

主反应：$2CH_3CH_2CH_2CH_2OH \xrightleftharpoons[135℃]{浓 H_2SO_4} CH_3CH_2CH_2CH_2OCH_2CH_2CH_2CH_3 + H_2O$

副反应：　$CH_3CH_2CH_2CH_2OH \xrightleftharpoons{浓 H_2SO_4} CH_3CH_2CH{=\!=}CH_2 + H_2O$

在 100mL 三口烧瓶中，加入 31mL 正丁醇、4.5mL 浓硫酸和几粒沸石，摇匀后按图 5-13 装置仪器。三口烧瓶一侧口装上温度计，温度计水银球应浸入液面以下，中间口装分水器，分水器上接一回流冷凝管，先在分水器内加入（$V$-3.5）mL 水（$V$ 为分水器体积），另一口用塞子塞紧。然后将烧瓶加热，保持反应物微沸，回流分水。随着反应进行，回流液经冷凝管收集于分水器内，分液后水层沉于下层，上层有机相积至分水器支管时，即可返回烧瓶。当烧瓶内反应物温度上升至 135℃左右，分水器全部被水充满时，即可停止反应，大约 1.5h，若继续加热，则反应液变黑并有较多的副产物烯生成。

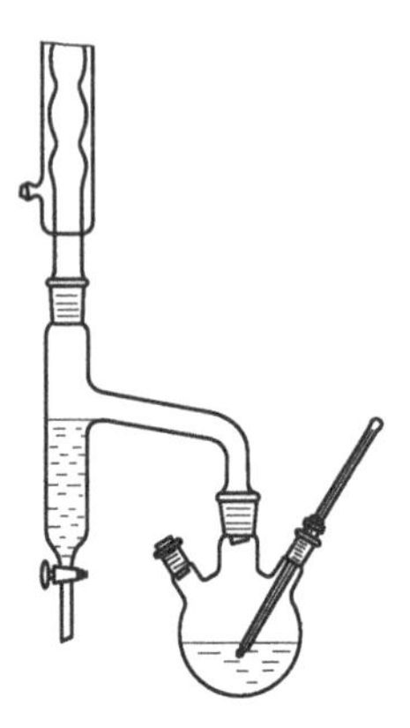

图 5-13　分水装置

待反应液冷至室温后，倒入盛有 50mL 水的分液漏斗中，充分摇振，静置分层后弃去下层液体，上层粗产物依次用 25mL 水、15mL 5%氢氧化钠溶液、15mL 水和 15mL 饱和氯化钙溶液洗涤，然后用 1～2g 无水氯化钙干燥。干燥后的产物滤入 25mL 蒸馏瓶中，蒸馏，收集 140～144℃时的馏分，称重，计算产率。

纯正丁醚的沸点为 142.4℃，相对密度 $d_4^{18}$ 为 0.7704，折射率 $n_D^{20}$ 为 1.3992。正丁醚的红外光谱如图 5-14 所示。

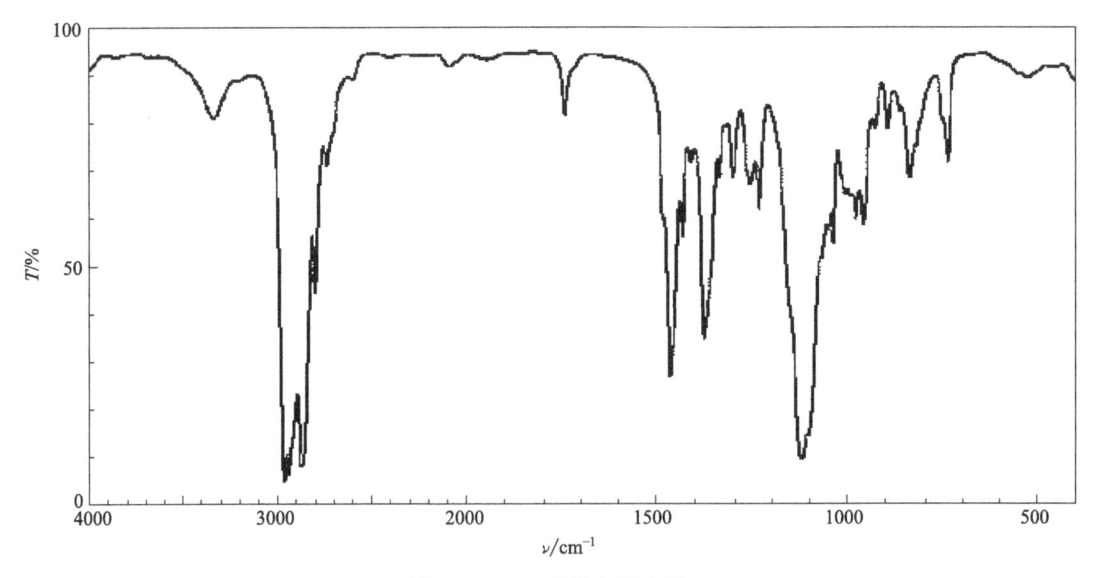


图 5-14　正丁醚的红外光谱

## 五、注意事项

① 甲基叔丁基醚合成实验中叔丁醇熔点为 25.5℃，沸点为 82.5℃，有少量水存在时呈液体。如果室温较低，加料困难时，可以加入少量水，使之液化后再加料。

② 甲醇的沸点为 64.5℃，叔丁醇的沸点为 82.5℃，叔丁醇与水的恒沸混合物（含醇 88.3%）的沸点为 79.9℃，所以分馏时温度尽量控制在 51℃左右（醚水恒沸混合物），不超

过 53℃为宜。

③ 分馏后期，馏出速度大大减慢，此时略微调高温度，当柱顶温度有较大波动时，说明反应瓶中甲基叔丁基醚已基本馏出。

④ 在苯乙醚合成实验中，溴乙烷沸点低，实验时回流冷却水流量要大，或加入冰块，才能保证有足够量的溴乙烷参与反应。

⑤ 若有结块出现，则停止滴加溴乙烷，待充分搅拌后再继续滴加。

⑥ 蒸去乙醚时不能用明火加热，将尾气通入下水道，以防乙醚蒸气外漏引起着火。

⑦ 正丁醚合成实验根据理论计算失水体积为 3mL，实际分出水的体积略大于计算量，故分水器放满水后先分掉约 3.5mL。

⑧ 制备正丁醚的较宜温度为 130～140℃，但这一温度在回流时很难达到，因为正丁醚可与水共沸（沸点 94.1℃，含水 33.4%）；另外，正丁醚与水及正丁醇形成三元共沸物（沸点 90.6℃，含水 29.9%，正丁醇 34.6%），正丁醇与水也可形成共沸物（沸点 92.4℃，含水 38%）。故应控制温度在 90～100℃之间较合适，而实际操作是在 100～115℃之间。

⑨ 在碱洗过程中，不要太剧烈地摇动分液漏斗，否则生成的乳浊液很难破坏而影响分离。

### 六、思考题

① 通常，混合醚的制备宜采用 Williamson 合成法，为什么甲基叔丁基醚合成实验中可以用硫酸催化脱水法制备？

② 为什么要以稀硫酸作催化剂？如果采用浓硫酸会使反应产生什么结果？

③ 反应过程中，为何要严格控制馏出温度？馏出速度过快或馏出温度过高，会对反应带来什么影响？

④ 制备苯乙醚时，用饱和食盐水洗涤的目的是什么？

⑤ 反应中，回流的液体是什么？出现的固体又是什么？为什么恒温到后期回流不明显了？

⑥ 制备正丁醚和制备乙醚在实验操作上有什么不同？为什么？

⑦ 试根据正丁醚合成实验中正丁醇的用量计算应生成的水的体积。

⑧ 反应结束后为什么要将混合物倒入 50mL 水中？各步洗涤的目的何在？

⑨ 能否用正丁醚合成实验的方法由乙醇和 2-丁醇制备乙基仲丁基醚？你认为用什么方法比较合适？

## 实验 60　格氏反应

格氏（Grignard）反应是实验室制备醇的重要方法之一。

由于格氏试剂化学性质活泼，在实验中应避免水、氧和二氧化碳的存在。因此，实验所用的仪器应全部干燥，试剂应经过严格无水处理。因为格氏反应通常是在无水乙醚溶液中进行的，反应时乙醚的蒸气可以把格氏试剂与空气隔绝开，所以反应时不用惰性气体保护，但是如果过夜保存，则需要用惰性气体保存。

在用格氏试剂和醛、酮、酯等反应制备仲醇和叔醇时，实际上包括加成和水解两步反应：

$$\underset{(H)R''}{\overset{R'}{\diagdown}}CH{=}O + R{-}Mg{-}X \longrightarrow \begin{matrix}(H)R'' & & R' \\ & C & \\ XMgO & & R\end{matrix} \xrightarrow{H_2O} \begin{matrix}(H)R'' & & R' \\ & C & \\ HO & & R\end{matrix} + Mg\begin{matrix}OH \\ \\ X\end{matrix}$$

格氏试剂的生成反应以及加成和水解反应，都是放热反应。因此，在实验中，必须注意控制加料速度和反应温度等条件。

## 一、实验目的

学习格氏试剂的制备、应用，掌握格氏反应条件；学习无水操作技能；巩固回流、萃取、重结晶等操作。

## 二、实验原理

镁与许多脂肪族、芳香族卤代烃反应生成烃基卤代镁（RMgX），即格氏试剂。格氏试剂是一种化学性质非常活泼的金属有机化合物，它能与醛、酮、酯和二氧化碳反应生成相应的醇或羧酸，与含有活泼氢的化合物（如水、醇、羧酸等）反应生成相应的烷烃等。

$$R—X + Mg \xrightarrow{\text{无水乙醚}} R—Mg—X$$

## 三、实验用品

仪器：三口烧瓶、搅拌器、回流冷凝管、恒压滴液漏斗等。

试剂：正溴丁烷、镁屑、无水乙醚、丙酮、20%硫酸溶液、无水碳酸钾、15%碳酸钠溶液、碘、2-氯丁烷、浓盐酸、25%氢氧化钠溶液、氯化钠、无水硫酸钙、无水氯化钙等。

## 四、实验步骤

（1）2-甲基-2-己醇的合成

反应式：

$$n\text{-}C_4H_9—Br + Mg \xrightarrow{\text{无水乙醚}} n\text{-}C_4H_9MgBr$$

$$n\text{-}C_4H_9MgBr + CH_3COCH_3 \xrightarrow{\text{无水乙醚}} n\text{-}C_4H_9—\overset{\overset{\large OMgBr}{|}}{\underset{\underset{\large CH_3}{|}}{C}}—CH_3 \xrightarrow{H_3O^+} n\text{-}C_4H_9—\overset{\overset{\large OH}{|}}{\underset{\underset{\large CH_3}{|}}{C}}—CH_3$$

① 常量合成。实验安装如图 5-15 所示，向 250mL 装有搅拌器、回流冷凝管（上面装干燥管）和恒压滴液漏斗的三口烧瓶中，加入 3.2g 镁屑、20mL 无水乙醚和 1 小粒碘。在恒压滴液漏斗中加入 15mL 无水乙醚和 13.5mL 正溴丁烷，混合均匀。先往反应瓶中加入 5mL 正溴丁烷-乙醚混合液，数分钟后反应开始，反应液呈灰色并微沸，碘的颜色消失。若不发生反应，可用温水浴加热，反应开始比较剧烈，必要时可用冷水浴冷却。待反应由激烈转入缓和后，开动搅拌器并开始滴加正溴丁烷-乙醚混合液，注意滴加速度不宜太快。滴加完毕，再水浴回流 30min，使镁屑几乎作用完全。将上面制好的格氏试剂在冷水浴冷却和搅拌下，自滴液漏斗滴加 10mL 丙酮与 15mL 无水乙醚的混合液，控制加入速度，保持微沸，加完后继续搅拌 15min，此时，溶液呈黑灰色黏稠状。在冷水浴搅拌条件下，加入 20%硫酸溶液 50～60mL。加完后，将液体转入 250mL 的滴液漏斗中，分出乙醚层。水层用 30mL 乙醚分 2 次萃取，合并乙醚溶液并用 30mL 15%的碳酸钠溶液洗涤一次，用无水碳酸钾干燥有机相。用热水浴蒸出乙醚，再蒸出产品，收集 139～143℃的馏分，称重，计算产率，约 50%。

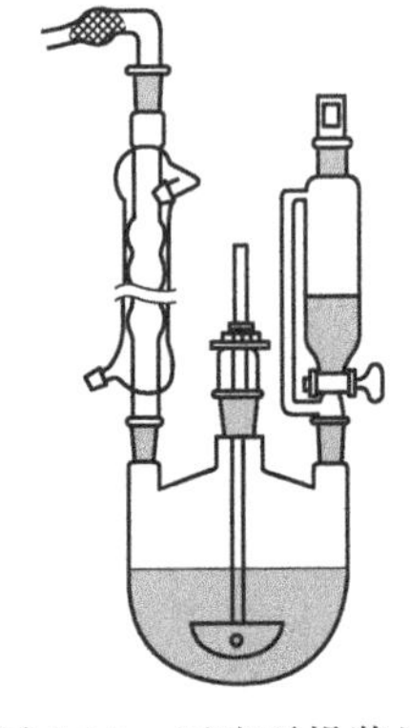

图 5-15　回流干燥装置

② 微量合成。装置安装如常量合成。向 100mL 三口瓶中加入 0.8g 镁屑、5mL 无水乙醚和 1 小粒碘。在恒压滴液漏斗中加入 4mL 无水乙醚和 3.5mL 正溴丁烷，混合均匀。先往反应瓶中加入 2～3mL 正溴丁烷-乙醚混合液，数分钟后反应开始，反应液呈灰色并微沸，碘的颜色消失。若不发生反应，可用温水浴加热，反应开始比较剧烈，必要时可用冷水浴冷却。待反应由激烈转入缓和后，开动搅拌器并开始滴加正溴丁烷-乙醚混合液，注意滴加速度不宜太快。滴加完毕，再水浴回流 30min，使镁屑几乎作用完全。在冷水浴冷却和搅拌

下，自滴液漏斗滴加 2.5mL 丙酮与 4mL 无水乙醚的混合液，控制加入速度，保持微沸，加完后继续搅拌 15min，此时，溶液呈黑灰色黏稠状。在冷水浴搅拌条件下，加入 20%硫酸溶液 15mL。加完后，将液体转入 100mL 的滴液漏斗中，分出乙醚层，水层用 15mL 乙醚分 2 次萃取，合并乙醚溶液并用 10mL 15%的碳酸钠溶液洗涤一次，用无水碳酸钾干燥有机相。用热水浴先蒸出乙醚，再蒸出产品，收集 139～143℃ 的馏分，称重，计算产率，约 50%。

纯 2-甲基-2-己醇的沸点为 143℃，相对密度 $d_4^{20}$ 为 0.8119，折射率 $n_D^{20}$ 为 1.4175。2-甲基-2-己醇的红外光谱如图 5-16 所示。

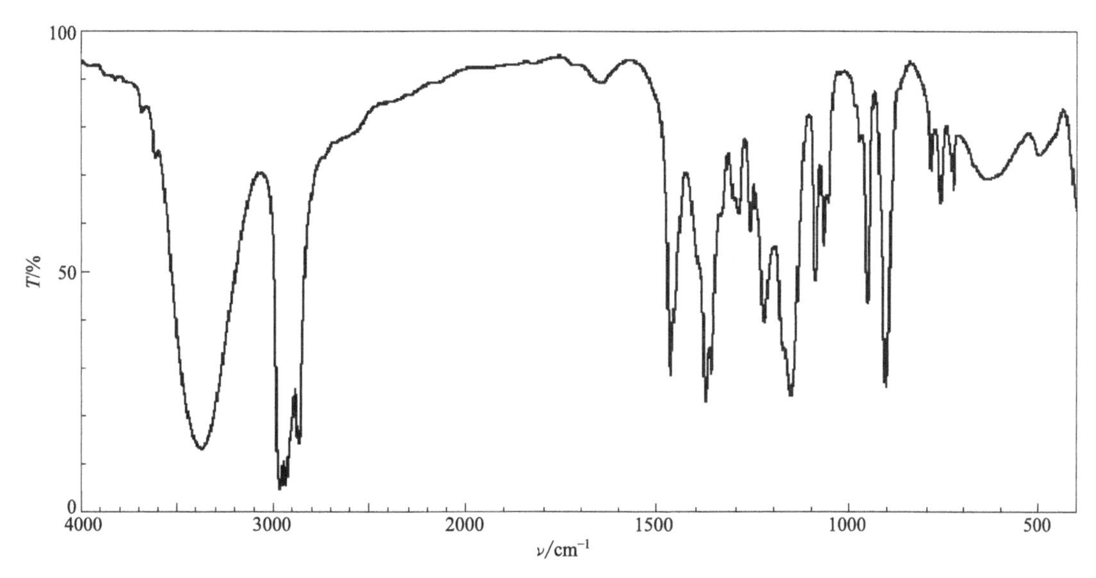


图 5-16 2-甲基-2-己醇的红外光谱

(2) 2-甲基丁酸的合成

2-甲基丁酸（2-methyl butanoic acid），又名旋光性异戊酸。它微溶于水，易溶于乙醚和乙醇，存在于当归根油、咖啡、熏衣草油中。浓度低时具有令人愉快的水果香味，是食用香精的原料。

$$CH_3CH_2\underset{\displaystyle CH_3}{\underset{|}{CH}}—Cl + Mg \xrightarrow{\text{无水乙醚}} CH_3CH_2\underset{\displaystyle CH_3}{\underset{|}{CH}}—MgCl$$

反应式：$CH_3CH_2\underset{\displaystyle CH_3}{\underset{|}{CH}}—MgCl + CO_2 \longrightarrow CH_3CH_2\underset{\displaystyle CH_3}{\underset{|}{CH}}—CO_2MgCl \xrightarrow{H_3O^+} CH_3CH_2\underset{\displaystyle CH_3}{\underset{|}{CH}}—CO_2H + MgCl_2$

① 常量合成。在 250mL 的三口烧瓶上，装好搅拌器、回流冷凝管，并接好装有无水氯化钙的干燥管、恒压滴液漏斗，备好冰水浴、二氧化碳气球及导气管等。向反应瓶中加入 25mL 无水乙醚、2.4g 镁屑和一小粒碘，再加入 1.74mL 纯的 2-氯丁烷。待反应开始（有灰色固体出现），稍微加热或用反应自身放热回流 20min，补加无水乙醚 20mL。将 10.6mL 2-氯丁烷与 60mL 无水乙醚混匀，倒入滴液漏斗中，在 20～25min 之内滴加完毕，再反应 20min。反应过于激烈时，可用冷水浴冷却反应瓶。当反应高峰过后再回流 1h。冷却反应液至 8℃，再补加 25mL 无水乙醚。打开二氧化碳气球上的二通活塞，将导气管插入反应液底部，向反应液中通入二氧化碳气体，温度控制在 10℃以下，当反应液温度不再上升时，可以停止反应，加入二氧化碳气体约 3L。在烧杯中放入 75g 冰水及 20mL 浓盐酸，混匀，边

搅拌边将反应液倒入，搅拌至胶状物分解，明显出现液体分层。用分液漏斗将液体分开，水相用 30mL 乙醚分 3 次萃取，合并有机相。在冰水浴下，小心地向有机相中加入 15mL 25% 氢氧化钠溶液，使 pH 大于 8。蒸馏水相，直至体积减小 10%。向水相中加入浓盐酸使 pH 小于 5，分出有机相，再继续蒸馏水相，直至馏出液中无油珠出现。在馏出液中加入氯化钠，直至饱和，将上层有机酸与有机相合并，用无水硫酸钙干燥，蒸馏收集 173～174℃的馏分。产率约 68%～78%。

② 微量合成。装置安装同常量合成。向反应瓶中加入 8mL 无水乙醚、0.8g 镁屑和一小粒碘，再加入 0.58mL 纯的 2-氯丁烷。待反应开始（有灰色固体出现），稍微加热或用反应自身放热回流 10min，补加无水乙醚 6mL。将 3.5mL 2-氯丁烷与 7mL 无水乙醚混匀，倒入滴液漏斗中，在 10～15min 之内滴加完毕，再反应 10min。反应过于激烈时，可用冷水浴冷却反应瓶。当反应高峰过后再回流 40min。冷却反应液至 8℃，再补加 8mL 无水乙醚。打开二氧化碳气球上的二通活塞，将导气管插入反应液底部，向反应液中通入二氧化碳气体，温度控制在 10℃以下，当反应液温度不再上升时，可以停止反应，加入二氧化碳气体约 1L。后处理同常量合成，所有的加入试剂与洗涤溶剂的用量均减为 1/3。

纯外消旋体 2-甲基丁酸的沸点为 173～174℃，相对密度 $d_4^{20}$ 为 0.9332。2-甲基丁酸的红外光谱如图 5-17 所示。

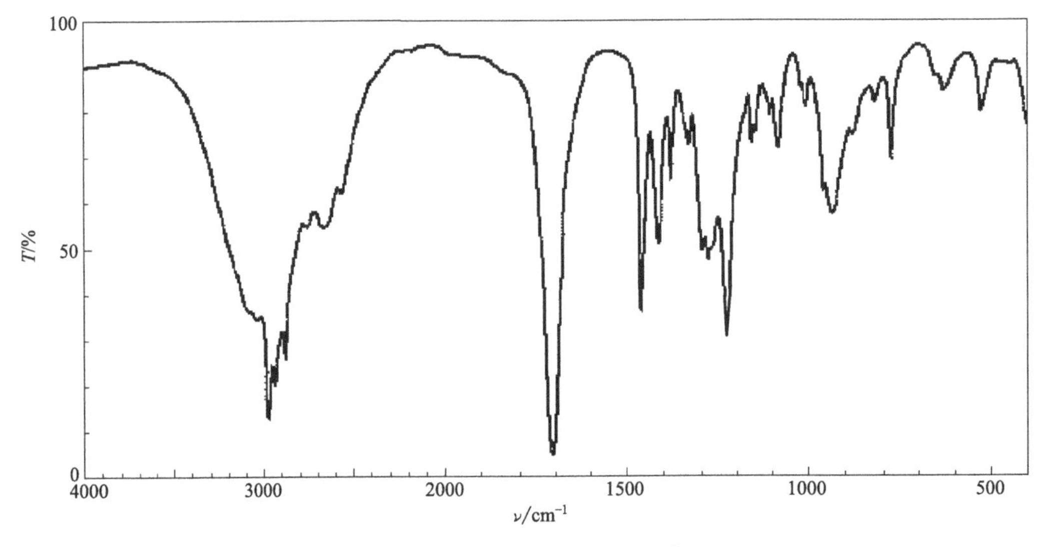


图 5-17　2-甲基丁酸的红外光谱

## 五、注意事项

① 2-甲基-2-己醇合成实验中所用试剂需预先处理。正溴丁烷和无水乙醚应事先用无水氯化钙干燥，丙酮用无水碳酸钾干燥，一周后使用，必要时应经过蒸馏纯化或无水处理。

② 用细砂纸将镁带氧化层打磨干净，再剪成 0.3～0.5cm 的细丝备用。在剪的过程中动作要快，随剪随即放入烧瓶中。

③ 开始反应时，一定要等反应引发后再开始搅拌，以免局部正溴丁烷溶液浓度降低，使反应难以进行。当反应长时间不引发时，可向反应瓶中加入一小粒碘或稍稍加热反应瓶，促使反应引发。

④ 由于反应放热，因此开始加入的正溴丁烷溶液不宜太多。反应中注意控制滴加速度，太快会发生偶联反应，保持乙醚能自行回流的速度即可。

⑤ 实验中使用了大量的乙醚，因此应注意安全，以防着火。

⑥ 2-甲基丁酸合成实验中，由于格氏试剂非常活泼，操作中应无水、无氧、无醇等。药品仪器应事先干燥。操作时，应强烈搅拌。

⑦ 2-甲基丁酸合成实验的成羧反应，采用冰水浴下慢慢通入二氧化碳气体的方法，使反应易于控制，而且二氧化碳气体的纯度比干冰高，同时可防止干冰灼伤。

⑧ 对于2-甲基丁酸合成实验，用氯丁烷比溴代烷更好，一是廉价，二是产率较高。

### 六、思考题

① 2-甲基-2-己醇合成实验中应防止哪些副反应发生？如何避免？

② 乙醚在2-甲基-2-己醇合成实验各步骤中的作用是什么？使用乙醚应注意哪些安全问题？

③ 为什么碘能促使反应引发？卤代烷与格氏试剂反应的活性顺序如何？

④ 芳香族氯化物和氯乙烯型化合物能否发生格氏反应？

⑤ 在2-甲基丁酸合成实验中，怎样检验及消除乙醚中产生的过氧化物？过氧化物存在会造成什么危险？

⑥ 2-甲基丁酸合成实验中乙醚都起什么作用？实验中为什么要强烈搅拌？

## 实验 61　坎尼扎罗反应

坎尼扎罗反应（Cannizzaro reaction）是指不含活泼 $\alpha$-氢的醛，在强碱存在下进行的自身氧化还原反应，一个分子醛被氧化成酸，另一分子醛被还原成醇。芳香醛发生坎尼扎罗反应是最常见的类型，甲醛及三取代乙醛也发生此类反应。此外，芳香醛和甲醛之间也发生被称之为交错的坎尼扎罗反应，在这种反应中常常是甲醛被氧化成酸，而芳香醛则被还原成醇。

### 一、实验目的

学习坎尼扎罗反应原理，巩固液液萃取及重结晶的操作。

### 二、实验原理

$$2RCHO \xrightarrow{OH^-} RCH_2OH + RCOO^-$$

### 三、实验用品

仪器：烧杯、分液漏斗、锥形瓶、圆底烧瓶、空气冷凝管等。

试剂：呋喃甲醛、氢氧化钠、乙醚、浓盐酸、无水硫酸镁、苯甲醛、饱和亚硫酸氢钠溶液、10%碳酸钠溶液。

### 四、实验步骤

(1) 呋喃甲醇与呋喃甲酸的合成

反应式：

$$2\ \text{(呋喃)-CHO} + NaOH \longrightarrow \text{(呋喃)-}CH_2OH + \text{(呋喃)-COONa}$$

$$\text{(呋喃)-COONa} + HCl \longrightarrow \text{(呋喃)-COOH}$$

① 常量合成。在50mL烧杯中放入2.2g氢氧化钠，加入3mL的水配成溶液，冰水浴冷至5℃左右，手动搅拌下滴加呋喃甲醛3.3mL（约需10min），维持反应温度在8～12℃，

加完后继续搅拌，反应 30min 得到黄色浆状物。在搅拌下加入适量的水（约 5mL）使固体全溶。将反应液转入分液漏斗中，用乙醚萃取 3 次（12mL、7mL、5mL），合并萃取液，用无水硫酸镁干燥后，水浴蒸馏乙醚，再蒸馏收集 169～172℃馏分，得到的液体产品约 1.2g。乙醚萃取过的水溶液，用浓盐酸酸化至 pH=3，待结晶全部析出，抽滤，用少许水洗涤，干燥，称重，产量约 1.5g。

② 半微量合成。在 25mL 烧杯中放入 1.1g 氢氧化钠，加入 1.5mL 水配成溶液，冰水浴冷至 5℃左右，手动搅拌下滴加呋喃甲醛 1.6mL（约需 5min），维持反应温度在 8～12℃，加完后继续搅拌，反应 10min 得到黄色浆状物。在搅拌下加入适量的水（约 2.5mL）使固体全溶。将反应液转入分液漏斗中，用乙醚萃取 3 次（6mL、3.5mL、2.5mL），合并萃取液，用无水硫酸镁干燥后，水浴蒸馏乙醚，再蒸馏收集 169～172℃馏分，得到的液体产品约 0.6g。乙醚萃取过的水溶液，用浓盐酸酸化至 pH=3，待结晶全部析出，抽滤，用少许水洗涤，干燥，称重，产量约 0.75g。

呋喃甲醇（2-furyl alcohol）沸点为 171℃，折射率 $n_D^{20}$ 为 1.4868；呋喃甲酸（2-furoicacid）熔点为 133～134℃。呋喃甲醇和呋喃甲酸的红外光谱分别如图 5-18 和图 5-19 所示。

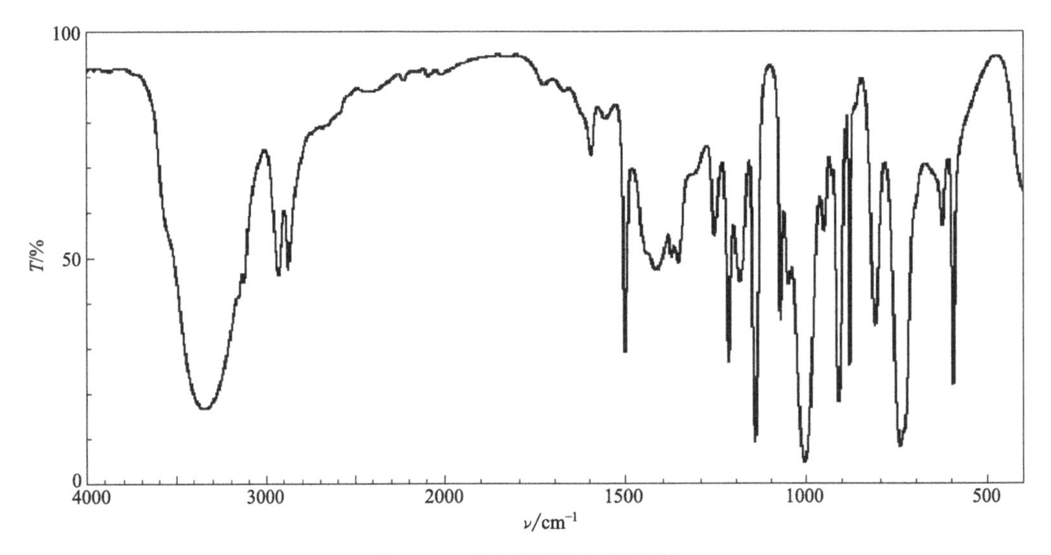


图 5-18　呋喃甲醇的红外光谱

（2）苯甲酸与苯甲醇的合成

反应式：

$$2C_6H_5CHO + NaOH \longrightarrow C_6H_5COONa + C_6H_5CH_2OH$$

$$C_6H_5COONa + HCl \longrightarrow C_6H_5COOH + NaCl$$

① 常量合成。在 125mL 锥形瓶中配制 11g 氢氧化钠和 11mL 水的溶液。冷却至室温后，在不断摇动下，分次将 12.6mL 新蒸馏过的苯甲醛加入瓶中，每次约加 3mL，每次加完后都应盖紧瓶塞，用力振摇，使反应物充分混合。若温度过高，可适时地把锥形瓶放入冷水浴中冷却。最后反应物变成白色糊状物，放置 24h 以上。向反应混合物中逐渐加入足够量的水（约 40～50mL），微热，不断搅拌使其中的苯甲酸盐全部溶解。冷却后将溶液倒入分液漏斗中，用 30mL 乙醚分 3 次萃取苯甲醇。将乙醚萃取过的水溶液保存好。合并乙醚萃取液，依次用 5mL 饱和亚硫酸氢钠溶液、10mL10％碳酸钠溶液和 10mL 冷水洗涤。分离出乙醚溶液，用无水硫酸镁干燥。将干燥后的乙醚溶液倒入 50mL 圆底烧瓶中，用热水浴加热蒸出乙醚（乙醚回收）。蒸完乙醚后，改用空气冷凝管，在电热套中继续加热，蒸馏苯甲醇，收集 198～204℃的馏分。产量约 4.5g。在不断搅拌下，向前面保存的乙醚萃取过的水溶液

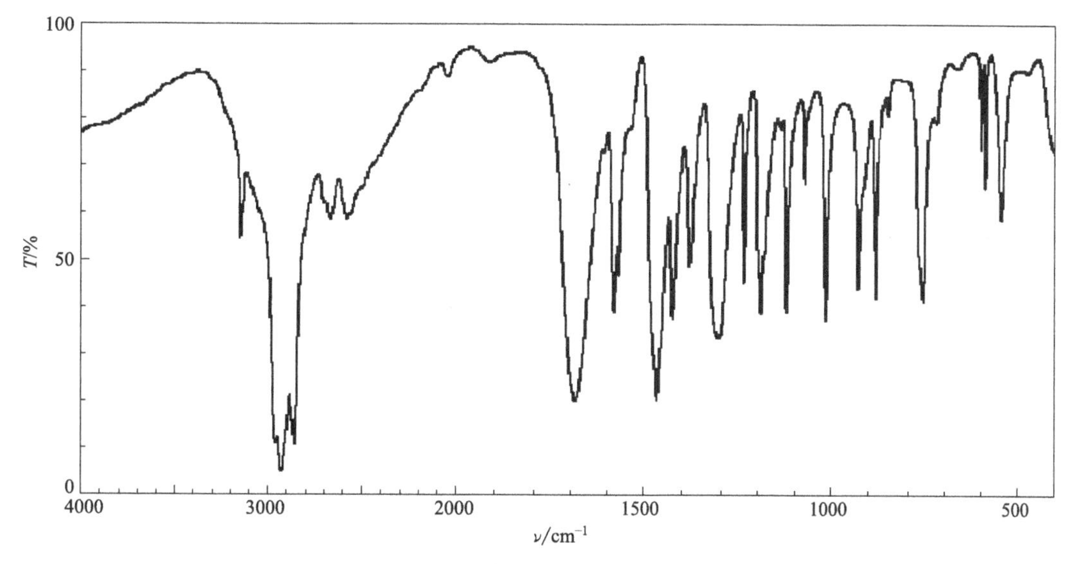


图 5-19 呋喃甲酸的红外光谱

中，慢慢滴加 40mL 浓盐酸、40mL 水和 25g 碎冰的混合物。充分冷却使苯甲酸完全析出，抽滤，用少量冷水洗涤，挤压除去水分，取出产物，烘干。粗苯甲酸可用水重结晶。产量约 7g。

② 半微量合成。在 100mL 锥形瓶中配制 5.5g 氢氧化钠和 5.5mL 水的溶液。冷却至室温后，在不断摇动下，分次将 6.3mL 新蒸馏过的苯甲醛加入瓶中，每次约加 1.5mL，每次加完后都应盖紧瓶塞，用力振摇，使反应物充分混合。若温度过高，可适时地把锥形瓶放入冷水浴中冷却。最后反应物变成白色糊状物，放置 24h 以上。向反应混合物中逐渐加入足够量的水（约 20～25mL 水），微热，不断搅拌使其中的苯甲酸盐全部溶解。冷却后将溶液倒入分液漏斗中，用 15mL 乙醚分 3 次萃取苯甲醇。将乙醚萃取过的水溶液保存好。合并乙醚萃取液，依次用 3mL 饱和亚硫酸氢钠溶液、5mL10%碳酸钠溶液和 5mL 冷水洗涤。分离出乙醚溶液，用无水硫酸镁干燥。将干燥后的乙醚溶液倒入 25mL 圆底烧瓶中，用热水浴加热蒸出乙醚（乙醚回收）。蒸完乙醚后，改用空气冷凝管，在电热套中继续加热，蒸馏苯甲醇，收集 198～204℃的馏分。产量约 2.2g。在不断搅拌下，向前面保存的乙醚萃取过的水溶液中，慢慢滴加 20mL 浓盐酸、20mL 水和 12.5g 碎冰的混合物。充分冷却使苯甲酸完全析出，抽滤，用少量冷水洗涤，挤压除去水分，取出产物，烘干。粗苯甲酸可用水重结晶。产量约 3.5g。

③ 微量合成。在 50mL 锥形瓶中配制 2.75g 氢氧化钠和 2.75mL 水的溶液。冷却至室温后，在不断摇动下，分次将 3.15mL 新蒸馏过的苯甲醛加到瓶中，每次约加 0.75mL，每次加完后都应盖紧瓶塞，用力振摇，使反应物充分混合。若温度过高，可适时地把锥形瓶放入冷水浴中冷却。最后反应物变成白色糊状物，放置 24h 以上。向反应混合物中逐渐加入足够量的水（约 10～12.5mL 水），微热，不断搅拌使其中的苯甲酸盐全部溶解。冷却后将溶液倒入分液漏斗中，用 10mL 乙醚分 3 次萃取苯甲醇。将乙醚萃取过的水溶液保存好。合并乙醚萃取液，依次用 3mL 饱和亚硫酸氢钠溶液、5mL10%碳酸钠溶液和 3mL 冷水洗涤。分离出乙醚溶液，用无水硫酸镁干燥。将干燥后的乙醚溶液倒入 10mL 圆底烧瓶中，用热水浴加热蒸出乙醚（乙醚回收）。蒸完乙醚后，改用空气冷凝管，在电热套中继续加热，蒸馏苯甲醇，收集 198～204℃的馏分。产量约 1.1g。在不断搅拌下，向前面保存的乙醚萃取过的

水溶液中慢慢滴加 10mL 水和 6g 碎冰的混合物。充分冷却使苯甲酸完全析出，抽滤，用少量冷水洗涤，挤压除去水分，取出产物，烘干。粗苯甲酸可用水重结晶。

纯苯甲醇（benzyl alcohol）为无色液体，沸点为 205.4℃，相对密度 $d_4^{18}$ 为 1.045，折射率 $n_D^{20}$ 为 1.5396；纯苯甲酸（benzoic acid）为无色针状晶体，熔点为 122.4℃。苯甲醇和苯甲酸的红外光谱分别如图 5-20 和图 5-21 所示。

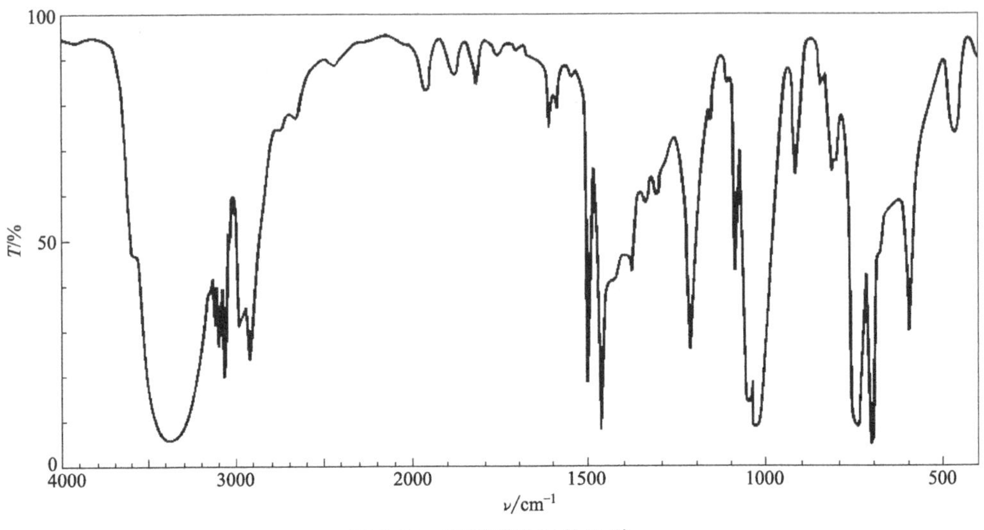


图 5-20　苯甲醇的红外光谱

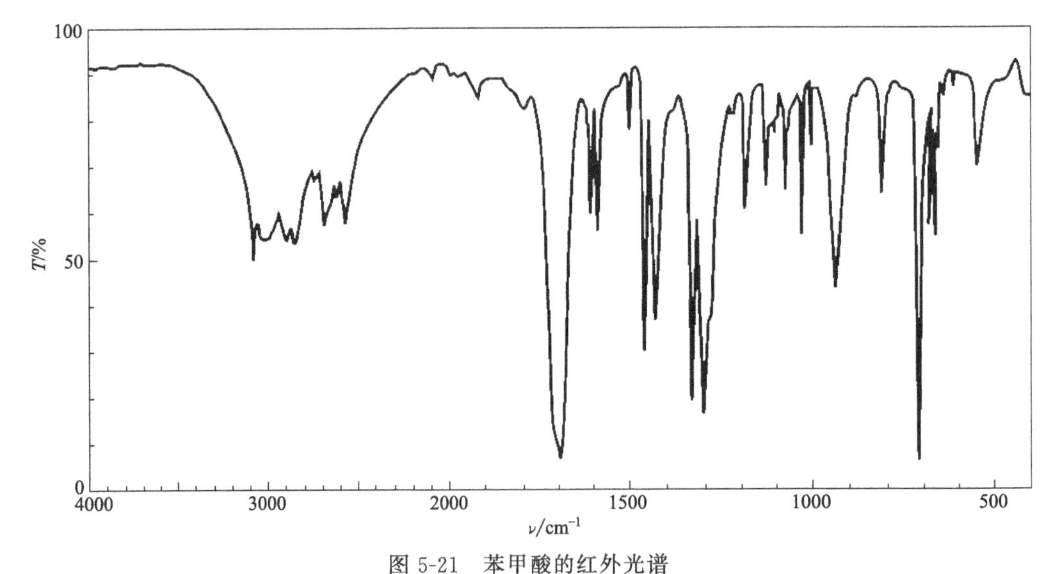


图 5-21　苯甲酸的红外光谱

## 五、注意事项

① 在呋喃甲醇与呋喃甲酸合成实验中，反应是在两相间进行的，欲使反应正常进行，必须充分搅拌。

② 纯呋喃甲醛为无色或浅黄色液体，但久存易呈棕色，用前蒸馏纯化收集 155～162℃馏分，最好减压蒸馏收集（54～55)℃/17mmHg 的馏分。

③ 反应温度若低于 8℃，则反应太慢，若高于 15℃，则反应温度极易上升而难于控制，反应物会变成深红色。也可采用将氢氧化钠溶液滴加到呋喃甲醛中的方法。两种方法产率

相仿。

④ 加入适量水溶解呋喃甲酸钠使呈溶液。若加水过量，会导致部分产品损失。

⑤ 酸量一定要加够，保证酸化后真正达到 pH=3，使呋喃甲酸充分游离出来，这一步骤是影响呋喃甲酸收率的关键。

⑥ 从水中得到的呋喃甲酸呈叶状晶体，100℃有部分升华，最好自然晾干。

⑦ 在苯甲酸与苯甲醇合成实验中，充分振摇是反应成功的关键。如混合充分，放置24h 后混合物通常在瓶内固化，苯甲醛气味消失。

### 六、思考题

① 在呋喃甲醇与呋喃甲酸合成实验中，根据什么原理来分离提纯呋喃甲醇和呋喃甲酸?

② 在反应过程中析出的黄色浆状物是什么?

③ 乙醚萃取过的水溶液，若用 50%硫酸酸化，是否合适?

④ 苯甲酸与苯甲醇合成实验中，苯甲醛为什么要在实验前重蒸? 苯甲醛长期放置后含有什么杂质? 如果不除去，对本实验会有什么影响?

⑤ 苯甲酸与苯甲醇合成实验中的苯甲醇和苯甲酸是依据什么原理分离提纯的? 用饱和亚硫酸氢钠溶液洗涤乙醚萃取液的目的是什么?

## 实验 62　弗里德-克拉夫茨反应

弗里德-克拉夫茨反应（Friedel-Crafts reaction），又称傅-克反应，分为酰基化反应和烷基化反应两种类型。酰基化反应和烷基化反应分别是制备芳香族酮和烷基芳烃的主要方法，应用十分广泛。

### 一、实验目的

学习弗里德-克拉夫茨酰基化、烷基化反应理论及实验方法；掌握萃取、蒸馏、减压蒸馏等操作技术。

### 二、实验原理

弗里德-克拉夫茨酰基化反应是在路易斯酸催化剂（三氯化铝）存在下，酰氯或酸酐与比较活泼的芳香族化合物发生亲电取代反应，产物是芳基烷酮或二芳基酮。烷基化反应则是在弗里德-克拉夫茨反应条件下芳环上引入烷基的反应。它是在无水三氯化铝等路易斯酸催化剂（或酸）的存在下，通过芳烃和卤代烷（也可以是烯或醇）作用来实现。所有弗里德-克拉夫茨反应均需在无水条件下进行。

### 三、实验用品

仪器：三口烧瓶、恒压滴液漏斗、回流冷凝管、空气冷凝管、玻璃棒、分液漏斗、锥形瓶等。

试剂：无水苯、乙酸酐、无水三氯化铝、浓盐酸、石油醚、5%氢氧化钠溶液、10%氢氧化钠溶液、无水硫酸镁、叔丁基氯、饱和氯化钠溶液、乙醚、甲醇、对苯二酚、叔丁醇、浓磷酸、甲苯。

### 四、实验步骤

(1) 苯乙酮的合成

反应式：

$$C_6H_6 + (CH_3CO)_2O \xrightarrow{\text{无水 } AlCl_3} C_6H_5\text{—}COCH_3 + CH_3COOH$$

① 常量合成。在 100mL 的三口烧瓶上装上回流冷凝管，在冷凝管的上口接一个装有无

水氯化钙的干燥管并连接气体吸收装置，在烧杯中加入5%氢氧化钠溶液作为吸收剂，吸收反应中产生的氯化氢气体。出气口与液面距离1～2mm为宜，千万不要全部插入液体中，以防倒吸。在三口烧瓶的另一个口上装上恒压滴液漏斗，装好搅拌器。向反应瓶中加入12g无水三氯化铝和16mL无水苯，开动搅拌器，边搅拌边滴加4mL（0.042mol）乙酸酐，开始先少加几滴，待反应发生后再继续滴加。此反应为放热反应，应注意控制滴加速度，切勿使反应过于激烈，必要时可用冷水冷却，此过程约需10～15min。待反应缓和后，用水浴加热反应瓶并搅拌，直至无氯化氢气体逸出为止，此过程约需40min。将反应瓶置于冷水浴，边搅拌边慢慢滴加18mL浓盐酸和40g碎冰。若还有固体存在，应补加浓盐酸使其溶解。然后将反应液倒入分液漏斗中，分出上层有机相，用40mL石油醚分2次萃取，萃取后的石油醚与有机相合并，依次用10mL 10%氢氧化钠溶液和10mL水洗涤。在水浴上蒸出石油醚和苯后，再用常压蒸馏或减压蒸馏蒸出产品。常压蒸馏时，当温度超过140℃时改用空气冷凝管继续蒸馏，收集198～202℃的馏分，产品为无色透明液体，产率约65%。

② 半微量合成。在50mL的三口烧瓶上装上回流冷凝管，在冷凝管的上口接一个装有无水氯化钙的干燥管并连接气体吸收装置，在烧杯中加入5%氢氧化钠溶液作为吸收剂，吸收反应中产生氯化氢气体。出口与液面距离1～2mm为宜，千万不要全部插入液体中，以防倒吸。在三口烧瓶的另一个口上装上恒压滴液漏斗。装好搅拌器。向反应瓶中加入6g无水三氯化铝和8mL苯，开动搅拌器，边搅拌边滴加2mL乙酸酐，开始先少加几滴，待反应发生后再继续滴加。此反应为放热反应，应注意控制滴加速度，切勿使反应过于激烈，必要时可用冷水冷却，此过程约需10min左右。待反应缓和后，用水浴加热反应瓶并搅拌，直至无氯化氢气体逸出为止。待反应液冷却后进行水解，将反应液倾入盛有10mL浓盐酸和20g碎冰的烧杯中（此操作最好在通风橱中进行），若还有固体存在，应补加浓盐酸使其溶解。然后将反应液倒入分液漏斗中，分出上层有机相，用30mL石油醚分2次萃取下层水相，合并有机相，依次用5mL10%氢氧化钠溶液和5mL水洗至中性，用无水硫酸镁干燥。在水浴上蒸出石油醚和苯后，再用常压蒸馏或减压蒸馏蒸出产品，常压蒸馏收集198～202℃的馏分。产品为无色透明液体，产率约65%。

纯苯乙酮沸点为202℃，相对密度 $d_4^{20}$ 为1.0281，折射率 $n_D^{20}$ 为1.5338。苯乙酮的红外光谱如图5-22所示。

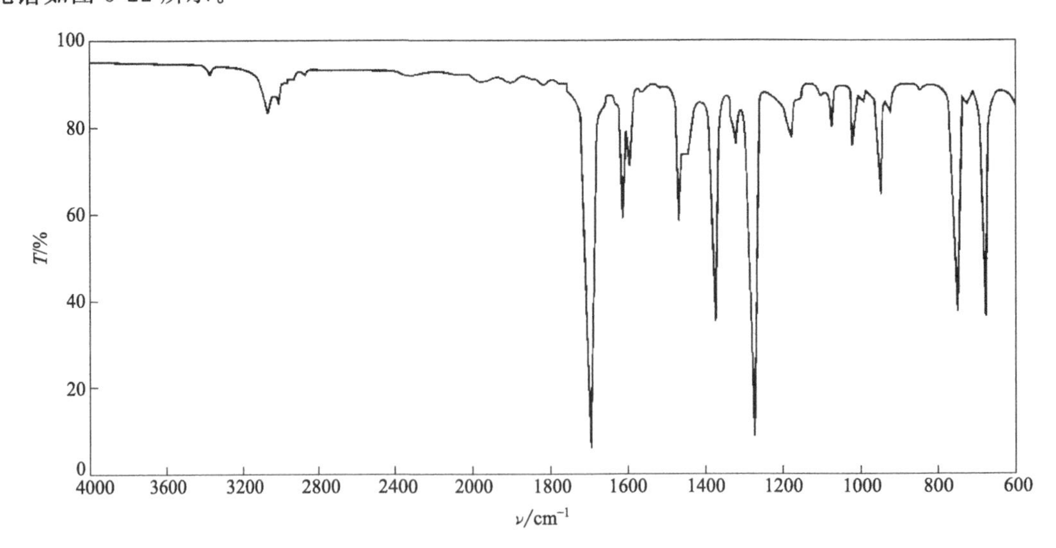


图5-22　苯乙酮的红外光谱

(2) 对二叔丁基苯的制备

反应式：$C_6H_6 + 2(CH_3)_3CCl \xrightarrow{\text{无水 } AlCl_3} (CH_3)_3C{-}C_6H_4{-}C(CH_3)_3 + 2HCl$

迅速称取 1g 无水三氯化铝置于带塞的试管中备用。在 100mL 干燥的三口烧瓶中，加入 10mL 叔丁基氯和 5mL 无水苯，一口安装插入瓶底的温度计，另一口连接气体吸收装置。将烧瓶置于冰水浴中，冷却至 5℃以下，迅速加入三分之一的无水三氯化铝，在冰水浴中摇荡使充分混合。诱导期之后，开始发生反应，冒泡并放出氯化氢气体。5min 后分两批加入余下的无水三氯化铝，中间间隔 10～15min，并不断摇荡，保持反应温度在 5～10℃之间，到无明显的氯化氢气体放出为止，析出浅白色固体。

将烧瓶从冰浴中移出，在室温下放置 5min 后，加入 10mL 冰水分解反应物。然后用 20mL 乙醚分两次提取反应产物，用玻璃棒或刮刀帮助溶解固体。将溶液转入分液漏斗，静置后弃去水层，醚层用等体积饱和氯化钠溶液洗涤后，加入无水硫酸镁干燥。将干燥后的溶液滤入一圆底烧瓶，在水浴上蒸去乙醚，并用水泵减压除去残留溶剂，得到的油状物冷却时应当固化。用 10mL 甲醇溶解粗产物，然后置于冰浴让其自然冷却，可得到漂亮的针状或片状结晶，减压过滤，用少量冷甲醇洗涤产物，干燥后得对二叔丁基苯 2～3g，熔点 77～78℃。

纯对二叔丁基苯为白色结晶，熔点 78℃。对二叔丁基苯的红外光谱如图 5-23 所示。

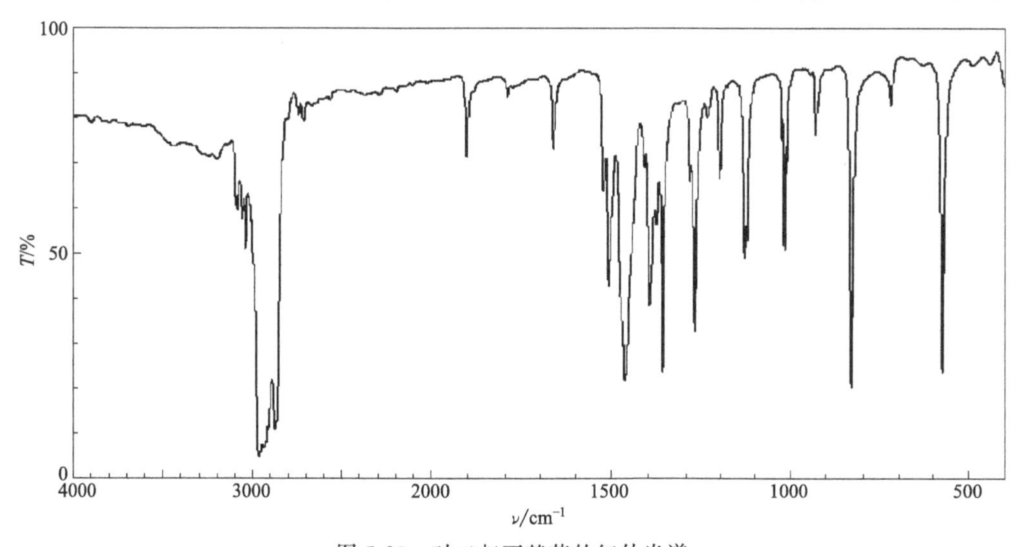


图 5-23　对二叔丁基苯的红外光谱

(3) 食品中抗氧剂 TBHQ 的制备

经 FAO/WHO 认可，允许作为食品用的合成抗氧剂主要有 BHT、BHA、PG、TBHQ 等。其中 BHT 价廉，但毒性较大；BHA 近年被发现存在致癌的可能，许多国家已开始禁用；PG 主要原料来自天然，毒性小，潜在的危险性也较小，但却易与产品中的金属离子结合而显现颜色，从而破坏产品的原呈色。TBHQ 的安全性已由 FAO/WHO 评价，TBHQ 对植物性油脂抗氧化性有特效，同时还兼有良好的抗细菌、霉菌、酵母菌的能力，属高效新颖的食用抗氧剂。

TBHQ 的化学名为 2-叔丁基氢醌或 2-叔丁基对苯二酚，常用下述反应合成：

$$HO{-}C_6H_4{-}OH + (CH_3)_3COH \xrightarrow[90\sim95℃]{H_3PO_4/\text{甲苯}} HO{-}C_6H_3(C(CH_3)_3){-}OH + H_2O$$

在 250mL 三口烧瓶上安装温度计、冷凝管和搅拌器。加入 5.6g（0.05mol）对苯二酚、20mL 浓磷酸和 20mL 甲苯。开动搅拌器，用油浴加热反应瓶，待反应液温度上升到 90℃时，开始滴入 5mL（0.05mol）叔丁醇，控制反应温度在 90～95℃，于 30～45min 内滴完叔丁醇，继续保温并搅拌至固体完全溶解（约需 15min）。停止加热和搅拌，趁热将反应液转移至分液漏斗中，趁热分去磷酸层。将有机相转移至三口烧瓶中，加入 60mL 水，进行水蒸气蒸馏。蒸馏完，将残留物趁热抽滤（或过滤），滤液迅速析出白色沉淀，冷却使其结晶完全，抽滤，并用少量冷水洗涤，得白色闪亮结晶。产物可在水中进行重结晶。

纯 2-叔丁基对苯二酚（TBHQ）为无色针状结晶，熔点为 127～129℃。2-叔丁基对苯二酚的红外光谱如图 5-24 所示。

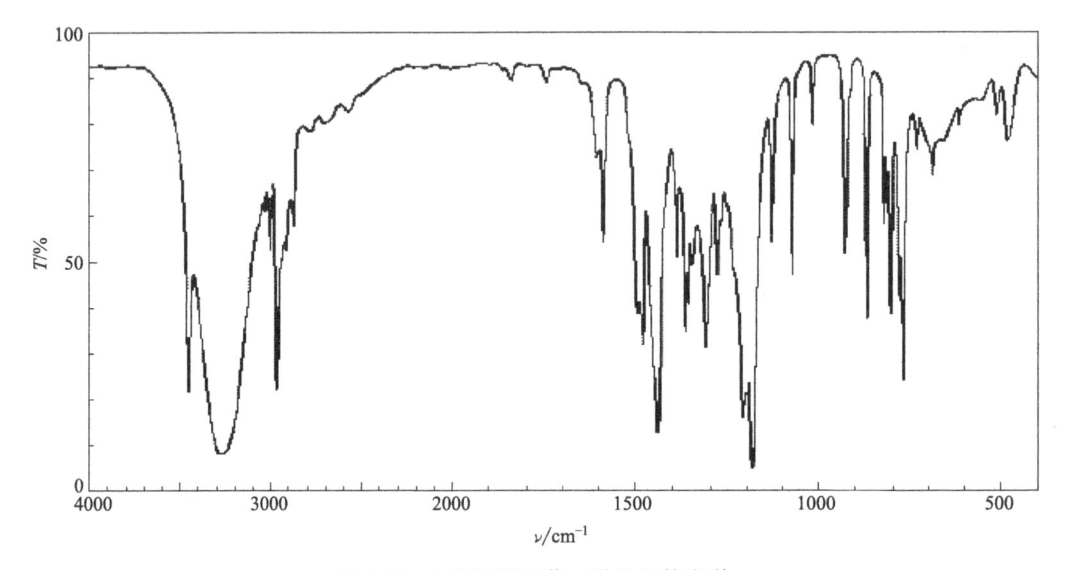


图 5-24　2-叔丁基对苯二酚的红外光谱

## 五、注意事项

① 无水三氯化铝的质量是苯乙酮合成实验和对二叔丁基苯制备实验成败的关键之一，其在空气中容易吸潮分解，在研细、称量过程中动作要快，称完后及时快速地倒入烧瓶中，将烧瓶和药品瓶盖子及时盖好。

② 苯乙酮合成实验应在无水条件下进行，所用药品及仪器需要全部干燥。苯用无水氯化钙干燥过夜后再用。放置时间较长的乙酸酐应蒸馏后再用，收集 137～140℃之间的馏分。

③ 在与无水三氯化铝接触的过程中，应避免与皮肤接触，以免被灼伤。

④ 反应温度不宜过高，一般控制反应液温度在 60℃左右为宜，反应时间长一些，可以提高产率。

⑤ 加乙酸酐时，开始慢一些，过快会引起爆沸，反应高峰过后可以加快速度。

⑥ 在对二叔丁基苯制备实验中，也可用锥形瓶代替烧瓶，用外部冰浴冷却控制反应温度，锥形瓶应通过插有玻璃管的橡胶塞连接气体吸收装置。

⑦ 烧瓶最好通过干燥管连接气体吸收装置，以隔绝潮气，吸收装置的玻璃漏斗应略有倾斜，使漏斗口一半在水面上，这样既能防止气体逸出，又能防止水被倒吸至反应瓶中。

⑧ 抗氧剂 TBHQ 制备实验中，反应温度不能过高或过低，过高会导致二取代和多取代产物的生成。

⑨ 对苯二酚在磷酸中的溶解度要大于在甲苯中的溶解度，滴入叔丁醇后，在磷酸的催

化下，会生成产物 TBHQ，而 TBHQ 在甲苯中的溶解度要大于在磷酸中的溶解度，因而会迅速进入有机相，从而阻止了其进一步被二取代。主要试剂及产物的物理常数见表 5-4。

表 5-4　主要试剂及产物的物理常数

| 名称 | 分子量 | 存在状态 | 熔点/℃ | 沸点/℃ | 相对密度 | 溶解性 |
|---|---|---|---|---|---|---|
| 对苯二酚 | 110 | 无色针状结晶 | 172.5 | 285 | — | 易溶 |
| 叔丁醇 | 74 | 无色液体 | 25 | 83 | 0.7887 | 易溶 |
| TBHQ | 166 | 无色针状结晶 | 127-129 | — | — | 易溶于热水，微溶于冷水 |
| 2,5-二叔丁基对苯二酚 | 212 | 白色闪亮结晶 | 219 | — | — | 难溶于热水 |

## 六、思考题

① 在苯乙酮合成实验中，为什么要用过量的苯和无水三氯化铝？
② 为什么要用含酸的冰水来分解产物？
③ 在对二叔丁基苯制备实验中，烃化反应为什么要在 5～10℃进行？温度过高有什么不好？
④ 重结晶后的母液中含有哪些可能的副产物？
⑤ 抗氧剂 TBHQ 制备实验中，水蒸气蒸馏蒸去什么？
⑥ 水蒸气蒸馏后趁热抽滤（或过滤）要除去什么？
⑦ 制备 TBHQ 的反应可否采用叔丁醇过量？

# 实验 63　酯化反应

在少量浓硫酸催化下，酸、酸酐和醇作用生成酯。酸催化能促使该可逆反应较快地达到平衡，除浓硫酸外，还可以采用干燥的氯化氢、有机强酸等。

酯化反应是可逆反应，为了提高酯的产量，通常采用增加醇或酸的用量及不断地移去产物酯或水的方法来进行酯化反应。至于用过量的醇还是酸，则取决于原料来源的难易和操作是否方便等因素。例如制备乙酸乙酯时，在实验室采取加入过量乙醇及不断把反应中生成的酯和水蒸出的方法来制备，因为乙醇较便宜；工业生产中，一般采用加入过量的乙酸，以便使乙醇转化完全，避免由于乙醇和水及乙酸乙酯形成二元或三元共沸物给分离带来困难；而制备乙酸正丁酯时，则用过量的乙酸与正丁醇反应。

在邻苯二甲酸二丁酯的合成中，正丁醇与水可以形成二元共沸混合物，沸点为 93℃，含醇量 56%。共沸物冷凝后积聚在水分离器中并分为两层，上层主要是正丁醇（含 20.1% 的水），可以流回到反应瓶中继续反应，下层为水（约含 7.7%的正丁醇）。

除去酯化反应中的产物酯或水，一般借形成低沸点共沸物来进行。如制备苯甲酸乙酯时，由于酯的沸点较高（213℃），很难蒸出，所以采用加入苯的方法，使苯、乙醇和水组成三元共沸物（沸点 64.6℃），以除去反应中生成的水，使产率提高。如制备乙酸异戊酯时，主要利用异戊醇与水共沸（沸点 95.1℃），以除去反应中生成的水，使产率提高。

## 一、实验目的

学习酯化反应的原理和酯的制备方法；掌握分水器的原理和使用方法。

## 二、实验原理

$$RCOOH + R'CH_2OH \xrightleftharpoons{H_2SO_4} RCOOR' + H_2O$$

## 三、实验用品

仪器：圆底烧瓶、分水器、回流冷凝管、磁力搅拌器、微型蒸馏塔、直形冷凝管、量筒、烧杯、离心分液管、分液漏斗、克氏蒸馏瓶、接引管、温度计等。

试剂：乙醇（95%）、浓硫酸（98%）、苯甲酸、碳酸钠溶液（饱和、5%、10%）、碳酸钠粉末、饱和食盐水溶液、无水氯化钙、无水硫酸镁、邻苯二甲酸酐、正丁醇、异戊醇、冰乙酸、乙醚等。

## 四、实验步骤

（1）苯甲酸乙酯的合成

反应式：$PhCOOH + C_2H_5OH \xrightleftharpoons{H_2SO_4} PhCOOC_2H_5 + H_2O$

① 常量合成。向100mL圆底烧瓶中加入12.2g苯甲酸、25mL 95%乙醇、20mL苯及4mL浓硫酸。摇匀后加入沸石，然后安装分水器和回流冷凝管（图5-25），在分水器放水口一侧预先加入一定量的水（略低于支管），并做好记号。加热回流并不断放出分水器中的液体，待看不见水珠穿行现象时，停止加热，此时放出液体约8mL，回流时间约4h。常压蒸出苯和未反应完的乙醇。将反应瓶中残留液体倒入盛有80mL冷水的烧杯中，边搅拌边分批加入碳酸钠粉末至无二氧化碳气体。用分液漏斗分出有机相（上层），用25mL乙醚萃取水相，合并有机相，用无水氯化钙干燥。水浴蒸出乙醚，减压蒸馏蒸出产品，产品沸点210～213℃，产率约80%。

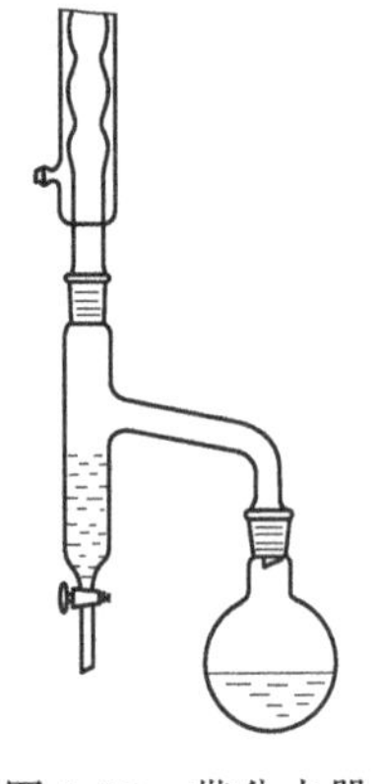
图5-25　带分水器的回流装置

② 微量合成。在10mL圆底烧瓶中放入1.2g苯甲酸和2.5mL 95%乙醇，用磁力搅拌器边搅拌边加入0.4mL浓硫酸及2mL苯，加入沸石。装上微型蒸馏头及直型冷凝管，向微型蒸馏头的馏出液承接阱中加入约3mL水［装置如图2-63（b）所示］，加热回流45min。冷却后将微型蒸馏头内的液体转移至离心分液管中，置于冷水中冷却，出现分层，共三层。继续蒸馏将多余的苯和乙醇蒸出。将反应瓶中的残留液体倒入盛有8mL冷水的烧杯中，边搅拌边分批加入碳酸钠粉末至无二氧化碳气体产生，pH等于7。用5mL乙醚萃取，分出有机层，用无水氯化钙干燥。水浴蒸出乙醚，减压或常压蒸馏蒸出产品。产品沸点210～213℃，产率约80%。

纯苯甲酸乙酯（ethyl benzoate）的沸点为213℃，相对密度$d_4^{20}$为1.0458，折射率$n_D^{20}$为1.5205。苯甲酸乙酯的红外光谱如图4-9所示。

（2）增塑剂——邻苯二甲酸二丁酯的合成

反应式：

$$\text{邻苯二甲酸酐} + n\text{-}C_4H_9OH \xrightarrow{\text{浓硫酸}} C_6H_4(COOC_4H_9)(COOH)$$

邻苯二甲酸单丁酯

$$C_6H_4(COOC_4H_9)(COOH) + n\text{-}C_4H_9OH \xrightleftharpoons{\text{浓硫酸}} C_6H_4(COOC_4H_9)_2 + H_2O$$

邻苯二甲酸二丁酯

在100mL三口烧瓶中，加入10g邻苯二甲酸酐、19mL正丁醇及4～5滴浓硫酸，摇动使之混合均匀，加入2～3粒沸石，在瓶口分别装上温度计和带有冷凝管的分水器。温度计应浸入反应混合物液面下，在分水器中另加正丁醇至与支管口平齐，以便使冷凝下来的共沸混合物中的原料能及时流回反应瓶。然后用小火加热，待邻苯二甲酸酐消失后，开始有正丁醇-水的共沸物蒸出，且可以看到小水珠逐渐沉入分水器底部。当瓶内液体温度达到160℃时，可停止加热。将反应液冷却到70℃以下，立即移入分液漏斗中，先用饱和食盐水洗涤2次，每次10～15mL。再用15mL 5%碳酸钠溶液中和（注意放气），然后再用饱和食盐水洗涤两次，每次10～15mL。将洗涤后的液体倒入25mL克氏蒸馏瓶中，先用水泵减压蒸出未反应的正丁醇及少量的水（也可以在常压下作简单蒸馏蒸除正丁醇），然后用油泵减压蒸出产物。收集180～190℃/1.3kPa（10mmHg）的馏分。称量、测折射率并计算产率。

纯邻苯二甲酸二丁酯（ethyl benzoate）的沸点为340℃，相对密度$d_4^{20}$为1.043，折射率$n_D^{20}$为1.4910。邻苯二甲酸二丁酯的红外光谱如图5-26所示。

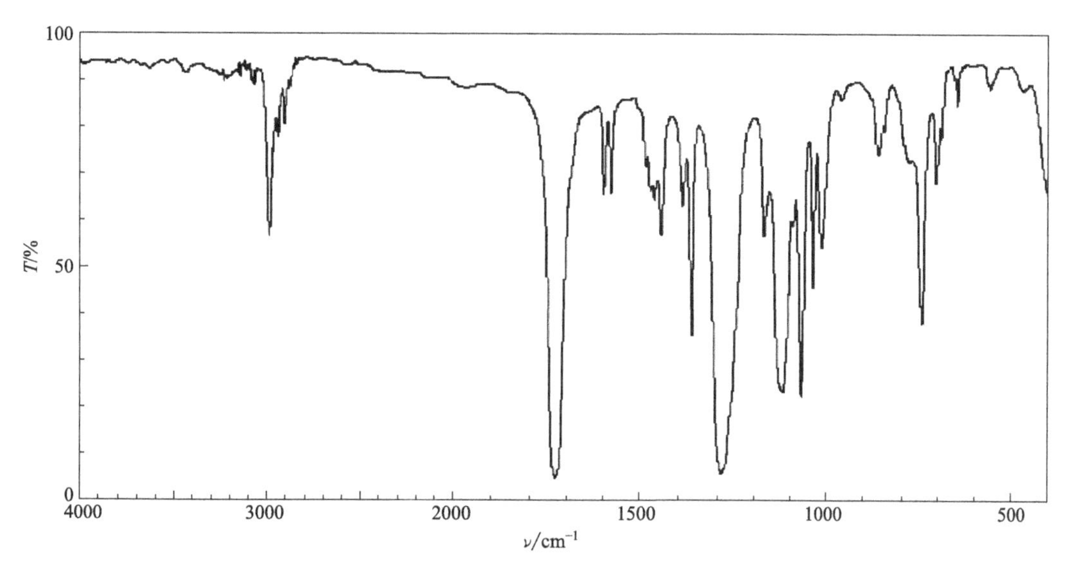


图5-26　邻苯二甲酸二丁酯的红外光谱

（3）香蕉油——乙酸异戊酯的合成

反应式：$CH_3\overset{\overset{O}{\|}}{C}OH + (CH_3)_2CHCH_2CH_2OH \xrightleftharpoons{浓硫酸} CH_3\overset{\overset{O}{\|}}{C}OCH_2CH_2CH(CH_3)_2 + H_2O$

乙酸异戊酯

在干燥的100mL三口烧瓶中加入18mL异戊醇和15mL冰乙酸，在振摇及冷却下加入1.5mL浓硫酸，摇动使之混合均匀，加入2～3粒沸石。安装带分水器的回流装置（图5-25），分水器中事先加水至支管口处，然后放出3.2mL水。一侧口安装温度计（温度计应浸入液面以下），另一侧口用磨口玻璃塞塞住。小火加热，当温度升至约108℃时，三口烧瓶中的液体开始沸腾。继续升温，控制回流速度，使蒸气浸润面不超过冷凝管下端的第一个球，当分水器充满水，反应温度达到130℃时，反应基本完成，大约需要1.5h。停止加热，冷却。将烧瓶中的反应液倒入分液漏斗中，用15mL冷水淋洗烧瓶内壁，洗涤液并入分液漏斗，分出水层。有机相依次用15mL冷水洗涤一次，10mL 10%碳酸钠溶液洗涤两次，15mL饱和食盐水洗涤一次。将洗涤过的酯层用无水硫酸镁干燥。蒸馏，收集138～142℃的馏分，产率约70%。

纯乙酸异戊酯的沸点为143℃，相对密度$d_4^{25}$为0.876，折射率$n_D^{20}$为1.401。乙酸异戊酯的红外光谱如图5-27所示。

## 五、注意事项

① 在苯甲酸乙酯合成实验中，碳酸钠必须研成粉末，开始要慢慢加，以免产生大量泡沫。

② 若粗产品含有大量絮状物，可直接加乙醚萃取；水浴蒸馏乙醚时，要防止液体冲出。

③ 由反应瓶内蒸出的三元共沸物沸点为64.6℃（体积分数为：苯74.1%、乙醇

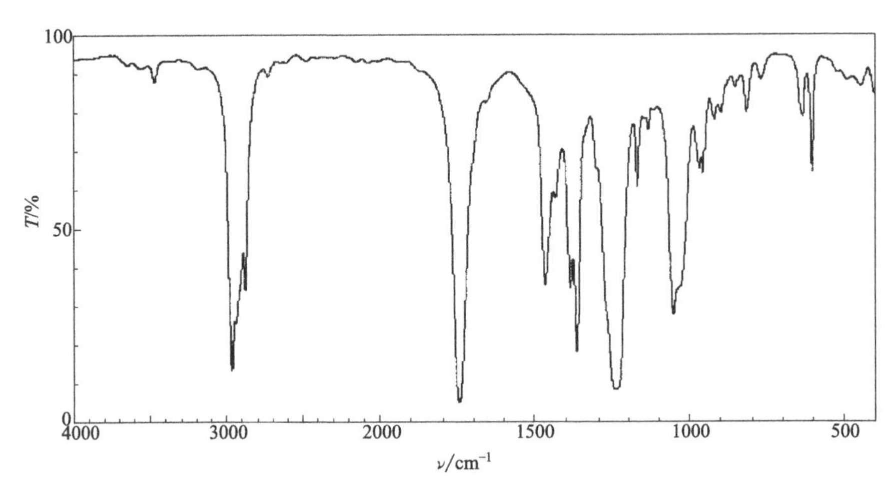


图 5-27　乙酸异戊酯的红外光谱

18.5%、水 7.4%)，上层占体积分数 84%（体积分数为：苯 86%、乙醇 12.7%、水 1.3%)，中层占 16%（体积分数为：苯 4.8%、乙醇 52.1%、水 43.1%)，下层为原来加入的水。

④ 邻苯二甲酸二丁酯的合成实验经历了两个阶段。首先是邻苯二甲酸酐与正丁醇作用生成邻苯二甲酸单丁酯，虽然反应产物是酯，但实际上这一步反应属酸酐的醇解。由于酸酐的反应活性较高，醇解反应十分迅速。当苯酐固体于丁醇中受热全部溶解后，醇解反应就完成了。新生成的邻苯二甲酸单丁酯在无机酸催化下与正丁醇发生酯化反应生成邻苯二甲酸二丁酯。相对于酸酐的醇解而言，第二步酯化反应就困难一些。因此，在邻苯二甲酸单丁酯的酯化反应阶段，通常需要提高反应温度，延长反应时间，以促进酯化反应的进行。

⑤ 在乙酸异戊酯合成实验中，加浓硫酸时要分批加入，并在冷却下充分振摇，以防止异戊醇被氧化。

⑥ 冰乙酸具有强烈刺激性，要在通风橱内取用。

⑦ 回流酯化时，要缓慢均匀加热，以防止炭化并确保完全反应。

⑧ 碱洗时放出大量热并伴有二氧化碳产生，因此洗涤时要不断放气，防止分液漏斗内的液体冲出来。

⑨ 最后蒸馏时仪器要干燥，不得将干燥剂倒入蒸馏瓶内。

## 六、思考题

① 苯甲酸乙酯合成实验采用什么原理和措施提高产率?

② 在苯甲酸乙酯合成实验中，你如何运用化合物的物理常数分析现象及指导操作?

③ 酯化反应有什么特点，邻苯二甲酸二丁酯合成实验采用了哪些措施促进反应向产物方向进行?

④ 邻苯二甲酸二丁酯合成实验可能有哪些副产物?

⑤ 为什么用饱和食盐水洗涤后，不必干燥即可进行蒸去正丁醇的操作?

⑥ 在邻苯二甲酸二丁酯合成实验中，浓硫酸用量过多会对反应产生什么影响?

⑦ 为什么反应时的温度不宜超过 160℃？洗涤时液体的温度要降到 70℃以下?

⑧ 制备乙酸异戊酯时，使用的哪些仪器必须是干燥的，为什么?

⑨ 分水器内为什么要事先要充有一定量水?

⑩ 酯化反应制得的粗酯中含有哪些杂质？是如何除去的？洗涤时能否先碱洗再水洗?

⑪ 酯可用哪些干燥剂干燥？为什么不能使用无水氯化钙进行干燥？

⑫ 酯化反应时，实际出水量往往多于理论出水量，这是什么原因造成的？

# 实验 64 局部麻醉剂的制备

## 一、实验目的

掌握对氨基苯甲酸和对氨基苯甲酸乙酯的制备方法；进一步巩固有机合成的基本操作。

## 二、实验原理

外科所必需的麻醉剂是一类已被研究得较透彻的药物。最早的局部麻醉剂是从南美洲生长的古柯植物中提取的古柯生物碱（可卡因），但具有容易成瘾和毒性大等缺点，在确定了可卡因的结构和药理作用之后，人们已合成和试验了数百种局部麻醉剂，苯佐卡因和普鲁卡因仅是其中的两种。已经发现的有活性的这类药物均有如下共同的结构特征（图 5-28）：分子的一端是芳环，另一端则是仲胺或叔胺，两个结构单元之间相隔 1～4 个原子连接的中间链。苯环部分通常为芳香酸酯，它与麻醉剂在人体内的解毒有着密切的关系；氨基还有助于使此类化合物形成溶于水的盐酸盐以制成注射液。

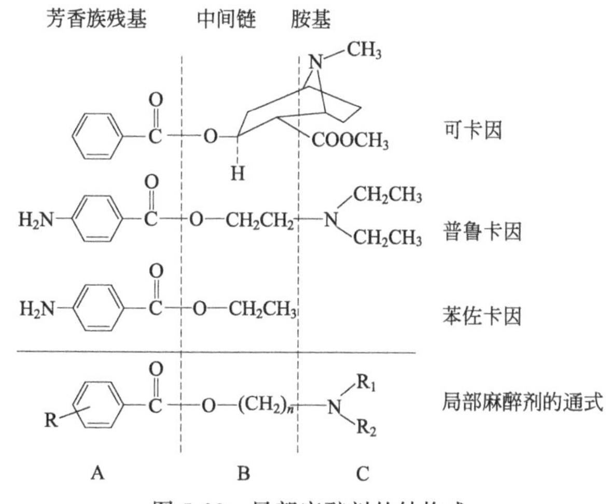


图 5-28 局部麻醉剂的结构式

本实验介绍了局部麻醉剂苯佐卡因的制备方法。它是一种白色的晶体粉末，制成散剂或软膏用于疮面溃疡的止痛。苯佐卡因通常由对硝基甲苯首先被氧化成对硝基苯甲酸，再经乙酯化、还原而得。

$$p\text{-}CH_3C_6H_4NO_2 \xrightarrow{[O]} p\text{-}HO_2CC_6H_4NO_2 \xrightarrow[H_2SO_4]{C_2H_5OH} p\text{-}C_2H_5O_2CC_6H_4NO_2 \xrightarrow{[H]} p\text{-}C_2H_5O_2CC_6H_4NH_2$$

这是一条比较经济合理的路线。本实验采用对甲苯胺为原料，经酰化、氧化、水解、酯化一系列反应合成苯佐卡因。

$$p\text{-}H_2NC_6H_4CH_3 \xrightarrow{(CH_3CO)_2O} p\text{-}CH_3COHNC_6H_4CH_3 \xrightarrow[②H^+,H_2O]{①KMnO_4} p\text{-}HO_2CC_6H_4NH_2 \xrightarrow[H_2SO_4]{C_2H_5OH} p\text{-}C_2H_5O_2CC_6H_4NH_2$$

此路线虽然比以对硝基甲苯为原料的路线长一些，但原料易得，操作方便，适合于实验室少量制备。

对氨基苯甲酸是一种与维生素 B（vitamin B，$V_B$）有关的化合物，它是维生素 $B_{10}$（叶酸）的组成部分。

对氨基苯甲酸的合成涉及三步反应。

第一步反应是将对甲苯胺用乙酸酐处理转变为相应的酰胺，这是一个制备酰胺的标准方法，其目的是在第二步高锰酸钾氧化反应中保护氨基，避免氨基被氧化，形成的酰胺在所用氧化条件下是稳定的。

第二步反应是对甲基乙酰苯胺中的甲基被高锰酸钾氧化为相应的羧基。氧化过程中，紫色的高锰酸钾盐被还原成棕色的二氧化锰沉淀。鉴于溶液中有氢氧根离子生成，故要加入少量的硫酸镁作缓冲剂，使溶液碱性变得不致太强而使酰氨基发生水解。反应产物是羧酸盐，经酸化后可使生成的羧酸从溶液中析出。

最后一步反应是酰胺的水解，除去了起保护作用的乙酰基，此反应在稀酸溶液中很容易进行。

对氨基苯甲酸再在浓硫酸催化作用下酯化得到对氨基苯甲酸乙酯。

反应式如下：

$$p\text{-}CH_3C_6H_4NH_2 \xrightarrow[CH_3CO_2Na]{(CH_3CO)_2O} p\text{-}CH_3C_6H_4NHCOCH_3 + CH_3CO_2H$$

$$p\text{-}CH_3C_6H_4NHCOCH_3 + 2KMnO_4 \longrightarrow p\text{-}CH_3CONHC_6H_4CO_2K + 2MnO_2 + H_2O + KOH$$

$$p\text{-}CH_3CONHC_6H_4CO_2K + H^+ \longrightarrow p\text{-}CH_3CONHC_6H_4CO_2H$$

$$p\text{-}CH_3CONHC_6H_4CO_2H + H_2O \xrightarrow{H^+} p\text{-}NH_2C_6H_4CO_2H + CH_3CO_2H$$

$$p\text{-}NH_2C_6H_4CO_2H + CH_3CH_2OH \xrightleftharpoons{H_2SO_4} p\text{-}NH_2C_6H_4CO_2C_2H_5 + H_2O$$

## 三、实验用品

仪器：烧杯、三口烧瓶、圆底烧瓶、分液漏斗、熔点仪等。

试剂：对甲苯胺、乙酸酐、乙酸钠溶液、高锰酸钾、七水合硫酸镁、乙醇、盐酸（18%、浓）、硫酸（20%、浓）、氨水（10%）、对氨基苯甲酸、碳酸钠（10%）、乙醚、无水硫酸镁等。

## 四、实验步骤

（1）对甲基乙酰苯胺

在 500mL 烧杯中，加入 7.5g 对甲苯胺，175mL 水和 7.5mL 浓盐酸，必要时在水浴上温热（50℃左右）搅拌促使溶解。若溶液颜色较深，可加适量的活性炭脱色后过滤。同时在另一烧杯中配制 12g 三水合乙酸钠溶于 20mL 水的溶液，必要时温热至所有的固体溶解。将盐酸对甲苯胺溶液加热至 50℃，加入 8mL 乙酸酐，并立即加入预先配制好的乙酸钠溶液，用玻璃棒充分搅拌后将混合物置于冰浴中冷却，此时应析出对甲基乙酰苯胺（白色固体）。抽滤，用少量冷水洗涤，干燥后称重，对甲基乙酰苯胺的熔点为 154℃。

（2）对乙酰氨基苯甲酸

在 500mL 三口烧瓶中，加入上述制得的对甲基乙酰苯胺（约 7.5g）、20g 七水合硫酸镁和 350mL 水，将混合物加热到约 85℃。同时制备 20.5g 高锰酸钾溶于 70mL 沸水的溶液。在充分搅拌下，将热的高锰酸钾溶液在 30min 内滴加到对甲基乙酰苯胺的混合物中，以免氧化剂局部浓度过高破坏产物。加完后，继续在 85℃搅拌 15min。混合物变成深棕色，趁热用两层滤纸抽滤除去二氧化锰沉淀，并用少量热水洗涤二氧化锰。若滤液呈紫色，可加入2～3mL 乙醇煮沸直至紫色消失，将滤液再用折叠滤纸过滤一次。冷却无色滤液，加 20%硫酸调节溶液呈酸性，此时应生成白色固体，抽滤，干燥后得对乙酰氨基苯甲酸，纯化合物的熔点为 250～252℃，湿产品可直接进行下一步合成。

(3) 对氨基苯甲酸

称量上步得到的对乙酰氨基苯甲酸，将每克湿产物用 5mL 18%的盐酸进行水解。将反应物置于 250mL 圆底烧瓶中，缓缓回流 30min。待反应物冷却后，加入 30mL 冷水，然后用 10%氨水中和，使反应混合物对石蕊试纸恰成碱性，氨水切勿过量。每 30mL 最终溶液加 1mL 冰乙酸，充分摇振后置于冰浴中骤冷以引发结晶，必要时用玻璃棒摩擦瓶壁。抽滤收集产物，干燥后以对甲苯胺为标准计算累计产率，测定产物的熔点，纯对氨基苯甲酸的熔点为 186～187℃。

(4) 对氨基苯甲酸乙酯

在 100mL 圆底烧瓶中，加入 2g 对氨基苯甲酸和 25mL95%乙醇，旋摇烧瓶使大部分固体溶解。将烧瓶置于冰浴中冷却，加入 2mL 浓硫酸，立即产生大量沉淀（在接下来的回流中沉淀将逐渐溶解），将反应混合物在水浴中回流 1h，并不时摇荡。

将反应混合物转入烧杯中，冷却后分批加入 10%碳酸钠溶液中和（约需 12mL），可观察到有气体逸出，并产生泡沫（发生了什么反应），直至加入碳酸钠溶液后无明显气体释放。反应混合物接近中性时，检查溶液 pH，再加入少量碳酸钠溶液至 pH 为 9 左右。在中和过程中产生少量固体沉淀（生成了什么物质?）。将溶液倒入分液漏斗中，并用少量乙醚洗涤固体后并入分液漏斗。向分液漏斗中加入 30mL 乙醚，摇振后分出醚层。经无水硫酸镁干燥后，在水浴上蒸出乙醚和大部分乙醇，至残余油状物约 2mL 为止。残余液用乙醇-水重结晶，干燥，称重，计算产率。

纯对氨基苯甲酸乙酯熔点为 91～92℃。对氨基苯甲酸乙酯的红外光谱如图 5-29 所示。

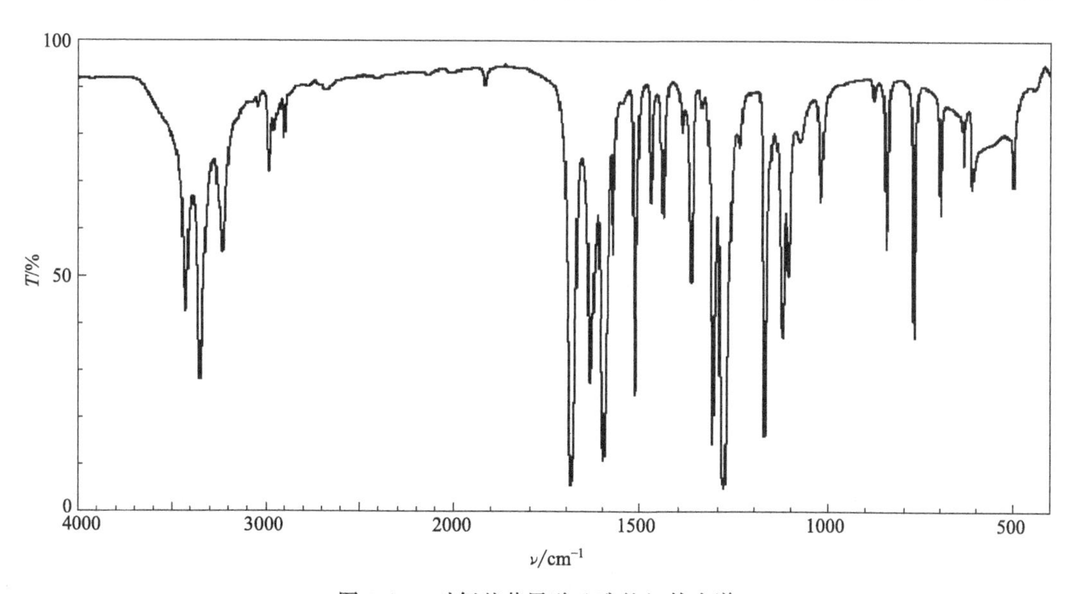


图 5-29 对氨基苯甲酸乙酯的红外光谱

## 五、注意事项

对氨基苯甲酸不必重结晶，对产物重结晶的各种尝试均未获得满意的结果，产物可直接用于合成苯佐卡因。

### 六、思考题

① 对甲苯胺酰化反应中加入乙酸钠的目的何在？

② 对甲基乙酰苯胺用高锰酸钾氧化时，为何要加入七水合硫酸镁？

③ 在氧化步骤中，若滤液有色，需加入少量乙醇煮沸，发生了什么反应？

④ 在水解步骤中，用氢氧化钠溶液代替氨水中和，可以吗？中和后加入乙酸的目的何在？

⑤ 酯化反应中，加入浓硫酸后产生的沉淀是什么物质？试解释。

⑥ 酯化反应结束后，为什么要用碳酸钠溶液而不用氢氧化钠溶液进行中和？为什么不中和至溶液的 pH 为 7 而要使溶液 pH 为 9 左右？

⑦ 如何由对氨基苯甲酸为原料合成局部麻醉剂普鲁卡因？

## 实验 65　乙酰水杨酸的合成（酰化反应）

水杨酸是 1838 年第一次由强碱作用于相应的醛后经酸化得到的一种化合物。1859 年 Kolbe 使用干燥的苯酚钠盐粉末和二氧化碳在 4～7atm（1atm＝101.325kPa）下进行反应，制备廉价的水杨酸，现在工业上都用 Kolbe 合成法生产。水杨酸可以止痛，常用于治疗风湿病和关节炎。水杨酸是一种具有双官能团的化合物，一个是酚羟基，一个是羧基。羟基和羧基都会发生酯化，而且还可以形成分子内氢键，阻碍酰化和酯化反应的发生。

乙酰水杨酸（acetyl salicylic acid，又名阿司匹林，Aspirin）是一种非常普遍的治疗感冒的药物，有解热止痛的效用，同时还可软化血管。

### 一、实验目的

学习酚羟基酰化反应的原理及乙酰水杨酸的制备方法。

### 二、实验原理

$$C_6H_4(COOH)(OH) + (CH_3CO)_2O \xrightarrow{H^+} C_6H_4(COOH)(OCOCH_3)$$

### 三、实验用品

仪器：锥形瓶、圆底烧瓶、移液管、回流冷凝管、烧杯等。

试剂：水杨酸（邻羟基苯甲酸）、乙酸酐、磷酸（85%）、三氯化铁溶液（1%）。

### 四、实验步骤

① 半微量合成。取 1g 水杨酸放入 50mL 的锥形瓶中，慢慢加入 2.5mL 乙酸酐，用滴管加入 85%磷酸（或浓硫酸）3 滴，摇动使水杨酸溶解，水浴加热（温度 90℃）5～10min 后冷却至室温，即有乙酰水杨酸晶体析出。若无晶体析出，可用玻璃棒摩擦瓶壁促使结晶，或放入冰水中冷却，或采用借晶种的方法。晶体析出后再加 25mL 水，继续在冰水浴中冷却，使晶体完全析出。抽滤，用少量水洗涤晶体，完全抽干后在红外灯下烘干。粗产品可用 1%的三氯化铁溶液检验是否有酚羟基存在。产率约为 80%，熔点为 134～136℃。

② 微量合成。在 5mL 圆底烧瓶中，加入 0.1g 水杨酸，用 1mL 移液管加入 0.25mL 乙酸酐，用滴管滴加 1 滴 85%磷酸。水浴加热，并摇动反应瓶使水杨酸溶解，装上回流冷凝管，水浴加热回流 15min。将反应液趁热倒入盛有 10mL 水的烧杯中，得到白色沉淀。用冰

水浴冷却，使晶体完全析出。抽滤，并用少量水洗涤晶体，抽干后自然晾干。粗产品可用1%的三氯化铁溶液检验是否有酚羟基存在。产率约为80%，熔点为134～136℃。

文献值记载乙酰水杨酸熔点为135～138℃。邻羟基苯甲酸和乙酰水杨酸的红外光谱分别如图5-30和图5-31所示。

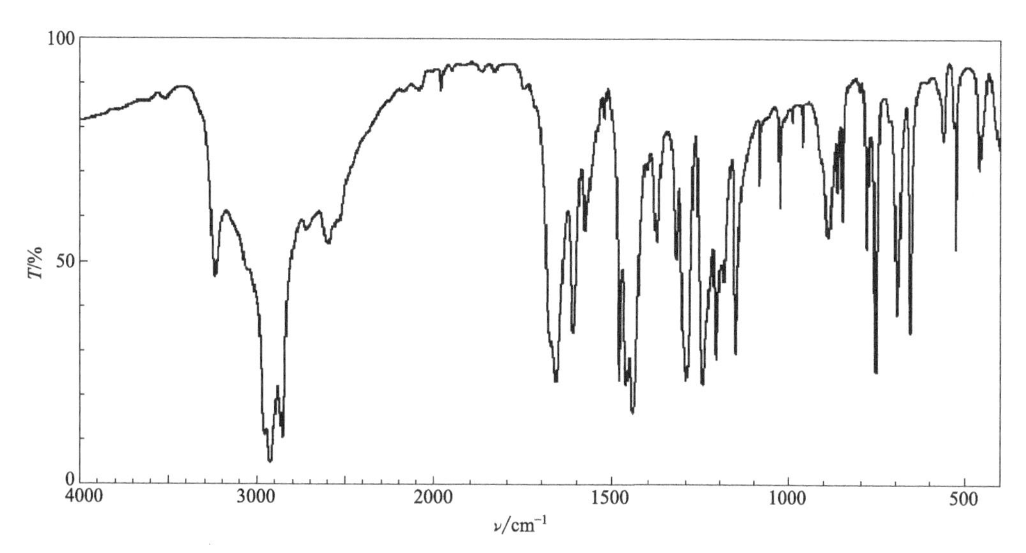


图5-30　邻羟基苯甲酸的红外光谱

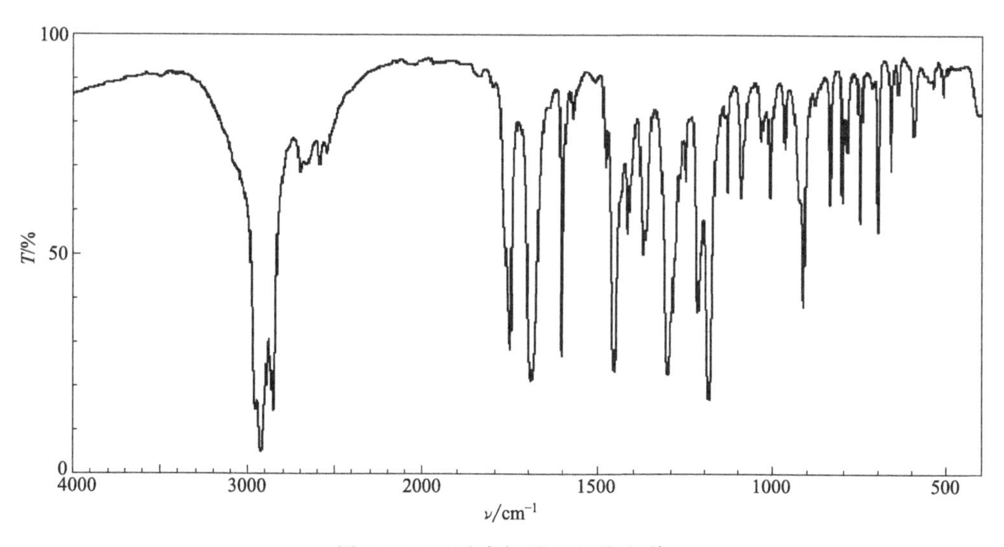


图5-31　乙酰水杨酸的红外光谱

## 五、注意事项

① 由于分子内氢键的作用，水杨酸与乙酸酐直接反应需在150～160℃才能生成乙酰水杨酸。加入酸的目的主要是破坏氢键，使反应在较低的温度下（90℃）就可以进行，而且可以大大减少副产物的产生，因此实验中要注意控制好温度。

② 此反应开始前，仪器应经过干燥处理，药品也要事先经过干燥处理。

③ 粗产品可用乙醇-水，或稀盐酸（1∶1），或苯和石油醚（30～60℃）的混合溶剂进行重结晶。

④ 乙酰水杨酸受热后易发生分解，分解温度为126～135℃，因此在烘干、重结晶、熔点测定时均不宜长时间加热。

⑤ 如粗产品中混有水杨酸，用1%三氯化铁检验时会显紫色。

### 六、思考题

① 本实验中可产生哪些副产物?

② 通过什么样的简便方法可以鉴定出阿司匹林是否变质?

③ 如果在硫酸存在下，水杨酸与乙醇作用将会得到什么产物？写出反应方程式。

## 实验66　肉桂酸的制备（珀金反应）

肉桂酸（cinnamic acid）是生产冠心病药物“心可安”的重要中间体，其酯类衍生物是配制香精或食品香料的重要原料，它在农药、塑料和感光树脂等精细化工产品生产中也有着广泛的应用。

### 一、实验目的

学习珀金（Perkin）反应原理及实验方法，掌握水蒸气蒸馏及重结晶操作技术。

### 二、实验原理

$$PhCHO + (CH_3CO)_2O \xrightarrow[②HCl]{①CH_3COOK} PhCH{=}CHCOOH + CH_3COOH$$

### 三、实验用品

仪器：圆底烧瓶、回流冷凝管、三口烧瓶、锥形瓶、熔点仪、蒸发皿、空气冷凝管、温度计等。

试剂：苯甲醛、乙酸酐、无水乙酸钾、碳酸钠、无水氯化钙、活性炭、浓盐酸、乙醇（70%）等。

### 四、实验步骤

① 常量合成。在100mL圆底烧瓶中，依次加入3g无水乙酸钾、7.5mL乙酸酐和5mL新蒸馏过的苯甲醛，投入几粒沸石，配置回流冷凝管，冷凝管上连接氯化钙干燥管，将圆底烧瓶置于170℃左右的油浴上加热回流2h。回流结束后，将反应混合物趁热倒入盛有20mL水的500mL三口烧瓶中，用少量热水冲洗反应瓶，使反应物全部转入三口烧瓶。然后，缓缓加入适量的固体碳酸钠，使溶液呈微碱性（pH=9～10)。装配水蒸气蒸馏装置，进行水蒸气蒸馏，以蒸除混合物中未反应的苯甲醛。当馏出物无油珠时即可停止蒸馏。将水蒸气蒸馏装置改为回流装置，向蒸馏瓶中加入少量活性炭，加热回流10min，趁热过滤。将滤液转至锥形瓶中，并冷却至室温，在搅拌下缓缓滴加浓盐酸使其呈酸性（pH=3)，有晶体析出。置锥形瓶于冰水浴中，经充分冷却使肉桂酸晶体尽量析出。抽滤并用少许冷水洗涤。粗产物可用水或70%乙醇进行重结晶。产物经干燥后，称重、测熔点并计算产率。肉桂酸为无色针状晶体，有顺、反异构体，一般为反式异构体，熔点为133～134℃。

② 半微量合成。取1.8g无水乙酸钾，放入蒸发皿中在电炉或电热套上使其熔化，取下研碎，及时放入100mL三口烧瓶中。再往该瓶加入1.5mL苯甲醛及3mL乙酸酐，混合均匀后，装上空气冷凝管及温度计，加热回流1h，维持反应温度在150～170℃之间。反应完毕，向反应液中加30mL水，边加热边振荡一会，再慢慢加入碳酸钠中和反应液至pH等于8。然后进行水蒸气蒸馏直至馏出液中无油珠出现。待三口烧瓶中的剩余液体冷却后，加入活性炭煮沸10～15min，进行热抽滤，用浓盐酸调节滤液至pH等于3，冷却待晶体析出后

进行抽滤，用少量水洗涤晶体，抽干，在红外灯下将晶体烘干。产品为白色晶体，可用95%乙醇进行重结晶。产率约60%，熔点133～134℃。

纯肉桂酸熔点为133℃，沸点为300℃，相对密度$d_4^{20}$为1.245。肉桂酸的红外光谱如图5-32所示。

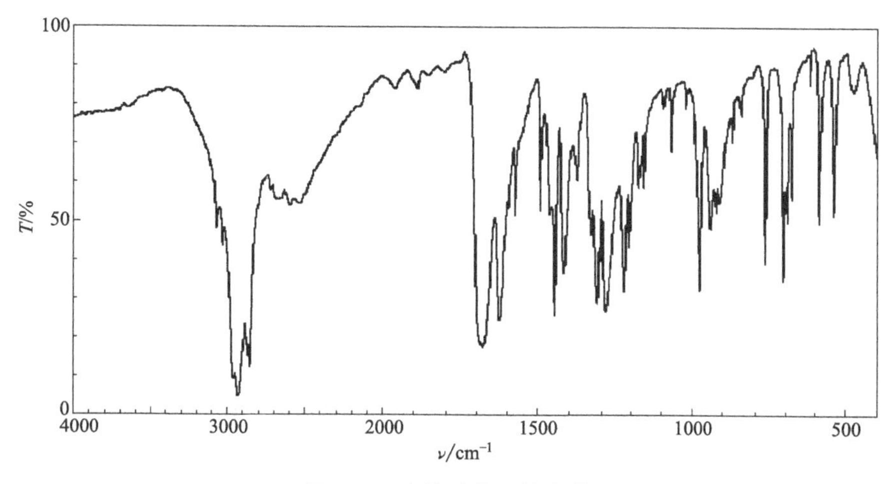


图5-32　肉桂酸的红外光谱

## 五、注意事项

① 乙酸酐和苯甲醛对皮肤有强烈的侵蚀作用，量取时应当心。

② 无水乙酸钾可用无水乙酸钠或无水碳酸钾代替，若乙酸钾含水，应作预处理。先将含水乙酸钾置于蒸发皿中加热至熔融，蒸除水分后又结成固体，再加大火力使其熔融并不断搅拌，防止炭化变黑，趁热倒在金属板上，冷却后研碎，置于干燥器中备用。

③ 久置的苯甲醛会自行氧化成苯甲酸，混入产品中不易去除，影响产品纯度，故在使用前应将其去除。

④ 开始加热不要过猛，以防乙酸酐受热分解而挥发，白色烟雾不要超过空气冷凝管高度的1/3。

## 六、思考题

① 若苯甲醛和丙酸酐发生珀金反应，其产物是什么？

② 在本实验中，如果原料苯甲醛中含有少量苯甲酸，这对实验结果会带来什么影响？应采取什么措施？

③ 在水蒸气蒸馏前若不向反应混合物中加碱，蒸馏馏分中会有哪些组分？

④ 分析肉桂酸的红外光谱，指出反映羟基、羰基和碳碳双键的特征吸收峰。

⑤ 为什么说珀金反应是变相的羟醛缩合反应？其反应机制是怎样的？

# 实验67　乙酰乙酸乙酯的合成（克莱森酯缩合）

克莱森（Claisen）酯缩合反应属于活泼亚甲基反应，是在强碱条件下，酯的活泼亚甲基对酯上羰基的亲核加成（或加成-消除）反应。活泼亚甲基反应在有机合成中占有十分重要的地位，是延长碳链的重要途径。

## 一、实验目的

通过合成乙酰乙酸乙酯，掌握克莱森酯缩合的原理，学习减压蒸馏的方法。

## 二、实验原理

两分子乙酸乙酯在强碱作用下缩合，再经过水解生成乙酰乙酸乙酯（ethyl actoacetate），此反应称为克莱森酯缩合反应。本实验利用金属钠与市售乙酸乙酯中含有的少量乙醇生成乙醇钠作为碱性缩合剂，促使反应发生。金属钠为易燃物质，遇水可自燃，操作时应十分小心。

反应式：$2CH_3COOC_2H_5 + 2C_2H_5ONa \xrightarrow{C_2H_5OH} [CH_3COCHCOOC_2H_5]^- Na^+$

$\xrightarrow{H^+} CH_3COCH_2COOC_2H_5$

## 三、实验用品

仪器：回流冷凝管、圆底烧瓶、分液漏斗、试管等。

试剂：乙酸乙酯、钠、乙酸（50%）、饱和食盐水、无水硫酸镁、无水氯化钙、三氯化铁（1%）、溴水、2,4-二硝基苯肼溶液等。

## 四、实验步骤

① 半微量合成。在50mL的圆底烧瓶中加入18mL分析纯乙酸乙酯，加入1.8g刚刚切成小薄片的金属钠，迅速装上回流冷凝管并接氯化钙干燥管。反应立即开始，使反应保持微沸状态，直至金属钠全部反应完。此时，反应瓶内溶液呈棕红色并有白色固体出现。冷却反应液，边摇边加入50%乙酸溶液（约15mL），使反应液pH等于6，此时，固体应全部溶解（若还有固体，可加水使其溶解）。将反应液倒入分液漏斗中，加入等体积的饱和食盐水洗涤，分出有机层用无水硫酸镁干燥，常压蒸出过量的乙酸乙酯，再减压蒸出产品，产率约50%。

② 微量合成。在10mL的圆底烧瓶中加入3mL分析纯乙酸乙酯，加入0.3g刚刚切成小薄片的金属钠，迅速装上回流冷凝管并接氯化钙干燥管。反应立即开始，使反应保持微沸状态，直至金属钠全部反应完。此时，反应瓶内溶液呈棕红色并有白色固体出现。冷却反应液，边摇边加入50%乙酸溶液（约3mL）使反应液pH等于6，此时，固体应全部溶解。将反应液倒入分液漏斗中，加入等体积的饱和食盐水洗涤，分出有机层用无水硫酸镁干燥，用微型常压蒸馏装置蒸出过量的乙酸乙酯，再减压蒸出产品。产率约50%。

乙酰乙酸乙酯的沸点为180.4℃，相对密度$d_4^{20}$为1.025，折射率$n_D^{20}$为1.4198。乙酰乙酸乙酯的红外光谱如图5-33所示。

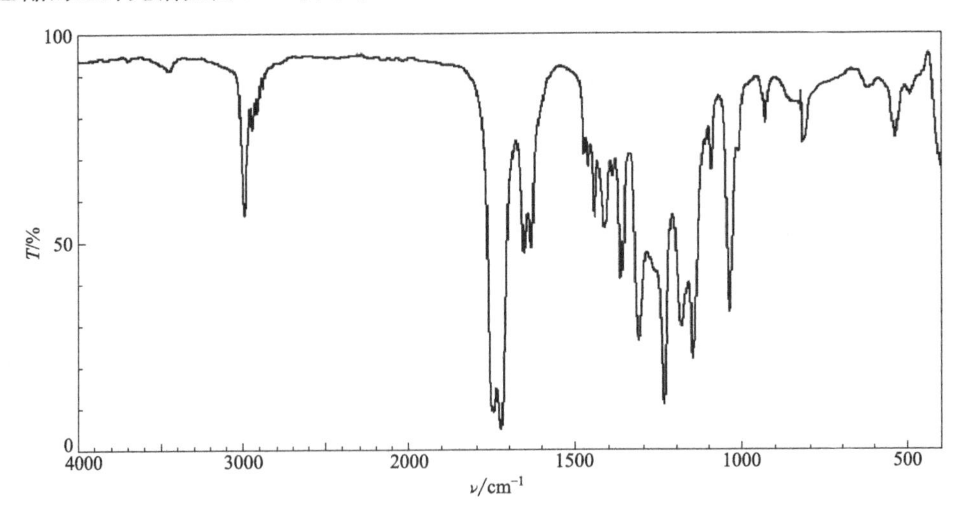


图5-33　乙酰乙酸乙酯的红外光谱

③ 乙酰乙酸乙酯的性质实验。由于乙酰乙酸乙酯存在着酮式和烯醇式互变异构体，因此，即有酮羰基的性质，又有烯醇的性质。在这种结构中存在着两个配位中心，可以与一些金属离子形成螯合物，利用这一性质我们可以进行定性检测。

a. 与2,4-二硝基苯肼的反应。在一试管中加入3滴新配制的2,4-二硝基苯肼溶液，然后加入2滴乙酰乙酸乙酯，微热后冷却可见黄色沉淀物。

b. 与溴水和三氯化铁的反应。在试管中加入2滴乙酰乙酸乙酯和1滴1%的三氯化铁溶液，观察溶液的颜色有何变化。然后再加入几滴溴水，振荡，观察溶液的颜色变化，放置片刻再观察颜色变化。记录这些现象并解释。

### 五、注意事项

① 在将钠切成小薄片的过程中动作要快，以防金属钠表面被氧化。

② 一定要等大部分钠反应完后，再加乙酸溶液，以防着火。

③ 要注意避免加入过量的乙酸溶液，否则会增加酯在水中的溶解度。另外，酸度过高，会促使副产物“去水乙酸”的生成，从而降低产量。

④ 乙酰乙酸乙酯常压蒸馏时，易发生分解。最好减压蒸馏产品，温度低于100℃。

### 六、思考题

① 本实验应以哪种物质为基准计算产率？为什么？如何证明本产物是两种互变异构体的平衡产物？

② 请写出本实验反应的反应历程。

## 实验68　环己酮的合成（氧化反应）

一级醇及二级醇在氧化剂的作用下，被氧化生成醛、酮或羧酸。一级醇与一般氧化剂作用，反应均不能停留在醛的阶段，而是继续反应最终产生羧酸。但是在费兹纳（Pfitzner）及莫发特（Moffatt）试剂的作用下，可以得到产率非常高的醛。这个试剂是二甲基亚砜和二环己基碳二亚胺。二级醇被氧化可以停留在酮的阶段，如继续反应（或反应条件剧烈时）可以断键生成羧酸，如环己醇可以被氧化成环己酮（cyclohexanone），也可以被氧化成己二酸。

醇氧化常使用铬酸作为氧化剂，在氧化过程中首先形成中间体酯，随后其断裂成产物和一个被还原了的无机物：

$$\mathrm{R'(H)R''C(H)OH} + H_2CrO_4 \longrightarrow \mathrm{(H)R'(R)C(H)}\text{—}O\text{—}CrO_3H \longrightarrow \mathrm{R'RC{=}O}$$

在此反应中，铬从+6价被还原到不稳定的+4价状态，+4价铬和+6价铬之间迅速进行歧化形成+5价铬，同时继续氧化醇，最终生成稳定的深绿色的+3价铬。利用这个反应可以检验一级醇和二级醇的存在。

### 一、实验目的

学习用氧化法由环己醇制备环己酮的原理与方法；巩固蒸馏、液液萃取等操作。

### 二、实验原理

$$Na_2Cr_2O_7 + H_2SO_4 \longrightarrow 2CrO_3 + Na_2SO_4 + H_2O$$

$$6\ C_6H_{11}\text{—}OH + 2CrO_3 \longrightarrow 6\ C_6H_{10}{=}O + Cr_2O_3 + 3H_2O$$

## 三、实验用品

仪器：三口烧瓶、搅拌器、温度计、Y 形管、回流冷凝管、恒压滴液漏斗、空气冷凝管、圆底烧瓶、移液管、离心分液管、微型干燥柱等。

试剂：浓硫酸、环已醇、重铬酸钠、草酸、氯化钠、无水碳酸钾、次氯酸钠、冰乙酸、碘化钾-淀粉试纸、饱和亚硫酸钠、无水三氯化铝、碳酸钠（5%）、乙醚等。

## 四、实验步骤

① 半微量合成。在 100mL 三口烧瓶上分别装上搅拌器、温度计及 Y 形管，在 Y 形管上分别装上回流冷凝管和恒压滴液漏斗。向反应瓶中加入 30mL 冰水，边摇边慢慢滴加 5mL 浓硫酸，充分摇匀，小心加入 5g（约 5.25mL）环已醇。在滴液漏斗中加入刚刚配好的 5.3g 重铬酸钠（$NaCr_2O_7 \cdot 2H_2O$）和 3mL 水的溶液（重铬酸钠应溶解）。待反应瓶内的溶液温度降至 30℃以下后，开动搅拌器，将重铬酸钠水溶液慢慢滴入。氧化反应开始，混合物变热，橙红色的重铬酸钠溶液变成绿色。当温度达到 55℃时，控制滴加速度，维持温度在 55～60℃之间，加完后继续搅拌，直至温度自行下降。然后加入少量草酸（约 0.25g），使溶液变成墨绿色，以破坏过量的重铬酸钠。在反应瓶内加入 25mL 水，加 2 粒沸石，改为蒸馏装置，将环已酮和水一起蒸出，共沸蒸馏温度为 95℃。直至馏出液不再混浊，再多蒸出 5～7mL。向馏出液中加入氯化钠使溶液饱和，用分液漏斗分出有机层，用无水碳酸钾干燥有机相，用空气冷凝管进行常压蒸馏，收集 151～156℃的馏分，产率约 60%。

② 微量合成

a. 反应过程

ⅰ. 方法一：铬酸氧化法。将 0.8g 重铬酸钠固体溶于 1.2mL 水中，慢慢加入 0.6mL 浓硫酸，最后稀释至 4mL，使用前冷却至 0℃。用 1mL 移液管吸取 0.42mL 环已醇，加到 10mL 圆底烧瓶中，冷却至 0℃。在搅拌下，将已冷却至 0℃的重铬酸钠溶液在 5min 内（为什么要控制时间?）从冷凝管上口加入反应瓶中，加完后，继续搅拌 20min。反应完毕，将反应液转移至 10mL 离心分液管中。

ⅱ. 方法二：次氯酸氧化法。在研钵中加入 2g 次氯酸钠，逐滴加入水，边加边研，使之成为均匀糊状物，最后加水总量约 3.3mL，磨匀，转移至烧杯中，放入冰水浴中冷却备用。用 1mL 移液管吸取 0.5mL 环已醇，加到 10mL 圆底烧瓶中，再加入冰乙酸 3.3mL，搅拌，将制得的糊状次氯酸钠慢慢加入反应瓶中，加入过程中保持反应液温度在 25～30℃（可用冰水冷却）。搅拌 5min 后，用碘化钾-淀粉试纸检验呈蓝色，否则应再加入糊状次氯酸钠 0.1～0.2mL。然后在 25～30℃下反应 50～60min，加饱和亚硫酸钠溶液约 0.6mL 至反应液对碘化钾-淀粉试纸不显蓝色为止。将反应液转移至 10mL 蒸馏瓶中（用 2mL 水洗涤原反应瓶，一并倒入蒸馏瓶中），加入无水三氯化铝 0.3g，沸石 1 粒，摇匀；进行简易水蒸气蒸馏，蒸至无油珠出现为止，用 10mL 离心分液管收集馏出液。

b. 后处理纯化产品

静置分层，用滴管将有机层取出。水层用 3mL 乙醚分 3 次萃取，合并有机相。有机相用 5%碳酸钠水溶液（约 1mL）洗涤 1 次，用水洗涤 3 次。用滴管将醚层取出，用微型干燥柱进行干燥。最后用少量乙醚淋洗干燥柱，用已称重的干燥锥形瓶收集乙醚溶液。在锥形瓶上装好微型蒸馏头和真空冷凝管，用水浴蒸出乙醚。用空气冷凝管进行常压蒸馏，收集 151～156℃的馏分，产率约为 75%。

纯环已酮的沸点为 155.6℃，相对密度 $d_4^{20}$ 为 0.9478，折射率 $n_D^{20}$ 为 1.4507。环已酮的红外光谱如图 5-34 所示。

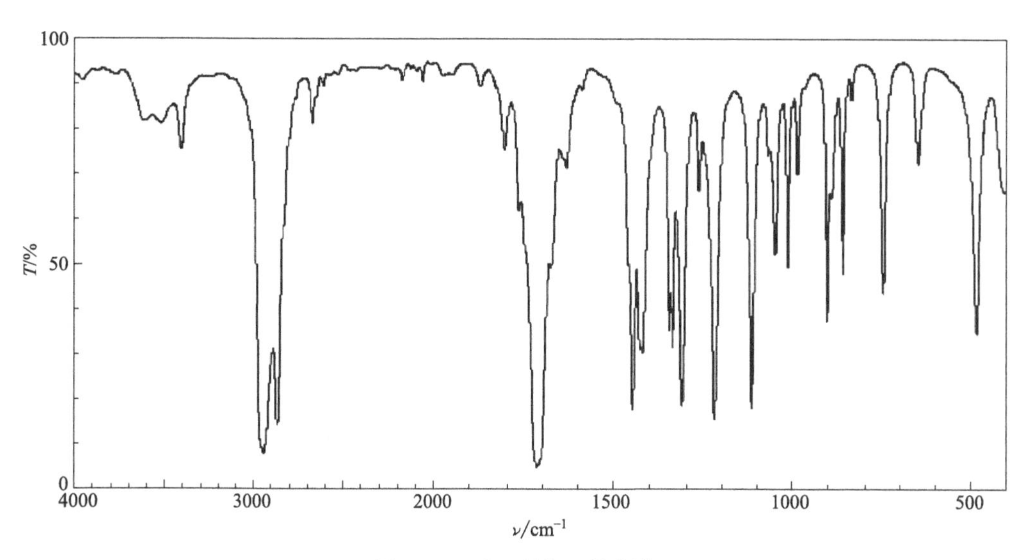


图 5-34　环己酮的红外光谱

## 五、注意事项

① 加水蒸馏产品实际上是简化了的水蒸气蒸馏。

② 水的馏出量不宜过多，否则即使使用盐析仍不可避免少量环己酮溶于水中。

③ 次氯酸法与重铬酸钠法相比，其优点是避免使用有致癌危险的铬盐。但此法有氯气逸出，操作时应在通风橱中进行。

④ 加入无水三氯化铝的目的是防止蒸馏时发泡。

⑤ 水蒸气蒸馏时，馏出液沸程为 94～100℃，除含水和乙酸外，还含有易燃的环己酮，应注意防火。

⑥ 分液时如看不清界面可加入少量的乙醚或水。

⑦ 微量洗涤过程：将 10mL 离心分液管加上塞子，振荡，放出气体，静置分层，用滴管吸出有机层。水洗涤的方法一样。

⑧ 干燥柱的准备：用一支干燥的玻璃滴管，按顺序加入少量棉花、0.05g 石英砂、1g 无水氧化铝、1g 无水硫酸镁、0.05g 石英砂填塞而成，并用无水乙醚湿润柱体。

## 六、思考题

① 氧化反应结束后为什么要加入草酸？

② 盐析的作用是什么？

③ 有机反应中常用氧化剂有哪些？

# 实验 69　甲基橙的制备（重氮化反应）

## 一、实验目的

学会用芳香族伯胺制备重氮盐及用重氮盐制备偶氮化合物的方法；掌握试剂的用量、反应条件的控制以及产物的检测方法。

## 二、实验原理

$$H_2N-C_6H_4-SO_3H + NaOH \longrightarrow H_2N-C_6H_4-SO_3Na + H_2O$$

$$H_2N-C_6H_4-SO_3Na \xrightarrow[0\sim5℃]{NaNO_2,HCl} [HO_3S-C_6H_4-\overset{+}{N}\equiv N]Cl^-$$

$$\xrightarrow[HAc]{PhNMe_2} [HO_3S-C_6H_4-N=N-C_6H_4-\overset{+}{N}HMe_2]Ac$$

$$\xrightarrow{NaOH} NaO_3S-C_6H_4-N=N-C_6H_4-NMe_2 + NaAc + H_2O$$

## 三、实验用品

仪器：烧杯、锥形瓶、抽滤瓶、布氏漏斗等。

试剂：对氨基苯磺酸、氢氧化钠（5%）、亚硝酸钠、浓盐酸、*N*,*N*-二甲基苯胺、冰乙酸、乙醇（95%）、乙醚等。

## 四、实验步骤

（1）方法一

① 对氨基苯磺酸重氮盐的制备。在小烧杯中加入 1g 对氨基苯磺酸、5mL 5%的氢氧化钠溶液，使其溶解。另将 0.4g 亚硝酸钠溶于 3mL 水中，加到上述反应液中。在冰盐浴冷却并不断搅拌下，将该混合液慢慢滴加到盛有 5mL 水和 1.5mL 浓盐酸的 50mL 烧杯中，温度始终保持在 5℃以下，反应液由橙黄变为乳黄色，并有白色沉淀产生。滴加完毕继续在冰水浴中反应 5～7min。

② 偶联制备甲基橙（methyl orange）。在试管中将 0.7mL *N*,*N*-二甲基苯胺和 0.5mL 冰乙酸混合均匀。搅拌并将该溶液慢慢滴加至冷却的重氮盐溶液中，加完后继续搅拌 10min，此时溶液为深红色。在搅拌下，慢慢加入 12.5mL 5%的氢氧化钠溶液，此时有固体析出，反应物成为橙黄色浆状物，搅拌均匀。在沸水浴中加热 5min（使固体陈化），冷却使晶体完全析出。抽滤，依次用少量水、乙醇、乙醚洗涤，压干或抽干，得到紫红色晶体。产率为 40%～50%。

③ 重结晶。将粗产品用 0.4%氢氧化钠的沸水溶液（每克粗产品加 15～20mL）进行重结晶。待晶体析出完全后抽滤，沉淀依次用少量乙醇、乙醚洗涤。得到橙黄色明亮的小叶片状晶体。

（2）方法二

称取无水对氨基苯磺酸 250mg、*N*,*N*-二甲基苯胺 125mg 于 5mL 烧杯中，加入 2mL 95%乙醇，用玻璃棒搅拌，使 *N*,*N*-二甲基苯胺溶解。在不断搅拌下用注射器慢慢滴加 0.5mL 20%亚硝酸钠溶液，控制反应温度不得超过 25℃。滴加完毕，继续搅拌 5min，在冰水中放置片刻。减压抽滤，即得橙黄色、颗粒状的甲基橙粗晶。

将粗产物用溶有少量氢氧化钠（100～150mg）的蒸馏水（每克粗产物 15～20mL）进行重结晶，产物干燥后称重（产率 50%～60%），产品没有明确的熔点，因此不必测定其熔点。

取少量甲基橙溶解于水中，加几滴盐酸，然后用稀氢氧化钠溶液中和，观察溶液的颜色变化。甲基橙在中性或碱性溶液中是以黄色的磺酸盐形式存在的，在酸性溶液中则转变为红色的内盐，成对苯醌结构：

$$\underset{\text{黄色}}{NaO_3S-C_6H_4-N=N-C_6H_4-N(CH_3)_2} \rightleftharpoons \underset{\text{红色}}{{}^-O_3S-C_6H_4-N(H)-N=C_6H_4=N^+(CH_3)_2}$$

甲基橙的变色范围是 pH=3.1～4.4，甲基橙的红外光谱如图 5-35 所示。

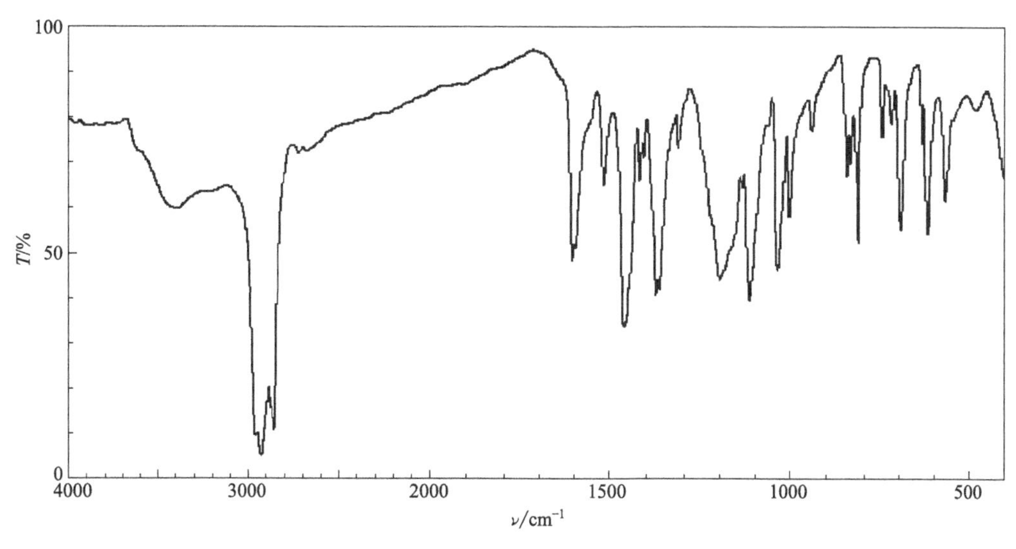


图 5-35　甲基橙的红外光谱

## 五、注意事项

① *N*,*N*-二甲基苯胺久置易被氧化，因此需要重新蒸馏后再使用。该有机物有毒，蒸馏时应在通风橱中进行。

② 用乙醇、乙醚洗涤产品的目的是使产品迅速干燥。

③ 甲基橙在水中溶解度较大，重结晶时加水不宜过多。

④ 重结晶时，操作要迅速，因为产物呈碱性，温度高时易变质，使颜色加深，此时可先将水煮沸，再加入晶体。

## 六、思考题

① 什么叫偶联反应？结合本实验讨论一下偶联反应的条件。

② 在本实验中制备重氮盐时，为什么要把对氨基苯磺酸变成钠盐？如果直接与盐酸混合，是否可以？

③ 试解释甲基橙在酸性介质中变色的原因，用反应式表示。

# 实验 70　喹啉的制备（Skraup 反应）

Skraup 反应是合成喹啉及其衍生物最重要的方法，是用芳香胺与甘油、硫酸、芳香硝基化合物一起加热，得到喹啉或喹啉衍生物。

Skraup 反应中所用的硝基化合物与所用芳香胺的结构一定要保持一致，因为在反应过程中，芳香硝基化合物被还原为芳香胺。若二者结构不一致，将会得到混合物。为避免反应过于剧烈，常加入少量硫酸亚铁。浓硫酸的作用是使甘油脱水成丙烯醛，并使苯胺与丙烯醛的加成产物脱水成环。硝基苯等弱氧化剂则将 1,2-二氢喹啉氧化成喹啉。

## 一、实验目的

学习 Skraup 反应的基本原理，掌握喹啉的制备方法。

## 二、实验原理

$$\underset{\displaystyle OH}{\underset{|}{CH_2}}-\underset{\displaystyle OH}{\underset{|}{CH}}-\underset{\displaystyle OH}{\underset{|}{CH_2}} \xrightarrow{H_2SO_4} CH_2=CH-CHO+2H_2O$$

## 三、实验用品

仪器：圆底烧瓶、回流冷凝管、分液漏斗、烧杯、碘化钾-淀粉试纸、空气冷凝管等。

试剂：苯胺、硝基苯、无水甘油、硫酸亚铁、浓硫酸、乙醚、亚硝酸钠、氢氧化钠（40%）等。

## 四、实验步骤

在 100mL 圆底烧瓶内，依次加入 1.50g 研成粉末状的硫酸亚铁、17.2mL 无水甘油、5.5mL 苯胺、3.5mL 硝基苯和 5.3mL 浓硫酸，搅拌均匀后，装上回流冷凝管，在石棉网上加热至刚沸腾。当反应液开始有气泡产生时，立即停止加热。由于反应放热，此时反应仍然继续进行，等反应液停止沸腾时，再加热回流 2h。

待反应液稍冷后，慢慢地加入 25mL 40%氢氧化钠溶液，使溶液呈强碱性。然后进行水蒸气蒸馏，蒸出喹啉及未反应的苯胺和硝基苯。

蒸出液用浓硫酸酸化后，用分液漏斗把不溶的黄色油状物分去；将剩余的水溶液倒入 250mL 烧杯中并浸在冰水浴中，冷却至 5℃，加入 10%亚硝酸钠溶液，直至溶液中有亚硝酸反应时为止（取 1 滴溶液冲稀，滴到碘化钾-淀粉试纸上立即呈蓝色）。

将反应液放在水浴上加热到无氮气放出为止，于溶液中加入 40%氢氧化钠溶液，使其呈强碱性，再进行水蒸气蒸馏。将蒸出液倒入分液漏斗中，分出喹啉，水相分别用 10mL 乙醚提取两次。提取液与原分出的喹啉合并，用固体氢氧化钠干燥后，先在水浴上蒸去乙醚，再改用空气冷凝管。于石棉网上加热，蒸出喹啉，收集 234～238℃的馏分，产量为 7.00～9.00g。

纯喹啉为无色透明液体，沸点为 238℃，相对密度 $n_D^{25}$ 为 1.6268。喹啉的红外光谱如图 5-36 所示。

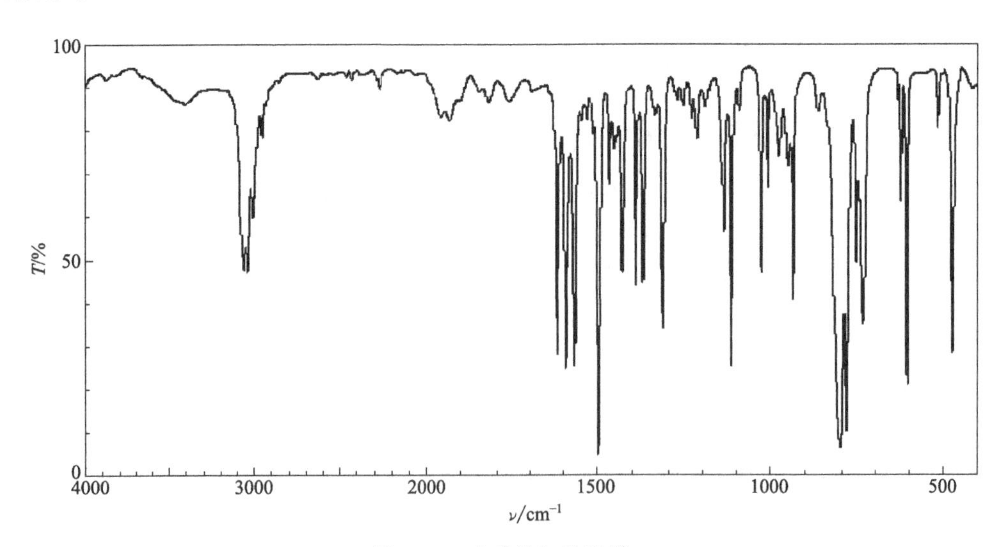


图 5-36 喹啉的红外光谱

## 五、注意事项

① 每次酸化或碱化时，都需先将溶液稍加冷却。在酸化或碱化时，必须用试纸检验确实达到强碱性或强酸性才可。

② 减压蒸馏可以得到无色的产品。

③ 若用无水甘油，其制法如下：将试剂甘油置于蒸发皿中，在搅拌下慢慢加热直至温度升至180℃并保持该温度约10min，然后停止加热，当冷至约100℃时将甘油倾入烧瓶内。

## 六、思考题

① 在Skraup反应中，用对甲苯胺代替苯胺作原料，得到什么产物？硝基化合物应如何选择？

② 如何利用Skraup反应，由苯酚和甘油、硫酸合成8-羟基喹啉？写出反应方程式。

# 实验71　第尔斯-阿尔德反应

## 一、实验目的

学习第尔斯-阿尔德（Diels-Alder）反应的原理，掌握第尔斯-阿尔德反应的制备方法。

## 二、实验原理

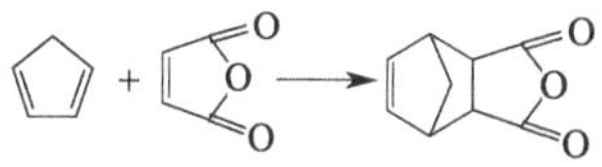

## 三、实验用品

仪器：锥形瓶、试管、抽滤瓶、布氏漏斗等。

试剂：马来酸酐（顺丁烯二酸酐）、乙酸乙酯、石油醚（60～90℃）、环戊二烯、溴的四氯化碳溶液、高锰酸钾溶液等。

## 四、实验步骤

① 常量合成。将6g马来酸酐和20mL乙酸乙酯倒入100mL锥形瓶中，用热水浴加热使固体物全部溶解，然后加入20mL石油醚（60～90℃）。冷却至室温后再用冰水冷却（这时可能会析出少量沉淀，但不会影响反应），再加入4.8g（6mL）新制备的环戊二烯。将反应液在冰浴中不断摇动，直到白色固体析出，放热停止。用水浴加热使析出的固体全部溶解，然后再让其缓缓地冷却，得到白色针状结晶，抽滤，干燥，称重，测定熔点（其文献值为160℃）。

② 半微量合成。将3g马来酸酐和10mL乙酸乙酯倒入50mL锥形瓶中，用热水浴加热使固体物全部溶解，然后加入10mL石油醚（60～90℃）。冷却至室温后再用冰水冷却（这时可能会析出少量沉淀，但不会影响反应），再加入2.4g（3mL）新制备的环戊二烯。将反应液在冰浴中不断摇动，直到白色固体析出，放热停止。用水浴加热使析出的固体全部溶解，然后再让其缓缓地冷却，得到白色针状结晶，抽滤，干燥，称重，测定熔点。

③ 微量合成。将1.5g马来酸酐和5mL乙酸乙酯倒入25mL锥形瓶中，用热水浴加热使固体物全部溶解，然后加入5mL石油醚（60～90℃）。冷却至室温后再用冰水冷却（这时可能会析出少量沉淀，但不会影响反应），再加入1.5mL新制备的环戊二烯。将反应液在冰浴中不断摇动，直到白色固体析出，放热停止。用水浴加热使析出的固体全部溶解，然后再让其缓缓地冷却，得到白色针状结晶，抽滤，干燥，称重。

双环[2.2.1]-2-庚烯-5,6-二酸酐的红外光谱如图 5-37 所示。

④ 产品性质鉴定。取少许产品放入试管中，加水加热溶解，分成两份，一份滴 1 滴高锰酸钾溶液，另一份加入溴的四氯化碳溶液，观察溶液颜色的变化。

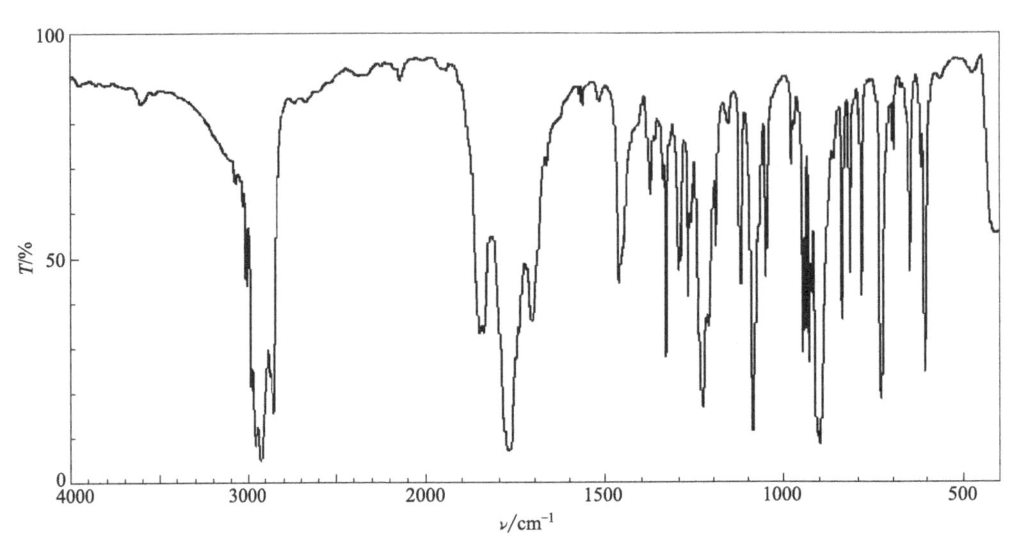


图 5-37　双环[2.2.1]-2-庚烯-5,6-二酸酐的红外光谱

## 五、思考题

环戊二烯与马来酸酐的加成产物与高锰酸钾溶液和溴的四氯化碳溶液反应产生现象说明了什么？

# 实验 72　苯频那醇的光化学制备及重排反应

## 一、实验目的

学习光化学反应制备苯频那醇和用重排反应制备频那酮的方法，增进对羰基光化学还原反应和频那醇重排反应机制的理解。

## 二、实验原理

有机分子吸收光能后形成活化分子，活化分子可经多种途径失去其多余的能量，利用这部分能量引起的化学反应就是有机光化学研究的内容。近年来有机光化学发展迅速，已成为有机化学的一个重要分支。本实验是光化学反应的一个简单例子。

在光照下，二苯酮分子中羰基上的孤电子发生 n-$\pi^*$ 跃迁，形成激发单线态 $S_1$；再经系间串跃，电子改变自旋方向，形成寿命较长的激发三线态 $T_1$：

$$\underset{S_0}{(C_6H_5)_2CO} \xrightarrow[n+n^*]{h\nu} \underset{S_1}{(C_6H_5)_2C{=}O^*} \xrightarrow{ISC} \underset{T_1}{(C_6H_5)_2C{=}O^*}$$

$T_1$ 具有两个未成键电子，因而具有类似自由基的性质，它夺取溶剂异丙醇分子中的一个氢原子，生成二苯甲醇基自由基和羟基异丙基自由基，羟基异丙基又把一个氢原子转移给基态二苯酮而生成另一个二苯甲醇基自由基和一分子丙酮。两个二苯甲醇基自由基相结合就生成了苯频那醇（四苯基乙二醇）。反应式如下：

$$2(C_6H_5)_2CO \xrightarrow[h\nu]{(CH_3)_2CHOH} (C_6H_5)_2\underset{|}{\overset{OH}{C}}—\overset{OH}{\underset{|}{C}}(C_6H_5)_2$$

$$C_6H_5-\underset{C_6H_5}{\overset{OH}{C}}-\underset{C_6H_5}{\overset{OH}{C}}-C_6H_5 \xrightarrow{H^+} C_6H_5-\underset{C_6H_5}{\overset{C_6H_5}{C}}-\overset{O}{\overset{\|}{C}}-C_6H_5$$

## 三、实验用品

仪器：圆底烧瓶、温度计、回流装置、蒸馏装置、烧杯、布氏漏斗等。

试剂：二苯酮、异丙醇、冰乙酸、碘、乙醇（95%）等。

## 四、实验步骤

① 在 100mL 圆底烧瓶中加入 8g 二苯酮和 50～60mL 异丙醇，在水浴中稍加热溶解。加 1 滴冰乙酸（为消除玻璃碱性的影响，避免产物分解），然后加异丙醇到充满烧瓶，塞好磨口塞，用夹子或细棉绳将塞子扎牢。将烧瓶倒置于烧杯中，放在向阳窗台上光照。随着反应的进行，有大量的白色晶体析出。用布氏漏斗过滤，干燥产品。产量为 6～7g，产率 75%以上，熔点为 188～189℃。

② 苯频那醇重排反应。在 100mL 圆底烧瓶中放入 5g 自制的苯频那醇、25mL 冰乙酸和 2～3 粒碘晶体（约 0.05g），加热至沸，回流 1～2min，使晶体完全溶解成红色溶液，继续回流 5min，冷却后，产物呈白色的糊状物析出。加 20mL 95%乙醇稀释，抽滤收集产物。用 95%的乙醇洗涤两次，每次 10mL，以除去产物中碘。干燥后称重，得 3～4g，熔点 179～180℃。

③ 说明：

a. 为节省药品，本实验也可相应减少用量进行，如用 1g 二苯酮在 12mL 试管中参照上述操作步骤进行；

b. 如天气寒冷，有时在放置过程中，先析出少量二苯酮晶体，这对实验影响不大，在光照下会逐渐溶解、反应、再生成苯频那醇晶体；

c. 如果反应不完全产率过低，在滤出苯频那醇晶体后，母液可继续放在阳光下照射，以得到更多产品；

d. 从二苯酮经光化学还原制得的苯频那醇较纯，可直接用于重排反应。

苯频那醇的红外光谱如图 5-38 所示。

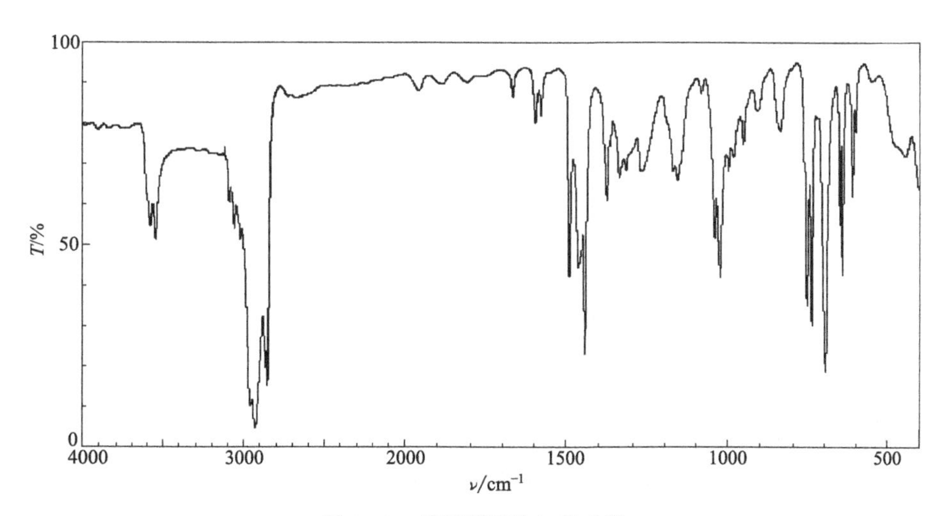


图 5-38 苯频那醇的红外光谱

## 五、注意事项

① 光线充足光照一星期即可，若光线不充足或阴天，要放两星期左右才能析出产物。所以做该实验时，最好选择光线充足的天气。

② 测定熔点并做红外光谱，与苯频那醇的标准红外光谱对比，解析其主要吸收峰。

## 六、思考题

① 在苯频那醇的光化学制备中，反应瓶为什么倒置？

② 二苯酮和金属作用也可以发生双分子还原生成苯频那醇，其反应机制与上述光化学还原机制有何不同？

# 实验 73 微波制备苯甲酸及重结晶

## 一、实验目的

了解微波这种特殊形式的能量；了解重结晶法提纯固体有机物的原理和意义；掌握重结晶及过滤操作方法；掌握根据不同的提纯物选择不同溶剂的方法。

## 二、实验原理

$$C_6H_5\text{—}CH_2OH \xrightarrow[Na_2CO_3]{KMnO_4} C_6H_5\text{—}CO_2Na \xrightarrow{HCl} C_6H_5\text{—}CO_2H + NaCl$$

## 三、实验用品

仪器：微波炉（功率在 0～600W，可调）、三角烧瓶、玻璃毛细管、熔点仪、布氏漏斗、抽滤瓶、烧杯等。

试剂：苯甲醇、高锰酸钾、盐酸（$6mol \cdot L^{-1}$）、碳酸钠、四丁基溴化铵、活性炭等。

## 四、实验步骤

（1）微波制备苯甲酸

往 250mL 三角烧瓶中加入 40mL 水、4.5g 高锰酸钾、2.0g 碳酸钠、2.1mL 苯甲醇、0.4g 四丁基溴化铵，加入少量沸石后，将该烧瓶置于微波炉中，在 500W 功率下反应 20min。冷却至室温，加入 40mL 水充分溶解，过滤，滤液用 $6mol \cdot L^{-1}$ 的盐酸中和至酸性后有晶体析出。过滤，得苯甲酸粗品。

（2）苯甲酸的重结晶

① 制备热溶液。称取 1g 苯甲酸粗品，放入 100mL 烧杯中，加入 40mL 水，加热至微沸，并用玻璃棒不断搅拌使固体溶解。若尚有未溶解的固体，可继续加入少量热水（每次加 3～5mL）。若加入溶剂加热后并不见未溶物减少，则可能是不溶性杂质，这时不必再加溶剂。

② 脱色。移去热源，稍冷后加入少许活性炭，继续搅拌加热微沸 5～10min 进行脱色。

③ 热过滤。准备好热水漏斗，在其中放一折叠滤纸，将上述热溶液分 2～3 次迅速滤入 100mL 烧杯中。每次倒入的溶液不要太满，也不要等溶液全部滤完后再加。过滤过程中，热水漏斗和溶液分别保持小火加热，以免冷却。

④ 结晶的析出、分离和洗涤。将所得滤液在室温下放置，自然冷却，苯甲酸晶体析出。此时如不析出结晶，可用玻璃棒摩擦容器内壁引发结晶。如只有油状物而无结晶，则需要重新加热，待澄清后再结晶。减压过滤，使结晶与母液分离，并用玻璃塞挤压，使母液尽量除去。用少量冷蒸馏水（1～2mL）洗涤结晶，洗涤时应先停止抽滤，洗涤后再抽滤至干。可

重复洗涤两次。取出晶体，放在表面皿上晾干或烘干（温度在100℃以下），称量计算回收率。

## 五、注意事项

① 活性炭绝对不可加到正在沸腾的溶液中，否则将造成暴沸现象！加入活性炭的量约相当于样品量的1%～5%。

② 制饱和溶液时，溶剂不可一下子加得太多，以免过量。造成被提纯物的损失。由于抽滤时有部分溶剂挥发，一般饱和溶液制成后，再过量20%溶剂。补加溶剂时应移去热源。

③ 热过滤是重结晶的关键步骤。布氏漏斗和吸滤瓶要先预热好。滤纸大小要合适，并先用少量溶剂润湿滤纸，使其紧贴后再抽滤，过滤要迅速，避免热溶液冷却而有结晶在漏斗内析出。

④ 滤液要慢慢冷却，这样得到的结晶晶型好，纯度高。如果没有晶体析出，可用玻璃棒摩擦产生静电，加强分子间引力，同时使分子相互碰撞吸力增大，使晶体加速析出。此外，蒸发溶剂、深度冷冻或加晶种都可使晶体加速析出。

⑤ 洗涤时，应先停止抽滤，加少量溶剂洗涤，溶剂用量以使晶体刚好湿润为宜，洗涤后再将溶剂抽干。

## 六、思考题

① 如何证明重结晶后的晶体是纯净的?

② 将母液浓缩冷却后，可以得到另一部分结晶，为什么说这部分结晶比第一次得到的结晶纯度要差?

③ 为什么重结晶热溶解时，通常要用比饱和溶液多20%的溶剂量?

④ 用有机溶剂重结晶时，采用什么装置？为什么?

⑤ 活性炭为什么要在固体物质完全溶解后加入？又为什么不能在溶液沸腾时加入?

⑥ 减压过滤时，用什么方法将烧杯中最后的少量晶体转移到布氏漏斗中?

⑦ 简述重结晶的主要步骤及各步的主要目的。

# 实验74　苯胺的绿色合成

## 一、实验目的

了解绿色化学的研究方向；掌握苯胺的合成方法；熟练减压蒸馏操作。

## 二、实验原理

芳胺通常用相应的硝基化合物还原制备，实验室中常在酸性溶液中用金属进行化学还原，工业上则常用催化氢化。常用的还原剂有Sn-HCl、$SnCl_2$-HCl、Fe-HCl、Fe-HAc和Zn-HAc等，根据反应物和产物的性质可选择合适的还原剂和溶剂进行还原。

本实验利用符合绿色化学的方法，采用还原剂Zn-$NH_4Cl$将硝基苯在水相中进行还原，以极好的化学选择性得到苯胺。反应方程式如下：

$$C_6H_5-NO_2 \xrightarrow[H_2O,80℃]{Zn,NH_4Cl} C_6H_5-NH_2$$

本实验在以下几方面体现了绿色化学：

a. 本实验是在水相中进行的，与在有机溶剂中反应的方法相比，对环境的污染较小；

b. 实验中采用了氯化铵来调节溶液的酸度，与需用浓度较大的强酸或强碱的方法比较，实验后废弃物排放对环境的污染更小；

c. 本反应在常压下进行。不同于催化氢化，催化氢化必须在有压力的情况下反应；

d. 锌粉和氯化铵廉价而易得；

e. 避免使用昂贵而敏感的金属作为还原剂。

## 三、实验用品

仪器：磁力搅拌器、油浴、三口烧瓶、球形冷凝管、分液漏斗、减压蒸馏装置等。

试剂：氯化铵、锌粉、硝基苯、无水硫酸镁、乙酸乙酯、饱和食盐水等。

## 四、实验步骤

在 250mL 三口烧瓶中，加入 26.2g（0.4mol）锌粉和 70mL 水，开始搅拌。分次加入 10.7g（0.2mol）氯化铵固体，加入 10.2mL 硝基苯，反应液温度会自动上升，待剧烈反应期过后，在油浴上加热并搅拌，使反应液保持 80℃继续反应 1～1.5h。反应结束后，冷却至室温，抽滤，并用少量的乙酸乙酯洗涤固体。将滤液转移到分液漏斗中，将水层用乙酸乙酯萃取（25mL）3 次，合并有机相，用等体积的饱和氯化钠水溶液洗涤，无水硫酸镁干燥。蒸除溶剂乙酸乙酯，再用减压蒸馏进行提纯，得无色液体苯胺。

纯苯胺为无色油状液体，熔点为－6.3℃，沸点为 184℃，相对密度 $d_4^{20}$ 为 1.02173，加热至 370℃分解，稍溶于水，易溶于乙醇、乙醚等有机溶剂。苯胺的红外光谱如图 5-39 所示。

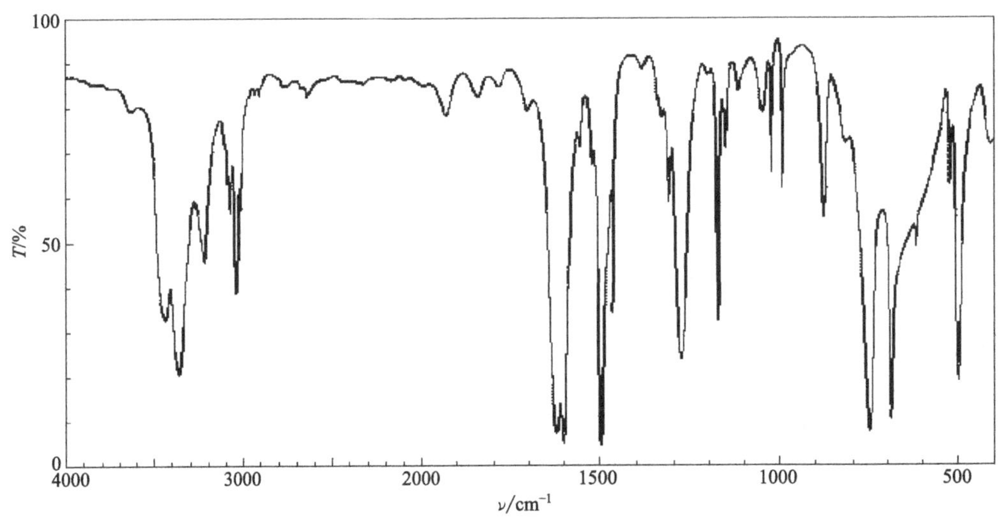


图 5-39　苯胺的红外光谱

## 五、注意事项

① 硝基苯的毒性较大，最好在通风橱中进行操作，并带上操作手套。皮肤接触和吸入过量的硝基苯都将导致头晕等中毒症状。

② 反应开始时较激烈，反应液会自动升温，必须控制好反应液的温度，搅拌的速度也要控制。

③ 硝基苯的沸点为 210.8℃。

## 六、思考题

① 本实验采用乙酸乙酯作为萃取用的溶制，还可用哪些溶剂代替？分析其使用的原因。

② 在实验中提纯苯胺最后采用了减压蒸馏的方法，还可采用别的什么方法？比较各方

法的优劣。

# 实验 75 超声合成苯氧乙酸

## 一、实验目的

学习超声波作用下固相反应合成苯氧乙酸的方法。

## 二、实验原理

超声波作为一种特殊能量形式可应用于许多有机合成反应。苯氧乙酸（phenoxy acetic acid）是一种无色片状或针状晶体，可用于合成染料、药物、杀虫剂，还可以直接用作植物生长调节剂，且对人畜无害，因而应用较为广泛。苯氧乙酸经卤代后能得到许多有用的衍生物，如4-碘苯氧乙酸（也称增产灵）、2,4-二氯苯氧乙酸。

苯氧乙酸通常由苯酚、一氯乙酸在碱性溶液中进行 Williamson 合成反应而制得，也可以在超声波作用下进行固相反应而得到。

$$C_6H_5-OH + ClCH_2COOH \xrightarrow[CH_3CN]{NaOH(s)} C_6H_5-OCH_2COOH + NaCl$$

## 三、实验用品

仪器：锥形瓶、表面皿、超声波清洗器、分液漏斗、布氏漏斗、抽滤瓶、熔点仪等。

试剂：苯酚、氢氧化钠（s）、一氯乙酸、乙腈、碳酸钠（10%）、盐酸（20%）、乙醚等。

## 四、实验步骤

在干燥的锥形瓶中依次加入2.8g苯酚、2.6g固体氢氧化钠、3g一氯乙酸和100mL乙腈，盖上表面皿，置入超声波清洗器中，超声45min。停止反应后，水泵减压蒸出乙腈。将所得到的固体物用20mL 10%碳酸钠溶液溶解，转入分液漏斗，加入10mL乙醚，摇荡，静置分层，分出乙醚层。再用20%盐酸将水层酸化至pH为1～2，静置，冷却结晶，抽滤，用少量冷水洗涤滤饼两次，干燥即得精制产品。称重、测熔点并计算产率。

纯苯氧乙酸为无色针状结晶，熔点为98～99℃。苯氧乙酸的红外光谱如图5-40所示。

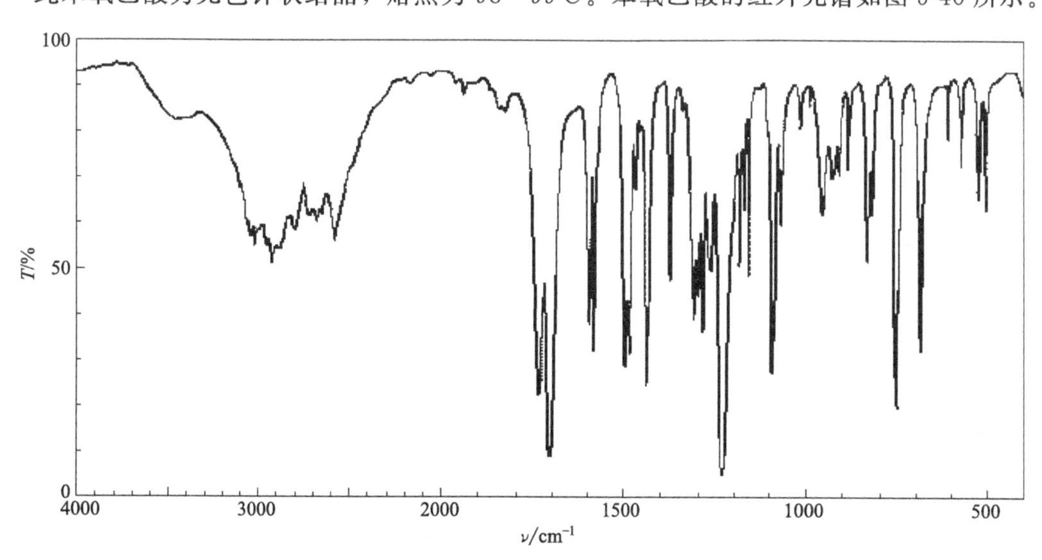


图5-40 苯氧乙酸的红外光谱

### 五、注意事项

① 该反应机制是由于空化作用，即在超声波作用下，液体内产生无数微小空腔，空腔内、外压力悬殊，使之迅速崩塌破裂，产生极大冲击力和高温高压的高能环境，从而起到促进反应的作用。

② 此步目的是使产物成盐溶于水，用乙醚萃取未反应的少量酚，然后加以分离。

### 六、思考题

① 苯氧乙酸的超声合成与常规 Williamson 合成法有何不同?

② 超声波促进有机反应的原理是什么?

# 第二节　综合性实验

## 实验 76　从印刷电路烂板液制备硫酸铜及间接滴定法测定产品中铜的含量

### 一、实验目的

掌握无机制备的基本操作；培养学生应用学过的基本理论知识和操作技能解决实际问题的能力；掌握用碘法测定铜的原理和方法；掌握氧化还原滴定法的原理，熟悉其滴定的条件和操作；学会 $Na_2S_2O_3$ 溶液配制、保存和标定的方法。

### 二、实验原理

(1) 硫酸铜的制备

现代计算机、无线电、自动控制等电子技术的迅速发展，促进了电子器件和生产工艺的不断更新，一些老工艺已不能满足需要，新技术、新工艺层出不穷。20 世纪初开始出现的印刷电路代替了费事、混乱、复杂的接线工艺。印刷电路已成为电子技术中一种普通的工艺。

印刷电路是在塑料板上粘一层铜箔，用类似印刷的方法，将需要保留的电路图纹覆盖一层抗腐蚀性物质（如油墨、油漆、高分子聚合物等）制成印刷电路图纹，未覆盖保护层的铜箔，用 $FeCl_3$ 酸性腐蚀液腐蚀掉，腐蚀后的废液称为烂板液。其反应方程式如下：

$$Cu+2FeCl_3 \longrightarrow CuCl_2+2FeCl_2$$

所以烂板液中含有 $CuCl_2$、$FeCl_2$ 以及过量的 $FeCl_3$，它是铜盐和铁盐的混合溶液。

要从印刷电路烂板液中制备五水硫酸铜，其操作过程包括如下几个步骤。

①用铁丝（或铁片）置换烂板液中的 $Cu^{2+}$，使其变成单质铜：

$$Fe+Cu^{2+} \longrightarrow Fe^{2+}+Cu$$

同时还发生：

$$Fe+2Fe^{3+} \longrightarrow 3Fe^{2+}$$

② 单质铜在高温下灼烧，被空气氧化为 CuO：

$$2Cu+O_2 \xrightarrow{高温} 2CuO$$

③ CuO 与 $H_2SO_4$ 反应生成 $CuSO_4$：

$$CuO+H_2SO_4 \longrightarrow CuSO_4+H_2O$$

溶液经过滤、浓缩、结晶可以得到 $CuSO_4 \cdot 5H_2O$。因粗硫酸铜中含有较多 $Fe^{2+}$ 杂质离子，当蒸发浓缩硫酸铜溶液时，亚铁盐易被氧化为铁盐，而铁盐易水解，有可能生成

$Fe(OH)_3$ 沉淀，混杂于析出的硫酸铜结晶中，同时也可能析出 $FeSO_4 \cdot 7H_2O$ 晶体。所以在结晶前，有必要先去除铁杂质。方法是用 $H_2O_2$ 将 $Fe^{2+}$ 氧化为 $Fe^{3+}$，再调节溶液的 pH ≈4，使 $Fe^{3+}$ 水解生成 $Fe(OH)_3$ 沉淀而除去：

$$2Fe^{2+} + H_2O_2 + 2H^+ \longrightarrow 2Fe^{3+} + 2H_2O$$

$$Fe^{3+} + 3H_2O \longrightarrow Fe(OH)_3 \downarrow + 3H^+$$

注意：一定要控制好 pH，pH 不能超过 4，否则易生成 $Cu(OH)_2$ 沉淀，影响产量。若要得到更好的产品可进行重结晶。

(2) 二价铜盐的分析

二价铜盐与碘化物发生下列反应：

$$2Cu^{2+} + 4I^- \xlongequal{} 2CuI \downarrow + I_2$$

$$I_2 + I^- \xlongequal{} I_3^-$$

析出的 $I_2$ 再用 $Na_2S_2O_3$ 标准溶液滴定，由此可以计算出铜的含量。

上述反应是可逆的，为了促使反应实际上能趋于完全，必须加入过量的 KI；但是 KI 浓度太大，会妨碍终点的观察。同时由于 CuI 沉淀强烈地吸附 $I_3^-$，使测定结果偏低。如果加入 KSCN，使 CuI（$K_{sp}^{\ominus}=5.06\times10^{-12}$）转化为溶解度更小的 CuSCN（$K_{sp}^{\ominus}=1.8\times10^{-15}$）：

$$CuI + SCN \xlongequal{} CuSCN \downarrow + I^-$$

这样不但可以释放出被吸附的 $I_3^-$，而且反应时再生出来的 $I^-$ 与未反应的 $Cu^{2+}$ 发生作用。在这种情况下，可以使用较少的 KI 而能使反应进行得更完全。但是 KSCN 只能在接近终点时加入，否则 $SCN^-$ 可能直接还原 $Cu^{2+}$ 而使结果偏低：

$$6Cu^{2+} + 7SCN^- + 4H_2O \xlongequal{} 6CuSCN \downarrow + SO_4^{2-} + HCN + 7H^+$$

为了防止铜盐水解，反应必须在酸性溶液中进行。酸度过低，$Cu^{2+}$ 氧化 $I^-$ 不完全，结果偏低，而且反应速度慢，终点拖长；酸度过高，则 $I^-$ 被空气氧化为 $I_2$ 的反应为 $Cu^{2+}$ 催化，使结果偏高。

大量 $Cl^-$ 能与 $Cu^{2+}$ 结合，$I^-$ 不能从 Cu（Ⅱ）的氯配合物中将 Cu（Ⅱ）定量地还原，因此最好用硫酸而不用盐酸（小量盐酸不干扰）。

矿石或石金中的铜也可以用碘法测定，但必须设法防止其他能氧化 $I^-$ 的物质（如 $NO_3^-$、$Fe^{3+}$ 等）的干扰。防止的方法是加入掩蔽剂以掩蔽干扰离子（例如使 $Fe^{3+}$ 生成络离子 $[FeF_6]^{3-}$ 而掩蔽），或在测定前将它们分离除去。若有 As（Ⅴ）、Sb（Ⅴ）存在，应将 pH 调至 4，以免它们氧化 $I^-$。

## 三、实验用品

仪器：电子天平、烧杯、量筒、坩埚、蒸发皿、锥形瓶等。

试剂：$Na_2S_2O_3$ 标准溶液（$0.1mol \cdot L^{-1}$）、$H_2SO_4$（$1mol \cdot L^{-1}$、$3mol \cdot L^{-1}$）、HCl（$6mol \cdot L^{-1}$）、KSCN（10%）、KI（10%）、淀粉（1%）、$Na_2CO_3$（10%）、$H_2O_2$（3%）、$CuCO_3$（s）、$K_2Cr_2O_7$ 粉末（分析纯）、铁丝等。

## 四、实验步骤

(1) 硫酸铜的制备

① Cu 粉的制备。用电子天平称取 2.0g 铁丝，放入 50mL 小烧杯中，加入 10mL 10% $Na_2CO_3$ 溶液，缓缓加热约 10min，去除铁丝表面的油污，然后倒出碱液，用水将铁丝洗干净。用量筒量取 30mL 烂板液（$c_{Cu^{2+}}=0.4mol \cdot L^{-1}$，$c_{Fe^{2+}}=0.8mol \cdot L^{-1}$，$c_{Fe^{3+}}=0.01mol \cdot l^{-1}$），加到上述已去油污的铁丝中，小火加热，搅拌。反应完全后，

用夹子取出铁丝，并用蒸馏水洗脱附着在上面的铜粉，然后抽滤，吸干，用台秤称取铜粉的质量。

② 氧化铜的制备。将铜粉置于坩埚中，先用小火烘干，防止结块，再用大火灼烧20min左右，并不断搅拌，使Cu充分氧化为CuO。反应完全后，放置冷却。

③ 粗$CuSO_4$溶液的制备。根据Cu粉的量计算所需加1mol·$L^{-1}$ $H_2SO_4$的体积，用量筒量取一定体积的1mol·$L^{-1}$ $H_2SO_4$溶液于干净的小烧杯中。边搅拌边将CuO粉慢慢倒入其中，将小烧杯放在石棉网上小火加热，并不断搅拌，得到蓝色的$CuSO_4$溶液。

④ $CuSO_4$溶液的精制。在粗$CuSO_4$溶液中，滴加2mL 3%$H_2O_2$溶液，加热，检验溶液中是否还存在$Fe^{2+}$（如何检验?）。当$Fe^{2+}$完全氧化后，慢慢加入$CuCO_3$粉末，同时不断搅拌直到溶液pH=3。在此过程中，要不断用pH试纸测试溶液的pH，直到pH=3。再加热至沸，趁热减压过滤，将滤液转移至洁净的小烧杯中。

⑤ $CuSO_4 \cdot 5H_2O$晶体的制备。在精制后的$CuSO_4$溶液中，滴加3mol·$L^{-1}$ $H_2SO_4$酸化，调节溶液至pH=1后，转移至洁净的蒸发皿中，水浴加热蒸发至液面出现晶膜时停止。在室温下冷却至晶体析出，然后减压过滤，晶体用滤纸吸干后称重。计算产率。

（2）硫酸铜中铜含量的测定

① 0.1mol·$L^{-1}$$Na_2S_2O_3$溶液的配制。用电子天平称取10g $Na_2S_2O_3$溶于刚煮沸并冷却后的400mL蒸馏水中，加入约0.1g $Na_2CO_3$，保存于棕色瓶中，塞好塞子，于暗处放置一周后标定。

② 0.1mol·$L^{-1}$$Na_2S_2O_3$溶液的标定。准确称取已烘干的$K_2Cr_2O_7$ 0.13～0.15g于250mL锥形瓶中，加入10～20mL水溶解，再加入20mL 10%KI溶液（或2克固体KI）和6mol·$L^{-1}$ HCl溶液5mL，混匀后用表面皿盖好，放在暗处5min，然后用50mL水稀释，用待标定的$Na_2S_2O_3$溶液滴定至溶液呈浅黄绿色，加入1.0mL 1%的淀粉溶液，继续滴定至蓝色变为亮绿色即为终点。记下消耗$Na_2S_2O_3$溶液的体积，计算$Na_2S_2O_3$标准液的浓度。平行滴定三次。

③ 铜盐中铜含量的测定。精确称取$CuSO_4 \cdot 5H_2O$试样0.25～0.3g于250mL锥形瓶中，加1mol·$L^{-1}$ $H_2SO_4$溶液3mL和水30mL溶解。加入10%KI溶液7～9mL，立即用$Na_2S_2O_3$标准溶液滴定至呈浅黄色。然后加入1%淀粉溶液1mL，继续滴定到呈浅蓝色。再加入5mL 10%KSCN（可否用$NH_4SCN$代替?）溶液，摇匀后溶液由蓝色转深，再继续滴定到蓝色恰好消失，此时溶液为米色CuSCN悬浮液。由实验结果计算硫酸铜中的含铜量。平行测定3次。

## 五、注意事项

① $K_2Cr_2O_7$和KI的反应不是立刻完成的，在稀溶液中反应更慢，因此应等反应完成后再加水稀释。在上述条件下，大约经5min反应即可完成。

② $Na_2S_2O_3$溶液进行标定时，生成的$Cr^{3+}$使溶液显蓝绿色，妨碍终点观察，滴定前预先稀释，可使$Cr^{3+}$浓度降低，蓝绿色变浅，终点时溶液由蓝变为绿色，容易观察。同时稀释也使溶液的酸度降低，适于用$Na_2S_2O_3$滴定$I_2$。

③ 本实验只能用于不含干扰性物质的试样测定。

## 六、思考题

① 在粗$CuSO_4$溶液中$Fe^{2+}$杂质为什么要氧化为$Fe^{3+}$后再除去？为什么要调节溶液的pH=3，pH太大或太小有何影响？

② 为什么要在精制后 $CuSO_4$ 溶液中加酸调至 pH=1，使溶液呈强酸性？测定反应为什么一定要在弱酸性溶液中进行？

③ 蒸发、结晶制备 $CuSO_4 \cdot 5H_2O$ 时，为什么刚出现晶膜即停止加热而不能将溶液蒸干？

④ 硫酸铜易溶于水，为什么溶解要加硫酸？

⑤用碘法测定铜含量时，为什么要加入 KSCN 溶液？如果在酸化后立即加入 KSCN 溶液，会产生什么影响？

⑥ 已知 $\varphi^{\ominus}_{Cu^{2+}/Cu^{+}}=0.158V$，$\varphi^{\ominus}_{I_2/I^-}=0.54V$，为什么在本法中 $Cu^{2+}$ 却能使 $I^-$ 氧化为 $I_2$？

⑦如果分析矿石或合金中的铜，其试液中含有干扰性杂质如 $Fe^{3+}$、$NO_3^-$ 等离子，应如何消除它们的干扰？

# 实验 77 $[Co(NH_3)_6]Cl_3$ 和 $[Co(NH_3)_5Cl]Cl_2$ 的制备、电导及其配离子分裂能 $\Delta_0$ 的测定

## 一、实验目的

学会氨与钴（Ⅲ）的不同组成和结构的配合物的合成方法；了解电导测量的基本原理，通过电导测量掌握确定配合物电离类型的方法。

## 二、实验原理

制备钴（Ⅲ）的配合物的方法很多，基本上都是以 Co（Ⅱ）盐为原料，通过空气或过氧化氢将 Co（Ⅱ）氧化为 Co（Ⅲ）。三氯化六氨合钴（Ⅲ）（橙黄色晶体）的制备条件是以活性炭为催化剂，用过氧化氢氧化有氨及氯化铵存在的氯化钴（Ⅱ）溶液。反应式为：

$$2CoCl_2+2NH_4Cl+10NH_3+H_2O = 2[Co(NH_3)_6]Cl_3+2H_2O$$

二氯化一氯五氨合钴(Ⅲ) $[Co(NH_3)_5Cl]Cl_2$（紫红色晶体）的制备条件与 $[Co(NH_3)_6]Cl_3$ 的制备条件相近，是通过先用过氧化氢氧化有氨及氯化铵存在的氯化钴（Ⅱ）溶液得到 $[Co(NH_3)_5H_2O]Cl_3$（砖红色晶体），然后在其热溶液中加入浓盐酸而制得。

$$2CoCl_2+2NH_4Cl+8NH_3+H_2O_2 = 2[Co(NH_3)_5H_2O]Cl_3$$

$$[Co(NH_3)_3H_2O]Cl_3 \xlongequal{HCl} [Co(NH_3)_5Cl]Cl_2+H_2O$$

在衡量电解质溶液导电能力时，常使用摩尔电导率（$\Lambda_m$，单位为 $S \cdot m^2 \cdot mol^{-1}$）的概念。溶液的摩尔电导率是指把含有 1mol 的电解质溶液置于相距为 1m 的两个电极之间的电导率。若以 $c$（单位为 $mol \cdot m^{-3}$）表示溶液的物质的量浓度，$\kappa$（单位为 $S \cdot m^{-1}$）表示溶液电导率，则它们之间的关系为：$\Lambda_m=\kappa/c$

在一定温度下，测得配合物稀溶液的电导率 $\kappa$ 后，即可求得溶液的摩尔电导率。然后将其与已知电解质溶液的摩尔电导率加以对照，即可确定该配合物的电离类型。表 5-5 为 25℃时，在不同溶剂中，不同类型配合物的 $\Lambda_m$ 的一般范围。

**表 5-5 25℃时配合物的 $\Lambda_m$ 的一般范围（单位：$S \cdot m^2 \cdot mol^{-1}$）**

| 离子类型 | 1∶1 | 1∶2 | 1∶3 | 1∶4 |
|---|---|---|---|---|
| 水 | 118～131 | 235～273 | 408～435 | ⩽560 |
| 乙醇 | 35～45 | 70～90 | ⩽120 | ⩽160 |
| 甲醇 | 80～115 | 160～220 | 290～350 | ⩽450 |

续表

| 离子类型 | 1∶1 | 1∶2 | 1∶3 | 1∶4 |
|---|---|---|---|---|
| 二甲基甲酰胺 | 65～90 | 130～170 | 220～240 | ⩽300 |
| 乙腈 | 120～160 | 220～300 | 340～420 | ⩽500 |
| 丙酮 | 100～140 | 160～200 | ⩽270 | ⩽360 |

过渡金属离子的 d 轨道在晶体场的影响下会发生能级分裂，在金属离子的 d 轨道没有被电子充满时，处于低能量 d 轨道上的电子吸收一定波长的可见光后，就跃迁到能量高的 d 轨道，这种 d-d 跃迁的能量差可以通过实验来测定。

配合物$[Co(NH_3)_6]Cl_3$和$[Co(NH_3)_5Cl]Cl_2$的分离能，可通过它们的吸收光谱求得，选取一定浓度的配合物溶液，用分光光度计测出不同波长 $\lambda$ 下的透光率 $T$，然后以 $T$ 为纵坐标，$\lambda$ 为横坐标画出吸收曲线，由此曲线最高峰所对应 $\lambda$ 值，求得配离子的最大吸收波长 $\lambda_{max}$，即可求出分裂能：

$$\Delta_0=\frac{1}{\lambda_{max}}\times 10^7$$

## 三、实验用品

仪器：离心机、容量瓶、离心试管、烧杯、电子天平、分光光度计等。

试剂：$CoCl_2\cdot 6H_2O$、活性炭、浓氨水、$NH_4Cl$、盐酸（$6mol\cdot L^{-1}$、浓）、无水乙醇、丙酮、$H_2O_2$（30%）等。

## 四、实验步骤

（1）$[Co(NH_3)_6]Cl_3$ 的制备

称取 0.6g $NH_4Cl$ 放入离心试管中，加 1mL 水使其溶解。加热近沸，分批加入 0.9g 研细的 $CoCl_2\cdot 6H_2O$，溶解后加入 0.1g 活性炭。冷却，加入 2mL 浓氨水，继续冷却至 10℃以下，滴加 1mL 30%$H_2O_2$，摇动试管。50～60℃恒温约 20min，冰水冷却后离心分离，弃去上层清液。向小烧杯中加 8mL 水，加热至沸，加入 0.3mL 浓盐酸，用此溶液把离心试管中的沉淀溶解，倒进烧杯。趁热过滤，向滤液中加 1mL 浓盐酸，冷却，即有晶体析出。过滤，晶体用冷的 $6mol\cdot L^{-1}$ HCl 洗涤 2 次，抽干。100～110℃下干燥 1h。

（2）$[Co(NH_3)_5Cl]Cl_2$ 的制备

在离心试管中加入 3.0mL 浓氨水，再加入 0.5g$NH_4Cl$ 搅拌使其溶解。在不断搅拌下分数次加入 1.0g 研细的 $CoCl_2\cdot 6H_2O$，得到黄红色$[Co(NH_3)_6]Cl_2$沉淀。在不断搅拌下慢慢滴入 1mL 30%$H_2O_2$ 溶液，生成深红色$[Co(NH_3)_5H_2O]Cl_3$溶液。慢慢注入 3mL 浓盐酸，生成紫红色$[Co(NH_3)_5Cl]Cl_2$晶体。将此混合物在水浴上加热 15min 后，冷却至室温，离心分离，用总量约 2mL 冰冷的蒸馏水将沉淀洗涤 2 次，然后用等量的冰冷 $6mol\cdot L^{-1}$ 盐酸洗涤 2 次，再用少量无水乙醇洗涤 1 次，最后用丙酮洗涤 1 次，每次洗涤后都离心分离，产品在烘箱中于 100～110℃干燥 1h。

（3）测量电导率

用 100mL 容量瓶分别配置浓度为 $0.001mol\cdot L^{-1}$ 的配合物$[Co(NH_3)_6]Cl_3$和$[Co(NH_3)_5Cl]Cl_2$水溶液，测量其电导率。根据测量数据，计算出各配合物的摩尔电导 $\Lambda_m$，并根据摩尔电导值推断各配合物的离子类型。

（4）测定分裂能

用电子天平分别称取自制的 $Co[(NH_3)_5(H_2O)]Cl_3$ 和 $Co[(NH_3)_5Cl]Cl_2$ 各 0.1g，分别放入 25mL 烧杯中，加入 20mL 去离子水配成溶液。以去离子水为参比液，用分光光度计，在波长380～480nm范围内分别测定上述两种溶液的透光率。测定时，每隔10nm测一次透光率数据，在接近峰值附近，每隔5nm测一次数据。记录全部数据。以透光率$T$为纵坐标，以波长$\lambda$为横坐标，画出两种配合物的吸收曲线。分别在两条吸收曲线上找出曲线最高峰所对应的最大波长$\lambda_{max}$，并根据$\Delta_0=\frac{1}{\lambda_{max}}\times 10^7$分别计算两种配合物的分裂能$\Delta_0$。

### 五、思考题

① 试画出中心离子5个d电子轨道的空间分布图，并指出它们与正八面体晶体场中各配体的相对位置。

② 哪些因素影响配合物的晶体场分裂能的大小？指出$Co[(NH_3)_5(H_2O)]Cl_3$和$Co[(NH_3)_5Cl]Cl_2$分裂能不同的主要影响因素。

③ 用分光光度计测透光率时，为什么每改变一次波长都要用去离子水空白液调一次透光率100%？

## 实验78 纳米$TiO_2$的制备、表征及光催化性能

### 一、实验目的

掌握溶胶-凝胶法制备纳米材料的方法；掌握纳米材料的结构表征方法；掌握光催化反应的测定方法。

### 二、实验原理

纳米$TiO_2$是目前应用最广泛的一种纳米材料，由于其表面的电子结构及晶体结构发生了与块状形态不同，导致其具有特殊的表面与界面效应，小尺寸效应、量子尺寸效应以及宏观量子隧道效应等特性，因而具有一系列优异的物理化学性质，使其在很多方面得到广泛的应用。特别在环境领域，由于纳米$TiO_2$具有生物无毒性、光催化活性高、无二次污染等特点，使其成为新兴的环保材料。在大于其带隙能的光照条件下，$TiO_2$光催化剂不仅能降解环境中的有机污染物生成$CO_2$和$H_2O$，而且可氧化除去大气中低浓度的氮氧化物$NO_x$和含硫化合物$H_2S$、$SO_2$等有毒气体。目前纳米$TiO_2$作为光催化剂已得到广泛的研究和应用。

本实验采用溶胶-凝胶法制备纳米$TiO_2$，对其进行结构表征，并测定其光催化性能对硝基苯胺的降解率。

### 三、实验用品

仪器：恒温磁力搅拌器、箱式电阻炉、电热恒温干燥箱、离心机、X射线粉末衍射仪、透射电子显微镜、差热仪、紫外-可见分光光度计、烧杯、坩埚、容量瓶、移液管。

试剂：钛酸丁酯、无水乙醇、浓硝酸、对硝基苯胺。

### 四、实验步骤

(1) 纳米$TiO_2$粉体的制备

在100mL烧杯中加入6mL蒸馏水和58mL无水乙醇，搅拌混合均匀，用硝酸调节pH=4，记为溶液A；在50mL烧杯中，加入2mL无水乙醇和2mL钛酸丁酯搅拌混合均匀，记为溶液B。在剧烈搅拌下，向溶液A中滴加溶液B，持续搅拌1h至出现白色溶胶，停止搅拌，静置陈化，封口。放置5天后，形成半透明的白色溶胶，放进烘箱，在110℃烘干4h，转移至坩埚，放入箱式电阻炉，升温30min至500℃，焙烧4h。冷却后，在研钵中研成细粉。

（2）结构表征

① 热分析实验（TG-DTA）：80℃烘干后的 $TiO_2$ 粉体的热稳定性实验在差热仪上进行。以 $\alpha$-$Al_2O_3$ 为标样，载气为 $N_2$，流速 40mL/min，升温速度 10℃/min。在室温条件下，以载气吹扫 30min 后，在 20～900℃范围内程序升温测试。

② X 射线衍射（XRD）：使用 Cu $K_\alpha$ 辐射源，入射波长为 0.15406nm，X 射线管的工作电压和电流分别为 36kV 和 20mA。将粉末样品于载玻片上加压制成片状。扫描范围（$2\theta$）5°～75°。

③ 高分辨电镜（HRTEM）：工作电压为 200kV。

（3）光催化性能测试

① 准确称取 0.0346g 对硝基苯胺，用 400mL 蒸馏水加热溶解，然后转移至 500mL 容量瓶，稀释至刻度；再用移液管分别量取 2.00、4.00、6.00、8.00、10.00mL 至 250mL 容量瓶中，稀释至刻度，标号为 1、2、3、4、5，作为实验用液。

② 标准曲线和空白曲线的绘制。取上面配制好的 5 种溶液，以蒸馏水作为参照，用紫外-可见分光光度计在波长 380nm 处测其吸收。以吸光度 $A$ 为纵坐标，以溶液浓度 $c$ 为横坐标作出标准曲线。空白实验以 5 号液为标准，在没有 $TiO_2$ 光催化剂存在的条件下，在紫外灯照射下，对硝基苯胺溶液的吸光度随照射时间的变化。

③ 光催化性能的测试。称取两份 50mg 催化剂分别放入两个 100mL 的烧杯中，其中一份加 50mL 标号为 5 的实验用液，记为 A；另一份加入 50mL 蒸馏水，记为 B。置于磁力搅拌器上搅拌，用 300W 紫外灯垂直照射（距离液面约 10cm）。每隔 30min，取出少许溶液，放入离心机内以 4000r/min 速度离心，然后取中层清液。A 为待测液，B 为参照液，用紫外-可见分光光度计在波长 380nm 处测其吸光度。

### 五、思考题

① 影响纳米颗粒大小的因素？

② 查阅制备纳米材料的方法并总结比较其优缺点。

③ 本实验系统的反应机制如何？

## 实验 79　107 胶的制备及性能测定

### 一、实验目的

熟练掌握水浴加热、温度控制、机械搅拌等基本操作技术；掌握 107 胶的制备，加深对缩聚反应反应机制和反应过程的理解；了解胶黏剂黏合性能的测定。

### 二、实验原理

黏合剂，又称胶黏剂，分为有机与无机两大类，品种很多、用途广泛，与日常生活关系密切。例如，增纸的黏合、地毯的黏合、玻璃和陶瓷的黏合等，为家庭生活提供了不少方便。黏合剂不但可以黏合性质相同的材料，也可以黏合性质不同的材料，它与焊接、铆接和螺钉联结等相比，不仅具有方便、快速、经济和节能的优点，而且黏合接头光滑、应力分布均匀、质量小、密封、防腐、绝缘。现在，黏合剂发展极为迅速，在航天、原子能、农业、交通运输、木材加工、建筑、轻纺、机械、电子、化工、医疗和文教等方面都具有广泛应用。如在新型的飞机上以黏合剂代替铆接联结金属板，可以降低因铆接产生的应力导致的金属疲劳，从而延长飞机的寿命。

聚乙烯醇缩甲醛（PVF）胶黏剂俗称 107 胶，是以聚乙烯醇与甲醛在盐酸存在下进行缩合，再经氢氧化钠调整 pH 而成的有机黏合剂，其用途相当广泛。自 107 胶工业化生产以来，最初作于图书工业、办公和民用胶水。由于它具有很强的黏性，60 年代作为水泥改性高分子材料、涂料用成膜物质被引入到建筑行业，并逐渐得到广泛使用，曾被认为是建筑业中首屈一指的胶料，推动了我国合成高分子改性传统建筑材料和建筑用化学材料的发展。

$$\sim CH_2-\underset{OH}{\underset{|}{CH}}-CH_2-\underset{OH}{\underset{|}{CH}}-CH_2-\underset{OH}{\underset{|}{CH}}\sim + HCHO \xrightarrow{H^+} \sim CH_2-\underset{OH}{\underset{|}{CH}}-CH_2-\underset{O}{\underset{|}{CH}}-CH_2-\underset{O}{\underset{|}{CH}}\sim + H_2O \quad (\text{两个 O 之间以 } CH_2 \text{ 相连})$$

上述反应的进行，必须有 $H^+$ 催化，甲醛与聚乙烯醇的缩合反应是分步进行的。首先形成半缩醛（a），并且在 $H^+$ 存在下转化成正碳离子（b），而后与聚乙烯醇作用得缩醛（c），即

$$H_2C{=}O + ROH \rightleftharpoons \underset{(a)}{H_2C(OH)(OR)} \underset{}{\overset{H^+}{\rightleftharpoons}} H_2C(\overset{+}{O}H_2)(OR) \overset{-H_2O}{\rightleftharpoons}$$

$$\underset{(b)}{H_2\overset{+}{C}-OR} \overset{ROH}{\rightleftharpoons} H_2C(\overset{+}{H}OR)(OR) \overset{-H^+}{\rightleftharpoons} \underset{(c)}{H_2C(OR)(OR)}$$

其中 ROH 代表聚乙烯醇。

由上述反应可见，形成半缩醛（a）基本不需要酸催化，整个反应历程是可逆的，因此，必须用稀碱洗去剩余的酸，否则将导致产物分解。

## 三、实验用品

仪器：水浴锅、三口烧瓶、四口烧瓶、回流冷凝管、滴液漏斗、布氏漏斗、温度计、量筒、机械搅拌器、500N 拉力试验机、白棉布、胶合板等。

试剂：盐酸、工业乙醇、甲醛、NaOH（10%）、NaOH 甲醇溶液（6%）、聚乙烯醇、聚乙酸乙烯酯溶液（25%）等。

## 四、实验步骤

（1）聚乙烯醇的制备

在装有搅拌器、冷凝管、温度计和滴液漏斗的四口烧瓶中加入 100mL 6%NaOH 甲醇溶液。准确称取 25%的聚乙酸乙烯酯甲醇溶液 40g 置于滴液漏斗中，开动搅拌器，打开滴液漏斗，在室温下缓慢滴加，约在 0.5h 内滴完。继续在室温下搅拌反应 2h 后，停止反应，醇解反应结束，关闭电源，取出四口烧瓶。得到的产物用布氏漏斗过滤，获得的固体粗产品用工业乙醇洗涤三次，抽干，然后置于 50℃下的真空烘箱中干燥，即可得到聚乙烯醇产品，计算产率。

（2）聚乙烯醇缩甲醛胶黏剂的制备

在 250mL 三口烧瓶中加入 150mL 蒸馏水，装上温度计、回流冷凝管和机械搅拌装置，然后将其放在水浴中加热。当三口烧瓶中蒸馏水温度升到 70℃时，开动搅拌，加入聚乙烯醇 12.5g，继续升温至 90℃，保温，在搅拌下使聚乙烯醇全部溶解。向水浴中加入冷水，使反应液温度降至 80℃。量取适量盐酸（约 0.8mL），在搅拌下，用滴液漏斗慢慢滴加进反应

瓶中，调节反应液 pH 为 1.5～2，继续搅拌 15min，并保持水浴温度在 80℃左右。慢慢滴加 5mL 甲醛，然后在搅拌下继续反应 0.5h。降低反应液温度至 40～50℃，用 10%NaOH 溶液调节反应液 pH 为 7～8，冷却后即得 107 胶，为微黄色或无色透明胶状液体。

(3) 107 胶黏剂的黏合性能测试

根据中华人民共和国建材行业标准 JC438-91，用白棉布、胶合板进行 107 胶黏剂的黏合性能测试，并与市售胶黏剂进行比较。将胶合板切割成 125mm×150mm，用梳齿刮刀按 (150±5) $g \cdot m^{-2}$ 将试样均匀涂布在上面，然后将 1750mm×150mm 的白棉布粘贴上去，并用刮刀一次压平。在 23±2℃的试验条件下放置 7 天后，切割成 5 个 125mm×25mm 的试片。将切割试片一端剥离约 50mm，置于试验机夹具上面，上夹口夹紧胶合板露出端，下夹口夹紧棉布端，以 (200±20) $mm \cdot min^{-1}$ 的拉伸速度，拉伸至粘贴部位剩余约 10mm 时记录其值。计算试验结果，以 $N \cdot mm^{-1}$ 表示，并与市售胶黏剂进行比较。

### 五、注意事项

反应时水浴的温度必须控制好，否则会影响反应结果，从而影响产品质量。

### 六、思考题

① 两次调节反应液 pH 的目的分别是什么？

② 甲醛过量和不足分别有什么影响？

## 实验 80 三乙酸甘油酯的合成及薄层色谱分析

### 一、实验目的

掌握三乙酸甘油酯的合成方法及催化剂、溶剂等条件对反应的影响；巩固分水器的使用方法；学习减压蒸馏操作技能；掌握用薄层色谱法跟踪反应的完成程度。

### 二、实验原理

三乙酸甘油酯是用于制备香料、油漆、塑料原料的中间体，也可作为助剂用于制造油墨、彩色胶卷和香烟过滤嘴，还可作为水玻璃和硅酸盐的固化剂，用于建筑材料的生产。

制备酯最常用的方法是在酸催化下由羧酸和醇作用生成。三乙酸甘油酯的合成是以乙酸和甘油为原料，在酸催化下反应，在苯、甲苯、环己烷等有机溶剂的存在下反应，通过油水分离器中收集水的量来确定反应的终点。粗产物经减压蒸馏得到纯品，产品用折射率、红外光谱表征。其反应式如下：

$$3CH_3COOH + \begin{array}{l} CH_2-OH \\ | \\ CH-OH \\ | \\ CH_2-OH \end{array} \xrightarrow[\text{溶剂}]{H^+} \begin{array}{l} CH_2-OCOCH_3 \\ | \\ CH-OCOCH_3 \\ | \\ CH_2-OCOCH_3 \end{array} + 3H_2O$$

### 三、实验用品

仪器：搅拌器、三口烧瓶、分水器、冷凝管、水泵、安全瓶、红外光谱仪等。

试剂：乙酸、甘油、浓硫酸、对甲苯磺酸、甲苯、碳酸钠（10%）、饱和食盐水溶液、无水硫酸钠、硅胶 G、羟甲基纤维素等。

### 四、实验步骤

在 100mL 三口烧瓶中，加入 9.2g 甘油、21g 乙酸、0.5mL 浓硫酸（5～6 滴），在搅拌条件下，加入 25mL 甲苯，再从分水器中加入 25mL 甲苯；安装好加热回流装置，用分水器分出生成的水，用薄层层析来判断反应进行的程度，反应完全后（约 2.5h），停止加热，将反应液倒入到装有 20mL 10%碳酸钠溶液中，有少量气体产生，再用 10mL 饱和食盐水溶液洗一次，用 3g 无水硫酸钠干燥 15min，蒸馏后再减压蒸馏收集产品。称重，计算产率。

纯三乙酸甘油酯为无色液体，沸点为 258℃，熔点为 3℃，相对密度为 1.155。三乙酸甘油酯的红外光谱如图 5-41 所示。

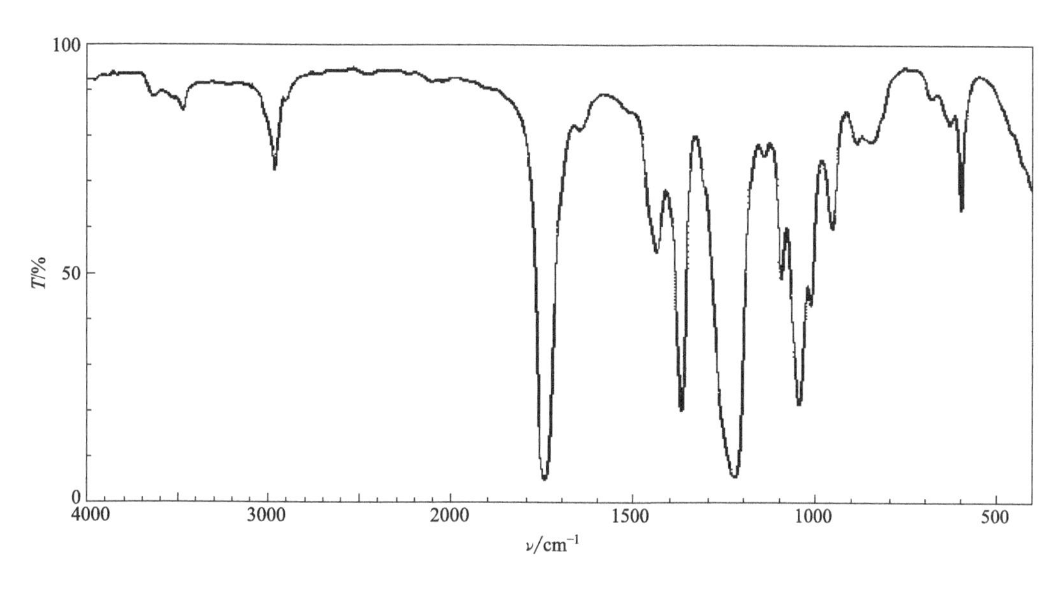


图 5-41　三乙酸甘油酯的红外光谱

## 五、注意事项

滴加速度不宜过快，否则会使原料来不及反应而被蒸出；减压蒸馏要保证装置的密封性。

## 六、思考题

① 酯化反应有什么特点，本实验采用了哪些方法使酯化反应尽量向生成物方向进行？

② 本实验有哪些副反应？

③ 减压蒸馏要注意哪些问题？

# 实验 81　绿色能源——生物柴油的制备

## 一、实验目的

了解绿色能源的概念；掌握生物柴油的制备方法。

## 二、实验原理

我国是世界上经济发展最快的国家之一，对能源的需求量长期保持高速增长态势，在现在的能源消耗构成中，石油和天然气供给远远满足不了经济发展的需要，并且，环境污染问题色变得越来越明显。在这样的背景下，发展可再生清洁绿色能源不仅具有非常重要的现实意义，同时还具有非常重要的战略意义。

第一台柴油机在设计之初是用菜油作为燃料的，但是出于菜油本身的黏性太高，而作为石油中提炼汽油后的副产物得到的柴油要加便宜，所以，很快以菜油为燃料的柴油机就改成了用石化柴油为燃料的柴油机，一直发展到现在。然而广泛地使用石化柴油，给当今社会带来了许多的弊端，如环境污染、能源紧张等，使得人们又开始关注绿色能源——生物柴油。

生物柴油是清洁的可再生能源，它是以大豆和油菜籽等油料作物、油棕和黄连木等油料林木果实、工程微藻等油料水生植物以及动物油脂、废餐饮油等为原料，通过酯交换工艺制成的可代替石化柴油的再生性柴油燃料，并可以直接代替石化柴油或与石化柴油以任意比例混溶使用，是优质的石化柴油代用品。生物柴油是典型的可再生“绿色能源”，可从上述生物物质提炼，因此可以说是取之不尽，用之不竭的能源。大力发展生物柴油对经济可持续发展，推进能源替代，减轻环境压力，控制城市大气污染具有重要的战略意义。生物工程技术的发展也给生物柴油的发展提供了一种可靠的保证，如作为用于能源生产的植物油，可以利用先进的生物工程技术来提高植物中含有的品质和含量。

本实验采用化学方法制备生物柴油，与物理方法不改变油脂组成和性质不同，化学法生物柴油制备技术就是将动植物油脂进行酯化和酯交换，即用含或不含游离脂肪酸的动植物油脂和甲醇等低碳一元醇（通常为 $C_1$～$C_4$ 醇）进行酯化或转酯化反应，生成相应的脂肪酸低碳烷基酯，再经分离甘油、水洗、干燥等适当后处理即得生物柴油。通过化学转化得到的脂肪酸低碳烷基酯具有与石化柴油几乎相同的流动性和黏度范围，同时具有与石化柴油的完全混溶性，是一种良好的柴油内燃机动力燃料。

最常见的生物柴油是由油菜籽或者大豆中的羧酸甲酯的衍生物组成的。我国人口多，会产生大量的食物废油。菜油需要通过酯交换反应可以成为低黏度的燃料。酯交换反应可以被碱催化，通常用的碱是 NaOH、KOH 或者 NaOMe。NaOH 溶解在甲醇中就可以形成 NaOMe，成本低，但是会生成水，降低产率。通常用作烹饪的菜油中会含有部分水分，而且在高温下，就会水解部分甘油酯成酸。正是由于这些酸的存在，会中和用来催化酯交换的碱，从而导致产率的下降。并且，这些酸会和碱作用，生成羧酸盐，也就是通常我们所知道的肥皂，在分离的时候会出现乳化现象而给产物的分离带来不便。另外一个缺点是，过多的酸和甘油存在，还会影响最终生物柴油的质量。所以，在制备生物柴油的时候，一定要先滴定菜油中脂肪酸的含量，并且要把产品中的甘油尽量分离开。通常酸的质量分数不超过15%，如果菜油中酸的含量小于 0.5%就可以直接进行碱催化的酯交换反应；如果大于0.5%，就需要先进行酸的酯化反应（图 5-42)。菜油品种不同，其含有的脂肪酸成分也不一样，例如橄榄油含油酸（oleic）73%～84%，亚油酸（linoleic）10%～12%，棕榈酸（palmitic）9%～10%，硬脂酸（stearic）2%～3%。所以，我们就可以简单地以油酸作为标准估算出酸的质量分数。通常在合格的生物柴油产品中，所含各种形式甘油（游离和非游离）的质量分数要小于 0.25%，游离的甘油质量分数要小于 0.02%。

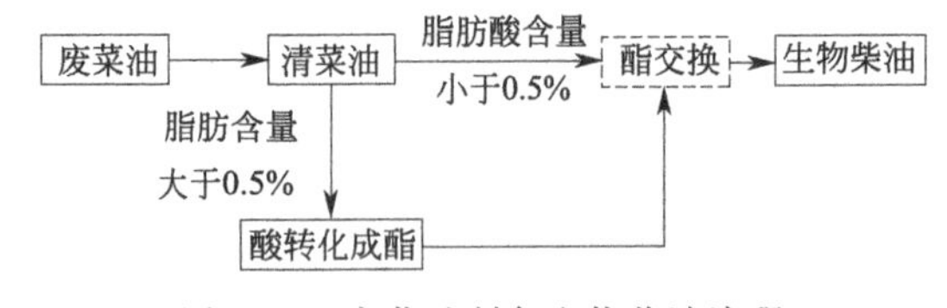


图 5-42　废菜油制备生物柴油流程

## 三、实验用品

仪器：磁力加热搅拌器、锥形瓶、量筒、烧杯、圆底烧瓶、回流冷凝管、分液漏斗、研钵、碱式滴定管、红外光谱仪、核磁共振仪、气相色谱仪。

试剂：废菜油、氢氧化钠（分析纯，s)、甲醇（分析纯)、异丙醇（分析纯)、浓硫酸（分析纯)、高碘酸（分析纯)、淀粉指示剂、碘化钾溶液、硫代硫酸钠（分析纯)、氢氧化钾溶液（$0.1mol \cdot L^{-1}$、$0.7mol \cdot L^{-1}$)、酚酞指示剂、冰乙酸（分析纯)、二氯甲烷（分析纯)、乙醇（95%）。

## 四、实验步骤

① 过滤。如果是收集来的废菜油，需要用漏斗进行过滤，去除悬浮杂质。

② 滴定。在 250mL 的锥形瓶中加入 15g 菜油，加入 75mL 异丙醇和酚酞指示剂溶液，用 $0.1mol \cdot L^{-1}$的氢氧化钾标准溶液滴定。滴定两次，计算菜油中含有的自由脂肪酸的含量。如果菜油中的自由脂肪酸含量大于 0.5%，需要完成脂肪酸转化成酯的反应。如果脂肪酸含量小于 0.5%，就直接进行酯交换制备生物柴油。

③ 酸转化成酯（如果脂肪酸含量大于 0.5%）。在 100mL 圆底烧瓶中加入 35.0g 菜油、磁子、浓硫酸和 25mL 甲醇，加热搅拌回流 1h。在回流过程中，不断检查菜油是否和甲醇溶液混合充分。反应结束后，冷却，将反应液转入分液漏斗中，静置，分液。

④ 酯交换制备生物柴油。在研钵中研碎氢氧化钠固体，称取 0.4g 研碎的氢氧化钠粉末，加到装有 30mL 甲醇的锥形瓶中，放入磁子，搅拌 5～10min，直至氢氧化钠全部溶解在甲醇中。将第三步中酯化后的菜油转移至上述制备的甲醇溶液中，控制温度在 35～50℃之间，搅拌 30min，在反应过程中，不断检查菜油是否和甲醇溶液混合均匀。反应结束后，冷却，将反应液转入分液漏斗中，静置，分液。

⑤ 制备的生物柴油中自由甘油和总甘油含量的测定

a. 自由甘油含量的测定　称取 2.0g 制备得到的生物柴油于 100mL 烧杯中，加入 9mL 二氯甲烷和 50mL 水，转移入分液漏斗中，充分振荡，静置，分离出所有水层溶液至 250mL 锥形瓶中，再加入 25mL 高碘酸，充分摇匀，盖上瓶塞，静置 30min。加入 10mL 碘化钾溶液，稀释样品至 125mL，用标准硫代硫酸钠溶液滴定，当橘红色快要褪去的时候，加入 2mL 淀粉指示剂继续滴定，直至蓝色消失。

b. 总甘油含量的测定　在 50mL 圆底烧瓶中，加入 5.0g 制备所得生物柴油和 15mL95%乙醇配制的 $0.7mol \cdot L^{-1}$氢氧化钾溶液，回流 30min。冷却，用 5mL 蒸馏水洗涤冷凝管内壁，收集洗涤液到反应液中，向反应液中加入 9mL 二氯甲烷和 2.5mL 冰乙酸，将全部溶液转移入分液漏斗中，加入 50mL 蒸馏水，充分振荡，静置，分离出所有水层溶液，再加入 25mL 高碘酸，充分摇匀，盖上瓶塞，静置 30min。加入 10mL 碘化钾溶液，稀释样品至 125mL，用标准硫代硫酸钠溶液滴定，当橘红色快要褪去的时候，加入 2mL 淀粉指示剂继续滴定，直至蓝色消失。

⑥ 产品的鉴定。分别做菜油和所制生物柴油的$^{1}$H-NMR、IR 和 GC 谱图。

## 五、实验结果与数据处理

① 计算菜油中脂肪酸的含量。

② 计算生物柴油的产率。

③ 计算制备所得生物柴油中所含游离甘油、总甘油的质量分数。

④ 对比分析所得各种谱图。

## 六、思考题

列举制备生物柴油的其他方法。

# 实验 82　固体超强酸的制备及乙酸正丁酯的合成与表征

## 一、实验目的

了解固体酸催化剂的一般制备方法和在有机合成中的应用；巩固晶体结构、酯化反应、高温固相合成等知识及化学实验单元操作的基本技能；学习气相色谱、巩固X射线粉末衍射等近代测试仪器的使用方法；加强环保意识，认识绿色化学合成手段在化工生产中应用的重要性与必要性。

## 二、实验原理

$ZrO_2$分别经过硫酸、钼酸铵溶液浸泡，于400～700℃下灼烧，得到具有较高活性的固体超强酸催化剂。在丁醇和乙酸的酯化反应中，用制备的催化剂代替浓硫酸来催化反应，请读者自行写出有关反应式。酯化反应结束后，产物乙酸丁酯经蒸馏与反应系统分离，产物纯度高，没有废液排放，催化剂可反复使用。

产物经103型气相色谱仪进行色谱分析（关于氢火焰色谱分析的操作参考有关色谱分析书籍），鉴定产物纯度，计算产率。

## 三、实验用品

仪器：烧杯、圆底烧瓶、分水器、蒸馏头、球形冷凝管、直形冷凝管、接引管、锥形瓶、布氏漏斗、吸滤瓶、量筒、电热套或燃气灯、坩埚、电子天平、103型气相色谱仪（公用）。

试剂：$ZrO_2 \cdot nH_2O$（s）、冰乙酸、硫酸（$1mol \cdot L^{-1}$）、钼酸铵（$0.5mol \cdot L^{-1}$）、正丁醇。氧化锆为工业品，其余均为分析纯试剂。

## 四、实验步骤

（1）固体超强酸催化剂的制备

用电子天平称取5g $ZrO_2 \cdot nH_2O$，倾入装有75mL $1mol \cdot L^{-1}$硫酸的100mL烧杯中，浸泡24h。真空过滤，滤液倒入废酸回收容器内，滤饼再用10mL $0.5mol \cdot L^{-1}$钼酸铵溶液浸泡24h，真空过滤，滤液倒入专用回收瓶，滤饼置于烘箱中，110℃烘2h，再置于马弗炉内600℃灼烧3h，待马弗炉自然冷却后取出，粉碎，备用（请自学产物的鉴定知识）。

（2）乙酸丁酯的制备

在装有电热套（或用燃气灯加热）的100mL圆底烧瓶中，加入1g上述制备好的催化剂，25mL正丁醇，14.3mL冰乙酸，几粒沸石，装上分水器及球形回流冷凝管，开启冷却水。当烧瓶内液体沸腾，冷凝管有回流液滴下时，调节热源使回流速度正常。1h后，在分水器中可以看到有反应生成的水出现。待基本没有水滴下时（需3～4h），将仪器由回流改为简单蒸馏装置，收集124～126℃馏分用作气相色谱分析。低沸点馏分及残液倒入回收瓶，固体催化剂可循环使用。

（3）产品的气相色谱分析

用103型气相色谱仪，氢火焰离子化检测器对产品进行分析，具体操作条件为：进样器温度为180℃；载气流量（$N_2$）为$35mL \cdot min^{-1}$；氢火焰检测器温度为140℃；空气流量为$250mL \cdot min^{-1}$；柱箱温度为60℃；氢气流量为$110mL \cdot min^{-1}$；衰减为1/4；灵敏度为$10^6$；记录仪走纸速度为$4mm \cdot min^{-1}$；进样量为$0.6\mu L$；记录仪量程为1mV。

乙酸正丁酯为无色液体，沸点126.5℃，相对密度$d_4^{20}$为0.8825，折射率$n_D^{20}$为1.3941。乙酸正丁酯的红外光谱如图5-43所示。

## 五、思考题

比较固体超强酸和浓硫酸催化剂催化酯化反应的优缺点？

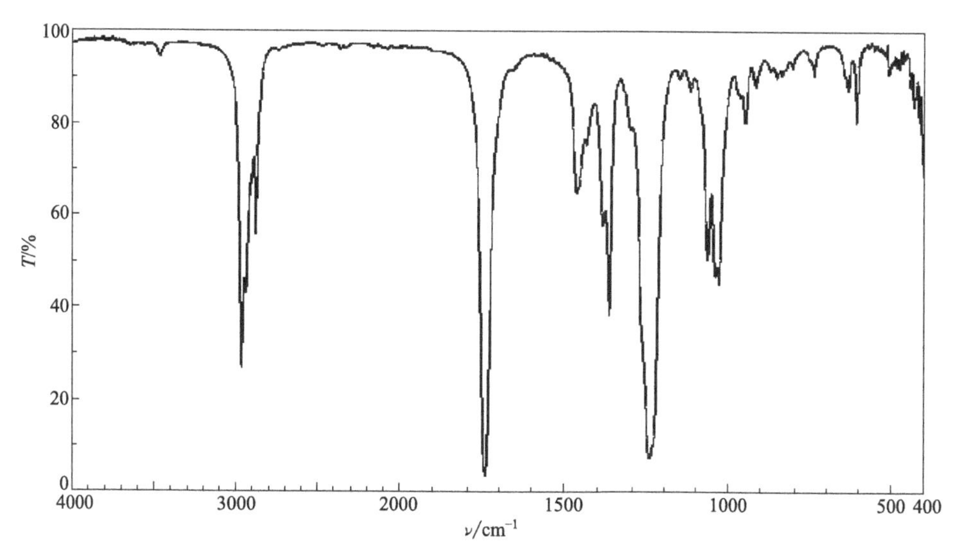


图 5-43　乙酸正丁酯的红外光谱

# 实验 83　α-苯乙胺的制备与拆分

## 一、实验目的

掌握 α-苯乙胺的制备原理和方法；掌握运用分步结晶法拆分外消旋体的方法。

## 二、实验原理

利用 Leucart 反应，苯乙酮与甲酸胺作用可得 α-苯乙胺。

$$C_6H_5COCH_3 + HCOONH_4 \longrightarrow C_6H_5\underset{\displaystyle NH_2}{\underset{|}{C^*}}HCH_3 + CO_2 + H_2O$$

合成的产物外消旋化，要将外消旋体拆分，可加入拆分剂 D-(+)-酒石酸，形成两个非对映体化合物，利用它们在甲醇中的溶解度的明显差异，用分步结晶的方法将它们分离，精制，然后加入碱除去拆分剂，可得纯光学异构体。如图 5-44 为光学纯 α-苯乙胺的拆分原理示意图。

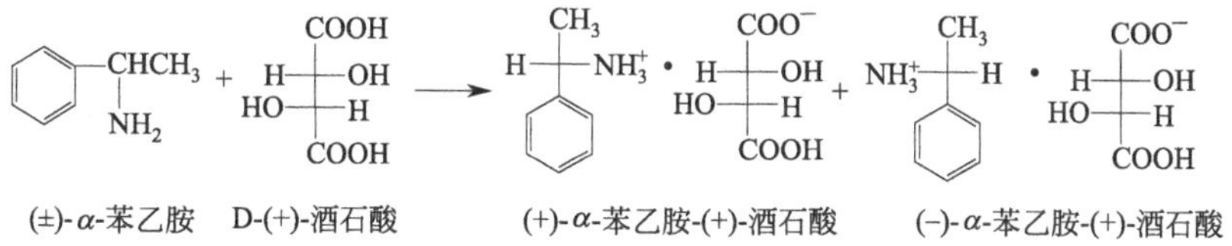

(±)-α-苯乙胺　D-(+)-酒石酸　(+)-α-苯乙胺-(+)-酒石酸　(−)-α-苯乙胺-(+)-酒石酸

图 5-44　光学纯 α-苯乙胺的拆分原理

## 三、实验用品

仪器：圆底烧瓶、三口烧瓶、蒸馏头、水冷凝管、空气冷凝管、接引管、锥形瓶、分液漏斗、水蒸气发生器、移液管、旋光仪。

试剂：苯乙酮、甲酸铵（s）、氯仿、浓盐酸、氢氧化钠（s）、甲苯、D-(+)-酒石酸、甲醇、乙醚、氢氧化钠溶液（50%）。

## 四、实验步骤

(1) α-苯乙胺制备

① 在 50mL 蒸馏瓶中加入 6mL 苯乙酮、10g 甲酸铵和 2 粒沸石，装简单蒸馏装置，温度计插入反应瓶底。小火加热至 140℃左右，甲酸铵开始熔化，逐步转化成均相，继续缓缓加热至 185℃（时间约为 90min)，停止加热。将馏出液倒入分液漏斗中，分出苯乙酮层，并重新倒入反应瓶中。继续加热 70～80min，控制反应温度小于 185℃。

② 将馏出液移入分液漏斗中，加入 8mL 水洗涤，分出水层。油层倒入原反应瓶中，水层每次用 3mL 氯仿萃取两次，合并氯仿萃取液，也倒入原反应瓶中，弃去水层。

③ 在反应瓶中加入 6mL 浓盐酸和 2 粒沸石，装好蒸馏装置。先蒸去氯仿，然后改回流装置，微沸回流 30min。将反应物冷却至室温，移入分液漏斗中。每次用 3mL 的氯仿萃取三次，将氯仿层合并，回收，水层转入三口烧瓶中。

④ 三颈烧瓶置于冰水浴中冷却，慢慢加入 5g 氢氧化钠颗粒与 10mL 水配制的氢氢化钠溶液，混合均匀，然后进行水蒸气蒸馏至馏出液为中性（用 pH 试纸检查)。

⑤ 将馏出液移入分液漏斗中，每次用 5mL 甲苯，萃取三次，将甲苯溶液合并，加入固体氢氧化钠干燥，用橡胶塞塞紧瓶口。

⑥ 将干燥后的甲苯溶液滤入蒸馏瓶中，加入 1 粒沸石，装好蒸馏装置。加热，先蒸去甲苯，换空气冷凝管蒸馏，收集 180～190℃馏分，用橡胶塞塞紧瓶口准备拆分。

α-苯乙胺的沸点为 187.4℃，$n_D^{20}$ 为 1.5238。

(2) 外消旋体 α-苯乙胺的拆分

在盛有 35mL 甲醇的锥形瓶中加入 2.5g D-(+)-酒石酸，水浴加热并搅拌使其溶解，在搅拌下缓慢加入 2g 实验制得的 α-苯乙胺，塞进瓶塞，于室温下放置 24h 以上，即可得白色菱状晶体。减压过滤，滤液保留。晶体用少许甲醇洗涤，干燥后可得 (一)-α-苯乙胺-(+)-酒石酸盐，称量。

将 (一)-α-苯乙胺-(+)-酒石酸盐溶于 8mL 水中，加入 2mL 50%氢氧化钠溶液，搅拌至固体完全溶解，然后各用 8mL 乙醚萃取两次，合并乙醚萃取液，用固体氢氧化钠干燥。将干燥后的乙醚溶液滤入蒸馏瓶中，水浴蒸馏蒸去乙醚，再直接加热蒸馏，收集 180～190℃馏分至已称量的锥形瓶中，称量，计算产品的量。

用移液管量取 10mL 的甲醇至盛胺液的锥形瓶中。振摇使胺溶解，根据溶液的总体积和胺的量，计算浓度。用配制好的溶液测旋光度和比旋光度，计算光学纯度。纯 (*S*)-(-)-α-苯乙胺的 $[\alpha]_D^{25}$ 为-39.5°。

将析出的 (一)-α-苯乙胺-(+)-酒石酸盐母液水浴蒸馏蒸去甲醇，可得 (+)-α-苯乙胺-(+)-酒石酸盐白色固体。按上步实验操作方法，用水、氢氧化钠处理该盐，再用乙醚萃取，固体氢氧化钠干燥，水浴蒸去乙醚再直接加热蒸馏，收集 180～190℃馏分至已称量的锥形瓶中，称量，计算产品的量，测定旋光度和比旋光度，计算产物的光学纯度。纯 (*R*)-(+)-α-苯乙胺的 $[\alpha]_D^{25}$ 为+39.5°。

(*R*)-(+)-α-苯乙胺的红外光谱如图 5-45 所示。

## 五、注意事项

① 在此反应过程中，水和苯乙酮被蒸出，同时不断产生泡沫放出氨气和二氧化碳，此外在冷凝管上可能生成一些碳酸铵固体，此时，可暂时关闭冷凝水使固体溶解，以免堵塞冷凝管。

② 此时若有晶体析出，可加最少量水使之溶解。

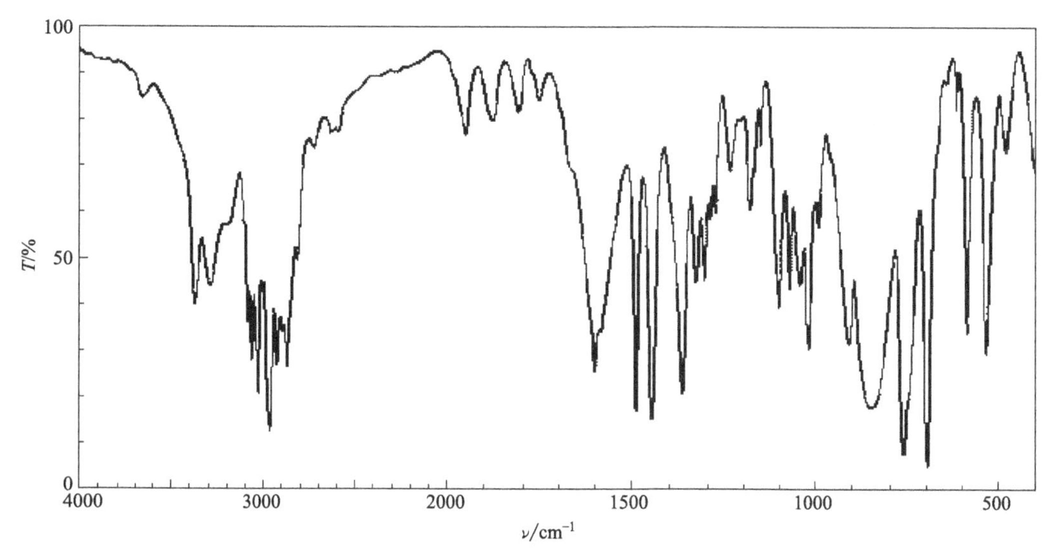


图 5-45 (R)-(+)-α-苯乙胺的红外光谱

③ 要避免沸腾或起泡逸出。

④ 若析出的是针状结晶，则需重新加热冷却溶解，再冷却至菱形结晶析出为止。

⑤ 可直接用旋转蒸发仪进行蒸馏或水浴蒸去乙醚再用减压蒸馏方式进行蒸馏。

### 六、思考题

① 写出苯乙酮与甲酸铵作用制得 α-苯乙胺的反应机制。

② 制备 α-苯乙胺实验中水蒸气蒸馏的作用是什么？可否用其他操作替代？

③ 简述对映异构体拆分的原理。

④ 如何控制反应条件得到纯的光学异构体？

## 实验 84 二茂铁及乙酰二茂铁的合成

### 一、实验目的

掌握合成中无水无氧实验操作的基本技术；熟练掌握分馏、回流、减压蒸馏基本操作；掌握回流萃取技术；通过乙酰二茂铁的制备，了解利用弗里德-克拉夫茨酰基化反应制备芳酮的原理和方法。

### 二、实验原理

二茂铁又名二环戊二烯合铁，是一种新型的配合物——有机过渡金属配合物。

二茂铁具有独特的结构：二价铁离子被夹在两个平面环之间，与环戊二烯环形成牢固的配位键，形成夹心型结构，所以又叫夹心型配合物。固态时两个环戊二烯环互为交错构型，在溶液中两个环可以自由旋转。二茂铁具有特别的键合方式，成键电子常显示高度的离域，所以也称为有机金属 π 配合物。

二茂铁具有芳香性，在环上能形成多种取代基的衍生物，已广泛用作火箭燃料添加剂（能改善燃烧性能）、汽油的抗震剂、硅树脂和橡胶的热化剂、紫外光的吸收剂等。

二茂铁的合成方法很多，本实验是在无水无氧的惰性气氛下，以四氢呋喃为溶剂，用铁粉将三氯化铁还原为氯化亚铁

$$2FeCl_3 + Fe \longrightarrow 3FeCl_2$$

在二乙胺的存在下，氯化亚铁与环戊二烯反应而生成二环戊二烯合铁

$$FeCl_2 + 2\,\text{环戊二烯} \xrightarrow{(CH_3CH_2)_2NH} (C_5H_5)_2Fe$$

环戊二烯久存后会聚合为二聚体，使用前应重新蒸馏解聚为单体。

二茂铁在常温下为橙色晶体，有樟脑气味，熔点为 173～174℃，沸点为 249℃，高于 100℃就容易升华。它能溶于苯、乙醚和石油醚等许多有机溶剂，基本上不溶于水，化学性质稳定。它在乙醇和乙烷中的紫外光谱于 325nm（$\varepsilon=50L\cdot mol^{-1}\cdot cm^{-1}$）和 440nm 处有极大的吸收值。

二茂铁中的茂基具有芳香性，其茂基环上能发生多种取代反应。特别是亲电取代反应比苯更容易。因而，二茂铁与乙酸酐反应可制得乙酰二茂铁，但根据反应条件的不同形成的产物可以是单乙酰基取代物或双乙酰基取代物，如以乙酸酐为酰化剂，三氟化硼、氢氟酸、磷酸等为催化剂，主要生成一元取代物；如以无水三氯化铝为催化剂，酰氯或酸酐为酰化剂，当酰化剂与二茂铁的物质的量比为 2∶1 时，反应产物以 1,1′-二元取代物为主。

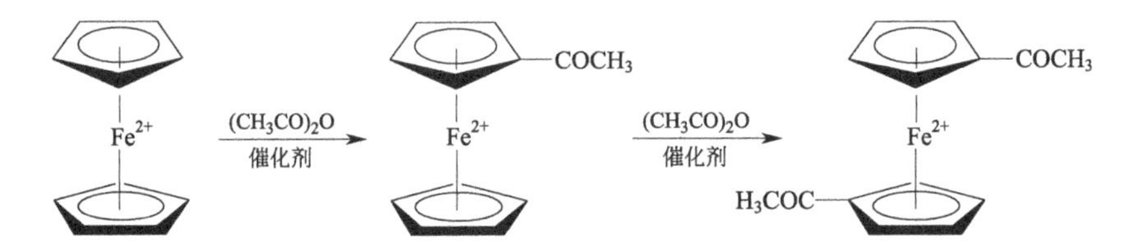


反应的进程可通过薄层色谱进行跟踪。

## 三、实验用品

仪器：三口烧瓶、干燥塔、圆底烧瓶、分馏柱、氮气钢瓶、真空干燥器、真空泵、回流冷凝管。

试剂：环戊二烯、四氢呋喃、无水三氯化铁（s）、无水氯化钙（s）、二乙胺、环己烷、石油醚（30～60℃）、铁粉、乙酸酐、磷酸（85%）、碳酸钠（s）。

## 四、实验步骤

（1）无水氯化亚铁的利备

按图 5-46 搭好装置、通入干燥氮气，将三口烧瓶内的空气逐尽、并用电吹风机在装置外部吹热气，使整个系统进一步干燥。冷却后，加入 25mL 纯净而干燥的四氢呋喃，搅拌下分批加入无水三氯化铁 8.0g，反应液开始并逐渐变成棕色，从导气口迅速加入 1.4g 还原铁粉，继续通氮气，在氮气保护下回流 4.5h。

（2）环戊二烯的解聚

在上一步实验步骤（1）回流期间，解聚环戊二烯。

在 100mL 圆底烧瓶内加入约 40mL 双环戊二烯，加入沸石，配上分馏柱和冷凝管等，接收瓶用冰水冷却。缓缓加热回流，收集 42～44℃的馏分。当烧瓶中残留少许时停止分馏。如果收集的馏分因潮气而显混浊，可加入少许无水氯化钙干燥。

（3）二茂铁的合成

在实验步骤（1）回流结束后，减压蒸馏蒸出四氢呋喃（回收），待残留物近干时停止加热。撤去热源，换上新接收瓶，用冰水冷却反应瓶，在通氮气状态下滴加环戊二烯（8.3mL）-二乙胺（20mL）溶液，滴加过程中应保持反应瓶温度在 20℃以下。滴加完毕后室温下继续强烈搅动 4-6h，静置过夜。

改用减压蒸馏蒸出二乙胺。装上回流装置，以石油醚为萃取剂加热回流萃取 3 次（每次

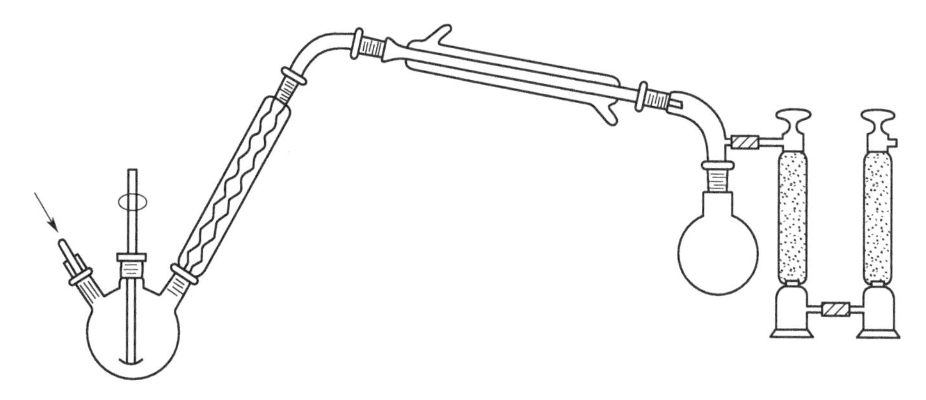

图 5-46 氯化亚铁和二茂铁的制备装置

20mL)，合并萃取液，趁热抽滤，将滤液蒸至近干，得二茂铁粗品。

二茂铁粗品可用石油醚或环己烷重结晶，产品经真空干燥后称重并计算产率。

产物可以通过所测得的红外光谱图与核磁共振谱图对照来鉴定。

(4) 乙酰二茂铁的合成

在 100mL 三口烧瓶中，加入 1g 二茂铁和 10mL 乙酸酐，在磁力搅拌和水浴冷却下，将滴液漏斗中的 2mL85%的磷酸慢慢滴加入其中。加完后将装有氯化钙的干燥管塞住三口瓶口。混合液在 55～60℃的水浴上加热搅拌 25min 左右。然后将反应混合物倾入盛有 40g 碎冰的 400mL 的烧杯中，并用 10mL 冷水涮洗烧瓶，将涮洗液并入烧杯。在搅拌下，分批加入固体碳酸钠，到溶液呈中性为止。将中和后的反应混合液置于冰浴中冷却 15min，抽滤收集析出的橙黄色固体粗品，每次用 30mL 冰水洗涤 3 次，压干后可真空干燥。产物可用石油醚（60～90℃）重结晶。产物约 0.3g，熔点为 84～85℃。

二茂铁常温下为橙黄色粉末，有樟脑气味，熔点 172～174℃，沸点 249℃，100℃以上能升华，不溶于水，易溶于苯、乙醚、汽油、柴油等有机溶剂。二茂铁和乙酰二茂铁的红外光谱分别如图 5-47 和图 5-48 所示。

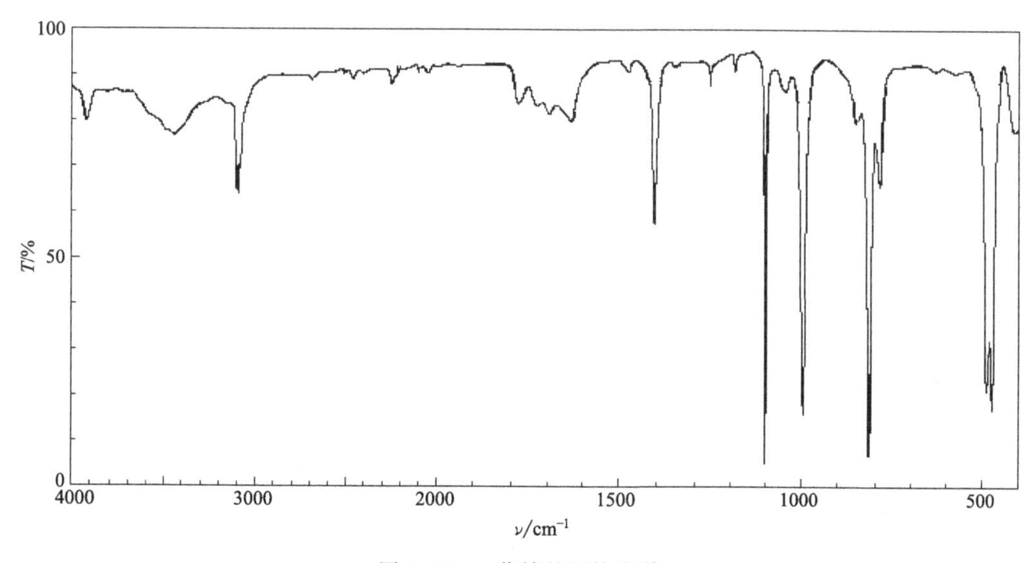


图 5-47 二茂铁的红外光谱

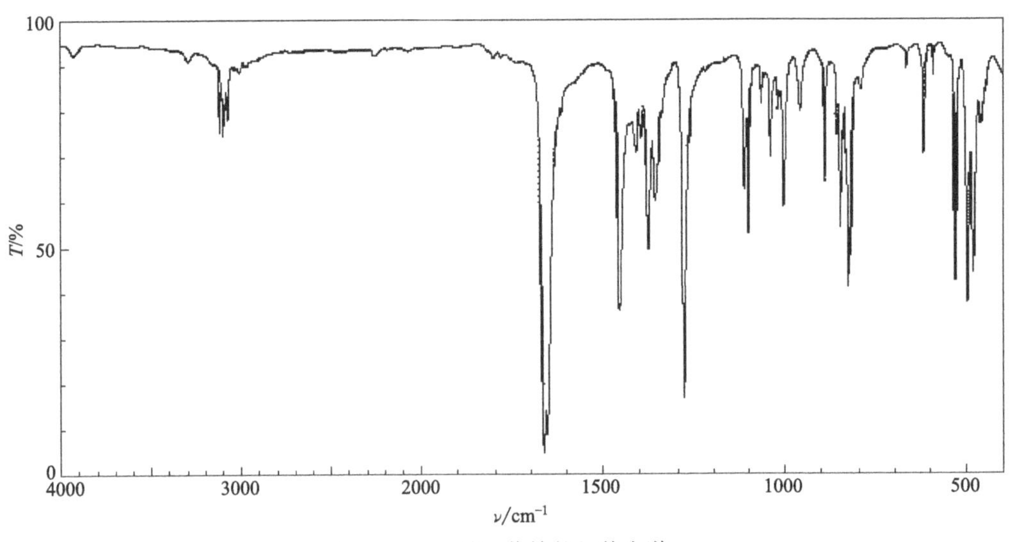


图 5-48 乙酰二茂铁的红外光谱

## 五、注意事项

① 中和时因逸出大量二氧化碳，出现激烈的鼓泡，小心操作。最好用 pH 试纸检验溶液的酸碱性。

② 本反应可用薄层色谱进行反应终点的跟踪，可采用二氯甲烷作为溶解乙酰二茂铁的溶剂和展开剂。经展开后移动距离最大的为二茂铁，依次为乙酰二茂铁，1,1′-二乙酰基二茂铁。

③ 二茂铁易升华，测熔点时要封管。

④ 反应温度过高会导致副产物 1,1′-二乙酰基二茂铁的增加和反应混合物色泽加深。

⑤ 本实验也可用柱色谱对产品进行纯化，取 0.2g 粗品溶于尽量少的二氯甲烷中，用氧化铝柱处理，然后用石油醚淋洗，收集淋洗液得到二茂铁，再用石油醚-乙酸乙酯（3∶7）淋洗，得到乙酰二茂铁。

## 六、思考题

① 在二茂铁的制备中为什么要求严格的无水无氧条件？

② 在合成二茂铁中为什么要加入二乙胺？

③ 分析影响二茂铁产率的因素，如何提高它的合成产率？

④ 乙酰二茂铁中选用二氯化物为展开剂，能否采用其他的展开剂使分离效果相似？

⑤ 二茂铁酰化时，第二个酰基为什么不能进入第一个酰基所在的环？

# 实验 85 离子液体催化合成食品防腐剂——对羟基苯甲酸乙酯

## 一、实验目的

掌握离子液体的制备方法；了解离子液体的性质和用途；掌握离子液体在催化酯化反应中应用。

## 二、实验原理

对羟基苯甲酸乙酯又称尼泊金乙酯、是目前世界上用途最广、用量最大的系列防腐剂。具有高效、低毒、广谱等优点，对霉菌、酵母与细菌有广泛的抗菌作用。是食品、饮料、化妆品、日用化工品、医药等方面广泛使用的高效保鲜剂和杀菌防腐剂。目前对羟基苯甲酸乙酯的工业生产仍以硫酸为催化剂，该方法腐蚀设备，副反应多，产品色泽深，后处理复杂，大量废水排放污染环境。因此，研究一种更经济、实用、清洁的生产方法尤为重要，国内外相继开发了新型催化剂如：固体超强酸，对甲苯磺酸，杂多酸等，这些催化剂虽然从一定程度上克服了浓硫酸催化剂存在的缺点，但仍存在制备过程比较复杂，催化剂酸度分布不均、催化寿命较短等问题

室温离子液体因其具有液态范围宽、溶解范围广、蒸气压为零、稳定性好、酸碱性可调、产品易分离和可循环利用等一系列独特性质，被认为是未来理想的绿色高效溶剂和催化剂。

$$HO-C_6H_4-COOH + CH_3CH_2OH \xrightarrow{\text{室温离子液体}} HO-C_6H_4-COOCH_2CH_3$$

## 三、实验用品

仪器：集热式恒温磁力搅拌器、熔点测定仪、傅里叶变换红外光谱仪、三口烧瓶等。

试剂：*N*-甲基咪唑、浓硫酸（98%）、对羟基苯甲酸、乙醇、饱和碳酸钠溶液等。

## 四、实验步骤

（1）Brønsted 酸性离子液体［Hmim］$HSO_4$ 的制备

在 250mL 的圆底烧瓶中加入 8.2g *N*-甲基咪唑，置于冰水浴中冷却至 0～5℃，剧烈搅拌下 30min 内滴加完 10.2g 98%的浓硫酸和 10mL 水的混合溶液，滴加完毕后，撤去冰水浴，室温下继续搅拌 2h。反应物在 75℃下减压蒸除去水，即得无色透明稠状的［Hmim］$HSO_4$ 离子液体。

（2）对羟基苯甲酸乙酯的合成

在 50mL 三口烧瓶中依次加入 0.02mol 对羟基苯甲酸和 0.03mol 无水乙醇、3mL 离子液体，磁力搅拌下 110℃左右回流 2.5h，反应结束后，减压蒸去过量的乙醇，将剩余液体趁热转入装有冷蒸馏水的烧杯中，冷却析出固体物，抽滤，回收滤液（离子液体的回收），用 10%的饱和碳酸钠溶液和蒸馏水充分洗涤滤饼至中性，烘干得粗酯，然后用 95%乙醇进行重结晶，得白色晶体，烘干，计算产率，测产品熔点（文献值 116～118℃）。

（3）离子液体的回收

将抽滤后回收的滤液在 75℃下减压蒸出水，滤除析出的晶体。即得到无色透明的离子液体。用于回收离子液体的催化性能实验考察，

对羟基苯甲酸乙酯的红外光谱如图 5-49 所示。

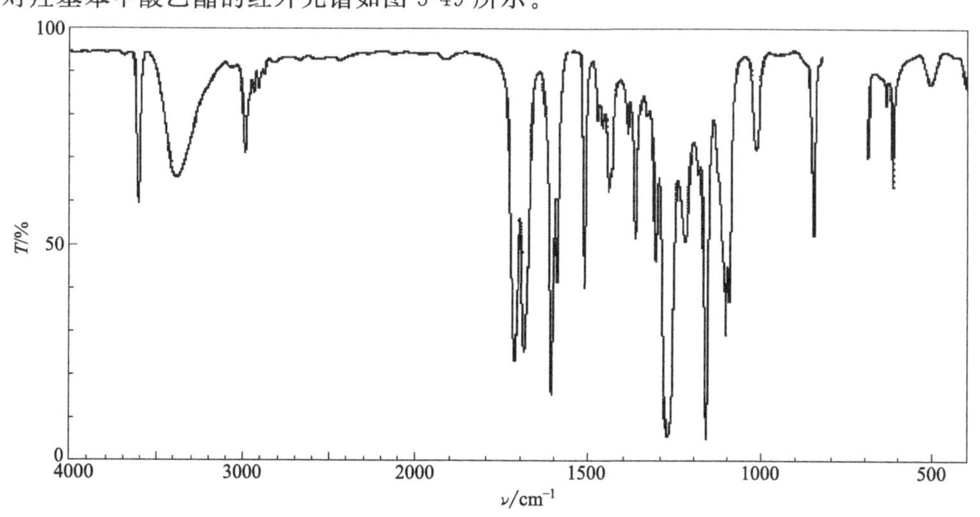


图 5-49　对羟基苯甲酸乙酯的红外光谱

## 五、思考题

① 比较离子液体与常用的酯化反应催化剂的优缺点？

② 对羟基苯甲酸乙酯主要应用在哪些方面？

# 第三节　设计性实验

## 实验 86　磷系列化合物的制备

### 一、实验提要

(1) $NaH_2PO_4 \cdot 2H_2O$ 的性质与制备

$NaH_2PO_4 \cdot 2H_2O$ 是无色斜方晶系晶体，极易溶于水，难溶于醇、醚。在潮湿的空气中易潮解而结块，在水中的溶解度见表 5-6。由表可知，在温度低于 40℃条件下，由饱和溶液中结晶能得到 $NaH_2PO_4 \cdot 2H_2O$。加热可失去结晶水，加热至 225～250℃脱水生成 $Na_2H_2P_2O_7$（酸式焦磷酸钠），350～400℃脱水生成 $(NaPO_3)_6$（六偏磷酸钠）。$NaH_2PO_4$ 在工业上有广泛的应用：如锅炉水处理、电镀、制革、染料助剂及医药、云母片砌合等，也是制备六偏磷酸钠和缩聚磷酸钠的原料。

**表 5-6　$NaH_2PO_4$ 在水中的溶解度**　　单位：g

| 温度/℃ | 0 | 10 | 20 | 30 | 40 | 50 | 60 | 70 | 80 | 90 | 100 |
|---|---|---|---|---|---|---|---|---|---|---|---|
| $NaH_2PO_4 \cdot 2H_2O$ | 75.3 | 90.9 | 110.8 | 138.5 | 179.7 | | | | | | |
| $NaH_2PO_4 \cdot H_2O$ | | | | | | 182.4 | | | | | |
| $NaH_2PO_4$ | | | | | | | 179.3 | 190.3 | 207.3 | 225.3 | 246.6 |

控制适当的 pH，由 $H_3PO_4$ 与 $Na_2CO_3$（或 NaOH）反应，可以制得 $NaH_2PO_4 \cdot 2H_2O$，也可以由 $Na_2HPO_4$ 与 $H_3PO_4$ 反应而制得。

$$2H_3PO_4 + Na_2CO_3 = 2NaH_2PO_4 + CO_2\uparrow + H_2O$$

(2) $Na_2HPO_4 \cdot 12H_2O$ 的性质与制备

$Na_2HPO_4 \cdot 12H_2O$ 是无色透明单斜晶系菱形晶体。在空气中易风化，易溶于水，难溶于乙醇。在水中溶解度见表 5-7。由表可知，当温度低于 30℃时，可得到 $Na_2HPO_4 \cdot 12H_2O$ 结晶。100℃以上失去结晶水成为无水物，250℃时脱水生成焦磷酸钠。该化合物广泛用于锅炉软水剂、鞣革、木材、纸张的防火剂、釉药、焊药、油漆颜料以及医药、食品等行业，也是制取焦磷酸钠及其他磷酸盐的原料。

**表 5-7　$Na_2HPO_4$ 在水中的溶解度**　　单位：g

| 温度/℃ | 0 | 10 | 20 | 30 | 40 | 50 | 60 | 70 | 80 | 90 | 100 |
|---|---|---|---|---|---|---|---|---|---|---|---|
| $Na_2HPO_4 \cdot 12H_2O$ | 4.2 | 9.1 | 17.3 | 52.5 | | | | | | | |
| $Na_2HPO_4 \cdot 7H_2O$ | | | | | 97.8 | | | | | | |
| $Na_2HPO_4 \cdot 2H_2O$ | | | | | | 151.4 | 156.5 | 166.3 | 174.4 | 194.2 | |
| $Na_2HPO_4$ | | | | | | | | | | | 102.2 |

制备 $Na_2HPO_4 \cdot 12H_2O$ 可由 $H_3PO_4$ 与 $Na_2CO_3$（或 NaOH）反应，控制适当的 pH 而得。

$$H_3PO_4 + Na_2CO_3 = Na_2HPO_4 + CO_2\uparrow + H_2O$$

(3) $(NaPO_3)_6$ 的性质与制备

$(NaPO_3)_6$ 为无色透明玻璃状或白色粒状晶体。有较强的吸湿性，易溶于水（溶解速度慢)，难溶于有机溶剂。在温水、酸或碱溶液中易水解形成正磷酸盐。与一些重金属或碱土金属离子作用生成沉淀，若 $(NaPO_3)_6$ 过量可形成配合物而溶解。其制备方法一般是以 $NaH_2PO_4 \cdot 2H_2O$ 为原料，经过脱水、灼烧、然后急剧冷却而制得。

$$2NaH_2PO_4 \xlongequal{\triangle} Na_2H_2P_2O_7 + H_2O$$

$$3NaH_2P_2O_7 \xlongequal{\triangle} (NaPO_3)_6 + 3H_2O$$

(4) $Na_4P_2O_7 \cdot 10H_2O$ 的性质与制备

$Na_4P_2O_7 \cdot 10H_2O$ 为无色单斜晶系晶体，易溶于水和酸，难溶于醇和氨水。在水中的溶解度见表 5-8。由表可知，当温度低于 76℃时，可得到 $Na_4P_2O_7 \cdot 10H_2O$ 结晶。加热易脱水成无水物，水溶液煮沸即水解为 $Na_2HPO_4$。碱土金属及铜、银等金属离子与 $Na_4P_2O_7$ 反应生成沉淀，加入过量 $Na_4P_2O_7$ 可使其形成配合物而溶解。$Na_4P_2O_7$ 与 $Ag^+$ 生成 $Ag_4P_2O_7$ 白色沉淀，而磷酸盐与 $Ag^+$ 反应生成 $Ag_3PO_4$ 黄色沉淀，常以此鉴定 $P_2O_7^{4-}$ 和 $PO_4^{3-}$。

**表 5-8 $Na_4P_2O_7$ 在水中的溶解度** 单位：g

| 温度/℃ | 0 | 20 | 30 | 50 | 60 | 70 | 76 | 82 | 89 | 96 |
|---|---|---|---|---|---|---|---|---|---|---|
| $Na_4P_2O_7 \cdot 10H_2O$ | 2.24 | 5.22 | 7.04 | 13.98 | 19.75 | 27.49 | 33.04 | | | |
| $Na_4P_2O_7$ | | | | | | | | 35.13 | 32.65 | 31.15 |

$Na_4P_2O_7$ 一般采用焦化法进行制备。将磷酸氢二钠熔融、脱水、缩合，可制得无水焦磷酸钠。再将其溶于水，在适当条件下结晶而制得。

$$2Na_2HPO_4 \xlongequal{\triangle} Na_4P_2O_7 + H_2O$$

## 二、实验要求

每个学生任选一组题目，进行实验方案的设计与制备。

① 以工业磷酸（1∶20）和碳酸钠（s）为原料设计合理的制备方案，制备 4.0g $NaH_2PO_4 \cdot 2H_2O$（理论量），再以此为原料制备 $(NaPO_3)_6$。

② 以工业磷酸（1∶20）和碳酸钠（s）为原料设计合理的制备方案，制备 3.0g $Na_2HPO_4 \cdot 12H_2O$（理论量），再以此为原料制备 $NaP_2O_7 \cdot 10H_2O$。

实验方案应包括实验步骤，计算主要原料的用量，最佳实验条件（温度、浓度、pH 等条件），及所选择的实验仪器等，并用流程图简单地表示。

制得产物后，要求观察晶型并做性质检验：用低倍显微镜观察 $Na_2HPO_4 \cdot 12H_2O$、$Na_4P_2O_7 \cdot 10H_2O$ 或 $NaH_2PO_4 \cdot 2H_2O$ 晶体的晶型。试验焦磷酸盐与金属离子（如 $Cu^{2+}$、$Cd^{2+}$）易形成配合物的性质，并与 $Na_2HPO_4$ 溶液进行比较。

## 三、思考题

① 制备 $NaH_2PO_4 \cdot 2H_4O$ 和 $Na_2HPO_4 \cdot 12H_2O$ 时，结晶开始析出的温度应分别控制在什么温度以下？为什么？

② 制备 $Na_4P_2O_7$ 和 $(NaPO_3)_6$ 时，怎样检验缩合反应是否完全？

# 实验 87 丙交酯的制备研究

## 一、实验提要

聚乳酸是一种无毒、无刺激性、具有生物相容性和生物降解性的高分子化合物，它在体内的代谢产物二氧化碳、水及乳酸均能参与人体的新陈代谢，因此，它在外科修复材料、药物运送载体等方面得到了广泛的应用。聚乳酸的制备主要有直接缩聚法和开环聚合法。前者是利用乳酸直接脱水缩合得到聚乳酸，这种方法得到的产物分子量较低，且易分解，无实用价值；后者是将乳酸脱水缩合后得到的低聚物在催化剂的作用下，使其解聚得到丙交酯(LA)，然后再加入催化剂使其开环聚合得到高分子量的聚乳酸。因此丙交酯是合成生物降解的聚乳酸及其共聚物的基本原料。

在丙交酯的制备过程中，因反应温度高，如何防止炭化，如何提高产品的产率和纯度，是研究工作的重点。

丙交酯的分子式：

由于D，L-乳酸单体直接聚合时，得到的往往是低聚物，为获得较高分子量的聚乳酸，在聚合中常以乳酸的环状二聚体丙交酯作为单体。以D,L-乳酸为原料，利用减压条件下乳酸缩聚为低聚物，然后高温下乳酸低聚物环化的方法合成D,L-丙交酯。丙交酯的合成是按下面路线进行的：

$$\text{乳酸}\xrightarrow{\text{脱水}}\text{聚乳酸的低聚物}\xrightarrow{\text{热裂解}}\text{丙交酯}$$

## 二、实验要求

① 查阅相关文献，比较不同的合成方法，设计可行的实验方案，合成1g丙交酯。

② 采用合适的方法提纯产品。

③ 对合成的丙交酯进行结构表征。丙交酯的红外光谱如图5-50所示。

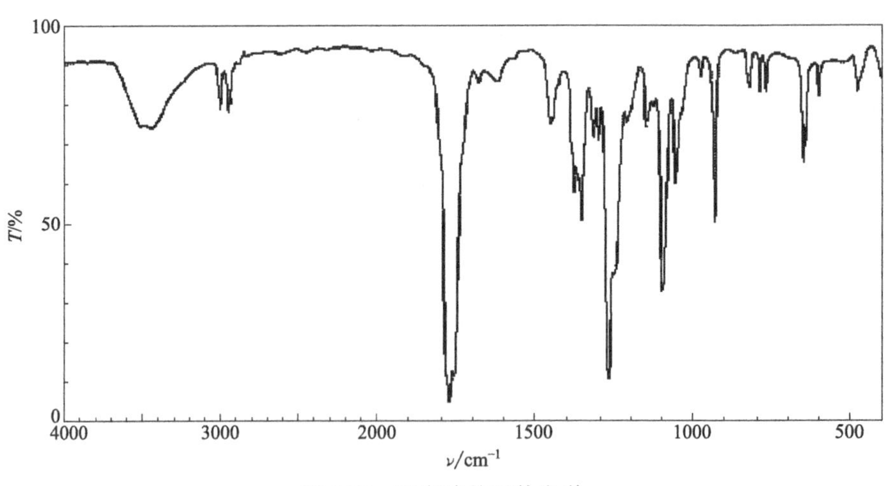


图5-50 丙交酯的红外光谱

④ 设计可行的合成方案和实验装置，考察反应物浓度、反应时间、反应温度对反应的影响。

⑤ 选择合适的真空度以降低反应温度，减小炭化的可能性。

## 三、思考题

① 为什么要控制聚乳酸低聚物的分子量？如何控制？

② 采用哪些方法可降低热裂解的温度，减少炭化的发生？

③ 乳酸缩聚的过程中，水的存在对反应有哪些影响？

第 6 章

# 基本物理量和化学参数的测定

# 第一节　基本实验

## 实验 88　恒温槽装配和性能测试

### 一、实验目的

了解恒温槽的构造及恒温原理，初步掌握其装配和调试的基本技术；绘制恒温槽的灵敏度曲线（温度-时间曲线），学会分析恒温槽的性能。

### 二、实验原理

在物理化学实验中所测得的数据，如折射率、黏度、蒸气压、表面张力、电导率、化学反应速率常数等都与温度有关，所以许多物理化学实验必须在恒温下进行。通常用恒温槽来控制温度维持恒温。恒温槽之所以能维持恒温，主要是依靠恒温控制仪来控制恒温槽的热平衡。当恒温槽因对外散热而使水温降低时，恒温控制仪就使恒温槽内的加热器工作。待加热到所需的温度时，它又使加热器停止加热，这样就使槽温保持恒定。恒温槽装置一般如图 6-1 所示。

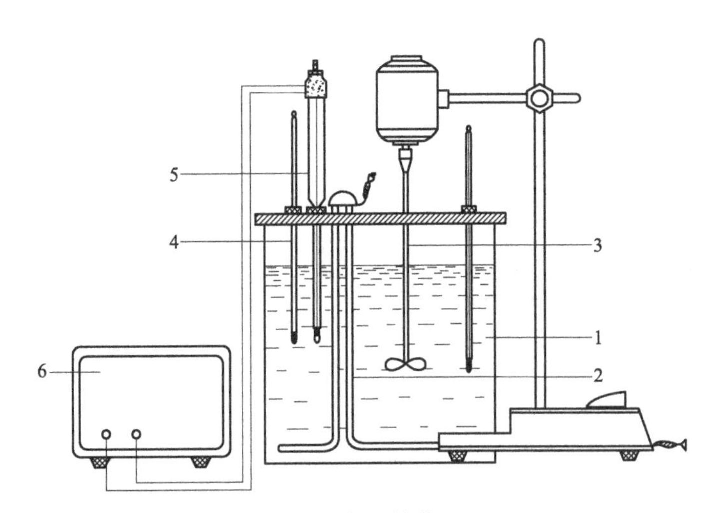


图 6-1　恒温槽装置

1—浴槽；2—加热器；3—搅拌器；4—温度计；5—感温元件；6—恒温控制仪

恒温槽一般由浴槽、加热器、搅拌器、温度计、感温元件、恒温控制仪等部分组成，现分别介绍如下。

（1）浴槽

通常采用玻璃槽以便于观察，其容量和形状视需要而定，物理化学实验一般采用 10L 圆形玻璃缸。浴槽内的液体一般采用蒸馏水。恒温超过 100℃时可采用液体石蜡或甘油等。

（2）加热器

常用的是电热器。根据恒温槽的容量、恒温温度以及与环境的温差大小来选择电热器的功率。如容量 20L、恒温 25℃的大型恒温槽一般需要功率为 250W 的加热器。为了提高恒温的效率和精度，有时可采用两套加热器。开始时，用功率较大的加热器加热，当温度达恒定时，再用功率较小的加热器来维持恒温。

（3）搅拌器

一般采用 40W 的电动搅拌器，用变速器来调节搅拌速度。

(4) 温度计

通常采用1/10℃温度计作为观察温度用，所用温度计在使用前需进行校正。为了测定恒温槽的灵敏度，本实验采用数字式贝克曼温度计。

(5) 感温元件

它是恒温槽的感觉中枢，是提高恒温槽精度的关键所在。感温元件的种类很多，如接触温度计、热敏电阻感温元件等。恒温槽一般使用感温头，感温头直接与恒温控制仪相连。

(6) 恒温控制仪

整个控温系统主要由交流放大器、相敏放大器、控制执行继电器三部分组成。热敏电阻和电位器组成交流感温电桥。当感温头感受的实际温度低于给定温度时，桥路输出为负信号，接通外接加热回路；当感受温度与给定温度相同时，桥路平衡，断开加热回路；当实际温度再下降时，继电器再工作，重复上述过程，从而达到控温目的。

由于这种温度控制装置属于“通”“断”类型，当加热器接通后传热质温度上升并传递给温度计，使其升温。因为传质、传热都有一个速度，所以会出现温度传递的滞后。同理，降温时也会出现滞后现象。

由此可知，恒温槽控制的温度是有一个波动范围的，而不是控制在某一固定不变的温度，并且恒温槽内各处的温度也会因搅拌效果的优劣而不同。控制温度的波动范围越小，各处的温度越均匀，恒温槽的灵敏度越高。灵敏度是衡量恒温槽性能的主要标志。它除与感温元件、电子继电器有关外，还受搅拌器的效率、加热器的功率等因素的影响。

恒温槽灵敏度的测定是在指定温度下，观察温度的波动情况。用较灵敏的温度计，如贝克曼温度计记录温度随时间的变化，最高温度为 $t_1$，最低温度为 $t_2$，恒温槽的灵敏度 $t_e$ 为：

$$t_e = \pm \frac{t_1 - t_2}{2}$$

灵敏度常常以温度为纵坐标，以时间为横坐标，绘制成温度-时间曲线来表示。在图6-2中：曲线（a）表示恒温槽灵敏度较高；曲线（b）表示灵敏度稍差，需更换更灵敏的温度控制器；曲线（c）表示加热器功率太大；曲线（d）表示加热器功率太小或散热太快。

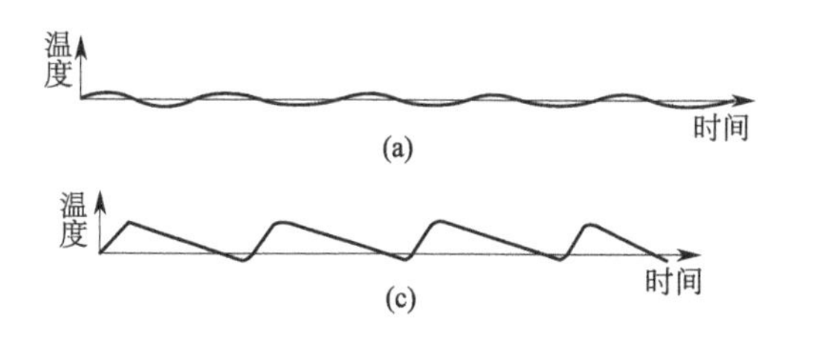


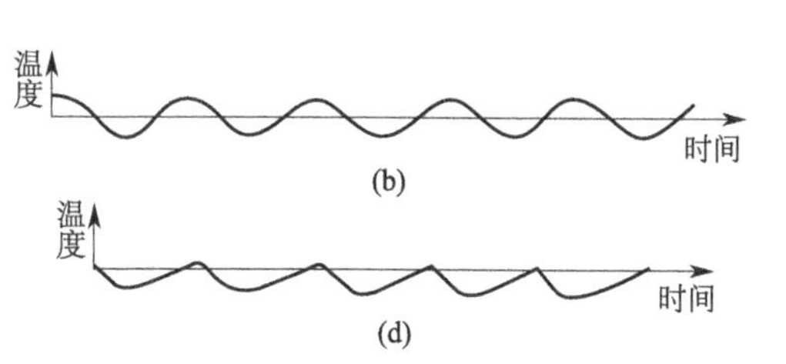


图6-2 恒温槽灵敏度曲线

为了提高恒温槽的灵敏度，在设计恒温槽时要注意以下几点。

a. 恒温槽的热容量要大些，传热质的热容量越大越好。

b. 尽可能加快电热器与温度计间传热的速度。为此要使感温元件的热容尽可能小，感温元件与电热器间距要近一些；搅拌器效率要高。

c. 作调节温度用的加热器功率要小些。

## 三、实验用品

仪器：玻璃缸、数字式贝克曼温度计、搅拌器、加热器、感温元件、电子继电器。

试剂：蒸馏水。

## 四、实验步骤

① 将蒸馏水注入浴槽至容积的2/3处，按图6-1所示将数字式贝克曼温度计、电子继电器、电动搅拌器、加热器等安装好。

② 调节恒温控制仪上圆盘式温度计，使其温度略低于25℃，接通电源，打开搅拌器开关并加热，注意观察数字式贝克曼温度计的读数，若温度恒定后，仍低于25℃，则微调恒温控制仪，直到其温度达到25℃。

③ 在恒温槽中选取5个点，其中1个点靠近加热器，1个点在远离加热器的恒温槽边缘，其余3个点在恒温槽的中间区域，用贝克曼温度计观察这些点的温度变化，记录温度变化的最大值和最小值。

④ 按上述步骤，将恒温槽重新调节至30℃和35℃。

⑤ 恒温槽灵敏度的测定：待恒温槽已调节到35℃后，在中间区域3个点中选取恒温性能最差的点，观察贝克曼温度计的读数，利用秒表，每隔2min记录一次贝克曼温度计的读数。测定约60min，温度变化范围要求在±0.15℃之内。

## 五、实验结果与数据处理

① 以时间为横坐标、温度为纵坐标，绘制温度-时间曲线。

② 计算恒温槽的灵敏度。

③ 用图表示恒温槽内各元件的布局，并在图中指明所选5个点的位置。

## 六、思考题

① 对于提高恒温槽的灵敏度，可从哪些方面进行改进？

② 如果所需恒定的温度低于室温，如何装配恒温槽？

# 实验89 燃烧热的测定

## 一、实验目的

通过萘燃烧热的测定，掌握氧弹式量热计的工作原理、结构和使用方法；掌握燃烧热的测定技术；学会使用贝克曼温度计；学会应用图解法校正温度改变值。

## 二、实验原理

燃烧热是指1mol物质完全燃烧时所放出的热量。在恒容条件下测得的燃烧热为恒容燃烧热（$Q_V$），在恒压条件下测得的燃烧热为恒压燃烧热（$Q_p$）。

燃烧热可以通过热力学中的基本实验方法——量热法来测定，测量化学反应热的仪器称为量热计。量热计的种类很多，本实验采用氧弹式量热计（结构如图6-3、图6-4所示）测量萘的燃烧热。

氧弹式量热计属于恒容式恒温夹套式量热计，测量时将一定量待测物质放在充有高压氧气的氧弹中使其完全燃烧，燃烧时放出的热量使氧弹本身及周围介质（本实验用水）和量热计有关的附件温度升高。通过测定燃烧前后氧弹周围介质温度的变化值，根据量热计热容$C_V$，就可以求算出该样品的恒容燃烧热。在恒容、无其他功时，有

$$Q_V=\Delta U=-C_V\,\Delta T$$

一般燃烧热是指恒压燃烧热，在恒压、无其他功时，有

$$Q_p=\Delta H=\Delta U+\Delta(pV)=\Delta U+p\,\Delta V$$

若把参加反应的气体和反应生成的气体看作理想气体，则有下列关系式：

$$Q_p=Q_V+\Delta nRT$$

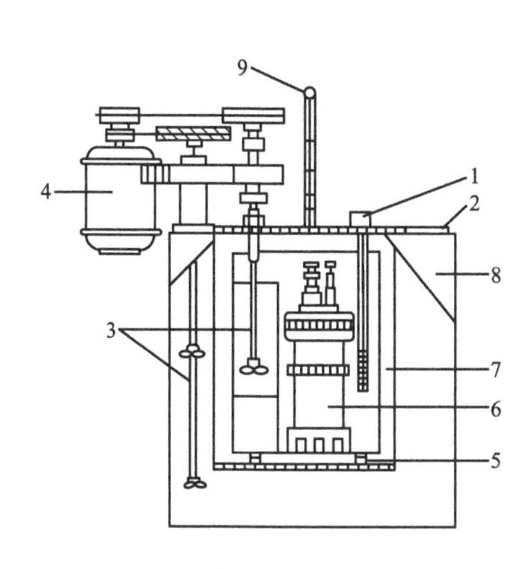


图 6-3　氧弹式量热计装置

1—测温探头；2—氧弹盖；3—搅拌器；4—搅拌马达；5—衬垫；6—氧弹；7—内桶；8—外壳；9—温度计

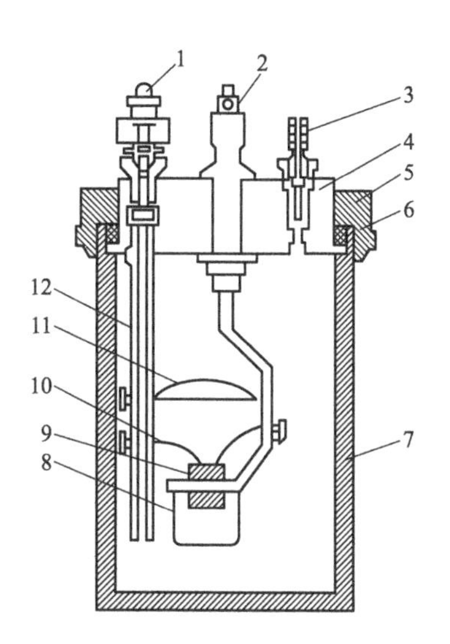


图 6-4　氧弹剖面图

1—充气阀（兼作电极之一）；2—电极；3—排气孔；4—氧弹盖；5—螺帽；6—垫圈；7—厚壁圆筒；8—燃烧皿；9—样品；10—点火丝；11—火焰遮板；12—电极（同时也是进气管）

氧弹式量热计的热容 $C_V$ 含吸热介质（水）和仪器的热容两项（量热计常数，用 $W_N$ 表示，即量热计本身温度升高 1℃需要的热量），不同仪器的热容各不相同，必须事先测定。测定方法是用已知燃烧热的物质作为标准物质，将一定量的标准物质放在高压氧弹中燃烧，测出量热计温度的改变值，可以求仪器的热容。

本实验成功的关键是样品必须完全燃烧，其次，还必须使燃烧后放出的热量尽可能全部传递给量热计本身和其中盛放的水，而不与周围环境发生热交换。由于热量的散失无法完全避免，因此燃烧前、后温度的变化值不能直接、准确测量，而必须经过作图法进行校正，校正的方法如下。

将燃烧前后历次观测到的水温记录下来，并作温度-时间曲线，连成 $abcd$ 线（图 6-5）。图中 $b$ 点相当于开始燃烧之点，$c$ 点为观测到的最高温度读数点，由于量热计和外界存在热交换，曲线 $ab$ 及 $cd$ 常发生倾斜。取 $b$ 点所对应的温度 $T_1$，$c$ 点对应的温度 $T_2$，其平均温度（$T_1+T_2$）/2 为 $T$，经过 $T$ 点作横坐标平行线 $TC$，与折线 $abcd$ 交于 $C$ 点，然后过 $C$ 点作垂直线 $AB$，此线与 $ab$ 线和 $cd$ 线的延长线交于 $E$、$F$ 两点，则 $E$ 点和 $F$ 点所表示的温度差即为欲求温度的升高值$\Delta T$。如图 6-5 所示，$EE'$表示环境辐射进来的热量所造成量热计温度的升高，因此这部分是必须扣除的，而 $FF'$表示量热计向环境辐射出去的热量而造成量热计温度的降低，因此这部分是必须加入的。经过这样校正后的温差表示了由于样品燃烧使量热计温度升高的数值。有时量热计绝热良好，热量散失少，而搅拌器的功率又比较大，这样往往不断引进少量热量，使得燃烧后的温度最高点不明显，这种情况下仍然可以按照同法进行校正（图 6-6）。

## 三、实验用品

仪器：氧弹式量热计、压片机、温度计（0～100℃）、温差测量仪、万用电表、氧气钢瓶、点火丝、天平、容量瓶等。

试剂：萘、苯甲酸、NaOH 标准液（0.1mol・$L^{-1}$ 左右）、酚酞指示剂等。

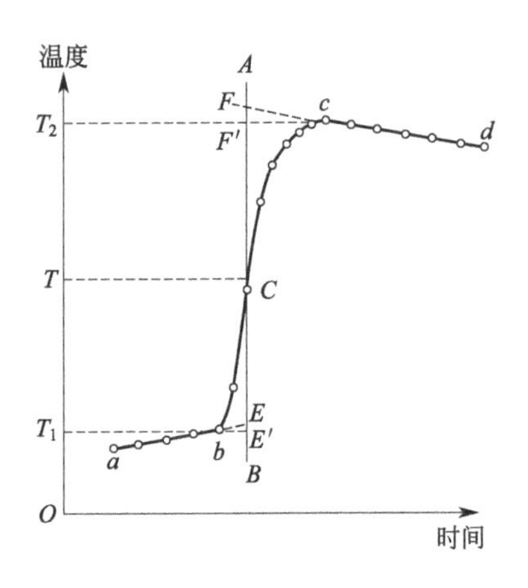


图 6-5　绝热较差时的温度校正图

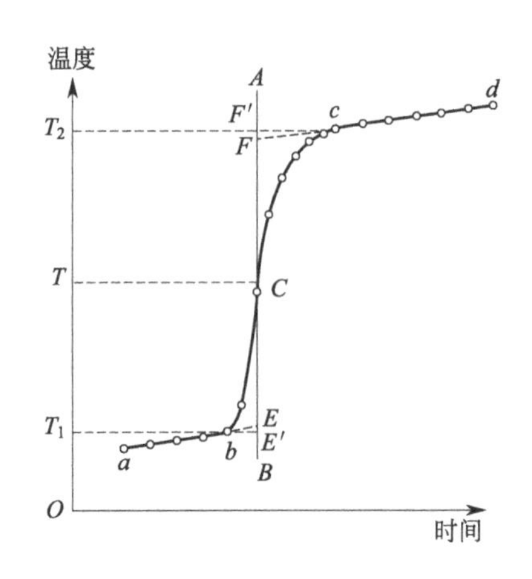


图 6-6　绝热良好时的温度校正图

## 四、实验步骤

① 量热计常数测定

a. 样品压片：先将压片机中的钢模擦净，将约 15cm 点火丝准确称量后，记录质量 $m_0$。称取约 0.6g 苯甲酸，将点火丝适当弯曲后置于钢模中，放入苯甲酸粉末，调整压片机的螺杆，将样品压成片状。将模底的托盘翻过来，再继续向下压，使样品脱落下来（也可以将燃烧皿准确称重，直接将样品放入燃烧皿的底部，用玻璃瓶塞将其样品压实、压平后，再准确称取燃烧皿体系的质量，计算出样品的质量）。准确称取压片样品和点火丝的总质量后，计算出苯甲酸压片的实际质量，并记录为 $m_{苯甲酸}$。将其放入燃烧皿中，并将点火丝的两端分别连接在氧弹内的两个电极上，样品压片悬空在燃烧皿的上方，注意点火丝与压片不要触及燃烧皿，用万用电表检查氧弹两电极是否通路。

b. 充氧：将氧弹内壁擦干净，在氧弹中加入 1mL 的水，旋紧氧弹盖及放气孔的螺丝，按图 6-7 将氧弹接上氧气钢瓶。打开氧气钢瓶上的阀门 1，待氧气钢瓶内压力指示表 2（指示钢瓶内氧气的压力）的指针指示的压力恒定，然后缓缓旋紧氧气表上的减压阀门 8（旋紧即为打开），氧气通过表 3 和导气管 4 进入氧弹中。注意表 3 的压力指针应在 1.5MPa 附近，切不可超过 3MPa。充氧时间不少于 30s，然后按逆时针方向旋松减压阀门调节螺杆 8，再关总阀门 1，拆下导气管 4，放掉氧气表 3 中的余气。将氧弹进气螺栓旋上，再次用万用电表检查两电极是否为通路。

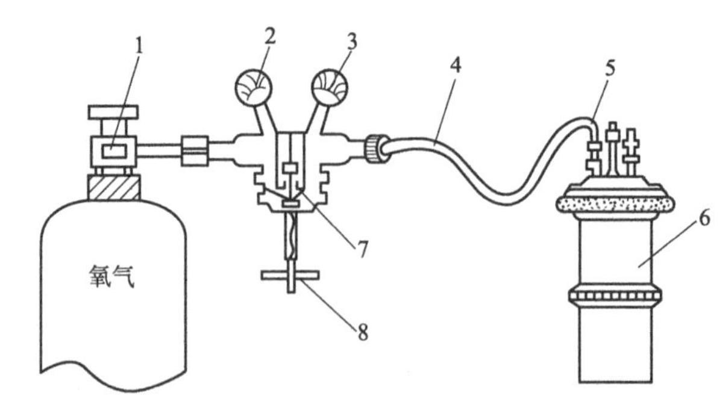


图 6-7　氧弹充气示意图

1—氧气钢瓶总阀；2—氧气瓶内压力指示表；3—减压阀出口压力指示表；4—导气管；5—氧弹充气孔；6—氧弹；7—减压阀；8—减压阀门调节螺杆

c. 燃烧和测量温度：将氧弹放入量热计的盛水桶内，用容量瓶准确量取自来水2000mL，倒入盛水桶内，然后接上点火电极插头，面板上点火指示灯应微亮，否则表示点火丝未接通。盖好盖子，插入温度传感器，在操作数显温度计处理器上按下“电源”开关，开机；按“复位”键将计时清零；按“时间”键，将计时间隔调在1min；按下“搅拌”键。观察温度计，当体系的温度较稳定后，每隔1min读取温度1次。这样继续10min，迅速按下“点火”键，自按下“点火”键后，读数的时间间隔改为每30s一次，继续记录10min。

d. 实验停止后，取出氧弹，放出余气。最后旋开氧弹盖，检查样品燃烧情况。若氧弹中没有未燃尽的剩余物，表示燃烧完全，反之，则表示燃烧不完全，实验失败。取出燃烧后剩下的点火丝，称重，记录为$m_1$。参与燃烧放热的点火丝质量记为$m_{点火丝}$($m_{点火丝}=m_0-m_1$)。

为了在测得的总燃烧热中扣除氧弹中的水与空气中的$O_2$、$N_2$作用生成$HNO_3$溶液的热量，必须用蒸馏水（每次10mL）洗涤氧弹及内件3～4次，洗涤液收集在250mL锥形瓶中。煮沸5min，加入2滴酚酞指示剂，用NaOH标准溶液滴定至粉红色，得到消耗碱液的体积$V_{NaOH}$。

② 萘的燃烧热测定。称取0.5g左右萘，按上法进行压片、燃烧等实验操作。实验完毕后，洗净氧弹，倒出量热计盛水桶中的自来水，并擦干待下次实验用。

## 五、实验结果与数据处理

① 按作图法求出苯甲酸及萘燃烧时体系温度的变化值（$\Delta T$）。

② 用下面的公式计算量热计常数$W_N$。

$$-(W_N+m_{水}C_{水})\Delta T=m_{苯甲酸}Q_{V(苯甲酸)}+m_{点火丝}Q_{V(点火丝)}+5.98V_{NaOH}$$

$$W_N=-\frac{m_{苯甲酸}Q_{V(苯甲酸)}+m_{点火丝}Q_{V(点火丝)}+5.98V_{NaOH}}{\Delta T}-m_{水}C_{水}$$

式中，$m$为物质的质量；$Q_{V(苯甲酸)}$为$-26480.5\text{J}\cdot\text{g}^{-1}$；$Q_{V(点火丝)}$为$-6694\text{J}\cdot\text{g}^{-1}$；$V_{NaOH}$为滴定消耗NaOH溶液的体积，mL；$\Delta T$为体系的温度变化，由作图法求得；5.98为酸形成的校正值。

③ 根据$Q_V$与$Q_p$的关系式，求$Q_p$；由物化手册查出萘的恒压燃烧热$Q_p$，计算实验误差。

## 六、思考题

① 在本实验装置中哪些是体系？哪些是环境？体系和环境通过哪些途径进行热交换？

② 简述装置氧弹和拆开氧弹的操作过程。

③ 为什么实验测量得到的温度差值要经过作图法校正？

④ 使用氧气钢瓶和减压阀时有哪些注意事项？

# 实验90　溶解热的测定

## 一、实验目的

了解电热补偿法测定热效应的基本原理；通过电热补偿法测定硝酸钾在水中的积分溶解热，并用作图法求出硝酸钾在水中的微分稀释热、积分稀释热和微分溶解热；掌握电热补偿法的仪器使用方法。

## 二、实验原理

(1) 基本概念

在热化学中，关于溶解过程的热效应，引进下列几个基本概念。

① 溶解热。在恒温恒压下，$n_2$（mol）溶质溶于 $n_1$（mol）溶剂（或溶于某浓度的溶液）中产生的热效应，用 $Q$ 表示，溶解热可分为积分（或称变浓）溶解热和微分（或称定浓）溶解热。

② 积分溶解热。在恒温恒压下，1mol 溶质溶于 $n_0$（mol）溶剂中产生的热效应，用 $Q_s$ 表示。

③ 微分溶解热。在恒温恒压下，1mol 溶质溶于某一确定浓度的无限量的溶液中产生的热效应，以 $\left(\frac{\partial Q}{\partial n_2}\right)_{T,p,n_1}$ 表示，简写为 $\left(\frac{\partial Q}{\partial n_2}\right)_{n_1}$。

④ 冲淡热。在恒温恒压下，1mol 溶剂加到某浓度的溶液中使之冲淡所产生的热效应。冲淡热也可分为积分（或变浓）冲淡热和微分（或定浓）冲淡热两种。

⑤ 积分冲淡热。在恒温恒压下，把原含 1mol 溶质及 $n_{01}$（mol）溶剂的溶液冲淡到含溶剂为 $n_{02}$（mol）时的热效应，亦即为某两浓度溶液的积分溶解热之差，以 $Q_{\mathrm{d}}$ 表示。

⑥ 微分冲淡热。在恒温恒压下，1mol 溶剂加入某一确定浓度的无限量的溶液中产生的热效应，以 $\left(\frac{\partial Q}{\partial n_1}\right)_{T,p,n_2}$ 表示，简写为 $\left(\frac{\partial Q}{\partial n_1}\right)_{n_2}$。

（2）计算

积分溶解热（$Q_s$）可由实验直接测定，其他三种热效应则通过 $Q_s - n_0$ 曲线求得。

设纯溶剂和纯溶质的摩尔焓分别为 $H_m$（1）和 $H_m$（2），当溶质溶解于溶剂变成溶液后，在溶液中溶剂和溶质的偏摩尔焓分别为 $H_{1,m}$ 和 $H_{2,m}$，对于由 $n_1$（mol）溶剂和 $n_2$（mol）溶质组成的体系，在溶解前体系总焓为 $H$。

$$H = n_1 H_m(1) + n_2 H_m(2) \tag{6-1}$$

设溶液的焓为 $H'$，有

$$H' = n_1 H_{1,m} + n_2 H_{2,m} \tag{6-2}$$

因此溶解过程热效应 $Q$ 为

$$\begin{aligned} Q = \Delta_{\mathrm{mix}} H = H' - H &= n_1 [H_{1,m} - H_m(1)] + n_2 [H_{2,m} - H_m(2)] \\ &= n_1 \Delta_{\mathrm{mix}} H_m(1) + n_2 \Delta_{\mathrm{mix}} H_m(2) \end{aligned} \tag{6-3}$$

式（6-3）中，$\Delta_{\mathrm{mix}} H_m$（1）为微分冲淡热，$\Delta_{\mathrm{mix}} H_m$（2）为微分溶解热。根据上述定义，积分溶解热 $Q_s$ 为

$$\begin{aligned} Q_s = \frac{Q}{n_2} = \frac{\Delta_{\mathrm{mix}} H}{n_2} &= \Delta_{\mathrm{mix}} H_m(2) + \frac{n_1}{n_2} \Delta_{\mathrm{mix}} H_m(1) \\ &= \Delta_{\mathrm{mix}} H_m(2) + n_0 \Delta_{\mathrm{mix}} H_m(1) \end{aligned} \tag{6-4}$$

在恒压条件下，$Q = \Delta_{\mathrm{mix}} H$，对 $Q$ 进行全微分，有

$$\mathrm{d}Q = \left(\frac{\partial Q}{\partial n_1}\right)_{n_2} \mathrm{d}n_1 + \left(\frac{\partial Q}{\partial n_2}\right)_{n_1} \mathrm{d}n_2 \tag{6-5}$$

上式在比值 $\frac{n_1}{n_2}$ 恒定下积分，得

$$Q = \left(\frac{\partial Q}{\partial n_1}\right)_{n_2} n_1 + \left(\frac{\partial Q}{\partial n_2}\right)_{n_1} n_2 \tag{6-6}$$

全式以 $n_2$ 除之，有

$$\Delta_{\mathrm{mix}} H_m(2) = \left(\frac{\partial Q}{\partial n_2}\right)_{n_1}, \frac{Q}{n_2} = \frac{n_1}{n_2}\left(\frac{\partial Q}{\partial n_1}\right)_{n_2} + \left(\frac{\partial Q}{\partial n_2}\right)_{n_1} \tag{6-7}$$

因
$$\frac{Q}{n_2}=Q_s,\quad \frac{n_1}{n_2}=n_0, \tag{6-8}$$

则
$$\left(\frac{\partial Q}{\partial n_1}\right)_{n_2}=\left[\frac{\partial(n_2Q_s)}{\partial(n_2n_0)}\right]_{n_2}=\left(\frac{\partial Q_s}{\partial n_0}\right)_{n_2} \tag{6-9}$$

将式（6-8）、式（6-9）代入式（6-7），得

$$Q_s=\left(\frac{\partial Q}{\partial n_2}\right)_{n_1}+n_0\left(\frac{\partial Q_s}{\partial n_0}\right)_{n_2} \tag{6-10}$$

对比式（6-3）与式（6-6）或式（6-4）与式（6-10），得

$$\Delta_{mix}H_m(1)=\left(\frac{\partial Q}{\partial n_1}\right)_{n_2} \text{ 或 } \Delta_{mix}H_m(1)=\left(\frac{\partial Q_s}{\partial n_0}\right)_{n_2}$$

以 $Q_s$ 对 $n_0$ 作图，可得图 6-8 所示的曲线关系。在图 6-8 中，$AF$ 与 $BG$ 分别为将 1mol 溶质溶于 $n_{01}$（mol）和 $n_{02}$（mol）溶剂时的积分溶解热 $Q_s$，$BE$ 表示在含有 1mol 溶质的溶液中加入溶剂，使溶剂量由 $n_{01}$（mol）增加到 $n_{02}$（mol）过程的积分冲淡热 $Q_d$。

$$Q_d=Q_sn_{02}-Q_sn_{01} \tag{6-11}$$

图 6-8 中曲线 $A$ 点的切线斜率等于该浓度溶液的微分冲淡热。

$$\Delta_{mix}H_m(1)=\left(\frac{\partial Q_s}{\partial n_0}\right)_{n_2}$$

切线在纵轴上的截距等于该浓度的微分溶解热。

$$\Delta_{mix}H_m(2)=\left(\frac{\partial Q}{\partial n_2}\right)_{n_1}=\left[\frac{\partial(n_2Q_s)}{\partial n_2}\right]_{n_1}=Q_s-n_0\left(\frac{\partial Q_s}{\partial n_0}\right)_{n_2}$$

由图 6-8 可见，欲求溶解过程的各种热效应，首先要测定各种浓度下的积分溶解热，然后作图计算。

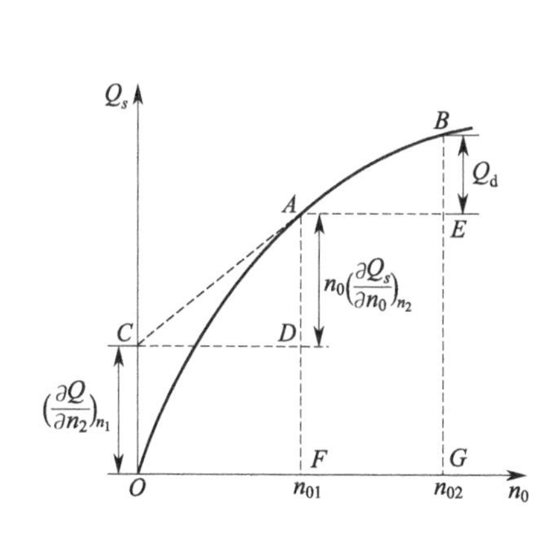


图 6-8 $Q_s$-$n_0$ 关系图

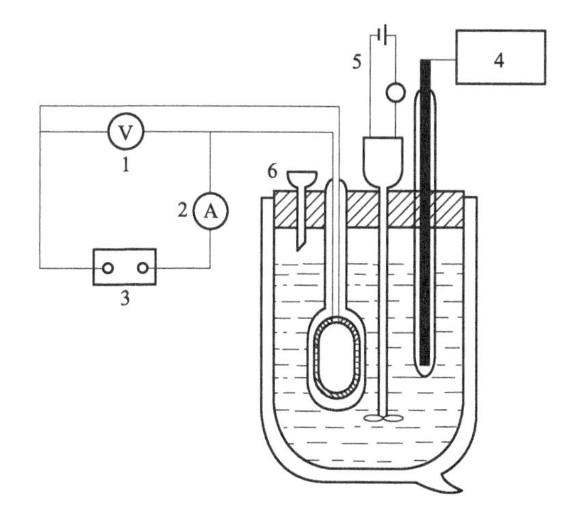


图 6-9 量热器及其电路图

1—直流伏特计；2—直流毫安表；3—直流稳压电源；4—测温部件；5—搅拌器；6—加样漏斗

（3）实验方法

本实验是采用绝热式测温量热计，它是一个包括量热器、搅拌器、电加热器和温度计等的量热系统，装置及电路图如图 6-9 所示。本实验测定 $KNO_3$ 在水中的溶解热，它是一个吸热过程，因此可用电热补偿法，即先测定体系的起始温度 $T$，溶解过程中体系温度随吸

热反应进行而降低，再用电加热法使体系升温至起始温度，根据所消耗电能求出热效应 $Q$。

$$Q=I^2Rt=IUt$$

式中，$I$ 为通过电阻为 $R$ 的电热器的电流，A；$U$ 为电阻丝两端所加电压，V；$t$ 为通电时间，s。

本实验采用电热补偿法测定 $KNO_3$ 在水溶液中的积分溶解热，并通过图解法求出其他三种热效应。

## 三、实验用品

仪器：实验装置（包括杜瓦瓶、搅拌器、加热器、测温部件、加样漏斗）、直流稳压电源、电子天平、直流毫安表、直流伏特计、秒表、称量瓶、干燥器、研钵等。

试剂：$KNO_3$（化学纯，研细，在110℃烘干，保存于干燥器中）。

## 四、实验步骤

① 将8个称量瓶编号，在电子天平上称量，依次加入在研钵中研细的 $KNO_3$，其质量分别为0.5g、1.5g、2.5g、3.0g、3.5g、4.0g、4.5g和5.0g，再用分析天平称出准确质量，称量后将称量瓶放入干燥器中待用。

② 在电子天平上称取216.2g蒸馏水于杜瓦瓶内，调好贝克曼温度计，按图6-9连好线路。

③ 经教师检查无误后接通电源，调节稳压电源，使加热器功率约为2.5W，保持电流稳定，开动搅拌器进行搅拌，当水温慢慢上升到比室温水高出1.5℃时读取准确温度，按下秒表，开始计时，同时从加样漏斗处加入第一份样品，并将残留在漏斗上的少量 $KNO_3$ 全部掸入杜瓦瓶中，然后用塞子堵住加样口。记录电压和电流值，在实验过程中要一直搅拌液体。加入 $KNO_3$ 后，温度会很快下降，然后再慢慢上升，待上升至起始温度点时，记下时间（读准至秒，注意此时切勿把秒表按停），并立即加入第二份样品，按上述步骤继续测定，直至八份样品全部加完为止。

④ 测定完毕后，切断电源，打开量热计，检查 $KNO_3$ 是否溶完，如未全溶，则必须重做；如溶解完全，可将溶液倒入回收瓶中，把量热器等器皿洗净放回原处。

⑤ 用电子天平称量已倒出 $KNO_3$ 样品的空称量瓶，求出各次加入 $KNO_3$ 的准确质量。

## 五、实验结果与数据处理

① 根据溶剂的质量和加入溶质的质量，求算 $n_0$。

② 按 $Q=IUt$ 公式计算各次溶解过程的热效应。

③ 按每次累积的浓度和累积的热量，求各浓度下溶液的 $n_0$ 和 $Q_s$。

④ 将以上数据列表并作 $Q_s$-$n_0$ 图，并从图中求出 $n_0=80$、100、200、300和400处的积分溶解热和微分冲淡热，以及 $n_0$ 从80～100，100～200，200～300，300～400的积分冲淡热。

## 六、注意事项

① 实验过程中要求 $I$、$U$ 值恒定，故应随时注意调节。

② 磁子的搅拌速度是实验成败的关键，磁子的转速不可过快。

③ 实验过程中切勿把秒表按停读数，直到最后方可停表。

④ 固体 $KNO_3$ 易吸水，故称量和加样动作应迅速。固体 $KNO_3$ 在实验前务必研磨成粉状，并在110℃烘干。

⑤ 量热器绝热性能与盖上各孔隙密封程度有关，实验过程中要注意盖好量热器，以减

少热损失。

## 七、思考题

① 本实验装置是否适用于放热反应的热效应测量？

② 根据测定溶解热的方法设计一个实验，求如下反应的反应热：

$$CaCl_2(s)+6H_2O(l)=\!=\!=CaCl_2\cdot 6H_2O(s)$$

# 实验 91　差热分析法研究 $CuSO_4\cdot 5H_2O$ 的热稳定性

## 一、实验目的

掌握差热分析原理，并了解定性处理差热曲线的方法；了解差热分析仪的构造，掌握其基本操作方法；分析 $CuSO_4\cdot 5H_2O$ 试样并判断其热稳定性。

## 二、实验原理

差热分析法（DTA）是一种具有代表性的热分析方法，它是在程序控制温度下，测量试样与参比物（一种在测量范围内不发生热效应的物质）之间的温差与温度关系的一种技术。在实验过程中，可将试样与参比物的温差作为温度或时间的函数连续记录下来，即

$$\Delta T=f(T)\text{或}\ \Delta T=f(t)$$

由于试样和参比物的测温热电偶是反向串联的（图 6-10），所以当试样不发生反应时，即试样温度（$T_s$）和参比物温度（$T_r$）相同时，$\Delta T=T_s-T_r=0$，相应的温差电势为零。当试样发生物理或化学变化而伴有热量的吸收或释放时，则 $\Delta T\neq 0$，相应的差热曲线上出现吸热峰或放热峰，如图 6-11 所示。其中基线相当于 $\Delta T=0$，试样无热效应；向上和向下的峰反映了试样的放热、吸热过程。DTA 曲线的峰形、出峰位置、峰面积等受试样的质量、热传导率、比热容、粒度、填充的程度和升温速度等因素的影响。因此，要获得良好的重现性结果，必须对上述几点十分注意。本实验以 $\alpha$-$Al_2O_3$ 作为参比物，记录 $CuSO_4\cdot 5H_2O$ 的 DTA 曲线，从而考察其失去五分子结晶水的过程。

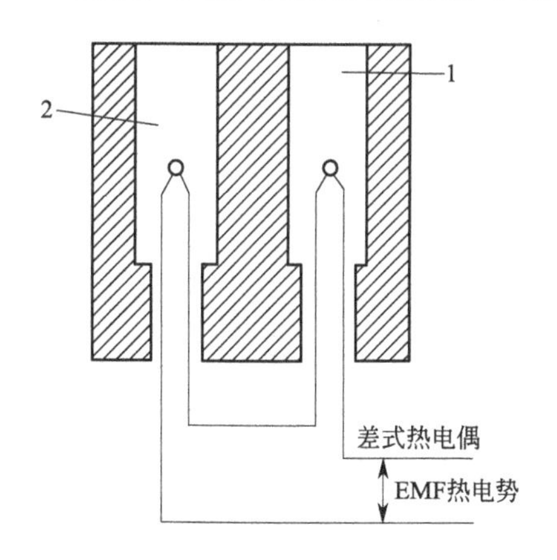


图 6-10　DTA 样品支持器示意图
1—样品；2—参比物

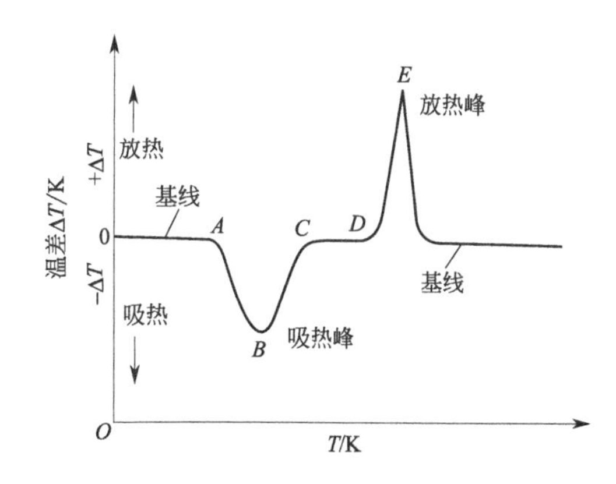


图 6-11　典型的 DTA 曲线

## 三、实验用品

仪器：DSC-Q10 型差示扫描量热仪（美国 TA 公司）或具有自动控制、自动记录功能的高温差热分析仪等。

试剂：$CuSO_4\cdot 5H_2O$（分析纯）、$\alpha$-$Al_2O_3$ 等。

## 四、实验步骤

① 将约 1g 的 $CuSO_4 \cdot 5H_2O$ 研成粉末。

② 将试样均匀紧密地放入试样容器中。

③ 将 $\alpha$-$Al_2O_3$ 均匀紧密地放入参照容器中。

④ 将两铂金容器放入炉中。

⑤ 在教师指导下开启仪器，在空气气氛下，以 12℃ · $min^{-1}$ 的升温速率升温，记录 50～500℃范围内的 DTA 曲线。

## 五、实验结果与数据处理

差热分析实验数据填入表 6-1。

**表 6-1　差热分析实验记录**

| 样品名称 | 平均升温速率/(℃ · $min^{-1}$) | 差热封温度/℃ | | | | 纸速/(mm · $min^{-1}$) |
|---|---|---|---|---|---|---|
| | | 峰号 | 起始 | 峰顶 | 终了 | |
| $CuSO_4 \cdot 5H_2O$ | | 1 | | | | |
| | | 2 | | | | |
| | | 3 | | | | |
| | | 4 | | | | |
| | | 5 | | | | |

① 指出 $CuSO_4 \cdot 5H_2O$ 的 DTA 曲线上的吸热峰和放热峰。

② 标出 $CuSO_4 \cdot 5H_2O$ 失水峰的温度。

## 六、思考题

预计提高和降低升温速率时，$CuSO_4 \cdot 5H_2O$ 的 DTA 曲线将如何变化？

# 实验 92　乙醇-乙酸乙酯双液系相图

## 一、实验目的

了解测定二元液相体系的气液平衡相图及绘制相图的方法，理解相图和相律的基本概念；了解液体折射率的测量方法，掌握阿贝折射仪的一般原理及操作方法；了解用光学方法进行物理化学实验的基本原理。

## 二、实验原理

两种液态物质混合而成的二组分体系称为双液系。如果两个组分以任意比例互相溶解，则称为完全互溶双液系。液体的沸点是指液体的蒸气压和外压相等时的温度。在一定的外压下，纯液体的沸点有确定的值，但对于完全互溶的双液系，沸点不仅与外压有关，而且还和双液系的组成有关。在定压下，完全互溶的双液系的沸点-组成图（图 6-12），可分为三类：

a. 溶液的沸点介于两纯组分沸点之间，如图 6-12（a）所示，如苯-甲苯体系；

b. 溶液有最高沸点，如图 6-12（b）所示，如丙酮-氯仿体系、卤化氢-水体系；

c. 溶液有最低沸点，如图 6-12（c）所示，如水-乙醇、苯-乙醇体系。

图 6-12 中（a）类相图在体系处于沸点时，气、液两相的组成不相同，因而可以通过反复蒸馏使双液系的两个组分完全分离。图 6-12（b）、图 6-12（c）类相图的特点是出现极值。苯-甲苯双液系基本接近于理想溶液，而绝大多数实际体系与拉乌尔（Raoult）定律有一定偏差。正偏差很大的体系，如图 6-12（c）所示，在 $t$-$x$ 图上呈现极小值；负偏差很大时，如图 6-12（b）所示，则会出现极大值。相图中出现极值的那一点温度，称为恒沸点。

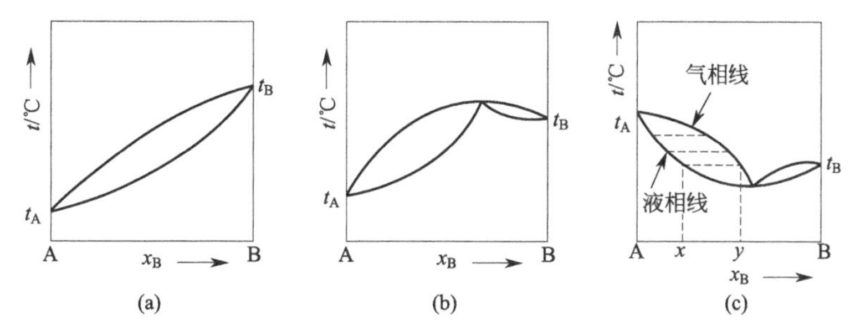


图 6-12 完全互溶的双液系沸点-组成图

具有该点组成的双液系，在蒸馏时的气相组成和液相组成完全一样，在整个蒸馏过程中，沸点也恒定不变。对应于恒沸点组成的双液系，称为恒沸混合物，不能通过简单的蒸馏获得某一纯组分。如要获得两个纯组分，则需采取其他方法。

一定温度下的折射率，是物质的一个特征性质，溶液的折射率与组成有关，因此，测定一系列已知浓度的溶液的折射率，作出在某一温度下该溶液的折射率-组成工作曲线，根据未知溶液的折射率，可按内插法得到这种未知溶液的组成。

乙醇-乙酸乙酯双液系是具有最低恒沸点的体系，实验时通过将不同组成的双液系加热回流使体系达平衡，用配置超级恒温槽的阿贝折射仪来测定平衡体系的气液平衡组成，用沸点测定仪测量平衡温度，绘制其 $t$-$x$ 图。

## 三、实验用品

仪器：沸点测定仪、阿贝折射仪、超级恒温槽等。

试剂：无水乙醇（分析纯）、乙酸乙酯（分析纯）。

## 四、实验步骤

① 安装沸点仪。将干燥的沸点仪按图 6-13 安装好。注意：要检查瓶口带有温度计（可用测温传感器代替）的软木塞是否塞紧，同时将加热用的电热丝置于靠近容器底部的中心位置。

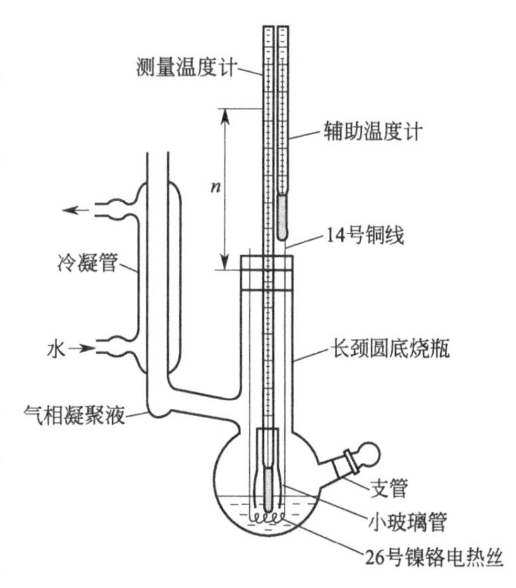


图 6-13 沸点仪

② 工作曲线的绘制。精确配制体积分数为 0.2、0.4、0.6、0.8 的乙醇-乙酸乙酯混合液。在恒温（25℃）下，用阿贝折射仪（使用方法见附录 1）测定其折射率，测定时，调节通入阿贝折射仪的恒温槽的水温在（25±0.1)℃，每个样品要同时测读三次折射率。将体积分数分别换成物质的量分数。绘制组成-折射率工作曲线。

③ 测定沸点。自支管口加入乙醇体积分数为 0.1%的 30mL 乙醇-乙酸乙酯粗配混合溶液，开冷却水，接通电源，将加热电压调至 15V，加热体系至沸腾，且蒸气能在冷凝管中凝聚。如此沸腾一段时间，直到沸点仪显示温度读数稳定在 2min 之内不再继续变化为止。记录温度 $t$。

④ 气、液相组成的测定。切断电源，停止加热，冷却容器内液体，分别用干燥的移液管吸取气相凝聚液和瓶中残留液测定其折射率。测定时，调节通入阿贝折光仪的恒温槽的水温在（25±0.1)℃，每个样品要同时测读三次折射率，取平均值，记录在相应的表格中。

粗配乙醇体积分数为0.2、0.3、0.4、0.5、0.6、0.7、0.8、0.9的乙醇-乙酸乙酯混合溶液，重复③、④步实验内容。

## 五、实验结果与数据处理

① 用实验步骤②中所得的数据，绘制乙醇-乙酸乙酯的工作曲线（作图或回归方程）。

② 将实验数据及初步处理结果填入表6-2（组成由工作曲线查得）。

**表6-2　乙醇-乙酸乙酯双液系沸点-组成数据表**

折射率测定温度______℃；室温________℃；大气压________kPa

| 序号 | 原液组成 | | 沸点/℃ | 气相(冷凝液) | | 液相(残存液) | |
|---|---|---|---|---|---|---|---|
| | 乙醇加入量/mL | 乙酸乙酯加入量/mL | | 折射率 | 组成 | 折射率 | 组成 |
| 1 | 3 | 27 | | | | | |
| 2 | 6 | 24 | | | | | |
| 3 | 9 | 21 | | | | | |
| …… | …… | …… | | | | | |
| 7 | 21 | 9 | | | | | |
| 8 | 24 | 6 | | | | | |
| 9 | 27 | 3 | | | | | |

③ 以温度为纵坐标，物质的组成为横坐标绘制乙醇-乙酸乙酯二元体系的沸点-组成图，并从图中找出二元体系恒沸点对应的温度及组成。将实验结果与文献值比较。

## 六、思考题

① 操作步骤中，在加入不同量的各组分时，如发生了微小偏差，对相图的绘制有无影响？为什么？

② 折射率的测定为什么要在恒定温度下进行？

③ 影响实验精度的因素之一是回流的好坏。如何进行好？它的标志是什么？

④ 正确使用阿贝折射仪要注意些什么？

⑤ 由所得相图，讨论某一组成的溶液在简单蒸馏中的分离情况。

# 实验93　凝固点降低法测定萘的摩尔质量

## 一、实验目的

用凝固点降低法测定萘的摩尔质量；通过实验掌握凝固点降低法测定摩尔质量的原理，加深对稀溶液依数性的理解。

## 二、实验原理

理想稀溶液具有依数性。凝固点降低就是依数性的一种表现，即对一定量的某溶剂，其理想稀溶液凝固点下降的数值只与所含溶质的粒子数目有关，而与溶质的特性无关。

假设溶质在溶液中不发生缔合和分解，也不与固态纯溶剂生成固溶体，则由热力学理论，可以导出理想稀溶液的凝固点降低 $\Delta T_f$ 与溶质质量摩尔浓度 $b_B$ 之间的关系：

$$\Delta T_f = T_f^* - T_f = K_f b_B \tag{6-12}$$

或

$$\Delta T_f = \frac{K_f}{M_B m_A} m_B \tag{6-13}$$

由此可导出溶质摩尔质量 $M_B$ 的计算公式：

$$M_B=\frac{K_f m_B}{\Delta T_f m_A} \tag{6-14}$$

式中，$T_f^*$、$T_f$ 分别为纯溶剂、溶液的凝固点，K；$m_A$、$m_B$ 分别为溶剂、溶质的质量，kg；$K_f$ 为溶剂的凝固点下降常数，K · mol$^{-1}$ · kg；$M_B$ 为溶质的摩尔质量，kg · mol$^{-1}$。

若已知 $K_f$，测得 $\Delta T_f$，便可用式（6-14）求得 $M_B$，也可由式（6-13）通过 $\Delta T_f$-$m_B$，线性回归以斜率求得 $M_B$。$K_f$ 的数值只与溶剂的性质有关，当以环己烷作为溶剂时，$K_f$ 的值是 20.00K · mol$^{-1}$ · kg。

纯溶剂的凝固点是其固液共存的平衡温度。将纯溶剂逐步冷却时，在未凝固之前温度将随时间均匀下降，开始凝固后由于放出凝固热而补偿了热损失，体系将保持液、固两相共存的平衡温度不变，直到全部凝固，再继续均匀下降［图 6-14（a）］。但在实际过程中经常发生过冷现象，其冷却曲线如图 6-14（b）所示。溶液的凝固点是溶液与溶剂的固相共存时的平衡温度，其冷却曲线与纯溶剂不同。当有溶剂凝固析出时，剩下溶液的浓度逐渐增大，因而溶液的凝固点也逐渐下降［图 6-14（c）］，如果溶液的过冷程度不大，析出固体溶剂的量对溶液浓度影响不大，则以过冷回升的温度作凝固点，对测定结果影响不大［图 6-14（d）］。如果过冷太多，凝固的溶剂过多，溶液的浓度变化过大，则出现图 6-14（e）的情况，这样就会使凝固点的测定结果偏低。

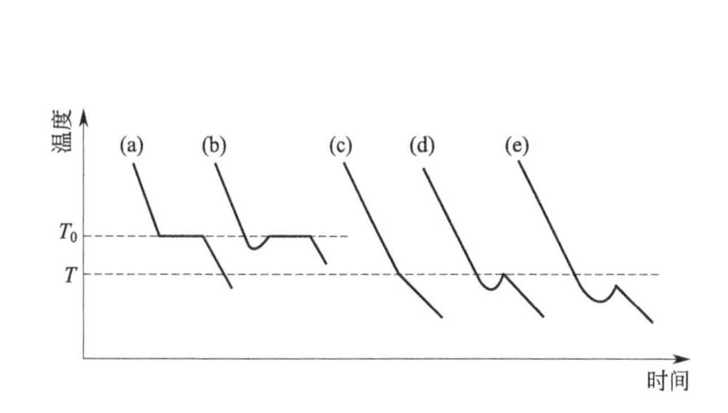


图 6-14　冷却曲线

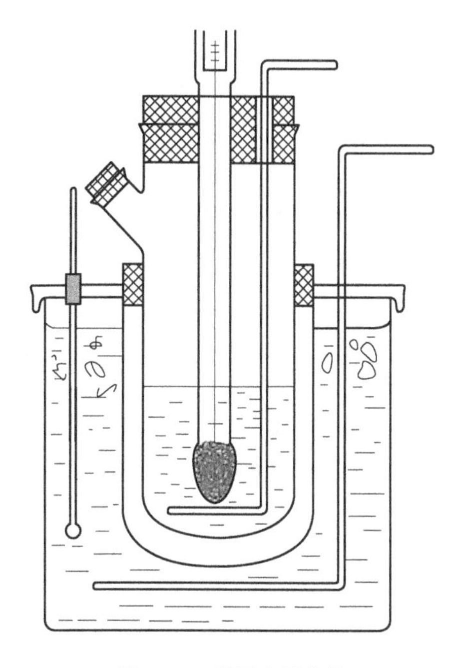

图 6-15　凝固点测定仪

## 三、实验用品

仪器：凝固点测定仪（图 6-15）、精密电子温差仪、电吹风、分析天平（0.0001g）、移液管、滤纸等。

试剂：萘、环己烷、碎冰等。

## 四、实验步骤

① 洗净凝固点管，并用电吹风吹干，按图 6-15 将凝固点测定仪安装好。

② 加冰，调节冰浴的温度为3.5℃左右。

③ 测定纯溶剂的凝固点，用移液管取25mL环己烷加入干燥的凝固管，直接浸入冰浴中，将精密电子温差仪的测温探头插入凝固点管中，注意测温探头应位于溶液中间位置，均匀缓慢地搅拌，1～2s一次为宜。当温度基本不变时，读出温度值，即为环己烷的近似凝固点。

④ 将凝固点管从冰水浴中拿出，用毛巾擦干管壁外的水，用手握住温热凝固点管，使结晶完全融化，至精密电子温差仪显示约6～7℃，将凝固点管放入作为空气浴的外套管中，均匀缓慢搅拌，1～2s一次为宜。定时读取并记录温度，温差仪每20s鸣响一次，可依次定时读取温度值。当凝固点管里面的液体中出现固体时，再继续操作、读数，约10min。注意：判断凝固点管中是否出现固体，不是直接观察凝固点管里面，而是从记录的温度数据上判断，即温度由下降较快变为基本不变的转折处。重复本步骤一次。

⑤ 溶液凝固点的测定：精确称取萘0.1000～0.1200g，小心加入凝固点管中的溶剂中，注意不要让萘粘在管壁上，并使其完全溶解。注意在使萘溶解时，不得取出测温探头，溶液的温度不得过高，以免超出精密电子温差仪的量程。

⑥ 待萘完全溶解形成溶液后，将凝固点管放入作为空气浴的外套管中，均匀缓慢搅拌，1～2s一次为宜。定时读取记录温度，温差仪每20s鸣响一次，可依次定时读取温度值。当凝固点管里面的液体开始出现固体（是什么?）时，再继续操作、读数，约10min。重复本步骤一次。

⑦ 实验完毕，将环己烷溶液倒入回收瓶。

### 五、实验结果与数据处理

① 用$\rho_t/(g\cdot cm^{-3})=0.7971-0.8879\times10^{-3}t/℃$计算室温$t$时环己烷的密度，然后算出所取的环己烷的质量$m_A$。

② 由测定的纯溶剂、溶液凝固点计算萘的摩尔质量。

### 六、注意事项

① 测定时冷水浴温度控制在3.5℃左右，太低或太高对实验都会有影响。

② 控制适当的搅拌速度，搅拌器应避免碰撞测温探头，否则会引起温差读数的异常波动。

③ 加入固体样品时要小心，勿粘在壁上或撒在外面，以保证量的准确。

④ 溶质萘的量可取0.1～0.15g。

### 七、思考题

① 在冷却过程中，凝固点管内液体有哪些热交换存在？它们对凝固点的测定有何影响？

② 为什么要用空气夹套？

③ 溶质在溶液中有电解、缔合的现象，对摩尔质量的测定值有何影响？

## 实验94 易挥发物质摩尔质量的测定

### 一、实验目的

用维克托-梅耶（Victor Meyer）法测定乙酸乙酯的摩尔质量，掌握质量、温度、压力、体积测量的基本操作。

### 二、实验原理

在温度不太低、压力不太高的条件下，可近似地把实际气体看作理想气体，其状态方程为：

$$M=\frac{mRT}{pV}$$

式中，$p$、$V$、$T$、$m$ 和 $M$ 分别为气体的压力、体积、温度、质量和摩尔质量；$R$ 为摩尔气体常数。

将一定质量的易挥发液态物质在保持温度（通常较该物质沸点高 20～30℃）及压力（通常为大气压力）恒定的容器底部汽化，此蒸气将把容器中与该蒸气同温、同压力和同体积的空气排挤出来，排出的空气在常温常压下不会液化，容易测出它的 $p$、$V$、$T$，从而算出其物质的量，其值与液体蒸气物质的量相等。已知液体的质量 $m$，即可算出被测物质的摩尔质量。

物质在汽化时需防止蒸气扩散至汽化管上部低温区冷凝而使排出空气的体积减小。同理，实验前汽化管中不应含凝结的蒸气。

## 三、实验用品

仪器：维克托-梅耶法蒸气密度测定仪、温度计（0～100℃）、小玻璃泡、酒精灯、电炉、分析天平等。

试剂：乙酸乙酯（分析纯）或乙醇（分析纯）等。

## 四、实验步骤

① 按图 6-16 装好测定装置。将三通活塞 6 通大气，接通电炉电源，将外管中的盐水加热至沸腾（水中加少量沸石）。

② 取一干净小玻璃泡在分析天平上精确称量（准确至 0.0002g）。将小玻璃泡用酒精灯加热后，迅速将玻璃泡的毛细管端插入待测液体中，玻璃泡冷却后，液体即被吸入（如待测液体为乙酸乙酯，吸入的质量应在 0.1～0.2g 之间；如为乙醇，则为 0.08～0.1。过多或过少都不适宜）。大致称量使质量适合后，于酒精灯上熔封玻璃泡毛细管尖端。然后重新准确称量，两次质量之差即为待测液体的质量。

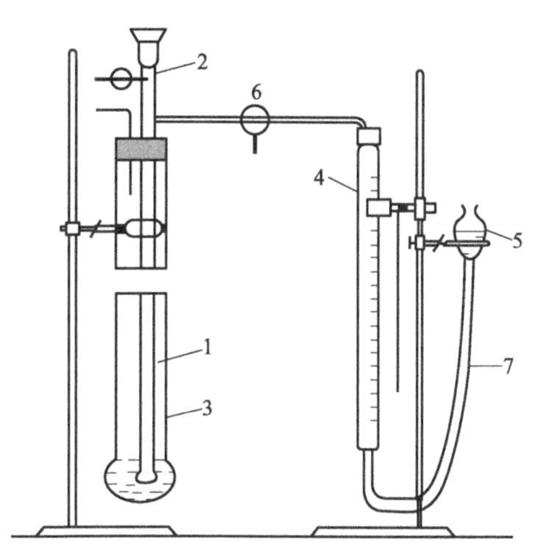


图 6-16　维克托-梅耶法蒸气密度测定仪

1—汽化管；2—小玻璃泡；3—外套管；4—量气管；5—水位瓶；6—三通活塞；7—乳胶管

③ 将小玻璃泡小心地放入汽化管上部的玻璃棒上，塞紧管口塞子，检查体系是否漏气；转动三通活塞，使汽化管与量气管相连，提高或降低水位瓶后观察一段时间，若量气管液面上升或下降一定程度后不再变化，则表明不漏气；若量气管液面不断上升或下降，则表明漏气，应重新检查装置。

④ 确认装置不漏气后，加热使外管水沸腾约 5min，检查汽化管内温度是否恒定：转动三通活塞，使量气管与大气相通。将水位瓶慢慢往上提，使量气管与水位瓶的液面平齐，再旋转三通活塞，使汽化管和量气管相连，若管内液面并不上下移动，表明温度已达稳定。

⑤ 汽化管内温度恒定后，使三通活塞与大气相通，提高水位瓶，使量气管中水面升至顶点附近（注意勿使液体进入横向连接管），然后旋转三通活塞，使内管与量气管相连，保持量气管与水位瓶液面等高，记下此时量气管的读数作为初始体积。轻轻拉长玻璃棒套（注意勿使装置漏气），使玻璃棒外移，小玻璃泡失去支撑落入汽化管的底部而破碎，小泡内部的液体立

即汽化而将内管上部空气排入量气管中。移动水位瓶，保持水位瓶与量气管两个水平面等高，至液面不再下降，记下该处读数作为终了体积。并记录靠近量气管的温度及大气压力。

⑥ 转动三通活塞，通大气，停止加热。将内管取出，倒出碎玻璃，干燥汽化管，赶出残存的液体。

重复以上步骤，再做一次平行实验。将实验数据记录于表 6-3 中。

**表 6-3　实验数据记录**

| 实验编号 | 玻璃泡质量/kg | 玻璃泡加待测液质量/kg | 待测液质量/kg | 量气管初读数/$m^3$ | 量气管末读数/$m^3$ | 排出空气体积/$m^3$ | 大气压力/Pa | 空气温度/℃ |
|---|---|---|---|---|---|---|---|---|
| 1 | | | | | | | | |
| 2 | | | | | | | | |

## 五、实验结果与数据处理

① 查出在量气管的温度下，水的饱和蒸气压 $p^*_{H_2O}$，求出量气管内空气（不含水蒸气）的分压 $p$：

$$p=p_{大气}-p^*_{H_2O}$$

② 根据所测得的 $V$、$T$、$m$ 等数据，利用理想气体状态方程，求出所测物质的摩尔质量。

③ 将实验算得的 $M$ 与计算式的摩尔质量比较，求出误差。

## 六、思考题

① 汽化管与量气管温度不同，为什么可以通过测量在量气管中被排出气体的 $V$、$T$ 来计算汽化管内液体的摩尔质量?

② 样品太多或太少有什么不好?

③ 每次实验完毕为什么要把内管中样品排净?

④ 汽化管中气体上、下存在温度梯度，会影响实验结果吗?

⑤ 读量气管读数时为什么水位瓶要与量气管内水面平齐?

# 实验 95　化学反应速率与活化能的测定

## 一、实验目的

了解浓度、温度和催化剂对化学反应速率的影响；加深对活化能的理解，并练习根据实验数据作图的方法；练习在水浴中保持恒温的操作；测定过二硫酸钾与碘化钾的反应速率，并求算一定温度下的反应速率常数。

## 二、实验原理

化学反应速率是指在一定条件下单位时间内反应中的反应物转变为生成物的速率。影响化学反应速率的因素有反应物本质、反应物浓度、温度以及催化剂等。

一定温度下，有些化学反应进行得很慢，如常温下氢和氧化合成水。有些化学反应则在瞬间完成，如银离子和氯离子生成氯化银沉淀，酸和碱的中和反应等。本实验测定的化学反应在接近室温时以适中并相对易于测定的速率进行。

化学反应速率随反应物浓度的增大而增大。对于反应

$$a\mathrm{A}+b\mathrm{B}\longrightarrow c\mathrm{C}$$

其反应速率可表示为

$$v=kc_{\mathrm{A}}^{m}c_{\mathrm{B}}^{n}$$

式中，$v$ 为该反应条件下的瞬时速率；$c_A$、$c_B$ 分别为反应物 A、B 的浓度，$mol \cdot L^{-1}$；$k$ 为反应速率常数；$m+n$ 为反应级数。

温度对化学反应速率的影响特别显著，$T$ 每升高 10K，反应速率增加 2～3 倍（范特霍夫规则）。反应速率常数和温度之间的定量关系为

$$\lg k = -\frac{E_a}{2.303RT} + \lg A$$

式中，$k$ 为反应速率常数；$E_a$ 为反应的活化能；$R$ 为摩尔气体常数；$T$ 为热力学温度；$A$ 为常数，称为“指前因子”或“频率因子”。

本实验研究反应的速率性质或化学动力学改写成离子反应方程式为

$$K_2S_2O_8 + 3KI \longrightarrow 2K_2SO_4 + KI_3$$

$$S_2O_8{}^{2-} + 3I^- \longrightarrow 2SO_4^{2-} + I_3^- \quad ①$$

其反应速率 $v$ 可表示为

$$v = kc_{S_2O_8^{2-}}^m c_{I^-}^n \tag{6-15}$$

若 $c_{S_2O_8^{2-}}$、$c_{I^-}$ 为起始浓度，则 $v$ 表示起始速率。

实验所能测定的速率是在一段时间（$\Delta t$）内反应的平均速率（$\bar{v}$），如果在 $\Delta t$ 时间内 $S_2O_8^{2-}$ 浓度的改变为 $\Delta c_{S_2O_8^{2-}}$，则平均速率为

$$\bar{v} = \frac{-\Delta c_{S_2O_8^{2-}}}{\Delta t} \tag{6-16}$$

由于本实验在 $\Delta t$ 时间内反应物浓度的变化很小，所以可以近似地用平均速率代替起始速率

$$\bar{v} = \frac{-\Delta c_{S_2O_8^{2-}}}{\Delta t} = kc_{S_2O_8^{2-}}^m c_{I^-}^n \tag{6-17}$$

为了能测出在一定时间 $\Delta t$ 内的 $\Delta c_{S_2O_8^{2-}}$，在混合 $K_2S_2O_8$ 和 KI 溶液时，同时加入一定体积的已知浓度并含有淀粉（指示剂）的 $Na_2S_2O_3$ 溶液。这样在反应①进行的同时也进行着如下的反应：

$$2S_2O_3^{2-} + I_3^- \longrightarrow S_4O_6^{2-} + 3I^- \quad ②$$

反应②进行得非常快，几乎瞬间完成；反应①却慢得多，由反应①生成的 $I_3{}^-$ 立刻与 $S_2O_3^{2-}$ 作用，生成了无色的 $S_4O_6^{2-}$ 和 $I^-$。因此，在开始一段时间内，看不到碘与淀粉作用而显示出特有的蓝色。一旦 $Na_2S_2O_3$ 耗尽，由反应①继续生成的 $I_3{}^-$ 立即与淀粉作用，使溶液呈现蓝色。由于在 $\Delta t$ 时间内 $S_2O_3^{2-}$ 全部耗尽，浓度最后为零。所以，$\Delta c_{S_2O_3^{2-}}$ 的绝对值实际上就是反应开始时 $Na_2S_2O_3$ 的浓度 $c_{Na_2S_2O_3}$。

从反应方程式①和②的关系可以看出，$c_{S_2O_8^{2-}}$ 减少的量总是等于 $c_{S_2O_3^{2-}}$ 减少量的一半，即

$$\Delta c_{S_2O_8^{2-}} = \frac{\Delta c_{S_2O_3^{2-}}}{2} = -\frac{c_{S_2O_3^{2-}}}{2}$$

利用式（6-17）即可求出反应速率 $\bar{v}$。在固定 $c_{S_2O_3^{2-}}$，改变 $c_{S_2O_8^{2-}}$ 和 $c_{I^-}$ 的条件下进行一系列实验，测得不同条件下的反应速率 $\bar{v}$，就能根据 $\bar{v} = kc_{S_2O_8^{2-}}^m c_{I^-}^n$ 的关系推出反应的反应级数。

以上求得的是平均反应速率，其真实的反应速率即瞬时反应速率必须用作图法求得，它

是反应物浓度（或生成物浓度）和时间关系曲线上切线的斜率。

## 三、实验用品

仪器：烧杯、量筒、秒表、温度计、恒温水浴装置等。

试剂：$K_2S_2O_8$（0.10mol·$L^{-1}$）、KI（0.20mol·$L^{-1}$）、$Na_2S_2O_3$（0.010mol·$L^{-1}$）、$KNO_3$（0.20mol·$L^{-1}$）、$K_2SO_4$（0.010mol·$L^{-1}$）、$Cu(NO_3)_2$（0.02mol·$L^{-1}$）、淀粉溶液（0.2%）等。

## 四、实验步骤

（1）浓度对化学反应速率的影响

在室温下，用量筒（每种试剂所用的量筒都要贴上标签，以免混淆）准确量取 0.20 mol·$L^{-1}$ KI 溶液 20.0mL、0.2% 的淀粉溶液 4.0mL、0.01mol·$L^{-1}$ $Na_2S_2O_3$ 溶液 8.0mL，于 250mL 烧杯中混匀。然后再用量筒准确量取 0.10mol·$L^{-1}$ $K_2S_2O_8$ 溶液 20.0mL，迅速倒入烧杯中，并同时按动秒表，用玻璃棒不断搅拌，仔细观察。当溶液刚出现蓝色时，立即按停秒表，记录反应时间和室温。

用同样的方法按照表 6-4 的用量继续进行编号 2～5 的实验。为了使溶液的离子强度和总体积不变，所减少的 KI 或 $K_2S_2O_8$ 的用量分别用 0.20mol·$L^{-1}$ $KNO_3$ 溶液和 0.10 mol·$L^{-1}$ $K_2SO_4$ 溶液来补充。

**表 6-4 反应物浓度对反应速率的影响**

| 实验编号 | | 1 | 2 | 3 | 4 | 5 |
|---|---|---|---|---|---|---|
| 试剂用量/mL | 0.10mol·$L^{-1}$ $K_2S_2O_8$ | 20.0 | 10.0 | 5.0 | 20.0 | 20.0 |
| | 0.20mol·$L^{-1}$ KI | 20.0 | 20.0 | 20.0 | 10.0 | 5.0 |
| | 0.010mol·$L^{-1}$ $Na_2S_2O_3$ | 8.0 | 8.0 | 8.0 | 8.0 | 8.0 |
| | 0.2%淀粉溶液 | 4.0 | 4.0 | 4.0 | 4.0 | 4.0 |
| | 0.20mol·$L^{-1}$ $KNO_3$ | 0 | 0 | 0 | 10.0 | 15.0 |
| | 0.10mol·$L^{-1}$ $K_2SO_4$ | 0 | 10.0 | 15.0 | 0 | 0 |
| 试剂起始浓度/(mol·$L^{-1}$) | $K_2S_2O_8$ | | | | | |
| | KI | | | | | |
| | $Na_2S_2O_3$ | | | | | |
| 反应时间 $\Delta t$/s | | | | | | |
| 反应速率 $v(c_{Na_2S_2O_3}/2\Delta t)$ | | | | | | |
| 速率常数 $k$ | | | | | | |

计算各次实验中参加反应的主要试剂的起始浓度、反应速率及反应速率常数。

（2）温度对化学反应速率的影响

在分别比室温约高 10℃、20℃……的温度条件下，重复表 6-4 编号 4 的实验，将分别盛有 KI 等混合溶液和 $K_2S_2O_8$ 溶液的烧杯放入恒温水浴中升温。待试液温度达到所需温度时，将 $K_2S_2O_8$ 溶液加入混合溶液中，计时，搅拌。

（3）催化剂对化学反应速率的影响

$Cu(NO_3)_2$ 催化 $K_2S_2O_8$ 氧化 KI 的反应：室温下在 250mL 烧杯中加入 0.20mol·$L^{-1}$ KI 溶液 10.0mL、0.2% 淀粉溶液 4.0mL、0.010mol·$L^{-1}$ $Na_2S_2O_3$ 溶液 8.0mL 和 0.20mol·$L^{-1}$ $KNO_3$ 溶液 10.0mL，再加入 2 滴 0.02mol·$L^{-1}$$Cu(NO_3)_2$ 溶液，搅匀，然后迅速加入 0.10mol·$L^{-1}$ $K_2S_2O_8$ 溶液 20.0mL，计时，搅拌。将此实验的反应速率与表 6-4 中编号 4 的实验反应速率进行比较（可得到什么结论?）。

## 五、实验结果与数据处理

（1）浓度对化学反应速率的影响

将反应速率方程式 $v=kc_{S_2O_8^{2-}}^m c_{I^-}^n$ 两边取对数，得

$$\lg v=m\lg c_{S_2O_8^{2-}}+n\lg c_{I^-}+\lg k$$

当 $c_{I^-}$ 不变时，以 $\lg v$ 对 $\lg c_{S_2O_8^{2-}}$ 作图，可得一直线，斜率为 $m$。同理 $c_{S_2O_8^{2-}}$ 不变时，以 $\lg v$ 对 $\lg c_{I^-}$ 作图，斜率为 $n$。由此可求得此反应的级数 $m+n$。

将求得的 $m$ 和 $n$ 代入 $v=kc_{S_2O_8^{2-}}^m c_{I^-}^n$，即可求得反应速率常数 $k$；将 $\lg v$、$\lg c$ 相应数据插入 Excel“XY 散点图”，求出 $\lg v$-$\lg c$ 关系曲线及曲线方程、相应斜率和相关系数 $R^2$。

（2）温度对化学反应速率的影响

从表 6-5 的数据中计算出各温度对应下的 $\lg k$ 及 $1/T$，填入表 6-6。

**表 6-5　温度对化学反应速率的影响**

| 实验编号 | 反应温度/℃ | 反应时间 $\Delta t$/s | 反应速率 $v$ |
|---|---|---|---|
| 6 | | | |
| 7 | | | |
| 8 | | | |

注：以室温为基础，比室温高 10℃、20℃……安排实验。

**表 6-6　不同温度下的 lg*k* 和 1/*T* 的计算值**

| 反应温度/℃ | 反应时间 $\Delta t$/s | 反应速率常数 $k$ | $\lg k$ | $(1/T)/K^{-1}$ |
|---|---|---|---|---|
| | | | | |
| | | | | |
| | | | | |

以 $\lg k$ 对 $1/T$ 在坐标纸上作图，可得一直线，其斜率为 $-\dfrac{E_a}{2.303R}$，由此可求出活化能 $E_a$。活化能 $E_a$ 的文献值为 $E_a=52.7\text{kJ}\cdot\text{mol}^{-1}$。

斜率__________；　　　　$E_a$（实验）__________；

$E_a$（文献）__________；　　　　相对误差（%）__________。

将 $\lg k$、$1/T$ 的相应数据插入 Excel“XY 数点图”，求出 $\lg k$-$1/T$ 曲线、曲线方程及斜率（$-\dfrac{E_a}{2.303R}$）和相关系数 $R^2$。

（3）催化剂对化学反应速率的影响

催化剂对化学反应速率的影响填入表 6-7。

**表 6-7　催化剂对化学反应速率的影响**

| 实验编号 | 加入 $0.02\text{mol}\cdot\text{L}^{-1}$ $Cu(NO_3)_2$ 溶液的滴数 | 反应时间 $\Delta t$/s |
|---|---|---|
| 9 | | |

总结实验结果，说明浓度、温度、催化剂如何影响化学反应速率。

## 六、注意事项

① 注意 $K_2S_2O_8$ 溶液必须最后加入，加入后立即计时。

② 测定温度对反应速率的影响时，KI 等混合溶液与 $K_2S_2O_8$ 溶液应处于同一温度，再混合计时。

## 七、思考题

① 根据化学反应方程式能否确定反应级数？用本实验的结果加以说明。

② 若不用 $S_2O_8^{2-}$，而用 $I^-$ 或 $I_3^-$ 的浓度变化来表示反应速率，则反应速率常数 $k$ 是否一样？

③ 实验中为什么可以由反应溶液出现蓝色的时间长短来计算反应速率？反应溶液出现蓝色后，反应是否就终止了？

④ 下列操作对实验结果有何影响？

a. 6 种试剂用同一量筒；b. 先加 $K_2S_2O_8$，最后加 KI；c. 慢慢加入 $K_2S_2O_8$。

⑤ 实验中 $K_2S_2O_3$ 的用量过多或过少对结果有何影响？

# 实验 96　旋光度法测定蔗糖水解反应的速率常数

## 一、实验目的

根据物质的光学性质研究蔗糖水解反应，测定其反应速率常数；了解旋光仪的基本原理、掌握其使用方法。

## 二、实验原理

蔗糖水溶液在 $H^+$ 催化下水解成葡萄糖与果糖的反应为：

$$C_{12}H_{22}O_{11}+H_2O \longrightarrow C_6H_{12}O_6+C_6H_{12}O_6$$

| | 蔗糖 | 葡萄糖 | 果糖 |
|---|---|---|---|
| $t=0$ 时 | $c_0$ | 0 | 0 |
| $t=t$ 时 | $c_0-c$ | $c$ | $c$ |
| $t\rightarrow\infty$时 | $c_0-c\rightarrow 0$ | $c\rightarrow c_0$ | $c\rightarrow c_0$ |

水解反应中，水是大量的，反应达终点时，虽有部分水分子参加反应，但与溶质浓度相比可认为它的浓度没有改变，故上述反应中未列入水的浓度；作为催化剂的 $H^+$ 浓度也不变，因此其水解反应的速率只与蔗糖的浓度有关。实验表明此反应为一级反应，其动力学方程为：

$$-\frac{dc}{dt}=kc \tag{6-18}$$

或

$$k=\frac{2.303}{t}\lg\frac{c_0}{c_0-c} \tag{6-19}$$

式中，$c_0$ 为反应开始时蔗糖的浓度；$c$ 为时间 $t$ 时蔗糖的浓度。只要以 $\lg c$ 对 $t$ 作图得到的为直线，就可以证明该反应为一级反应，并可以求出 $k$。问题是如何得知 $c$ 值。

蔗糖及其水解产物均为旋光物质，蔗糖（$[\alpha]_D^{20}=66.6°$）、葡萄糖（$[\alpha]_D^{20}=52.5°$）是右旋的，果糖（$[\alpha]_D^{20}=-91.9°$）是左旋的，且果糖的左旋性远大于葡萄糖的右旋性，因此在反应进程中，体系的旋光度将逐渐从右旋向左旋转变，可利用体系旋光度的改变来量度反应的进程。

当其他条件不变时，旋光度 $\alpha$ 与反应物浓度 $c$ 成正比，即

$$\alpha=Ac \tag{6-20}$$

式中，$A$ 是与物质的旋光能力、溶液层厚度、溶剂性质、光源的波长、反应温度等有关系的常数。

当反应时间为 0、$t$、$\infty$时溶液的旋光度各为 $\alpha_0$、$\alpha_t$、$\alpha_\infty$。根据溶液的旋光度为各组成旋光度之和（加合性），及可导出：

$t=0$ 时
$$\alpha_0=A_1c_0 \tag{6-21}$$

$t=t$ 时
$$\alpha_t=A_1(c_0-c)+A_2c \tag{6-22}$$

$t \to \infty$时
$$\alpha_\infty = A_2 c_0 \tag{6-23}$$
将（6-21）式减（6-23）式并整理得
$$(A_1 - A_2)c_0 = \alpha_0 - \alpha_\infty \tag{6-24}$$
将（6-22）式减（6-23）式并整理得
$$(A_1 - A_2)(c_0 - c) = \alpha_t - \alpha_\infty \tag{6-25}$$
将（6-24）、（6-25）式代入式（6-19）中可得
$$k = \frac{2.303}{t}\lg\frac{\alpha_0 - \alpha_\infty}{\alpha_t - \alpha_\infty} \tag{6-26}$$
将上式改写成
$$\lg(\alpha_t - \alpha_\infty) = -\frac{k}{2.303}t + \lg(\alpha_0 - \alpha_\infty) \tag{6-27}$$
由式（6-27）可以看出，如以 lg（$\alpha_t - \alpha_\infty$）对 $t$ 作图可得一直线，由直线的斜率即可求得反应速度常数 $k$。本实验就是用旋光仪测定 $\alpha_t$、$\alpha_\infty$值，通过作图由截距可得到 $\alpha_0$。

## 三、实验用品

仪器：旋光计、旋光管、停表、恒温槽、天平、容量瓶、移液管、锥形瓶等。

试剂：HCl（$2\text{mol}\cdot\text{L}^{-1}$）、蔗糖（分析纯）等。

## 四、实验步骤

① 将恒温槽调节到 20℃，恒温，然后将旋光管的外套接上恒温水。

② 蔗糖水解过程中 $\alpha_t$ 的测定。称取 10g 蔗糖，溶于蒸馏水中，用 50mL 容量瓶配制成溶液。如溶液混浊需进行过滤，用移液管量取 25mL 蔗糖溶液注入 100mL 干燥的锥形瓶中。将 25mL $2\text{mol}\cdot\text{L}^{-1}$ HCl 溶液加到盛有蔗糖溶液的锥形瓶中，混合，并在 HCl 溶液加入一半时开动停表，作为反应的开始时间。不断振荡、摇动，迅速取少量混合液清洗旋光管两次，然后以此混合液注满旋光管，盖好玻璃片，旋紧套盖（检查是否漏液，有气泡），擦净旋光管两端玻璃片，立刻置于旋光仪中，盖上槽盖，盖上黑布。测量各时间 $t$ 时溶液的旋光度 $\alpha_t$。测定时要迅速、准确。当将三分视野暗度调节相同后，先记下时间，再读取旋光度数值。可在反应开始后的 5min、10min、15min、20min、30min、50min、75min、90min 各测一次旋光度。

③ $\alpha_\infty$的测定。为了得到反应终了时的旋光度 $\alpha_\infty$，将上一步的混合液保留好，48h 后重新恒温观测其旋光度，此值即可认为是 $\alpha_\infty$。

需要注意，测到 30min 后，每次测量间隔时应将钠光灯熄灭，以免因长期过热使用而损坏，但下一次测量之前提前 10min 打开钠光灯，使光源稳定。另外，实验结束时应立刻将旋光管洗净擦干，防止酸腐蚀旋光管。

## 五、实验结果与数据处理

① 将记录的实验数据处理后列于表 6-8。

**表 6-8 旋光度法测定蔗糖水解反应的速率常数数据**

实验温度_____℃；盐酸浓度_____$\text{mol}\cdot\text{L}^{-1}$；$\alpha_\infty$_____

| $t$/min | $\alpha_t$ | $\alpha_t - \alpha_\infty$ | $\lg(\alpha_t - \alpha_\infty)$ | $k$ |
|---|---|---|---|---|
| 5 | | | | |
| 10 | | | | |
| ⋮ | | | | |

② 以 lg（$\alpha_t - \alpha_\infty$）为纵坐标，以 $t$ 为横坐标作图，由所得直线之斜率求 $k$ 值。

③ 由上述作图得到的直线外推至 $t=0$，求得 $\alpha_0$，再由（6-27）式求不同时间的 $k$ 值，取 $k$ 的平均值。

### 六、思考题

① 为什么可用蒸馏水来校正旋光仪的零点？

② 在旋光度的测量中为什么要对零点进行校正？它对旋光度的精确测量有什么影响？在本实验中，若不进行校正对结果是否有影响？

③ 为什么配制蔗糖溶液可用普通天平称量？

## 实验 97　电导率法测定乙酸乙酯皂化反应的速率常数

### 一、实验目的

学习用电导率法测定乙酸乙酯皂化反应的速率常数和活化能，了解测定化学反应动力学参数的方法；通过实验加深理解二级反应动力学的特征；熟练掌握电导率仪的使用。

### 二、实验原理

乙酸乙酯的皂化反应是一个典型的二级反应：

| | $CH_3COOC_2H_5$ | $+OH^- \longrightarrow$ | $CH_3COO^-$ | $+C_2H_5OH$ |
|---|---|---|---|---|
| $t=0$ 时 | $c_0$ | $c_0$ | 0 | 0 |
| $t=t$ 时 | $c$ | $c$ | $c_0-c$ | $c_0-c$ |
| $t\to\infty$时 | $c\to 0$ | $c\to 0$ | $c_0-c\to c_0$ | $c_0-c\to c_0$ |

该反应的反应速率为：

$$-\frac{dc}{dt}=kc^2 \tag{6-28}$$

积分后可得反应速率常数表达式：

$$k=\frac{1}{tc_0}\times\frac{c_0-c}{c} \tag{6-29}$$

温度不变时，实验测得反应过程中任一时刻 $t$ 的浓度 $c$ 值，按式（6-29）可以计算出反应速率常数 $k$ 值。测定 $c$ 值的方法很多，本实验采用电导率法。

反应体系中乙酸乙酯和乙醇不具有明显的导电性，它们的浓度变化不致影响电导率的数值。反应中 $Na^+$ 的浓度始终不变，它对溶液的电导率具有固定的贡献，而与电导率的变化无关。体系中 $OH^-$ 和 $CH_3COO^-$ 的浓度变化对电导率的影响较大，由于 $OH^-$ 的迁移速率约是 $CH_3COO^-$ 的五倍，所以溶液的电导率随着 $OH^-$ 的消耗而逐渐降低。对于稀溶液，强电解质的电导率 $\kappa$ 与其浓度成正比，且溶液的总电导率等于组成该溶液的电解质的电导率之和。若皂化反应在稀溶液中进行，则存在如下关系式：

$t=0$ 时 $$\kappa_0=A_1c_0 \tag{6-30}$$

$t=t$ 时 $$\kappa_t=A_1c+A_2(c_0-c) \tag{6-31}$$

$t\to\infty$时 $$\kappa_\infty=A_2c_0 \tag{6-32}$$

式中，$A_1$、$A_2$ 是与温度、电解质和溶剂的性质等因素有关的比例常数；$\kappa_0$、$\kappa_t$、$\kappa_\infty$ 分别为 $t=0$、$t=t$、$t\to\infty$时溶液的总电导率。

将（6-30）式减去式（6-32），整理得

$$c_0=\frac{\kappa_0-\kappa_\infty}{A_1-A_2}$$

将（6-31）式减去式（6-32），整理得

$$c=\frac{\kappa_t-\kappa_\infty}{A_1-A_2}$$

分别将 $c$ 和 $c_0$ 代入式（6-29），整理得

$$k=\frac{1}{tc_0}\times\frac{\kappa_0-\kappa_t}{\kappa_t-\kappa_\infty} \tag{6-33}$$

将式（6-33）变形得

$$\kappa_t=\frac{1}{kc_0}\times\frac{\kappa_0-\kappa_t}{t}+\kappa_\infty \tag{6-34}$$

由式（6-34）可见，以 $\kappa_t$ 对 $\frac{\kappa_0-\kappa_t}{t}$ 作图，得到一直线即说明该反应为二级反应，由直线的斜率可求得反应速度常数 $k$。

若由实验求得两个不同温度下的反应速度常数 $k$，则可利用阿仑尼乌斯公式计算反应活化能 $E_a$：

$$\lg\frac{k'}{k}=\frac{E_a}{2.303}\left(\frac{1}{T}-\frac{1}{T'}\right)$$

## 三、实验用品

仪器：恒温槽、电导率仪、停表等。

试剂：NaOH（0.02mol·$L^{-1}$、0.01mol·$L^{-1}$）、$CH_3COOC_2H_5$（0.02mol·$L^{-1}$）、$CH_3COONa$（0.01mol·$L^{-1}$）等。

## 四、实验步骤

准确配制 0.02mol·$L^{-1}$NaOH 溶液和 0.02mol·$L^{-1}$$CH_3COOC_2H_5$ 溶液。调节恒温槽至 25℃，调试好电导率仪。将混合反应器及 0.02mol·$L^{-1}$NaOH 溶液和 0.02mol·$L^{-1}$$CH_3COOC_2H_5$ 溶液浸入恒温槽中恒温待用。

取 25mL 0.02mol·$L^{-1}$NaOH 溶液，注入干燥的混合反应器中的 A 管，再加入 25mL 蒸馏水，将导电电极用蒸馏水冲洗后，用滤纸吸干（注意不要碰到电极上的铂黑），插入混合反应器中，溶液面必须浸没铂黑电极。将混合反应器置于恒温槽中 10min，待恒温后测其电导率，此值即为 $\kappa_0$，记下数据。

若由式（6-34）求 $k$，则须知 $\kappa_\infty$，此值即为 0.01mol·$L^{-1}$$CH_3COONa$ 溶液的电导率值。测量方法与测 $\kappa_0$ 时相同。

取 25mL 0.02mol·$L^{-1}$ $CH_3COOC_2H_5$ 溶液和 25mL 0.02mol·$L^{-1}$ NaOH 溶液，分别注入混合反应器的两个叉管中（注意勿使两溶液混合），插入洗净并吸干的电极，将其置于恒温槽中恒温 10min。然后摇动混合反应器，使两种溶液均匀混合并完全导入装有电极一侧的叉管之中，并同时开动停表，作为反应的起始时间。从计时开始，在第 5min、10min、15min、20min、25min、30min、40min、50min 和 60min 各测一次电导率值，即测得 $\kappa_t$ 值。

在 35℃下按上述步骤进行实验。

## 五、实验结果与数据处理

① 将测得数据记录并整理于表 6-9 中。

**表 6-9　电导率法测定乙酸乙酯皂化反应的速率常数的数据**

实验温度______℃；　$c_0$______$mol \cdot L^{-1}$；　$\kappa_0$______ $S \cdot m^{-1}$；　$\kappa_\infty$______ $S \cdot m^{-1}$

| $t$/min | $\kappa_t$ | $\kappa_0-\kappa_t$ | $(\kappa_0-\kappa_t)/t$ |
|---|---|---|---|
| 5 | | | |
| 10 | | | |
| ⋮ | | | |

② 利用表 6-9 中数据以 $\kappa_t$ 对（$\kappa_0-\kappa_t$）/$t$ 作图，求两温度下的 $k$，用所作之图求两温度下的 $\kappa_\infty$，将测量的 25℃和 35℃的 $\kappa_\infty$ 与作图法所得的 $\kappa_\infty$ 进行比较。

③计算此反应的活化能 $E_a$。

## 六、思考题

① 为什么以 $0.01mol \cdot L^{-1}$NaOH 溶液和 $0.01mol \cdot L^{-1}$ $CH_3COONa$ 溶液测得的电导率，就可以认为是 $\kappa_0$ 和 $\kappa_\infty$？

② 若反应物 $CH_3COOC_2H_5$ 和 NaOH 的起始浓度不同，分别为 $a$ 和 $b$，则实验应如何进行？怎样计算 $k$ 值？

# 实验 98　量气法测定一级分解反应速率常数

## 一、实验目的

学习用量气法测定 $H_2O_2$ 分解反应的速率常数和级数的方法，测定该反应在一定条件下的反应速率常数，并了解一级反应的特点。

## 二、实验原理

$H_2O_2$ 在没有催化剂存在时，分解反应进行得很慢，若以 KI 溶液为催化剂，则能加速其分解。该反应的机制是：

第一步　$H_2O_2+KI \longrightarrow KIO+H_2O$　（慢）

第二步　$2KIO \longrightarrow 2KI+O_2$　（快）

由于第一步反应的速率比第二步慢得多，所以整个分解反应的速率取决于第一步。如果反应速率用单位时间内 $H_2O_2$ 浓度的减少表示，则它与 KI 和 $H_2O_2$ 的浓度成正比，即

$$-\frac{dc_{H_2O_2}}{dt}=k_{H_2O_2}c_{KI}c_{H_2O_2} \tag{6-35}$$

式中，$c$ 表示各物质的浓度，$mol \cdot L^{-1}$；$t$ 为反应时间，s；$k_{H_2O_2}$ 为反应速率常数。在反应过程中作为催化剂的 KI 的浓度保持不变，令 $k=k_{H_2O_2}c_{KI}$，则：

$$-\frac{dc_{H_2O_2}}{dt}=kc_{H_2O_2} \tag{6-36}$$

该式表明，反应速率与 $H_2O_2$ 浓度的一次方成正比，故称为一级反应。$H_2O_2$ 的起始浓度为 $c_0$，$t$ 时刻的浓度为 $c$ 时，对式（6-36）积分得

$$\ln\frac{c}{c_0}=-kt \tag{6-37}$$

在温度、催化剂的浓度一定时，$k$ 为定值，以 $\ln c$ 对 $t$ 作图应为一直线，斜率为 $-k$。由于反应生成 $O_2$，定温、定压下，$O_2$ 体积的增长速率反映了 $H_2O_2$ 的分解速率。若 $H_2O_2$ 全部分解（反应终了）时产生 $O_2$ 的体积为 $V_\infty$，分解反应进行到 $t$ 时刻时产生 $O_2$ 的体积为 $V_t$，则 $V_\infty-V_t$ 为 $t$ 时刻尚未分解的 $H_2O_2$ 在分解后所产生 $O_2$ 的体积。显然，它与尚未分

解的 $H_2O_2$ 浓度成正比，同时 $c_0$ 与 $V_\infty$ 成正比，即：

$$c \propto V_\infty - V_t, c = A(V_\infty - V_t)$$

$$c_0 \propto V_\infty, c_0 = AV_\infty$$

将上面关系式代入式（6-37)，并整理得

$$\ln(V_\infty - V_t) = -kt + \ln V_\infty \tag{6-38}$$

通过测定不同反应时间 $t$ 对应的 $O_2$ 的体积 $V_t$，以及反应终了时 $O_2$ 的体积 $V_\infty$，由 $\ln(V_\infty - V_t)$ 对 $t$ 作图若得一直线，则可以进一步证明该反应为一级反应。从直线的斜率可求出表观反应速率常数 $k$。

如求反应的活化能 $E_a$，则通过测定不同温度下的速率常数，根据阿伦尼乌斯经验方程 $\ln k = -\frac{E_a}{RT} + C$，以 $\ln k$ 对 $\frac{1}{T}$ 作图，从直线的斜率求反应的活化能。

## 三、实验用品

仪器：分解气体体积测定装置、秒表等。

试剂：$H_2O_2$（$1mol \cdot L^{-1}$）、KI（$0.05mol \cdot L^{-1}$、$0.1mol \cdot L^{-1}$）等。

## 四、实验步骤

① 按图 6-17 装置安装好仪器。水位瓶 4 中装入红色染料水，其水量要使水位瓶 4 提起时，量气管 2 和水位瓶 4 中水面能同时达到刻度尺 3 的最高刻度处。

② 按图 6-17，在“反应前位置”的反应瓶内 7 处用移液管放入 25mL $0.05mol \cdot L^{-1}$ KI 溶液，于 6 处移入 10mL 浓度约 $1mol \cdot L^{-1}$ $H_2O_2$ 溶液，塞好瓶塞。旋转三通活塞 1，使量气管与大气相通，调节水位瓶 4 的位置至量气管 2 和水位瓶 4 水位都在最高刻度处；将水位瓶 4 固定在此位置作测定起点；旋转三通活塞 1，使反应瓶与量气管 2 两通（不能与大气通）。

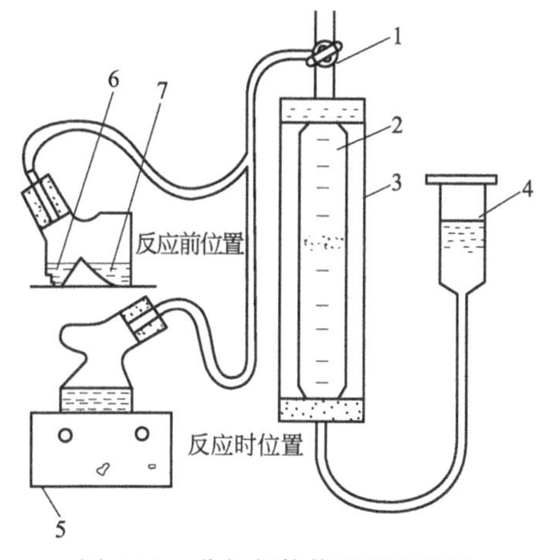


图 6-17　分解气体体积测定装置

1—三通活塞；2—量气管；3—刻度尺；4—水位瓶；5—磁力搅拌器；6—$H_2O_2$；7—KI 溶液

③ 开启磁力搅拌器，并同时将反应瓶扶正至图 6-17“反应时位置”，此时作为记录时间的零时间，用秒表开始计时。反应中不断调节水位瓶高低，保持水位瓶与量气管中水平面一致。量气管读数与零时刻读数之差为等压下 $H_2O_2$ 分解出氧气的体积。以差减法处理数据时，量气管内氧气体积以等时间间隔读取一次，如果反应温度高，反应速率快，读取时间间隔宜以 0.5min 为准；若反应温度低，反应速率慢，宜以 1min 为准。室温在 10℃以下时可以每增 5mL 时记录一次时间 $t$，最后要测至量气管中氧气体积增加到 50mL 为止。

④ 改变 KI 和 $H_2O_2$ 浓度，重复上述步骤，测定 $H_2O_2$ 分解速率：

a. 25mL $0.1mol \cdot L^{-1}$ KI+10mL 约 $1mol \cdot L^{-1}$ $H_2O_2$ 溶液；

b. 25mL $0.1mol \cdot L^{-1}$ KI+5mL 约 $0.1mol \cdot L^{-1}$ $H_2O_2$ 溶液+5mL $H_2O$。

⑤ 为控制好反应条件和准确测定数据，实验操作时应注意：

a. 选择合适的搅拌速度，反应过程中要保持搅拌速度恒定不变；

b. 水位瓶不要移动太快，以免液面波动剧烈；

c. 用含水量气管测量气体体积时，都包含着水蒸气的分体积，若在某温度 $T$ 时水蒸气

已达饱和，则 $V_t$ 应按 $V_t=V_{t(测量)}\left[1-\dfrac{p^*_{H_2O}}{p_{大气}}\right]$ 计算，$p^*_{H_2O}$ 为量气温度下水的饱和蒸气压。

### 五、实验结果与数据处理

① 记录反应条件（反应温度、催化剂及其浓度），并列表记录反应时间 $t$ 和量气管读数 $V_t$ 的对应值。通过计算，以 $\ln(V_\infty-V_t)$ 对 $t$ 作图，从所得直线的斜率求表观反应速率常数 $k$。

② 由不同浓度的 $H_2O_2$、KI 下所得速率常数，讨论催化剂对本反应速率的影响。

③ 除 KI 可作催化剂以外，其他的如 Ag、$MnO_2$、$FeCl_3$、$Fe_2(SO_4)_3$ 等也都是该分解反应的很好的催化剂。

### 六、思考题

① 反应中 KI 起催化作用，它的浓度与实验测得的表观反应速率系数 $k$ 的关系如何？

② 实验中放出氧气的体积与已分解了的 $H_2O_2$ 溶液浓度成正比，其比例常数是什么？试计算 5mL 3%$H_2O_2$ 溶液全部分解后放出的氧气体积（25℃，大气压为 101.325kPa，设氧气为理想气体，3%$H_2O_2$ 溶液密度可视为 $1.00g\cdot cm^{-3}$）。

③ 反应瓶内原有空气对 $H_2O_2$ 分解氧气的体积测定是否有影响？对求 $V_\infty$ 时所用的 $p_{O_2}$ 数据是否有影响？为什么？

## 实验 99　pH 法、电导率法、滴定曲线法测定乙酸的电离平衡常数

### 一、实验目的

掌握 pH 法、电导率法、滴定曲线法测定乙酸电离平衡常数的原理与方法；学会 pH 计的使用方法；学习电导率仪的原理与使用方法。

### 二、实验原理

乙酸是常见的一元弱酸之一，假设乙酸的初始浓度为 $c_0$，乙酸的电离度为 $\alpha$，并忽略水的电离平衡的影响，则对乙酸在水中的电离作物料平衡如下：

| | $HAc \rightleftharpoons$ | $H^+$ | $+Ac^-$ |
|---|---|---|---|
| 初始浓度 | $c_0$ | 0 | 0 |
| 平衡浓度 | $c_0-x$ | $x$ | $x$ |
| 平衡浓度（用 $\alpha$ 表示） | $c_0(1-\alpha)$ | $c_0\alpha$ | $c_0\alpha$ |

乙酸的电离平衡常数的表达式为：

$$K=\frac{c_{H^+}c_{Ac^-}}{c_{HAc}}=\frac{x\cdot x}{c_0-x}=\frac{(c_0\alpha)(c_0\alpha)}{c_0(1-\alpha)}=\frac{c_0\alpha^2}{1-\alpha} \tag{6-39}$$

式中，$c_0$ 为乙酸的初始浓度；$x$ 为平衡时乙酸溶液中 $H^+$，$Ac^-$ 的浓度，$x=c_{Ac^-}=c_{H^+}$；$\alpha$ 为乙酸的电离度。

在一定温度下，利用酸度计可以测定溶液的 pH，而 $pH=-\lg c_{H^+}$，因此，如果已知某乙酸溶液的初始浓度 $c_0$，并且利用酸度计测定了该溶液的 pH，通过计算就可求出乙酸的电离平衡常数 $K$。

除用测溶液 pH 来确定 $K$ 外，还可通过测溶液的电导率来求算 $K$。对于弱电解质来说，某浓度的电离度等于该浓度时的摩尔电导率与无限稀释摩尔电导率之比，即

$$\alpha=\frac{\Lambda_m}{\Lambda_m^\infty}$$

摩尔电导率 $\Lambda_m$ 与电导率 $\kappa$ 的关系为

$$\Lambda_m = \kappa V = \frac{\kappa}{c} \tag{6-40}$$

式中，$V$ 表示含有1mol电解质溶液的体积，$m^3$；$c$ 表示溶质的物质的量浓度，$mol \cdot m^{-3}$；$\Lambda_m$ 表示摩尔电导率，$S \cdot m^2 \cdot mol^{-1}$；$\Lambda_m^{\infty}$ 为弱电解质的无限稀释摩尔电导率，单位与 $\Lambda_m$ 相同。

利用 $\alpha$ 与摩尔电导率关系式，式（6-39）可变为

$$\kappa = \frac{c_0 \alpha^2}{1-\alpha} = \frac{c_0 \Lambda_m^2}{\Lambda_m^{\infty}(\Lambda_m^{\infty} - \Lambda_m)}$$

电离度可通过溶液的摩尔电导率来求得，通过测定溶液的电导率 $\kappa$，就可算出 $\Lambda_m$，从而求得电离平衡常数 $K$。在一定温度下，弱电解质的无限稀释摩尔电导率是一定的，$\Lambda_m^{\infty}$ 可以通过查表得到。表6-10列出了乙酸溶液的无限稀释摩尔电导率 $\Lambda_m^{\infty}$。

**表 6-10　乙酸溶液的无限稀释摩尔电导率 $\Lambda_m^{\infty}$**

| 温度/℃ | 0 | 18 | 25 | 30 |
|---|---|---|---|---|
| $\Lambda_m^{\infty}/(S \cdot m^2 \cdot mol^{-1})$ | $2.45 \times 10^{-2}$ | $3.49 \times 10^{-2}$ | $3.907 \times 10^{-2}$ | $4.218 \times 10^{-2}$ |

与此同时，还可以通过滴定曲线法测定乙酸的电离平衡常数。在体系中，当 $c_{Ac^-} = c_{HAc}$ 时，有 $\lg K_{HAc} = \lg c_{H^+}$，即

$$\lg K_{HAc} = -pH$$

在一定温度下，如果测得乙酸溶液中 $c_{Ac^-} = c_{HAc}$ 时的pH，即可计算出乙酸的电离平衡常数。用NaOH溶液滴定HAc溶液时，根据反应方程式：

$$HAc + OH^- \rightleftharpoons Ac^- + H_2O$$

HAc和NaOH应以等物质的量完全中和，若HAc的原有物质的量有一半被NaOH中和时，则剩余的HAc的物质的量正好等于生成的 $Ac^-$ 的物质的量，此时 $c_{Ac^-} = c_{HAc}$，而NaOH的用量也应等于完全中和HAc时需要量的一半。如果测得此时溶液的pH，即可求得乙酸的电离平衡常数。利用pH计可以测得用不同量NaOH中和一定量HAc时溶液的pH变化。如果以NaOH的体积为横坐标，pH为纵坐标，可以作出pH-$V_{NaOH}$ 的曲线，找出完全中和HAc时NaOH的体积（$V$），取其一半（$V/2$），再从曲线中找出相对应的pH，根据 $\lg K_{HAc} = -pH$ 的关系，即可计算出在测定温度时HAc的电离平衡常数。

可见乙酸的电离平衡常数可以通过pH法、电导率法、滴定曲线法测定，本实验将对这三种方法分别予以介绍。

## 三、实验用品

仪器：酸度计、电导率仪、磁力搅拌器、水浴恒温槽、锥形瓶、移液管、吸量管、烧杯、酸式和碱式滴定管等。

试剂：HAc（约 $0.1mol \cdot L^{-1}$）、NaOH标准溶液（$0.1mol \cdot L^{-1}$）、酚酞指示剂等。

## 四、实验步骤

（1）pH法测定乙酸的电离平衡常数

① HAc溶液浓度的测定。用移液管吸取 $0.1mol \cdot L^{-1}$ 左右的HAc溶液25mL放入锥形瓶中，加入2滴酚酞指示剂，用NaOH标准溶液滴定HAc溶液，至溶液出现微红色且0.5min内不褪色为止。重复上述操作3次，3次耗碱量的差不超过0.04mL。

② 配制不同浓度的HAc溶液。用移液管和吸量管分别取25mL、5mL、2.5mL已测定

浓度的 HAc 溶液，把它们分别加入 3 支 50mL 容量瓶中，再用去离子水稀释到刻度，摇匀。算出这 3 种 HAc 溶液的浓度。

③ 测定 HAc 溶液的 pH。把以上稀释的 HAc 溶液和原 HAc 溶液共 4 种不同浓度的溶液，分别放入 4 个干燥的 50mL 烧杯中，按由稀到浓的次序用酸度计分别测定它们的 pH，记录数据和室温。计算电离度和电离平衡常数。

(2) 电导率法测定乙酸的电离平衡常数

① HAc 溶液浓度的测定。用移液管吸取 0.1mol·$L^{-1}$ 左右的 HAc 溶液 25mL，放入锥形瓶中，加入 2 滴酚酞指示剂，用 NaOH 标准溶液滴定 HAc 溶液，至溶液出现微红色且 0.5min 内不褪色为止。重复上述操作 3 次，3 次耗碱量的差不超过 0.04mL。

② 调节水浴恒温槽温度到指定温度。

③ 配制不同浓度的 HAc 溶液。用移液管和吸量管分别取 25mL、10mL、5mL 已测定浓度的 HAc 溶液，把它们分别加入 3 支 50mL 容量瓶中，再用去离子水稀释到刻度，摇匀。算出此 3 种 HAc 溶液的浓度。把以上稀释的 HAc 溶液和原 HAc 溶液共 4 种不同浓度的溶液，分别放入 4 个干燥的 50mL 烧杯中（烧杯编成 1～4 号），置于恒温槽中恒温 10min。

④ HAc 溶液电导率的测定。用电导率仪由稀到浓测定 1～4 号 HAc 溶液的电导率（电导率仪的使用见附录 1）。

(3) 滴定曲线法测定乙酸的电离平衡常数

在 100mL 烧杯中，从酸式滴定管中准确加入 30.00mL 0.1mol·$L^{-1}$ HAc 溶液，放入 1 滴酚酞指示剂，用碱式滴定管中的 0.1mol·$L^{-1}$ NaOH 溶液滴定至酚酞刚出现红色且 30s 内不褪色。记录滴定终点时消耗 NaOH 溶液的体积，以供下面测定 pH 作为参考。

在 100mL 烧杯中，从酸式滴定管中准确加入 30.00mL 0.1mol·$L^{-1}$HAc 溶液，放入一磁子，将烧杯放在磁力搅拌器上，然后从碱式滴定管中准确加入 5.00mL mol·$L^{-1}$ NaOH 溶液，开动磁力搅拌器，混合均匀后，用 pH 计测定其 pH。

用上面同样的方法，逐次加入一定体积的 NaOH 后，测定溶液的 pH，每次加入 NaOH 溶液的体积可参考下面的方法。

① 在滴定终点前 5mL 以前，每次加入 5.00mL。

② 在滴定终点前 5mL 到 1mL 之间，每次加入 2.00mL。

③ 在滴定终点前 1mL，分次加入 0.5mL、0.2mL、0.2mL、0.1mL。

④ 在超过滴定终点 1mL 内，分次加入 0.1mL、0.2mL、0.2mL、0.5mL。

⑤ 在超过滴定终点 1mL 后，分次加入 1mL，3mL，5mL。

## 五、实验结果与数据处理

(1) pH 法测定乙酸的电离平衡常数

根据实验结果，按表 6-11 处理实验数据，计算乙酸的电离平衡常数。

**表 6-11　pH 法测定乙酸电离平衡常数的实验数据**

| 烧杯编号 | HAc 溶液浓度 | pH | $c_{H^+}$ | $\alpha$ | $K_{HAc}=\frac{x^2}{c_0-x}$ | |
|---|---|---|---|---|---|---|
| | | | | | 测定值 | 平均值 |
| 1 | | | | | | |
| 2 | | | | | | |
| 3 | | | | | | |
| 4 | | | | | | |

为了减少实验误差，还可以采用作图法来求算乙酸的电离平衡常数。将 $K_{HAc}=\frac{x^2}{c_0-x}$ 两边取对数有

$$\lg K_{HAc}=2\lg c_{H^+}-\lg(c_0-x)$$

即

$$2pH=-\lg K_{HAc}-\lg(c_0-x)$$

以 $\lg(c_0-x)$ 为横坐标，以 2pH 为纵坐标，绘制 2pH-$\lg(c_0-x)$ 曲线，当曲线延长至 $\lg(c_0-x)$ 等于零时，求出 2pH，即为 $-\lg K_{HAc}$，进而算出 $K_{HAc}$。

(2) 电导率法测定乙酸的电离平衡常数

根据实验结果，按表 6-12 处理实验数据，计算乙酸的电离平衡常数。

**表 6-12　电导率法测定乙酸电离平衡常数的实验数据表格**

| 烧杯编号 | HAc 溶液浓度 | $\kappa/(S\cdot m^{-1})$ | $\Lambda_m/(S\cdot m^2\cdot mol^{-1})$ | $\alpha$ | $K=\frac{c_0\alpha^2}{1-\alpha}$ | |
|---|---|---|---|---|---|---|
| | | | | | 测定值 | 平均值 |
| 1 | | | | | | |
| 2 | | | | | | |
| 3 | | | | | | |
| 4 | | | | | | |

测定时温度____ ℃；$\Lambda^{\infty}_{m,HAc}$____ $S\cdot m^2\cdot mol^{-1}$；乙酸的电离平衡常数______。

(3) 滴定曲线法测定乙酸的电离平衡常数

① 用实验步骤中所记录的消耗的 NaOH 溶液的体积和 pH 的数据，以消耗 NaOH 溶液的体积为横坐标，以 pH 为纵坐标，绘制 pH-$V_{NaOH}$ 的曲线。

② 从绘制的 pH-$V_{NaOH}$ 曲线中，找出完全中和时消耗 NaOH 溶液的体积，取其体积数的 1/2，找出相对应的 pH。

③ 计算出室温下乙酸的电离平衡常数。

### 六、思考题

① pH 法测定乙酸电离平衡常数实验中测定乙酸电离平衡常数的依据是什么？当乙酸浓度很稀时，能用此法吗？

② pH 法测定乙酸电离平衡常数实验中乙酸电离平衡常数的测定最终归结到乙酸溶液中 $H^+$ 浓度的测定，能否利用酸碱滴定法来测定溶液中的 $H^+$ 浓度？

③ 仿照测定弱酸电离平衡常数的办法，你能设计一个实验方案来测定弱碱的电离平衡常数吗？

④ 电导率法测定乙酸电离平衡常数实验中，电解质溶液导电的特点是什么？

⑤ 什么是电导、电导率和摩尔电导率？为什么 $\Lambda_m$ 与 $\Lambda_m^{\infty}$ 之比即为弱电解质的电离度？

⑥ 测定乙酸溶液的电导率时，测定顺序为什么由稀到浓？

⑦ 滴定曲线法测定乙酸电离平衡常数实验中，根据乙酸的电离平衡，在什么条件下才能根据测得的 pH 计算乙酸的电离平衡常数？

⑧ 当 HAc 的含量有一半被 NaOH 中和时，可以认为溶液中 $c_{Ac^-}=c_{HAc}$，为什么？

⑨ 当 HAc 完全被 NaOH 中和时，反应终点的 pH 是否等于 7，为什么？

## 实验 100　甲基红的电离平衡常数的测定——分光光度法

### 一、实验目的

通过测定甲基红的电离平衡常数，进一步掌握分光光度计和 pH 计的正确使用方法。

## 二、实验原理

前面介绍了用 pH 法、电导率法、滴定曲线法测定乙酸的电离平衡常数，本实验将介绍用分光光度法测定弱电解质的电离平衡常数。

甲基红是一种弱酸型染料指示剂，具有酸（HMR）和碱（$MR^-$）两种形式，它在溶液中部分电离，简单地写成：

$$HMR \rightleftharpoons H^+ + MR^-$$

用浓度表示的电离平衡常数：

$$K_c = \frac{c_{H^+} c_{MR^-}}{c_{HMR}} \tag{6-41}$$

$$pK_c = pH - \lg \frac{c_{MR^-}}{c_{HMR}} \tag{6-42}$$

因此，对于一定温度下已达平衡的甲基红溶液，只需测出其 pH 和 $c_{MR^-}/c_{HMR}$，即可求得电离平衡常数。

测定体系的组成常用分光光度法，对一化学反应平衡体系，分光光度计测得的吸光度包括各物质的贡献。根据朗伯-比耳定律 $A = -\lg \frac{I}{I_0} = \varepsilon c l$，由此可推知甲基红溶液在最大吸收波长 $\lambda_1$、$\lambda_2$ 处的总吸光度分别为

$$A_1 = \varepsilon_{1,MR^-} c_{MR^-} l + \varepsilon_{1,HMR} c_{HMR} l \tag{6-43}$$

$$A_2 = \varepsilon_{2,MR^-} c_{MR^-} l + \varepsilon_{2,HMR} c_{HMR} l \tag{6-44}$$

式中，$A_1$，$A_2$ 分别为 HMR 和 $MR^-$ 的最大吸收波长处所测得的总的吸光度。$\varepsilon_{i,j}$ 分别为 HMR 和 $MR^-$ 在最大吸收波长 $\lambda_1$、$\lambda_2$ 下的摩尔吸光系数，它们可由作图法求得，即配制甲基红以纯酸式存在时的溶液，在波长 $\lambda_1$ 下分别测定各溶液的吸光度，对 $A_1$-$c_{HMR}$ 作图，得一直线，由直线斜率可求得 $\varepsilon_{1,HMR}$，其余各摩尔吸光系数的求法类同。由式（6-43）、式（6-44）求得 $c_{MR^-}$ 与 $c_{HMR}$ 的比值为：

$$\frac{c_{MR^-}}{c_{HMR}} = \frac{A_2 \varepsilon_{1,HMR} - A_1 \varepsilon_{2,HMR}}{A_1 \varepsilon_{2,MR^-} - A_2 \varepsilon_{1,MR^-}} \tag{6-45}$$

再测得溶液 pH，根据式（6-42）求出 $pK_c$。

## 三、实验用品

仪器：分光光度计、酸度计、容量瓶等。

试剂：甲基红标准溶液（$3\times10^{-4}mol\cdot L^{-1}$）、缓冲溶液（pH＝6.86、pH＝4.00）、NaAc（$0.04mol\cdot L^{-1}$）、HCl（$0.1mol\cdot L^{-1}$）、HAc（$0.02mol\cdot L^{-1}$）等。

## 四、实验步骤

① 测定甲基红酸式和碱式的最大吸收波长。取 10mL 甲基红标准溶液，加 10mL $0.1mol\cdot L^{-1}$ HCl 溶液，稀释至 100mL，此溶液甲基红完全以 HMR 形式存在，测其在 460～590nm 之间每隔 10nm 相对于水的吸光度，找出最大吸收波长 $\lambda_1$。取 10mL 甲基红标准溶液，加 25mL $0.04mol\cdot L^{-1}$ NaAc，稀释至 100mL，此溶液甲基红完全以 $MR^-$ 存在，测其在 380～520nm 之间每隔 10nm 相对于水的吸光度，找出最大吸收波长 $\lambda_2$。

② 摩尔吸光系数的测求。分别吸取甲基红标准溶液 10mL、8mL、6mL、4mL、2mL，各置于 100mL 容量瓶中，再各加入 10mL $0.1mol\cdot L^{-1}$ HCl 溶液，稀释至刻度，在波长 $\lambda_1$、$l$＝1cm 和 $\lambda_2$、$l$＝3cm 下测定各溶液相对于水的吸光度。作图求 $\varepsilon_{1,HMR}$、$\varepsilon_{2,HMR}$。分

别吸取甲基红标准溶液 10mL、8mL、6mL、4mL、2mL，各置于 100mL 容量瓶中，再各加入 25mL 0.04mol·$L^{-1}$NaAc 溶液，稀释至刻度，在波长 $\lambda_1$、$l=3cm$ 和 $\lambda_2$、$l=1cm$ 下测定各溶液相对于水的吸光度。作图求 $\varepsilon_{1,MR^-}$、$\varepsilon_{2,MR^-}$。

③ 求不同 pH 值下 $c_{HMR}$ 和 $c_{MR^-}$ 的比值。在 5 支 100mL 容量瓶中分别加入 25mL 0.04mol·$L^{-1}$ NaAc 溶液和甲基红标准溶液 10mL，再分别加入 0.02mol·$L^{-1}$ HAc 溶液 50mL、35mL、25mL、10mL、5mL，稀释至刻度，测定各溶液在 $\lambda_1$、$l=1cm$ 和 $\lambda_2$、$l=1cm$ 下的吸光度 $A_1$、$A_2$，用 pH 计测得各溶液的 pH。

## 五、实验结果与数据处理

① 分别对 $A_1$-$\lambda$，$A_2$-$\lambda$ 作图，求出最大吸收波长 $\lambda_1$、$\lambda_2$。

② 作 $\lambda_1$ 处的 $A_1$-$c_{HMR}$，$A_1$-$c_{MR^-}$ 直线图以及 $\lambda_2$ 处的 $A_2$-$c_{HMR}$，$A_2$-$c_{MR^-}$ 直线图，求得各直线的斜率 $k$。再由 $A=\varepsilon cl$ 求出摩尔吸光系数 $\varepsilon_{1,HMR}$、$\varepsilon_{2,HMR}$、$\varepsilon_{1,MR^-}$、$\varepsilon_{2,MR^-}$。

③ 由式（6-45）求得不同 pH 下的 $c_{MR^-}/c_{HMR}$，再由式（6-42）计算电离平衡常数，并取平均值。

## 六、思考题

① 本实验中，温度对测定结果有何影响？采取哪些措施可以减少由此而引起的实验误差？

② 甲基红酸式吸收曲线和碱式吸收曲线的交点称之为“等色点”，讨论在等色点处的吸光度和甲基红浓度的关系。

③ 为什么要用相对浓度？为什么可以用相对浓度？

④ 在吸光度测定中，应该怎样选用比色皿？

# 实验 101　铈（Ⅳ）-乙醇配合物组成及生成常数的测定

## 一、实验目的

通过用分光光度计测定铈(Ⅳ)-乙醇配合物组成及生成常数，掌握平衡移动法测定配合物组成及平衡常数的原理与方法。

## 二、实验原理

$Ce^{4+}$ 的水溶液显橙黄色，加入醇类则颜色立即加深，根据溶液最大光吸收向更长的波长位移这一事实，可以推测 Ce(Ⅳ)与醇类形成配合物，且配合平衡建立得很快。

$$m\mathrm{Ce}^{4+}+n\mathrm{ROH}\longrightarrow \text{配合物}$$

同时还可见到颜色逐渐减退，直到无色。由此可推测配合物中发生电子转移，$Ce^{4+}$ 使醇氧化变成无色的 $Ce^{3+}$ 和另一有机产物。

$$\text{配合物}\xrightarrow{\text{慢}}\mathrm{Ce}^{3+}+\text{产物}$$

例如，用 $Ce^{4+}$ 氧化苯甲醇即可得苯甲醛。

根据上述现象，有理由提出在氧化之前先生成中间配合物的反应机理。为了验证这一机理，需要确定中间配合物的组成及生成常数。

设有金属离子 M 和配体 L，在溶液中存在如下平衡：

$$\mathrm{M}+n\mathrm{L}\rightleftharpoons \mathrm{ML}_n$$

起始浓度　　$c_M$　$c_L$　　0

平衡浓度　　$c_M(1-x)$ $\longrightarrow$ $c_L-nc_Mx$　$c_Mx$　（$x$ 为 M 转变为 $ML_n$ 的分数）

当配体 L 的浓度大大过量时，$c_L - nc_M x \approx c_L$，体系的平衡常数可表示为

$$K=\frac{c_M x}{c_M(1-x)c_L^n}=\frac{x}{(1-x)c_L^n}$$

或

$$x=\frac{Kc_L^n}{1+Kc_L^n} \tag{6-46}$$

体系中有 M 和反应后生成另一种颜色更深的配合物 $ML_n$ 显色，混合溶液的吸光度是

$$A=A_M+A_{ML_n}=\varepsilon_M c_M(1-x)l+\varepsilon_{ML_n} c_M x l \tag{6-47}$$

式中，$A$ 为混合溶液的吸光度；$\varepsilon_{ML_n}$、$\varepsilon_M$ 分别为配合物和物质 M 的摩尔吸光系数；$c_M$ 为物质 M 的总浓度；$l$ 为比色皿的厚度。将式（6-47）代入式（6-46），得

$$\frac{1}{A-\varepsilon_M c_M l}=\frac{1}{c_L^n K(\varepsilon_{ML_n}-\varepsilon_M)c_M l}+\frac{1}{(\varepsilon_{ML_n}-\varepsilon_M)c_M l}$$

或

$$\frac{1}{A-A_M}=\frac{1}{c_L^n}\left[\frac{1}{K(\varepsilon_{ML_n}-\varepsilon_M)c_M l}\right]+\frac{1}{(\varepsilon_{ML_n}-\varepsilon_M)c_M l} \tag{6-48}$$

保持物质 M 的总浓度 $c_M$ 不变，在未加配体 L 时测得 $A_M$；改变 L 浓度，测得相应的 $A$。以 $\frac{1}{A-A_M}$ 对 $\frac{1}{c_L}$ 作图，如果是一直线，则证明 $n=1$，按式（6-48）从直线的斜率和截距可求得 $K$。

$$K=截距/斜率 \tag{6-49}$$

如果所得不是直线，则另设 $n$ 值重新作图验证。

## 三、实验用品

仪器：分光光度计、锥形瓶等。

试剂：硝酸铈铵储备液（$1.0mol \cdot L^{-1}$）、浓硝酸、乙醇（$0.2mol \cdot L^{-1}$）等。

## 四、实验步骤

用硝酸铵铈储备液和浓硝酸配制含 $0.025mol \cdot L^{-1}$ 硝酸铵铈和 $1.25mol \cdot L^{-1}$ 硝酸的溶液 50mL。配制含 $0.2mol \cdot L^{-1}$ 乙醇的溶液 50mL。

用移液管取 $0.025mol \cdot L^{-1}$ 硝酸铵铈溶液 2mL，放入干净的 50mL 锥形瓶中，加 8mL 水充分混合。用水作参比液在 450nm 波长处测定吸光度 $A_M$。

取 $0.025mol \cdot L^{-1}$ 硝酸铵铈溶液 2mL 于另一个干净的 50mL 锥形瓶中，加 7mL 水、1mL$0.2mol \cdot L^{-1}$ 乙醇溶液，记下时间，充分混合，在相同波长下测定混合溶液的吸光度 $A$。经过 1min、2min、3min 分别记下吸光度，找出混合体系的吸光度最大值；如发现吸光度下降，可用作图外推法得起始时间的吸光度，从而得到混合体系的最大吸光度。

保持硝酸铵铈用量不变，乙醇溶液则分别为 1.5mL、2.0mL、3.0mL、4.0mL 和 5.0mL，而加水量则相应减少，以保持总体积为 10mL，在同样条件下，分别测定各体系的最大吸光度，记录数据。

## 五、实验结果与数据处理

① 将各次实验的数据和作图所需数据列表。

② 以 $\frac{1}{A-A_M}$（$A$ 用各条件下测得的最大值，为什么？）对 $\frac{1}{c_L}$ 作图，验证是否为直线。如不为直线，则用 $\frac{1}{A-A_M}$ 对 $\frac{1}{c_L^2}$，$\frac{1}{c_L^3}$，…作图再行验证，直到得出直线即可确定出 $n$ 值。

③ 计算配合物生成常数 $K$。

### 六、思考题

① 本实验方法测定有色配合物组成及生成常数有何优缺点？

② 如果 $\varepsilon_{ML_n}$ 和 $\varepsilon_M$ 相等或差别很小，是否还能用本实验方法测定？

③ 实验中为什么要保持配体过量？

## 实验 102　硫酸钙溶度积常数的测定

### 一、实验目的

了解溶度积常数的概念，掌握用离子交换法测定溶度积常数的原理和方法；了解离子交换树脂的一般知识和使用方法。

### 二、实验原理

难溶电解质的溶度积常数是指在一定温度下，该电解质的沉淀与其溶液中相应的离子达到平衡时的平衡常数。

设有难溶电解质 $A_nB_m$，它在溶液中存在如下平衡：

$$A_nB_m(s) \rightleftharpoons nA^{m+}(aq)+mB^{n-}(aq)$$

则其溶度积常数的表达式为

$$K_{sp,A_nB_m}=(c_{A^{m+}})^n(c_{B^{n-}})^m$$

可以根据平衡时相关组分的浓度求出溶度积常数值。

就 $CaSO_4$ 来说，存在如下平衡：

$$CaSO_4(s) \rightleftharpoons Ca^{2+}+SO_4^{2-}$$

同样有 $K_{sp,CaSO_4}=c_{Ca^{2+}}c_{SO_4^{2-}}$ 关系存在，如果是 $CaSO_4$ 饱和溶液，则 $c_{Ca^{2+}}=c_{SO_4^{2-}}$，所以

$$K_{sp,CaSO_4}=c_{Ca^{2+}}c_{SO_4^{2-}}=c^2_{Ca^{2+}}$$

溶度积常数可以用离子交换法测得。

离子交换树脂是一类人工合成的高分子聚合物，一般可分为阳离子交换树脂和阴离子交换树脂，分别与阴离子和阳离子进行交换，起到分离富集相应离子的目的。按其能与离子进行选择交换的活性基团分，有磺酸基（强酸型）、羧酸基（弱酸型）、季氨基（强碱型）、其他氨基（弱碱型）和特殊基团（螯合型）等类型。市售的强酸型阳离子交换树脂一般是钠型的（$R—SO_3Na$），必须通过转型（用酸浸泡，使 $H^+$ 取代 $Na^+$，成为氢型阳离子交换树脂）后方可使用。

本实验采用强酸型阳离子交换树脂，其活性基团为 $R—SO_3H$，其中的 $H^+$ 可以被其他阳离子交换而进入溶液中。当 $Ca^{2+}$ 通过该树脂时，会定量地交换出 $H^+$，用 NaOH 标准溶液滴定交换出来的 $H^+$，进而计算出 $Ca^{2+}$ 的浓度。

$$c_{Ca^{2+}}=\frac{c_{NaOH}V_{NaOH}}{2V_{CaSO_4}}$$

离子交换树脂具有可多次重复使用的优点，当氢型的阳离子交换树脂中的 $H^+$ 被其他离子所置换后，可以用浓度较高的强酸对树脂进行洗涤使其恢复为氢型，但是重复使用的次数与树脂的质量有关。

### 三、实验用品

仪器：离子交换柱、螺旋夹、碱式滴定管、锥形瓶、烧杯、移液管等。

试剂：$CaSO_4$（饱和）、NaOH（0.05mol·$L^{-1}$，使用前标定）、HCl（1mol·$L^{-1}$）、酚酞指示剂、强酸型阳离子交换树脂、pH试纸、脱脂棉等。

## 四、实验步骤

① 离子交换柱的装填。在交换柱的底部塞入少量的脱脂棉，夹紧螺旋夹。加入少量蒸馏水，用小玻璃滴管吸取带水的树脂，加入交换柱中，装至7～8cm高度。再加入蒸馏水至液面高于树脂面2cm。注意装柱时要防止气泡夹在树脂中，若树脂中夹带气泡，可用细玻璃棒轻轻搅动树脂，将气泡赶出。

② 洗涤离子交换柱。向交换柱中加入20mL 1mol·$L^{-1}$ HCl溶液，以每分钟40滴的流速通过交换柱，待柱中液面降至距树脂面约1cm时，用蒸馏水洗涤交换柱，以每分钟30滴的速度流出（注意：洗涤时柱中的液面不能低于树脂表面），洗至流出液的pH约为7时，旋紧螺旋夹。

③ 用$CaSO_4$进行交换。用移液管准确移取20.00mL饱和$CaSO_4$溶液于一洁净的小烧杯中，转入离子交换柱内，控制流速约为每分钟30滴，用一洁净的锥形瓶承接流出液。当$CaSO_4$加完后，分3～4次加入总量为4～5mL的蒸馏水冲洗小烧杯，所有的洗涤液均注入交换柱中。然后用蒸馏水洗涤交换柱，直至流出液呈中性为止。所有的溶液均接入锥形瓶中，待滴定（注意：洗涤时柱中的液面不能低于树脂表面）。

④ 滴定交换液。在流出液中加入2滴酚酞指示剂，用已知浓度的NaOH溶液滴定至溶液呈微红色且30s不褪色，即为终点，记录加入的NaOH溶液的体积。

## 五、实验结果与数据处理

将实验数据整理填入表6-13中，计算$CaSO_4$的溶度积常数。

**表6-13 离子交换法测定$CaSO_4$溶度积常数的实验数据**

| 编号 | $V_{CaSO_4}$/mL | $c_{NaOH}$/(mol·$L^{-1}$) | $V_{NaOH}$/mL | $c_{Ca^{2+}}$/(mol·$L^{-1}$) | $K_{sp}$ |
|---|---|---|---|---|---|
| 1 | | | | | |
| 2 | | | | | |
| 平均值 | | | | | |

根据记录的相关数据求出钙离子的浓度，进而计算出$CaSO_4$的$K_{sp}$值，平行测定2次。

## 六、思考题

① 用离子交换法测定$CaSO_4$溶度积常数的原理是什么？

② 在离子交换过程中为何要控制一定的流速？

③ 为什么要注意液面始终不得低于离子交换树脂的上表面？

# 实验103 电解质溶液电导率的测定

## 一、实验目的

掌握利用电桥测定电解质溶液电导率的方法；通过几种不同浓度强电解质溶液的摩尔电导率测定，用外推法求每种强电解质在无限稀释时的摩尔电导率；掌握用电导率法测定弱电解质电离平衡常数和难溶盐溶解度的基本原理和方法。

## 二、实验原理

电解质溶液电导率的测量是获取物性数据的重要实验手段之一。它一般是通过测量电解质溶液的电阻来实现。在金属中电流是靠电子输送的，而在电解质溶液中电流是靠溶于溶剂中的正、负离子来输送的。溶液的导电能力仍可近似地用欧姆定律来描述：

$$I=\frac{R}{E}$$

式中，$I$ 为通过溶液的电流，A；$R$ 为溶液的电阻，Ω；$E$ 是两极间溶液两端的电位差，V。

由于测量溶液电阻时通常必须在溶液中插入两电极，两电极上必然产生电解与极化现象。在阳极上进行氧化反应，在阴极上进行还原反应，这时两极间的电压类似于一个电解槽的电压，即

$$V=IR+\varphi_A-\varphi_B$$

式中，$\varphi_A$、$\varphi_B$ 分别为阳极、阴极的电极电位，V。

当两电极上极化现象越严重或通过电流越大时，则 $\varphi_A-\varphi_B$ 差值越大。为了避免这一误差，通常是采用频率较高（如 1000Hz）的交流电源使正、负极快速交替变化，并在电极上镀铂黑以增加电极表面积，防止两极上产生极化现象。这时电极上没有净的电化学反应，两极几乎都处于该溶液中氢电极平衡电位或可逆性更好的某一反应的平衡电位。这时 $\varphi_A-\varphi_B=0$，因此两极间电压为 $V=IR$。

在此情况下测定溶液的电阻就与通常测量电子导体的电阻相类似，即

$$R=\rho\frac{l}{A}$$

式中，$\rho$ 为电阻率，即两电极相距（$l$）1m、电极面积（$A$）各为 $1m^2$ 时溶液的电阻。

对于电解质溶液来说，通常使用的不是电阻和电阻率，而是它们的倒数——电导 $G$(S) 和电导率 $\kappa$($S \cdot m^{-1}$)。它们之间的关系是

$$\kappa=\frac{1}{\rho}=G\frac{l}{A} \tag{6-50}$$

由于同一电导池 $l/A$ 的比值是固定的，故称它为电导池常数。在测定前为了求得电导池常数，通常先用已知 $\kappa$ 的电解质溶液（如 $0.0200mol \cdot L^{-1}$ 的 KCl 溶液），通过测定电阻值来求得。这样其他未知 $\kappa$ 的溶液，可以通过测定电阻值，根据式(6-50)计算出溶液电导率 $\kappa$。然后根据 $\Lambda m=\kappa/c$，即可计算出所测溶液的摩尔电导率 $\Lambda m$。

强电解质稀溶液的摩尔电导率 $\Lambda m$ 与物质的量浓度（c）遵从经验关系式：

$$\Lambda_m=\Lambda_m^{\infty}(1-\beta\sqrt{c})$$

式中，$\Lambda_m^{\infty}$ 是无限稀释时摩尔电导率；$\beta$ 是常数。

对于弱电解质溶液不遵循上述关系式，其 $\Lambda_m^{\infty}$ 可根据 Kohlrausch 离子独立移动定律的原理来求算。在弱电解质 HAc 的水溶液中，其电离平衡常数 $K$ 与浓度 $c$ 和电离度 $\alpha$ 有如下关系式：

$$K=\frac{c\alpha^2}{1-\alpha} \tag{6-51}$$

而对弱电解质溶液又有 $\alpha\approx\Lambda_m/\Lambda_m^{\infty}$，代入式(6-51)，得：

$$K=\frac{c\Lambda_m^2}{\Lambda_m^{\infty}(\Lambda_m^{\infty}-\Lambda_m)}$$

通过测定溶液的摩尔电导率就可以求算弱电解质的电离平衡常数，因此学习电导率的测定方法十分重要。

有关研究溶液电导性质的实验，其基本的测量方法是在不同条件下测量的溶液电阻。本实验采用电桥法测定电解质溶液的电阻，线路如图 6-18 所示。当调节至电桥平衡时，电导

池内溶液电阻为

$$R_x=\frac{R_2}{R_1}R_3$$

操作中，比值 $R_2/R_1$ 可以依据 0.1、1.0、10.0、100.0 等 10 的幂而改变，而 $R_3$ 则可连续地改变。以示波器作为检查电桥是否平衡的检测器。测量时根据测量电阻的大小，选择合适的 $R_2/R_1$ 比值，调节 $R_3$，使示波器所显示的信号的垂直振幅最小，表示电桥已达到平衡。可变电阻 $R_3$ 应经校准，可变范围为 0.1～100000Ω。

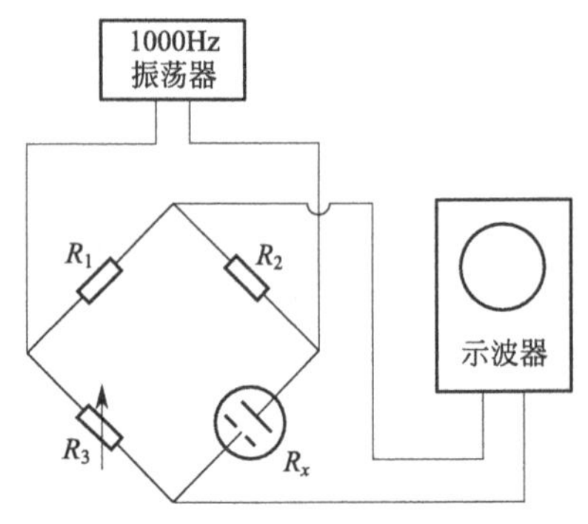

图 6-18　测定电解质溶液电导率的装置

## 三、实验用品

仪器：音频信号发生器（XD-2 型）、示波器、精密电阻箱、普通恒温槽、电导池（电导电极）、电导管（50mL）、电导瓶（150mL）等。

试剂：KCl（0.0200mol·L$^{-1}$），HCl、NaAc、NaCl 和 HAc（均为 0.05000mol·L$^{-1}$）等。

## 四、实验步骤

① 按图 6-18 连接好测量线路；并控制恒温槽温度在（25.0℃±0.1)℃。

② 将 0.0200mol·L$^{-1}$KCl 溶液置于 50mL 电导管中，用以测定电导池常数。

③ 在（25.0℃±0.1)℃时，测定 4 种电解质溶液（HCl、NaAc、NaCl 和 HAc）在 5 个浓度下（5.000×10$^{-2}$mol·L$^{-1}$、2.000×10$^{-2}$mol·L$^{-1}$、1.000×10$^{-2}$mol·L$^{-1}$、5.000×10$^{-3}$mol·L$^{-1}$、2.000×10$^{-3}$mol·L$^{-1}$）的溶液电导率。

测定方法如下。

在已洗净并烘干的 150mL 电导瓶中加入 5.000×10$^{-2}$mol·L$^{-1}$ 的电解质溶液，放在恒温槽的架子上恒温，将电导电极用蒸馏水冲洗干净，用吹风机吹干或用滤纸将外部的水珠吸干（不要擦电极铂片）后，放在电导管内，恒温 5min 后测量溶液电阻；不取出电导电极和电导瓶，用滴定管加入蒸馏水 7.50mL，使瓶内溶液稀释至 2.000×10$^{-2}$mol·L$^{-1}$，摇匀并恒温 5min 后测量溶液电阻；然后依次加入蒸馏水 12.50mL、25.00mL、75.00mL，使瓶内溶液依次稀释至 1.000×10$^{-2}$mol·L$^{-1}$、5.000×10$^{-3}$mol·L$^{-1}$、2.000×10$^{-3}$mol·L$^{-1}$ 并按以上方法进行测量。每测一种电解质溶液换一个电导瓶。测量完毕后，将电导电极用蒸馏水冲洗干净，浸在蒸馏水中保存；将用过的电导瓶用蒸馏水冲洗干净，放入烘箱烘干备用。

## 五、实验结果与数据处理

① 由测得的 0.0200mol·L$^{-1}$ KCl 溶液的电阻计算出所用电导池的电导池常数。

② 由不同浓度的电解质溶液的电阻数据，计算相应的 $\kappa$、$\Lambda_m$ 和 $\sqrt{c}$ 值并列表（注意浓度 $c$ 的单位用 mol·m$^{-3}$）。

③ 作 HCl、NaAc 和 NaCl 溶液的 $\Lambda_m$-$\sqrt{c}$ 直线图，截距为 $\Lambda_m^\infty$，并计算出 HAc 的 $\Lambda_m^\infty$。

④ 算出 HAc 在不同浓度下电离度和电离平衡常数。

⑤ 由 HAc 溶液的数据作 $\Lambda_m c$-$1/\Lambda_m$ 图，应得一直线，该直线的斜率为 $K(\Lambda_m^\infty)^2$，截距为 $-K\Lambda_m^\infty$，由此得到的 $K$ 和 $\Lambda_m^\infty$ 值，并与以上数值进行比较。

## 六、思考题

① 测定电解质溶液的电阻为什么需选择 1000Hz 的频率，频率太高会怎么样？

② 强电解质溶液是全部电离的，为什么所测得的 $\Lambda_m$ 随浓度下降而上升？这说明什么？

# 实验 104　电极制备及电池电动势的测定

## 一、实验目的

学会铜电极、锌电极的制备和处理方法；掌握电位差计的测量原理和测定电池电动势的方法；加深对原电池、电极电位等概念的理解。

## 二、实验原理

原电池是由两个“半电池”组成，每一个半电池中包含一个电极和相应的电解质溶液。不同的“半电池”可以组成各种各样的原电池。电池的电动势为组成该电池的两个半电池的电极电位（又称电极电势）的差值，即

$$E=\varphi_{+}-\varphi_{-}$$

式中，$E$ 为电池的电动势；$\varphi_{+}$ 是正极的电极电位；$\varphi_{-}$ 是负极的电极电位。

如果已知一半电池的电极电位，通过测定电池的电动势即可求得另一半电池的电极电位。由于电极电位的绝对值不能测量，在电化学中，通常以标准氢电极为标准（电极电位规定为零）而求出其他电极的电极电位相对值。由于使用标准氢电极条件要求苛刻，难于实现，故常用一些制备简单、电位稳定的可逆电极作为参考电极来代替，如甘汞电极、银-氯化银电极等。这些电极与标准氢电极比较而得到的电位值已精确测出，在物理化学手册中可以查到。

电池电动势不能用伏特计直接测量。因为当把伏特计与电池接通后，由于电池放电，不断发生化学变化，电池中溶液的浓度将不断改变，因而电动势值也会发生变化。另一方面，电池本身存在内电阻，所以伏特计所量出的只是两电极上的电势降，而不是电池的电动势，只有在没有电流通过时的电势降才是电池真正的电动势。因此，电动势是利用对消法原理，采用电位差计来测量（图 6-19）。

测定方法是：首先根据标准电池的电动势进行电位差计的标准化，即先将 $C$ 点移到与标准电池 S 电动势值相对应的刻度 $C_1$ 处，将变换开关 K 与 S 相通，迅速调节可变电阻 $R$ 直至检流计 G 中无电流通过。此时 S 的电动势与 $AC_1$ 的电位降等值反向而对消，这样就校准了 $AB$ 上电位降的标度。然后进行测定，即固定 $R$，将 K 与 X 接通，迅速调节 $C$ 至 $C_2$ 点，使 G 中无电流通过，此时 X 的电位与 $AC_2$ 的电位降等值反向而对消，$C_2$ 点所标记的电位降数值即为 X 的电动势。

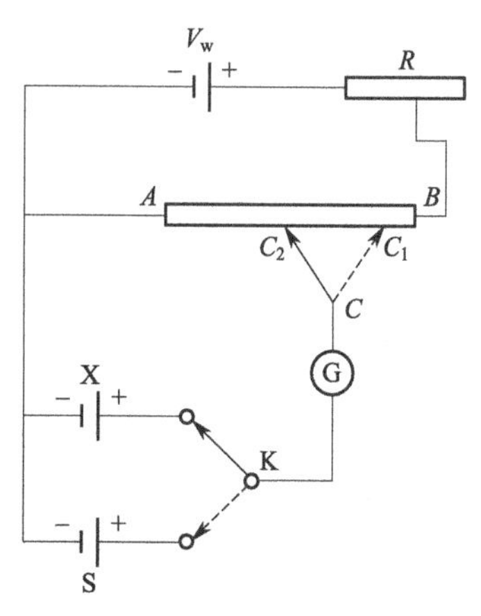

图 6-19　对消法测电动势

另外，当两种电极的不同电解质溶液接触时，在溶液的界面上总有液体接界电位存在。在电动势测量时，常应用“盐桥”使原来产生显著液体接界电位的两种溶液彼此不直接接界，降低液体接界电位到毫伏数量级以下。用得较多的盐桥有 KCl（$3mol \cdot L^{-1}$ 或饱和）、$KNO_3$、$NH_4NO_3$ 等溶液。

## 三、实验用品

仪器：电位差计、标准电池、干电池（1.5V）、电极管、检流计、低压直流电源、电流表（0～50mA）、电极架、针筒等。

试剂：KCl（饱和）、$CuSO_4$（0.2000mol·$L^{-1}$）、纯汞、$ZnSO_4$（0.1000mol·$L^{-1}$）、硝酸亚汞（饱和）、稀硫酸（3mol·$L^{-1}$）、稀硝酸（6mol·$L^{-1}$）、镀铜溶液（100mL水中溶解15g $CuSO_4 \cdot 5H_2O$、5g $H_2SO_4$、5g $C_2H_5OH$）等。

## 四、实验步骤

（1）电极制备

锌电极：先用稀硫酸（约3mol·$L^{-1}$）洗净锌电极表面的氧化物，再用蒸馏水淋洗，然后浸入饱和硝酸亚汞溶液中3～5s，用镊子夹住一小团清洁的湿棉花轻轻擦拭电极，使锌电极表面上有一层均匀的汞齐，再用蒸馏水冲洗干净。把处理好的电极插入清洁的电极管内并塞紧，将电极管的虹吸管口浸入盛有硫酸锌溶液的小烧杯内，用针筒自支管抽气，将溶液吸入电极管直至浸没电极略高一点，停止抽气，旋紧螺旋夹。电极装好后，虹吸管内不能有气泡，也不能有漏液现象。

铜电极：先用稀硝酸洗净电极表面的氧化物，再用蒸馏水淋洗，然后把它作为阴极，另取一块纯铜片作为阳极，在镀铜溶液内进行电镀，其装置如图6-20所示。

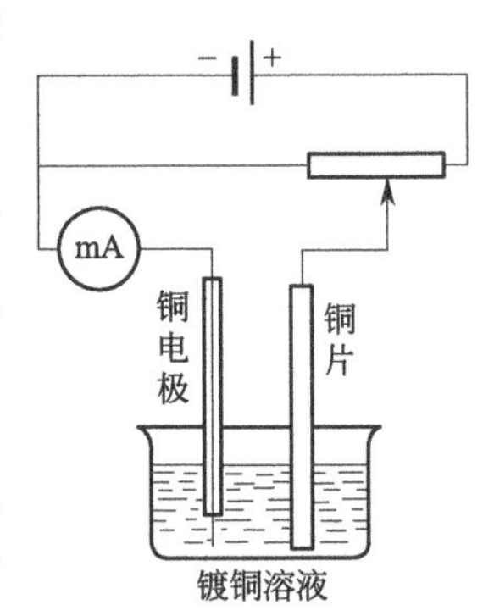

图6-20　电镀铜装置

电镀的条件：电流密度为25mA·$cm^{-2}$左右，电镀时间20～30min。电镀后应使铜电极表面有一紧密的镀层，取出铜电极，用蒸馏水冲洗干净，插入电极管，按上法吸入$CuSO_4$溶液。

（2）电池电动势的测量

按规定装好电位差计的测量电动势线路。将标准电池和工作电池分别接在电位差计（附录1）的标准和工作电池端上，将检流计接在电计端上。先读取环境温度，校正标准电池的电动势，调节标准电池温度补偿旋钮至计算值。将转换开关旋至“N”处，转动工作电流调节旋钮“粗”“中”“细”“微”，依次按下电计按钮“粗”“细”，直至检流计示值为零。在测量过程中，要经常检查是否发生偏离，加以校正。

以饱和KCl溶液为盐桥，分别将上面制备的电极组成电池，并接在电位差计的测量端上，从大到小旋转电位测量旋钮，按下电计按钮，直至检流计示值为零。读数，得测量电池的电动势。

实验时测量如下三个电池的电动势（电池③为组合电池，组合图如图6-21所示）：

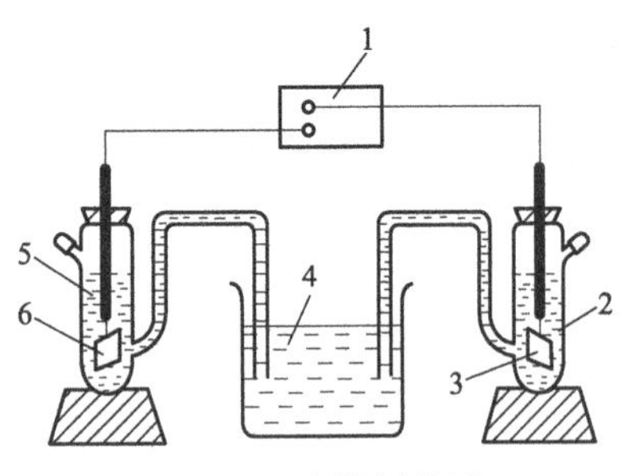

图6-21　电镀铜装置

1—数字式电位差计；2—$CuSO_4$（$c_1$）溶液；3—铜片；4—KCl饱和溶液；5—$ZnSO_4$（$c_2$）溶液；6—锌片

① Zn｜$ZnSO_4$（0.1mol·$L^{-1}$）‖KCl（饱和）｜$Hg_2Cl_2$，Hg；

② Hg，$Hg_2Cl_2$｜KCl（饱和）‖$CuSO_4$（0.1mol·$L^{-1}$）｜Cu；

③ Zn｜$ZnSO_4$（0.1mol·$L^{-1}$）‖$CuSO_4$（0.1mol·$L^{-1}$）｜Cu。

## 五、实验结果与数据处理

① 记录上列三组电池的电动势测定值。

② 根据物理化学手册上的饱和甘汞电极的电极电位数据，以及①、②两组电池的电动势测定值，计算$\varphi_{Zn^{2+}/Zn}$和$\varphi_{Cu^{2+}/Cu}$。

③ 若反应温度为$T$，根据Nernst公式，对电池反应$a\mathrm{A}+b\mathrm{B} \longrightarrow g\mathrm{G}+h\mathrm{H}$，有电动势$E=\varphi_{+}-\varphi_{-}=\varphi_{+}^{\ominus}-\varphi_{-}^{\ominus}-\dfrac{RT}{nF}\ln\dfrac{a_{\mathrm{G}}^{g}a_{\mathrm{H}}^{h}}{a_{\mathrm{A}}^{a}a_{\mathrm{B}}^{b}}$。已知在25℃

时，0.2mol·L$^{-1}$ $CuSO_4$ 溶液中铜离子的平均离子活度系数为 0.104，0.1mol·L$^{-1}$ $ZnSO_4$ 溶液中锌离子的平均离子活度系数为 0.15，根据上面所得的 $\varphi_{Zn^{2+}/Zn}$ 和 $\varphi_{Cu^{2+}/Cu}$，计算 $\varphi^{\ominus}_{Cu^{2+}/Cu}$、$\varphi^{\ominus}_{Zn^{2+}/Zn}$，并与物理化学手册上所列的标准电极电位数据进行比较。

### 六、思考题

① 为什么不能用伏特计测量电池的电动势？

② 对消法测量电池电动势的主要原理是什么？

③ 应用 UJ-25 型电位差计测量电动势过程中，若检流计光点总往一个方向偏转，这可能是什么原因？

## 实验 105　氢阴极析出极化曲线的测定

### 一、实验目的

通过在 1mol·L$^{-1}$ 的 NaOH 溶液中氢在阴极析出极化曲线的测定，掌握测量极化曲线的基本方法；了解过电位、极化电极电位等概念和基本测量方法；了解影响氢过电位和氢阴极析出速度的主要因素。

### 二、实验原理

许多电化学过程都是不可逆电极过程，电解过程中的阴极和阳极反应也是如此。这些电极过程都是在远离平衡的条件下进行的，而电极反应离开了原来的平衡态就称为电极极化。电极极化是由于电流（净电流）超过了该反应的交换电流而引起的，它的主要特征是电极电位离开了原有的平衡值，电极电位偏离平衡值的大小作为电极极化的量度，并称之为过电位 $\eta$，且定义阳极极化过电位 $\eta_A=\varphi-\varphi_P$，阴极极化过电位 $\eta_K=\varphi_P-\varphi$（$\varphi_P$ 为平衡电位，$\varphi$ 为电位），以使 $\eta_A$ 和 $\eta_K$ 均为正值。研究发现，$\eta$ 或 $\varphi$ 是电流密度 $i$ 的函数，称为塔菲尔（Tafel）关系，大都满足下列两个塔菲尔方程：

$$\varphi=a_1+b_1\lg i\text{（低极化区）}$$

$$\varphi=a_2+b_2\lg i\text{（高极化区）}$$

$\varphi$-$\lg i$ 曲线称为电极反应极化曲线，如图 6-22 所示。极化曲线在电化学动力学、化学电源、电镀、电抛光、金属腐蚀、电化学合成、电催化和光电催化等领域的研究中都有重要的意义。

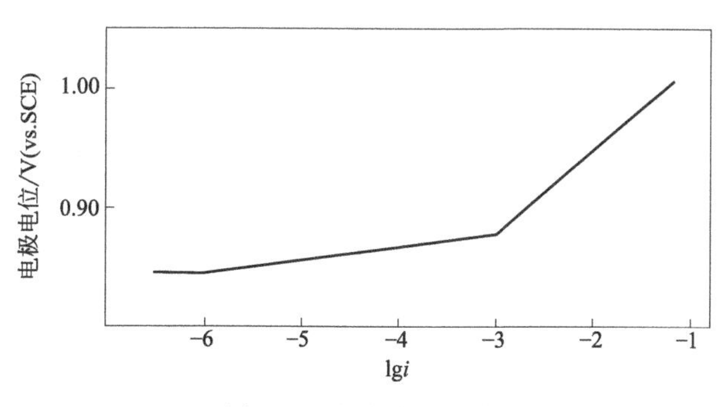


图 6-22　极化曲线示意

由于电极反应是在金属/溶液界面进行的，当溶液中存在一些杂质时，它们在电极上吸附或电沉积，将会改变电极表面的性质，从而影响到电极界面所进行的电极过程的速度，使极化曲线的测量产生误差。因此在测量时，必须注意溶液的纯度和电极表面的处理，使电极表面尽可能保持清洁，表面状态比较一致。测量极化曲线有两种方法：控制电流法和控制电位法。本实验采用控制电流法，即逐步改变回路中的电流大小，测量电极电位的变化情况。极化曲线的测量通常采用三电极的电解池，除阳极和阴极外，还有一个电极电位固定不变的参比电极，以测量待研究电极的电极电位，实验装置和电路示意图如图 6-23、图 6-24 所示。

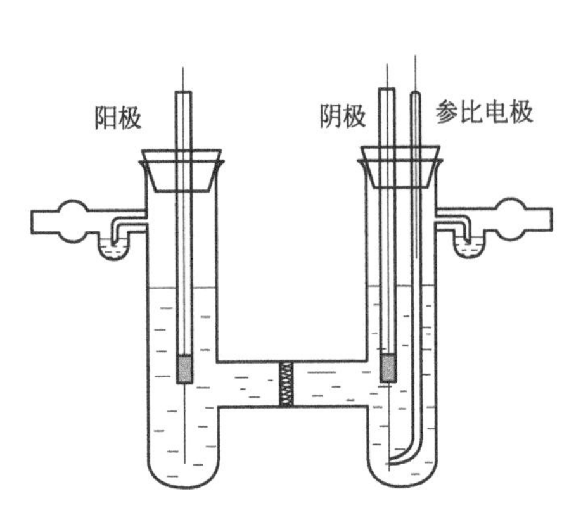


图 6-23　电解池示意

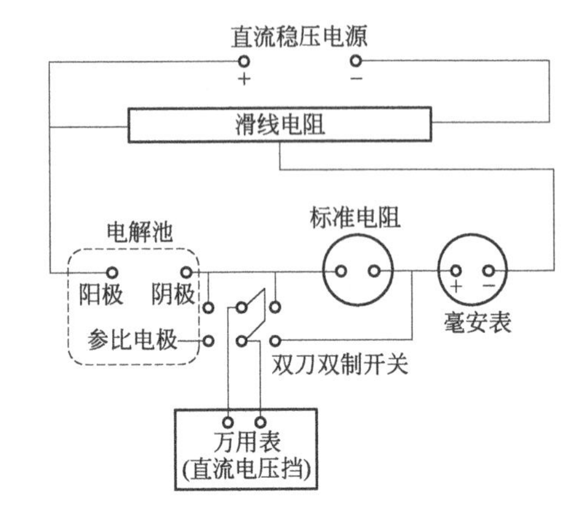


图 6-24　测量线路示意

本实验阳极和阴极均采用铁电极，参比电极为饱和甘汞电极，电解质溶液为 1mol·$L^{-1}$ 的 NaOH 溶液。电极反应为

阳极：$4OH^- = O_2\uparrow + 2H_2O + 4e^-$

阴极：$2H_3O^+ + 2e^- = H_2\uparrow + 2H_2O$

为研究氢在阴极析出的极化曲线，应该用磨砂隔板将阳极室和阴极室隔开，以避免阳极析出的 $O_2$ 随溶液扩散至阴极还原。为避免电极表面吸附的 $O_2$ 和溶液中溶解的 $O_2$ 干扰，应该在实验前，进行较长时间的预极化，使电极获得稳定的表面状态。测量时，从大电流开始向小电流逐点测量。

## 三、实验用品

仪器：稳压电源、滑线电阻（200～500Ω，1A）、可变电阻箱[(0.01～1.00)×$10^6$Ω]、标准电阻（10kΩ）、毫安电流表、万用电表、电解池等。

试剂：氢氧化钠（分析纯）等。

## 四、实验步骤

检查电解池中电解质溶液及参比电极中饱和 KCl 溶液，如液面太低则补足，按测量电路示意图连接线路。检查无误后，以 10mA 电流进行预极化 1h。测量 $\varphi$-lg$i$ 曲线时，用万用电表的直流电压测量挡测量一定电流下阴极与参比电极的电位差 $\varphi$（单位：V，vs SCE）。电流（$I$）由大到小，顺序如下（单位为 mA）：100、50、20、10、5、2、1、0.5、0.2、0.1、0.05、0.02、0.01、0.005、0.002。测至 2mA 及以下电流时，由于毫安电流表已不能准确测量电流大小，可通过用滑线电阻和可变电阻箱调节 10kΩ 标准电阻两端的电位差来确定电流的大小。

在测量过程中应注意电流不要中断和变为负值。测量完毕后记下所用阴极的电极面积（$S$）、室温和大气压，整理好实验仪器。

## 五、实验结果与数据处理

① 根据阴极面积（$S$）计算出电流密度（$i=I/S$，单位：A·$cm^{-2}$）和 lg$i$，与相应的阴极电位 $\varphi$ 数据列表。

② 作 $\varphi$-lg$i$ 图，并从图上找出低极化区和高极化区两个塔菲尔线，并分别求出低极化区和高极化区两个塔菲尔方程的常数 $a_1$、$b_1$、$a_2$、$b_2$。

### 六、思考题

① 如何将所测得的相对于饱和甘汞电极（SCE）的电极电位换算至相对于标准氢电极的电极电位?

② 测量氢阴极析出极化曲线为什么要进行较长时间的预极化?

## 实验 106　金属钝化曲线的测定

### 一、实验目的

掌握准稳态法测定金属钝化曲线的基本方法，测定金属镍在硫酸溶液中的钝化曲线及其维钝电流值；学会处理电极表面，了解表面状态对钝化曲线测量的影响。

### 二、实验原理

在以金属作阳极的电解池中，通过电流时，通常会发生阳极的电化学溶解过程：

$$M \longrightarrow M^{n+} + ne^-。$$

当阳极的极化不太大时，溶解速度随着阳极电极电位的增大而增大，这是金属正常的阳极溶解。但是在某些化学介质中，当阳极电极电位超过某一正值后，阳极的溶解速度随着阳极电极电位的增大反而大幅度地降低，这种现象称为金属的钝化。

研究金属的钝化过程，需要测定钝化曲线，通常用恒电位法。将被研究金属如铁、镍、铬等或其合金置于硫酸盐溶液中即为研究电极，它与辅助电极（铂电极）组成一个电解池，同时它又与参比电极（硫酸亚汞电极）组成原电池，以镍作为阳极为例（图 6-25），通过恒电位仪对研究电极给定一个电位后，测量与之对应的准稳态电流值 $I$。以超电位 $\eta$ 对通过被研究电极的电流密度 $j$ 的对数 lg$j$ 作图，得如图 6-26 所示的金属钝化曲线。超电位 $\eta$ 即电流密度为 $j$ 时的阳极电极电位 $E_{Ni}(j)$ 与 $j=0$ 时的阳极电极电位 $E_{Ni}(0)$ 之差：

$$\eta = E_{Ni}(j) - E_{Ni}(0)$$

因为

$$E(j) = E_{Hg_2SO_4} - E_{Ni}(j)$$
$$E(0) = E_{Hg_2SO_4} - E_{Ni}(0)$$

所以

$$\eta = E(0) - E(j)$$

图 6-26 中 $AB$ 线段表明，当表示阳极电极电位的外加给定电位增加时，电流密度 $j$ 随之增大，是金属正常溶解的区间，称为活性溶解区。$BC$ 线段表明阳极已经开始钝化，此时，作为阳极的金属表面开始生成钝化膜，故其电流密度 $j$（溶解速度）随着阳极电极电位增大而减小，这一区间称为钝化过渡区。$CD$ 线段表明金属处于钝化状态，此时金属表面生成了一层致密的钝化膜，在此区间电流密度稳定在很小的值，而且与阳极电极的变化无关，这一区间称为钝化稳定区。随后的 $DE$ 线段，电流密度 $j$ 又随阳极电极电位的增大而迅速增大，在此区间钝化了的金属又重新溶解，称为“超钝化现象”，这一区间称为超钝化区。对应于 $B$ 点的电流密度 $j_B$ 称为致钝电流密度，对应于 $C$ 点的 $j_C$ 称为维钝电流密度，$CD$ 段所对应的电位称为维钝电位。

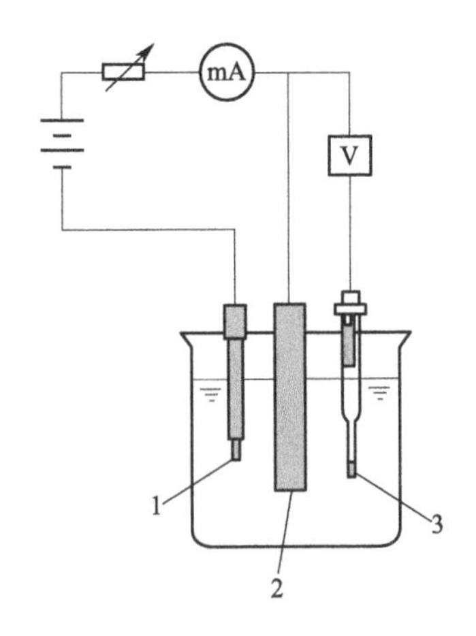


图 6-25　恒电位法测定金属钝化曲线示意

1—研究电极；2—辅助电极；3—参比电极

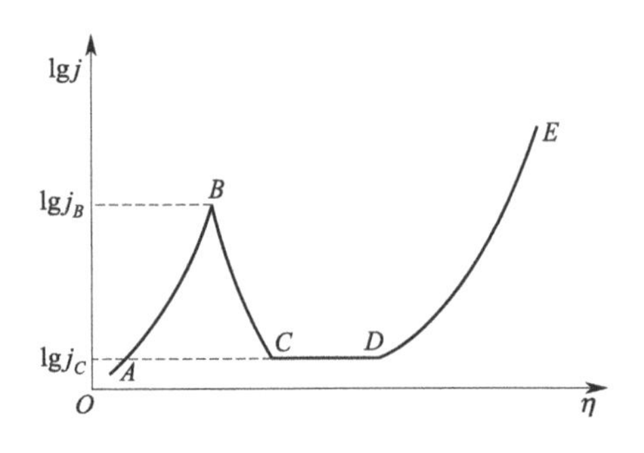


图 6-26　金属钝化曲线

## 三、实验用品

仪器：JH2X 型数字式恒电位仪（图 6-27）、电解槽、饱和硫酸亚汞电极（参比电极）、Pt 电极（辅助电极）、直径 9mm 的 Ni 电极（研究电极）等。

试剂：$H_2SO_4$ 溶液（0.05mol・$L^{-1}$）、丙酮等。

## 四、实验步骤

① 将镍电极表面用金相砂纸磨亮，随后用丙酮、去离子水洗净并测量其表面积。

② 在电解池内倒入约 60mL 0.05mol・$L^{-1}$ $H_2SO_4$ 溶液，按图 6-25 组装实验设备。

③ 接通恒电位仪电源（图 6-27），将恒电位仪上开关 K6 置于“准备位”（此时测量回路处于开路状态，$j=0$），K4 置于“恒电位”，K3 置于“20mA”，K5 置于“电位选择”，K2 置于“参比位”，打开恒电位仪电源开关，预热 15min。此时显示屏上所显示的数据即为参比电极（饱和硫酸亚汞电极）与研究电极（Ni）的开路电位 $E(0)$。待数据稳定下来后读取 $E(0)$值（0.6V 左右）。

④ 用静态法调节给定电位：将 K6 置于“准备位”，K2 置于“给定位”，K5 置于“电位选择”，K4 置于“恒电位”，调节“给定 1（W1）”“给定 2（W2）”，使显示屏的电位显示值等于 $E(0)$，然后将 K6 置于“工作位”，K5 置于“电流选择”，1min 后记下相应的电流值。（注：电流测量量程由 K3 调节，其量程由电流读数而定。）

⑤ 通过“给定 1”“给定 2”的调节使电位 $E(j)$值为 0.05V，1min 后记下 $E$（$j$）及与之对应的电流值，待给定电位减至－0.6V 左右后再每次减少 0.1V，直到电位值为－1.2V 为止。

⑥ 实验完毕，调节给定电位到 0.6V，K6 置于“准备位”，K3 置于“20mA”，K4 置于“恒电流位”，K5 置于“电位显示”后关闭电源，拆除三电极上的连接导线并测量镍电极的表面积，洗净电解池。

## 五、实验结果与数据处理

① 根据实验条件计算超电位 $\eta$。

② 计算电流密度 $j$，列表并描绘钝化曲线。

③ 根据钝化曲线确定镍在 $H_2SO_4$ 溶液中维钝电位的范围和维钝电流密度值。

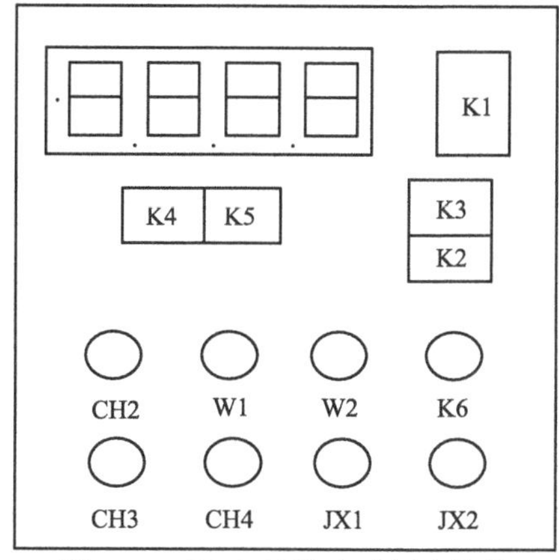


图 6-27　JH2X 型数字式恒电位仪

K1—电源开关；K2-给定/参比选择开关；K3-恒电位时极化电流测量量程开关；
K4-恒电流/恒电位转换开关；K5-电流/电位显示选择开关；K6-准备/工作；
W1、W2-给定电位调节按钮

## 六、注意事项

① 处于钝化状态的金属溶解速度是很小的。在金属的防腐蚀以及作为电镀的不溶性阳极时，金属的钝化正是人们所需要的，例如，将待保护的金属作为阳极，先使其表面在致钝电流密度下处于钝化状态，然后在很小的维钝电流密度下使金属保持在钝化状态，从而使其腐蚀速度大大降低，达到保护金属的目的。但是，在化学电源、电冶金和电镀中作为可溶性阳极时，金属的钝化就非常有害。

② 金属的钝化，除取决于金属本身的性质之外，还与腐蚀介质的组成和实验条件有关。例如，在酸性溶液和中性溶液中金属一般较易钝化；卤素离子，尤其是 $Cl^-$ 往往能大大延缓或防止钝化；氧化性离子如 $CrO_4^{2-}$，则可促进金属钝化；在低温下钝化比较容易；加强搅拌可阻碍钝化，等等。

③ 测定极化曲线除可采用恒电位法外，还可采用恒电流法（用恒电流仪）。其特点是在不同的电流密度下，测定对应的电极电位。但对金属钝化曲线，恒电流仪不能信任。因为从图 6-26 可知，在一个恒定的电流密度下会出现多个对应的电极电位，因而得不到一条完整的钝化曲线。恒电流仪主要用于研究表面不发生变化和不受扩散控制的电化学过程。

④ 极化曲线测定除应用于金属防腐蚀外，在电镀中有重要的应用。一般来说，能增加阴极极化的因素都可提高电镀层的致密性与光亮度。为此，通过测定不同条件的阴极极化曲线，可以选择理想的镀液组成、pH 以及电镀温度等工艺条件。

## 七、思考题

① 金属钝化的基本原理是什么？

② 测定极化曲线，为何需要三个电极？在恒电位仪中，电位与电流哪个是自变量？哪个是因变量？

③ 试说明实验所得金属钝化曲线各转折点的意义。

④ 能否用恒电流法测量金属钝化曲线？

# 实验 107　表面张力的测定

## 一、实验目的

掌握最大气泡法测定表面张力的原理和技术；通过对不同浓度乙醇溶液表面张力的测

定，加深对表面张力与表面吸附量的关系的理解。

## 二、实验原理

将毛细管插入液体中，若液体润湿毛细管，则液体沿毛细管上升。如毛细管处于如图6-28的体系中，打开滴液漏斗，系统的压力降低，毛细管内液面受到的压力大于系统的压力，系统存在压差。当压差达到形成气泡产生弯曲液面所需要的附加压力时，浸入液面下的毛细管末端有气泡形成。此附加压力与表面张力成正比，与气泡的曲率半径成反比，如毛细管末端与液面相切，则有如下关系式：

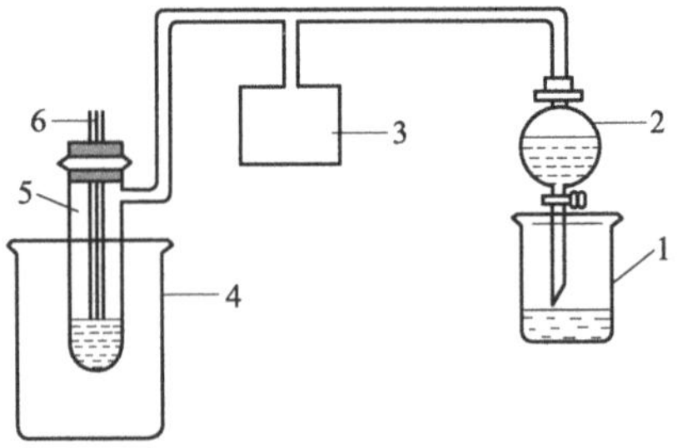

图6-28 最大气泡法测定表面张力的装置

1—烧杯；2—滴液漏斗；3—压力计；4—恒温装置；5—支管试管；6—毛细管

$$\Delta p = p_{大气} - p_{系统} = 2\sigma/R$$

式中，$\Delta p$ 为弯曲液面的附加压力；$\sigma$ 为液体的表面张力；$R$ 为气泡的曲率半径。

当 $R$ 与毛细管半径 $r$ 相同时，$\Delta p$ 最大，即：

$$\Delta p_{最大} = 2\sigma/r, \sigma = \Delta p_{最大}\ r/2$$

$\Delta p_{最大}$可以通过压力计测定，$r$ 可以用已知表面张力的标准物质来求得，本实验通过测定已知表面张力的纯水的 $\Delta p_{最大}$来确定 $r$，并测得不同浓度乙醇溶液的表面张力。

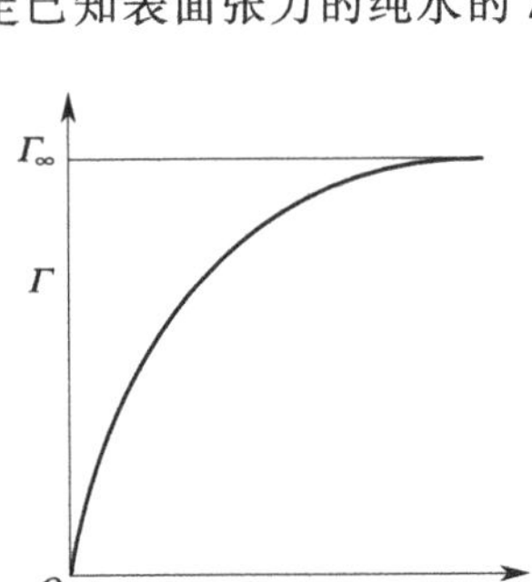


图6-29 吸附曲线

由于表面张力的存在，溶液中溶质在溶液表面层与内部的浓度不同。如溶质能降低表面张力，则溶质在表面层的浓度大于内部浓度，反正亦然。这种表面层浓度与内部浓度不同的现象称为表面吸附。在一定温度和压力下，溶质的表面吸附量与溶液的表面张力的变化和溶液浓度有关，它们之间的关系可用吉布斯（Gibbs）吸附等温线来描述（图6-29），在稀溶液中有：

$$\Gamma = -\frac{c}{RT}\left(\frac{\partial \sigma}{\partial c}\right)_T \tag{6-52}$$

## 三、实验用品

仪器：数字式微压差计（或U型压力计）、滴液漏斗、容量瓶等。

试剂：无水乙醇（分析纯）等。

## 四、实验步骤

① 待测样品的配制。用50mL容量瓶精确配制体积分数为5%、10%、20%、25%、30%、35%、40%、45%、50%的乙醇溶液，待测。

② 毛细管半径 $r$ 的测定。将洗净的支管试管和毛细管按图6-28所示连好，在滴液漏斗中装满水；加适量蒸馏水于试管中，调节毛细管使其端面与液面相切；打开滴液漏斗，使气泡从毛细管口逸出，调节气泡逸出的速度不超过每分钟20个，读出压力计上的最大压力差 $\Delta p$，重复3次，取平均值。读取蒸馏水的温度 $T$，从物理化学手册中查出 $T$ 时蒸馏水的 $\sigma$。计算毛细管的半径 $r$。

③ 待测样品表面张力的测定。用待测液洗净支管试管和毛细管后，加适量样品于支管试管中；按仪器常数的测定操作步骤，分别测定各待测样品的 $\Delta p$。

## 五、实验结果与数据处理

① 将实验数据及处理结果列于表6-14中。

**表 6-14 最大气泡法测定表面张力的实验数据**

温度_____℃；大气压_____kPa

| 乙醇浓度/(mol·L$^{-1}$) | | | | | | | | | | |
|---|---|---|---|---|---|---|---|---|---|---|
| $\Delta p$/Pa | | | | | | | | | | |
| $\sigma$/(N·m$^{-1}$) | | | | | | | | | | |
| 吸附量 $\Gamma$/(mol·m$^{-2}$) | | | | | | | | | | |

②以 $\sigma$ 为纵坐标，$c$ 为横坐标，作 $\sigma$-$c$ 图，并求出各浓度的 $\left(\frac{\partial \sigma}{\partial c}\right)_T$。

③ 由式(6-52) 计算各种不同浓度的 $\Gamma$ 值，以 $\Gamma$ 为纵坐标，$c$ 为横坐标，作 $\Gamma$-$c$ 图。

### 六、思考题

① 表面张力为什么必须在恒温条件下进行测定？温度变化对表面张力有何影响？为什么？

② 毛细管尖端为何要刚好接触液面？用最大气泡法测定表面张力时，为什么要取标准物质？

③ 本实验中，哪些因素将影响测定结果的准确性？

## 实验 108 溶液吸附法测定固体比表面

### 一、实验目的

用溶液吸附法测定颗粒活性炭的比表面；了解溶液吸附法测定比表面的基本原理；了解 721 型分光光度计的基本原理并熟悉其使用方法。

### 二、实验原理

比表面是指单位质量（或单位体积）的物质所具有的表面积，其数值与分散粒子大小有关。测定固体物质比表面的方法很多，常用的有 BET 低温吸附法、电子显微镜法和气相色谱法等，不过这些方法在测定时都需要复杂的装置或较长的时间。而溶液吸附法测定固体物质比表面的仪器简单，操作方便，还可以同时测定多个样品，因此常被采用。但溶液吸附法的测定结果有一定误差，其主要原因在于：吸附时非球形吸附层在各种吸附剂的表面取向并不一致，每个吸附分子的投影面积可以相差很远，所以溶液吸附法测得的数值应以其他方法校正。因此，溶液吸附法常用来测定大量同类样品的相对值，测定结果的误差一般为 10%左右。

水溶性染料的吸附已广泛应用于固体物质比表面的测定。在所有染料中，次甲基蓝具有最大的吸附倾向。研究表明，在大多数固体上，次甲基蓝吸附都是单分子层，即符合朗格缪尔型吸附。但当原始溶液浓度较高时，会出现多分子层吸附，而如果吸附平衡后溶液的浓度过低，则吸附又不能达到饱和，因此，原始溶液的浓度以及吸附平衡后溶液的浓度都应选在适当的范围内。本实验原始溶液浓度为 0.2%左右，平衡溶液浓度不小于 0.1%。

根据朗格缪尔单分子层吸附理论，当次甲基蓝与活性炭达到吸附饱和后，吸附与脱附处于动态平衡，这时次甲基蓝分子铺满整个活性粒子表面而不留下空位。此时吸附剂活性炭的比表面可按下式计算：

$$S_0=\frac{(C_0-C)G}{W}\times 2.45\times 10^6 \tag{6-53}$$

式中，$S_0$ 为比表面，m$^2$·kg$^{-1}$；$C_0$ 为原始溶液的质量分数，%；$C$ 为平衡溶液的质量分数，%；$G$ 为溶液的加入量，kg；$W$ 为吸附剂试样质量，kg；$2.45\times10^{6}$ 是 1kg 次甲基蓝可覆盖活性炭样品的面积，$m^{2}\cdot kg^{-1}$。

次甲基蓝阳离子大小$(1.70\times10^{-10})m\times(76\times10^{-10})m\times(325\times10^{-10})m$。次甲基蓝的吸附有三种趋向：平面吸附，投影面积为 $1.35\times10^{-18}m^{2}$；侧面吸附，投影面积为 $7.5\times10^{-19}m^{2}$；端基吸附，投影面积为 $39.5\times10^{-19}m^{2}$。对于非石墨型的活性炭，次甲基蓝可能不是平面吸附，也不是侧面吸附，而是端基吸附。根据实验结果推算，在单层吸附的情况下，1mg 次甲基蓝覆盖的面积可按 $2.45m^{2}$ 计算。

次甲基蓝分子的结构如下

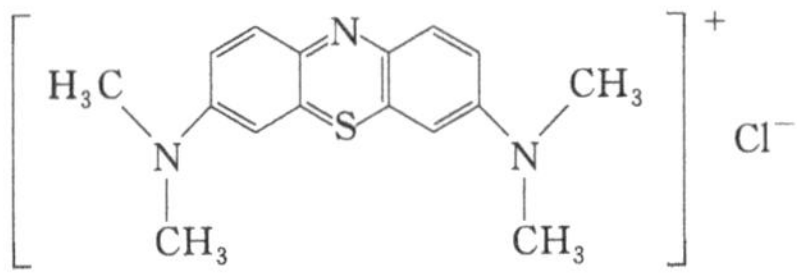

本实验溶液浓度的测量是借助于分光光度计来完成的。根据光吸收定律，当入射光为一定波长的单色光时，某溶液的吸光度与溶液中有色物质的浓度及溶液的厚度成正比，即

$$A=\lg(I_0/I)=Kcl \tag{6-54}$$

式中，$A$ 为吸光度；$I$ 为透射光强度；$I_0$ 为入射光强度；$K$ 为吸收系数；$c$ 为溶液浓度；$l$ 为溶液的光径长度。

一般说来，光的吸收定律适用于任何波长的单色光，但对于一个指定的溶液，在不同的波长下测得的吸光度不同。如果把波长 $\lambda$ 对吸光度 $A$ 作图，可得到溶液的吸收曲线，如图 6-30 所示。

为了提高测量的灵敏度，检测波长应选择在吸光度 $A$ 值最大时所对应的波长。对于次甲基蓝，本实验所用的检测波长为 665nm。

实验首先测定一系列已知浓度的次甲基蓝溶液的吸光度，绘出 $A$-$c$ 工作曲线，然后测定次甲基蓝原始溶液及平衡溶液的吸光度，再在 $A$-$c$ 曲线上查得对应的浓度值，代入式(6-53) 计算比表面。

## 三、实验用品

仪器：721 型分光光度计、磨口锥形瓶、移液管、容量瓶、瓷坩埚、马弗炉等。

试剂：次甲基蓝溶液（0.2%原始溶液、0.1%标准溶液）、石英粉。

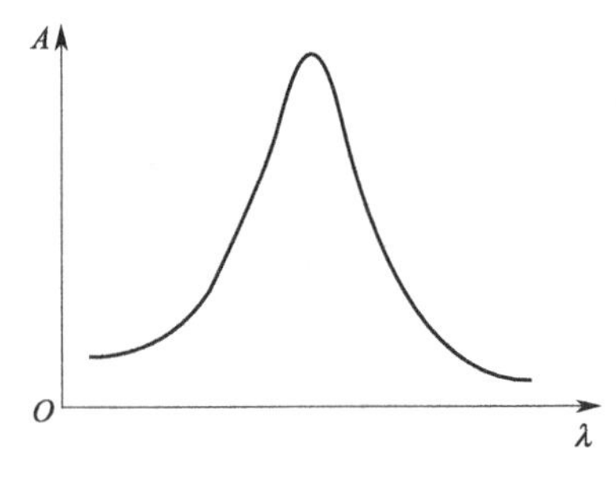

图 6-30　溶液吸收曲线

## 四、实验步骤

① 活化样品。将颗粒活性炭置于瓷坩埚中，放入马弗炉内于 500℃下活化 1h（或在真空烘箱中 300℃下活化 1h），然后放入干燥器中备用。

② 取两个带塞磨口锥形瓶，分别加入准确称量过的约 0.2g 的活性炭（两份尽量平行），再分别加入 50g（50mL）0.2%的次甲基蓝溶液，盖上磨口塞，轻轻摇动，其中一份放置 1h，即为配制好的平衡溶液，另一份放置一夜，待达到吸附平衡后，比较两份的测定结果。

③ 配制次甲基蓝标准溶液。用移液管分别量取 5mL、8mL、11mL 0.1%次甲基蓝标准溶液，置于 1000mL 容量瓶中，用蒸馏水稀释至 1000mL，即得到 $5\times10^{-6}mol\cdot L^{-1}$、$8\times10^{-6}mol\cdot L^{-1}$、$11\times10^{-6}mol\cdot L^{-1}$ 三种浓度的标准溶液。

④ 平衡溶液处理。取吸附平衡后溶液约 5mL，放入 1000mL 容量瓶中，用蒸馏水稀释至刻度。

⑤ 选择检测波长。对于次甲基蓝溶液，检测波长应选择 665nm，由于各台分光光度计波长略有差别，所以，实验者应自行选取检测波长。用 $5\times10^{-6}mol\cdot L^{-1}$ 标准溶液在 600～700nm 范围测量吸光度，以吸光度最大时的波长作为检测波长。

⑥ 测量溶液吸光度。以蒸馏水为空白溶液，分别测量 $5\times10^{-6}mol\cdot L^{-1}$、$8\times10^{-6}mol\cdot L^{-1}$、$11\times10^{-6}mol\cdot L^{-1}$ 三种浓度的标准溶液以及吸附前的原始溶液和吸附后的平衡溶液的吸光度。每个样品须测得三个有效数据，然后取平均值。

## 五、实验结果与数据处理

① 按表 6-15 所示记录数据。

**表 6-15　不同浓度的标准溶液对应的吸光度**

| 次甲基蓝溶液 | 吸光度 $A$ | | | |
|---|---|---|---|---|
| | 1 | 2 | 3 | 平均 |
| $5\times10^{-6}mol\cdot L^{-1}$ 标准溶液 | | | | |
| $8\times10^{-6}mol\cdot L^{-1}$ 标准溶液 | | | | |
| $11\times10^{-6}mol\cdot L^{-1}$ 标准溶液 | | | | |
| 吸附前的原始溶液 | | | | |
| 达到吸附平衡后的溶液 | | | | |

② 绘制工作曲线。将 $5\times10^{-6}mol\cdot L^{-1}$、$8\times10^{-6}mol\cdot L^{-1}$、$11\times10^{-6}mol\cdot L^{-1}$ 三种浓度的标准溶液的吸光度对溶液浓度作图，即得一工作曲线。

③ 求次甲基蓝原始溶液浓度 $c_0$ 及吸附平衡后溶液浓度 $c$。

④ 根据前面的公式计算活性炭的比表面。

## 六、思考题

① 为什么次甲基蓝原始溶液浓度要选在 0.2%左右，吸附后的次甲基蓝溶液浓度要在 0.1%左右？若吸附后溶液浓度太低，在实验操作方面应如何改动？

② 用分光光度计测定次甲基蓝溶液浓度时，为什么要将溶液稀释到 1/1000000 浓度才进行测量？

③ 如何才能加快吸附平衡的速度？

④ 吸附作用与哪些因素有关？

# 实验 109　黏度法测定高聚物分子量

## 一、实验目的

测定聚乙二醇的分子量；掌握用伍氏黏度计测定黏度的方法。

## 二、实验原理

高聚物在稀溶液中的黏度是它在流动过程所存在的内摩擦的反映，内摩擦的总和以 $\eta$ 表示，纯溶剂的黏度以 $\eta_0$ 表示，为了比较这两种黏度，引入增比黏度 $\eta_{sp}$：

$$\eta_{sp}=(\eta-\eta_0)/\eta_0=\eta/\eta_0-1=\eta_r-1$$

式中，$\eta_r$ 为相对黏度。

因黏度与溶液的浓度有关，从而引入比浓黏度的概念，以 $\eta_{sp}/c$ 表示，又定义 $\ln\eta_r/c$ 为比浓对数黏度，$c$ 的单位通常为 $g\cdot mL^{-1}$。当溶液无限稀释时，比浓黏度趋于一个极限值，即

$$\lim_{c\to 0}\eta_{sp}/c=[\eta]$$

根据实验，在足够稀的溶液中，有

$$\eta_{sp}/c=[\eta]+k[\eta]^2c$$

$$\ln\eta_r/c=[\eta]-\beta[\eta]^2c$$

这样以 $\eta_{sp}/c$ 及 $\ln\eta_r/c$ 对 $c$ 作图得两条直线，这两条直线在纵坐标轴上相交于同一点，可求得［$\eta$］的数值。为了绘图方便，引进相对浓度 $c'$，即 $c'=c/c_1$，其中，$c$ 为溶液的真实浓度，$c_1$ 为溶液的起始浓度，由 $\eta_{sp}/c'$ 及 $\ln\eta_r/c'$ 对 $c'$ 作图可知，［$\eta$］$=A/c_1$，其中 $A$ 为截距。再由半经验的 Mark-Houwink 方程来求得高聚物分子量，即

$$[\eta]=KM^{\alpha}$$

式中，$M$ 为高聚物的分子量；$K$、$\alpha$ 为常数，与温度有关，35℃时，聚乙二醇的 $K=6.88\times10^{-2}$，$\alpha=0.64$。

根据泊塞勒公式：$\eta=K'\rho t$，则溶液的相对黏度

$$\eta_r=\eta/\eta_0=\frac{K'\rho t}{K'\rho_0 t_0}\approx\frac{t}{t_0}$$

由此可见，由黏度法测高聚物分子量，最基础的测定是 $t_0$、$t$、$c$，实验的成败和准确度取决于测量液体所流经的时间的准确度、配制溶液浓度的准确度和恒温槽的恒温程度、安装黏度计的垂直位置的程度以及外界的震动等因素。

黏度法测定高聚物分子量时，要注意以下几点：

a. 溶液浓度的选择　通常选用 $\eta_r=1.2\sim2.0$ 所对应的浓度范围；

b. 溶剂的选择　要考虑其溶解度、价格、来源、沸点、分解性和回收等方面的因素；

c. 恒温槽的温度波动为±0.05℃；

d. 黏度测定中异常现象的近似处理　当以 $\eta_{sp}/c'$-$c'$ 和以 $\ln\eta_r/c'$-$c'$ 作图，且两条直线的截距不相同时，以 $\eta_{sp}/c'$-$c'$ 的截距来求［$\eta$］。

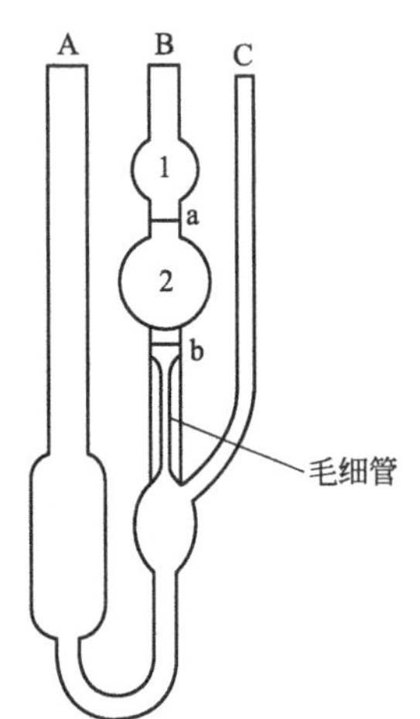

图 6-31　伍氏黏度计
1，2—球；a，b—刻度线；
A、B、C—管身

## 三、实验用品

仪器：恒温槽、伍氏黏度计、停表等。

试剂：聚乙二醇、正丁醇等。

## 四、实验步骤

① 高聚物溶液的配制。称取 2g 聚乙二醇放入 50mL 烧杯中，注入约 30mL 蒸馏水，稍稍加热使溶解。待冷至室温，加入 1 滴正丁醇，并移入 50mL 容量瓶中，定容至刻度。

② 安装黏度计。黏度计必需干净、干燥，在侧管 C（图 6-31）上端套一软胶管，用夹子夹紧使之不漏气。调节恒温槽至 35℃，把黏度计垂直放入恒温槽中，使球 1 完全浸没在水中，调节搅拌马达至合适的速度，以免产生剧烈震动，影响测定结果。

③ 溶剂流出时间 $t_0$ 的测定。用移液管取 10mL 蒸馏水由 A 管（图 6-31）注入黏度计中。待恒温后，将溶剂吸至球 1 中，然后除去 C 管的夹子，让溶剂依靠重力自由流下。当液面达到刻度 a 时，开始计时，当液面下降到刻度 b 时，再按停表。记录溶剂流经毛细管的时间 $t_0$。重复三次，每次相差不超过 0.2s，取其平均值。

④ 溶液流出时间的测定。取 2.5mL 配制好的聚乙二醇溶液加入黏度计中，用洗耳球将溶液反复抽吸至球 1 内几次，使混合均匀，测定 $c'=1/5$ 的流出时间 $t_1$，然后再依次加入

1mL、1.5mL、5mL 聚乙二醇溶液，配成相对浓度分别为 7/27、1/3、1/2 的溶液，并分别测定流出时间（$t_2$、$t_3$、$t_4$）。每个数据重复三次，取平均值。实验完毕，黏度计应洗净，然后倒置使其晾干。

## 五、实验结果与数据处理

① 将实验数据记录于表 6-16 中。

**表 6-16　黏度法测定聚乙二醇分子量的实验数据**

| | | 流出时间 | | | | $\eta_r$ | $\eta_{sp}$ | $\eta_{sp}/c'$ | $\ln\eta_r$ | $\ln\eta_r/c'$ |
|---|---|---|---|---|---|---|---|---|---|---|
| | | 测 1 | 测 2 | 测 3 | 平均值 | | | | | |
| 溶液 | $c'=1/5$ | | | | | | | | | |
| | $c'=7/27$ | | | | | | | | | |
| | $c'=1/3$ | | | | | | | | | |
| | $c'=1/2$ | | | | | | | | | |

② 作 $\eta_{sp}/c'$-$c'$ 和 $\ln\eta_r/c'$-$c'$ 图，并外推至 $c'=0$，从截距求出 $[\eta]$。

③ 由 $[\eta]=KM^{\alpha}$ 式求出聚乙二醇的分子量 $M$。

## 六、思考题

① 特性黏度 $[\eta]$ 是怎样测定的？为什么 $\lim\limits_{c\to 0}\dfrac{\eta_{sp}}{c}=\lim\limits_{c\to 0}\dfrac{\ln\eta_r}{c}$？

② 分析实验成功与失败的原因。

# 实验 110　液体饱和蒸气压的测定

## 一、实验目的

明确液体饱和蒸气压的定义及气液两相平衡的概念；掌握用静态法测定异丙醇在不同温度下的饱和蒸气压；了解蒸气压与温度的关系，并学会用作图法求液体的摩尔汽化热。

## 二、实验原理

在一定温度下，纯液体与其气相达到平衡时的压力，称为该温度下液体的饱和蒸气压。蒸发单位物质的量的液体所需的热量称为该温度下液体的摩尔汽化热。饱和蒸气压与温度的关系服从克拉贝龙方程式：

$$\frac{\mathrm{d}p}{\mathrm{d}T}=\frac{\Delta H}{T\Delta V} \tag{6-55}$$

式中，$p$ 为液体在温度 $T$ 时的饱和蒸气压；$\Delta H$ 为相变潜热；$\Delta V$ 为相变时体积的变化，该公式对任何纯物质的两相平衡都适用。

对于任何有气体参加的两相平衡，固体和液体的体积与气体相比，前者可忽略不计，式(6-55) 可以进一步简化。对于 1mol 物质的气液两相平衡，若视气体为理想气体，则有：

$$\frac{\mathrm{d}(\ln p)}{\mathrm{d}T}=\frac{\Delta_{vap}H_m}{RT^2} \tag{6-56}$$

式中，$\Delta_{vap}H_m$ 为摩尔汽化热；$R$ 为摩尔气体常数。

上式称为克劳修斯-克拉贝龙方程。

随着温度的增加，饱和蒸气压的值也会增大。当饱和蒸气压等于外界压力时，液体开始沸腾，此时对应的温度称为沸点。而饱和蒸气压恰为 101.325kPa 时，所对应的温度称为该液体的正常沸点。

在温度变化较小的范围内，$\Delta_{vap}H_m$ 可视为常数，对式(6-56) 积分可得：

$$\ln p=-\frac{\Delta_{\text{vap}}H_m}{RT}+C$$

式中，$C$ 为积分常数。若以 $\ln p$ 对 $1/T$ 作图应得一条直线，其斜率为：$-\Delta_{\text{vap}}H_m/R$

本实验采用静态法，即将样品放在一个封闭体系中，在不同温度下测定液体的饱和蒸气压。

## 三、实验用品

仪器：蒸气压测定装置、真空泵、恒温装置、温度计（0～100℃）等。

试剂：异丙醇等。

## 四、实验步骤

① 在平衡管中装入液体。先将洗好并经干燥的平衡管放入烘箱内烘热，以赶出管内部分空气，将液体自C管的管口注入，管子冷却后，部分液体可以流入D管。然后，将平衡管与抽气系统按图6-32接好。转动三通活塞A使其与大气隔离，和体系相通，打开三通活塞B使其与大气和体系均相通，开启真空泵，缓慢转动三通活塞B使其与系统相通，和大气隔绝。加热、抽气，使体系的压力减至4.000～5.333kPa（30～40mmHg）时，停止加热，旋转三通活塞B，使其与左边系统隔开和大气及缓冲瓶3相通，停泵，慢慢转动三通活塞A，使系统与大气相通，借大气压力将液体压入平衡管D处，液体灌入量为D管的2/3为宜。

② 检查漏气。实验前应先检查装置是否漏气，容易发生漏气的地方是各乳胶管接头处，以及各个活塞处。首先打开三通活塞B，转动三通活塞A使其与大气相隔，和体系相通，开启真空泵，缓慢转动三通活塞B，使其与系统相通，和大气隔绝。当系统压力降至26.66～39.99kPa（200～300mmHg）时，关闭三通活塞B，使系统封闭。数分钟后，观察水银压力计高度是否改变，若不变则说明不漏气，若发生变化则表明漏气，应仔细检查并处理后方可进行实验。在检查漏气的过程中，熟悉两个三通活塞A、B的开关方向。在停真空泵前，首先使泵与大气相通，再切断电源。

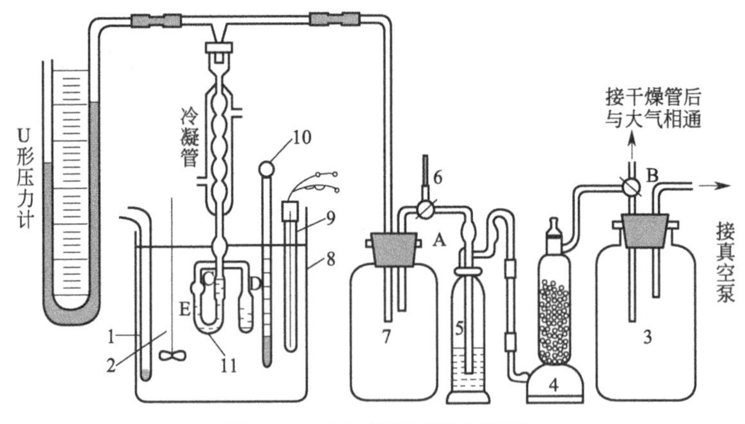


图6-32 饱和蒸气压测定装置

1—加热元件；2—搅拌器；3、7—缓冲瓶；4、5—干燥塔；6—毛细管；8—恒温槽；9—温度控制器件；10—温度计；11—平衡管；A、B—三通活塞

③ 驱逐空气。实验前须正确读取大气压和室温的数据。打开三通活塞B，使系统与大气相通；打开水龙头，冷凝管开始工作，然后进行加热和搅拌，调节恒温槽温度至所需温度；启动真空泵，缓慢转动三通活塞B使之与系统相通，与大气相隔；这时系统降压，平

衡管中E液面降低，C液面升高，同时有气泡从C中逸出，逸出速度以使气泡一个一个地逸出为宜（必要时调节三通活塞A，控制气泡逸出速度）；排气约需5min，使平衡管中D、E中的空气排出。转动三通活塞B使之与体系隔绝，与大气和泵相通，停泵，在该温度下恒温2min。

④ 不同温度下测定异丙醇的饱和蒸气压。停泵恒温2min后，转动三通活塞A使其内空气从毛细管口缓慢进入缓冲瓶，以调节C、E的液面在同一水平面（切勿使空气倒灌入D管），在2min内液面位置无变化时，读取压力计读数。重复三次，若三次的结果均在允许误差范围内，就可以进行下一次实验。

⑤ 由室温开始，测6～8个温度时的平衡蒸气压。一般第一个温度应高于室温2℃左右，然后每隔3～4℃选一个温度点进行测量，直到测到异丙醇正常沸点所对应的饱和蒸气压为止，停止实验。此时再读一次大气压值，与实验开始时读取的大气压值取平均值，作为实验室大气压。

## 五、实验结果与数据处理

① 将实验所得数据及处理结果列于表6-17。

**表6-17 液体饱和蒸气压测定的实验数据**

室温_____℃；大气压_____kPa

| 实验温度 | | 压力计读数/mm | | | 饱和蒸气压/kPa | $1/T$ | $\ln p$ |
|---|---|---|---|---|---|---|---|
| $t$/℃ | $T$/K | 左柱高 $h_1$ | 右柱高 $h_2$ | 高度差 $\Delta h$ | $p=p_{大气压}-\Delta h$ | | |
| | | | | | | | |

② 根据实验数据作 $\ln p$-$1/T$ 图，并从直线斜率求出异丙醇在实验温度范围内的平均摩尔汽化热。

## 六、思考题

① 为什么要赶净平衡管D、E中的空气？怎样用实验方法判断是否赶净？

② 在实验过程中为什么要防止空气倒灌？怎样防止？

③ 如何检查体系是否漏气？本实验所用的饱和蒸气压测定装置中各部件的作用是什么？

④ 通过实验说明影响蒸气压的因素有哪些。

# 实验111 偶极矩和介电常数的测定

## 一、实验目的

测定正丁醇的偶极矩，了解偶极矩与分子电性质的关系；掌握溶液法测定偶极矩的原理和方法。

## 二、实验原理

（1）偶极矩与极化度

分子呈电中性，但因空间构型的不同，正、负电荷中心可能重合，也可能不重合，前者称为非极性分子，后者称为极性分子，分子极性大小用偶极矩 $\mu$ 来度量，其定义为

$$\mu=gd \tag{6-57}$$

式中，$g$ 为正、负电荷中心所带的电荷量；$d$ 为正、负电荷中心间的距离。

偶极矩的SI单位是库［仑］米（C·m），而过去习惯使用的单位是德拜（D），1D＝$3.338\times10^{-30}$C·m。若将极性分子置于均匀的外电场中，分子将沿电场方向转动，同时还会发生电子云对分子骨架的相对移动和分子骨架的变形，称为极化。极化的程度用摩尔极化

度 $P$ 来度量。$P$ 是转向极化度（$P_{转向}$）、电子极化度（$P_{电子}$）和原子极化度（$P_{原子}$）之和，即

$$P=P_{转向}+P_{电子}+P_{原子} \tag{6-58}$$

其中

$$P_{转向}=\frac{4}{9}\pi N_A \frac{\mu^2}{KT} \tag{6-59}$$

式中，$N_A$ 为阿伏伽德罗（Avogadro）常数；$K$ 为玻尔兹曼（Boltzmann）常数；$T$ 为热力学温度。

由于 $P_{原子}$ 在 $P$ 中所占的比例很小，所以在不很精确的测量中可以忽略 $P_{原子}$，式(6-58) 可写成

$$P=P_{转向}+P_{电子} \tag{6-60}$$

只要在低频电场（$\nu<10^{10}\text{s}^{-1}$）或静电场中测得 $P$；在 $\nu\approx10^{15}\text{s}^{-1}$ 的高频电场（紫外可见光）中，由于极性分子的转向和分子骨架变形跟不上电场的变化，故 $P_{转向}=0$，$P_{原子}=0$，所以测得的是 $P_{电子}$。这样由式（6-60）可求得 $P_{转向}$，再由式(6-59) 计算 $\mu$。

通过测定偶极矩，可以了解分子中电子云的分布和分子对称性，判断几何异构体和分子的立体结构。

（2）溶液法测定偶极矩

所谓溶液法就是将极性待测物溶于非极性溶剂中进行测定，然后外推到无限稀释来测定偶极矩的方法。因为在无限稀释的溶液中，极性溶质分子所处的状态与它在气相时十分相近，此时分子的偶极矩（C·m）可按下式计算：

$$\mu=0.0426\times10^{-30}\sqrt{(P_2^\infty-R_2^\infty)T} \tag{6-61}$$

式中，$P_2^\infty$ 和 $R_2^\infty$ 分别表示无限稀释时极性分子的摩尔极化度和摩尔折射度（习惯上用摩尔折射度表示折射法测定的 $P_{电子}$）；$T$ 是热力学温度。

本实验是将正丁醇溶于非极性的环己烷中形成稀溶液，然后在低频电场中测量溶液的介电常数和溶液的密度求得 $P_2^\infty$；在可见光下测定溶液的 $R_2^\infty$，然后由式（6-61）计算正丁醇的偶极矩。

① 极化度的测定

无限稀释时，溶质的摩尔极化度 $P_2^\infty$ 的公式为

$$P=P_2^\infty=\lim_{x_2\to0}P_2=\frac{3\varepsilon_1\alpha}{(\varepsilon_1+2)^2}\times\frac{M_1}{\rho_1}+\frac{\varepsilon_1-1}{\varepsilon_1+2}\times\frac{M_2-\beta M_1}{\rho_1} \tag{6-62}$$

式中，$\varepsilon_1$、$\rho_1$、$M_1$ 分别是溶剂的介电常数、密度和分子量，其中密度的单位是 $\text{g}\cdot\text{cm}^{-3}$；$M_2$ 为溶质的分子量；$\alpha$ 和 $\beta$ 为常数，可通过稀溶液的近似公式求得。

$$\varepsilon_{溶}=\varepsilon_1(1+\alpha x_2) \tag{6-63}$$

$$\rho_{溶}=\rho_1(1+\beta x_2) \tag{6-64}$$

式中，$\varepsilon_{溶}$ 和 $\rho_{溶}$ 分别是溶液的介电常数和密度；$x_2$ 是溶质的物质的量分数。

无限稀释时，溶质的摩尔折射度 $R_2^\infty$ 的公式为

$$P_{电子}=R_2^\infty=\lim_{x_2\to0}R_2=\frac{n_1^2-1}{n_1^2+1}\times\frac{M_2-\beta M_1}{\rho_1}+\frac{6n_1^2M_1\gamma}{(n_1+2)^2\cdot\rho_1} \tag{6-65}$$

式中，$n_1$ 为溶剂的折射率；$\gamma$ 为常数，可由稀溶液的近似公式求得。

$$n_{溶}=n_1(1+\gamma x_2) \tag{6-66}$$

式中，$n_{溶}$ 是溶液的折射率。

② 介电常数的测定

介电常数 $\varepsilon$ 可通过测量电容来求算，因为

$$\varepsilon_{溶}=C_{溶}/C_0 \tag{6-67}$$

式中，$C_0$ 为电容器在真空时的电容；$C_{溶}$ 为充满待测液时的电容，由于空气的电容非常接近于 $C_0$，故式(6-67) 改写成

$$\varepsilon_{溶}=C_{溶}/C_0=C_{溶}/C_{空} \tag{6-68}$$

由于整个测试系统存在分布电容，当将电容池插在电容仪上测量时，所测的电容 $C'_{溶}$ 是溶质电容 $C_{溶}$ 和分布电容 $C_d$ 之和，即

$$C'_{溶}=C_{溶}+C_d \tag{6-69}$$

显然，为了求 $C_{溶}$ 首先就要确定 $C_d$ 值，方法是先测定无样品时空气的电溶 $C'_{空}$，则有

$$C'_{空}=C_{空}+C_d \tag{6-70}$$

再测定一已知介电常数（$\varepsilon_{标}$）的标准物质的电容 $C'_{标}$，则有

$$C'_{标}=C_{标}+C_d=\varepsilon_{标}\ C_{空}+C_d \tag{6-71}$$

由式(6-70) 和式(6-71) 可得

$$C_d=\frac{\varepsilon_{标}\ C'_{空}-C'_{标}}{\varepsilon_{标}-1} \tag{6-72}$$

将 $C_d$ 代入式(6-69) 和式(6-70) 即可求得 $C_{溶}$ 和 $C_{空}$，这样就可计算待测液的介电常数。

## 三、实验用品

仪器：精密电容仪、阿贝折光仪、超级恒温槽、电吹风、密度计、容量瓶（100mL)、滴管、移液管（5mL、10mL）等。

试剂：环己烷、正丁醇等。

## 四、实验步骤

① 配制溶液。用称量法配制正丁醇物质的量分数分别为 0.04、0.06、0.08、0.10 和 0.12 的五种正丁醇-环己烷溶液。

② 折射率的测定。在（25.0±0.1)℃条件下，用阿贝折光仪分别测定环己烷和 5 份溶液的折射率。

③ 密度的测定。在（25.0±0.1)℃条件下，用密度计分别测定环己烷和 5 份溶液的密度。

④ 电容的测定

a. 空气 $C'_{空}$ 的测定　测定前，先调节恒温槽温度为（25.0±0.1)℃。用电吹风的冷风将电容池的样品室吹干，盖上池盖，恒温 10min，测量电容值。重复测三次，取平均值。

b. 标准物质 $C'_{标}$ 的测定　向电容池样品室中加入环己烷至刻度线，盖上池盖。用测量 $C'_{空}$ 相同的步骤测定环己烷的 $C'_{标}$。已知环己烷的介电常数 $\varepsilon_{标}$ 与摄氏温度 $t$ 的关系，即

$$\varepsilon_{标}=2.023-0.0016(t-20) \tag{6-73}$$

c. 正丁醇-环己烷溶液 $C'_{溶}$ 的测定　将环己烷倒入回收瓶中。用冷风将样品室吹干后再测 $C'_{空}$，与前面所测的 $C'_{空}$ 值相差应小于 0.05pF，否则表明样品室存有残液，应继续吹干。然后装入溶液，同法测定 5 份溶液的 $C'_{溶}$。

## 五、实验结果与数据处理

① 将所测数据列表。

② 根据式（6-73）计算 $\varepsilon_{标}$。

③ 根据式（6-72）和式（6-70）计算 $C_d$ 和 $C_{空}$。

④ 根据式（6-69）和式（6-68）计算 $C_{溶}$ 和 $\varepsilon_{溶}$。

⑤ 分别作 $\varepsilon_{溶}$-$x_2$ 图，$\rho_{溶}$-$x_2$ 图和 $n_{溶}$-$x_2$ 图，由各图的斜率求 $\alpha$、$\beta$、$\gamma$。

⑥ 根据式(6-62）和式(6-65）分别计算 $P_2^{\infty}$ 和 $R_2^{\infty}$。

⑦ 最后由式(6-61）求算正丁醇的 $\mu$。

### 六、注意事项

① 每次测定前要用冷风将电容池吹干，并重测 $C'_{空}$，与原来的 $C'_{空}$ 值相差应小于0.05pF。严禁用热风吹样品室。

② 测 $C'_{溶}$ 时，操作应迅速，池盖要盖紧，防止样品挥发和吸收空气中极性较大的水汽。装样品的容量瓶也要随时盖严。

③ 注意不要用力扭曲电容仪连接电容池的电缆线，以免损坏。

### 七、思考题

① 本实验测定偶极矩时做了哪些近似处理?

② 准确测定溶质的摩尔极化度和摩尔折射率时，为何要外推到无限稀释?

③ 试分析实验中误差的主要来源，并分析如何改进?

## 实验 112　磁化率的测定

### 一、实验目的

掌握古埃（Gouy）法测定磁化率的原理和方法；测定三种配合物的磁化率，求算未成对电子数，判断其配键类型。

### 二、实验原理

（1）磁化率

物质在外磁场中，会被磁化并感生一附加磁场，其磁场强度 $H'$ 与外磁场强度 $H$ 之和称为该物质的磁感应强度 $B$，即

$$B=H+H'$$

$H'$ 与 $H$ 方向相同的称为顺磁性物质，相反的称为反磁性物质。还有一类物质如铁、钴、镍及其合金，$H'$ 比 $H$ 大得多（$H'/H$ 高达 $10^4$），而且附加磁场在外磁场消失后并不立即消失，这类物质称为铁磁性物质。

物质的磁化可用磁化强度 $I$ 来描述，$H'=4\pi I$。对于非铁磁性物质，$I$ 与外磁场强度 $H$ 成正比

$$I=KH$$

式中，$K$ 为物质的单位体积磁化率（简称磁化率），是物质的一种宏观磁性质。

在化学中常用单位质量磁化率 $\chi_m$ 或摩尔磁化率 $\chi_M$ 表示物质的磁性质，它的定义是

$$\chi_m=K/\rho$$

$$\chi_M=MK/\rho$$

式中，$\rho$ 和 $M$ 分别是物质的密度和摩尔质量。由于 $K$ 是无量纲的量，所以 $\chi_m$ 和 $\chi_M$ 的单位分别是 $cm^3 \cdot g^{-1}$ 和 $cm^3 \cdot mol^{-1}$。

磁感应强度的 SI 单位是特［斯拉］　（T），而过去习惯使用的单位是高斯(G)，$1T=10^4G$。

（2）分子磁矩与磁化率

物质的磁性与组成它的原子、分子或离子的微观结构有关，在反磁性物质中，由于电子自旋已配对，故无永久磁矩。但是内部电子的轨道运动，在外磁场作用下产生的拉摩运动，会感生出一个与外磁场方向相反的诱导磁矩，所以表示出反磁性。其 $\chi_M$ 就等于反磁化率 $\chi_{反}$，且 $\chi_M<0$。在顺磁性物质中，存在自旋未配对电子，所以具有永久磁矩。在外磁场中，永久磁矩顺着外磁场方向排列，产生顺磁性。顺磁性物质的摩尔磁化率 $\chi_M$ 是摩尔顺磁化率与摩尔反磁化率之和，即

$$\chi_M=\chi_{顺}+\chi_{反}$$

通常 $\chi_{顺}$ 比 $\chi_{反}$ 大1～3个数量级，所以这类物质总表现出顺磁性，其 $\chi_M>0$。顺磁化率与分子永久磁矩的关系服从居里定律：

$$\chi_{顺}=\frac{N_A\mu_m^2}{3kT} \tag{6-74}$$

式中，$N_A$ 为阿伏伽德罗常数；$k$ 为玻尔兹曼常数，$1.38\times10^{-16}\mathrm{erg\cdot K^{-1}}$；$T$ 为热力学温度，K；$\mu_m$ 为分子永久磁矩，$\mathrm{erg\cdot G^{-1}}$。

由此可得

$$\chi_M=\frac{N_A\mu_m^2}{3kT}+\chi_{反}$$

由于 $\chi_{反}$ 不随温度变化（或变化极小），所以只要测定不同温度下的 $\chi_M$，对 $1/T$ 作图，截距即为 $\chi_{反}$，由斜率可求 $\mu_m$。由于 $\chi_{反}$ 比 $\chi_{顺}$ 小得多，所以在不很精确的测量中可忽略 $\chi_{反}$，作近似处理

$$\chi_M=\chi_{顺}=\frac{N_A\mu_m^2}{3kT} \tag{6-75}$$

顺磁性物质的 $\mu_m$ 与未成对电子数 $n$ 的关系为

$$\mu_m=\mu_B\sqrt{n(n+2)}$$

式中，$\mu_B$ 是玻尔磁子，其物理意义是单个自由电子自旋所产生的磁矩。$\mu_B=9.273\times10^{-21}\mathrm{erg\cdot G^{-1}}=9.273\times10^{-28}\mathrm{J\cdot G^{-1}}=9.273\times^{-24}\mathrm{J\cdot T^{-1}}$。

(3) 磁化率与分子结构

式(6-74)将物质的宏观性质 $\chi_M$ 与微观性质 $\mu_m$ 联系起来。由实验测定物质的 $\chi_M$，根据式（6-75）可求得 $\mu_m$，进而计算未配对电子数 $n$。这些结果可用于研究原子或离子的电子结构，判断配合物分子的配键类型。

配合物分为电价配合物和共价配合物。电价配合物中心离子的电子结构不受配位体的影响，基本上保持自由离子的电子结构，靠静电库仑力与配位体结合，形成电价配键。在这类配合物中，含有较多的自旋平行电子，所以是高自旋配位化合物。共价配合物则以中心离子空的价电子轨道接受配位体的孤对电子，形成共价配键，这类配合物形成时，往往发生电子重排，自旋平行的电子相对减少，所以是低自旋配位化合物。例如，$Co^{3+}$ 的外层电子结构为 $3d^6$，在配离子 $[CoF_6]^{3-}$ 中形成电价配键，电子排布为

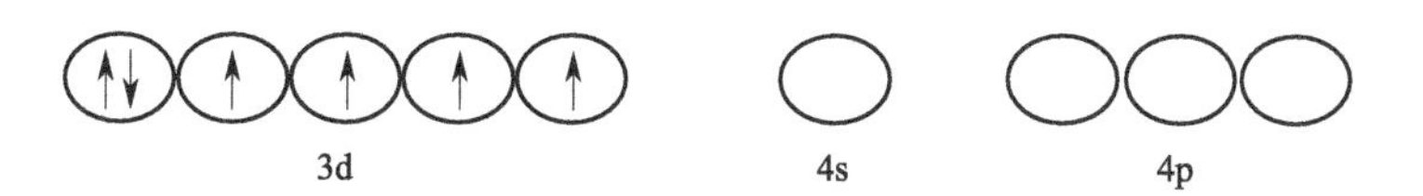


此时，未配对电子数 $n=4$，$\mu_m=4.9\mu_B$。$Co^{3+}$ 以上面的结构与6个 $F^-$ 以静电力相吸引，形成电价配合物。而 $CO^{3+}$ 在 $[Co(CN)_6]^{3-}$ 中则形成共价配键，其电子排布为

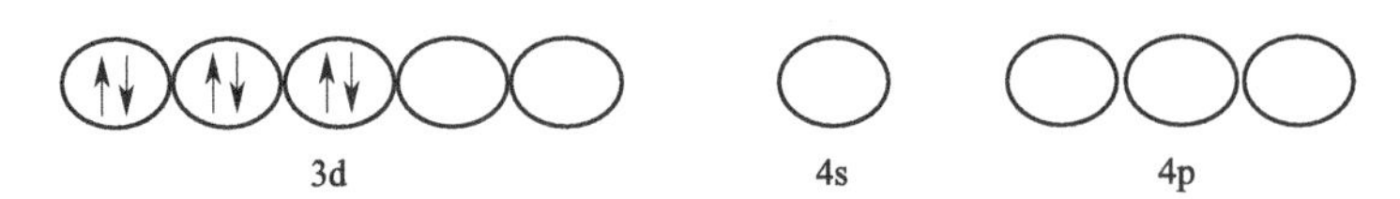


此时，$n=0$，$\mu_m=0$。$Co^{3+}$将6个电子集中在3个3d轨道上，6个$CN^-$的孤对电子进入$Co^{3+}$的六个空轨道，形成共价配合物。

(4) 古埃法测定磁化率

古埃磁天平如图6-33所示。天平左臂悬挂一样品管，管底部处于磁场强度最大的区域（$H$），管顶端则位于磁场强度最弱（甚至为零）的区域（$H_0$）。

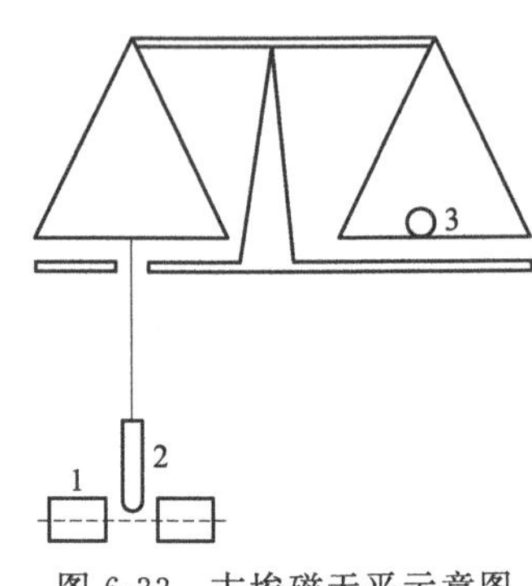

图 6-33 古埃磁天平示意图
1—磁铁；2—样品管；3—电光天平

整个样品管处于不均匀磁场中。设圆柱形样品管的截面积为$A$，沿样品管长度方向上$dz$长度的体积$A dz$在非均匀磁场中受到的作用力$dF$为

$$dF = KAH \frac{\partial H}{\partial z} dz$$

式中，$K$为体积磁化率；$H$为磁场强度；$\partial H/\partial z$为场强梯度。

积分上式得

$$F = \frac{1}{2}(K - K_0)(H^2 - H_0^2)A$$

式中，$K_0$为样品周围介质的体积磁化率（通常是空气，$K_0$值很小）。

如果$K_0$可以忽略，且$H_0=0$时，整个样品受到的力为

$$F = \frac{1}{2}KH^2A$$

在非均匀磁场中，顺磁性物质受力向下，所以增重；而反磁性物质受力向上，所以减重。测定时在天平右臂加减砝码使之平衡。设$\Delta m$为施加磁场前后的称量差，则

$$F = \frac{1}{2}KH^2A = g\Delta m$$

由于$K=\frac{\chi_m \rho}{M}$，$\rho=\frac{m}{hA}$，代入上式得

$$\chi_M = \frac{2(\Delta m_{空管+样品} - \Delta m_{空管})ghM}{mH^2} \tag{6-76}$$

式中，$\Delta m_{空管+样品}$为样品管加样品后在施加磁场前后的称量差，g；$\Delta m_{空管}$为空样品管在施加磁场前后的称量差，g；$g$为重力加速度，取值为980cm·s$^{-2}$；$h$为样品高度，cm；$M$为样品的摩尔质量，g·mol$^{-1}$；$m$为样品的质量，g；$H$为磁极中心磁场强度，G。

在精确的测量中，通常用莫尔氏盐来标定磁场强度，它的单位质量磁化率与温度的关系为

$$\chi_m = \frac{9500}{T+1} \times 10^{-6}$$

## 三、实验用品

仪器：古埃磁天平（包括电磁铁、电光天平、励磁电源）、特斯拉计、软质玻璃样品管、样品管架、直尺、角匙、广口试剂瓶、小漏斗等。

试剂：莫尔氏盐 $(NH_4)_2SO_4 \cdot FeSO_4 \cdot 6H_2O$、$FeSO_4 \cdot 7H_2O$、$K_3Fe(CN)_6$、$K_4Fe(CN)_6 \cdot 3H_2O$ 等。

## 四、实验步骤

（1）磁极中心磁场强度的测定

① 用特斯拉计测量

按说明书校正好特斯拉计，将霍尔变送器探头平面垂直放入磁极中心处，接通励磁电源，调节“调压旋钮”，逐渐增大电流至特斯拉计表头示值为350mT，记录此时励磁电流值 $I$。以后每次测量都要控制在同一励磁电流下，使磁场强度相同，在关闭电源前应先将励磁电流降至零。

② 用莫尔氏盐标定

a. 取一干净的空样品管悬挂在磁天平左臂挂钩上，样品管应与磁极中心线平齐，注意样品管不要与磁极相触。准确称取空管的质量 $m_{空管}$（$H=0$），重复称取三次取其平均值。接通励磁电源，调节电流为 $I$。记录加磁场后空管的称量值 $m_{空管}$（$H=H$），重复三次取其平均值。

b. 取下样品管，将莫尔氏盐通过漏斗装入样品管中，边装边在橡胶垫上碰击，使样品均匀填实，直至装满，继续碰击至样品高度不变为止，用直尺测量样品高度 $h$。用与①中相同步骤称取 $m_{空管+样品}$（$H=0$）和 $m_{空管+样品}$（$H=H$），测量完毕将莫尔氏盐倒入试剂瓶中。

（2）测定未知样品的摩尔磁化率 $\chi_M$

同法分别测定 $FeSO_4 \cdot 7H_2O$、$K_3Fe(CN)_6$ 和 $K_4Fe(CN)_6 \cdot 3H_2O$ 的 $m_{空管}$（$H=0$）、$m_{空管}$（$H=H$）、$m_{空管+样品}$（$H=0$）和 $m_{空管+样品}$（$H=H$）。

## 五、实验结果与数据处理

① 将所测数据列于表 6-18 中。

**表 6-18　古埃法测定磁化率的实验数据**

| 样品名称 | $m_{空管}$/g ($H=0$) | $m_{空管}$/g ($H=H$) | $\Delta m_{空管}$/g | $m_{空管+样品}$/g ($H=0$) | $m_{空管+样品}$/g ($H=H$) | $\Delta m_{空管+样品}$/g | $m_{样品}$/g | 样品高度/cm |
|---|---|---|---|---|---|---|---|---|
| | | | | | | | | |

② 根据实验数据计算外加磁场强度 $H$。

③ 计算三个样品的摩尔磁化率 $\chi_M$、永久磁矩 $\mu_m$ 和未配对电子数 $n$。

④ 根据 $\mu_m$ 和 $n$ 讨论配合物中心离子最外层电子结构和配键类型。

⑤ 根据式（6-76）计算测量 $FeSO_4 \cdot 7H_2O$ 的摩尔磁化率的最大相对误差，并指出哪一种直接测量对结果的影响最大？

## 六、注意事项

① 所测样品应研细。

② 样品管一定要干净。当 $\Delta m_{空管}=m_{空管}(H=H)-m_{空管}(H=0)>0$ 时，表明样品管不干净，应立即更换。

③ 装样时不要一次加满，应分次加入，边加边碰击、填实后，再加再填实，尽量使样品紧密、均匀。

④ 挂样品管的悬线不要与任何物体接触。

⑤ 加外磁场后，应检查样品管是否与磁极相碰。

## 七、思考题

① 本实验在测定 $\chi_M$ 时做了哪些近似处理？

② 为什么要用莫尔氏盐来标定磁场强度？

③ 样品的填充高度和密度对测量结果有何影响？

# 实验 113　联机测定 B-Z 化学振荡反应

## 一、实验目的

了解 Belousov-Zhabotinsky 反应（简称 B-Z 反应）的基本原理；掌握一般化学振荡反应的研究方法，初步认识体系在远离平衡态下的复杂行为。

## 二、实验原理

化学振荡反应是指在化学反应过程中，某些反应中间物的浓度或其他反应参数（如温度、压力、热效应、表面张力等）随时间或空间位置作周期性变化的特殊化学反应，属于远离平衡态下体系出现的自组织现象。它类似于钟表的周期性，所以又称为“化学钟”。化学振荡作为非平衡、非线性现象的典型实例引起了越来越多的化学家和生物学家的重视。

体系在远离平衡态下，由于本身的非线性动力学机制而产生宏观时空有序结构，Prigogine 等人称其为耗散结构（dissipative structure）。最经典的耗散结构是 B-Z 体系的时空有序结构，B-Z 体系是指由溴酸盐、有机物在酸性介质中，在有（或无）金属离子催化剂催化下构成的体系。它是由苏联科学家 Belousov 发现，后经 Zhabotinsky 发展而得名的。

1972 年，R. j. Field，E. Körös，R. M. Noyes 等人认为：体系中存在着两个受 $Br^-$ 浓度控制的过程 A 和 B；当 $Br^-$ 浓度高于临界浓度 $[Br^-]_{临}$ 时，发生 A 过程，当 $Br^-$ 浓度低于 $[Br^-]_{临}$ 时，发生 B 过程。也就是说，$Br^-$ 浓度起着开关作用，它控制着 A 过程到 B 过程，再由 B 过程到 A 过程的转变。在 A 过程中，由于化学反应 $Br^-$ 浓度降低，当 $Br^-$ 浓度达到 $[Br^-]_{临}$ 时，B 过程发生；在 B 过程中，$Br^-$ 再生，$Br^-$ 浓度增加，当 $Br^-$ 浓度达到 $[Br^-]_{临}$ 时，A 过程发生。这样，体系就在 A 过程、B 过程间往复振荡。下面以 $BrO_3^-$-$Ce^{4+}$-MA-$H_2SO_4$ 体系为例说明。

当 $Br^-$ 浓度足够高时，发生下列 A 过程：

$$BrO_3^- + Br^- + 2H^+ \xrightarrow{k_1} HBrO_2 + HOBr \tag{6-77}$$

$$HBrO_2 + Br^- + H^+ \xrightarrow{k_2} 2HOBr \tag{6-78}$$

其中反应(6-77) 是速率控制步骤，当达到准稳态时，有

$$[HBrO_2] = \frac{k_1}{k_2}[BrO_3^-][H^+]$$

当 $Br^-$ 浓度低时，发生下列 B 过程，$Ce^{3+}$ 被氧化：

$$BrO_3^- + HBrO_2 + H^+ \xrightarrow{k_3} 2BrO_2 + H_2O \tag{6-79}$$

$$BrO_2 + Ce^{3+} + H^+ \xrightarrow{k_4} HBrO_2 + Ce^{4+} \tag{6-80}$$

$$2HBrO_2 \xrightarrow{k_5} BrO_3^- + HOBr + H^+ \tag{6-81}$$

反应(6-79) 是速率控制步骤，反应经（6-79）（6-80）将自催化产生两分子 $HBrO_2$。当达到准稳态时，有

$$[HBrO_2] = \frac{k_3}{2k_5}[BrO_3^-][H^+]$$

由反应（6-78）和反应（6-79）可以看出：$Br^-$ 和 $BrO_3^-$ 是竞争 $HBrO_2$ 的，当 $k_2[Br^-]$

$>k_3[BrO_3^-]$ 时，自催化过程（6-79）不可能发生。自催化是B-Z振荡反应中必不可少的步骤，否则该振荡不能发生，$Br^-$ 的临界浓度为

$$[Br^-]_{临}=\frac{k_3}{k_2}[BrO_3^-]\approx 5\times 10^{-6}[BrO_3^-]$$

$Br^-$ 的再生可通过下列过程实现：

$$4Ce^{4+}+BrCH(COOH)_2+H_2O+HOBr \xrightarrow{k_6} 2Br^-+4Ce^{3+}+3CO_2+6H^+ \quad (6\text{-}82)$$

该体系的总反应为

$$3H^++3BrO_3^-+5CH_2(COOH)_2 \xrightarrow{Ce^{3+}} 3BrCH(COOH)_2+4CO_2+5H_2O+2HCOOH$$

振荡的控制物种是 $Br^-$。

由上述可见，产生化学振荡需满足三个条件。

a. 反应必须远离平衡态——化学振荡只有在远离平衡态，具有很大的不可逆程度时才能发生。在封闭体系中振荡是衰减的，在敞开体系中，振荡可以长期持续。

b. 反应历程中应包含有自催化的步骤　产物之所以能加速反应，因为是自催化反应，如A过程中的产物 $HBrO_2$ 同时又是反应物。

c. 体系必须有两个稳态存在，即具有双稳定性。

化学振荡体系的振荡现象可以通过多种方法观察到，如观察溶液颜色的变化，测定吸光度随时间的变化，测定电势随时间的变化等。

本实验通过测定离子选择性电极上的电势（$U$）随时间（$t$）变化的 $U$-$t$ 曲线来观察B-Z反应的振荡现象，同时测定不同温度对振荡反应的影响。根据 $U$-$t$ 曲线，得到诱导期（$t_{诱}$）。由于诱导期的长短与反应速率成反比，即 $\frac{1}{t_{诱}}=Ae^{(-E_{诱}/RT)}$，可得 $\ln\frac{1}{t_{诱}}=-\frac{E_{诱}}{RT}+C$，从而计算出表观活化能 $E_{诱}$。

## 三、实验用品

仪器：精密数字电压测量仪、磁力搅拌器、217型甘汞电极（用 $1mol\cdot L^{-1}$ 硫酸作液接）等。

试剂：丙二酸（分析纯）、硫酸铈铵（分析纯）、硫酸（分析纯）、溴酸钾（优级纯）等。

## 四、实验步骤

① 用 $1mol\cdot L^{-1}$ 硫酸作217型甘汞电极液。

② 按图6-34连接好仪器，打开超级恒温水浴，将温度调节至（25±0.1)℃。

③ 配制 $0.45mol\cdot L^{-1}$ 丙二酸溶液250mL、$0.25mol\cdot L^{-1}$ 溴酸钾溶液250mL、$3.00mol\cdot L^{-1}$ 硫酸溶液250mL，在 $0.2mol\cdot L^{-1}$ 硫酸介质中配制 $0.004mol\cdot L^{-1}$ 的硫酸铈铵溶液250mL。

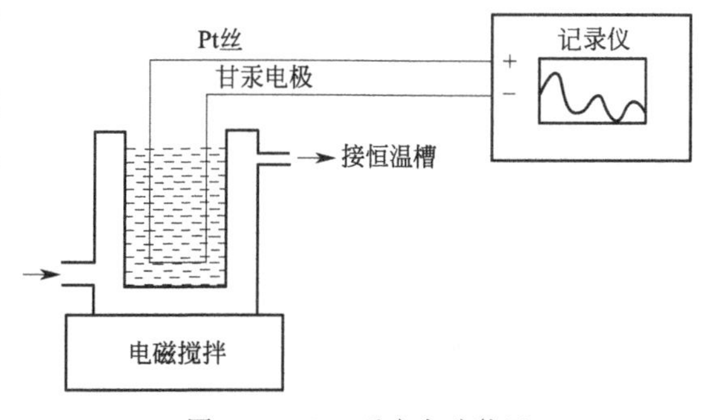

图6-34　B-Z反应实验装置

④ 在反应器中加入已配好的丙二酸溶液、溴酸钾溶液、硫酸溶液各15mL。

⑤ 打开磁力搅拌器，调节合适速度。

⑥ 将精密数字电压测量仪置于分辨率为“0.1mV”挡（即电压测量仪的2V挡），

且为手动状态，甘汞电极接负极，铂电极接正极。

⑦ 恒温 5min 后加入硫酸铈铵溶液 15mL，观察溶液的颜色变化，同时开始计时并记录相应的电势变化。

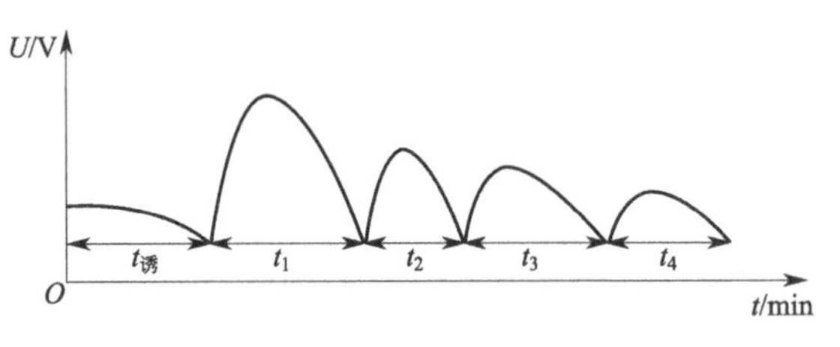


图 6-35 B-Z 反应的电势振荡曲线

⑧ 电势变化首次到最低时，记下时间 $t_{诱}$。

⑨ 用上述方法将温度设置为 30℃、35℃、40℃、45℃、50℃，重复实验。

## 五、实验结果与数据处理

① 测量诱导期（$t_{诱}$）和周期随温度的变化。振荡的诱导期和周期的定义如图 6-35 所示。从加入硫酸铈铵到振荡开始定义为 $t_{诱}$，振荡开始后每个周期依次定义为 $t_1$，$t_2$，…，$t_n$。

② 根据 $t_{诱}$ 与 $T$ 的数据（表 6-19），作 $\ln\left(\frac{1}{t_{诱}}\right)-\frac{1}{T}$ 图，由直线的斜率求出表观活化能 $E_{诱}$。同理，求出 $E_{振}$。

**表 6-19 化学振荡反应的实验数据**

| $T$/K | $t_{诱}$/s | $\ln\left(\frac{1}{t_{诱}}\right)$ | $\left(\frac{1}{T}\right)$/$K^{-1}$ |
|---|---|---|---|
| | | | |
| | | | |
| | | | |

## 六、思考题

① 观察电势曲线与颜色和电势值的对应关系，分析铂电极记录的电势。曲线主要反映哪个电对电势的变化？试说明理由。

② 对 $\ln\left(\frac{1}{t_{诱}}\right)-\frac{1}{T}$ 图得出的直线进行分析，对诱导期中进行的反应有何推测？试说明理由。

③ 影响诱导期和振荡周期的主要因素有哪些？

④ 本实验用的试剂怎样回收利用？

# 第二节 综合性实验

## 实验 114 乳液聚合法合成聚丙烯酸酯乳液

### 一、实验目的

通过聚丙烯酸酯乳液的合成理解乳液聚合的基本组分及各组分的作用；掌握乳液聚合的机理及其工业应用。

### 二、实验原理

乳液聚合（Emulsion Polymerization）：在机械搅拌下，借助乳化剂的作用，单体在水中分散形成乳液状态，由引发剂引发进行的聚合反应。

根据乳胶粒的数目和是否存在单体液滴，可以把乳液聚合分为三个阶段。乳胶粒数在第一阶段不断增加，第二、三阶段恒定，单体液滴存在于第一、二阶段，第三阶段则消失。

(1) 第一阶段（乳胶粒生成期，成核期）

水相中产生的自由基扩散到胶束中，进行引发、增长，不断形成乳胶粒，同时，水相中单体也可引发聚合，吸附乳化剂分子形成乳胶粒。当第二个自由基进入乳胶粒时，发生终止。随着聚合的进行，乳胶粒内单体不断消耗，液滴中单体溶入水相，不断向乳胶粒扩散补充，以保持乳胶粒内单体浓度恒定，因此单体液滴数并不减少，只是体积不断缩小。随着聚合的进行，乳胶粒体积不断增大。为保持稳定，必须从溶液中吸附更多的乳化剂分子，缩小的单体液滴上的乳化剂分子也不断补充吸附到乳胶粒上。当水相中乳化剂浓度低于临界胶束浓度，又称 CMC（Critical Micelle Concentration）时，未成核的胶束变得不稳定，将重新分散于水中，最后未成核胶束消失。

第一阶段是成核阶段，体系中含有单体液滴、胶束、乳胶粒三种粒子。乳胶粒数不断增加，单体液滴数不变，但体积不断缩小，聚合速率在这个阶段不断增加。未成核的胶束全部消失是这一阶段结束的标志。该阶段时间较短。转化率可达 2%～15%，与单体种类有关。水溶性较大的单体，达到恒定乳胶粒数的时间短、转化率低。反之，则时间长、转化率高。从开始引发直到胶束消失为止，整个阶段聚合速率递增。

(2) 第二阶段（恒速阶段）

胶束消失后，乳胶粒数恒定，单体液滴仍起着仓库的作用，不断向乳胶粒提供单体。引发、增长、终止不断地在乳胶粒内进行，乳胶粒体积不断增大，最后可达 50～150nm。从增溶胶束成核开始，直到最终的乳胶粒体积增加几百上千倍。由于乳胶粒数恒定，乳胶粒内单体浓度恒定，故聚合速率恒定，直到单体液滴消失为止。在这个阶段，也可能由于凝胶效应，聚合速率有加速现象。

这一阶段体系中含有乳胶粒和单体液滴两种粒子，自胶束消失开始，到单体液滴消失为止。第二阶段结束时的转化速率也与单体种类有关。单体水溶性大，单体溶胀聚合物程度大的，转化率低，因为单体液滴消失得早。例如氯乙烯在此阶段的转化率可达 70%～80%，苯乙烯、丁二烯为 40%～50%，甲基丙烯酸甲酯为 25%，乙酸乙烯酯仅 15%。

(3) 第三阶段（降速期）

单体液滴消失后，乳胶粒内继续进行引发、增长、终止，直到单体完全转化。但由于单体无补充来源，聚合速率随乳胶粒内单体浓度下降而下降。

## 三、实验用品

仪器：顶置式数显机械搅拌器、聚四氟乙烯搅拌桨、聚四氟乙烯搅拌塞、两孔水浴锅、四口烧瓶、磨口玻璃塞、球形冷凝管、温度计、恒压滴液漏斗、橡胶塞、打孔器、锥形瓶、烧杯、玻璃棒。

试剂：甲基丙烯酸甲酯、丙烯酸丁酯、苯乙烯、辛烷基酚聚氧乙烯醚、十二烷基苯磺酸钠、过硫酸铵、碳酸氢钠。

## 四、实验步骤

① 分别称取 0.4g 辛烷基酚聚氧乙烯醚、0.3g 十二烷基苯磺酸钠和 0.2g 碳酸氢钠于 100mL 烧杯中，加入 50mL 蒸馏水溶解，然后倒入四口烧瓶内。

② 称取 0.4g 过硫酸铵于 50mL 烧杯中，加入 20mL 纯净水溶解，然后倒入其中一个滴液漏斗内。

③ 依次量取丙烯酸丁酯 18mL、甲基丙烯酸甲酯 10mL、苯乙烯 5mL 于另一个滴液漏

斗中，摇匀。安装两液漏斗和冷凝管，将四口烧瓶移入水浴锅内，再分别滴加部分引发剂和混合单体于四口烧瓶中，加热搅拌，控制转速在 180～250r·min$^{-1}$。

④待水浴锅内的温度计升温到 70℃（小于 80℃）后，注意观察四口烧瓶内的现象。当瓶内出现蓝色荧光后，开始以一定速率滴加引发剂和单体。在滴加过程中，为了防止单体反应速度过快，要保持瓶内的蓝色荧光一直不消失且没有明显的回流现象，等滴加完后，升温到 85℃使单体反应完全，约 5h 直到瓶壁上没有回流时，降温，冷却到室温出料。

### 五、思考题

① 简述乳液聚合的组分及作用。聚丙烯酸酯乳液合成中的主要影响因素有哪些？

② 乳液聚合反应的聚合机制是什么？

③ 乳液聚合反应在工业生产中有哪些应用？

## 实验 115 悬浮聚合法合成聚苯乙烯粒子

### 一、实验目的

通过悬浮聚合实验理解悬浮聚合的基本组分及各组分的作用；掌握悬浮聚合的机制及其工业应用。

### 二、实验原理

悬浮聚合（Suspension Polymerization）是指溶有油溶性引发剂的单体在分散剂保护和机械搅拌作用下以液珠状悬浮分布在分散介质中的聚合反应，包括四大主要组分：组分一是油溶性引发剂，组分二是单体，组分三是分散剂，组分四是分散介质。根据聚合产物是否溶于单体，可以把悬浮聚合细分为珠状和粉状悬浮聚合。如聚苯乙烯可以溶于苯乙烯单体，苯乙烯单体经过悬浮聚合反应得到的产物是规整的、透明度高的球形颗粒，所以苯乙烯的悬浮聚合又称为珠状悬浮聚合；聚氯乙烯不能溶于氯乙烯单体，氯乙烯经过悬浮聚合得到的聚合产物是不透明的粉末状，因此氯乙烯的悬浮聚合又称为粉状悬浮聚合。悬浮聚合通常以水为分散介质，无毒、成本低、产物分离很容易实现；聚合体系黏度较低、反应体系传热较好、温度控制精确、产品性能质量稳定；无链转移反应、聚合物的分子量较高。由于悬浮聚合具有这些独特的优势，被广泛地应用于工业大生产中聚苯乙烯基材料、聚甲基丙烯酸甲酯等聚合物的合成。

经典的珠状悬浮聚合反应一般是溶有油溶性引发剂的单体在搅拌剪切力和分散剂的作用下分裂为小液滴悬浮在分散介质（通常是水）中，单体小液滴之间的分裂和聚并速率随着聚合时间而变化。升高聚合温度使得引发剂分解为自由基引发单体聚合，聚合反应发生在单体小液滴内部。随着单体转化率增加，单体小液滴聚合单元的黏度增大，打破了分裂与聚并平衡，导致单体小液滴聚合单元聚并增加，使得单体小液滴粒径增大。当单体转化率达到 30%～50%时，聚合着的小液珠软而且呈胶状，此时小液珠的黏度很大，若出现两两碰撞聚并，则很难使其分开，而且会出现继续与其他粒子聚并的趋势，变成大块团聚体即暴聚现象，该阶段是粒子黏性聚并阶段。当单体转化率达到 60%～80%时，粒子变硬，粒子大小基本恒定，此时悬浮聚合体系基本稳定，不会发生暴聚现象，需要继续反应使得单体转化完全，粒子完全硬化。

### 三、实验用品

仪器：顶置式数显机械搅拌器、聚四氟乙烯搅拌桨、聚四氟乙烯搅拌塞、两孔水浴锅、四口烧瓶、磨口玻璃塞、球形冷凝管、温度计、小烧杯。

试剂：苯乙烯、过氧化苯甲酰、无水硫酸钠、聚乙烯醇、活性磷酸钙、十二烷基苯磺酸钠、蒸馏水。

## 四、实验步骤

① 水系辅料。依次向带有冷凝管和机械型搅拌的四口烧瓶中加入80mL水、0.14g活性磷酸钙、0.30g无水硫酸钠、0.02%十二烷基苯磺酸钠水溶液10mL、4%聚乙烯醇水溶液10mL，机械搅拌转速为200r·$min^{-1}$，预分散10min。

② 油系辅料。称取20g苯乙烯单体、0.24g过氧化苯甲酰，将其加到上述四口烧瓶中，搅拌预分散10min，缓慢升温至81℃，转速200r·$min^{-1}$，并通过不断取样观察粒子的长势及大小，通过补加TCP调节粒径以达到理想尺寸，待粒子取样下沉时升高温度至85℃继续反应使粒子熟化变硬，停止反应。

③ 洗涤。将得到的粒子用水冲洗多次，洗去表面的磷酸钙粉体，室温晾干。

④ 产率。将粒子摊开在表面皿中，室温干燥后，称重计算产率。

## 五、思考题

① 简述悬浮聚合的组分及各组分的作用。聚苯乙烯粒子合成中的主要影响因素有哪些？

② 悬浮聚合反应的聚合机制是什么？

③ 悬浮聚合反应在工业生产中有哪些应用？

# 实验116　4-烷基溴苯的合成

## 一、实验目的

掌握酰氯的制备方法；掌握傅克酰基化反应和黄鸣龙还原反应的原理和方法；掌握合成中无水操作的基本技术。

## 二、实验原理

$$C_nH_{2n+1}COOH \xrightarrow{SOCl_2} C_nH_{2n+1}COCl + HCl\uparrow + SO_2\uparrow$$

$$C_nH_{2n+1}COCl + C_6H_5\text{—}Br \xrightarrow[CH_2Cl_2]{AlCl_3} C_nH_{2n+1}\text{—}\overset{O}{\overset{\|}{C}}\text{—}C_6H_4\text{—}Br$$

$$C_nH_{2n+1}\text{—}\overset{O}{\overset{\|}{C}}\text{—}C_6H_4\text{—}Br \xrightarrow[(HOCH_2CH_2)_2O]{NH_2\text{-}NH_2,KOH} C_nH_{2n+1}\text{—}CH_2\text{—}C_6H_4\text{—}Br$$

## 三、实验用品

仪器：博立叶变换红外光谱仪、数字显示显微熔点测定仪、电热恒温鼓风干燥箱、集热式加热磁力搅拌器、循环水式真空泵、三口烧瓶等。

试剂：烷基羧酸（正丙酸、正戊酸、正己酸、正庚酸）、溴苯、三氯化铝、氯化钾、分子筛、浓盐酸、无水乙醇、氯化亚砜、无水氯化钙、无水硫酸钠、石油醚、氢氧化钠、二氯甲烷、碳酸钠（10%）、水合肼（85%）、一缩二乙二醇、二甲亚砜等。

## 四、实验步骤

(1) 烷基酰氯的合成

在装有磁力搅拌、加热回流和无水氯化钙干燥装置及尾气吸收装置的250mL三口烧瓶中加入 20mL 氯化亚砜和 0.2mol 烷基羧酸。开动搅拌并加热，此时会有大量气体产生，将逸出气体用尾气吸收装置（10g 氢氧化钠＋100mL 水）吸收。反应液加热回流 3h 后，停止加热、将回流装置改成减压蒸馏装置，收集产品，计算产率。

（2）酰基溴苯的合成

在装有回流冷凝管（上接无水氯化钙干燥管）、100mL 恒压滴液漏斗、酒精温度计（注意密封）的 250mL 三口烧瓶中加入 16g（0.1mol）的溴苯（分子筛干燥过）、16.1g（0.12mol）三氧化铝（尽量小粒或粉状）、25mL 二氯甲烷（分子筛干燥过），同步开动搅拌，并用冰盐浴降温到 3℃以下，滴加 0.1mol 自制的烷基酰氯，滴加过程中控制反应温度在 10℃以下，反应液颜色由橙黄色慢慢变成棕绿色。

滴加结束后，停止搅拌，将反应溶液倒入 10mL 浓盐酸和约 100g 冰的混合溶液中，搅拌水解 10～15min，再倒入分液漏斗内进行分液，取下层液体（有机相），水层用 15mL 二氯甲烷萃取 2 次，合并有机相，并用 100mL 水洗涤 2 次，再用 10％碳酸钠水溶液 20mL 洗一次，最后用 100mL 水洗涤 2 次至中性，静置 15min，分尽水层；有机层用 3g 无水硫酸钠干燥 3h 以上。滤出干燥剂，蒸去滤液中二氯甲烷溶剂，再用减压蒸馏抽气 30min，得到粗产品。

在 100mL 广口锥形瓶中，将粗产品用 30mL 无水乙醇加热溶解，密封后放入冰箱中冷冻结晶（或保持 0℃放置 4h 结晶），得酰基溴苯（注意如果有分层现象，可加入少量石油醚，或重新加热澄清）。计算产率。

（3）4-烷基溴苯的合成（黄鸣龙还原反应）

在装有磁力搅拌子、温度计（注意密封，以免水合肼挥发）和加热回流装置的 250mL 三口烧瓶内加入 0.1mol 自制的酰基溴苯、15mL 水合肼（85％）、25mL 一缩二乙二醇，加热回流 10h。将反应装置改成蒸馏装置，蒸馏水分和没有反应的水合肼至反应液相温度不低于 160℃。

蒸馏完水合肼后，再将反应液冷却至 120℃以下，向烧瓶内加入 2g 氢氧化钾和 3mL 二甲亚砜（DMSO），保持蒸馏装置不变。加热（140～170℃）搅拌蒸馏 10h。注意：当温度为 140℃时出现大量气泡（氮气），随着反应进行，控制温度从 140℃不断升高直到 170℃左右，没有气体出现，继续加热搅拌直到 10h 为止，停止加热。

待反应液冷却至 100℃左右，停止搅拌，将反应液倒入 100mL 水和 10mL10％的盐酸混合液中，搅拌 5min，将反应液倒入分液漏斗进行萃取分离，水层用 20mL 石油醚萃取 2 次，有机层用 100mL 水洗涤 3 次至中性，再用 2g 无水硫酸钠干燥 3h，滤除干燥剂，蒸去滤液中溶剂石油醚（集中并回收再用），再用减压蒸馏抽气 30min，得到粗产品。粗产品集中进行减压蒸馏，得到烷基溴苯，称重并计算产率。

## 五、注意事项

① 酰氯的制备和傅-克酰基化反应中有氯化氢和二氧化硫气体产生，一定要使用气体吸收装置。

② 本实验的温度控制极其重要，否则将导致大量副产物产生，影响产物纯度。

## 六、思考题

① 在傅-克酰基化反应中为什么要求严格的无水条件？

② 黄鸣龙还原反应中为什么要加入氢氧化钾？

③ 黄鸣龙还原反应的主要用途是什么？该反应与 Zn-Hg/HCl 条件下的还原反应相比，有哪些优势？

## 实验117 酪氨酸酶的提取及其催化活性研究

### 一、实验目的

认识生物体中酶的存在和催化作用，使学生了解生物体系中在酶存在下的合成或分解与普通的有机合成的相同和不同之处，认识一些生物化学过程的特殊性；掌握生物活性物质的提取和保存方法，学会使用仪器分析手段研究催化反应特别是生物化学体系中催化过程的基本思想和方法。

### 二、实验原理

在实验室里，复杂的有机物合成与分解往往要求在高温、强酸、强碱、减压等剧烈条件下才能进行。而在生物体内，虽然条件温和（常温、常压和接近中性的溶液等），许多复杂的化学反应却进行得十分顺利和迅速，而且基本没有副产物，其根本原因就是生物催化剂——酶的存在。

酶是具有催化作用的蛋白质。按照酶的组成，可将其分为两类：简单蛋白质，其活性仅决定于它的蛋白质结构，如脲酶、淀粉酶等；结合蛋白质，这种酶需要加入非蛋白质组分（称之为辅助因子）后，才能表现出酶的活性。酶蛋白质与辅助因子结合形成的复合物称为全酶。例如，酪氨酸酶就是以 $Cu^{+}$ 或 $Cu^{2+}$ 为辅助因子的全酶。辅助因子虽然本身无催化作用，但参与氧化还原或起运载酰基载体的作用。若将全酶中的辅助因子除去，则酶就失去了活性。

通常把被酶作用的物质称为该酶的底物。一种酶催化特定的一个或一类底物的反应，具有很高的选择性和灵敏度，因而引起了广大分析工作者的兴趣。目前，酶已作为一种分析试剂得到应用，特别是在生化、医学方面。例如，一些生命物质和液体中的特殊有机成分，用其他方法测定有困难，用酶法分析却有其独到之处。

本实验拟通过从土豆中提取酪氨酸酶并测定其活性，使同学们对酶有初步的了解。当土豆、苹果、香蕉、蘑菇受损伤时会显棕色，这是由于土豆、苹果等含有酪氨酸和酪氨酸酶。酶存于物质内部，当内部物质暴露出来后，在空气中的氧参与下，发生了如下所示的一系列反应，生成黑色素。

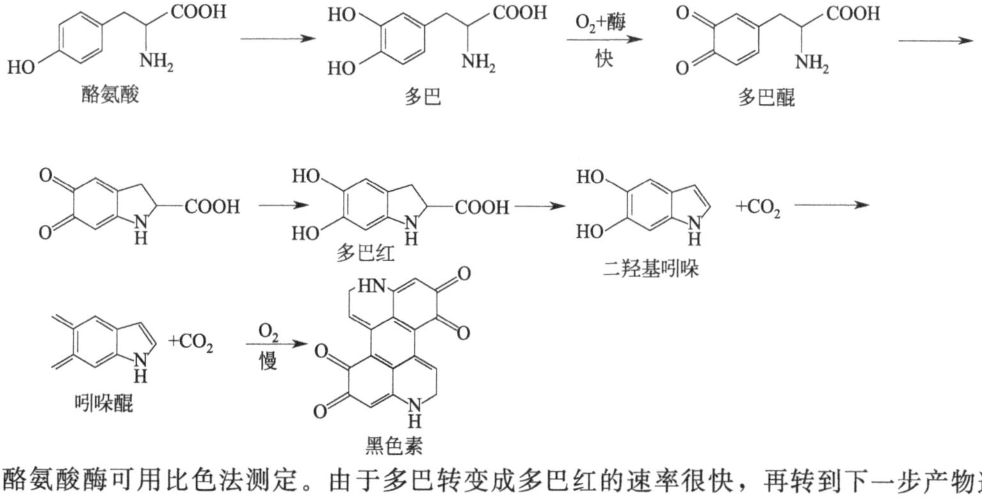

酪氨酸 → 多巴 →($O_2$+酶，快) 多巴醌 → 多巴红 → 二羟基吲哚 $+CO_2$ → 吲哚醌 $+CO_2$ →($O_2$，慢) 黑色素

酪氨酸酶可用比色法测定。由于多巴转变成多巴红的速率很快，再转到下一步产物速率慢得多，故可在酶存在下，测定多巴转变为多巴红的速率，从而测定酶的活性。可用吸光度对时间作图，从所得的直线斜率求酶的活性。

酶的活性计算：一般定义在优化条件下（pH、离子强度等），25℃时在 1min 内转化

1$\mu$mol 底物所需要的量为酶的活性单位。通过下式可计算出所用的酶的活性：

$$a=\frac{\Delta A}{\varepsilon t V}\times 10^6$$

式中，$a$ 为所用溶液的酶的活性；$\Delta A$ 为最大吸收处吸光度的变化；$t$ 为时间，$\varepsilon$ 为多巴红的摩尔吸收系数，$V$ 为加入的酶体积。

进而计算出所用原料中的酶的活性：

$$U=aV_0/m$$

式中，$U$ 为原料中酶的活性；$V_0$ 为原料所得的酶溶液的总体积；$m$ 为原料总质量。

## 三、实验用品

仪器：分光光度计、离心机、水浴、秒表、比色管等。

试剂：多巴（二羟基苯丙氨酸）、$Na_2HPO_4$（0.20mol·$L^{-1}$）、HCl（0.1mol·$L^{-1}$）、Sephadex 柱、土豆（或苹果）等。

## 四、实验步骤

（1）溶液配制

0.10mol·$L^{-1}$ 磷酸缓冲溶液（pH＝7.2）：50mL 0.20mol·$L^{-1}$ $Na_2HPO_4$ ＋8mL 0.1mol·$L^{-1}$ HCl，稀释到 200mL。

0.10mol·$L^{-1}$ 磷酸缓冲溶液（pH＝6.0）：50mL 0.20mol·$L^{-1}$ $Na_2HPO_4$ ＋22mL 0.1mol·$L^{-1}$ HCl，稀释到 200mL。

0.010mol·$L^{-1}$ 多巴溶液：称取 0.197g 多巴，用 pH＝6.0 的磷酸缓冲溶液溶解并稀释到 100mL。

（2）酶的提取

在研钵中放入 10g 切碎了的土豆，加入 7.5mL pH＝7.2 的磷酸缓冲溶液，用力挤压。用两层纱布滤出提取液，立即离心分离（约 3000r·$min^{-1}$，5min）。倾出上层清液，保存于冰浴或冰箱中。提取液为棕色，在放置过程中不断变黑。有条件的话，可以经 Sephadex 柱进一步纯化。

（3）多巴红溶液吸收光谱的测定

取 2.5mL 上述提取液，用 pH＝7.2 的磷酸缓冲液稀释至 10mL 比色管中，摇匀。取 0.4mL 已稀释过的土豆提取液，加 2.6mL pH＝6.0 的磷酸缓冲液。加 2mL 多巴溶液，摇匀。反应约 10min 后，使用 1cm 比色池于扫描分光光度计上进行重复扫描，即可获得多巴红的吸收光谱。若使用自动扫描分光光度计，可从混合开始以时间间隔为 1min 进行连续扫描，可以观察到吸光度随时间变化的现象。确定最大吸收波长 $\lambda_{max}$

（4）酶的活性测量

取 0.1mL 稀释过的提取液于 10mL 比色管中，加入 2.9mL pH＝6.0 的磷酸缓冲溶液，再加入 2mL 多巴溶液，同时开始计时，用分光光度计在 $\lambda_{max}$ 处测定吸光度。开始 6min 内每分钟读 1 个数，以后隔 2min 读 1 个数，直至吸光度变化不大为止。

取 0.2mL、0.3mL、0.4mL 已稀释过的提取液重复上述实验。注意总体积为 5mL，每次换溶液洗比色皿只能倒很少量溶液洗 1 次。

以吸光度对时间作图，从直线斜率求出酶的活性。

## 五、实验结果与数据处理

（1）绘制不同酶加入量的动力学曲线

以吸光度为纵坐标，时间为横坐标，可得出在加入酶的作用下，多巴的转换动力学过程，再由直线部分得出转换速率，即为酶的活性。依次得出不同提取液的活性，比较不同体积的提取液加入后相同量的多巴的转换速率。

（2）酶的活性计算

将不同体积提取液的实验结果填入表 6-20，计算出原料中酶的活性。

表 6-20 酶活性的测定

| 已稀释的提取液体积/mL | $(\frac{\Delta A}{t})/min^{-1}$ | 原提取液活性/$(U \cdot mL^{-1})$ | 原料活性/$(U \cdot g^{-1})$ |
|---|---|---|---|
| 0.10 | | | |
| 0.20 | | | |
| 0.30 | | | |
| 0.40 | | | |

（3）影响酶的活性的因素研究

取 0.40mL 稀释过的提取液，在沸水浴中加热 5min，冷却后配成测定溶液，观察现象。

取 0.40mL 稀释过的提取液，加少量固体 $Na_2S_2O_3$ 配成测定溶液，观察现象。

取 0.40mL 稀释过的提取液，加少量固体 $Na_2EDTA$ 振荡混合，反应一段时间后，配成测定溶液，观察现象。

### 六、思考题

① 酶的活性受何种条件影响？

② 提取物在放置过程中为何会变黑？

③ 经热处理后酶的活性为何显著降低？

## 实验 118 硅铝酸钠沸石分子筛的制备及其物性测定

### 一、实验目的

通过分子筛的制备及其物性测定，了解分子筛制备的一般方法和物性测定的实验技术；独立设计并完成分子筛的制备及物性测定，培养和提高综合应用实验技术和解决问题的能力。

### 二、实验原理

分子筛本是一种新型的高效能和高选择性的吸附剂。但近年来，分子筛作为催化剂和催化剂的载体，已广泛应用于石油炼制和化学工业中。

分子筛又称沸石，是一类天然或人工合成的含碱金属或碱土金属元素的硅铝酸盐微孔结晶体。硅铝酸盐分子筛的化学组成一般可用以下通式来表示：

$$M_{x/n}[(AlO_2)_x(SiO_2)_y] \cdot zH_2O$$

式中，M 为可交换的阳离子；$n$ 为阳离子的价态；$x$、$y$ 和 $z$ 分别为铝氧四面体 [$AlO_4$] 的个数、硅氧四面体 [$SiO_4$] 的个数和所含水分子的数目。

分子筛组成中 $SiO_2$ 的含量不同，或者说 $n_{SiO_2}/n_{Al_2O_3}$ 的比值不同，可形成不同类型的分子筛。各种类型分子筛中 $SiO_2$ 的数目如下：

A 型，$y=2$；X 型，$y=2.1\sim3.0$；Y 型，$y=3.1\sim5.0$；丝光沸石：$y=9\sim11$。

当 $SiO_2$ 含量不同时，分子筛的性质如耐酸性、热稳定性等也不同。不仅如此，不同类型的分子筛其晶体结构也不同，由此各分子筛表现出自己所独有的性质。

分子筛的组成单元是硅（铝）氧四面体（图 6-36）。硅氧四面体和铝氧四面体按一定的方式通过共用顶点的氧而连接在一起，可以形成的环状、链状或笼状骨架。在同样形状的骨架中，由于四面体的数目不同，则所成的形状、大小也各不相同，如四个四面体形成一个四元环，六个四面体形成一个六元环（图 6-37）。环的当中是一个孔，不同的环则有不同的孔径。在某一型号的分子筛中，不完全是由一种环组成，这样同一型号的分子筛可有不同的孔径。

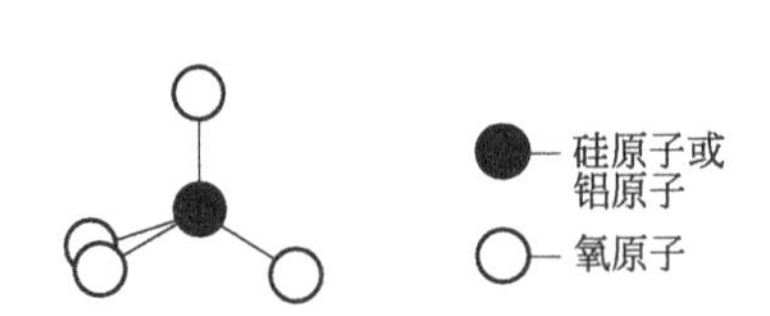


图 6-36　硅（铝）氧四面体

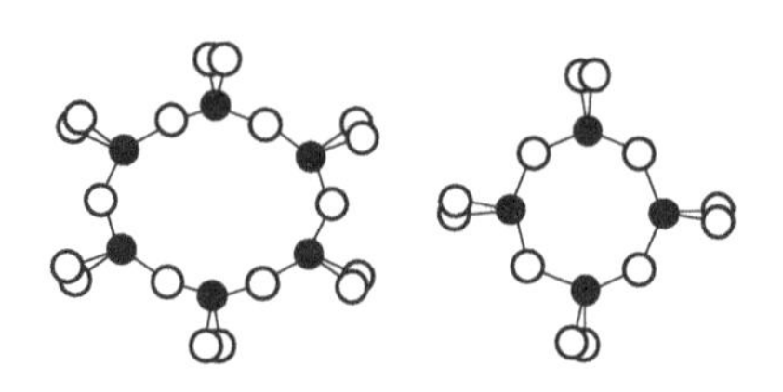

图 6-37　四元环和六元环

分子筛中的四面体中 Si 是＋4 价的，而 Al 是＋3 价的，它们与氧配位，构成负电性的四面体。这样，整个硅氧铝骨架是带负电荷的，为此必须吸附阳离子以保持电中性平衡。通常合成分子筛时，在骨架中每个铝四面体的附近携带一个 $Na^+$，使整个分子筛保持电中性。这样，分子筛结构中的 Na 和 Al 的原子数应该是相同的。

分子筛中硅氧四面体和铝氧四面体连接成的孔道结构是规则而均匀的，这些孔道直径为分子大小的数量级。通常这些孔道内被吸附水和结晶水所占据，加热脱水后的分子筛就可以吸附直径比它小的分子，分子筛的孔道具有非常大的内表面，由于晶体晶格的特点而具有高度的极性，因而对极性分子和可极化分子具有较强的吸附能力，这样就可以按吸附能力的大小对某些物种进行选择性分离。分子筛骨架结构上所携带的 $Na^+$ 具有离子交换性能，为适合分子筛的各种不同用途，常把它交换成其他阳离子，交换的顺序与分子筛的孔径大小及离子的价数有关。经离子交换后，分子筛的化学物理性质有了极大的变化，因而可具有良好的催化性能。交换离子的不同及交换程度的不同，分子筛的催化性能也不同。因此，分子筛催化剂可通过离子交换的方法来调整其催化活性和选择性。

分子筛的制备常用水热法，首先是成胶，即将 $SiO_2$ 和 $Al_2O_3$ 在过量碱存在下，在水溶液中混合形成碱性硅铝胶；然后是晶化，即在适当的温度及相应的饱和蒸气压下将处于过饱和状态的碱性硅铝胶转化为晶体。在制备过程中，原料的配比、体系的均匀度、反应温度、pH、晶化时间对分子筛的形成和性能都有很大影响。一般规则为溶液 pH 高，促进晶体生长，硅铝比越大，反应时间越长，原料中氧化硅应有一定的过量。常用硅的原料为硅酸、硅胶、硅酸钠、水玻璃等，铝的原料可有氢氧化铝、硝酸铝、硫酸铝、铝酸钠等。

## 三、实验用品

仪器：磁力搅拌器、不锈钢合成釜、显微镜等。

试剂：硅酸钠（化学纯）、氢氧化钠（化学纯）、铝酸钠（化学纯）等。

## 四、实验步骤

（1）硅铝酸钠沸石分子筛的制备

首先分别配制硅酸钠液体和铝酸钠液体。然后将铝酸钠液体加入合成釜中，再在快速搅拌下加入硅酸钠液体，继续搅拌至形成均匀的凝胶。封闭合成釜（不可漏气），将合成釜放置于烘箱内在 100℃ 晶化。晶化完成后，经过滤、洗涤和干燥等步骤，即得到白色晶体粉末。

（2）分子筛的物性测定

① X 射线物相分析。按一般 X 射线物相分析步骤，测定制得的分子筛样品的 X 射线衍

射图。

② 分子筛的化学分析。查阅有关资料，拟订测定分子筛组成的化学分析方法，自行测定分子筛中的$Na_2O$、$Al_2O_3$、$SiO_2$的含量。

③ 分子筛的热重分析。按规定的操作步骤测定所制备分子筛的TG和DTA图。温度范围为室温至500℃。

④ 分子筛的外形观察。用显微镜观察制备所得的分子筛晶体的外形。

⑤ 饱和吸附量的测定。查阅有关资料，拟订饱和吸附量的测定方法，自己进行测试。

⑥ 离子交换。把所指定的阳离子交换到分子筛内，具体方法经查阅资料后自行拟订。

⑦ 分子筛物性的测定，根据具体情况可选做其中部分内容，或另行选择其他物性进行测定。

综合以上测试，写出所制备分子筛的组成、类型、并说明其物性。

### 五、思考题

① 试述制备分子筛过程中影响其类型和物性的因素。

② 试说明分子筛离子交换时影响其交换程度的因素。是否交换次数愈多，交换度就愈高？

## 实验119　明胶等电点的测定与明胶软胶的吸水膨胀

### 一、实验目的

学习两性电解质的等电点、胶体体系的渗透压、唐南平衡等概念；用简单的方法测定明胶的等电点，并研究pH对明胶吸水膨胀的影响。

### 二、实验原理

明胶是一种蛋白质，蛋白质是两性化合物，由氨基酸组成，氨基酸分子中的氨基和羧基在水中都可以电离。在酸性介质中，蛋白质分子以带正电的$NH_3^+$—R—COOH形式存在；在碱性介质中，则以$NH_2$—R—$COO^-$形式存在。在某一特定pH条件下，蛋白质分子不电离，即它既不带正电也不带负电，这时的pH称为此种蛋白质的等电点。蛋白质的等电点由蛋白质的本身性质所决定。换言之，等电点的数值由蛋白质分子中的氨基、羧基及水的电离常数所决定。明胶的等电点约为4.7。

蛋白质分子的带电和水化是其在水中有一定稳定性的两个原因。由于在等电点时，蛋白质分子不带电，其水化程度小，稳定性也差。因此，当加入有去水作用的物质（如无水乙醇等）时，蛋白质在越接近等电点的介质中越容易凝结。

当溶液与纯溶剂（或浓度不同的溶液）用只有溶剂分子能通过的半透膜隔开时，溶剂分子将通过半透膜向溶液中扩散，为阻止溶剂的扩散所必须施加的阻力称为渗透压，或者说渗透压是溶剂分子通过半透膜扩散所必须施加的阻力，也是溶剂分子通过半透膜扩散进入溶液的能力。渗透压的大小与溶质的分子质量和浓度有关。

对于能电离的大分子物质（如蛋白质等）的溶液，当与溶剂用半透膜隔开时，虽然膜内的小离子可以透过半透膜，但它们在膜两边并不均匀分布。这种由于大离子需保持电中性的作用导致小离子分布不均匀的平衡称为唐南平衡（Donnan equilibrium）。当膜内小离子浓度远远大于膜外小离子浓度时，膜外小离子几乎不向膜内扩散，而是溶剂向膜内扩散，从而形成附加的渗透压。

明胶软胶的网状结构可视为一种半透膜，溶剂和小离子可自由通过。因此，当介质的

pH 与等电点不相等时，明胶分子中的氨基或羧基发生电离，产生带氨基或羧基的大离子和与其相应的小离子。大离子不能透过软胶网状骨架所成的半透膜，小离子可以透过。根据唐南平衡产生附加渗透压，水分子将从凝胶外部向内部渗透，充填软胶的网孔，使其体积膨胀。当介质的 pH 等于等电点时，明胶分子不发生电离，不能形成附加渗透压，明胶软胶的体积无明显变化。

本实验判断明胶等电点的方法是：向不同 pH 的缓冲液中加入一定量的明胶溶液，再加入固定体积的无水乙醇，观察溶液混浊程度（即明胶凝结程度）。此外，在不同 pH 下制备相同浓度的明胶软胶，观察其在水中的膨胀程度，以确定 pH 对明胶软胶吸水膨胀的影响。

## 三、实验用品

仪器：pH 计、恒温水浴锅、试管、移液管、烧杯、量筒、培养皿等。

试剂：明胶（10%）、乙酸、乙酸钠、无水乙醇、盐酸、氢氧化钠等。

## 四、实验步骤

（1）明胶等电点的测定

① 按表 6-21 在烧杯中配制不同 pH 的缓冲液，各缓冲液用 pH 计测定其准确的 pH（也可按缓冲液的理论计算 pH，计算值与测定值应十分接近）。

**表 6-21　不同 pH 的缓冲液的配制**

| | 1 | 2 | 3 | 4 | 5 | 6 | 7 | 8 | 9 |
|---|---|---|---|---|---|---|---|---|---|
| 0.1mol·L$^{-1}$ NaAc/mL | 5.00 | 5.00 | 5.00 | 5.00 | 5.00 | 5.00 | 5.00 | 5.00 | 5.00 |
| 0.1mol·L$^{-1}$ HAc/mL | 0.31 | 0.62 | 1.25 | 2.50 | 5.00 | 10.00 | | | |
| 1.0mol·L$^{-1}$ HAc/mL | | | | | | | 2.00 | 4.00 | 8.00 |
| 水/mL | 14.69 | 14.38 | 13.75 | 12.50 | 10.00 | 5.00 | 13.00 | 11.00 | 7.00 |
| 总体积 $V$/mL | 20.00 | 20.00 | 20.00 | 20.00 | 20.00 | 20.00 | 20.00 | 20.00 | 20.00 |
| pH | | | | | | | | | |

② 在 9 支干燥的试管中，用移液管各取上述缓冲液 3mL，每管中各准确加入 1mL 1% 明胶溶液，摇匀。

a. 取出第 5 支试管（pH 为 4.75），向其中滴加无水乙醇，边加边摇，至溶液明显混浊为止，记下加入乙醇的体积 $V$。

b. 向其余 8 支试管中各滴加体积为 $V$ 的无水乙醇，边加边摇。

c. 比较 9 支试管中溶液的混浊程度，记下结果（混浊程度可用不同数目的“+”符号表示），判断明胶的等电点。

（2）明胶的吸水膨胀

① 取 30g 明胶，在水浴上使其溶于 270mL 水中，得 10%明胶溶液，另配制 0.33mol·L$^{-1}$ HCl 溶液和 1.0mol·L$^{-1}$ NaOH 溶液备用。

② 在 9 个 100mL 烧杯中，用量筒各加入 30mL10%明胶溶液，再按表 6-22 中的数据加入不同量的 HCl 溶液和 NaOH 溶液，补加水，使总体积为 40mL，摇匀。趁热用 pH 计测定各溶液的 pH（若已凝结，则需在水浴上温热使之熔化）。

③ 将配制好的不同 pH 的明胶溶液分别倒入直径 8cm 的培养皿中，置于冰箱中冷冻或自然凝结，直至形成弹性软胶。

④ 将明胶软胶切成约 1cm×1cm 的方块，将较为整齐的软胶块拨入已称重（用台秤即可）的 100mL 烧杯中，再称重（凝胶量应不少于 25g）。

⑤ 向各已装入软胶的烧杯中注满水。用细搅拌棒轻轻搅动软胶，不使胶块严重粘连。

室温下（室温高时可置于冰箱中）放置 2～4h。

⑥ 用一表面皿盖住烧杯，将水尽可能地沥出（可控制沥水时间相近），称重，计算吸水量。将各结果一并记入表 6-22 中。

⑦ 以吸水量对 pH 作图，可看出 pH 对明胶吸水膨胀的影响。吸水量最小处相应的 pH 即为明胶的等电点。

**表 6-22 明胶软胶吸水量的测定**

| | 1 | 2 | 3 | 4 | 5 | 6 | 7 | 8 | 9 |
|---|---|---|---|---|---|---|---|---|---|
| 10%明胶/mL | 30 | 30 | 30 | 30 | 30 | 30 | 30 | 30 | 30 |
| 0.33mol·$L^{-1}$ HCl/mL | 10.0 | 8.0 | 5.0 | 2.0 | | | | | |
| 1.0mol·$L^{-1}$ NaOH/mL | | | | | | 0.1 | 0.2 | 0.5 | 2.0 |
| 加水量/mL | 0 | 2.0 | 5.0 | 8.0 | 10.0 | 9.9 | 9.8 | 9.5 | 8.0 |
| 测定的 pH | | | | | | | | | |
| 空烧杯质量/g | | | | | | | | | |
| (烧杯＋软胶)质量/g | | | | | | | | | |
| 软胶质量/g | | | | | | | | | |
| (烧杯＋吸水后软胶)质量/g | | | | | | | | | |
| 吸水后软胶质量/g | | | | | | | | | |
| 总吸水量/g | | | | | | | | | |
| 每克软胶吸水量/(g·$g^{-1}$) | | | | | | | | | |

## 五、实验结果与数据处理

① 作图表示所得结果，判断明胶的等电点。

② 解释 pH 对明胶软胶吸水膨胀的影响。

# 实验 120 电导率法测定表面活性剂临界胶束浓度

## 一、实验目的

掌握电导率法测定表面活性剂溶液的临界胶束浓度（CMC）的原理与方法；加深对表面活性剂对溶液物理化学性质影响的理解。

## 二、实验原理

在表面活性剂溶液浓度很稀时，当浓度增大到一定值时，表面活性剂离子或分子将发生缔合，形成胶束（或称胶团）。对于某种表面活性剂，其溶液开始形成胶束的浓度称为该表面活性剂的临界胶束浓度（critical micell concentration），简称 CMC。

由于表面活性剂溶液的许多物理化学性质会随着胶束的形成而发生突变（图 6-38），故将 CMC 看作表面活性大小的量度。因此，测定 CMC，掌握影响 CMC 的因素，对于深入研究表面活性剂的物理化学性质是至关重要的。

测定 CMC 的方法很多，原则上只要使溶液的物理化学性质随着表面活性剂溶液浓度在 CMC 处发生突变，都可以利用来测定 CMC。常用的测定方法有以下四种。

① 电导率法。利用离子型表面活性剂水溶液电导率随浓度的变化关系，从电导率（$\kappa$）对浓度（$c$）曲线或摩尔电导率（$\Lambda_m$-$\sqrt{c}$）曲线上的转折点求 CMC。此法仅对离子型表面活

性剂适用，而对 CMC 较大、表面活性低的表面活性剂因转折点不明显而不灵敏。

② 表面张力法。测定不同浓度下表面活性剂溶液的表面张力，在浓度达到 CMC 时发生转折。以表面张力（$\gamma$）对表面活性剂溶液浓度的对数（$\lg c$）作图，由曲线的转折点来确定 CMC。

③ 染料法。基于有些染料的生色有机离子吸附于胶束之上，其颜色发生明显的改变，故可用染料作为指示剂，测定最大吸收光谱的变化来确定临界胶束浓度。

④ 增溶法。利用表面活性剂溶液对有机物增溶能力随浓度的变化，在 CMC 处有明显的改变来确定。

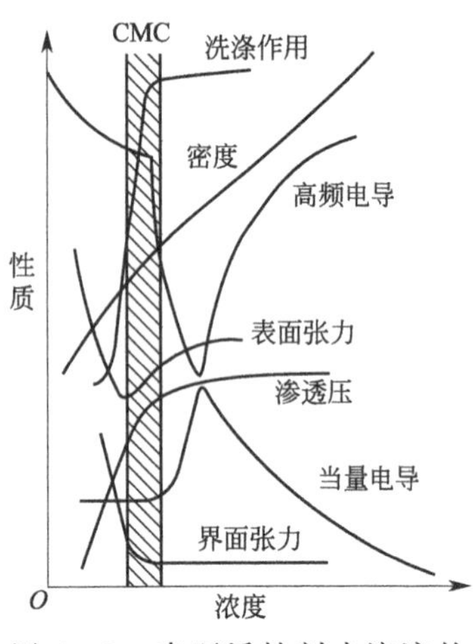

图 6-38　表面活性剂水溶液的一些物化性质

本实验采用电导率法测定表面活性剂溶液的临界胶束浓度。

对于一般电解质溶液，其导电能力由电导 $G$，即电阻的倒数（$1/R$）来衡量。若所用电导管电极面积为 $A$，电极间距为 $l$，用此管测定电解质溶液电导，则

$$G=\frac{1}{R}=\kappa\frac{A}{l}$$

式中，$\kappa$ 是 $A=1\text{m}^2$、$l=1\text{m}$ 时的电导，称作比电导或电导率，其单位为 $\text{S}\cdot\text{m}^{-1}$，$l/A$ 称作电导池常数。

电导率 $\kappa$ 和摩尔电导率 $\Lambda_\text{m}$ 有下列关系

$$\Lambda_\text{m}=\kappa\frac{1000}{c}$$

式中，$\Lambda_\text{m}$ 为 1mol 电解质溶液的电导率；

$c$ 为电解质溶液的物质的量浓度。

$\Lambda_\text{m}$ 随电解质浓度改变而变化，对强电解质的稀溶液，有

$$\Lambda_\text{m}=\Lambda_\text{m}^\infty-\beta\sqrt{c}$$

式中，$\Lambda_\text{m}^\infty$ 为无限稀释摩尔电导率；$\beta$ 为常数。

对于离子型表面活性剂，当溶液浓度很稀时，电导率的变化规律也和强电解质一样，但当溶液浓度达到临界胶束浓度时，随着胶束的生成，电导率发生改变，摩尔电导率出现转折，这就是电导率法测 CMC 的依据。

## 三、实验用品

仪器：电导率仪、恒温槽、容量瓶、移液管等。

试剂：氯化钾、十二烷基硫酸钠（用乙醇经 2～3 次重结晶提纯）、电导水等。

## 四、实验步骤

① 电导率仪的准备工作。

② 安装好恒温槽，温度调到（25±0.1）℃。

③ 用 50mL 容量瓶精确配制浓度范围在 $3\times10^{-3}\sim3\times10^{-2}\text{mol}\cdot\text{L}^{-1}$ 的 8～10 个不同浓度的十二烷基硫酸钠水溶液。配制时最好用新蒸出的电导水。

④ 从低浓度到高浓度依次测定表面活性剂溶液的电导率值。每次测量前电极都要用待测溶液冲洗 2～3 次。

## 五、实验结果与数据处理

① 计算不同浓度的十二烷基硫酸钠水溶液的电导率和摩尔电导率。

② 将数据列表，作 $\kappa$-$c$ 图，由曲线转折点确定临界胶束浓度。

## 六、思考题

① 为什么要恒温？

② 非离子表面活性剂能否用本实验方法测定临界胶束浓度？若不能，可用何种方法？

# 第 7 章

# 研究创新型实验

在学生基本掌握化学理论知识和实验技能的基础上，为了进一步提高学生独立解决实际问题的能力，选编了一些与生产实际联系紧密的实验内容作为研究创新型实验。学生通过选做，除了继续巩固基本操作、基本技能外，更重要的是通过这一环节培养创新意识和创新能力，提高综合素质。

研究创新型实验有一定的难度，因此必须投入时间和精力，需要周密思考，灵活应用已掌握的化学知识、实验技术和方法。用主动、积极的学习获得能力培养的最佳效果。

研究创新型实验的要求如下。

a. 查阅资料　根据指定的研究课题，查阅有关资料，如合成方法可查教科书及相关参考文献，所需的数据可查化学类手册，成熟的分析方法可查教科书和分析化学手册以及国家标准等。

b. 设计实验方案　在收集资料的基础上，经分析、比较后拟订出合适的实验方案，并按实验目的、原理、试剂（注明规格、浓度、配制方法）、仪器、步骤、有关计算、分析方法的误差来源及采取措施、参考文献等项书写成文。

c. 独立完成实验　实验用试剂均由自己配制；以规范、熟练的基本操作，良好的实验素养进行实验；实验中需要仔细观察、及时记录（包括实验现象、试剂用量、反应条件、测试数据等）、认真思考。如在实验中发现原设计不完善，或出现新问题，应设法改进或解决，以获得满意的结果。

d. 写出小论文　实验完成后，以小论文的形式写出实验报告，论文格式建议为：一、前言；二、实验与结果；三、讨论；四、参考文献。

## 实验 121　蔬菜、食品中铁和钙的测定

### 一、实验目的

学习样品的预处理方法；学会用仪器分析法（如分光光度法）和滴定分析法测定物质含量；练习灵活运用各种基本操作的能力和查阅资料的能力。

### 二、实验原理

食品中的金属元素，由于常与蛋白质、维生素等有机物结合成难溶或难于电离的物质，因此在测定前需破坏有机结合体，释放出被测组分。通常采取有机物破坏法，该法是在高温条件下加入氧化剂，使有机物质分解，其中，碳、氢、氧等元素生成二氧化碳和水，呈气态逸出，而被测的金属元素则会以氧化物或无机盐的形式残留下来。有机物破坏法又分干法和湿法两种，可查阅相关资料。

常量组分的测定可采用滴定分析法，微量和痕量组分的测定不宜采用滴定分析法，而应采用仪器分析法，如食品中微量铁的测定可采用分光光度法，食品中较高含量的钙可采用滴定分析法。

### 三、实验内容提示

① 样品的处理（可用干法或湿法）。

② 条件实验。

③ 样品中铁和钙的测定。

④ 回收率实验。

### 四、实验要求

① 查阅有关文献，拟订实验方案，并写出详细步骤。

② 本实验要求测定蔬菜、茶叶、鸡蛋黄、虾皮等食品中铁和钙的含量。要求每组单独拟订实验方案，包括实验题目、实验目的、实验原理、仪器与试剂、实验步骤等。

③ 自行安装和调试仪器，自配试剂，独立完成，至少测定两种不同试样（遇到困难可在教师指导下讨论解决）。

④ 根据拟订方案进行实验。实验中若发现问题，应及时对实验方案进行修正。

⑤ 实验完成后，以小论文的形式写出实验报告。

### 五、实验指导

① 采用单因素条件试验的方法确定实验条件。注意：平行测定 3 次。

② 对于所选用的实验方法是否可信，应检验其准确度和精密度。可用标准样与未知样作平行测定，将测定标准样的结果与标准值比较，检验是否存在显著性差异。如无显著性差异，可认为方法是可靠的。也可采用回收率实验，即在试样中加入一定量的待测组分，在最佳条件下测定，平行测定 $n$ 次，计算各次的回收率，如平均回收率达 95%～105%，则认为测定可靠。同时可在相同条件下，测定该组分检测下限的精密度，其相对标准偏差为 5%～10%，即可认为此法的准确度和精密度均符合要求。

## 实验 122　肉制品中亚硝酸盐的含量测定

### 一、实验目的

了解肉制品中亚硝酸盐的提取方法；掌握肉制品中亚硝酸盐的测定方法；巩固比色分析的基本操作；练习灵活运用各种基本操作的能力和查阅资料的能力。

### 二、实验原理

亚硝酸盐在肉制品加工中起发色作用，常被用作发色剂，但过多地使用对人体产生毒害作用。亚硝酸盐与仲胺反应生成具有致癌作用的亚硝胺，过多地摄入亚硝酸盐会引起正常血红蛋白（二价铁）转变成高铁血红蛋白（三价铁）而失去携氧功能，导致组织缺氧。

亚硝酸盐的测定方法很多，国家标准公认的测定方法为盐酸萘乙二胺比色法。

样品经沉淀蛋白质、除去脂肪后，提取亚硝酸盐，在酸性条件下，亚硝酸盐与对氨基苯磺酸发生重氮化反应后，再与盐酸萘乙二胺偶合形成紫红色染料，其最大吸收波长为 540nm，可测定吸光度，与标准系列比较定量。反应式如下：

$$2HCl + NaNO_2 + H_2N-C_6H_4-SO_3H \xrightarrow{\text{重氮化}} Cl-N(\equiv N)-C_6H_4-SO_3H + NaCl + 2H_2O$$

$$2HCl\cdot NH_2CH_2CH_2NH-C_{10}H_7 + Cl-N(\equiv N)-C_6H_4-SO_3H \xrightarrow{\text{偶合}}$$

$$2HCl\cdot NH_2CH_2CH_2NH-C_{10}H_6-N{=}N-C_6H_4-SO_3H + HCl$$

紫红色

### 三、实验内容提示

① 样品处理，提取肉制品中的亚硝酸钠。配制亚硝酸钠标准溶液。

② 条件实验。

③ 测定样品中亚硝酸钠的含量。

④ 回收率实验。

## 四、实验要求

① 查阅有关文献，拟订实验方案，并写出详细步骤。

② 本实验要求测定火腿肠、肉制罐头、虾皮以及食堂咸菜等食品中亚硝酸盐的含量。要求每组单独拟订实验方案，包括实验题目、实验目的、实验原理、仪器与试剂、实验步骤等。

③ 自行安装和调试仪器，自配试剂，独立完成，每组至少测定两种不同试样（遇到困难可在教师指导下讨论解决）。

④ 根据拟订方案进行实验。实验中若发现问题，应及时对实验方案进行修正。

⑤ 实验完成后，以小论文的形式写出实验报告。

## 五、实验指导

① 不同肉制品在亚硝酸盐提取后的处理方法不同。例如，红烧类肉制品在亚硝酸盐提取后的处理方法就与普通肉制品不同，由于红烧类产品颜色较深，提取液颜色也较深，会影响比色测定，一般加氢氧化铝乳液进行脱色处理。可进行2～3次脱色处理，直至萃取液为无色透明的溶液，再进行比色测定。

② 样品要充分搅拌均匀，避免样品中的亚硝酸盐提取不完全而使结果偏低。

③ 样品提取亚硝酸盐后，一定要冷却以后过滤，否则脂肪除不尽，冷却后溶液混浊，影响比色测定。

④ 绘制标准曲线时，要注意两种显色剂的加入顺序不能颠倒、标准溶液也不能在加入显色剂后加入。

⑤ 样品管与标准系列管要同时显色，否则显色时间不一致也会产生误差。若样品颜色较深，则应对样品进行稀释或减少取样量；若样品颜色太浅，则应增加取样量。

⑥ 实验用水应用重蒸馏水，以减小误差。

⑦ 采用单因素条件试验的方法确定实验条件。注意：平行测定三次。

⑧ 对于所选用的实验方法是否可信，应检验其准确度和精密度。

# 实验123　芦荟多糖的含量测定

## 一、实验目的

掌握芦荟多糖的提取方法；了解多糖的测定方法；巩固标准溶液的配制等基本操作。

## 二、实验原理

利用热水浸提法从芦荟中分离提取水溶性多糖，经苯酚-硫酸显色后，用分光光度法对多糖含量进行测定，于489nm处测定，多糖含量为5.0%～8.0%。

## 三、实验内容提示

① 芦荟多糖的提取。

② 葡萄糖标准曲线的绘制。

③ 换算因数的测定。

④ 样品溶液的配制。

⑤ 产品检验。用测得的回归方程，计算样品中多糖的含量。

## 四、实验要求

① 查阅有关文献，拟订实验方案，并写出详细步骤。

② 选择所需的仪器与有关试剂。

③ 根据拟订方案进行实验。实验中若发现问题，应对实验方案进行修正，直到实验成功。

④ 最后以小论文的形式写出实验报告。

## 五、实验指导

(1) 芦荟多糖的提取

称取新鲜芦荟叶 0.4kg，用 80%的乙醇 50mL 浸泡 3h，于 80℃下加热 1h，过滤，将残渣用 1500mL 蒸馏水浸泡过夜。然后于 90℃提取 1h，再用 500mL 蒸馏水于 90℃重复提取 30min，过滤，合并滤液。减压浓缩至 150mL，用氯仿萃取 3 次，以除去蛋白质，过滤后，滤液加入 95%乙醇，使乙醇含量达 80%，静置过夜，多糖沉淀，过滤，滤饼依次用无水乙醇、丙酮、乙醚各洗涤一次，干燥，即得样品芦荟多糖粉末。

(2) 标准曲线的绘制

可分为标准溶液的配制、苯酚溶液的配制、标准曲线的绘制，具体详见有关资料。

(3) 换算因数的测定方法

准确称取芦荟多糖 25mg，置于 100mL 容量瓶中，加少量水溶解并稀释至刻度，摇匀，作为储备液。准确吸取储备液 100μL，参照标准曲线的制作步骤，测定吸光度，从回归方程求出相当于葡萄糖的浓度，按下式计算换算因数：

$$f = m/cD$$

式中，$m$ 为多糖的质量，μg；$c$ 为多糖溶液中葡萄糖的浓度，$\mu g \cdot mL^{-1}$；$D$ 为多糖溶液的稀释因素。$f$ 一般为 1.0～2.0。

(4) 样品溶液的制备

准确称取样品粉末 0.3g，加 80%乙醇 100mL，90℃回流提取 1h，趁热过滤，滤饼用 80%热乙醇洗涤 3 次，每次 10mL。滤饼连同滤纸置于烧瓶中，加蒸馏水 100mL。加热至 90℃提取 2h，趁热过滤，滤饼用热水洗涤 3 次，每次 10mL，洗涤液并入滤液，放冷后移入 500mL 容量瓶中，用蒸馏水定容后备用。

# 实验 124　环氧树脂的制备及其水性改性研究

## 一、实验目的

掌握环氧树脂的制备和环氧值的测定方法；了解环氧树脂的性能和使用方法；了解环氧树脂水性改性的原理；了解水性环氧树脂的制备和表征方法。

## 二、实验原理

环氧树脂是环氧氯丙烷和二羟基二苯基丙烷（双酚 A）在氢氧化钠的催化作用下不断地进行开环、闭环得到的线型树脂。反应式如下：

$$n\underset{\backslash O/}{H_2C—CH}CH_2Cl + nHO—C_6H_4—C(CH_3)_2—C_6H_4—OH \xrightarrow{NaOH}$$

$$\underset{\backslash O/}{H_2C—CH}CH_2—\left[O—C_6H_4—C(CH_3)_2—C_6H_4—OCH_2\underset{OH}{CH}CH_2\right]_n—O—C_6H_4—C(CH_3)_2—C_6H_4—OCH_2\underset{\backslash O/}{CH—CH_2}$$

上式中 $n$ 一般在 0～12 之间，分子量相当于 340～3800，$n=0$ 时为淡黄色黏滞液体，

$n \geqslant 2$ 时则为固体。$n$ 值的大小由原料配比（环氧氯丙烷和双酚 A 的物质的量之比）、温度条件、氢氧化钠的浓度和加料次序来控制。

环氧值是指每 100g 树脂中含环氧基的物质的量，它是环氧树脂质量的重要指标之一，也是计算固化剂用量的依据。分子量增大，环氧值就相应降低，一般低分子量的环氧树脂的环氧值在 0.48～0.57 之间。

分子量小于 1500 的环氧树脂，其环氧值测定用盐酸-丙酮法，反应式为

$$-\underset{\diagdown_{O}\diagup}{\overset{H}{\underset{|}{C}}-CH_2} + HCl \xrightarrow{H_3C-\overset{O}{\overset{\|}{C}}-CH_3} -\overset{H}{\underset{OH}{\underset{|}{C}}}-\underset{Cl}{\underset{|}{CH_2}}$$

环氧树脂黏结力强，耐腐蚀、耐溶剂、抗冲性能和电绝缘性能良好，广泛用于黏结剂、涂料、复合材料等。环氧树脂分子中的环氧端基和羟基都可以成为进一步交联的基团，胺类和酸酐是使其交联的固化剂。乙二胺、二亚乙基三胺等伯胺类含有活泼氢原子，可使环氧基直接开环，属于室温固化剂。酐类（如邻苯二甲酸酐和马来酸酐）作固化剂时，因其活性较低，须在较高的温度（150～160℃）下固化。

传统的环氧树脂涂料通常为溶剂型或无溶剂型。随着人们对环境保护的要求日益迫切和严格，开发水性环氧树脂，即不含 VOC（挥发性有机化合物，volatile organic compound）或不含 HAP（有害空气污染物，hazardous air pollutant）的系统成为新的研究方向，水性环氧涂料具有无空气污染、安全无毒、施工工具易于清洗等优点，可替代目前广泛使用的溶剂型涂料，具有很大的经济效益和社会效益。

水性环氧树脂，是指环氧树脂以微粒、液滴或胶体的形式，分散在以水为连续相的介质中，配制成的稳定的分散体系。由于环氧树脂本身不溶于水，不能直接加水进行乳化，因而要制得水性环氧树脂乳液，必须设法在其分子链中引入有亲水作用的分子链段或者加入亲水组分。根据制备方法的不同，环氧树脂水性化有以下三种方法：机械法、化学改性法和相反转法。

本实验中，环氧氯丙烷与双酚 A 的物质的量之比等于 8，产物的分子量约为 350～400，外观为黏稠液体。采用环氧树脂与适量二乙醇胺反应，再用与二乙醇胺等物质的量的冰乙酸中和成盐，得到的阳离子型改性环氧分子在水中具有良好的分散性。

## 三、实验内容提示

① 环氧树脂的制备。

② 用盐酸-丙酮法测定环氧值。

③ 黏结实验。

④ 环氧树脂的乳化。

⑤ 用离心机测定水性环氧树脂乳液的稳定性。

## 四、实验要求

① 查阅文献，拟订实验方案，列出详细步骤。

② 通过本实验掌握环氧树脂的制备及环氧值的测定方法，了解环氧树脂改性原理及方法。

③ 根据实验方案选择仪器与试剂，完成实验，以小论文的形式写出实验报告。

## 五、实验指导

① 以环氧氯丙烷和双酚 A 为原料，按文献条件合成环氧树脂。

② 测定所得产品的环氧值，并计算其平均分子量（要求产物分子量在 350～400 范围）。

③ 黏结实验采用钢片，要注意固化剂（二乙烯三乙胺）的用量，以及固化温度、时间等。

④ 环氧树脂的乳化：通过环氧树脂、二乙醇胺、丙二醇在一定条件下反应，与氨基成盐得到阳离子型改性环氧树脂。

## 实验 125　天然药物大黄游离蒽醌的提取与鉴定

### 一、实验目的

了解天然药物的提取方法和大黄蒽醌的检测方法；掌握微波法在天然药物提取中的作用原理、影响因素和具体操作；进一步巩固分光光度计在分析中的应用。

### 二、实验原理

微波是指频率在 300MHz～300GHz 的高频电磁波。微波的频率与许多分子的振动频率相对应，物质和微波的相互作用与物质分子在微波电磁场作用下产生的瞬时极化有关。微波可以穿透玻璃、塑料、陶瓷等绝缘体制成的容器，当容器中所盛物质含有水、酸等极性分子时，微波将被这些极性分子所吸收，物质很快被加热，它是通过偶极子旋转和离子传导两种方式里、外同时加热的。微波加热导致细胞内的极性物质尤其是水分子吸收微波能，产生大量的热量，使细胞内温度迅速上升，液态水汽化产生的压力将细胞膜和细胞壁冲破，形成微小的孔洞；进一步加热，导致细胞内部和细胞壁水分减少，细胞收缩，表面出现裂纹。孔洞或裂纹的存在使胞外溶剂容易进入细胞内，溶解并释放出胞内产物。中药提取过程可以看作是有效成分在固、液两相的相间传质过程，涉及溶解和扩散两个阶段。近十几年来，国外不少学者将微波应用于天然产物的浸取，有效地提高了收率，取得了令人可喜的进展。大黄为常用中药，具有泻热通肠、凉血解毒、逐瘀通经的功效。实验及临床研究表明，对慢性肾功能衰竭有确切的疗效。大黄中主要有效成分为蒽醌类物质，目前已证实，对延缓慢性肾功能衰竭发展起作用的主要活性成分为游离蒽醌，如大黄素。对于大黄蒽醌类成分的提取工艺研究已有很多论述，如罗得顺等分别比较了水提取法、夹层蒸气煎煮法及乙醇提取法对大黄蒽醌含量的影响；郭澄等运用正交试验法对大黄回流工艺做了优化等。近年来，微波技术开始应用于中药有效成分的提取，如从棉籽中提取棉籽糖，从豆类中提取豆碱，以及研究微波技术对大黄游离蒽醌浸出量的影响。

本实验是将微波技术应用于中药大黄的游离蒽醌浸取，并与传统的常规煎煮法、乙醇回流法等进行比较，采用正交试验法考察微波输出功率、药材粒径、浸出时间 3 个因素对提取效率的影响。

### 三、实验内容提示

① 大黄的预处理。

② 采用正交试验提取蒽醌。

③ 大黄蒽醌含量测定。

### 四、实验要求

① 查阅相关文献，确定提取条件，通过不同提取方法的试验比较其优缺点。

② 通过查阅文献，了解纯化方法，产品含量测定除本实验提供的分光光度法外，能否找出另外的分析方法。

③ 本实验要求 3～4 人共同完成，每人设计一个提取方案，相互讨论并完成实验，最后讨论实验结果，写出论文形式的实验报告。

## 五、实验指导

① 采用微波浸取法，设计大黄粉粒径（目）、微波功率（W）、提取时间（min）3因素，按3因素3水平正交试验表进行实验，得到最佳提取条件，并与常规煎煮法和乙醇回流法进行比较。

② 大黄蒽醌含量测定以1,8-二羟基蒽醌为标样，以乙醇镁-乙醇溶液为显色剂，用分光光度法在508nm处测定吸光度，并作图求出大黄中蒽醌的含量。

# 实验126 钛酸盐纳米管的水热合成

## 一、实验目的

了解纳米的水热合成方法、表征和对过渡金属的离子交换作用；了解高压反应釜的使用。

## 二、实验原理

碳纳米管又名巴基管，是一种具有特殊结构的一维量子材料，主要由呈六边形排列的碳原子构成数层到数十层的同轴圆管，具有独特的电学和力学性能，一经发现就引起化学、材料和物理学界的广泛关注。与此同时，人们开始新型的非碳纳米管的合成探索，从而合成出 $WS_2$、$NbS_2$ 和 BN 等纳米管，形成富勒烯型纳米管的研究领域。近年来，人们又合成出过渡金属氧化物纳米管，如 $V_2O_5$ 和 $TiO_2$。由于它们在催化、吸附、制造单电子晶体管等方面有着潜在的应用而受到科学界的普遍关注。

碱金属钛酸盐由带有负电荷的 $TiO_6$ 层（$TiO_6$ 八面体通过共享边和棱形成层型结构）和金属阳离子（夹在层与层之间平衡负电荷）构成。由于其碱金属含量不同而形成层型或笼型结构。例如 $A_2Ti_nO_{2n+1}$（A＝Na、Li、K等），当 $n=3$ 时，为层型结构，具有强的阳离子交换能力（又称钛三结构）；当 $n=6$ 时，具有隧道结构（又称钛六结构）。图7-1是 $Na_2Ti_3O_7$ 和 $Na_2Ti_6O_{13}$ 的结构示意。钛酸钠是 $n$ 型半导体，曾被用作加工 $O_2$ 和 $CO_2$ 的电池型气敏传感器的电极材料，它也作为一种阳离子交换材料用于废水处理和稀有金属的提纯。最近还有人报道 $Na_2Ti_6O_{13}$ 作为光催化剂能够分解4-氯代苯酚。纳米管合成方法多种多样，而水热法是常用的合成方法之一，为此，我们介绍水热法制备 $Na_nH_{2-n}Ti_3O_7$（$n\approx0.75$）纳米管的方法，同时考察它对过渡金属离子的交换性质。

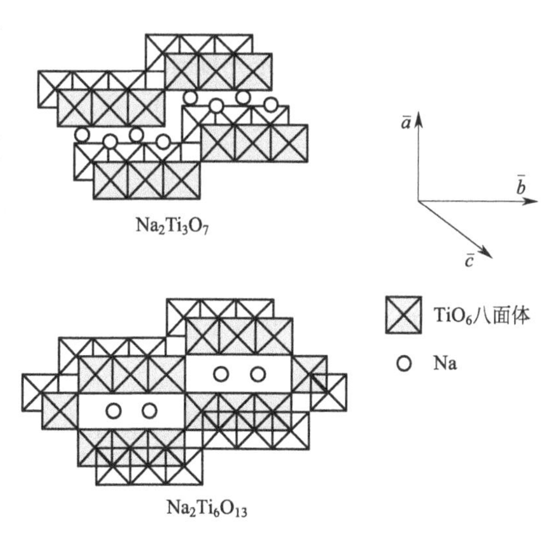


图7-1 $Na_2Ti_3O_7$ 和 $Na_2Ti_6O_{13}$ 的结构示意

## 三、实验内容提示

① 钛酸盐纳米管的制备。

② 钛酸盐纳米管的表征，包括电镜照片、比表面数据、孔径分布曲线和吸、脱附曲线。

③ 由X射线光电子能谱分析（XPS）获得经离子交换后纳米管中的Co、Ni含量。

## 四、实验要求

① 通过查阅相关文献，了解纳米管制备的最常见的几种实验方法，设计并完成本实验。

② 了解钛酸盐纳米管的应用领域。

③ 通过查阅相关文献，讨论三钛酸钠、六钛酸钠及二氧化钛的结构。

④ 通过实验要得到不少于 10g 的产品，写出小论文形式的实验报告。

## 五、实验指导

(1) $TiO_2$ 非晶纳米粉末的制备

在冰水浴中，将 5mL 的 $TiCl_4$ 溶于 100mL 的去离子水中形成溶液，然后滴加氨水至钛离子完全沉淀。用去离子水洗涤至 pH=7，离心分离，并在 70℃下烘干。

(2) 钛酸盐纳米管的制备

称取 0.5g $TiO_2$ 粉体置于盛有 40mL 10mol·$L^{-1}$NaOH 溶液的高压釜中，在 130～180℃的烘箱中保温，反应 30～40h 后取出，冷却并用蒸馏水将沉淀物洗至 pH=8，离心分离，并在 70℃下烘干。

(3) 离子交换

将 $NiCl_2 \cdot 6H_2O$ 和 $CoCl_2 \cdot 6H_2O$ 配成溶液并把适量的纳米管放入其中，然后超声 100min。

(4) 表征

用透射电子显微镜（TEM）观测样品的形貌；用比表面与孔径分布仪测量纳米管的孔径与吸、脱附曲线；用 X 射线衍射仪（XRD）进行物相鉴定；用红外光谱仪（IR）确定表面基团与化学键，用分光光度计（UV）确定可见光响应；用同步热分析仪（TGA-DTA/DSC）测定相变温度（25～900℃）；用 X 射线光电子能谱分析（XPS）确定经离子交换后纳米管中的钴、镍含量。

# 实验 127　天然高分子改性絮凝剂研究

## 一、实验目的

了解接枝共聚物的制备及接枝率的测定方法；进一步巩固分光光度计在分析中的应用。

## 二、实验原理

现代工业的发展，伴随着水污染的日益严重和纯净水消耗量的急剧增加，迫切需要发展新技术来处理废水和净化用水。高分子絮凝剂能促进胶体微粒及其他悬浮颗粒凝聚成无定形絮状物沉降下来，在水处理过程中起着不可替代的作用，已显示出巨大的经济效益。其中天然高分子是自然界中动、植物以及微生物资源中的大分子，它们在被废弃后很容易分解成水、二氧化碳等，且来源广、无毒性，是环境友好材料。此外，更值得一提的是，天然高分子材料是完全脱离石油资源的一类可再生资源，可以说是取之不尽、用之不竭。正是由于天然高分子材料具有上述的优异性能，其目前在生物、医药及食品加工等诸多领域中已有着广泛的应用。在水处理领域中，由于天然高分子分子链上分布着大量的游离羟基等活性基团，具有絮凝作用，已被视为无机絮凝剂的最佳替代材料之一。自 20 世纪 70 年代以来，日本、美国、英国、法国等国家在废水处理中都开始使用天然高分子絮凝剂。我国天然高分子资源极为丰富，但相对而言，这方面的研究还较少。

壳聚糖是一种天然高分子，是甲壳素的脱乙酰基产物，如图 7-2 所示，而甲壳素广泛存在于昆虫和甲壳类动物的甲壳中，在天然高分子中，甲壳素数量仅次于纤维素。另外，从壳聚糖的化学结构上看，糖环上含有氨基，溶于稀酸后，氨基易于被质子化，表现出阳离子聚电解质的特性，其性质既区别于一般的合成聚电解质高分子，又与其他普通多糖化合物不一样，从而具有许多独特的性质。此外壳聚糖同时还兼具有无毒性及生物可降解等特点，目前壳聚糖在生物、医药、水处理及食品加工等领域有着广泛的应用。然而壳聚糖存在化学性质不活泼、溶解性差、分子量小等缺点，直接应用受到限制，因此，通过化学改性的方法提高壳聚糖的使用性能已引起人们的广泛兴趣。目前人们对壳聚糖的改性，主要是利用壳聚糖中的氨基/羟基生成多功能基团，进行化学改性，其中接枝共聚无疑是一种较好的改性方法。本实验拟通过自由基引发接枝共聚反应对壳聚糖进行化学改性，制备壳聚糖-聚丙烯酰胺接枝共聚物，并采用动态光散射方法测定其在溶液中的流体力学半径及其分布，还提出了一种新方法——折射率增量法测定接枝共聚物的接枝率，尝试从结构角度解释其絮凝效果，建立构效关系。

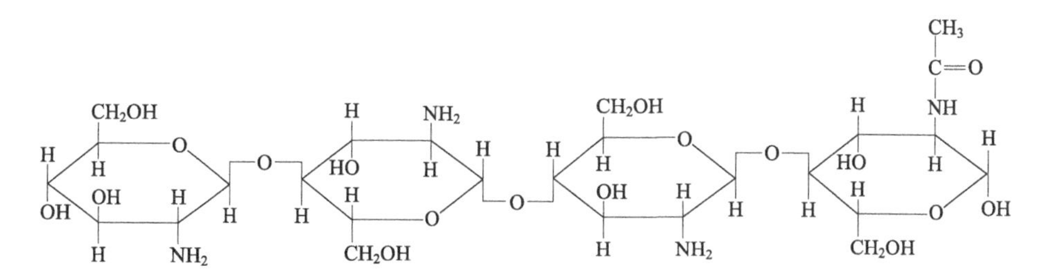


图 7-2　壳聚糖分子式

接枝改性是一种经典的高分子材料化学改性方法，可精确测定接枝率，对产物结构组成的控制非常重要，而传统方法是根据称量法称量产物的增重来估算接枝率的，结果十分粗略。本实验拟通过测量共聚物溶液折射率增量的方法准确测量其接枝率。

一般认为接枝链作为接枝共聚物高分子链的一个有机组成部分，它的种类和多寡将影响到溶液的某些性质。根据分子折射度和溶液折射率增量的组成质量分数加和律，实验测量得到的共聚物溶液的折射率增量可写为：

$$\left(\frac{\mathrm{d}n}{\mathrm{d}c}\right)_{\mathrm{obs}}=\omega_1\left(\frac{\mathrm{d}n}{\mathrm{d}c}\right)_1+\omega_2\left(\frac{\mathrm{d}n}{\mathrm{d}c}\right)_2$$

式中，$\omega_1$ 为接枝共聚物主链组分所占的质量分数；$\omega_2$ 为接枝共聚物接枝链组分所占的质量分数；$\left(\frac{\mathrm{d}n}{\mathrm{d}c}\right)_1$ 和 $\left(\frac{\mathrm{d}n}{\mathrm{d}c}\right)_2$ 分别是接枝共聚物主链和接枝链均聚物的折射率增量。对于二元组分而言，$\omega_1+\omega_2=1$，上式可改写为

$$\omega_2=\frac{\left(\frac{\mathrm{d}n}{\mathrm{d}c}\right)_{\mathrm{obs}}-\left(\frac{\mathrm{d}n}{\mathrm{d}c}\right)_1}{\left(\frac{\mathrm{d}n}{\mathrm{d}c}\right)_2-\left(\frac{\mathrm{d}n}{\mathrm{d}c}\right)_1}$$

根据上式，可估算接枝率 $G$ 为

$$G=\frac{\omega_2}{1-\omega_2}\times100\%$$

## 三、实验内容提示

① 壳聚糖-聚丙烯酰胺接枝共聚物的制备。

② 接枝率的测定。

③ 絮凝性能研究。

## 四、实验要求

① 通过查阅相关文献，列出详细实验方案。

② 要求以小龙虾壳为基本原料制备本实验的原料壳聚糖，通过改性后的絮凝效果用图表示，并要求进行讨论。

③ 通过本实验了解高分子改性的原理和方法。

④ 完成实验内容并写出小论文形式的实验报告。

## 五、实验指导

（1）壳聚糖-聚丙烯酰胺接枝共聚物的制备

在装有电动搅拌器、球形冷凝管、Y形加料管、恒压滴液漏斗、氮气导气管、温度计的干燥洁净250mL四口烧瓶中加入称量的1g壳聚糖及100mL 1%乙酸溶液，开动搅拌，加热溶解，通入氮气排空氧气20min，加入0.3g引发剂硝酸铈铵，继续保持通入氮气5min。温度稳定在45℃，此时开始滴加丙烯酰胺水溶液，反应体系逐渐变稠，再反应3h左右，然后停止反应，降至室温。以丙酮为沉淀剂，沉淀得到接枝产物，产物用布氏漏斗抽滤，并用少量新鲜丙酮冲洗三次，尽量抽干，转入培养皿中，置于50℃真空烘箱中烘干至恒重为止，称量，计算产率。

（2）接枝率的测定

① 壳聚糖折射率增量的测定。将壳聚糖溶解在1%乙酸溶液中，配制成一系列不同浓度的均匀溶液，以1%乙酸溶液为参比，在折射率增量仪上测定其不同浓度的折射率，以折射率对浓度作图，通过线性拟合，其拟合直线必须通过原点，其斜率即为壳聚糖的折射率增量。

② 聚丙烯酰胺及壳聚糖-聚丙烯酰胺接枝共聚物折射率增量的测定方法与①相同。

③ 聚丙烯酰胺接枝共聚物接枝率的计算。根据上述测得的壳聚糖、聚丙烯酰胺及壳聚糖-聚丙烯酰胺接枝共聚物折射率增量，计算接枝率。

（3）絮凝性能的研究

以$0.7g \cdot L^{-1}$高岭土悬浊液为模拟水样，配制不同浓度的壳聚糖-聚丙烯酰胺接枝共聚物水溶液，分别加入上述模拟水样中，通过分光光度计检测不同浓度接枝共聚物的絮凝效果。具体絮凝步骤为：将一定量一定浓度的壳聚糖-聚丙烯酰胺接枝共聚物溶液加入高岭土悬浊液中，快速搅拌5min，再慢速搅拌5min；然后计时，分别在0min、5min、10min、20min、30min、60min时，取高岭土悬浊液上层液，以纯水为参比，在550nm波长条件下，通过分光光度计检测其透射率来评价其絮凝效果。

# 实验128　聚丙烯酰胺衍生物的合成与表征

## 一、实验目的

掌握聚丙烯酰胺衍生物的制备方法，主要掌握自由基共聚合反应的原理及方法；掌握聚合物分析表征的常用方法；了解聚合反应实施的方法。

## 二、实验原理

聚丙烯酰胺（PAM）是一种线型水溶性高分子，其衍生物是利用丙烯酰胺与其他功能性乙烯基单体的共聚或利用聚丙烯酰胺中酰氨基的后继反应制得的。常见的共聚单体有丙烯酸、甲基丙烯酸、顺丁烯二酸酐、苯乙烯磺酸、乙烯磺酸、丙烯磺酸、2-聚丙烯酰氨基-2-甲基丙磺酸、甲基丙烯酸二甲氨基乙基酯、丙烯酸二甲氨基乙基酯以及它们的季铵盐和二烯丙基二甲基氯化铵等，它们和丙烯酰胺共聚可制备二元或多元共聚物。聚丙烯酰胺衍生物广泛用于水处理、造纸、石油、煤炭、矿冶、地质、轻纺、建筑等工业。

(1) 共聚物的制备

自由基聚合反应一般由链引发、链增长、链终止三类基元反应组成，此外，还伴有不同程度的链转移反应。自由基聚合反应常用的引发剂（Ⅰ）有无机过氧类引发剂［$K_2S_2O_8$、$(NH_4)_2S_2O_8$ 等］、有机过氧类引发剂［过氧化二苯甲酰（BPO）］、偶氮类引发剂［偶氮二异丁腈（AIBN）、偶氮二异庚腈（ABVN）］、氧化还原引发体系［$H_2O_2$-$Fe^{2+}$、$(NH_4)_2S_2O_8$-$NaHSO_3$］等。聚丙烯酰胺衍生物聚合采用的主要方法有均相水溶液聚合和分散相聚合（反相乳液聚合法及悬浮聚合法等）。

$$m\underset{\displaystyle\text{CONH}_2}{\text{CH}_2{=}\text{CH}} + n\underset{\displaystyle\text{R}}{\text{CH}_2{=}\text{CH}} \xrightarrow[\triangle]{\text{I}} {\left[\underset{\displaystyle\text{CONH}_2}{\text{CH}_2\text{—CH}}\right]}_m{\left[\underset{\displaystyle\text{R}}{\text{CH}_2\text{—CH}}\right]}_n$$

(2) 改性聚合物的制备

① 水解阴离子产品的制备：聚丙烯酰胺在碱（NaOH、$Na_2CO_3$）的作用下，酰氨基水解形成羧基，得到含有阴离子（—$COO^-$）的部分水解聚丙烯酰胺（HPAM）。该反应可在丙烯酰胺聚合的同时进行，也可在聚合以后进行。制备低水解度的阴离子聚丙烯酰胺常用此种方法。

$${\left[\underset{\displaystyle\text{CONH}_2}{\text{CH}_2\text{—CH}}\right]}_n \xrightarrow[\triangle]{\text{NaOH或Na}_2\text{CO}_3} {\left[\underset{\displaystyle\text{CONH}_2}{\text{CH}_2\text{—CH}}\right]}_a{\left[\underset{\displaystyle\text{COO}^-}{\text{CH}_2\text{—CH}}\right]}_b$$

② 磺甲基聚丙烯酰胺的制备：PAM 与甲醛、$NaHSO_3$ 在碱性条件下反应可生成阴离子衍生物——磺甲基聚丙烯酰胺（SPAM）。

$${\left[\underset{\displaystyle\text{CONH}_2}{\text{CH}_2\text{—CH}}\right]}_n \xrightarrow[\text{NaOH},\triangle]{\text{HCHO+NaHSO}_3} {\left[\underset{\displaystyle\text{CONH}_2}{\text{CH}_2\text{—CH}}\right]}_a{\left[\underset{\displaystyle\text{CONHCH}_2\text{SO}_3\text{Na}}{\text{CH}_2\text{—CH}}\right]}_b$$

③ 氨甲基聚丙烯酰胺的制备：PAM 和甲醛、二甲胺反应（Mannich 反应）生成 *N*-二甲氨基甲基丙烯酰胺聚合物（APAM），再与硫酸二甲酯反应生成阳离子聚丙烯酰胺。

$${\left[\underset{\displaystyle\text{CONH}_2}{\text{CH}_2\text{—CH}}\right]}_n \xrightarrow[\text{NaOH},\triangle]{\text{HCHO+HN(CH}_3)_2} {\left[\underset{\displaystyle\text{CONH}_2}{\text{CH}_2\text{—CH}}\right]}_a{\left[\underset{\displaystyle\text{CONHCH}_2\text{N(CH)}_2}{\text{CH}_2\text{—CH}}\right]}_b$$

④ 聚乙烯亚胺的制备：PAM 和次氯酸钠在碱性条件下反应（Hofmann 降解反应）制得阳离子聚乙烯亚胺。此反应开始时 NaClO 和 NaOH 需过量，最后需用 HCl 中和至 pH＝8。

$${\left[\underset{\displaystyle\text{CONH}_2}{\text{CH}_2\text{—CH}}\right]}_n \xrightarrow[\text{NaOH},\triangle]{\text{NaClO}} {\left[\underset{\displaystyle\text{CONH}_2}{\text{CH}_2\text{—CH}}\right]}_a{\left[\underset{\displaystyle\text{NH}_2}{\text{CH}_2\text{—CH}}\right]}_b$$

## 三、实验内容提示

① 乙烯基单体精制，除去阻聚剂。

② 丙烯酰胺单体和引发剂的提纯。

③ 丙烯酰胺与不同类型乙烯基单体进行自由基共聚合，制备目标化合物。或丙烯酰胺均聚制备 PAM，再对 PAM 进行改性制备目标化合物。

④ 产品分析表征：测定单体转化率；黏度法测定聚丙烯酰胺衍生物的黏均分子量；红外光谱（FT-IR）鉴定聚丙烯酰胺衍生物的结构特征；热重分析/差热分析（TGA/DTA）表征聚丙烯酰胺衍生物的热稳定性；光学显微镜或扫描电镜（SEM）观测聚丙烯酰胺衍生物的结晶形态。

## 四、实验要求

① 查阅相关文献，选择一种聚丙烯酰胺衍生物（二元或多元），拟订实验方案，并写出详细实验步骤。

② 选择所需要的实验仪器与试剂。

③ 根据拟订方案进行实验，实验过程中若发现问题，应及时和指导教师讨论，并对实验方案进行修正，直到实验成功。

④ 最后以小论文的形式写出实验报告。

## 五、实验指导

① 聚合体系除氧。氧气是自由基聚合反应的阻聚剂，因此对聚合体系来说除氧处理是必需的。一般是将氮气导管插入液体反应物底部边搅拌边鼓泡，引发剂加入前，体系要先通氮气 15～30min，反应过程需用氮气保护。

② 单体的纯化与储存。在聚合反应中单体的纯度对聚合反应影响巨大，单体的提纯方法要根据单体的类型、可能存在的杂质及将要进行的聚合反应类型来综合考虑。常用单体的提纯方法主要有分馏、萃取蒸馏、减压蒸馏、重结晶、升华及柱色谱分离等，如丙烯酰胺可用丙酮、苯、甲醇等溶剂重结晶提纯。乙烯基单体在光或热的作用下易发生聚合反应，提纯后的单体可在避光及低温条件下短时间储存，实验室中通常将提纯后的单体在氮气保护下封管避光低温储存。

③ 引发剂的提纯。为使聚合反应顺利进行以获得真实可靠的聚合反应实验数据，引发剂的提纯处理是非常必要的。如过硫酸钾（KPS）、过硫酸铵（APS）可用蒸馏水重结晶纯化，50℃真空干燥；偶氮二异丁腈（AIBN）可用丙酮、三氯甲烷或甲醇重结晶，室温真空干燥；过氧化二苯甲酰（BPO）可在室温下用三氯甲烷和甲醇（或石油醚）重结晶，也可用丙酮和蒸馏水重结晶。

④ 聚丙烯酰胺衍生物制备过程中应注意单体配比、引发剂体系、介质 pH 值、聚合温度等对聚合反应的影响。

⑤ 聚丙烯酰胺衍生物经分离、提纯、干燥后，用乌氏黏度计测定衍生物稀溶液的特性黏度 $[\eta]$，根据 Mark-Houwink 方程 $[\eta]=KM^{\alpha}$，计算聚丙烯酰胺衍生物的黏均分子量，$K$ 和 $\alpha$ 值可由相应文献查阅。

⑥ 聚丙烯酰胺衍生物的结构可由红外光谱进行表征，分析对比单体、均聚物及共聚衍生物红外光谱中主要基团的特征吸收峰的位置及峰的位移，定性、定量分析共聚物的组成和序列分布。

⑦ 聚丙烯酰胺衍生物的结晶形态可用光学显微镜或扫描电镜（SEM）观测，其热稳定性和热分解则由热重分析/差热分析（TGA/DTA）测得。

# 实验 129　氧化电解水的制备和杀菌效果试验

## 一、实验目的

掌握热分解法制备钛阳极（dimensionally stable anode，DSA）电极的过程，熟悉电极性能分析方法和表征，掌握氧化电解水（EOW）的制备过程，了解其杀菌作用与效果。

## 二、实验原理

DSA 电极是在钛基体上涂敷一定量电化学活性氧化物制备得到的。涂层热解法的制备原理是将涂敷在钛基体上金属盐的醇溶液高温下在空气氛或者氧气氛中煅烧、氧化，反复多次后便在基体表面生成所需的氧化物膜。

氧化电解水的制备是在三槽离子膜式电解槽（图 7-3）中进行的，由阳离子交换膜、阴离子交换膜将整个容器隔成中间区、阳极区和阴极区。中间区加稀 NaCl 溶液，阳极区和阴极区加入纯净水。在直流电场作用下，其阴、阳极电极反应如下

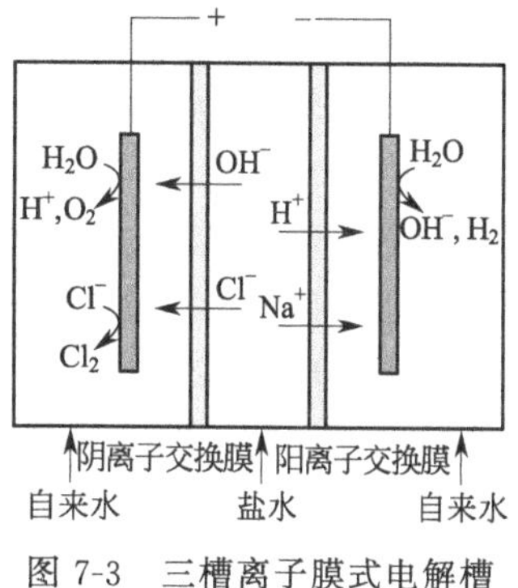


图 7-3　三槽离子膜式电解槽

阳极：

$$H_2O \longrightarrow H^+ + OH^-$$
$$2H_2O - 4e^- \longrightarrow 4H^+ + O_2$$
$$4OH^- - 4e^- \longrightarrow 2H_2O + O_2\uparrow$$
$$2Cl^- + 2O_3 - 2e^- \longrightarrow Cl_2\uparrow + 3O_2\uparrow$$
$$2Cl^- - 2e^- \longrightarrow Cl_2\uparrow$$
$$3H_2O - 6e^- \longrightarrow O_3\uparrow + 6H^+$$
$$O_2 + H_2O - 2e^- \longrightarrow O_3\uparrow + 2H^+$$
$$OH^- + Cl^- - 2e^- \longrightarrow HOCl$$
$$2H_2O + Cl_2 - 2e^- \longrightarrow 2HOCl + 2H^+$$

阴极：

$$2H_2O + 2e^- \longrightarrow 2OH^- + H_2\uparrow$$
$$4H^+ + 4e^- \longrightarrow 2H_2\uparrow$$

从以上的反应可以看出，阳极反应区的溶液呈酸性，且含大量活性成分，氧化还原电位也较高，即为氧化电解水。

关于酸性氧化电解水杀菌机制的研究还很不够，存在一些争议。其中主要存在两种学说，一种是物理学说，一种化学学说。

一般说来，细菌生长比较适合的 pH 是 4～9，好氧菌生长适合的 ORP（氧化还原电位）值为＋200～800mV，厌氧菌适合的 ORP 值为－700mV～＋200mV。而酸性氧化电解水的高 ORP 值、低 pH 值超出了微生物的生存范围，从而使细菌不宜生长，起到杀菌作用，这种作用称为物理杀菌。Park 等研究结果证明，在有效氯含量足够大的情况下（$>2mg \cdot L^{-1}$），EOW 在 pH 值介于 2.6～7.0 之间对 *E. coli* O157：H7、*L. monocytogenes* 杀菌效果相同。另外，pH 值为 2.6 的盐酸比 EOW 杀菌能力要弱得多，而酸性使物质变性灭活需要较长的时间。用与 EOW 相同 pH 值的盐酸溶液对 HBsAg 作用 60s 仍不能将其抗原性破坏，说明 EOW 起主要作用的也不是它的酸性特性。有研究发现在微生物细胞中，EOW 的高 ORP 值会破坏细胞内、外壁，氧化作用会使细胞迅速失去电子，干扰膜平衡，使微生物的细胞膜电位发生改变，导致细胞通透性增强、细菌肿胀及细胞代谢酶的破坏，胞内物质溢出、溶解，从而达到杀灭微生物的作用。有研究人员通过实验证明，分别将含 $10mg \cdot L^{-1}$、$56mg \cdot L^{-1}$ 有效氯的 EOW 与用化学方法模拟 EOW 的溶液做了杀灭 *E. coli* O157：H7 的比较试验，结果证实 ORP 是使微生物失活的主要因素。另外有研究表明，常用含氯消毒剂溶液的氧化电位只有 600mV 左右，其杀菌速度慢，达到相同杀菌效果所需有效氯浓度比氧化电解水高出数倍。但研究人员认为 ORP 不是杀菌的主要因素，因为高 ORP 值的臭氧水与低 ORP 值的 EOW 相比，没有表现出高的杀菌效果。所以，他们认为杀菌作用主要源于高 HOCl 产生的羟基自由基（·OH）。

化学学说认为氧化电解水杀菌最主要因素是其复杂的化学因子，包括：有效氯和活性氧。有效氯主要包括电解直接生成的 HClO、$Cl_2$、$ClO_2$、$ClO^-$ 等。近年有学者研究发现，$^{36}Cl$ 能进入微生物体内与 RNA 和 DNA 结合，使其失去正常的生化活性，致使微生物死亡。有研究发现，在 EOW 的作用下细菌细胞膜会出现气泡、增大并最终导致细胞膜破裂；

在相同的 pH 值和 ORP 值下，气泡数量会随有效氯含量的提高而增加，说明其杀菌效果与有效氯含量提高有关。有实验表明，氧化电解水中有效氯浓度与细菌杀灭率呈高度正相关（$r=0.95$）。在有效氯的多种成分中，研究员认为分子态 HOCl 是杀菌作用的主要影响因素。而 HClO 对细胞的氧化作用有下面几种假设：干扰蛋白质的合成；使氨基酸氧化脱羰，变成亚硝酸盐和乙醛；与核酸、嘌呤和吡啶反应；对重要酶的损坏而使细胞新陈代谢紊乱；破坏 DNA；阻止氧气运输和磷酸氧化，同时伴随着大分子的泄漏；形成有毒的吡啶的衍生物；损坏染色体。活性氧主要是指电解中产生的初生态原子氧［O］、羟基自由基·OH、过氧化氢 $H_2O_2$ 和臭氧 $O_3$ 等活性氧成分，这些活性物质具有较强的氧化性。它们能跟氨基发生特异反应，破坏细胞膜并渗透到细胞内破坏有机物的链状结构，从而使蛋白质及 DNA 合成受阻，使微生物死亡。但氧化电解水在电解时产生的活性氧是不稳定的物质，随着时间延长，活性氧含量将迅速下降甚至完全消失。有实验检测保存了三个月的氧化电解水仍有杀菌作用，且常用的含活性氧的消毒剂如过氧化氢等的杀菌力也不及氧化电解水。

## 三、实验内容提示

① 利用热分解法制备钛基二氧化铱电极、钛基二氧化钌电极。

② 对所制得的 DSA 电极进行表征分析和电化学性能分析。

③ 如图 7-3 所示，自制三槽离子膜式电解槽。

④ 制备氧化电解水，并对其理化性能进行检测。

⑤ 利用所制得的氧化电解水对大肠杆菌进行杀菌实验，检测杀菌效果。

## 四、实验要求

① 查阅相关文献，拟出详细实验方案，准备实验所需仪器试剂。

② 了解电极制备方法，通过文献了解除本实验所制备电极外，提出至少两个电极的制备方法。

③ 了解氧化电解水的应用。

④ 完成实验，写出小论文。

## 五、实验指导

（1）热分解法制备钛基二氧化铱电极、钛基二氧化钌电极

纯钛板基体表面经粗、细砂纸打磨和水洗处理后，首先在超声波作用下用 10%碳酸钠溶液碱洗 10min，除油，然后用去离子水洗净；再用丙酮溶液清洗 10min，然后用去离子水洗净；再用 10%草酸在 96℃下活化 3h，最后用去离子水冲洗、晾干，保存在无水乙醇中，待用。此基体处理的作用是为了使涂层较好地附着在基体上，并提高其电催化性能和使用寿命。

分别将贵金属盐（$RuCl_3$ 和 $HIrCl_6$）溶于 1∶1 的乙醇和异丙醇的溶液中，使金属离子的总浓度为 $0.2mol \cdot L^{-1}$。用羊毛刷在金属钛基体上分别涂覆贵金属盐涂液，先放入烘箱中，于 100℃下烘干 10min；再放入马弗炉在一定温度下烧结 10min；然后取出，空冷 10min。反复涂覆、烘干、焙烧共十次，其中前三次焙烧温度为 300℃，后七次焙烧温度为 500℃，最后一次退火 1h 后，在马弗炉中自然冷却取出。

（2）DSA 电极的表征分析和电化学性能分析

利用扫描电子显微镜、扫描隧道显微镜、透射电子显微镜可观察活性涂层氧化物表面形貌，如组分晶粒大小、涂层裂缝情况、涂层厚度等。

利用 X 射线衍射仪可以分析涂层物质的物相成分，如二氧化钌、二氧化铱、锐钛矿型二氧化钛、金红石型二氧化钛等。

利用光电子能谱分析可以反映固体材料表面以内1～10个原子层和在它上面的其他原子、分子、离子所形成的吸附层的信息。另外，可以检测电极过程产物，对材料表面状态进行分析，分析涂层组成和元素价态。

利用Raman散射光谱可以对涂层结晶状况进行分析。利用X射线荧光分析可测定涂层中各氧化物的附着量。利用热重和差热分析可以分析氧化物的热分解形成过程。

利用电化学工作站测量氧化物电极的析氧、析氯极化曲线，循环伏安曲线，电化学阻抗测试和双电层电容，从而分析氧化物涂层电极的析氯和析氧性能、电催化活性和涂层真实表面积。

(3) 自制三槽离子膜式电解槽

利用有机玻璃，如图7-3所示，制作简单的离子膜型电解槽。

(4) 氧化电解水的制备

在自制的三槽离子膜式电解槽中，阳极是自制铱氧化物电极（有效面积$1cm^2$），阴极为纯钛板。中间用均相阴、阳离子交换膜将电解槽分成了中间区、阳极区和阴极区，体积分别为10mL、50mL、50mL。电解过程中。添加浓度为0.1%～0.5%的NaCl溶液作为电解质，电流密度为$1\sim5A\cdot dm^{-2}$，电极间距为2cm，电解一定时间后，在阳极区得到氧化电解水。

分别测量氧化电解水的pH值、ORP值和总氧化物含量值。总氧化物含量值可以采用碘量法和分光光度法测定。pH值和ORP值利用酸度计和氧化还原电位计测定。HClO、$ClO^-$、$ClO_2$、臭氧的含量用分光光度法测定。有效氯、$ClO_2^-$、$ClO_3^-$的含量用碘量法滴定。溶解氧值利用溶解氧测定仪。

(5) 氧化电解水的杀菌实验

按照原卫生部2002年版《消毒技术规范》配制大肠杆菌（8099）悬液。中和剂采用0.5%$Na_2S_2O_3$的$0.03mol\cdot L^{-1}$磷酸缓冲液。取上述菌悬液0.1mL，加入电解水0.9mL进行杀菌，设定作用时间后，取0.5mL该菌药混合液加到4.5mL中和剂中，作用10min，然后取0.5mL接种培养，采用平板计数法分别测定对照组和杀菌组样品的活菌浓度，所有活菌浓度数据以3次平行测定（$P<0.05$）的平均值为准。

# 实验130 电催化氧化处理废水

## 一、实验目的

掌握电沉积法制备钛基二氧化铅电极、铂电极的过程；熟悉电极性能分析方法和表征；掌握电催化氧化过程。

## 二、实验原理

电化学处理废水可分为直接电解和间接电解两大类。直接电解是指污染物在电极上直接被氧化或还原而从废水中去除，其可以分为阴极过程和阳极过程。间接电解是指利用电化学产生的氧化还原物质作为反应剂或催化剂，使污染物氧化降解。产生的氧化物种，既可以是氧化媒质催化剂，也可以是短寿命的中间物。活性物质的产生与电极材料、电极表面电荷、电解质溶液的组成和浓度有密切的关系。间接电氧化常用的强氧化性物质有活性氯、$HO\cdot$、$O_2$、$H_2O_2$等短寿命中间物种。

## 三、实验内容提示

① 利用电沉积法制备钛基二氧化铅电极。

② 利用电沉积法制备钛基镀铂电极。

③ 对电极进行表征分析和电化学性能分析。

④ 考察不同电极对苯酚的降解效果。

⑤ 考察不同降解工艺条件，考察苯酚降解动力学。

## 四、实验要求

① 通过查阅相关文献，掌握电催化氧化原理、方法及应用。列出详细实验方案。

② 通过完成本实验，掌握电极制备原理、方法及表征。设计新的电极进行本实验。

③ 通过本实验制备的电极，设计对其他有机物的降解试验。

④ 完成实验内容，写出小论文。要求对降解机制进行讨论。

## 五、实验指导

(1) 电沉积法制备钛基二氧化铅电极

将金属钛板分别用细砂纸、金相砂纸打磨光滑至镜面，首先于丙酮中超声清洗 20min，然后于 40%的氢氧化钠溶液中超声清洗 20min，取出用去离子水洗净，之后 60℃的硫酸溶液中反应 20min，取出用去离子水洗净，最后于煮沸的 15%草酸溶液中反应 3h，使钛板呈均匀的麻面，取出用去离子水洗净，保存于无水乙醇中备用（以上均为质量分数，溶液均为水溶液）。分别称取 3.5g $SnCl_4 \cdot 5H_2O$、0.146g $Sb_2O_3$ 溶于 20mL 无水乙醇中并向其中滴加 0.4mL 37%的浓盐酸。在 $20mA \cdot cm^{-2}$ 电流密度下，用上述方法预处理的钛板作阴极，$Ti/RuO_2$ 电极作阳极电解 30min，使钛板表面沉积一层金属锡后取出，在 400℃的马弗炉中烧 2h，自然冷却后取出洗净、晾干。分别称取 15g $SnCl_4 \cdot 5H_2O$、0.4g $Sb_2O_3$ 溶于 25mL 正丁醇中，并向其中滴加 1.25mL 37%浓盐酸，将上述基体在该溶液中浸渍后，在 130℃的烘箱中烘 10min 左右，使溶剂完全挥发，将上述浸渍、烘干步骤反复 5 次后于 450℃的马弗炉中煅烧 20min。将上述步骤重复三遍，最后一次煅烧延迟至 1h，自然冷却后取出洗净，即制得了 $SnO_2$-$Sb_2O_3$ 基体。

采用阳极电沉积法制备 β-$PbO_2$ 电极，如图 7-4 所示。在 $25mA \cdot cm^{-2}$ 的电流密度、70℃的镀液温度下，分别以上述基体为阳极、同样大小面积的钛板为阴极，保持电极间距 2cm 电沉积 β-$PbO_2$ 活性层，电沉积时间为 2h，镀液取 50mL。

(2) 电沉积法制备钛基铂电极

纯钛板基体表面经粗、细砂纸打磨和水洗处理后，首先在超声波作用下用 10%碳酸钠溶液碱洗 10min 除油，然后用去离子水洗净；再用丙酮溶液清洗 10min，然后用去离子水洗净；再用 10%草酸在 96℃下活化 3h，最后用去离子水冲洗、晾干，保存在无水乙醇中，待用。此基体处理的作用是为了使涂层较好地附着在基体上，并提高其电催化性能和使用寿命。

称取二亚硝基二氨铂 0.08g，氨基磺酸 0.5g，氨水 0.2mL 和电镀添加剂 A，用去离子水定容到 5mL，阳极采用 Pt 电极，阴极采用已处理的基体，电极面积为 $1cm^2$。设定电流为 10mA，电极间距 1cm，电镀一定时间后关闭电源，称重，得到铂电极。

(3) 电极的表征分析和电化学性能分析

利用扫描电子显微镜、扫描隧道显微镜、透射电子显微镜可观察活性涂层表面形貌，如组分晶粒大小、涂层裂缝情况、涂层厚度等。

利用 X 射线衍射仪可以分析涂层物质的物相成分，如二氧化铅等。

利用光电子能谱分析可以反映固体材料表面以内 1～10 个原子层和在它上面的其他原子、分子、离子所形成的吸附层的信息。另外，可以检测电极过程产物，对材料表面状态进行分析，分析涂层组成和元素价态。

利用电化学工作站测量电极的析氧极化曲线，分析涂层电极的析氧性能。

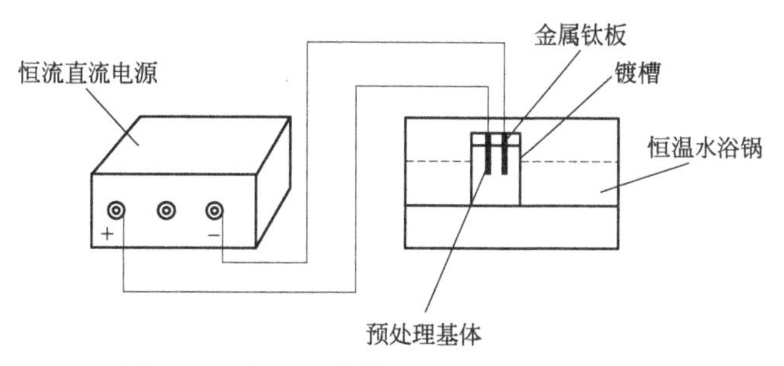


图 7-4　电沉积法制备 β-$PbO_2$ 电极装置示意

(4) 不同电极对苯酚的降解效果

以钛板为阴极，所制备的二氧化铅和铂电极为阳极，常温下对 $10mg \cdot L^{-1}$ 苯酚模拟废水（取 100mL）进行降解，降解时间为 150min，每隔一段时间测溶液中苯酚含量。另外，以 $5g \cdot L^{-1}$ 硫酸钠为支持电解质，电极间距为 2cm，控制溶液浸没电极的面积为 $1cm^2$，电流密度为 $30mA \cdot cm^{-2}$，磁力搅拌。用 4-氨基安替比林法测定苯酚的吸光度，具体步骤如下：电解过程中每隔 30min 取样 1mL，用蒸馏水稀释至 5mL，加入 0.1mL 氯化铵-氢氧化铵缓冲液（pH≈10.7），彻底混匀后再加入 0.1mL 2%4-氨基安替比林溶液，彻底混匀，加入 0.1mL 8%铁氰化钾溶液，再次彻底混匀，静置 10min 显色，立即用 720 型可见分光光度计在 510nm 波长处，用光程 10mm 的玻璃比色皿，以试剂空白（蒸馏水）为参比测定其吸光度。通过吸光度计算其降解率，比较其降解效果。计算公式如下：

$$\eta_t=(A_0-A_t)/A_0\times100\%$$

式中，$\eta_t$ 为降解时间为 $t$ 时苯酚的降解率；$A_0$ 为初始苯酚溶液在 510nm 吸光波长处的吸光度；$A_t$ 为降解 $t$ 时间后溶液的吸光度。

(5) 降解工艺条件和苯酚降解动力学

考察降解时间、支持电解质浓度与种类、电流密度和苯酚初始浓度对降解效果的影响，从而进一步考察苯酚降解动力学。另外，可以利用紫外光谱分析不同降解时间下和不同电极材料下，降解产物的种类和含量的变化，从而分析苯酚的降解过程。还可以考察电极的制备条件对苯酚降解的效果，如二氧化铅电极中氟含量，采用钛纳米管列阵作为基体等。

# 附录

# 附录 1　常用仪器操作技术

## 一、贝克曼温度计

(1) 特点及构造

贝克曼温度计如附图 1 所示。它是可调节的、测量温度差值的水银玻璃温度计。该温度计水银球中的水银量可以调节。水银球中的水银量越少，所测温度越高；水银量越多，所测温度越低。温度计测量范围一般在 $-6\sim120$℃之间。它由一根较长的均匀毛细管连接水银球及水银球贮槽，毛细管与刻度尺封在玻璃管内。水银球体积较大，温度计刻度一般间隔为 5℃，每度刻 100 等分，用放大镜读数可估计至 0.002℃。为了便于读数，贝克曼温度计刻度有两种标法：一种是最小刻度刻在刻度尺上端，最大刻度在下端，称作下降式贝克曼温度计；另一种刻度标法相反，称作上升式贝克曼温度计。在精密测量中，两者不能混用。

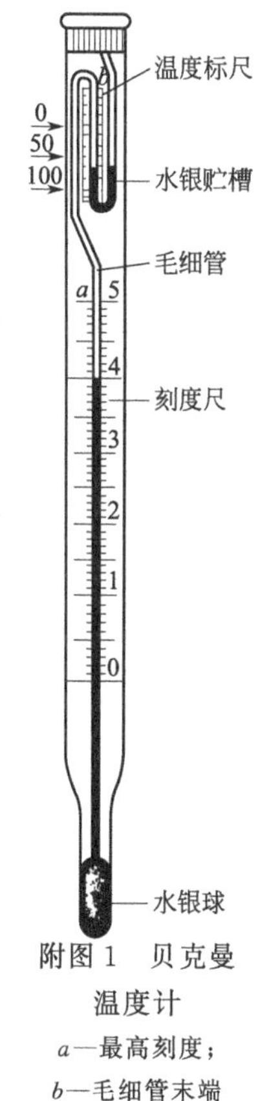


附图 1　贝克曼温度计

$a$—最高刻度；$b$—毛细管末端

(2) 调节方法

首先，根据测量要求，确定需调节的温度范围，最高测量温度预估为当水银柱升至毛细管末端 $b$ 点处的温度。刻度尺最高处 $a$ 点应为实验最高温度 $t$。有的贝克曼温度计由 $a$ 点至 $b$ 点需要再升高 3℃左右，则 $b$ 点处温度应为 $(t+3)$℃；有的贝克曼温度计由 $a$ 点至 $b$ 点需要再升高 0.5℃左右，$b$ 点处温度为 $(t+0.5)$℃。然后，将水银球中水银与水银贮槽中的水银相连接。为此，将温度计倒置，用左手握住温度计中部，用右手轻叩左手腕，此时水银球中的水银借助重力自动流向水银贮槽。用手轻叩水银贮槽处，使贮槽内水银与水银柱连接（注意不要使水银过多地流入水银贮槽）。温度计正置，插入事先已调好的温度为 $(t+3)$℃或 $(t+0.5)$℃水浴中，数分钟，取出温度计，立即用右手叩击左手腕，水银柱在 b 点处断开，与毛细管断开的水银存在贮槽中。温度计从水浴中取出后，由于水银球温度与室温的差异，水银体积会迅速改变，因此这一调节步骤要求迅速、轻快、但不能慌乱，慌乱反易造成失误。将调节好的温度计置于欲测温度的水浴中，观察读数值，检查量程是否符合要求。若量程不合适，则应按上述步骤重新调节贝克曼温度计。

(3) 读数及刻度校正

贝克曼温度计读数前，先用手指轻叩水银面处，消除黏滞现象。读数时，贝克曼温度计要垂直放置，眼睛与水银面水平，而且要使与水银面最靠近的刻度线的中部看着平直而不弯曲。

贝克曼温度计利用调节水银球内水银体积可以在不同温度范围内使用，同样量的水银给出的温差值将不同，以及插入体系中的水银与露在室温中水银柱所处温度不同，所以直接由贝克曼温度计读出的温度差值必须进行校正。其校正值可以从每支贝克曼温度计出厂时附给的检定表中查得。

(4) 注意事项

贝克曼温度计由薄玻璃制成，尺寸较大，易受损坏。一般只应放置在仪器上、温度计架上或握在手中，不应随意搁置。调节时，勿让温度计受剧热骤冷，避免重击。调节好的温度计勿使毛细管中水银与水银贮槽的水银相连接。

由于玻璃贝克曼温度计在使用操作中存在一定的危险，目前在基础实验中已逐渐被数字贝克曼温度计所取代。

## 二、分光光度计

吸光光度法是根据被测物质分子对紫外-可见波长范围（200～800nm）内单色辐射的吸收进行物质的定性、定量或结构分析的一种方法。

（1）基本原理

物质对辐射的吸收遵循朗伯-比尔定律：当单色辐射通过一定厚度吸收层的物质时，吸光度与物质的浓度成正比。用式表示为：

$$A=\lg\frac{I_0}{I}=\varepsilon bc \quad 或 \quad T=\frac{I_0}{I}=10^{-\varepsilon bc}$$

式中，$A$ 表示吸光度；$T$ 表示透射率；$I_0$ 表示进入吸收层的入射辐射强度；$I$ 表示透过吸收层的辐射强度；$b$ 表示吸收层的厚度；$c$ 表示吸光物质的浓度；$\varepsilon$ 表示摩尔吸收系数，它的物理意义是物质浓度为 $1\text{mol}\cdot\text{L}^{-1}$ 和吸收层厚度为 1cm 时溶液的吸光度，其数值大小与波长和吸光物质的性质有关，它表明物质分子对特定波长辐射吸收的能力，$\varepsilon$ 值越大，吸光光度法测定的灵敏度越高。

由上式可见，当某溶液的比色皿厚度 $b$ 一定时，则吸光度与溶液的浓度 $c$ 成正比，这是吸光光度法进行定量分析的依据。

当定量分析某一组分的溶液时，首先配制一组标准溶液，分别测得在某特定波长下的吸光度，用数据处理方法，找出吸光度与浓度的标准曲线方程或图形；再测得任意未知样品的吸光度，从标准曲线上可求出其浓度。

吸光光度法也可用于多组分的同时测定。当各组分吸收光谱互相重叠，但能遵守比尔定律时，如有 $n$ 个组分，则可选择在 $n$ 个不同的波长处测定吸光度，再求解 $n$ 个线性方程组来计算各组分的浓度。

吸光光度法进行定性和结构分析时，将未知化合物的吸收光谱的形状、吸收峰的峰数和位置，以及相应的摩尔吸光系数，与纯化合物的吸收光谱图进行比较，如两者一致，可认为两者具有相同的发色团。

（2）基本部件

分光光度计就是测量物质分子对不同波长或特定波长处的辐射吸收强度的一种仪器，常见的仪器类型有紫外分光光度计、可见分光光度计和紫外-可见分光光度计。仪器按光源分为单波长单光束分光光度计、单波长双光束分光光度计、双波长双光束分光光度计。

其主要由五部分组成。

a. 辐射源（光源） 具有稳定的、有足够输出功率的连续光谱。钨灯是可见光区用的光源，适用波长范围为 350～2500nm；紫外区（180～460nm）则用氢灯或氘灯。

b. 单色器 可产生高纯度单色光束。单色器由入射狭缝、出射狭缝、透镜等元件组成，色散元件为棱镜或衍射光栅。

c. 比色皿 又叫吸收池，用作液体吸光度测定的容器，有石英比色皿和玻璃比色皿两种，前者适用于紫外-可见区，后者只适用于可见区。

d. 检测器 又称光电转换器，通常用光电管作波长检测器，也有用二极管阵列等检测器以进行全波长同时检测。

e. 显示装置 显示光电转换器后的信号大小。

附图 2 为 722 型光栅分光光度计的外形图，用碘钨灯作光源。工作波长范围为 360～800nm，波长精度为±2nm，波长重现性为 0.5nm，单色光带宽为 6nm，吸光度显示范围为

0～1.999，样品架可放置4个比色皿。

(3) 仪器操作

a. 预热　接通电源开关7，指示灯亮，打开比色皿暗箱盖。预热20min后才能进行测定工作。

b. 设定波长　将灵敏度调节旋钮13置于“1”挡（放大倍率最小），转动波长选择旋钮8，选择所需的单色光波长。

c. 调零和 $T=100\%$　将选择开关3置于“$T$”挡（即透射率），打开比色皿暗箱盖，放入比色皿，调节0%$T$旋钮12，使数字显示器为“0.000”。将盛参比溶液的比色皿放入样品架的第一格内，盛样品溶液的比色皿放入样品架的其他格内，盖上比色皿暗箱。推比色皿拉杆，将盛参比溶液的比色皿处于光路之中，调节100%$T$旋钮11，使数字显示器准确显示100%；若数字显示器调不到100%处，则可适当增加灵敏度调节旋钮13的挡数。一般应尽可能使用低挡数，这样仪器将有更高的稳定性。改变灵敏度后再调节100%$T$旋钮11，使数字显示器显示100%。然后再反复几次调整0%$T$旋钮12和100%$T$旋钮11，待显示稳定后，将选择开关3置于“$A$”挡（即吸光度），此时吸光度显示应为“0.000”，若不是，则调节吸光度调零旋钮2，使显示“0.000”后即可进行测定。

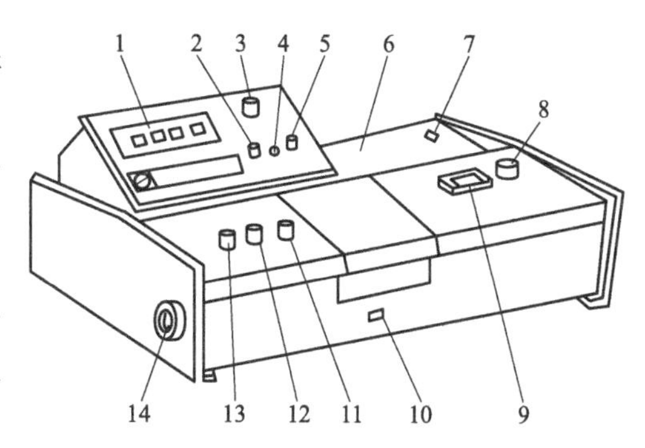


附图2　722型分光光度计

1—数字显示器；2—吸光度调零旋钮；3—选择开关；4—吸光度调斜率电位器；5—浓度旋钮；6—光源室；7—电源开关；8—波长选择旋钮；9—波长刻度窗；10—样品架拉手；11—100%$T$旋钮；12—0%$T$旋钮；13—灵敏度调节旋钮；14—干燥器

d. 测定　将比色皿拉杆拉出一格，使待测溶液进入光路，从数字显示器上读取该溶液的吸光度，读数后立即打开比色皿暗箱盖。

e. 其余实验　重复操作，再依次测量其他溶液的吸光度。

f. 结束工作　测量完毕，取出比色皿，洗净擦干，将各旋钮恢复到起始位置，开关置于“关”处，拔下电源插头。

(4) 测量条件的选择

为了保证吸光度测定的准确度和灵敏度，在测量吸光度时还需注意选择适当的测量条件，如入射光波长、参比溶液和读数范围。

① 入射光波长的选择

由于溶液对不同波长的光吸收程度不同，一般应选择最大吸收时的波长为入射光波长，这时摩尔吸光系数数值最大，测量的灵敏度较高。有干扰时可考虑使用其他波长为入射光波长。

② 参比溶液的选择

入射光照射装有待测溶液的比色皿时，将发生反射、吸收和透射等情况，而反射以及试剂、共存组分等对光的吸收也会造成透射光强度的减弱，为使光强度减弱仅与溶液中待测物质的浓度有关，必须通过参比溶液对上述影响进行校正。选择参比溶液的原则是：若共存组分、试剂在所选入射光波长处均不吸收入射光，则选用蒸馏水或纯溶剂作参比溶液；若试剂在所选入射光波长处吸收入射光，则以试剂空白作参比溶液；若共存组分吸收入射光，而试剂不吸收入射光，则以原试液作参比溶液；若共存组分和试剂都吸收入射光，则取原试液掩蔽被测组分，再加入试剂后作为参比溶液。

③ 吸光度读数范围的选择

在光度测量时，当透射率读数范围在10%～70%或吸光度读数范围在0.10～1.0之间，读数误差较小。可通过调整称样量、比色皿厚度和稀释倍数等方法使样品溶液的吸光度读数在此范围内。

## 三、酸度计

酸度计又称pH计，是测定溶液pH最常用的仪器，同时也可以测量电极电位，由参比电极（甘汞电极）、测量电极（玻璃电极）和精密电位计三部分组成。实验室常用的酸度计有雷兹25型、pHS-2C型、pHS-3C型、pHS-3D型等。它们的型号和结构虽然不同，但基本原理相同。

（1）基本原理

① 甘汞电极

甘汞电极是由金属汞、氯化亚汞（甘汞）和一定浓度的氯化钾溶液组成。其构造如附图3所示，它的电极反应是

$$Hg_2Cl_2 + 2e^- \rightleftharpoons 2Hg + 2Cl^-$$

在25℃时，$\varphi_{甘汞} = \varphi^{\ominus}_{甘汞} - 0.0592\lg a_{Cl^-}$

$\varphi^{\ominus}_{甘汞}$在一定温度下为一定值，所以$\varphi_{甘汞}$决定于$Cl^-$的活度值$a_{Cl^-}$，与溶液的pH无关。通常用饱和氯化钾溶液为电解质溶液。25℃时饱和氯化钾溶液的$\varphi_{甘汞}$为0.2415V。

② 玻璃电极

玻璃电极的结构如附图4所示，其下端是一极薄的玻璃球泡，由特殊的敏感玻璃膜构成，对$H^+$有敏感作用。在玻璃泡中装有0.1mol·$L^{-1}$ HCl和Ag-AgCl电极作为内参比电极，将它浸入待测溶液中组成如下电极：

Ag-AgCl（s） | HCl（0.1mol·$L^{-1}$） | 玻璃膜 | 待测溶液

待测溶液的$H^+$与电极玻璃球泡表面水化层进行离子交换，产生一定的电位差，玻璃泡内层同样产生电极电位。由于内层$H^+$浓度不变，而外层$H^+$浓度变化，所以该电极的电位只随待测溶液的pH不同而改变。

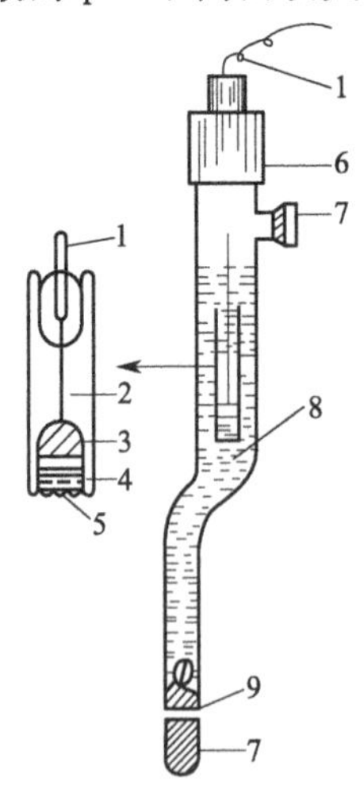


附图3　饱和甘汞电极

1—导线；2—铂丝；3—汞；
4—甘汞；5—多孔物质；
6—绝缘体；7—橡胶帽；
8—饱和氯化钾溶液；9—多孔物质

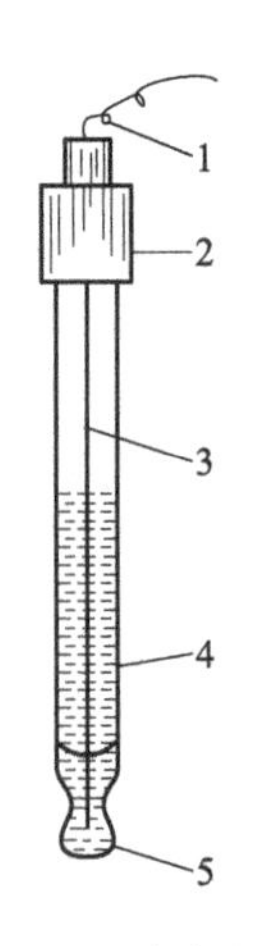


附图4　玻璃电极

1—导线；2—绝缘套；
3—Ag-AgCl电极；
4—内部缓冲溶液；
5—玻璃膜

③ 复合电极

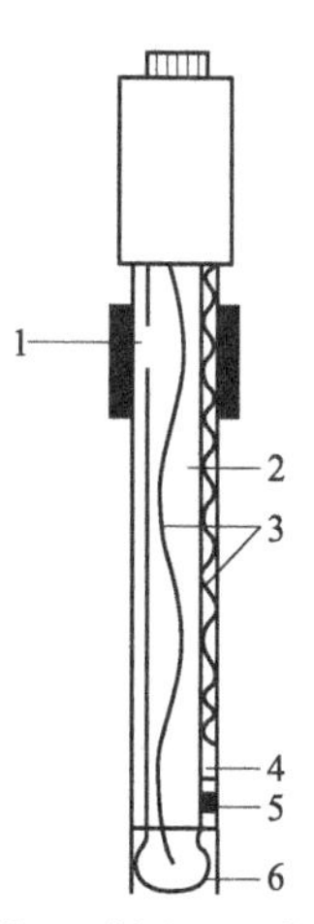

附图 5　复合 pH 电极
1—加液口；
2—0.1mol·L$^{-1}$ HCl；
3—Ag-AgCl 电极；
4—饱和氯化钾溶液；
5—细孔陶瓷；
6—玻璃薄膜小球

复合电极实际是将玻璃电极和参比电极合并制成的。它以单一接头与精密电位计连接，附图 5 为一种以 Ag-AgCl 电极作为参比电极的复合电极示意图。

将玻璃电极和甘汞电极一起插入待测溶液组成原电池

Ag-AgCl(s) | HCl(0.1mol·L$^{-1}$) | 玻璃膜 | 待测溶液 | 甘汞电极

连接精密电位计，即可测得电池的电动势。在 25℃时，其电动势为

$$E=\varphi_{正}-\varphi_{负}=\varphi_{甘汞}-\varphi_{玻};\varphi_{玻}=\varphi_{玻}^{\ominus}-0.0592\mathrm{pH}$$

$$E=\varphi_{甘汞}-\varphi_{玻}^{\ominus}+0.0592\mathrm{pH}$$

所以

$$\mathrm{pH}=\frac{E+\varphi_{玻}^{\ominus}-\varphi_{甘汞}}{0.0592}$$

若将复合电极插入待测溶液，连接精密电位计，在 25℃时，其电动势为

$$\mathrm{pH}=\frac{E+\varphi_{玻}^{\ominus}-\varphi_{\mathrm{Ag\text{-}AgCl}}}{0.0592}$$

25℃时饱和氯化钾溶液的 $\varphi_{\mathrm{Ag\text{-}AgCl}}$ 为 0.1981V。

对于一个给定的玻璃电极，$\varphi_{玻}^{\ominus}$ 为定值，可以用已知 pH 的缓冲溶液或酸式盐求得此值。但在实际工作中，并不具体计算出该数值，而是通过标准缓冲溶液对酸度计进行标定，作出校正，然后就可以直接进行测量。

(2) pHS-3C 型酸度计

pHS-3C 型酸度计是一台精密数字显示 pH 计，该 pH 计适用于测定水溶液的 pH 和电极电位。

测量范围：pH=0～14，电极电位 0～±1999mV；测量精度 0.01pH，1mV；温度补偿 0～60℃，外形结构如附图 6 所示。

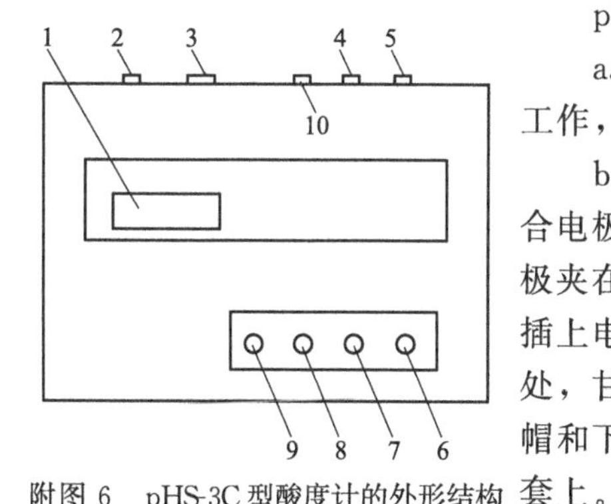

附图 6　pHS-3C 型酸度计的外形结构
1—数字显示屏；2—电源插座；3—电源开关；4—参比电极接口；5—复合电极接口；6—温度补偿调节旋钮；7—斜率调节旋钮；8—定位调节旋钮；9—pH/mV 选择开关；10—信号输出接口

pH 测量操作步骤如下。

a. 电源线插入电源插座 2，接通电源并开机，仪器开始工作，开机预热 10min。

b. 拔去复合电极接口的保护端子，将复合电极插入复合电极接口 5，顺时针方向转动 90°，使电极接触紧密，电极夹在电极夹上。如果不用复合电极，则在复合电极接口处插上电极转换器的插头，将玻璃电极插头插入转换器插座处，甘汞电极插入参比电极接口。使用时应把上面的小橡胶帽和下端橡胶帽拔出，以保持液位压差，不用时要把它们套上。

c. 把选择开关 9 调到 pH 挡，显示屏显示 pH。

d. 调节温度补偿旋钮 6，使其对准缓冲溶液温度值。

e. 把清洗过的电极插入 pH=6.86 的缓冲溶液中，调节定位调节旋钮 8，使仪器显示读数与该温度下缓冲溶液的 pH 相一致。

f. 用蒸馏水清洗电极，再用 pH=4.00（或 pH=9.18）的缓冲溶液，调节斜率调节旋钮 7 到 pH=4.00（或 pH=9.18）。重复 e、f，直至显示值与缓冲溶液的 pH 一致［粗糙调

节可用 pH＝6.86 和 pH＝4.00（或 pH＝9.18）两种溶液调节]。

g. 将电极洗净，插入待测溶液中，搅拌、静置，等显示值稳定后，即为该待测溶液的 pH。

h. 若待测溶液温度和缓冲溶液温度不相同时，应先将温度补偿调节旋钮 6 调到待测溶液温度，然后再测量。

该酸度计还可以用于测量电极电位（mV 值），操作步骤如下。

a. 将选择开关 9 调到 mV 挡，显示屏显示 mV 挡。

b. 将参比电极插入参比电极接口，离子选择电极与复合电极接口连接。

c. 将洗净、甩干或吸干的电极浸入待测溶液中，搅拌、静置，等显示值稳定后记下读数，即为该溶液的 mV 值。

d. 测试完毕，洗净电极，套上保护套或浸泡在 $3.3mol \cdot L^{-1}$ 氯化钾溶液中，关机。

（3）注意事项

a. 检查电极的插头、插座，其内芯需保持清洁、干燥、不得污染。

b. 在使用玻璃电极或复合电极时，应避免电极的敏感玻璃膜与硬物接触，以防损坏电极或使电极失效。

c. 复合电极在使用前应置于 $3.3mol \cdot L^{-1}$ 氯化钾溶液中，浸泡 6h 进行活化。电极避免长期浸在蒸馏水、蛋白质溶液或含有氟化物溶液中。

d. 要保证缓冲溶液的可靠性，不能配错缓冲溶液；若出现缓冲溶液配制时间较长或霉变、混浊等情况，应重新配制。

e. 仪器经校正后，测试待测溶液时，定位调节旋钮和斜率调节旋钮不可再动，否则将影响测试精度。

## 四、阿贝折射仪

（1）基本原理

光从一种介质斜射入另一种介质时，在两种介质的界面上，一部分光发生反射，另一部分光进入后一种介质中去（附图 7）。进入后一种介质中的光改变了原来的传播方向，这种现象叫作光的折射。根据折射定律，在温度和压力不变的条件下，波长一定的单色光在两介质中的入射角 $\theta_1$ 和折射角 $\theta_2$ 与光速、折射率的关系为

$$\frac{\sin\theta_1}{\sin\theta_2}=\frac{c_1}{c_2}=\frac{n_2}{n_1} \qquad (附录\text{-}1)$$

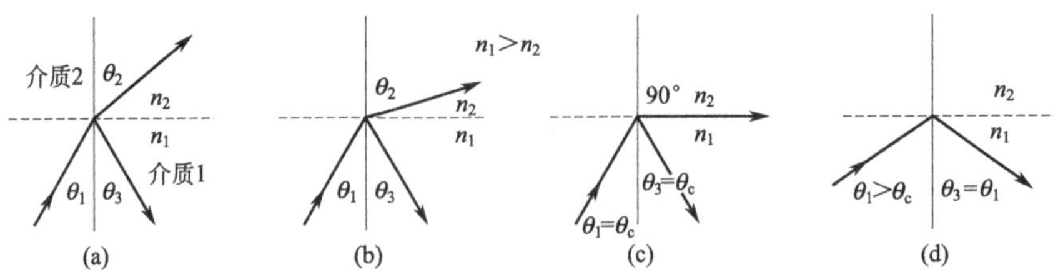


附图 7　光在界面上的折射和反射

当光从折射率 $n_1$ 大的介质 1 中进入折射率 $n_2$ 小的介质 2 时，从计算式附录-1 可知，折射角 $\theta_2$＞入射角 $\theta_1$ [附图 7（a）]；当入射角逐渐变大时，折射角也变大 [附图 7（b）]；当入射角增大到临界角 $\theta_c$ 时，透射光线正好沿着两界面传播 [附图 7(c)]，此时透射光强度趋近于零；当入射角大于 $\theta_c$ 时，发生全反射 [附图 7（d)]。阿贝折射仪就是根据临界折

射现象设计的，试样（介质 2）置于测量棱镜（介质 1）的镜面上，而棱镜的折射率 $n_p$ 大于试样的折射率 $n$。如果入射光从棱镜射入试样，在大于临界角时构成暗区，小于临界角的构成亮区。把折射角 $\theta_2=90°$、入射角为 $\theta_2$ 和棱镜的折射率 $n_p$ 代入式(附录-1)，得试样的折射率 $n$ 计算式为

$$n=n_p\sin\theta_c \quad (附录\text{-}2)$$

由式(附录-2) 可知，如果已知棱镜的折射率 $n_p$，并在温度、单色光波长都保持恒定的实验条件下，测得临界角 $\theta_c$，就能算出被测试样的折射率。

(2) 仪器操作

附图 8 为阿贝折射仪示意图。它主要由两块棱镜组成，上面一块是光滑的，下面一块是磨砂的。测定时，将被测液体滴入磨砂棱镜，然后将两块棱镜叠合关紧。光线由反光镜入射到磨砂棱镜，产生漫射，以 0°～90°不同入射角进入液体层，再到达光滑棱镜。光滑棱镜的折射率很高（约 1.85），大于液体的折射率，其折射角小于入射角，这时在临界角以内的区域有光线通过，是明亮的，而临界角以外区域没有光线通过，是暗的，从而形成了半明半暗的图像，如附图 9 所示。不同化合物的临界角不同，明暗两区的位置也不同。在目镜中刻上一个十字交叉线，改变棱镜与目镜的相对位置，使明、暗分界线正与十字交叉点重合，通过测定其相对位置并换算，可测得化合物的折射率。阿贝折射仪标尺上的刻度就是经过换算后的折射率。由于阿贝折射仪有消色散装置，可以直接使用日光，测得的数据与使用钠光相同，量程 1.3000～1.7000，精密度为 0.0001。

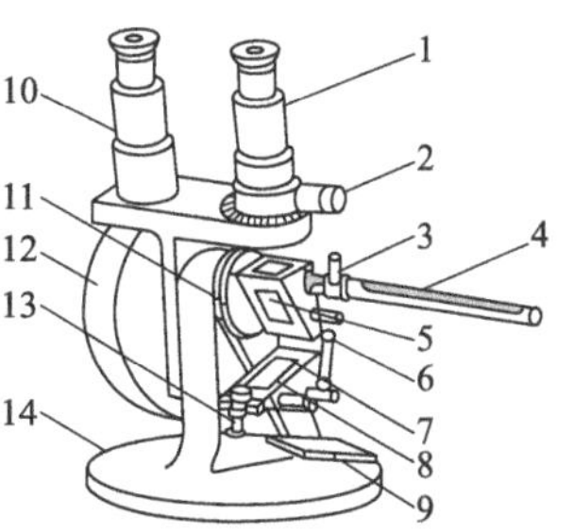

附图 8　阿贝折射仪

1—测量望远镜；2—消失散手柄；3—恒温水入口；4—温度计；5—测量棱镜；6—铰链；7—辅助棱镜；8—加液槽；9—反射镜；10—读数望远镜；11—转轴；12—刻度盘罩；13—闭合旋钮；14—底座

使用时将阿贝折射仪放在光亮处，但避免阳光直接暴晒。用超级恒温槽将恒温水通入棱镜夹套内，其温度以折射仪上温度读数为准。

其测量步骤如下。

a. 扭开测量棱镜和辅助棱镜的闭合旋钮，并转动镜筒，使辅助棱镜的斜面向上，若测量棱镜和辅助棱镜表面不清洁，可滴几滴丙酮，用擦镜纸顺单一方向轻擦镜面（不能来回擦）。

b. 用滴管滴入 2～3 滴待测液体于辅助棱镜的毛玻璃面上（滴管切勿触及镜面），合上棱镜，扭紧闭合旋钮。若液体样品易挥发，动作要迅速，或将两棱镜闭合，从两棱镜合缝处的一个加液小孔注入样品（特别注意不能使滴管折断在孔内，以致损伤棱镜镜面）。

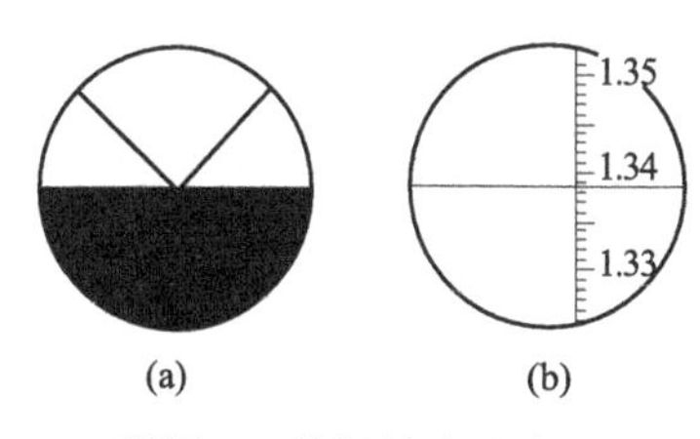

附图 9　数据读取示意图

c. 转动镜筒使之垂直，调节反射镜使入射光进入棱镜，同时调节目镜的焦距，使目镜中十字线清晰明亮，再调节读数螺旋，使目镜中呈半明半暗状态 [附图 9(a)]。

d. 读取数据 [附图 9(b)]。不同物质的临界角不同，我们可以通过测定其临界角，得到各物质的折射率。

(3) 注意事项

使用阿贝折射仪应注意以下几点。

a. 折射仪不能用来测定强酸、强碱以及有腐蚀性的液体，也不能测定对棱镜、保温套之间的黏合剂有溶解性的液体。

b. 使用前应先对仪器进行校正。通常用纯水校正，测得纯水的折射率与标准值比较，求得校正值（一般重复两次，求得平均值）。校正值一般都很小，若此值太大，整个仪器必须重新校正。

c. 仪器不能暴晒于日光中，也不能在较高温度下使用。

d. 必须注意保护棱镜，不能在镜面上造成刻痕，使用完毕，用乙醇或丙酮洗净镜面，晾干后再闭上棱镜，妥善保管。

## 五、电导率仪

（1）基本原理

电导率仪是测量电解质溶液的电导率的仪器。电解质的电导除与电解质种类、溶液浓度及温度有关外，还与所用电极的面积 $A$、两极间距离 $l$ 有关。在电导率仪中，常用的电极有铂黑电极或铂光亮电极（统称为电导电极），对于某一给定的电极来说，$l/A$ 为常数，叫作电极常数。每一电导电极的常数由制造厂家给出。

电导是电阻的倒数。所以，测量电导与测量电阻的方法相同，可用电桥平衡法测量，但为了减少或消除当电流通过电极时发生氧化或还原反应而引起的误差，必须采用交流电源。

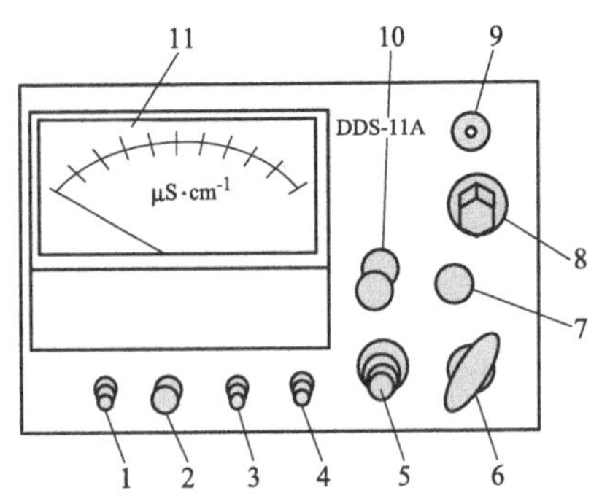

附图 10　DDS-11A 型电导率仪

1—电源开关；2—电源指示灯；3—高、低周开关；4—校正、测量开关；5—校正调节旋钮；6—量程选择开关；7—电容补偿；8—电极插口；9—10mV 输出；10—电极常数调节旋钮；11—读数表头

（2）仪器操作

附图 10 为 DDS-11A 型电导率仪面板示意图，该电导率仪具有测量范围广、快速和操作简便等特点，其仪器的使用方法如下。

a. 在未开电源开关前，先检查电表指针是否指在零点，若指针不指在零点，则需借电表上的螺丝调节，使指针指零点。将校正、测量开关 4 拨到“校正”位置。接上电源，打开电源开关 1，并预热 5～10min。

b. 将高、低周开关 3 扳向所需位置，如被测量液体电导率很低（小于 $3\times10^{-2}$S·m$^{-1}$ 时），选用低周，其他情况用高周。

c. 将量程选择开关 6 扳到所需的测量范围挡。如预先不知待测溶液电导率的大小时，可先将该开关扳至最大量程挡，然后逐挡下降，以防表针打弯。

d. 电极的选用

ⅰ. 若被测液体的电导率很低（小于 $1\times10^{-3}$S·m$^{-1}$），如去离子水或极稀的溶液，选用 DJS-1 型光亮电极。将电极常数调节旋钮 10 调到所用电导电极的电极常数相应的位置上，如电极常数为 0.95，把电极常数补偿调到 0.95 的常数值上。

ⅱ. 若被测液体的电导率在($1\times10^{-3}$～1)S·m$^{-1}$ 之间，应选用 DJS-1 型铂黑电极，将电极常数调节旋钮 10 调到所用电导电极的电极常数相应的位置上。

ⅲ. 若被测液体的电导率很高（大于 1S·m$^{-1}$），用 DJS-1 型铂黑电极测不出时，则选用 DJS-10 型铂黑电极，将电极常数调节旋钮 10 调到所用电导电极的电极常数的 1/10 位置上。测量时，测得的读数乘以 10，即为被测溶液的电导率。

e. 将电极夹夹紧电导电极的胶木帽，并通过电极夹把电极固定在电极杆上。插头插入电极插口，上紧插口上的固定螺丝。用少量待测溶液冲洗电极 2～3 次。将电极浸入待测溶液（应将电极上的铂片全部浸入待测溶液）。

f. 将校正、测量开关 4 拨到“校正”位置，调整校正调节旋钮，使指示电表上的指针停在满刻度。注意：校正必须在电导池接妥的情况下进行。

g. 将校正、测量开关 4 拨到“测量”位置，当量程选择开关 6 处在 1～8 量程时，把高、低周开关 3 拨至“低周”，用 9～10 量程测量时，高、低周开关 3 拨在“高周”。轻轻摇动烧杯使被测溶液浓度均匀，被测溶液的电导率即为电表上的指针稳定时的读数乘以量程选择开关 7 所指的倍率。

h. 测量完毕后，立即将校正、测量开关 4 扳回“校正”位置，关闭电源开关，用去离子水冲洗电极数次后，将电极放入专备的盒内。

(3) 注意事项

为了保证电导读数精确，测量时应尽可能使指示电表的指针接近于满刻度；在使用过程中要经常检查“校正”是否调整准确，即应经常把校正、测量开关拨向“校正”，检查指示电表指针是否仍为满刻度。尤其是对高电导率溶液进行测量时，每次应在校正后读数，以提高测量精度；测量溶液的容器应洁净，外表勿受潮。当测量电阻很高（即电导很低）的溶液时，需选用由溶解度极小的中性玻璃、石英或塑料制成的容器。

## 六、电位差计

电位差计在基础化学实验中应用非常广泛，它的精度高，可用于测量电动势和校正电表，作为输出可变精密稳压电源等。电位差计类型很多，下面主要介绍 UJ-25 型电位差计的构造原理及使用。

(1) 基本原理

直流电位差计是根据补偿原理而设计的，它由工作电流回路、标准回路和测量回路组成，原理如图 6-19 所示。

a. 工作电流回路 工作电流由工作电池 $V_w$ 的正极流出，经可变电阻 $R$、滑线电阻 $AB$ 返回 $V_w$ 的负极，构成一个通路，调节 $R$ 使均匀滑线电阻 AB 上产生一定的电位降。

b. 标准回路 将变换开关 K 合向标准电池 S，对工作电流进行标定。从标准电池的正极开始，经检流计 G、滑线电阻上的 $C_1A$ 段，回到标准电池的负极。其作用是校准工作电流以标定 $AB$ 上的电位降。令 $V_{C_1A}=IR_{CA}=E_S$（借助于调节 $R$ 使 G 中得电流 $I_G$ 为零来实现），使 $C_1A$ 段上的电位降 $V_{C_1A}$（成为补偿电压）与标准电位 $E_S$ 相对消。

c. 测量回路 将 K 扳回 X，从待测电池的正极开始，经检流计 G、滑线电阻上 $C_2A$ 段，回到待测电池负极。其作用是使用校正好的滑线电阻 $AB$ 上的某范围的电位降来测量未知电池的电动势。在保持标定后的工作电流 $I$ 不变的条件下，在 $AB$ 上寻找出 $C_2$ 点，使得 G 中的电流为零，从而 $V_{C_2A}=IR_{C_2A}=E_X$，使 $C_2A$ 段上的电位降 $V_{C_2A}$ 与待测电池的电动势 $E_X$ 对消。$E_X=IR_{C_2A}=(E_S/R_{C_1A})R_{C_2A}=(R_{C_2A}/R_{C_1A})E_S=kE_S$。如果知道 $R_{C_2A}/R_{C_1A}$ 比例和 $E_S$，就能求出 $E_X$。

(2) 仪器操作

UJ-25 型高电势直流电位差计面板如附图 11 所示。UJ-25 型电位差计上标有 0.01 字样，表明其测量最大误差为满刻度值的 0.01%，即万分之一。它的可变电阻 $R$ 由粗、中、细、微四挡组成，滑线电阻由六个转盘组成，所以测量读数最小值为 $10^{-6}$V。

附图 11 中的转换开关 2 旋钮相当于图 6-19 中的开关 K，当旋钮尖端指在“N”处，即等于 K 接通 $E_S$，当旋钮尖端指在“$x_2$”处，即等于 K 接通未知电池 $E_X$。面板图的左下角标有“粗”“细”“短路”的电计按钮 1，相当于原理图中的 K 电钮，按“粗”表示 K 通过保护电阻接通检流计 G，按“细”表示 K 不通过保护电阻接通检流计 G；“短路”用来将检流计短路，当反电位与待测电位不能对消时，防止检流计的指针被打坏，必须用此钮。附图

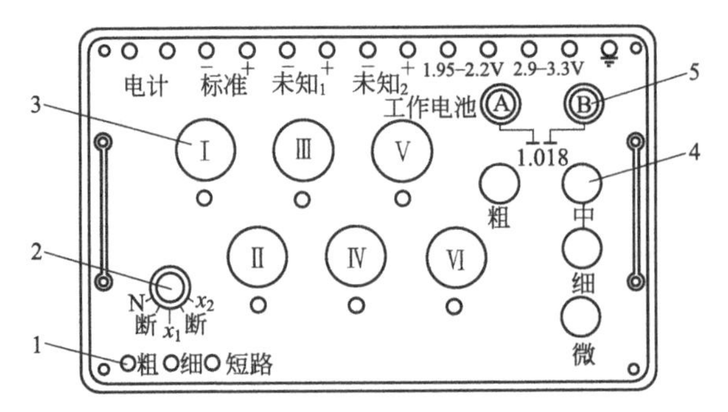


附图 11　UJ-25 型高电势直流电位差计面板图

1—电计按钮（3 个）；2—转换开关；3—电位测量旋钮（6 个）；

4—工作电流调节旋钮（4 个）；5—标准电池温度补偿旋钮

11 右边的工作电流调节旋钮 4 有“粗”“中”“细”“微”四挡，相当于原理图中的可变电阻 $R$，通过调节这四个旋钮实现工作电流标准化。右上角的两个旋钮 5 是两个标准电池电动势温度补偿旋钮，中间六个电位测量旋钮 3 具有不同的电位测量精度（$\times10^{-1}$，$\times10^{-2}$，…，$\times10^{-6}$），其下都有一个小窗孔，被测电池的电动势由此示出。使用 UJ-25 型高电势直流电位差计测定电动势时需将惠斯登标准电池、工作电池（1.5V 甲电池两节）分别接在 UJ-25 型高电势直流电位差计的标准和工作电池端子上，将检流计接在电计端子上。先读取环境温度，校正标准电池的电位；调节标准电池的温度补偿旋钮 5 至计算值；将转换开关 2 拨至“N”处，转动工作电流调节旋钮 4“粗”“中”“细”，依次按下电计按钮 3“粗”“细”，直至检流计示零。在测量时，将待测电池接在 UJ-25 型高电势直流电位差计的未知端子上，将转换开关拨向 $x_1$ 或 $x_2$ 位置，从大到小旋转电势测量旋钮 3，按下电计按钮 1，直至检流计示零，6 个小窗口内读数即为待测电池的电动势。

（3）惠斯登标准电池（镉汞标准电池）

使用 UJ-25 型高电势直流电位差计测量电位差时需用标准电池标定工作电流。惠斯登标准电池是常用的标准电池。由于标准电池的电动势具有很好的重现性和稳定性，经过欧姆基准、安培基准标定后，从而成为伏特基准器，将伏特基准长期保存下来。在实际工作中，标准电池被作为电压测量的标准量具或工作量具，在直流电位差计电路中提供一个标准的参考电压。

标准电池可分为饱和式、不饱和式两类。前者可逆性好，因而电动势的重现性、稳定性均好，但温度系数较大，需进行温度校正，一般用于精密测量中。后者温度系数很小，但可逆性差，用在精度要求不很高的测量中，可以免除烦琐的温度校正。饱和式与不饱和式标准电池的表达式可分别表示如下

饱和式[$E_{20}=1.01860$V(20℃)]：Cd-Hg（12.5%Cd）｜$CdSO_4\cdot8/3H_2O$（s），$CdSO_4$（饱和），$CdSO_4\cdot8/3H_2O$（s），$Hg_2SO_4$（s）｜Hg

不饱和式［$E=1.01905$V（10～30℃）］：Cd-Hg（12.5%Cd）｜$CdSO_4$（4℃下饱和溶液），$Hg_2SO_4$（s）｜Hg

惠斯登标准电池装置如附图 12 所示。电池的负极为镉汞齐（含 12.5%Cd）；正极是 Hg 与 $Hg_2SO_4$ 的糊体，在糊体和镉汞齐上面放有 $CdSO_4\cdot8/3H_2O$ 的晶体和其饱和溶液。为了使引入的导线与正极糊体接触得更紧密，在糊体的下面放少许汞。其电池反应是

正极：$Hg_2SO_4(s)+2e^-\rightleftharpoons 2Hg(l)+SO_4^{2-}$

负极：$Cd(Hg)(s)+SO_4^{2-}\rightleftharpoons CdSO_4+2e^-$

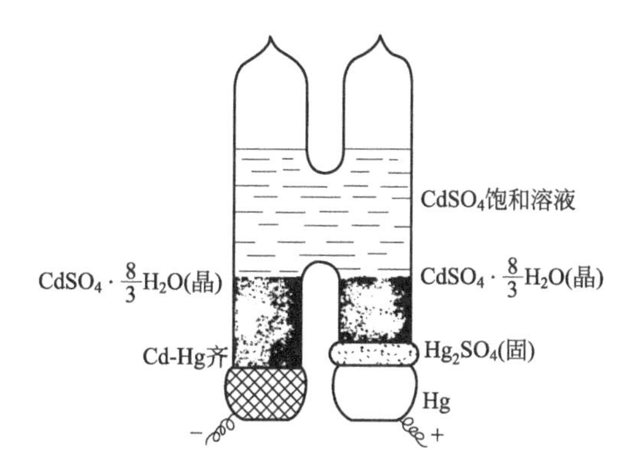


附图 12　惠斯登标准电池

总反应：$Hg_2SO_4(s)+Cd(Hg)(s) \rightleftharpoons 2Hg(l)+CdSO_4$

电池的电动势 $E_n$ 与摄氏温度 $t$ 的关系式为：

$$E_n=1.01860-4.06\times10^{-5}(t-20)-9.5\times10^{-7}(t-20)^2$$

（4）注意事项

a. 标准电池使用时绝对不能倒置、不能摇动。摇动后标准电池电动势发生改变，应静置 5h 以上才能用。

b. 正负极不可接错。

c. 应在温度波动较小的环境中使用，最好在 4～40℃ 范围内。若波动过大会因 $CdSO_4 \cdot 8/3H_2O$（s）晶粒再结晶成大块而增加了电池内阻。

d. 标准电池仅作为电动势的基准器，不能当电池使用。长时间使用，电动势会不断下降，只能间歇地瞬时地使用，使电动势得以恢复，不可利用万用表等直接测量标准电池的电动势。

## 七、磁天平

（1）基本构造

磁天平常用于分子结构的顺磁和逆磁磁化率的测定实验，主要由样品管、电磁铁、数字式特斯拉计、励磁电源、数字式电压电流表、霍尔探头、分析天平等部分组成。磁天平的电磁铁由单桅水冷却型电磁铁构成，磁极直径为 40mm，磁极矩为 10～40mm，电磁铁的最大磁场强度可达 0.6T。励磁电源是 220V 的交流电源，用整流器将交流电变为直流电，经滤波串联反馈输入电磁铁，如附图 13 所示，励磁电流可从 0A 调至 10A。

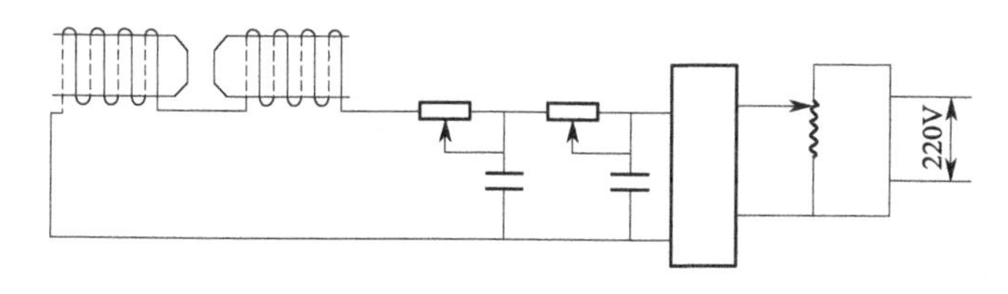


附图 13　磁天平电路示意

磁场强度测量用 DTM-3A 特斯拉计。仪器传感器是霍尔探头，其结构如附图 14 所示。附表 1 为 MB-1A 磁天平的主要性能指标。

**附表 1　MB-1A 磁天平的主要性能指标**

| | | |
|---|---|---|
| 电磁铁 | 中心最大磁场 | 0.8T |
| | 磁极直径 | 40mm |
| | 气隙宽度 | 6～40mm |
| 数字式特斯拉计 | 测量范围 | 0～1.2T |
| | 显示 | 三位半 LED 数码管 |
| | 线性度 | ±1% |
| 励磁电源 | 最大输出电流 | 10A |
| | 励磁电源无需水冷 | |
| 天平 | 灵敏度 | ≤0.1mg |

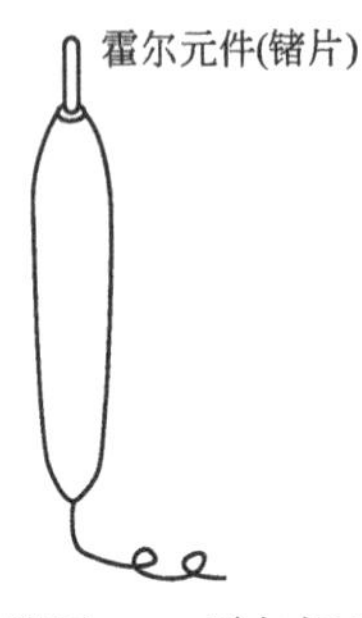

附图 14　霍尔探头

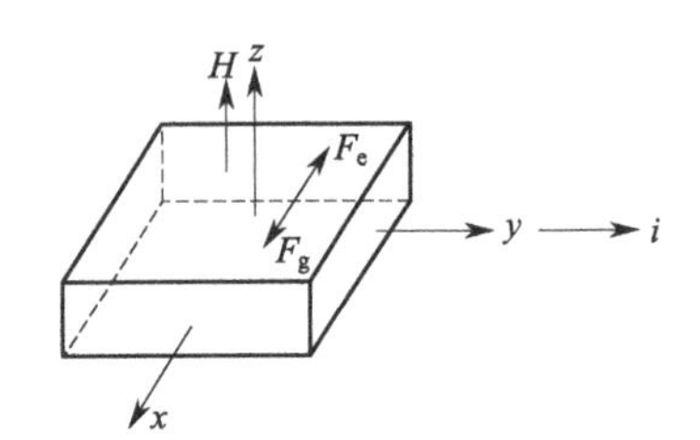

附图 15　霍尔效应原理示意

(2) 基本原理

霍尔效应在一块半导体单晶薄片的纵向两端通电流 $I_H$，此时半导体中的电子沿着 $I_H$ 反方向移动，如附图 15 所示，当放入垂直于半导体平面的磁场 $H$ 中，则电子会受到磁场力 $F_g$ 的作用而发生偏转（洛伦兹力），使得薄片的一个横端上产生电子积累，造成两横端面之间有电场，即产生电场力 $F_e$，阻止电子偏转作用，当 $F_g=F_e$ 时，电子的积累达到动态平衡，产生一个稳定的霍尔电势 $V_H$，这种现象称为霍尔效应。其关系式为

$$V_H=K_H I_H B\cos\theta$$

式中，$V_H$ 为霍尔电势；$K_H$ 为元件灵敏度；$I_H$ 为工作电流；$B$ 为磁感应强度；$\theta$ 为磁场方向和半导体面的垂线的夹角。

当半导体材料的几何尺寸固定，$I_H$ 由稳流电源固定，则 $V_H$ 与被测磁场 $H$ 成正比。当霍尔探头固定 $\theta=0°$时（即磁场方向与霍尔探头平面垂直时输入最大），$V_H$ 的信号通过放大器放大，并配以双积分型单片数字电压表，经过放大倍数的校正，使数字显示直接指示出与 $V_H$ 相对应的磁应强度。

(3) 仪器操作

a. 实验前观察特斯拉计探头是否在两个磁极中间附近，并且探头平面要求平行于磁极端面，如果不正确，则进行调整。方法是先松开探头支架上的紧固螺丝，调节探头位置再固定，探头固定好以后，不要经常变动。

b. 未通电源时，逆时针将电流调节电位器调到最小，打开电源开关，调节特斯拉计的调零电位器，使磁场输出显示为零。

c. 调节电流调节电位器，使电流增加至特斯拉计显示“0.3000T”，观察电流磁场显示是否稳定。关闭电源前，应调节励磁电源电流，使输出电流为零。

d. 用标准样品标定磁场强度的方法：先取一支清洁的干燥的空样品管，悬挂在磁天平的挂钩上，使样品管正好与磁极中心线平齐，样品管不可与磁极接触，并与探头有合适的距离；准确称取空样品管的质量（$H=0$ 时），得 $m_1(H_0)$，调节电流调节电位器，使特斯拉计显示“0.300T”($H_1$)，迅速称得 $m_1(H_1)$；逐渐增大电流，使特斯拉计数字显示为“0.350T”($H_2$)，称得 $m_1(H_2)$；将电流略微增大后再降至特斯拉计显示“0.350T”($H_2$)，又称得 $m_2(H_2)$；将电流降至持斯拉计显示“0.300T”($H_1$)时，称得 $m_2(H_1)$，最后将电流调节至特斯拉计显示“0.000T”($H_0$)称得 $m_2(H_0)$。这样调节电流由小到大再由大到小的测定方法是为了抵消实验时磁场剩磁的影响。

e. 按步骤 b 所述高度，在样品管内装好样品并使样品均匀填实，挂在磁极之间。再按步骤 d 所述的先后顺序由小到大调节电流，使特斯拉计显示在不同点，同时称出该点的样品管和样品一起的质量；再由大到小调节电流，当特斯拉计显示不同点磁场强度时，同时称出该点电流下降时的样品管加样品的质量。

(4) 注意事项

a. 调节电流时，应以平稳的速率缓慢升降。

b. 关闭电源时，应调节励磁电源电流，使输出电流为零。

c. 霍尔探头是易损元件，测量时必须防止变送器受压、挤扭、变曲和碰撞等。使用前应检查霍尔探头铜管是否松动，如有松动应紧固后使用。

d. 霍尔探头不宜在局部强光照射下，或高于 60℃ 的温度时使用，也不宜在腐蚀性气体场合下使用。

e. 霍尔探头不用时应将保护套套上。

f. 磁场极性判别。在测试过程中，特斯拉计数字显示若为负值，则探头的 N 极与 S 极位置放反，需纠正。

g. 霍耳探头平面与磁场方向要垂直放置。

## 八、旋光仪

(1) 基本原理

一般光源发出的光，其光波在垂直于传播方向的一切方向上振动，这种光称为自然光，而只在一个方向上有振动的光称为平面偏振光。当一束平面偏振光通过某些物质时，其振动方向会发生改变，此时光的振动面旋转一定的角度，这种现象称为物质的旋光现象，这种物质称为旋光物质。旋光物质使偏振光振动面旋转的角度称为旋光度。

旋光仪的主要元件是两块尼柯尔棱镜。尼柯尔棱镜由两块方解石直角棱镜沿斜面用加拿大树脂黏合而成（附图 16）。

当一束单色光照射到尼柯尔棱镜时，分解为两束相互垂直的平面偏振光，一束折射率为 1.658 的寻常光，一束折射率为 1.486 的非寻常光，这两束光线到达加拿大树脂黏合面时，折射率大的寻常光（加拿大树脂的折射率为 1.550）被全反射到底面上的墨色涂层被吸收，而折射率小的非寻常光通过棱镜，这样就获得了一束单一的平面偏振光。用于产生平面偏振光的棱镜称为起偏镜，如让起偏镜产生的偏振光照射到另一个透射面与起偏镜透射面平行的尼柯尔棱镜，则这束平面偏振光也能通过第二个棱镜，如果第二个棱镜的透射面与起偏镜的透射面垂直，则由起偏镜出来的偏振光完全不能通过第二个棱镜。如果第二个棱镜的透射面与起偏镜的透射面之间的夹角在 0°～90°之间，则光线部分通过第二个棱镜，此时第二个棱镜称为检偏镜。通过调节检偏镜，能使透过的光线强度在零和最强之

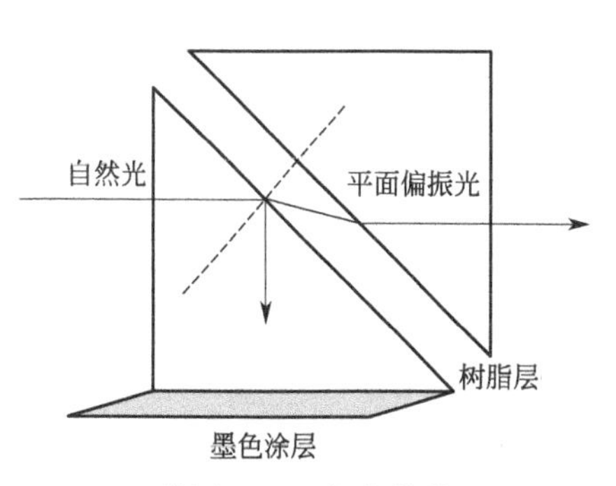

附图 16　尼柯尔棱镜

间变化。如果在起偏镜与检偏镜之间放有旋光性物质，由于物质的旋光作用，使光的偏振面改变了某一角度，此时只有检偏镜也旋转同样的角度，才能补偿旋光改变的角度，使透过的光的强度与原来相同。旋光仪就是根据这种原理设计的。

目前国内生产的旋光仪，如 WZZ-2A 型自动数字显示旋光仪（附图 17），其检偏镜角度的调整采用光电检测器，通过电子放大及机械反馈系统自动进行，最后数字显示。该旋光仪具有体积小、灵敏度高、读数方便、减少人为观察三分视野明暗度相同时产生的误差，对弱旋光性物质同样适应。

WZZ-2A 型自动数字显示旋光仪，其结构原理如附图 18 所示。

附图 17　WZZ-2A 型自动数字显示旋光仪

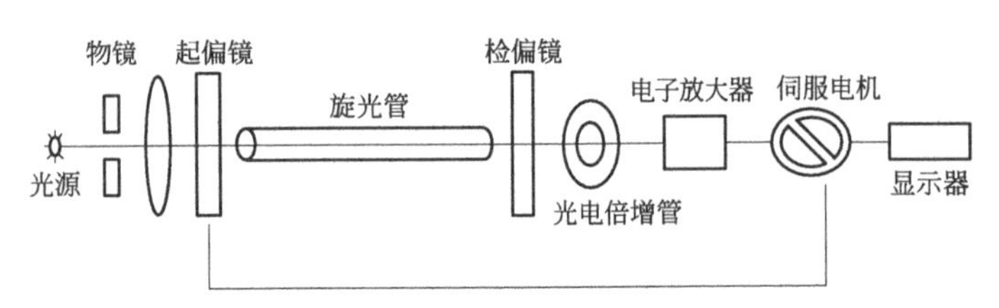


附图 18　WZZ-2A 型自动数字显示旋光仪结构原理

该仪器用 20W 钠光灯为光源，光线通过聚光镜、小孔光柱和物镜后形成一束平行光，然后经过起偏镜后产生平行偏振光，这束偏振光经过有法拉第效应的磁旋线圈时，其振动面产生 50Hz 的一定角度的往复振动，该偏振光线通过检偏镜透射到光电倍增管上，产生交变的光电信号。当检偏镜的透射面与偏振光的振动面正交时，即为仪器的光学零点，此时出现平衡指示。当偏振光通过一定旋光度的测试样品时，偏振光的振动面转过一个角度 $\alpha$，此时光电信号驱动工作频率为 50Hz 的伺服电机，并通过蜗轮杆带动检偏镜转动 $\alpha$ 角而使仪器回到光学零点，此时读数盘上的示值即为所测物质的旋光度。

（2）影响旋光度的因素及旋光度测定

a. 溶剂的影响 旋光物质的旋光度主要取决于物质本身的结构，另外，还与光线透过物质的厚度、测量时所用光的波长和温度有关。如果被测物质是溶液，影响因素还包括物质的浓度，溶剂也有一定的影响。因此在不同的条件下，旋光物质的旋光度测定结果通常不一样，一般用比旋光度作为量度物质旋光能力的标准。

b. 温度的影响 温度升高会使旋光管膨胀而长度增大，从而导致待测液体的密度降低。另外，温度变化还会使待测物质分子间发生缔合或电离，使旋光度发生改变。

c. 浓度和旋光管长度对比旋光度的影响 在一定的实验条件下将比旋光度作为常数，旋光物质的旋光度与浓度成正比，与旋光管的长度也成正比。旋光管通常有 10cm、20cm、22cm 三种规格，经常使用的为 10cm 的旋光管。对旋光能力较弱或较稀的溶液，为提高准确度、降低读数的相对误差，需用 20cm 或 22cm 的旋光管。

d. 旋光度测定　一般用比旋光度来表示物质的旋光性，当光源、温度和溶剂一定时，比旋光度 $[\alpha]_D^T$ 等于旋光管单位长度、物质单位浓度的旋光度 $[\alpha]$。通常表示比旋光度时还需标明测定时所用的溶剂。比旋光度与旋光度的关系为

$$[\alpha]_D^T=\frac{[\alpha]}{cl}$$

式中，$[\alpha]_D^T$ 表示旋光性物质在温度为 $T$、光源波长为 $\lambda$ 时的比旋光度；$[\alpha]$ 表示旋光仪在温度为 $T$、光源波长为 $\lambda$ 时实测的旋光度读数；$l$ 为旋光管的长度，dm；$c$ 为旋光性溶液浓度，$g \cdot mL^{-1}$。

许多物质的比旋光度可从化学手册中查到。因此在实验中，可通过测定某一旋光物质的 $[\alpha]$，得到该旋光物质的浓度。若已知某一纯的旋光物质液体的密度，可通过测定某一旋光物质的 $[\alpha]$，得到该旋光物质的比旋光度。

(3) 仪器操作

首先打开钠光灯，稍等几分钟，待光源稳定后调整零点。选用合适的旋光管并洗净，充满蒸馏水（应无气泡）成蒸馏水管，放入旋光仪的旋光管槽中，调节旋光仪的零点。零点确定后，将蒸馏水管换成装有待测旋光溶液的旋光管，按同样方法测定，此时读数为该样品的旋光度。

(4) 注意事项

旋光仪在使用时，需通电预热几分钟，但钠光灯使用时间不宜过长。旋光仪是比较精密的光学仪器，使用时，仪器金属部分切忌被酸碱沾污，以防腐蚀。光学镜片部分不能与硬物接触，以免损坏镜片。不能随便拆卸仪器，以免影响精度。

# 附录 2　常用数据表

**附表 2　常用溶剂的提纯方法与注意事项**

| 溶剂名称 | 提纯方法和步骤 | 注意事项 |
|---|---|---|
| 甲醇 | 1000mL 甲醇中，加 25g $I_2$，溶解后，在搅拌下将其倒入 500mL $1mol \cdot L^{-1}$ NaOH 溶液内，加 150mL 水。静置过夜。滤除碘仿沉淀。加热回流滤液至碘仿气味消失。分馏，馏出液中已除去酮、醛及大部分水(除到 0.01%)<br>干燥处理：每升甲醇中加 5g 洁净镁屑，待反应停止后，加热回流 2～3h，蒸馏。收集 64～66℃馏分 | 甲醇易燃。甲醇蒸气与空气混合物当 $\varphi$(体积分数)=5.5%～35.5%时爆炸<br>有毒！能引起晕厥、抽搐、神经损害、视力障碍<br>应在通风橱操作 |
| 乙醇 | 工业乙醇的含量为 $\omega$(质量分数)=95.6%(恒沸组成)<br>除水：1000mL 95%乙醇，加 200～250g CaO(新灼烧脱水)，回流 6h，放置过夜。防水蒸馏，可得 99.5%乙醇<br>进一步除水：1000mL 99.5%乙醇，加入 7g 洁净金属钠(切成细条)，反应完全后，加入 25g 纯丁二酸二乙酯或 27.5g 邻苯二甲酸二乙酯。防水回流 2h 后蒸馏，馏出物含水量可小于 0.05% | 空气中允许乙醇蒸气为 $1900mg \cdot m^{-3}$。燃烧界限为：$\varphi$=3.28%～18.95%。无水乙醇极易吸水，应密封储存 |
| 丙酮 | 在回流下，分数次小量地加入 $KMnO_4$，直至紫色不褪为止，然后用无水硫酸钙、碳酸钾(用前于 300℃干烧约 3～4h)干燥 24～48h。过滤、分馏，收集 56.5～57℃馏分<br>也可用 3A 或 4A 分子筛干燥<br>储存时加入溶剂质量分数为 10%的无水硫酸钠，以保持干燥 | 丙酮易挥发、易燃。空气中最高允许含量为 $2400mg \cdot m^{-3}$，与空气混合物燃烧，界限为：$\varphi$=2.6%～12.8%<br>中等毒性，引起晕厥、痉挛 |

续表

| 溶剂名称 | 提纯方法和步骤 | 注意事项 |
| --- | --- | --- |
| 乙酸 | 加入适量乙酸酐、$CrO_3$[2g·(100mL$^{-1}$)溶液],加热近沸1h,分馏<br>加入四乙酰硼砂[制法:加热1份硼酸和5份乙酸酐(质量)至60℃,冷却,过滤]回流,再蒸馏<br>加入0.2%的2-磺酸萘作为催化剂,与5%乙酸酐一起回流,分馏 | 通常杂质为微量的乙醛、还原性物质以及水 |
| 丁醇 | 用稀硫酸洗涤,以除去碱、醛、酮。再用$NaHSO_3$溶液洗几次。加入$\omega=20\%$的NaOH溶液,煮沸1.5 h,除去酯。分出醇。用无水硫酸镁、碳酸钾或氧化钙干燥,加金属钠回流并蒸馏,收集116.5~118℃馏分 | 丁醇蒸气空气中容许含量为300mg·m$^{-3}$。爆炸界限为:$\varphi=3.7\%\sim10.2\%$ |
| 乙醚 | 1000mL乙醚置于分液漏斗中,加30mL $\omega=20\%$的$FeSO_4$溶液、10mL $H_2SO_4$溶液(1:1)、160mL $H_2O$,振摇数分钟。分出醚层,取样鉴定过氧化物。若达不到要求,需重复上述处理,直到符合要求。水洗2~3次,用无水氯化钙干燥24h。过滤,将滤液蒸馏得纯品<br>无水乙醚的制备:可在滤除了干燥剂的粗醚中加入钠丝,加入二苯甲酮,回流至溶液呈蓝色后再进行蒸馏,收集34~35℃馏分 | 二乙基过氧化物在蒸馏时会引起爆炸,故蒸馏前必须除去,并检查是否除尽<br>检验方法:在比色管中加2mL样品、2mL 20%KI溶液和2~4滴盐酸溶液(1:1),振摇,若呈现的颜色不深于标准,视为无过氧化物。标准为同时、同样用不含过氧化物的乙醚配制<br>乙醚易燃、有毒,空气中允许含量为1200 mg·m$^{-3}$,爆炸界限为:$\varphi=1.2\%\sim5.1\%$<br>乙醚可引起记忆减退,有麻醉性。燃烧产生的物质可使人昏迷、甚至死亡 |
| 乙酸乙酯 | 1000mL溶剂中加入20mL乙酸酐和0.5mL浓$H_2SO_4$,回流3h,乙醇转化为酯。蒸馏,馏出液用等体积$\omega=5\%$的$Na_2CO_3$溶液洗涤。分出酯层,以无水$K_2CO_3$干燥后再蒸馏,收集76~77℃馏分<br>或用$Na_2CO_3$洗涤后,再以$CaCl_2$饱和溶液洗涤。加无水$K_2CO_3$或$MgSO_4$干燥并蒸馏<br>对水分要求很严时,可向经$K_2CO_3$干燥后的酯中加少许$P_2O_5$,振摇数分钟,过滤,滤液防水蒸馏 | 易燃,空气中最大允许浓度为$4\times10^{-4}$mg·m$^{-3}$。爆炸界限为:$\varphi=2.2\%\sim11.4\%$<br>有刺激作用,使嗅觉迟钝。高浓度蒸气会引起眼角膜混浊 |
| 二硫化碳 | 一般有机合成实验中对二硫化碳要求不高,可在普通二硫化碳中加入少量研碎的无水氯化钙,干燥后滤去干燥剂,然后蒸馏收集<br>若要制得较纯的二硫化碳,则需将试剂级的二硫化碳用0.5%高锰酸钾水溶液洗3次,除去硫化氢,再用汞不断振荡除去硫,最后用2.5%硫酸汞溶液洗涤,除去所有恶臭(剩余的硫化氢),再经氯化钙干燥,蒸馏收集 | 二硫化碳为有较高毒性的液体(能使血液和神经中毒),它具有高度的挥发性和易燃性,所以使用时必须十分小心,避免接触其蒸气 |
| 苯 | 在分液漏斗内将普通苯及相当于苯体积15%的浓硫酸一起摇荡,摇荡后将混合物静置,弃去底层的酸液,再加入新的浓硫酸,这样重复操作直至酸层呈现无色或淡黄色,且检验至无噻吩为止。分去酸层,苯层依次用水、10%碳酸钠溶液、水洗涤,用无水氯化钙干燥,蒸馏,收集80℃的馏分<br>若要高度干燥,可加入钠丝进一步去水<br>由石油加工得来的苯一般可省去除噻吩的步骤 | 噻吩的检验:取5滴苯放入小试管中,加入5滴浓硫酸及1~2滴1%$\alpha$,$\beta$-吲哚醌-浓硫酸溶液,振荡片刻,如呈墨绿色或蓝色,表示有噻吩存在 |
| 氯仿 | 为了除去乙醇,可以将氯仿用一半体积的水振荡数次,然后分出下层氯仿,用无水氯化钙干燥数小时后蒸馏<br>也可将氯仿与少量浓硫酸一起振荡2~3次。每1000mL氯仿用浓硫酸50mL,分去酸层后的氯仿用水洗涤,干燥,然后蒸馏 | 普通用的氯仿含有1%的乙醇,这是为了防止氯仿分解为有毒的光气,乙醇为稳定剂<br>除去乙醇的无水氯仿应保存于棕色瓶子里,并且不要见光,以免分解 |

续表

| 溶剂名称 | 提纯方法和步骤 | 注意事项 |
| --- | --- | --- |
| 石油醚 | 通常将石油醚用其体积10%的浓硫酸洗涤2～3次，再用10%的硫酸加入高锰酸钾配成的饱和溶液洗涤，直至水层中的紫色不再消失为止。然后再用水洗，经无水氯化钙干燥后蒸馏。如要绝对干燥的石油醚则加入钠丝 | 石油醚中含有少量不饱和烃，沸点与烷烃相近，用蒸馏法无法分离，可用浓硫酸和高锰酸钾去除 |
| *N*,*N*-二甲基甲酰胺 | 用硫酸钙、硫酸镁、氧化钡、硅胶或分子筛干燥，然后减压蒸馏，收集76℃/4.79kPa(36mmHg)的馏分。如其中含水较多时，可加入10%体积的苯，在常压及80℃以下蒸去水和苯，然后用硫酸镁或氧化钡干燥，再进行减压蒸馏 | *N*,*N*-二甲基甲酰胺含有少量水分，在常压蒸馏时有少量分解，产生二甲胺与一氧化碳，若有酸或碱存在时，分解加快，如加入固体氢氧化钾或氢氧化钠在室温放置数小时后，即有部分分解<br>*N*,*N*-二甲基甲酰胺中如有游离胺存在，可用2,4-二硝基氟苯产生颜色来检查 |
| 四氢呋喃 | 可与氢化锂铝在隔绝潮气下回流(通常1000mL约需2～4g氢化锂铝)除去其中的水和过氧化物，然后在常压下蒸馏，收集66℃的馏分。精制后的液体应在氮气气氛中保存，如需较久放置，应加0.025%4-甲基-2,6-二叔丁基苯酚作抗氧剂。处理四氢呋喃时，应先用少量进行试验，以确定只有少量水和过氧化物，作用不致过于猛烈时，方可进行<br>亦可在四氢呋喃中加入钠丝，加入二苯甲酮，回流至溶液呈蓝色后再进行蒸馏 | 四氢呋喃中的过氧化物可用酸化的碘化钾溶液来试验。如过氧化物很多，应另行处理 |
| 二甲基亚砜 | 先减压蒸馏，然后用4A分子筛干燥；或用氢化钙粉末搅拌4～8h，再减压蒸馏，收集64～65℃/533Pa(4mmHg)馏分。蒸馏时，温度不宜高于90℃，否则会发生歧化反应，生成二甲砜和二甲硫醚 | 二甲基亚砜与某些物质混合时可能发生爆炸，如氢化钠、高碘酸或高氯酸镁等，应予注意 |
| 二氧六环 | 加入质量分数为10%的盐酸与之回流3h，同时慢慢通入氮气，以除去生成的乙醛，冷至室温，加入粒状氢氧化钾直至不再溶解，然后分去水层，用粒状氢氧化钾干燥过夜后，过滤，再加金属钠加热回流数小时，蒸馏后加入钠丝保存 | 普通二氧六环中含有少量二乙醇缩醛与水，久贮的二氧六环还可能含有过氧化物 |
| 四氯化碳 | 通常分馏即可。进一步纯化可加入一定量的饱和KOH溶液振摇数小时，分液，水洗，取少量与浓硫酸混合振摇，如变色则重复以上洗涤步骤直至不变色。水洗，用无水$CaCl_2$或$MgSO_4$干燥，蒸馏 | 不可用金属钠干燥 |
| 环己酮 | 用$MgSO_4$、$CaSO_4$、$Na_2SO_4$，或者13X型分子筛干燥，然后蒸馏。环己醇和其他可氧化的杂质可以用铬酸或者稀的$KMnO_4$溶液处理<br>进一步纯化可以先转化为亚硫酸氢盐配合物，或者与缩氨基脲化合，重结晶后加入$Na_2CO_3$溶解于热水中使其分解，水蒸气蒸馏，馏出液用NaCl饱和溶液洗涤，萃取，再干燥，蒸馏 | |

**附表3　不同温度下水的物理常数**

| 温度/℃ | 蒸气压 $p$ /Pa | 密度 $\rho$ /(g·cm$^{-3}$) | 黏度 $\eta$ /(mPa·s) | 表面张力 $\sigma\times10^3$/(N·m$^{-1}$) | 折射率 $n_D$ (钠光589.3nm) |
| --- | --- | --- | --- | --- | --- |
| 0 | 610.527 | 0.99984 | 1.7910 | 75.64 | 1.3339 |
| 1 | 656.793 | 0.99990 | 1.7313 | | |
| 2 | 705.860 | 0.99994 | 1.6728 | | |
| 3 | 757.992 | 0.99997 | 1.6191 | | |
| 4 | 813.459 | 0.99998 | 1.5674 | | |
| 5 | 872.391 | 0.99997 | 1.5188 | 74.92 | 1.33388 |

续表

| 温度/℃ | 蒸气压 $p$ /Pa | 密度 $\rho$ /(g·cm$^{-3}$) | 黏度 $\eta$ /(mPa·s) | 表面张力 $\sigma\times10^3$/(N·m$^{-1}$) | 折射率 $n_D$ (钠光589.3nm) |
|---|---|---|---|---|---|
| 6 | 935.057 | 0.99995 | 1.4728 | | |
| 7 | 1001.72 | 0.99991 | 1.4283 | | |
| 8 | 1072.66 | 0.99985 | 1.3860 | | |
| 9 | 1147.75 | 0.99978 | 1.3462 | | |
| 10 | 1227.74 | 0.99970 | 1.3077 | 74.22 | 1.33370 |
| 11 | 1312.52 | 0.99961 | 1.2713 | 74.07 | 1.33365 |
| 12 | 1402.39 | 0.99950 | 1.2363 | 73.93 | 1.33359 |
| 13 | 1497.45 | 0.99938 | 1.2028 | 73.78 | 1.33352 |
| 14 | 1598.25 | 0.99925 | 1.1709 | 73.64 | 1.33346 |
| 15 | 1705.05 | 0.99910 | 1.1404 | 73.49 | 1.33339 |
| 16 | 1817.85 | 0.99895 | 1.1111 | 73.34 | 1.33331 |
| 17 | 1950.65 | 0.99878 | 1.0828 | 73.19 | 1.33324 |
| 18 | 2063.58 | 0.99860 | 1.0559 | 73.05 | 1.33316 |
| 19 | 2196.91 | 0.99841 | 1.0299 | 72.90 | 1.33307 |
| 20 | 2337.98 | 0.99821 | 1.0050 | 72.75 | 1.33299 |
| 21 | 2486.64 | 0.99800 | 0.9810 | 72.59 | 1.33290 |
| 22 | 2643.57 | 0.99777 | 0.9579 | 72.44 | 1.33281 |
| 23 | 2809.04 | 0.99754 | 0.9358 | 72.28 | 1.33272 |
| 24 | 2983.57 | 0.99730 | 0.9142 | 72.13 | 1.33263 |
| 25 | 3167.43 | 0.99705 | 0.8937 | 71.97 | 1.33252 |
| 26 | 3361.17 | 0.99679 | 0.8737 | 71.82 | 1.33242 |
| 27 | 3565.03 | 0.99652 | 0.8545 | 71.66 | 1.33231 |
| 28 | 3779.83 | 0.99623 | 0.8360 | 71.50 | 1.33219 |
| 29 | 4005.69 | 0.99599 | 0.8180 | 71.35 | 1.33208 |
| 30 | 4243.16 | 0.99565 | 0.8007 | 71.18 | 1.33196 |
| 31 | 4492.62 | 0.99535 | 0.7840 | | |
| 32 | 4755.02 | 0.99503 | 0.7679 | | |
| 33 | 5030.48 | 0.99471 | 0.7523 | | |
| 34 | 5319.68 | 0.99438 | 0.7371 | | |
| 35 | 5623.28 | 0.99404 | 0.7225 | 70.38 | 1.33131 |
| 40 | 7376.46 | 0.99222 | 0.6560 | 69.56 | |
| 45 | 9583.90 | 0.99021 | 0.5883 | 68.74 | |
| 50 | 12334.54 | 0.98804 | 0.5494 | 67.91 | |
| 60 | 19917.13 | 0.98322 | 0.4688 | 66.18 | |
| 80 | 47346.19 | 0.97181 | 0.3547 | 62.6 | |
| 100 | 101332.32 | 0.95836 | 0.2818 | 58.9 | |

## 附表 4　常用缓冲液[①]

| 缓冲液组成 | $pK_a$ | 缓冲液 pH | 缓冲液配制方法 |
| --- | --- | --- | --- |
| $H_2NCH_2COOH$-HCl | 2.35($pK_{a_1}$) | 2.3 | 取 150g $H_2NCH_2COOH$ 溶于 500mL 水中，加 80mL 浓 HCl，稀释至 1L |
| $H_3PO_4$-柠檬酸盐 | | 2.5 | 取 113g $Na_2HPO_4 \cdot 12H_2O$ 溶于 20mL 水中，加 387g 柠檬酸溶解后，过滤，稀释至 1L |
| $ClCH_2COOH$-NaOH | 2.86 | 2.8 | 取 200g $ClCH_2COOH$ 溶于 200mL 水中，加 40g NaOH 溶解后，稀释至 1L |
| 邻苯二甲酸氢钾-HCl | 2.95($pK_{a_1}$) | 2.9 | 取 500g 邻苯二甲酸氢钾溶于 500mL 水，加 80mL 浓 HCl，稀释至 1L |
| HCOOH-NaOH | 3.76 | 3.7 | 取 95g HCOOH 和 40g NaOH 溶于 500mL 水中，溶解后，稀释至 1L |
| $NH_4Ac$-HAc | | 4.5 | 取 77g $NH_4Ac$ 溶于 200mL 水，加 59mL 冰 HAc，稀释至 1L |
| NaAc-HAc | 4.74 | 4.7 | 取 83g 无水 NaAc 溶于适量的水中，加 60mL 冰 HAc，稀释至 1L |
| NaAc-HAc | 4.74 | 5.0 | 取 160g 无水 NaAc 溶于适量的水中，加 60mL 冰 HAc，稀释至 1L |
| $NH_4Ac$-HAc | | 5.0 | 取 250g $NH_4Ac$ 溶于适量的水中，加 25mL 冰 HAc，稀释至 1L |
| 六亚甲基四胺-HCl | 5.15 | 5.4 | 取 40g 六亚甲基四胺溶于 200mL 水中，加 10mL 浓 HCl，稀释至 1L |
| $NH_4Ac$-HAc | | 6.0 | 取 600g $NH_4Ac$ 溶于适量的水中，加 20mL 冰 HAc，稀释至 1L |
| NaAc-磷酸盐 | | 8.0 | 取 50g 无水 NaAc 和 50g $Na_2HPO_4 \cdot 12H_2O$ 溶于适量的水中，稀释至 1L |
| 三羟甲基氨基甲烷-HCl | 8.21 | 8.2 | 取 25g 三羟甲基氨基甲烷溶于适量的水中，加 8mL 浓 HCl，稀释至 1L |
| $NH_3$-$NH_4Cl$ | 9.26 | 9.2 | 取 54g $NH_4Cl$ 溶于适量的水中，加 63mL 浓 $NH_3 \cdot H_2O$，稀释至 1L |
| $NH_3$-$NH_4Cl$ | 9.26 | 9.5 | 取 54g $NH_4Cl$ 溶于适量的水中，加 126mL 浓 $NH_3 \cdot H_2O$，稀释至 1L |
| $NH_3$-$NH_4Cl$ | 9.26 | 10.0 | 取 54g $NH_4Cl$ 溶于适量的水中，加 350mL 浓 $NH_3 \cdot H_2O$，稀释至 1L |

①缓冲液配制后用 pH 计检查。若 pH 不对，可用共轭酸或碱调节。当需增加或减少缓冲液的缓冲容量时，可相应增加或减少共轭酸碱对的物质的量，再进行调节。

## 附表 5　常用洗涤剂

| 名称 | 配制方法 | 备注 |
| --- | --- | --- |
| 合成洗涤剂 | 将合成洗涤剂粉用热水搅拌配成浓溶液 | 用于一般的洗涤 |
| 皂角水 | 将皂角捣碎，用水熬成溶液 | 用于一般的洗涤 |
| 铬酸洗液 | 取 20g $K_2Cr_2O_7$（实验室试剂）于 500mL 烧杯中，加 40mL 水，加热溶解，冷却后，缓慢加入 320mL 粗浓 $H_2SO_4$ 即成（注意边加边搅），储于磨口细口瓶中 | 用于洗涤油污及有机物，使用时防止被水稀释。用后倒回原瓶，可反复使用，直至溶液变为绿色[①] |
| $KMnO_4$ 碱性洗液 | 取 4g $KMnO_4$（实验室试剂），溶于少量水中，缓缓加入 100mL 10%NaOH 溶液 | 用于洗涤油污及有机物，洗后玻璃壁上附着的 $MnO_2$ 沉淀可用粗亚铁或 $Na_2SO_3$ 溶液洗去。 |
| 碱性酒精溶液 | 30%～40%NaOH 酒精溶液 | 用于洗涤油污 |
| 酒精-浓 $HNO_3$ 洗液 | 洗涤时先加少量酒精于脏仪器中，再加入少量 $HNO_3$，即产生大量棕色 $NO_2$，将有机物氧化而破坏 | 用于粘有有机物或油污的结构较复杂的仪器 |

①已还原为绿色的铬酸洗液，可加入固体 $KMnO_4$，使其再生，这样，实际消耗的是 $KMnO_4$，可减少 Cr 对环境的污染。

**附表 6　常用酸、碱溶液**

| 试剂名称 | 密度/($g \cdot cm^{-3}$) | 质量分数/% | 物质的量浓度/($mol \cdot L^{-1}$) | 试剂名称 | 密度/($g \cdot cm^{-3}$) | 质量分数/% | 物质的量浓度/($mol \cdot L^{-1}$) |
|---|---|---|---|---|---|---|---|
| 浓 $H_2SO_4$ | 1.84 | 98 | 18 | HBr | 1.38 | 40 | 7 |
| 稀 $H_2SO_4$ | | 9 | 2 | HI | 1.70 | 57 | 7.5 |
| 浓 HCl | 1.19 | 38 | 12 | 冰 HAc | 1.38 | 99 | 17.5 |
| 稀 HCl | | 7 | 2 | 稀 HAc | 1.70 | 30 | 5 |
| 浓 $HNO_3$ | 1.41 | 68 | 16 | 稀 HAc | 1.05 | 12 | 2 |
| 稀 $HNO_3$ | 1.2 | 32 | 6 | 浓 NaOH | 1.04 | 41 | 14.4 |
| 稀 $HNO_3$ | | 12 | 2 | 稀 NaOH | | 8 | 2 |
| 浓 $H_3PO_4$ | 1.7 | 85 | 14.7 | 浓 $NH_3 \cdot H_2O$ | 1.44 | 28 | 14.8 |
| 稀 $H_3PO_4$ | 1.05 | 9 | 1 | 稀 $NH_3 \cdot H_2O$ | | 3.5 | 2 |
| 浓 $HClO_4$ | 1.67 | 70 | 11.6 | $Ca(OH)_2$ 溶液 | | 0.15 | |
| 稀 $HClO_4$ | 1.12 | 19 | 2 | $Ba(OH)_2$ 溶液 | 0.91 | 2 | 0.1 |
| 浓 HF | 1.13 | 40 | 23 | | | | |

**附表 7　酸碱指示剂**

| 名称 | pH 变化范围 | 颜色变化 | 配制方法 |
|---|---|---|---|
| 百里酚蓝，$1g \cdot L^{-1}$ | 1.2～2.8 | 红色至黄色 | 0.1g 百里酚蓝溶于 100mL 20%乙醇中 |
| 甲基黄，$1g \cdot L^{-1}$ | 2.9～4.0 | 红色至黄色 | 0.1g 甲基黄溶于 100mL 90%乙醇中 |
| 甲基橙，$1g \cdot L^{-1}$ | 3.1～4.4 | 红色至黄色 | 0.1g 甲基橙溶于 100mL 热水中 |
| 溴酚蓝，$1g \cdot L^{-1}$ | 3.0～5.4 | 黄色至紫色 | 0.1g 溴酚蓝用 20%乙醇溶解并定容至 100mL，或 0.1g 溴酚蓝与 3mL 0.05$mol \cdot L^{-1}$ NaOH 溶液混匀，加水稀释至 100mL |
| 溴甲酚绿，$10g \cdot L^{-1}$ | 3.8～5.4 | 黄色至蓝色 | $1g \cdot L^{-1}$ 的 20%乙醇溶液或 1g 溴甲酚绿与 20mL 0.05$mol \cdot L^{-1}$ NaOH 溶液混匀，加水稀释至 100mL |
| 甲基红，$1g \cdot L^{-1}$ | 4.4～6.2 | 红色至黄色 | 0.1g 甲基红用 60%乙醇溶液溶解并定容至 100mL |
| 溴百里酚蓝，$1g \cdot L^{-1}$ | 6.2～7.6 | 黄色至蓝色 | 0.1g 溴百里酚蓝用 20%乙醇溶液溶解并定容至 100mL |
| 中性红，$1g \cdot L^{-1}$ | 6.8～8.0 | 红色至黄橙色 | 0.1g 中性红用 60%乙醇溶液溶解并定容至 100mL |
| 酚酞，$10g \cdot L^{-1}$ | 8.2～10.0 | 无色至红色 | 1g 酚酞用 90%乙醇溶液溶解并定容至 100mL |
| 百里酚蓝，$1g \cdot L^{-1}$ | 8.0～9.6 | 黄色至蓝色 | 0.1g 百里酚蓝用 20%乙醇溶液溶解并定容至 100mL |
| 百里酚酞，$1g \cdot L^{-1}$ | 9.4～10.6 | 黄色至蓝色 | 0.1g 百里酚酞用 90%乙醇溶液溶解并定容至 100mL |
| 甲基红-溴甲酚绿 | 5.1 | 酒红色至绿色 | 1 份 0.2%甲基红乙醇溶液与 3 份 0.1%溴甲酚绿乙醇溶液混合 |
| 甲酚红-百里酚蓝 | 8.3 | 黄色至紫色 | 1 份 0.1%甲酚红钠盐溶液与 3 份 $1g \cdot L^{-1}$ 百里酚蓝钠盐溶液混合 |
| 百里酚酞-茜素黄 R | 10.2 | 黄色至紫色 | 0.2g 百里酚酞和 0.1g 茜素黄用乙醇溶液溶解并定容至 100mL |

**附表 8　配位滴定指示剂**

| 名称 | 颜色 | | 配制方法 |
|---|---|---|---|
| | 游离态 | 化合物 | |
| 铬黑 T(EBT) | 蓝色 | 酒红色 | ①将 0.2g 铬黑-T 溶于 15mL 三乙醇胺及 5mL 甲醇<br>②将 1g 铬黑 T 与 100g NaCl 研细、混匀 |
| 钙指示剂 | 蓝色 | 红色 | 将 0.5g 钙指示剂与 100g NaCl 研细、混匀 |
| 二甲酚橙(XO)，$1g \cdot L^{-1}$ | 黄色 | 红色 | 将 0.1g 二甲酚橙用水溶解并定容至 100mL |
| 磺基水杨酸，$10g \cdot L^{-1}$ | 无色 | 红色 | 将 1g 磺基水杨酸用水溶解并定容至 100mL |
| 吡啶偶氮萘酚(PAN)，$1g \cdot L^{-1}$ | 黄色 | 红色 | 将 0.1g 吡啶偶氮萘酚用乙醇溶解并定容至 100mL |
| 钙镁指示剂，$5g \cdot L^{-1}$ | 红色 | 蓝色 | 将 0.5g 钙镁指示剂用水溶解并定容至 100mL |

## 附表9 氧化还原指示剂

| 名称 | 变色电位 $\varphi^{\ominus}$/V | 颜色 | | 配制方法 |
|---|---|---|---|---|
| | | 氧化态 | 还原态 | |
| 中性红，0.5g·$L^{-1}$ | 0.24 | 红色 | 无色 | 0.05g指示剂用60%乙醇溶液溶解并定容至100mL |
| 亚甲基蓝，0.5g·$L^{-1}$ | 0.532 | 天蓝色 | 无色 | 0.05g指示剂用水溶解并定容至100mL |
| 二苯胺，10g·$L^{-1}$ | 0.76 | 紫色 | 无色 | 将1g二苯胺在搅拌下用1∶1的浓硫酸和浓磷酸溶解并定容至100mL，储于棕色瓶中 |
| 二苯胺磺酸钠，5g·$L^{-1}$ | 0.85 | 紫色 | 无色 | 将0.5g二苯胺磺酸钠用水溶解并定容至100mL，必要时过滤 |
| 邻苯氨基苯甲酸，2g·$L^{-1}$ | 0.89 | 紫红色 | 无色 | 将0.2g邻苯氨基苯甲酸加热用100mL2g·$L^{-1}$ $Na_2CO_3$溶液溶解并定容至100mL，必要时过滤 |
| 邻二氮菲硫酸亚铁，5g·$L^{-1}$ | 1.06 | 浅蓝色 | 红色 | 将0.5g $FeSO_4\cdot7H_2O$用90mL水溶解，加2滴$H_2SO_4$溶液，加0.5g邻二氮菲，加水定容至100mL |

## 附表10 常用试剂的配制

| 试剂 | 浓度 | 配制方法 |
|---|---|---|
| $BiCl_3$ | 0.1mol·$L^{-1}$ | 将31.6g $BiCl_3$溶于330mL 6mol·$L^{-1}$ HCl溶液中，加水稀释至1L |
| $SbCl_3$ | 0.1mol·$L^{-1}$ | 将22.8g $SbCl_3$溶于330mL 6mol·$L^{-1}$ HCl溶液中，加水稀释至1L |
| $SnCl_2$ | 0.1mol·$L^{-1}$ | 将22.6g $SnCl_2\cdot2H_2O$溶于330mL 6mol·$L^{-1}$ HCl溶液中，加水稀释至1L，加入数粒纯Sn，以防氧化 |
| $Hg(NO_3)_2$ | 0.1mol·$L^{-1}$ | 将33.4g $Hg(NO_3)_2\cdot1/2H_2O$溶于1L 0.6mol·$L^{-1}$ $HNO_3$溶液中 |
| $Hg_2(NO_3)_2$ | 0.1mol·$L^{-1}$ | 将56.1g $Hg_2(NO_3)_2\cdot2H_2O$溶于1L 0.6mol·$L^{-1}$ $HNO_3$溶液中，并加入少许金属Hg，以防氧化 |
| $(NH_4)_2CO_3$ | 1mol·$L^{-1}$ | 将95g研细的$(NH_4)_2CO_3$溶于1L 2mol·$L^{-1}$ $NH_3\cdot H_2O$溶液中 |
| $(NH_4)_2SO_4$ | 饱和 | 将50g$(NH_4)_2SO_4$溶于100mL热水中，冷却后过滤 |
| $FeSO_4$ | 0.5mol·$L^{-1}$ | 将69.5g $FeSO_4\cdot7H_2O$溶于适量水中，加入5mL 18mol·$L^{-1}$ $H_2SO_4$溶液，再用水稀释至1L，置入小铁钉数枚，以防氧化 |
| $FeCl_3$ | 0.5mol·$L^{-1}$ | 将135.2g $FeCl_3\cdot6H_2O$溶于100mL 6mol·$L^{-1}$ HCl溶液中，加水稀释至1L |
| $CrCl_3$ | 0.1mol·$L^{-1}$ | 将26.7g $CrCl_3\cdot6H_2O$溶于30mL 6mol·$L^{-1}$ HCl溶液中，加水稀释至1L |
| KI | 10% | 将100g研细的KI溶于1L水中；保存在棕色瓶中 |
| $KNO_3$ | 1% | 将10g $KNO_3$溶于1L水中 |
| 乙酸铀酰锌 | | ①将10g $UO_2(Ac)_2\cdot2H_2O$和6mL 6mol·$L^{-1}$ HAc溶液溶于50mL水中<br>②将30g $Zn(Ac)_2\cdot2H_2O$和3mL 6mol·$L^{-1}$ HAc溶液溶于50mL水中加热至70℃<br>将①、②两种溶液混合，24h后取清液待用 |
| $Na_3[Co(NO_2)_6]$ | | 将230g $NaNO_3$溶于500mL水中，加入165mL 6mol·$L^{-1}$ HAc溶液和30g $Co(NO_3)_2\cdot6H_2O$放置24h，取其清液，稀释至1L，并保存在棕色瓶中，此溶液应呈橙色，若变成红色，表示已分解，应重新配制 |
| $Na_2S$ | | 将240g $Na_2S\cdot9H_2O$和40g NaOH溶于水中，稀释至1L |
| $(NH_4)_6Mo_7O_{24}\cdot4H_2O$ | | 将124g$(NH_4)_6Mo_7O_{24}\cdot4H_2O$溶于1L水中，将所得溶液倒入1L 6mol·$L^{-1}$ $HNO_3$溶液中，放置24h，取其清液 |
| $(NH_4)_2S$ | 2mol·$L^{-1}$ | 取一定量$NH_3\cdot H_2O$将其分成两份，往其中一份通$H_2S$至饱和，而后与另一份$NH_3\cdot H_2O$混合 |
| $K_3[Fe(CN)_6]$ | 0.1mol·$L^{-1}$ | 取$K_3[Fe(CN)_6]$ 0.7～1g溶于水，稀释至100mL（使用前临时配制） |
| Mg试剂 | | 溶解0.01g Mg试剂于1L 1mol·$L^{-1}$ NaOH溶液中 |
| Ca指示剂 | | 将0.2g Ca指示剂溶于100mL水中 |
| Al试剂 | | 将1g Al试剂溶于1L水中 |

| 试剂 | 浓度 | 配制方法 |
|---|---|---|
| $Mg\text{-}NH_4^+$试剂 | | 将100g $MgCl_2 \cdot 6H_2O$和100g $NH_4Cl$溶于水中,加50mL浓$NH_3 \cdot H_2O$,用水稀释至1L |
| 奈氏试剂 | | 将115g $HgI_2$和80g KI溶解于水中,稀释至500mL,加入500mL 6mol·$L^{-1}$ NaOH溶液,静置后,取其清液,保存在棕色瓶中 |
| 格里斯试剂 | | ①液:加热下溶解0.5g对氨基苯磺酸于50mL 30%HAc溶液中,储于暗处保存<br>②液:将0.4g α-萘胺与100mL水混合煮沸,再从蓝色渣滓中倾出无色溶液,加入6mL 80%HAc溶液<br>使用前将①液、②液两种溶液等体积混合 |
| 二硫腙 | | 溶解0.1g二硫腙于1L $CCl_4$或$CHCl_3$中 |
| 对氨基苯磺酸 | 0.34mol·$L^{-1}$ | 将0.5g对氨基苯磺酸溶于150mL 2mol·$L^{-1}$HAc溶液中 |
| α-萘胺 | 0.12mol·$L^{-1}$ | 取0.3g α-萘胺,加20mL水,加热煮沸,在所得溶液中加入150mL 2mol·$L^{-1}$ HAc |
| 丁二酮肟 | | 将1g丁二酮肟溶于100mL 95%乙醇溶液中 |
| 盐桥 | 3% | 将3%琼脂胶加入饱和KCl溶液中,加热至溶解 |
| 碘液 | 0.01mol·$L^{-1}$ | 溶解1.3g $I_2$和5g KI于尽可能少量的水中,加水稀释至1L |
| 淀粉溶液 | 1% | 取1g淀粉,和少量冷水调成糊,倒入100mL沸水中,煮沸后冷却即可 |
| 斐林溶液 | | ①液:将34.64g五水硫酸铜溶于水中,稀释至500mL<br>②液:将173g四水合酒石酸钾钠和50g NaOH溶于水中,稀释至500mL<br>使用前将①液、②液两种溶液等体积混合 |
| 2,4-二硝基苯肼 | | 将0.25g 2,4-二硝基苯肼溶于HCl溶液(42mL浓HCl加50mL水),加热溶解,冷却后稀释至250mL |
| 米隆试剂 | | 将2g(0.15mL)Hg溶于3mL浓$HNO_3$(密度1.4)中,稀释至10mL |
| 苯肼试剂 | | ①液:溶4mL苯肼于4mL冰HAc中,加36mL水,再加入0.5g活性炭过滤(如果无色可不脱色),装入有色瓶中,防止皮肤触及,因毒性很强,若触及,应先用5% HAc溶液冲洗后再用肥皂洗<br>②液:溶5g盐酸苯肼于100mL水中,必要时可微热助溶,如果溶液呈深蓝色,则加活性炭共热过滤,然后加入9g NaAc晶体(或相应量的无水NaAc)、四水合酒石酸钾钠和50g NaOH溶于水中,稀释至500mL<br>使用前将①液、②液两种溶液等体积混合 |
| $CuCl\text{-}NH_3$溶液 | | ①将5g CuCl溶于100mL浓$NH_3 \cdot H_2O$,加水稀释至250mL,过滤,除去不溶性杂志。温热溶液,慢慢加入羟胺盐酸盐,直至蓝色消失为止<br>②将1g CuCl置于一支大试管,加1~2mL浓$NH_3 \cdot H_2O$和10mL水,用力摇动后静置,倾出溶液并加入一根铜丝,储存备用 |
| $C_6H_5OH$溶液 | | 将50g苯酚溶于500mL 5%NaOH溶液中 |
| β-萘酚溶液 | | 将50g β-萘酚溶于500mL 5%NaOH溶液中 |
| 蛋白质溶液 | | 取25mL蛋清,加100~150mL蒸馏水,搅拌,混匀后,用3~4层纱布过滤 |
| α-萘酚乙醇溶液 | | 将10g α-萘酚溶于100mL 95%乙醇溶液中,再用95%乙醇溶液稀释至500mL,储于棕色瓶中。一般是用前新配 |
| 茚三酮乙醇溶液 | | 将0.4g茚三酮溶于500mL 95%乙醇溶液中,用时新配 |

**附表11 常见离子和化合物的颜色**

| 类型 | 常见离子和化合物的颜色 |
|---|---|
| 无色离子 | 阳离子:$Na^+$ $K^+$ $NH_4^+$ $Mg^{2+}$ $Ca^{2+}$ $Ba^{2+}$ $Al^{3+}$ $Sn^{2+}$ $Sn^{4+}$ $Pb^{2+}$ $Bi^{3+}$ $Ag^+$ $Zn^{2+}$ $Cd^{2+}$ $Hg_2^{2+}$ $Hg^{2+}$<br>阴离子:$BO_2^-$ $C_2O_4^{2-}$ $Ac^-$ $CO_3^{2-}$ $SiO_3^{2-}$ $NO_3^-$ $NO_2^-$ $PO_4^{3-}$ $MoO_4^{2-}$ $SO_3^{2-}$ $SO_4^{2-}$ $S^{2-}$ $S_2O_3^{2-}$ $F^-$ $Cl^-$ $Br^-$ $I^-$ $ClO_3^-$ $BrO_3^-$ $SCN^-$ $[CuCl_2]^-$ |

续表

| 类型 | 常见离子和化合物的颜色 |
|---|---|
| 有色离子 | $[Cu(H_2O)_4]^{2+}$　$[CuCl_4]^{2-}$　$[Cu(NH_3)_4]^{2+}$　$[Ti(H_2O)_6]^{3+}$　$[TiO(H_2O)_2]^{2+}$　$CrO_2^-$<br>浅蓝色　黄色　深蓝色　紫色　橙色　绿色<br>$CrO_4^{2-}$　$Cr_2O_7^{2-}$　$[Cr(H_2O)_6]^{2+}$　$[Cr(H_2O)_6]^{3+}$　$[Cr(H_2O)_5Cl]^{2+}$　$[Cr(H_2O)_4Cl_2]^+$<br>黄色　橙色　蓝色　紫色　浅绿色　暗绿色<br>$[Cr(NH_3)_2(H_2O)_4]^{3+}$　$[Cr(NH_3)_3(H_2O)_3]^{3+}$　$[Cr(NH_3)_4(H_2O)_2]^{3+}$　$[Cr(NH_3)_5H_2O]^{3+}$<br>紫红色　浅红色　橙红色　橙黄色<br>$[Cr(NH_3)_6]^{3+}$　$[Mn(H_2O)_6]^{2+}$　$MnO_4^{2-}$　$MnO_4^-$　$[V(H_2O)_6]^{2+}$　$[V(H_2O)_6]^{3+}$<br>黄色　肉色　绿色　紫红色　紫蓝色　绿色<br>$VO^{2+}$　$VO_2^+$　$[FeCl_6]^{3-}$　$[Fe(C_2O_4)_3]^{3-}$　$[Fe(SCN)_n]^{3-n}$<br>绿色　蓝色　黄色　黄色　血红色<br>$[Fe(H_2O)_6]^{2+}$　$[Fe(H_2O)_6]^{3+}$　$[Fe(CN)_6]^{4-}$　$[Fe(CN)_6]^{3-}$<br>浅绿色　淡紫色　黄色　浅橘黄色<br>$[Co(H_2O)_6]^{2+}$　$[Co(NH_3)_6]^{2+}$　$[Co(NH_3)_6]^{3+}$　$[CoCl(NH_3)_5]^{2+}$<br>粉红色　黄色　橙黄色　红紫色<br>$[Co(NH_3)_5(H_2O)]^{3+}$　$[Co(NH_3)_4CO_3]^+$　$[Co(CN)_6]^{3-}$　$[Co(SCN)_4]^{2-}$<br>粉红色　紫红色　紫色　蓝色<br>$[Ni(H_2O)_6]^{2+}$　$[Ni(NH_3)_6]^{2+}$　$I_3^-$　$[Ni(NH_3)_6]^{3+}$<br>亮绿色　蓝色　浅棕黄色　蓝紫色 |
| 氧化物 | $CuO$　$Cu_2O$　$Ag_2O$　$ZnO$　$Hg_2O$　$HgO$　$TiO_2$　$V_2O_3$<br>黑色　暗红色　暗棕色　白色　黑褐色　红色或黄色　白色或橙红色　黑色<br>$VO_2$　$V_2O_5$　$Cr_2O_3$　$CrO_3$　$MnO_2$　$FeO$　$Fe_2O_3$　$CoO$<br>深蓝色　红棕色　绿色　红色　棕褐色　黑色　砖红色　灰绿色<br>$Co_2O_3$　$NiO$　$Ni_2O_3$　$PbO$　$Pb_3O_4$　$PbO_2$<br>黑色　暗绿色　黑色　黄色　红色　棕褐色 |
| 氢氧化物 | $Zn(OH)_2$　$Mg(OH)_2$　$Sn(OH)_2$　$Sn(OH)_4$　$Mn(OH)_2$　$Fe(OH)_3$　$Fe(OH)_2$<br>白色　白色　白色　白色　白色或茶绿色　红棕色　白色<br>$Cd(OH)_2$　$Al(OH)_3$　$Bi(OH)_3$　$Sb(OH)_3$　$Cu(OH)_2$　$CuOH$　$Ni(OH)_2$<br>白色　白色　白色　白色　浅蓝色　黄色　浅绿色<br>$Ni(OH)_3$　$Co(OH)_2$　$Co(OH)_3$　$Cr(OH)_3$<br>黑色　粉红色　褐棕色　灰绿色 |
| 卤化物 | $AgCl$　$Hg_2Cl_2$　$PbCl_2$　$CuCl$　$CuCl_2$　$CuCl_2 \cdot 2H_2O$　$Hg(NH_3)Cl$<br>白色　白色　白色　白色　棕色　蓝色　白色<br>$CoCl_2 \cdot 2H_2O$　$CoCl_2 \cdot 6H_2O$　$FeCl_2 \cdot 6H_2O$　$AgBr$　$CuBr_2$　$PbBr_2$　$AgI$<br>紫红色　粉红色　黄棕色　淡黄色　黑紫色　白色　黄色<br>$Hg_2I_2$　$HgI_2$　$PbI_2$　$CuI$<br>黄褐色　红色　黄色　白色 |
| 卤酸盐 | $Ba(IO_3)_2$　$AgIO_3$　$KClO_4$　$AgBrO_3$<br>白色　白色　白色　白色 |
| 硫化物 | $Ag_2S$　$HgS$　$PbS$　$CuS$　$Cu_2S$　$FeS$　$Fe_2S_3$　$SnS$　$SnS_2$<br>灰黑色　红色或黑色　黑色　黑色　黑色　棕黑色　黑色　灰黑色　金黄色<br>$CdS$　$Sb_2S_3$　$MnS$　$ZnS$　$As_2S_3$<br>橙色　橙红色　肉色　白色　黄色 |
| 硫酸盐 | $Ag_2SO_4$　$Hg_2SO_4$　$PbSO_4$　$CaSO_4$　$BaSO_4$　$[Fe(NO)]SO_4$　$Cu_2(OH)_2SO_4$　$CuSO_4 \cdot 5H_2O$<br>白色　白色　白色　白色　白色　深棕色　浅蓝色　蓝色<br>$CoSO_4 \cdot 7H_2O$　$Cr_2(SO_4)_3 \cdot 6H_2O$　$Cr_2(SO_4)_3$　$Cr_2(SO_4)_3 \cdot 18H_2O$<br>红色　绿色　紫色或红色　紫蓝色 |

| 类型 | 常见离子和化合物的颜色 |
| --- | --- |
| 碳酸盐 | $Ag_2CO_3$ 白色　$CaCO_3$ 白色　$BaCO_3$ 白色　$MnCO_3$ 白色　$CdCO_3$ 白色　$Zn_2(OH)_2CO_3$ 白色　$FeCO_3$ 白色　$Cu_2(OH)_2CO_3$ 暗绿色　$Ni_2(OH)_2CO_3$ 浅绿色 |
| 磷酸盐 | $Ca_3(PO_4)_2$ 白色　$CaHPO_4$ 白色　$Ba_3(PO_4)_2$ 白色　$FePO_4$ 浅黄色　$Ag_3PO_4$ 黄色　$MgNH_4PO_4$ 白色 |
| 铬酸盐 | $Ag_2CrO_4$ 砖红色　$PbCrO_4$ 黄色　$BaCrO_4$ 黄色　$FeCrO_4 \cdot 2H_2O$ 黄色　$CaCrO_4$ 黄色 |
| 硅酸盐 | $BaSiO_3$ 白色　$CuSiO_3$ 蓝色　$CoSiO_3$ 紫色　$Fe_2(SiO_3)_3$ 棕红色　$MnSiO_3$ 肉色　$NiSiO_3$ 翠绿色　$ZnSiO_3$ 白色 |
| 草酸及其他含氧酸盐 | $CaC_2O_4$ 白色　$Ag_2C_2O_4$ 白色　$FeC_2O_4 \cdot 2H_2O$ 黄色　$Ag_2S_2O_3$ 白色　$BaSO_3$ 白色 |
| 类卤化合物 | $AgCN$ 白色　$Ni(CN)_2$ 浅绿色　$Cu(CN)_2$ 浅棕黄色　$CuCN$ 白色　$AgSCN$ 白色　$Cu(SCN)_2$ 墨绿色 |
| 其他化合物 | $Fe_4^{III}[Fe^{II}(CN)_6]_3 \cdot xH_2O$ 蓝色　$Cu_2[Fe(CN)_6]$ 红棕色　$Ag_3[Fe(CN)_6]$ 橙色　$Zn_3[Fe(CN)_6]_2$ 黄褐色　$Co_2[Fe(CN)_6]$ 绿色<br>$Ag_4[Fe(CN)_6]$ 白色　$Zn_2[Fe(CN)_6]$ 白色　$K_3[Co(NO_2)_6]$ 黄色　$K_2Na[Co(NO_2)_6]$ 黄色　$(NH_4)_2Na[Co(NO_2)_6]$ 黄色<br>$K_2[PtCl_6]$ 黄色　$Na_2[Fe(CN)_5NO] \cdot 2H_2O$ 红色　$NaAc \cdot Zn(Ac)_2 \cdot 3[UO_2(Ac)_2] \cdot 9H_2O$ 黄色 |

### 附表 12　常用基准物质的干燥条件和应用

| 基准物质 | | 干燥后组成 | 干燥条件 | 标定对象 |
| --- | --- | --- | --- | --- |
| 名称 | 分子式 | | | |
| 碳酸氢钠 | $NaHCO_3$ | $NaHCO_3$ | 270～300℃ | 酸 |
| 碳酸钠 | $Na_2CO_3 \cdot 10H_2O$ | $Na_2CO_3$ | 270～300℃ | 酸 |
| 硼砂 | $Na_2B_4O_7 \cdot 10H_2O$ | $Na_2B_4O_7 \cdot 10H_2O$ | 放在含 NaCl 和蔗糖饱和液的干燥器中 | 酸 |
| 碳酸氢钾 | $KHCO_3$ | $KHCO_3$ | 270～300℃ | 酸 |
| 草酸 | $H_2C_2O_4 \cdot 2H_2O$ | $H_2C_2O_4 \cdot 2H_2O$ | 室温空气干燥 | 碱或高锰酸钾 |
| 邻苯二甲酸氢钾 | $KHC_8H_4O_4$ | $KHC_8H_4O_4$ | 110～120℃ | 碱 |
| 重铬酸钾 | $K_2Cr_2O_7$ | $K_2Cr_2O_7$ | 140～150℃ | 还原剂 |
| 溴酸钾 | $KBrO_3$ | $KBrO_3$ | 130℃ | 还原剂 |
| 碘酸钾 | $KIO_3$ | $KIO_3$ | 130℃ | 还原剂 |
| 铜 | Cu | Cu | 室温，干燥器中保存 | 还原剂 |
| 三氧化二砷 | $As_2O_3$ | $As_2O_3$ | 室温，干燥器中保存 | 氧化剂 |
| 草酸钠 | $Na_2C_2O_4$ | $Na_2C_2O_4$ | 130℃ | 氧化剂 |
| 碳酸钙 | $CaCO_3$ | $CaCO_3$ | 110℃ | EDTA |
| 锌 | Zn | Zn | 室温，干燥器中保存 | EDTA |
| 氧化锌 | ZnO | ZnO | 900～1000℃ | EDTA |
| 氯化钠 | NaCl | NaCl | 500～600℃ | $AgNO_3$ |
| 氯化钾 | KCl | KCl | 500～600℃ | $AgNO_3$ |
| 硝酸银 | $AgNO_3$ | $AgNO_3$ | 280～290℃ | 氯化物 |
| 氨基磺酸 | $H_2NSO_2OH$ | $H_2NSO_2OH$ | 在真空 $H_2SO_4$ 干燥器中保存 48h | 碱 |

### 附表 13　弱电解质的电离常数（0.01～0.1mol·$L^{-1}$ 溶液）

| 酸 | 温度/℃ | 级 | $K^{\ominus}$ | $pK^{\ominus}$ |
| --- | --- | --- | --- | --- |
| 砷酸（$H_3AsO_4$） | 18 | 1 | $5.62\times10^{-3}$ | 2.25 |
| | 18 | 2 | $1.70\times10^{-7}$ | 6.77 |
| | 18 | 3 | $3.95\times10^{-12}$ | 11.40 |

| 酸 | 温度/℃ | 级 | $K^{\ominus}$ | $pK^{\ominus}$ |
|---|---|---|---|---|
| 亚砷酸($H_3AsO_3$) | 25 | | $6\times10^{-10}$ | 9.22 |
| 硼酸($H_3BO_3$) | 20 | | $7.3\times10^{-10}$ | 9.14 |
| 碳酸($H_2CO_3$) | 25 | 1 | $4.3\times10^{-7}$ | 6.37 |
| | 25 | 2 | $5.61\times10^{-11}$ | 10.25 |
| 铬酸($H_2CrO_4$) | 25 | 1 | $1.80\times10^{-1}$ | 0.74 |
| | 25 | 2 | $3.20\times10^{-7}$ | 6.49 |
| 氢氰酸(HCN) | 25 | | $4.93\times10^{-10}$ | 9.31 |
| 氢氟酸(HF) | 25 | | $3.53\times10^{-4}$ | 3.45 |
| 氢硫酸($H_2S$) | 18 | 1 | $9.1\times10^{-8}$ | 7.04 |
| | 18 | 2 | $1.1\times10^{-12}$ | 11.96 |
| 次溴酸(HBrO) | 25 | | $2.06\times10^{-9}$ | 8.69 |
| 次氯酸(HClO) | 18 | | $2.95\times10^{-8}$ | 7.53 |
| 次碘酸(HIO) | 25 | | $2.3\times10^{-11}$ | 10.64 |
| 碘酸($HIO_3$) | 25 | | $1.69\times10^{-1}$ | 0.77 |
| 亚硝酸($HNO_2$) | 12.5 | | $4.6\times10^{-4}$ | 3.34 |
| 高碘酸($HIO_4$) | 25 | | $2.30\times10^{-2}$ | 1.64 |
| 正磷酸($H_3PO_4$) | 25 | 1 | $7.52\times10^{-3}$ | 2.12 |

**附表 14　不同电解质水溶液（25℃）的摩尔电导率**

| $c/(mol\cdot L^{-1})$ | $\Lambda_m/(10^{-4}S\cdot m^2\cdot mol^{-1})$ | | | | | | | |
|---|---|---|---|---|---|---|---|---|
| | $\frac{1}{2}CuSO_4$ | HCl | KCl | NaCl | NaOH | NaAc | $\frac{1}{2}ZnSO_4$ | $AgNO_3$ |
| 0.1 | 50.55 | 391.13 | 128.90 | 106.69 | | 72.76 | 52.61 | 109.09 |
| 0.05 | 59.02 | 398.89 | 133.30 | 111.01 | | 76.88 | 61.17 | 115.18 |
| 0.02 | 72.16 | 407.04 | 138.27 | 115.70 | | 81.20 | 74.20 | 121.35 |
| 0.01 | 83.08 | 411.80 | 141.20 | 118.45 | 237.9 | 83.72 | 84.87 | 124.70 |
| 0.005 | 94.02 | 415.59 | 143.48 | 120.59 | 240.7 | 85.68 | 95.44 | 127.14 |
| 0.001 | 115.20 | 421.15 | 146.88 | 123.68 | 244.6 | 88.5 | 114.47 | 130.45 |
| 0.0005 | 121.6 | 422.53 | 147.74 | 124.44 | 245.5 | 89.2 | 121.3 | 131.29 |
| 无限稀 | 133.6 | 425.95 | 149.79 | 126.39 | 247.7 | 91.0 | 132.7 | 133.29 |

**附表 15　不同温度下 KCl 溶液（不同浓度）的电导率**

| $t$/℃ | $\kappa/(10^2S\cdot m^{-1})$ | | |
|---|---|---|---|
| | $0.0100mol\cdot L^{-1}$ | $0.0200mol\cdot L^{-1}$ | $0.1000mol\cdot L^{-1}$ |
| 10 | 0.001020 | 0.00194 | 0.00933 |
| 11 | 0.001045 | 0.002043 | 0.00956 |
| 12 | 0.001070 | 0.002093 | 0.00979 |
| 13 | 0.001095 | 0.002142 | 0.01002 |
| 14 | 0.001121 | 0.002193 | 0.01025 |
| 15 | 0.001147 | 0.002243 | 0.01048 |
| 16 | 0.001173 | 0.002294 | 0.01072 |
| 17 | 0.001199 | 0.002345 | 0.01095 |
| 18 | 0.001225 | 0.002397 | 0.01119 |
| 19 | 0.001251 | 0.002449 | 0.01143 |
| 20 | 0.001278 | 0.002501 | 0.01167 |
| 21 | 0.001305 | 0.002553 | 0.01191 |
| 22 | 0.001332 | 0.002606 | 0.01215 |
| 23 | 0.001359 | 0.002659 | 0.01239 |
| 24 | 0.001386 | 0.002712 | 0.01264 |
| 25 | 0.001413 | 0.002765 | 0.01288 |

续表

| $t$/℃ | $\kappa/(10^2 S \cdot m^{-1})$ | | |
|---|---|---|---|
| | $0.0100 mol \cdot L^{-1}$ | $0.0200 mol \cdot L^{-1}$ | $0.1000 mol \cdot L^{-1}$ |
| 26 | 0.001441 | 0.002819 | 0.01313 |
| 27 | 0.001468 | 0.002873 | 0.01337 |
| 28 | 0.001496 | 0.002927 | 0.01362 |
| 29 | 0.001524 | 0.002981 | 0.01387 |
| 30 | 0.001552 | 0.003036 | 0.01412 |
| 31 | 0.001581 | 0.003091 | 0.01437 |
| 32 | 0.001609 | 0.003146 | 0.01462 |
| 33 | 0.001638 | 0.003201 | 0.01488 |
| 34 | 0.001667 | 0.003256 | 0.01513 |
| 35 | | 0.003312 | 0.01539 |

**附表 16　二元共沸混合物**

| 混合物的组分 | 101.325kPa 时的沸点/℃ | | 质量分数/% | |
|---|---|---|---|---|
| | 单组分的沸点 | 共沸物的沸点 | 第一组分 | 第二组分 |
| 水 | 100 | | | |
| 甲苯 | 110.8 | 84.1 | 19.6 | 81.4 |
| 苯 | 80.2 | 69.3 | 8.9 | 91.1 |
| 乙酸乙酯 | 77.1 | 70.4 | 8.2 | 91.8 |
| 正丁酸乙酯 | 125 | 90.2 | 26.7 | 73.3 |
| 异丁酸乙酯 | 117.2 | 87.5 | 19.5 | 80.5 |
| 苯甲酸乙酯 | 212.4 | 99.4 | 84.0 | 16.0 |
| 2-戊酮 | 102.25 | 82.9 | 13.5 | 86.5 |
| 乙醇 | 78.4 | 78.1 | 4.5 | 95.5 |
| 正丁醇 | 117.8 | 92.4 | 38 | 62 |
| 异丁醇 | 108.0 | 90.0 | 33.2 | 66.8 |
| 仲丁醇 | 99.5 | 88.5 | 32.1 | 67.9 |
| 叔丁醇 | 82.8 | 79.9 | 11.7 | 88.3 |
| 苄醇 | 205.2 | 99.9 | 91 | 9 |
| 烯丙醇 | 97.0 | 88.2 | 27.1 | 72.0 |
| 甲酸 | 100.8 | 107.3(最高) | 22.5 | 77.5 |
| 硝酸 | 86.0 | 120.5(最高) | 32 | 68 |
| 氢碘酸 | 34 | 127(最高) | 43 | 57 |
| 氢溴酸 | -67 | 127(最高) | 52.5 | 47.5 |
| 氢氯酸 | -84 | 110(最高) | 79.76 | 20.24 |
| 乙醚 | 34.5 | 34.2 | 1.3 | 98.7 |
| 丁醛 | 75 | 68 | 6 | 94 |
| 三聚乙醛 | 115 | 91.4 | 30 | 70 |
| 乙酸乙酯 | 77.1 | | | |
| 二硫化碳 | 46.3 | 46.1 | 7.3 | 92.7 |
| 己烷 | 69 | | | |
| 苯 | 80.2 | 68.8 | 95 | 5 |
| 氯仿 | 61.2 | 60.0 | 28 | 72 |
| 丙酮 | 56.5 | | | |
| 二硫化碳 | 46.3 | 39.2 | 34 | 66 |
| 异丙醚 | 69.0 | 54.2 | 61 | 39 |
| 氯仿 | 61.2 | 65.5 | 20 | 80 |
| 四氯化碳 | 76.8 | | | |
| 乙酸乙酯 | 77.1 | 74.8 | 57 | 43 |
| 环己烷 | 80.8 | | | |
| 苯 | 80.2 | 77.8 | 45 | 55 |

注：有“_”符号者为第一组分

## 附表 17 三元共沸混合物

| 第一组分 | | 第二组分 | | 第三组分 | | 101.325kPa时的沸点/℃ |
|---|---|---|---|---|---|---|
| 名称 | 质量分数/% | 名称 | 质量分数/% | 名称 | 质量分数/% | |
| 水 | 7.8 | 乙醇 | 9.0 | 乙酸乙酯 | 83.2 | 70.3 |
| 水 | 4.3 | 乙醇 | 9.7 | 四氯化碳 | 86 | 61.8 |
| 水 | 7.4 | 乙醇 | 18.5 | 苯 | 74.1 | 64.9 |
| 水 | 7 | 乙醇 | 17 | 环己烷 | 76 | 62.1 |
| 水 | 3.5 | 乙醇 | 4.0 | 氯仿 | 92.5 | 55.5 |
| 水 | 7.5 | 异丙醇 | 18.7 | 苯 | 73.8 | 65.5 |
| 水 | 0.81 | 二硫化碳 | 75.21 | 丙酮 | 23.98 | 35.04 |

## 附表 18 相对急性毒性标准[①]

| 级别 | $LD_{50}$[②]/($mg\cdot kg^{-1}$) 大鼠经口 | $LD_{50}$/($\mu g\cdot g^{-1}$) 大鼠吸入 | $LD_{50}$/($mg\cdot kg^{-1}$) 家兔皮肤吸收 | 说明 |
|---|---|---|---|---|
| 0 | 5000 以上 | 10000 以上 | 2800 以上 | 无明显毒性 |
| 1 | 500～5000 | 1000～10000 | 340～2800 | 低毒 |
| 2 | 50～500 | 100～1000 | 43～340 | 中等毒害 |
| 3 | 1～50 | 10～100 | 5～43 | 高度毒害 |
| 4 | 1 以下 | 10 以下 | 5 以下 | 剧毒 |

① An identification system for occupationally hazardous materials 17 (1974)。

② $LD_{50}$ 为致死中量，指被试动物（大、小白鼠等）一次口服、注射或皮肤涂抹药剂后产生急性中毒而有半数死亡所需该药剂的量。

## 附表 19 常见化学物理毒性和易燃性

| 化学物质 | 急性毒性[①]（大鼠 $LD_{50}$） | 闪点/℃ | 爆炸极限/(%) | MAK[②] /($mg\cdot m^{-3}$) | TLV[③] /($mg\cdot m^{-3}$) |
|---|---|---|---|---|---|
| 臭氧 | | | | 0.2 | 0.2 |
| 重氮甲烷 | 剧毒 | | | | 0.4 |
| 氨 | 250(or,$LD_{100}$)(猫) | | | 50 | 18 |
| 烯丙醇 | 64(or) 0.6(p. i.) | 21 | 3～18 | 5 | 3 |
| 喹啉 | 460(or) | | | | |
| 异喹啉 | 350(or) | | | | |
| 萘 | | 79 | 0.9～5.9 | 50 | 50 |
| $\alpha$ 和 $\beta$-萘酚 | 150(or,$LD_{100}$)(猫) | | | | |
| 氯 | 1(p. i.) | | | | |
| 氯化汞 | 37(or) | | | | |
| 氯酸铅 | 76(or) | | | | |
| 氯仿 | 2180(or) | | | 200 | 240 |
| 氯苯 | 2190(or) | 29 | 1.3～7.1 | 230 | 350 |
| 2-氯乙醇 | 95(or) 0.1(p. i.) | 60 | 4.9～15.9 | 16 | 16 |
| 氰化钾 | 10(or) 0.2(p. i.) | | | | |
| 氰化氢 | $LCt_{50}$ 5000$mg\cdot cm^{-3}$(min,对人) | | | 11 | 11 |
| 硝基苯 | 500(or) | 35 | 7.3 | 5 | 5 |
| 硫酸二甲酯 | 440(or) | 83 | | 5 | |
| 硫酸二乙酯 | 800(or) | | | | |
| 硫化氢 | 1.5(p. i. $LD_{100}$) | | | 25 | 15 |
| 氯化氢 | 2～4(p. i. $LD_{100}$) | | | 10 | 7 |
| 溴化氢 | | | | 17 | 10 |
| 溴 | | | | 0.7 | 0.7 |
| 溴甲烷 | 20(p. i. $LD_{100}$) | | | 50 | 60 |
| 碘甲烷 | 101(腹腔) | | | | 28 |
| 乙酸 | 3300(or) | 43 | 4～16 | 25 | 25 |

续表

| 化学物质 | 急性毒性①<br>(大鼠 $LD_{50}$) | 闪点/℃ | 爆炸极限/(%) | MAK②<br>/($mg \cdot m^{-3}$) | TLV③<br>/($mg \cdot m^{-3}$) |
|---|---|---|---|---|---|
| 乙酸酐 | 1780(or) | 54 | 3～10 | 20 | 20 |
| 乙酸丁酯 | | 27 | 1.4～7.6 | 950 | 710 |
| 乙酸乙酯 | 5620(or) | −4.4 | 2.18～9 | 1400 | 1400 |
| 乙酸戊酯 | | 25 | 1～7.5 | 1050 | 525 |
| 聚乙二醇 | 29000(or) | | | | |
| 聚丙二醇 | 2900(or) | | | | |
| 叠氮化钠 | 50(or $LD_{100}$),37.4(小鼠,or) | | | | |

①or 为经口 ($mg \cdot kg^{-1}$)，p.i. 为每次吸入 (数字表示 $mg \cdot m^{-3}$，空气)，无特别注明者所用实验动物皆为大鼠。$LD_{100}$ 为绝对致死量，指被试动物全部死亡所需最低药剂量，单位为 $mg \cdot kg^{-1}$。$LCt_{50}$ 为另一种毒性指标，包含了浓度 ($c$) 和暴露时间 ($t$)，指使半数人员失能的剂量，单位为 $mg \cdot min \cdot m^{-3}$。

②MAK 为德国采用的车间空气中化学物质的量最高容许高度。

③TLV 为 1973 年美国采用的车间空气中化学物质的阈限值。

### 附表 20 常见基团和化学键的红外吸收特征频率

| 化合物 | 基团 | 频率/$cm^{-1}$ | 波长/$\mu m$ | 强度 | 振动类型 |
|---|---|---|---|---|---|
| 烷烃 | $-CH_3$ | 2926±10<br>2927±10<br>1450±20<br>1375±10 | 3.37<br>3.48<br>6.89<br>7.25 | 强<br>强<br>中<br>强 | C—H 伸缩<br>C—H 伸缩<br>C—H 弯曲<br>C—H 弯曲 |
| | $-CH_2-$ | 2926±5<br>2853±5<br>1465±20 | 3.42<br>3.51<br>6.83 | 强<br>强<br>中 | C—H 伸缩<br>C—H 伸缩<br>C—H 弯曲 |
| | $-C(CH_3)_3$ | 1395～1385<br>1365±5<br>1250±5<br>1250～1200 | 7.16～7.22<br>7.33<br>8.00<br>8.00～8.33 | 中<br>强 | C—H 弯曲<br>C—H 弯曲<br>C—H 伸缩<br>C—H 伸缩 |
| | $-C(CH_3)_2-$ | 1385±5<br>1370±5<br>1170±5<br>1170±1140 | 7.22<br>7.30<br>8.55<br>8.55～8.77 | 强<br>强 | C—H 弯曲<br>C—H 弯曲<br>C—H 伸缩<br>C—H 伸缩 |
| | $-(CH_2)_n-$ | 750～720 | 13.33～13.88 | | C—C 伸缩($n=4$) |
| 羧基化合物 | $COO^-$ | 1610～1560<br>1420～1300 | 6.21～6.45<br>7.04～7.69 | 强<br>中 | C═O 伸缩<br>C═O 伸缩 |
| | 酰卤 | 1810～1970 | 5.53～5.59 | 强 | C═O 伸缩 |
| | 伯酰胺 | 1690～1650<br><3520<br><3410<br>1420～1405 | 5.92～6.06<br>2.84<br>2.93<br>7.04～7.12 | 强<br>中<br>中<br>中 | C═O 伸缩<br>N—H 伸缩<br>N—H 伸缩<br>C—N 伸缩 |
| | 仲酰胺 | 1680～1650<br><3440<br>1570～1530<br>1300～1260 | 5.95～6.13<br>2.91<br>6.37～6.54<br>7.69～7.94 | 强<br>强<br>强<br>中 | C═O 伸缩<br>N—H 伸缩<br>N—H 弯曲<br>C—N 伸缩 |
| | 叔酰胺 | 1670～1630 | 5.99～6.13 | 强 | C═O 伸缩 |
| 硝基化合物 | $C-NO_2$<br>(脂肪族) | 1554±6<br>1383±6 | 6.44<br>7.34 | 极强<br>极强 | N—O 伸缩<br>N—O 伸缩 |
| | $C-NO_2$<br>(芳香族) | 1555～1478<br>1357～1348<br>875～830 | 6.43～6.72<br>7.37～7.59<br>11.42～12.01 | 强<br>强<br>中 | N—O 伸缩<br>N—O 伸缩<br>C—N 伸缩 |
| | O—N═O | 1640～1620<br>1285～1270 | 6.10～6.17<br>7.78～7.87 | 强<br>强 | —N═O 伸缩<br>—N═O 伸缩 |

续表

| 化合物 | 基团 | 频率/$cm^{-1}$ | 波长/μm | 强度 | 振动类型 |
| --- | --- | --- | --- | --- | --- |
| 有机卤化物 | C—F | 1100～1000 | 9.09～10.00 | 强 | C—F 伸缩 |
| | C—Cl | 830～550 | 12.04～20.00 | 强 | C—Cl 伸缩 |
| | C—Br | 600～500 | 16.67～20.00 | | C—Br 伸缩 |
| | C—I | 600～465 | 16.67～21.50 | | C—I 伸缩 |
| 其他有机化合物 | C—S—H | 2950～2500<br>700～590 | 3.38～3.90<br>14.28～16.95 | 弱<br>弱 | S—H 伸缩<br>C—S 伸缩 |
| | C═S | 1270～1245 | 7.87～8.03 | 强 | C═S 伸缩 |
| | C—P—H | 2475～2270<br>1250～950 | 4.04～4.40<br>8.00～10.53 | 中<br>弱 | P—H 伸缩<br>P—H 弯曲 |
| | C—Si—H | 2280～2050<br>890～860 | 4.39～4.88<br>11.24～11.63 | 极强 | Si—H 伸缩<br>Si—H 弯曲 |
| 无机化合物 | $CO_3^{2-}$ | 1490～1410<br>880～860 | 6.71～7.09<br>11.36～12.50 | 极强<br>中 | C—O 伸缩<br>C—O 弯曲 |
| | $SO_4^{2-}$ | 1130～1080<br>680～610 | 8.85～9.62<br>14.71～16.40 | 极强<br>中 | S—O 伸缩<br>S—O 弯曲 |
| 不饱和烃 | C═C<br>C═C(共轭) | 1680～1620<br><1600 | 5.95～6.17<br>6.25 | 变化<br>强 | C═C 伸缩<br>C═C 伸缩 |
| | R—C≡CH<br>R—C≡C—R<br>—C≡C—(共轭) | 2140～2100<br>2260～2190<br>2260～2235 | 4.67～4.76<br>4.47～4.57<br>4.42～4.47 | 中<br>中<br>强 | C≡C 伸缩<br>C≡C 伸缩<br>C≡C 伸缩 |
| | C≡C—H | 3320～3310<br>680～610 | 3.01～3.02<br>14.71～16.39 | 中<br>中 | C—H 伸缩<br>C—H 伸缩 |
| 芳烃 | (苯环) | 3070～3030<br>1600～1450<br>900～695 | 3.25～3.30<br>6.25～6.89<br>11.11～14.39 | 强<br>中<br>强 | C—H 伸缩<br>C—C 伸缩<br>C—H 弯曲 |
| 醇和酚 | OH(二聚)<br>(分子间键)<br>(多聚) | 3550～3450<br><br>3400～3200 | 2.82～2.90<br><br>2.94～3.13 | 变化<br><br>强 | O—H 伸缩<br><br>O—H 伸缩 |
| | 伯醇 | 3643～3630<br>1075～1000<br>1350～1260 | 2.74～2.75<br>9.30～10.00<br>7.41～7.93 | 强<br>强<br>强 | O—H 伸缩<br>C—O 伸缩<br>O—H 伸缩 |
| | 仲醇 | 3635～3630<br>1170～1100<br>1350～1260 | 2.75～2.76<br>9.83～9.71<br>7.41～7.93 | 强<br>强<br>强 | O—H 伸缩<br>C—O 伸缩<br>O—H 弯曲 |
| | 叔醇 | 3620～3600<br>1170～1100<br>1410～1310 | 2.76～2.78<br>8.55～9.71<br>7.41～7.93 | 强<br>强<br>中 | O—H 伸缩<br>C—O 伸缩<br>O—H 弯曲 |
| | 酚 | 3612～3593<br>1230～1140<br>1410～1310 | 2.77～2.78<br>8.13～8.77<br>7.09～7.63 | 强<br>强<br>中 | O—H 伸缩<br>C—O 伸缩<br>O—H 弯曲 |
| 胺 | 伯胺 | 3398～3381<br>3344～3324<br>1079±11<br>3400～3100<br>1650～1590<br>900～650 | 2.92～2.96<br>2.99～3.01<br>9.27<br>2.94～3.23<br>6.06～6.29<br>11.11～15.38 | 弱<br>弱<br>中<br>强<br>强<br>弱 | N—H 伸缩<br>N—N 伸缩<br>C—N 伸缩<br>N—H 伸缩(氢键)<br>N—H 弯曲<br>N—H 弯曲 |
| | 仲胺 | 3360～3310<br>1139±7<br>1650～1550 | 2.76～3.02<br>8.78<br>6.06～6.45 | 弱<br>中<br>弱 | N—H 伸缩<br>C—N 伸缩<br>N—H 弯曲 |

续表

| 化合物 | 基团 | 频率/$cm^{-1}$ | 波长/μm | 强度 | 振动类型 |
| --- | --- | --- | --- | --- | --- |
| 羰基化合物 | 酮 | 1725～1705 | 6.00～5.87 | 强 | C═O 伸缩 |
| | 芳酮 | 1690～1680 | 5.92～5.95 | 强 | C═O 伸缩 |
| | 醛 | 1745～1730 | 5.73～5.78 | 强 | C═O 伸缩 |
| | | 2900～2700 | 3.45～3.70 | 弱 | C—H 伸缩 |
| | | 1440～1325 | 6.94～7.55 | 强 | C—H 弯曲 |
| | 酯 | 1750～1730 | 5.71～5.78 | 强 | C═O 伸缩 |
| | | 1300～1000 | 7.69～10.00 | 强 | C—O—C 伸缩 |
| | 酸 | 1725～1700 | 5.80～5.88 | 强 | C═O 伸缩 |
| | | 1700～1680 | 5.88～5.95 | 强 | C═O 伸缩(芳酸) |
| | | 2700～2500 | 3.70～4.00 | 弱 | O—H 伸缩(二聚体) |
| | | 3560～3500 | 2.81～2.86 | 中 | O—H 伸缩(单体) |
| | | 1440～1395 | 6.94～7.19 | 弱 | C—O 伸缩 |
| | | 1320～1211 | 7.58～8.26 | 强 | O—H 弯曲 |
| 无机化合物 | $NO_2^-$ | 1250～1230 | 8.00～8.13 | 强 | N—O 伸缩 |
| | | 1360～1340 | 7.35～7.46 | 强 | N—O 伸缩 |
| | | 840～800 | 11.90～12.50 | 弱 | N—O 弯曲 |
| | $NO_3^-$ | 1380～1350 | 7.25～7.41 | 极强 | N—O 伸缩 |
| | | 840～815 | 11.90～12.26 | 中 | N—O 弯曲 |
| | $NH_4^+$ | 3300～3030 | 3.03～3.33 | 极强 | N—H 伸缩 |
| | | 1485～1390 | 6.73～7.19 | 中 | N—H 弯曲 |
| | $PO_4^{3-}$<br>$HPO_4^{2-}$<br>$H_2PO_4^-$ | 1100～1000 | 9.09～10.00 | 强 | P—O 伸缩 |
| | $ClO_3^-$ | 980～930 | 10.20～10.75 | 极强 | Cl—O 伸缩 |
| | $ClO_4^-$ | 1140～1060 | 8.77～9.43 | 极强 | Cl—O 伸缩 |
| | $Cr_2O_7^{2-}$ | 950～900 | 10.35～11.11 | 强 | Cr—O 伸缩 |
| | $CN^-$,$CNO^-$,$CNS^-$ | 2200～2000 | 4.55～5.00 | 强 | C—N 伸缩 |

# 参考文献


[1] 孟长功．基础化学实验．第 3 版．北京：高等教育出版社，2019.

[2] 周昕，罗虹，刘文娟．大学实验化学．第 3 版．北京：科学出版社，2019.

[3] 徐伟民，夏静芬，唐力．基础化学实验．杭州：浙江大学出版社，2019.

[4] 武汉大学．无机化学实验．第 2 版．武汉：武汉大学出版社，2019.

[5] 蔡良珍．大学基础化学实验（Ⅱ）．第 3 版．北京：化学工业出版社，2019.

[6] 吴建中．无机化学实验．北京：科学出版社，2018.

[7] 南京大学．大学化学实验．第 4 版．北京：高等教育出版社，2018.

[8] 田玉美．新大学化学实验．第 4 版．北京：科学出版社，2018.

[9] 丁益民，张小平．物理化学实验．北京：化学工业出版社，2018.

[10] 姚刚，王红梅．有机化学实验．第 2 版．北京：化学工业出版社，2017.

[11] 兰州大学．有机化学实验．第 4 版．北京：高等教育出版社，2017.

[12] 武汉大学．有机化学实验．第 2 版．武汉：武汉大学出版社，2017.

[13] 浙江大学化学系．中级化学实验．第 2 版．北京：科学出版社，2017.

[14] 刘霞．分析化学实验．北京：科学出版社，2016.

[15] 杜登学，赵超，马万勇．基础化学实验简明教程．第 2 版．北京：化学工业出版社，2016.

[16] 李厚金，石建新，邹小勇．第 2 版．基础化学实验．北京：科学出版社，2015.

[17] 刘庆俭．有机化学实验．北京：科学出版社，2015.

[18] 华中师范大学．分析化学实验．第 4 版．北京：高等教育出版社，2015.

[19] 天津大学．物理化学实验．北京：高等教育出版社，2015.

[20] 钱晓荣，郁桂云．仪器分析实验教程．第 2 版．上海：华东理工大学出版社，2015.

[21] 王金．物理化学实验．北京：化学工业出版社，2015.

[22] 武汉大学．基础有机化学实验．武汉：武汉大学出版社，2014.

[23] 丁琼．基础化学实验．武汉：湖北科学技术出版社，2013.

[24] 武汉大学．分析化学实验．第 2 版．北京：高等教育出版社，2013.

[25] 武汉大学．物理化学实验．第 2 版．武汉：武汉大学出版社，2012.

[26] 张勇．现代化学基础实验．第 3 版．北京：科学出版社，2010.

[27] 浙江大学化学系．大学化学基础实验．第 2 版．北京：科学出版社，2010.

[28] 宋光泉．大学通用化学实验技术（上下）．北京：高等教育出版社，2010.

[29] 武汉大学．无机及分析化学实验．第 2 版．武汉：武汉大学出版社，2010.

[30] 章文伟．综合化学实验．北京：高等教育出版社，2009.

[31] 唐浩东，吕德义，周向东．新编基础化学实验（Ⅲ）．北京：化学工业出版社，2008.

[32] 印永嘉，奚正楷，李大珍，物理化学简明教程．第 4 版．北京：高等教育出版社，2007.

[33] 古凤才．基础化学实验教程．第 3 版．北京：科学出版社，2007.

[34] 张水华．食品分析实验．北京：化学工业出版社，2006.